システム設計面接
の傾向と対策

～面接突破のための
必須知識と実践的シナリオ

Zhiyong Tan 著　水野 貴明 訳　吉岡 弘隆 監訳

Acing the
System Design
Interview

注　意

1. 本書は内容において万全を期して制作しましたが、万一不備な点や誤り、記載漏れなど、お気づきの点がございましたら、出版元まで書面にてご連絡ください。
2. 本書の内容の運用による結果の影響につきましては、上記にかかわらず責任を負いかねます。あらかじめご了承ください。
3. 本書の全部または一部について、出版元から文書による許諾を得ずに複製することは禁じられています。

商標等

・本書に登場するシステム名称、製品名等は一般に各社の商標または登録商標です。
・本書に登場するシステム名称、製品名等は一般的な呼称で表記している場合があります。
・本書では©、TM、®マークなどの表示を省略している場合があります。

© 2025 SHUWA SYSTEM CO. ,LTD. Authorized translation of the English edition © 2024 Manning Publications. This translation is published and sold by permission of Manning Publications, the owner of all rights to publish and sell the same.

Japanese translation right arranged with MANNING PUBLICATIONS through Japan UNI Agency, Inc., Tokyo.

母と父に。

序 文

　過去20年間、私は業界最大級のテクノロジー企業（Google、Twitter、Uber）で分散システムエンジニアのチーム構築に注力してきました。私の経験上、これらの企業で高機能なチームを構築する根本となるものは、面接プロセスにおいてシステム設計に精通していることを示そうとしたエンジニアの才能を見極める能力です。本書は、技術面接の最も重要な側面で成功するために必要な知識とスキルを、志望するソフトウェアエンジニアと、それを見極めるベテランの専門家の両方に提供する貴重なガイドです。スケーラブルで信頼性の高いシステムを設計する能力が最も重要視される業界において、本書は、洞察、戦略、実践的なヒントの宝庫であり、読者がシステム設計面接プロセスの複雑さを乗り越えるのに間違いなく役立つでしょう。

　堅牢でスケーラブルなシステムへの需要が急増し続ける中、企業は採用プロセスにおいてシステム設計の専門知識を重視する傾向を強めています。実効的なシステム設計面接では、候補者の技術的な能力を評価するだけではなく、批判的に考え、十分な情報に基づいた決定を下し、複雑な問題を解決する能力も評価します。経験豊富なソフトウェアエンジニアとしてのZhiyongの視点と、システム設計面接の全体像に対する深い理解は、この重要なスキルセットをマスターしようとする人にとって完璧なガイドとなります。

　本書で、Zhiyongはシステム設計面接プロセスの各ステップを網羅する包括的なロードマップを提示しています。基本的な原則と概念の要点を説明した後、スケーラビリティ、信頼性、パフォーマンス、データ管理など、設計のさまざまな側面について詳しく説明しています。その上で各トピックを明確かつ正確に分解し、簡潔な説明と実際の応用例を示しています。また、彼自身の経験と業界の専門家へのインタビューを基に、システム設計面接プロセスの神秘性を解き明かしています。面接官の考え方、よく聞かれる質問のタイプ、候補者のパフォーマンスを評価する際に面接官が考慮する主要な要素について、貴重な洞察を提供しています。これらのヒントを通じて、面接で何を期待すべきかを理解できるだけではなく、このハイステークスな環境で成功するために必要な自信とツールも読者に提供しています。

　第1部の理論的な内容と第2部の実践的な応用を組み合わせることで、読者が理論的な基礎を把握した上で、その知識を実際のシナリオに適用する能力も養えるようにしています。さらに、技術的なノウハウのみならず、システム設計面接プロセスにおける効果的なコミュニケーションの重要性を強調しています。Zhiyongは、アイデアを効果的に表現し、解決策を提示し、面接官と協力するための戦略を探求しています。この総合的なアプローチによって、成功するシステム設計は、技術的に卓越しているだけではなく、アイデアを伝え、他者と協力して作業する能力にも左右されることを明らかにしています。

仕事の面接の準備をしているか、システム設計の専門知識を高めたいかにかかわらず、本書は必須の伴侶となり、最も複雑なシステム設計の課題にも自信を持って巧みに取り組む力を与えてくれるでしょう。

これから先のページに飛び込み、知識と洞察を受け入れ、スケーラブルで信頼性の高いシステムを構築する技術をマスターする旅に出発しましょう。間違いなく、あなたはどの組織にとっても貴重な資産となり、ソフトウェアエンジニアとしての成功するキャリアへの道を拓くはずです。

システム設計面接に合格する道を始めましょう！

—Anthony Asta
LinkedInのエンジニアリングディレクター
（元Google、Twitter、Uberのエンジニアリングマネージャー）

ソフトウェア開発は、**あらゆるもの**が「継続的」な世界です。継続的な改善、継続的なデリバリー、継続的なモニタリング、そしてユーザーニーズとキャパシティの期待値の継続的な再評価が、重要なソフトウェアシステムの特徴です。ソフトウェアエンジニアとして成功したいのであれば、継続的な学習と個人の成長に対する情熱を持たなければなりません。情熱を持ったソフトウェアエンジニアは、社会とのつながり方、知識の共有方法、そしてライフスタイルの管理方法を、文字通り、根本的に変えることができます。

最新のプログラミング言語やフレームワークから、プログラム可能なクラウドネイティブインフラストラクチャまで、ソフトウェアのトレンドは常に進化しています。この業界に数十年も携わっている人であれば、私と同じように何度もこういった変化を目にしていることでしょう。しかし、不変の定数が1つあります。それは、ソフトウェアシステムが作業をどのように管理し、データを整理し、人間とどのように相互作用するかについての体系的な理論を理解することです。これは、効果的なソフトウェアエンジニアを行う上で、そして技術リーダーになるために非常に重要です。

私は、ソフトウェアエンジニアとして、そしてIBMのディスティングイッシュドエンジニア[注]として、設計上のトレードオフがソフトウェアシステムの結果を左右する可能性があることを身をもって経験してきました。新人エンジニアが初めての役割を求めているのか、ベテランの技術者が新しい会社で新しい挑戦を求めているのかにかかわらず、本書はさまざまなトレードオフを説明することで、あなたのアプローチ方法を洗練させるのに役立ちます。

本書は、あらゆるソフトウェアシステムで考慮する必要があるシステム設計の多くの側面をまとめ、整理しています。Zhiyong Tanは、システム設計のトレードオフの基礎に関する速習コースを見事に構成し、最も困難なシステム設計面接にも対応できるように、準備を強化するために使える実世界のケーススタディをいくつも提示しています。

注 非常に高い専門知識と実績を持つエンジニアに与えられる称号。豊富な知識と経験を活かして、技術部門におけるリーダーシップを発揮し、ほかのエンジニアの模範となる存在。

本書の第1部は、システム設計の重要な側面についての有益な調査から始まります。非機能要件から始まり、システム設計のトレードオフを考慮する際に念頭に置くべき多くの一般的な側面について学びます。次に、面接の問題文のユースケースに対してシステム設計がどのように対処するかを説明するために、アプリケーションプログラミングインターフェイス（API）仕様をどのように整理するかを説明します。APIの背後にあるシステムとして、業界標準のデータストアと分散トランザクション管理のパターンを使用して、システムデータモデルを編成するためのいくつかの業界ベストプラクティスを学びます。また、表面的なユースケースに対処するだけではなく、最新の観測可能性とログ管理のアプローチを含む、システム運用の重要な側面についても学びます。

第2部では、テキストメッセージングからAirbnbまで、11の具体的な異なるシステム設計問題について一緒に検討します。それぞれの面接の問題で、非機能的なシステム要件を整理するための適切な質問を引き出す方法や、さらに議論する価値のあるトレードオフについて、新しいスキルを習得できます。システム設計は、多くの場合、経験に根ざしたスキルセットであり、既存技術や先人の経験に基づく事例から学ぶのに適しています。本書で提示される多くの教訓と知恵を内面化すれば、最も困難なシステム設計面接の問題にも十分に対応できるでしょう。

Zhiyong Tanが本書で業界に対して行った貢献を見ることができてうれしく思います。最近卒業したばかりの人でも、すでに業界で何年も働いている人でも、本書の経験を吸収する際、私がそうであったように、個人の成長のための新しい機会を見つけられることを願っています。

— Michael D. Elder

PayPalディスティングイッシュドエンジニア＆シニアディレクター

元IBMディスティングイッシュドエンジニアおよびIBMマスターインベンター

まえがき

　水曜日の午後4時です。あなたの夢の会社での最後のビデオ面接を終えて帰る途中、おなじみの感情の混合が湧き上がってきます。疲労感、フラストレーション、そしてデジャヴ。エンジニアとしての数年間で何度も見てきたメールが、1〜2日後に届くことをすでに知っています。
「XXXのシニアソフトウェアエンジニア職へのご関心をありがとうございます。あなたの経験とスキルセットは印象的ですが、慎重に検討した結果、残念ながら、あなたの候補者としての進行を見送らせていただくことをお知らせいたします」

　またしてもシステム設計面接が問題でした。写真共有アプリケーションの設計を求められ、あなたはスケーラブルで、耐障害性があり、保守可能な優れた設計を行いました。最新のフレームワークを使用し、ソフトウェア開発ライフサイクルのベストプラクティスを採用しました。しかし、面接官が感心していないことは明らかでした。彼らの目は遠くを見つめ、退屈で、冷静で、ていねいな口調で、あなたとの面接時間を「プロフェッショナルに」、そして「素晴らしい候補者体験を提供するために」費やしたと信じているようでした。

　あなたは、4年間で7回目もこの会社の面接に挑戦しており、それ以外にも心から入社したいと思っている別の会社でも何度も面接を繰り返してきました。何十億人ものユーザーベースを持ち、業界を支配する最も印象的な開発者フレームワークとプログラミング言語のいくつかを開発しているこの会社に入社することが、あなたの夢です。この会社で出会う人々と学ぶことが、あなたのキャリアに役立ち、時間の素晴らしい投資になることを、あなたは知っています。

　一方で、あなたは勤務してきた会社で何度も昇進し、現在はシニアソフトウェアエンジニアですが、夢の会社での同等の職位の面接に合格できないことがますます厳しくなっています。複数のシステムのテックリードを務め、ジュニアエンジニアのチームをリードし指導し、シニアエンジニアやスタッフエンジニアとシステム設計について著述し議論し、複数のシステム設計に具体的で価値ある貢献をしてきました。夢の会社での面接の前に、過去3年間に公開された全てのエンジニアリングブログ投稿を読み、全てのエンジニアリングトークを視聴しました。また、マイクロサービス、データ集約型アプリケーション、クラウドネイティブパターン、ドメイン駆動設計に関する高評価の書籍を全て読みました。それなのに、あなたがシステム設計面接をうまくこなせないのは、なぜなのでしょうか。

　これらの挑戦で失敗したのは、単に運が悪かったからでしょうか。それらの会社での候補者と仕事の需要と供給の問題でしょうか。それでも、選ばれる可能性は統計的に低い確率でしかなく、成功は宝くじに当たるようなものなのでしょうか。6か月ごとに運よく選ばれるまで試し続ける必要があるのでしょうか。お香を焚き、面接／業績評価／昇進の神々（かつては学校で試験の神々として知られていた）に、もっと寛大な供物をする必要があるのでしょうか。

深呼吸をして目を閉じて振り返ると、複雑なシステムを設計するために与えられた45分間（面接は1時間であっても、導入部分とQ＆Aの間に、自己紹介や質疑応答の時間を除くと、複雑なシステムを設計するための実質的な時間はわずか45分しかない。このようなシステムは何年もかけて進化するものであるにもかかわらず）で、改善できることがたくさんあることに気付きます。エンジニア仲間との会話があなたの仮説を裏付けます。とはいえ、システムの要件を徹底的に明確にしていませんでした。とにかく、必要とされているのは、写真の保存と共有のためのモバイルアプリを提供するバックエンドの実用最小限の製品だと想定し、サンプルのAPI仕様を書き始めてしまいました。したがって、設計は10億人のユーザーに対応できるようにスケーラブルであるべきだと明確に伝えるために、面接官はあなたを遮らなければなりませんでした。CDNを含むシステム設計図を描きましたが、設計選択のトレードオフや代替案については議論しませんでした。面接の冒頭で面接官が提示した限られた範囲を超えて、ほかの可能性を積極的に提案しませんでした。例えば、最も人気のある写真を決定するための分析や、ユーザーに共有する写真を推奨するためのパーソナライゼーションなどです。適切な質問をせず、ロギング、モニタリング、アラートのような重要な概念に言及できませんでした。

　エンジニアリングの経験と、業界のベストプラクティスや発展について学び、読書を続けるための懸命な努力があっても、システム設計の幅広さは広大です。あなたは、ロードバランサーや特定のNoSQLデータベースのような、直接触れることのない多くのシステム設計コンポーネントについての正式な知識と理解が不足していることに気付きます。そのため、面接官が期待するレベルの完全性を持つシステム設計図を作成することができず、システムのさまざまなレベルについて議論する際にスムーズにズームイン・ズームアウトすることができませんでした。これらのことを学ぶまでは、採用基準を満たすことはできず、複雑なシステムを真に理解したり、より上級のエンジニアリングリーダーシップやメンターシップの役割に昇進したりすることもできないのです。

Zhiyong Tan

謝 辞

妻のEmmaに感謝します。彼女は、仕事でのさまざまな困難で時間のかかるプロジェクトに取り組んだり、さまざまなアプリケーションを書いたり、本書を執筆したりする際に、常に励ましてくれました。娘のAdaにも感謝します。彼女は、コーディングや執筆のフラストレーションと退屈さに耐える私の励みです。

弟のZhilongに感謝します。彼は、私の原稿に多くの貴重なフィードバックをしてくれました。彼自身もMetaでシステム設計とビデオエンコーディングプロトコルを担当する専門家です。姉のShuminに感謝します。彼女は常にサポーティブで、私により多くを達成するように後押ししてくれました。

お母さん、お父さん、全てを可能にしてくれた犠牲に感謝します。

Manningのスタッフ全員に感謝します。始めに、私の本の提案レビュアーであるAndreas von Linden、Amuthan Ganeshan、Marc Roulleau、Dean Tsaltas、Vincent Liardに感謝します。Amuthanは詳細なフィードバックを提供し、提案されたトピックについてよい質問をしてくれました。Katie Sposato Johnsonは、原稿のレビューと改訂の1年半のプロセスを導いてくれました。彼女は各章を校正し、そのフィードバックは本の表現と明確さを大幅に改善しました。技術編集者のMohit Chilkotiは、明確さを改善し、エラーを指摘するための多くのよい提案をしてくれました。レビュー編集者のAdriana Saboとそのチームはパネルレビューを組織し、本書を大幅に改善するために使用した貴重なフィードバックを集めてくれました。全てのレビュアーに感謝します。Abdul Karim Memon、Ajit Malleri、Alessandro Buggin、Alessandro Campeis、Andres Sacco、Anto Aravinth、Ashwini Gupta、Clifford Thurber、Curtis Washington、Dipkumar Patel、Fasih Khatib、Ganesh Swaminathan、Haim Raman、Haresh Lala、Javid Asgarov、Jens Christian B. Madsen、Jeremy Chen、Jon Riddle、Jonathan Reeves、Kamesh Ganesan、Kiran Anantha、Laud Bentil、Lora Vardarova、Matt Ferderer、Max Sadrieh、Mike B.、Muneeb Shaikh、Najeeb Arif、Narendran Solai Sridharan、Nolan To、Nouran Mahmoud、Patrick Wanjau、Peiti Li、Péter Szabó、Pierre-Michel Ansel、Pradeep Chellappan、Rahul Modpur、Rajesh Mohanan、Sadhana Ganapathiraju、Samson Hailu、Samuel Bosch、Sanjeev Kilarapu、Simeon Leyzerzon、Sravanthi Reddy、Vincent Ngo、Zoheb Ainapore、Zorodzayi Mukuya、あなたたちの提案は、本書をよりよいものにするのに役立ちました。

Marc Roulleau、Andres von Linden、Amuthan Ganesan、Rob Conery、Scott Hanselmanには、サポートと追加リソースの推薦に感謝します。

タフな北部の人間(軟弱な南部の人間ではなく)Andrew WaldronとIan Houghに感謝します。Andyは全章にわたって多くの有用で詳細な情報を埋めるように私を後押しし、図版をページに適切に収めるフォーマット方法を指導してくれました。彼は、私が以前考えていたよりもはるかに能力があることを発見するのを助けてくれました。Aira DučićとMatko Hrvatinはマーケティングで大いに助けてくれ、Dragana Butigan-BerberovićとIvan Martinovićはフォーマットで素晴らしい仕事をしてくれました。Stjepan JurekovićとNikola Dimitrijevićは私のプロモーションビデオを通して導いてくれました。

本書について

本書はWebサービスに関する書籍です。システム面接の候補者がシステムの要件について議論し、それらの要件を満たす合理的な複雑さとコストのシステムを設計する際の事柄について書かれています。

ほとんどのソフトウェアエンジニアリング、ソフトウェアアーキテクチャ、エンジニアリングマネージャーの面接では、コーディング面接に加えて、システム設計面接が行われています。

大規模なシステムを設計およびレビューする能力は、エンジニアリングの上級職になるにつれて重要と見なされます。それに応じて、システム設計面接は上級職の面接での重要度が上がります。面接官としても候補者としても、これらの準備をすることは、技術業界でのキャリアにとってよい時間の投資だといえるでしょう。

システム設計面接はオープンエンド（自由形式で回答する質問）で行われるため、何を準備すべきか、あるいは面接中に何をどのように議論すべきかを知ることが難しいものになっています。さらに、このトピックに特化した書籍はほとんどありません。これは、システム設計が、芸術であり科学でもあるからです。完璧さを求めるものではありません。与えられたリソースと時間内で達成可能なシステムを設計するために、トレードオフと妥協を決定し、現在の要件と将来の可能性のある要件に最も適したものにすることです。本書を通じて、読者は知識の基盤を構築したり、知識のギャップを特定して埋めたりできます。

システム設計面接では、言語コミュニケーションスキル、素早い思考、よい質問をする能力、パフォーマンスの懸念への対処能力も問われます。本書は、1時間未満の面接で、自分のシステム設計の専門知識を効果的かつ簡潔に表現し、適切な質問をして面接官に面接を望む方向に導く必要があることを強調しています。本書を読み、ほかのエンジニアとシステム設計の議論を練習することで、システム設計面接に合格し、参加する組織でシステムの設計にうまく参加するために必要な知識と表現力を身に付けることができます。また、システム設計面接を行う面接官のためのリソースにもなります。

●本書の対象読者

本書は、キャリアを向上させたいソフトウェアエンジニア、ソフトウェアアーキテクト、エンジニアリングマネージャーを対象としています。

入門的なソフトウェアエンジニアリングの書籍ではありません。本書は、最小限の業界経験を積んだ後に読むのが最も効果的です。例えば、初めてインターンシップを行う学生は、馴染みのないツールのオンラインドキュメントやその他の入門資料を読んだ上であれば、本書で触れられている馴染みのない概念について、職場のエンジニアと議論することができるでしょう。本書では、システム設計面接にどのようにアプローチするかについて議論し、オンラインやほかの書籍で簡単に見つけられるような入門的な内容は省略されています。少なくとも、中級レベルのコーディングとSQLの習熟度が前提とされています。

●本書の構成：ロードマップ

　本書は、2部構成の17の章と4つの短い付録で構成されています。

　第1部は典型的な教科書のような構成になっており、システム設計面接で議論されるさまざまなトピックをカバーする内容です。

　第2部は、第1部で扱った概念を用いて、具体的な面接の質問の議論を行う形で構成されています。各章は、なるべく第1部で学んだことのいくつかまたはほとんどを使用するように選ばれています。本書は一般的なWebサービスに焦点を当てており、支払い、ビデオストリーミング、位置情報サービス、データベース開発のような高度に専門的で複雑なトピックは除外しています。候補者に10分間かけてデータベースの線形化や整合性のトピック（調整サービス、クォーラム、ゴシッププロトコルなど）について議論するように求めることは、そのトピックについて10分間議論できるだけの専門知識を有しているということ以外には、何も示していないと私は考えます。高度な専門知識を必要とする専門職の面接では、専門化されたトピックが面接全体の焦点であるべきで、専用の書籍を書ける内容です。本書では、そのような専門的なトピックが言及される場合、これらのトピックに専念した書籍やリソースを紹介しています。

●liveBook ディスカッションフォーラム

　本書を購入すると、（原著の版元である）Manning Publicationsが運営するオンライン読書プラットフォームである「liveBook」に無料でアクセスできます。liveBookの専用ディスカッション機能を使用して、本全体や特定のセクションや段落にコメントを付けることが可能です。自分用のメモを作成したり、技術的な質問をしたり、回答を得たり、著者やほかのユーザーからのサポートを受けることが簡単にできます。フォーラムを利用するには、https://livebook.manning.com/book/acing-the-system-design-interview/discussionにアクセスしてください。また、マニングのフォーラムと行動規則については、https://livebook.manning.com/discussionを参照してください。

　Manningが読者の皆さんに提供するのは、読者の皆さんの間や読者と著者の間で有意義な議論が行われる場です。著者側のフォーラムへの参加は任意（無報酬）であり、どれくらい参加するのかを保証するものではありません。著者の興味が失われないように、著者の興味をそそる質問をしてみることをお勧めします。このフォーラムと過去のディスカッションのアーカイブは、書籍が出版されている限り、ManningのWebサイトからアクセスできます。

● その他のオンラインリソース

- https://github.com/donnemartin/system-design-primer
- https://bigmachine.io/products/mission-interview/
- http://geeksforgeeks.com
- http://algoexpert.io
- https://www.learnbay.io/
- http://leetcode.com
- https://bigmachine.io/products/mission-interview/

著者について

Zhiyong TanはPayPalのマネージャーです。以前は、Uberのシニアフルスタックエンジニア、Teradataのソフトウェアエンジニア、さまざまなスタートアップのデータエンジニアでした。長年にわたって、数多くのシステム設計面接で面接官と候補者の両方の立場を経験してきました。また、Amazon、Apple、ByteDance/TikTokなどの有名企業から高評価の求人オファーを受けています。

技術編集者について

Mohit Chilkotiは、Chargebeeのプラットフォームアーキテクトです。AWS認定ソリューションアーキテクトであり、Morgan StanleyのAlternative Investment Trading PlatformとTekion CorpのRetail Platformを設計しました。

表紙イラストについて

本書の表紙の図は、『Femme Tatar Tobolsk』または『トボリスク地方のタタール人女性』で、Jacques Grasset de Saint-Sauveurのコレクションから1784年に出版されたものです。イラストは細密に描かれ、手彩色されています。

当時は、人々の住んでいる場所や職業、社会的地位は、彼らの服装だけで簡単に識別することができました。Manningは、何世紀も前の地域文化の豊かな多様性をベースとした書籍の表紙とすることで、コンピュータビジネスの創意工夫と先進性を称えています。これらのコレクションからの作品によって、その文化が再び命を吹き込まれています。

日本語版のためのまえがき

私が上梓した『Acing the System Design Interview』を日本の読者に紹介できることを、大変光栄に思います。本書は、私自身がシステム設計面接の難関を乗り越えた経験、そして、ほかの人の成功を助けるメンターとなった経験に基づいています。これらの面接は、単なる技術知識のテストではなく、複雑な問題を解決し、スケーラブルなシステムを設計し、最も重要なこととして、慎重なトレードオフを行うアプローチを反映しています。

システム設計は、完璧を追求することではありません。現実のエンジニアリングは、スケーラビリティとコスト、シンプルさと柔軟性、速度と信頼性の間でバランスを取ることです。「システム設計を習得する」とは、これらのトレードオフを評価し、理由を明確に伝え、ビジネスの目標とユーザーのニーズが合致する点の判断を学ぶことです。この原則が、本書の根幹を成しています。

アメリカでは、本書はエンジニアや技術リーダーに歓迎され、面接の準備ツールとしてだけではなく、システム設計について批判的かつ実用的に考えるためのリソースとしても利用されています。多くの読者が、この戦略が唯一の「正解」がない現実の課題を乗り越えるのにどれほど役立ったかを共有しています。

日本は、深い技術的専門知識と精密さと職人技の文化を組み合わせたユニークな立場にあります。これらの強みは、優れたシステム設計の原則と深く共鳴しています。同時に、システム設計は、最適な結果を追求する中で不完全さを受け入れることを必要とし、これは完璧主義者にとっては挑戦となるかもしれません。本書は、エンジニアが各問題に対して適切なバランスを見つけるのを助け、機能的でありながらトレードオフも洗練されたシステムを作り上げるためのフレームワークと視点を提供することを目指しています。

本書のアメリカにおける成功によって、複数の言語への翻訳のチャンスを得ることができました。そして、日本語版を皆さんにお届けできることに非常に興奮しています。日本のエンジニアが持つ品質と革新への献身は高く評価されています。システム設計面接の準備をしているか、日々の仕事で複雑な課題を解決しようとしているかにかかわらず、本書が創造的かつ実用的なアプローチで設計に取り組むためのインスピレーションを与えることを願っています。

また、訳者、監訳者、秀和システム株式会社の献身に深く感謝します。本書を日本の読者に届けるために尽力していただいたことで、ここで共有されている戦略と視点が日本中のエンジニアに届き、グローバルな技術コミュニティにおける協力とイノベーションを促進できます。

この旅に出る全ての読者に、面接での成功だけではなく、エンジニアとしてのキャリアでの成功を祈っています。優れたシステム設計の本質はトレードオフのバランスを取る技術にあります。それぞれの課題に対して、好奇心、自信、そして複数の視点を探求する意欲を持って取り組んでください。

心よりの感謝を込めて。

陳志勇
Tan Zhi Yong

監訳者まえがき

近年、技術の進化とともにシステム設計の重要性が急速に高まっています。インターネットサービスやクラウドコンピューティングが日常生活のあらゆる場面に浸透する中で、数百万人、さらには数億人規模のユーザーを支えるためには、単なるコードの実装能力を超えた「設計力」が求められるようになりました。特に、スケーラブルなアーキテクチャの設計や、分散システムの効率的な構築は、技術者が現代の開発現場で直面する重要な課題の1つです。そのような課題を乗り越えるためには、単なる知識やスキルだけではなく、抽象的な概念を実務に落とし込む応用力が不可欠です。

本書『システム設計面接の傾向と対策』は、このような要求が高まる中で、技術者が特に直面する「システム設計面接」に特化したユニークなガイドブックです。従来の面接対策書では、アルゴリズムやコーディングスキルに焦点が当てられることが多かったのですが、本書はさらに一歩進んで、システム全体の設計能力を問う面接に備えるための知識と実践力を養うことを目的としています。本書の最大の特長は、単なる面接の指針に留まらず、設計スキルを総合的に高める内容にまで踏み込んでいる点です。

システム設計面接を受けるエンジニアにとっては、本書は具体的な事例を通じて実践的なスキルを身に付けるための指針となるでしょう。また、面接官として技術者を評価する立場の人にとっても、技術力を的確に測るための視点やヒントを提供します。さらに、日々の業務でシステム設計や分散システムの課題に取り組む技術者にとっても、本書はインスピレーションを与え、新しい設計手法を学ぶ貴重な1冊となるはずです。

本書の著者は、分散システムや大規模システム設計の分野で豊富な経験を持つ技術者であり、その深い洞察は随所に反映されています。特に、AmazonやFacebook、Twitterといった大規模Webサービスを模した事例を用いることで、抽象的な設計理論を現場の実務に落とし込む具体的な方法論が紹介されています。これによって、読者はシステム設計の概念を深く理解できるだけではなく、それを応用する力を養うこともできます。本書を通じて得られる知識は、実務の中で直面する課題解決にも大いに役立つことでしょう。

私自身、新卒でDigital Equipment Corporation（DEC）にてコンパイラやリレーショナルデータベース（RDB）を開発し、その後Oracle本社でOracle 8の開発に携わる中で、システム設計の重要性を何度も痛感しました。帰国後はオープンソースや技術者コミュニティに積極的に関わり、ミラクル・リナックス株式会社や楽天株式会社での経験を通じて、システム設計のスキルが技術者のキャリア形成においてどれほど大切であるかを強く感じています。監訳者として、本書が技術者一人ひとりのスキル向上に寄与するものと確信しています。

本書は、システム設計の基本的な考え方から始まり、典型的な大規模Webサービスにおける設計、実装、運用に至るまで、多岐にわたるトピックを扱っています。特に第2部では、AmazonやFacebookを模した具体的なシステム事例を題材に、設計や運用における課題が詳細に議論されています。これによって、理論だけではなく、現場で直面する具体的な問題への対応力を養うことができます。この構成は、実務においてすぐに活用可能なアイデアや戦略を提供する点で、非常に有用です。

読者の皆さまには、本書を単なる面接対策本としてではなく、日々の設計業務における実践的なガイドブックとして活用していただきたいと思います。例えば、本書の具体的な事例と自身の設計を照らし合わせ、課題解決のヒントを得ることで、日々の業務に新たな洞察をもたらすことができるでしょう。また、面接官として技術者を評価する際には、基準や期待値を明確にするための指標として本書を参考にしてください。

監訳にあたっては、初出の専門用語には訳注を付けるなど、日本語版読者にとってわかりやすい表現を心がけました。本書を通じて新しい知識を得るだけではなく、未知の分野に挑戦する足がかりとしていただければ幸いです。さらに深い理解を得るために、本書内の脚注やオンライン情報も積極的に活用するとよいでしょう。

本書が、技術者のスキルを正当に評価し、キャリア形成を支援する一助となることを願っています。また、大規模Webサービスの設計や運用の実例が、多くの読者にとって「次の一手」を考える貴重なヒントとなることを確信しています。本書を手に取った皆さまの挑戦と成功を、心から応援しています。

2025年1月
吉岡 弘隆

訳者まえがき

　本書は、主にアメリカなどのテックジャイアント、例えばUber、Amazon、PayPal、LinkedInといった企業の入社試験における「システム設計面接」を突破するための対策本のような位置付けの書籍です。

　こうした「システム設計面接」は、面接に多くの時間をかけるアメリカのテック企業では一般的ですが、日本の企業ではあまり採用されていないように思います。しかし、日本においても技術者が面接を受ける際には、本書で語られるようなトピックに関して知識や考え方を問われることは少なくありません。

　訳者である私も、これまで日本や東南アジアにおいて、何百人ものソフトウエア開発者の面接を面接官として行ってきました。その中で明確に「システム設計」のみにフォーカスしたものはありませんでしたが、これまで関わってきたシステムを例に挙げてもらい、その際の設計の根拠や、新しく作り直すならどのような設計が最適だと思うかといった設計の考慮ポイントやトレードオフを問う質問は数多く行なってきました。

　私がこれまでしてきた質問は、本書で取り上げられているのと同じく、「将来起こり得る問題や課題をどれくらい踏まえて設計ができるか」「将来と現在の状況とを鑑みた上で、今は何をやるべきかをきちんと把握できるか」など、システム設計を行う能力を問うており、そこできちんと答えられる候補者を採用してきています。

　したがって、本書の知識は、海外での就職を考えている人だけではなく、日本における採用面接においても非常に役に立つものだといえるでしょう。もちろん、面接官として面接に臨む際にも、どういうことを質問するべきか、候補者がどのような視点で考えているのかを知る方法など、多くのヒントを得られるはずです。

　また、本書に書かれた、サービスやシステムを設計するに当たって考えなければならない考慮点やトレードオフは、たとえそうした面接を受ける予定がなくても、シニアなソフトウエア開発者としてシステム開発に携わる上で、とても役に立つものとなっています。

　本書では「通知」や「アナリティクス」など、さまざまなサービスにおいて利用され、多くの場所で開発者を悩ませている設計の問題がいくつも取り上げられています。実際に、これまでこうしたシステムの設計で頭を悩ませた開発者も多いのではないのでしょうか。

　これは、本書でも触れられているように、システム設計は正解のない芸術であるからです。こうしたシステムの設計には常に複数の選択肢があり、「トレードオフ」、すなわち、それぞれの選択肢に優れている点と問題点の両方があります。そして、私たち開発者は、それらを俯瞰した上で、要件に最も適するものを、何かしらの欠点があることを織り込み済みで選択する必要があります。

　本書で触れられているさまざまなトレードオフ、そして実際のシステム設計の際に考慮しなければならない観点の数々は、ソフトウエア技術者が採用面接を受ける際、そして実際に現場で設計を行う際に非常に役に立つでしょう。

なお、繰り返しになりますが、本書は主にアメリカなどのテックジャイアントでの面接を想定して書かれています。そのため、システムも大規模なものが想定されており、小規模の会社（例えばスタートアップなど）とはやや異なる状況を想定しているケースもあります。

そもそもスタートアップなどでは、まだサービスのユーザーベースも少なく、チームも小さいために、マイクロサービスになっていないことも多く、モノリスアーキテクチャを提案しても驚かれることはないかもしれませんし、共用のKafkaのサービスが提供されているケースもほとんどないでしょう。

ほかにも、本書では「2024年現在では、PHPが開発言語として選ばれることはほぼない」と断言していますが、東南アジアではまだ普通に新規開発にも使われることが多いなど、もしかしたら読者の皆さんも、ちょっとした差異を感じることはあるかもしれません。

とはいえ、いつかサービスが大きく成長するときのことを頭に入れておくことはとても重要ですし、将来的なシステム変更やデータ移行などを踏まえて、現在のアーキテクチャを選択できることは、ソフトウエア開発者として、アーキテクトとして、大きな強みになるはずです。

また、近年の生成AIの台頭は、単純なコードを書くだけの仕事を駆逐し始めており、本書で語られているようなサービス全体を踏まえて設計を行ったり、想定されている数値から具体的な非機能要件を計算していく考え方などを持つことは、開発者として生き残るためにも非常に重要なスキルとなっていくでしょう。

そのようなことを踏まえても、本書の広く設計を俯瞰した視点、幅広くトピックをカバーした内容は、さまざまな場面で、きっと皆さんのお役に立てることと思います。

最後に、本書の翻訳にあたり、監訳をしてくださった吉岡弘隆さん、査読をしてくださった園田修平さん、そして翻訳を手伝ってくださった皆さんに感謝いたします。

翻訳者として、またソフトウエア開発者として、この本を手に取ってくださる皆さんが、よりよいシステムを設計し、よりよいソフトウエア開発者として成長できるように、心から願っています。

2024年12月

水野 貴明

目　次

序文	iv
まえがき	vii
謝辞	ix
本書について	x
著者について	xii
技術編集者について	xii
表紙イラストについて	xii
日本語版のためのまえがき	xiii
監訳者まえがき	xiv
訳者まえがき	xvi

Part 1

Chapter 1　システム設計に関する概念を俯瞰する　003

1.1	**トレードオフについての議論**	**004**
1.2	**あなたは本書を読むべきでしょうか?**	**005**
1.3	**本書の概要**	**006**
1.4	**前奏曲：システムのさまざまなサービスにおける、スケーリングについての簡単な議論**	**007**
	1.4.1　始まり：アプリケーションの小規模な初期デプロイメント	007
	1.4.2　GeoDNSでのスケーリング	009
	1.4.3　キャッシングサービスの追加	010
	1.4.4　コンテンツ配信ネットワーク	011
	1.4.5　水平スケーラビリティとクラスタ管理、継続的インテグレーション、継続的デプロイメントについての簡単な議論	012
	1.4.6　機能的分割と横断的な関心の集約	016
	1.4.7　バッチあるいはストリーミングによる抽出、変換、書き出し(ETL)の処理	022
	1.4.8　その他の一般的なサービス	023
	1.4.9　クラウド vs ベアメタル	024
	1.4.10　サーバレス：Function as a Service (FaaS)	027
	1.4.11　結論：バックエンドサービスのスケーリング	029
まとめ		**029**

Chapter *2* 典型的なシステム設計面接の流れ　　　**031**

2.1　**要件を明確にし、トレードオフについて議論する** ……………… **033**

2.2　**API仕様の草案を作成する** ……………………………………… **036**

　2.2.1　一般的なAPIエンドポイント ……………………………………… 036

2.3　**ユーザーとデータ間の接続と処理** ……………………………… **037**

2.4　**データモデルを設計する** ………………………………………… **038**

　2.4.1　複数のサービスがデータベースを共有することの欠点の例 ……… 039

　2.4.2　ユーザー更新の競合を防ぐために利用可能な技術 ……………… 040

2.5　**ロギング、モニタリング、アラート** …………………………… **043**

　2.5.1　モニタリングの重要性 …………………………………………… 044

　2.5.2　オブザーバビリティ ……………………………………………… 044

　2.5.3　アラートへの対応 ………………………………………………… 047

　2.5.4　アプリケーションレベルのロギングツール ……………………… 048

　2.5.5　ストリーミングあるいはバッチ処理によるデータ品質の監査 …… 050

　2.5.6　データ異常を検出するための異常検知 ………………………… 051

　2.5.7　検知されないエラーと監査 ……………………………………… 051

　2.5.8　オブザーバビリティに関する参考情報 ………………………… 052

2.6　**検索バー** …………………………………………………………… **052**

　2.6.1　導入 ……………………………………………………………… 052

　2.6.2　Elasticsearchを用いた検索バーの実装 ……………………… 054

　2.6.3　Elasticsearchインデックスと取り込み ………………………… 055

　2.6.4　SQLの代わりにElasticsearchを利用する ……………………… 056

　2.6.5　サービスでの検索の実装 ………………………………………… 057

　2.6.6　検索に関する読み物 ……………………………………………… 057

2.7　**その他の議論** ……………………………………………………… **058**

　2.7.1　アプリケーションの運用と拡張 …………………………………… 058

　2.7.2　ほかのタイプのユーザーのサポート ……………………………… 059

　2.7.3　代替となるアーキテクチャの決定 ………………………………… 059

　2.7.4　ユーザビリティとフィードバック …………………………………… 059

　2.7.5　エッジケースと新しい制約 ………………………………………… 060

　2.7.6　クラウドネイティブの概念 ………………………………………… 062

2.8　**面接後の振り返りと評価** ………………………………………… **062**

　2.8.1　面接後できるだけ早く振り返りを書く …………………………… 062

　2.8.2　自己評価を書く …………………………………………………… 064

　2.8.3　言及しなかった詳細な事項 ……………………………………… 064

　2.8.4　面接のフィードバック …………………………………………… 066

2.9　**会社を面接する** …………………………………………………… **066**

まとめ ……………………………………………………………………… **069**

Chapter *3* 非機能要件 **071**

3.1 スケーラビリティ ⋯⋯⋯⋯⋯⋯⋯⋯⋯⋯⋯⋯⋯⋯⋯⋯⋯⋯⋯ **073**
   3.1.1   ステートレスサービスとステートフルサービス ⋯⋯⋯⋯⋯⋯ 074
   3.1.2   基本的なロードバランサーの概念 ⋯⋯⋯⋯⋯⋯⋯⋯⋯⋯⋯ 074
3.2 可用性 ⋯⋯⋯⋯⋯⋯⋯⋯⋯⋯⋯⋯⋯⋯⋯⋯⋯⋯⋯⋯⋯⋯⋯ **077**
3.3 フォールトトレランス ⋯⋯⋯⋯⋯⋯⋯⋯⋯⋯⋯⋯⋯⋯⋯⋯⋯ **079**
   3.3.1   レプリケーションと冗長性 ⋯⋯⋯⋯⋯⋯⋯⋯⋯⋯⋯⋯⋯ 079
   3.3.2   前方誤り訂正と誤り訂正符号 ⋯⋯⋯⋯⋯⋯⋯⋯⋯⋯⋯⋯ 080
   3.3.3   サーキットブレーカー ⋯⋯⋯⋯⋯⋯⋯⋯⋯⋯⋯⋯⋯⋯⋯ 080
   3.3.4   指数バックオフとリトライ ⋯⋯⋯⋯⋯⋯⋯⋯⋯⋯⋯⋯⋯ 081
   3.3.5   ほかのサービスのレスポンスのキャッシング ⋯⋯⋯⋯⋯⋯ 081
   3.3.6   チェックポインティング ⋯⋯⋯⋯⋯⋯⋯⋯⋯⋯⋯⋯⋯⋯ 081
   3.3.7   デッドレターキュー ⋯⋯⋯⋯⋯⋯⋯⋯⋯⋯⋯⋯⋯⋯⋯ 082
   3.3.8   ロギングと定期的な監査 ⋯⋯⋯⋯⋯⋯⋯⋯⋯⋯⋯⋯⋯ 083
   3.3.9   バルクヘッドパターン ⋯⋯⋯⋯⋯⋯⋯⋯⋯⋯⋯⋯⋯⋯⋯ 083
   3.3.10 フォールバックパターン ⋯⋯⋯⋯⋯⋯⋯⋯⋯⋯⋯⋯⋯ 085
3.4 パフォーマンス／レイテンシとスループット ⋯⋯⋯⋯⋯⋯ **085**
3.5 整合性 ⋯⋯⋯⋯⋯⋯⋯⋯⋯⋯⋯⋯⋯⋯⋯⋯⋯⋯⋯⋯⋯⋯⋯ **087**
   3.5.1   フルメッシュ ⋯⋯⋯⋯⋯⋯⋯⋯⋯⋯⋯⋯⋯⋯⋯⋯⋯⋯ 088
   3.5.2   コーディネーションサービス ⋯⋯⋯⋯⋯⋯⋯⋯⋯⋯⋯⋯ 089
   3.5.3   分散キャッシュ ⋯⋯⋯⋯⋯⋯⋯⋯⋯⋯⋯⋯⋯⋯⋯⋯⋯ 091
   3.5.4   ゴシッププロトコル ⋯⋯⋯⋯⋯⋯⋯⋯⋯⋯⋯⋯⋯⋯⋯ 092
   3.5.5   ランダムリーダー選択 ⋯⋯⋯⋯⋯⋯⋯⋯⋯⋯⋯⋯⋯⋯⋯ 093
3.6 精度 ⋯⋯⋯⋯⋯⋯⋯⋯⋯⋯⋯⋯⋯⋯⋯⋯⋯⋯⋯⋯⋯⋯⋯⋯ **093**
3.7 複雑性と保守性 ⋯⋯⋯⋯⋯⋯⋯⋯⋯⋯⋯⋯⋯⋯⋯⋯⋯⋯⋯ **094**
   3.7.1   継続的デプロイメント（CD） ⋯⋯⋯⋯⋯⋯⋯⋯⋯⋯⋯ 095
3.8 コスト ⋯⋯⋯⋯⋯⋯⋯⋯⋯⋯⋯⋯⋯⋯⋯⋯⋯⋯⋯⋯⋯⋯⋯ **096**
3.9 セキュリティ ⋯⋯⋯⋯⋯⋯⋯⋯⋯⋯⋯⋯⋯⋯⋯⋯⋯⋯⋯⋯ **097**
3.10 プライバシー ⋯⋯⋯⋯⋯⋯⋯⋯⋯⋯⋯⋯⋯⋯⋯⋯⋯⋯⋯⋯ **097**
   3.10.1 外部サービス vs 内部サービス ⋯⋯⋯⋯⋯⋯⋯⋯⋯⋯ 098
3.11 クラウドネイティブ ⋯⋯⋯⋯⋯⋯⋯⋯⋯⋯⋯⋯⋯⋯⋯⋯⋯ **100**
3.12 さらなる参考情報 ⋯⋯⋯⋯⋯⋯⋯⋯⋯⋯⋯⋯⋯⋯⋯⋯⋯⋯ **100**
まとめ ⋯⋯⋯⋯⋯⋯⋯⋯⋯⋯⋯⋯⋯⋯⋯⋯⋯⋯⋯⋯⋯⋯⋯⋯⋯ **101**

Chapter *4* データベースのスケーリング　　**103**

4.1	**ストレージサービスに関する簡単な前置き**	**103**
4.2	**データベースを使用する場合と避ける場合**	**105**
4.3	**レプリケーション**	**106**
	4.3.1　レプリカの分散	107
	4.3.2　シングルリーダーレプリケーション	108
	4.3.3　マルチリーダーレプリケーション	111
	4.3.4　リーダーレスレプリケーション	113
	4.3.5　HDFSレプリケーション	113
	4.3.6　さらなる参考文献	116
4.4	**シャーディングされたデータベースによる** **ストレージ容量のスケーリング**	**116**
	4.4.1　シャーディングされたRDBMS	117
4.5	**イベントの集約**	**117**
	4.5.1　単一層集約	118
	4.5.2　多層集約	119
	4.5.3　パーティショニング	120
	4.5.4　イベントの種類が非常に多い場合	122
	4.5.5　レプリケーションとフォールトトレランス	123
4.6	**バッチおよびストリーミングETL**	**124**
	4.6.1　簡単なバッチETLパイプライン	125
	4.6.2　メッセージング用語	127
	4.6.3　KafkaとRabbitMQ	129
	4.6.4　Lambdaアーキテクチャ	130
4.7	**非正規化**	**131**
4.8	**キャッシング**	**132**
	4.8.1　読み取り戦略	134
	4.8.2　書き込み戦略	136
4.9	**別サービスとしてのキャッシング**	**137**
4.10	**異なる種類のデータのキャッシュの例とその手法**	**138**
4.11	**キャッシュの無効化**	**140**
	4.11.1　ブラウザキャッシュの無効化	140
	4.11.2　キャッシングサービスでのキャッシュ無効化	141
4.12	**キャッシュウォーミング**	**142**
4.13	**さらなる参考文献**	**143**
	4.13.1　キャッシングの参考文献	143
まとめ		**143**

Chapter 5 分散トランザクション — 147

5.1 イベント駆動アーキテクチャ（EDA）	**148**
5.2 イベントソーシング	**149**
5.3 変更データキャプチャ（CDC）	**151**
5.4 イベントソーシングとCDCの比較	**152**
5.5 トランザクションスーパーバイザー	**153**
5.6 Saga	**153**
5.6.1 コレオグラフィ	154
5.6.2 オーケストレーション	157
5.6.3 比較	159
5.7 その他のトランザクションタイプ	**160**
5.8 さらなる参考文献	**160**
まとめ	**161**

Chapter 6 機能的分割のための共通サービス — 163

6.1 サービスのさまざまな共通機能	**164**
6.1.1 セキュリティ	165
6.1.2 エラーチェック	165
6.1.3 パフォーマンスと可用性	166
6.1.4 ロギングと分析	166
6.2 サービスメッシュ／サイドカーパターン	**166**
6.3 メタデータサービス	**168**
6.4 サービスディスカバリ	**170**
6.5 機能的分割とさまざまなフレームワーク	**171**
6.5.1 アプリの基本的なシステム設計	171
6.5.2 Webサーバアプリケーションの目的	172
6.5.3 Webとモバイルのフレームワーク	174
6.6 ライブラリ vs サービス	**180**
6.6.1 言語に依存するか、テクノロジーに依存しないか	181
6.6.2 レイテンシの予測可能性	182
6.6.3 動作の予測可能性と再現性	182
6.6.4 ライブラリのスケーリングに関する考慮事項	183
6.6.5 その他の考慮事項	183
6.7 一般的なAPIパラダイム	**184**
6.7.1 OSI（Open Systems Interconnection）参照モデル	184
6.7.2 REST	185

6.7.3	RPC（Remote Procedure Call）	187
6.7.4	GraphQL	189
6.7.5	WebSocket	190
6.7.6	比較	190

まとめ 191

Part *2*

Chapter *7* Craigslist の設計 195

7.1	ユーザーストーリーと要件	196
7.2	API	197
7.3	SQL データベーススキーマ	198
7.4	初期の高レベルアーキテクチャ	199
7.5	モノリス型アーキテクチャ	200
7.6	SQL データベースとオブジェクトストアの使用	202
7.7	移行は厄介な作業である	203
7.8	投稿の書き込みと読み取り	206
7.9	機能的パーティショニング	209
7.10	キャッシング	211
7.11	CDN	211
7.12	SQL クラスタによる読み取りのスケーリング	212
7.13	書き込みスループットのスケーリング	212
	7.13.1 Kafka のようなメッセージブローカーを使用する	212
7.14	電子メールサービス	213
7.15	検索	214
7.16	古い投稿の削除	214
7.17	モニタリングとアラート	215
7.18	これまでのアーキテクチャ議論のまとめ	216
7.19	その他の可能な議論トピック	216
	7.19.1 投稿の報告	216
	7.19.2 グレースフルデグラデーション（優雅な機能低下）	217
	7.19.3 複雑さ	217
	7.19.4 アイテムカテゴリ／タグ	219
	7.19.5 分析とレコメンデーション	220
	7.19.6 A/B テスト	220
	7.19.7 サブスクリプションと保存された検索	220

7.19.8	検索サービスへの重複リクエストを許可する	222
7.19.9	検索サービスへの重複リクエストを避ける	222
7.19.10	レートリミットの導入	223
7.19.11	大量の投稿	223
7.19.12	地域の規制	224

まとめ ･･････ **225**

Chapter *8* レートリミットサービスの設計 227

8.1 レートリミットサービスの代替案とそれが実現不可能な理由 ･･･ **229**

8.2 レートリミットを行わない場合 ･･･ **231**

8.3 機能要件 ･･･ **231**

8.4 非機能要件 ･･･ **232**

8.4.1	スケーラビリティ	232
8.4.2	パフォーマンス	233
8.4.3	複雑さ	233
8.4.4	セキュリティとプライバシー	233
8.4.5	可用性と耐障害性	234
8.4.6	精度	234
8.4.7	整合性	234

8.5 ユーザーストーリーと必要なサービスコンポーネントの議論 ･･･ **235**

8.6 高レベルアーキテクチャ ･･･ **236**

8.7 ステートフルアプローチ／シャーディング ･･･ **239**

8.8 全てのカウントを各ホストに保存する ･･･ **242**

| 8.8.1 | 高レベルアーキテクチャ | 242 |
| 8.8.2 | カウントの同期 | 245 |

8.9 レートリミットアルゴリズム ･･･ **248**

8.9.1	トークンバケット	249
8.9.2	リーキーバケット	251
8.9.3	固定ウィンドウカウンター	252
8.9.4	スライディングウィンドウログ	255
8.9.5	スライディングウィンドウカウンター	256

8.10 サイドカーパターンの採用 ･･･ **256**

8.11 ロギング、モニタリング、アラート ･･･ **256**

8.12 クライアントライブラリで機能を提供する ･･･ **257**

8.13 さらなる参考文献 ･･･ **258**

まとめ ･･････ **259**

Chapter *9*　通知／アラートサービスの設計　　261

9.1　機能要件 ····· 261
- 9.1.1　通知サービスはアップタイムモニタリングには適さない ····· 262
- 9.1.2　ユーザーとデータ ····· 263
- 9.1.3　受信者チャンネル ····· 263
- 9.1.4　テンプレート ····· 264
- 9.1.5　トリガー条件 ····· 265
- 9.1.6　購読者、送信者グループ、受信者グループの管理 ····· 265
- 9.1.7　ユーザー機能 ····· 265
- 9.1.8　分析 ····· 266

9.2　非機能要件 ····· 266

9.3　初期の高レベルアーキテクチャ ····· 267

9.4　オブジェクトストア：通知の設定と送信 ····· 272

9.5　通知テンプレート ····· 274
- 9.5.1　通知テンプレートサービス ····· 274
- 9.5.2　追加機能 ····· 276

9.6　スケジュールされた通知 ····· 277

9.7　通知アドレス指定グループ ····· 279

9.8　購読解除リクエストの処理 ····· 283

9.9　配信失敗の処理 ····· 285

9.10　重複した通知に関するクライアント側の考慮事項 ····· 287

9.11　優先度 ····· 287

9.12　検索 ····· 288

9.13　モニタリングとアラート ····· 289

9.14　通知／アラートサービスの可用性モニタリングとアラート ····· 289

9.15　その他の議論可能なトピック ····· 290

9.16　最終ノート ····· 291

まとめ ····· 292

Chapter *10*　データベースバッチ監査サービスの設計　　293

10.1　なぜ監査が必要なのか？ ····· 294

10.2　SQLクエリの結果に対する条件文による検証の定義 ····· 297

10.3　シンプルなSQLバッチ監査サービス ····· 300
- 10.3.1　監査スクリプト ····· 300
- 10.3.2　監査サービス ····· 302

10.4	要件	304
10.5	高レベルアーキテクチャ	305
	10.5.1 バッチ監査ジョブの実行	307
	10.5.2 アラートの処理	307
10.6	データベースクエリの制約	310
	10.6.1 クエリ実行時間の制限	311
	10.6.2 送信前のクエリ文字列のチェック	311
	10.6.3 ユーザーは早めにトレーニングを受けるべきである	312
10.7	同時に大量なクエリが実行されることを防止する	312
10.8	データベーススキーマメタデータのほかのユーザー	314
10.9	データパイプラインの監査	315
10.10	ロギング、モニタリング、アラート	316
10.11	その他の可能な監査タイプ	317
	10.11.1 データセンター間の整合性監査	317
	10.11.2 上流と下流のデータの比較	317
10.12	その他の議論可能なトピック	317
10.13	参考文献	318
	まとめ	318

Chapter 11 オートコンプリート／タイプアヘッド　321

11.1	オートコンプリートの用途	322
11.2	検索とオートコンプリート	323
11.3	機能要件	324
	11.3.1 オートコンプリートサービスの範囲	324
	11.3.2 いくつかのUXの詳細	325
	11.3.3 検索履歴の考慮	326
	11.3.4 コンテンツモデレーションと公平性	327
11.4	非機能要件	327
11.5	高レベルアーキテクチャの計画	328
11.6	重み付けトライアプローチと初期の高レベルアーキテクチャ	329
11.7	実装の詳細	331
	11.7.1 各ステップは独立したタスクであるべき	332
	11.7.2 ElasticsearchからHDFSに関連ログを取得する	333
	11.7.3 検索文字列を単語に分割し、ほかの単純な操作を行う	334
	11.7.4 不適切な単語をフィルタリングする	334
	11.7.5 ファジーマッチングとスペル修正	337
	11.7.6 単語のカウント	337

11.7.7	適切な単語のフィルタリング	338
11.7.8	頻出の新しい未知の単語の管理	338
11.7.9	重み付けトライの生成と配布	338

11.8 サンプリングアプローチ **340**

11.9 ストレージ要件の処理 **340**

11.10 単語ではなくフレーズの処理 **342**

11.10.1	オートコンプリート候補の最大長	343
11.10.2	不適切な候補のフィルタリング	343

11.11 ロギング、モニタリング、アラート **344**

11.12 その他の考慮事項とさらなる議論 **344**

まとめ **345**

Chapter *12* Flickr の設計 347

12.1 ユーザーストーリーと機能要件 **348**

12.2 非機能要件 **349**

12.3 高レベルアーキテクチャ **350**

12.4 SQL スキーマ **352**

12.5 CDN 上のディレクトリとファイルの整理 **353**

12.6 写真のアップロード **354**

12.6.1	クライアントでのサムネイル生成	354
12.6.2	バックエンドでのサムネイル生成	360
12.6.3	サーバサイドとクライアントサイドの両方の生成の実装	367

12.7 画像とデータのダウンロード **367**

12.7.1	リストページの整合性の取れた読み込み	368

12.8 モニタリングとアラート **369**

12.9 その他のサービス **369**

12.9.1	プレミアム機能	369
12.9.2	支払いと税金サービス	369
12.9.3	検閲／コンテンツモデレーション	370
12.9.4	広告	370
12.9.5	パーソナライゼーション	370

12.10 その他の可能な議論トピック **371**

まとめ **372**

Chapter *13*　コンテンツ配信ネットワークの設計　　**373**

13.1　CDN の利点と欠点 **373**
　13.1.1　CDN を使用する利点 374
　13.1.2　CDN を使用する欠点 375
　13.1.3　CDN を使用して画像を提供する際の予期せぬ問題の例 376
13.2　要件 **377**
13.3　CDN の認証と認可 **378**
　13.3.1　CDN における認証と認可のステップ 379
　13.3.2　キーローテーション 382
13.4　高レベルアーキテクチャ **382**
13.5　ストレージサービス **384**
　13.5.1　クラスタ内 384
　13.5.2　クラスタ外 384
　13.5.3　評価 384
13.6　一般的な操作 **385**
　13.6.1　読み取り／ダウンロード 385
　13.6.2　書き込み：ディレクトリ作成、ファイルアップロード、ファイル削除 391
13.7　キャッシュの無効化 **396**
13.8　ロギング、モニタリング、アラート **397**
13.9　メディアファイルのダウンロードに関して議論できる事柄 **397**
まとめ **398**

Chapter *14*　テキストメッセージングアプリの設計　　**399**

14.1　要件 **399**
14.2　設計の第一歩 **401**
14.3　初期の高レベル設計 **402**
14.4　接続サービス **403**
　14.4.1　接続の作成 404
　14.4.2　送信者のブロック 404
14.5　送信者サービス **409**
　14.5.1　メッセージの送信 409
　14.5.2　その他の議論 413
14.6　メッセージサービス **414**
14.7　メッセージ送信サービス **416**
　14.7.1　導入 416
　14.7.2　高レベルアーキテクチャ 417

| 14.7.3 | メッセージ送信の手順 | 420 |

14.7.3　メッセージ送信の手順 ································· 420
14.7.4　いくつかの質問 ·· 420
14.7.5　可用性の向上 ·· 421

14.8　検索 ··· **422**
14.9　ロギング、モニタリング、アラート ················· **422**
14.10　その他の議論になる可能性のあるトピック ······· **423**
まとめ ··· **425**

Chapter *15*　Airbnb の設計　427

15.1　要件 ··· **428**
15.2　設計に関する決定事項 ··································· **432**
15.2.1　レプリケーション ······································· 432
15.2.2　部屋が借りられる状態かを保持するためのデータモデル ··· 433
15.2.3　重複予約の処理 ·· 433
15.2.4　検索結果にランダム性を導入する ················ 434
15.2.5　予約フロー中の部屋のロック ····················· 434
15.3　高レベルアーキテクチャ ································· **434**
15.4　機能的パーティショニング ······························ **436**
15.5　リスティングの作成または更新 ······················ **436**
15.6　承認サービス ··· **439**
15.7　予約サービス ··· **446**
15.8　予約可能確認サービス ··································· **451**
15.9　ロギング、監視、アラート ······························ **453**
15.10　その他の議論可能なトピック ························· **453**
15.10.1　規制との付き合い方 ·································· 454
まとめ ··· **456**

Chapter *16*　ニュースフィードの設計　457

16.1　機能要件 ··· **458**
16.2　高レベルアーキテクチャ ································· **459**
16.3　フィードを事前に準備する ······························ **465**
16.4　検証とコンテンツモデレーション ···················· **470**
16.4.1　ユーザーのデバイス上の記事の変更 ············ 471
16.4.2　記事のタグ付け ·· 473
16.4.3　モデレーションサービス ···························· 474

xxix

16.5	ロギング、モニタリング、アラート	476
	16.5.1 テキストだけでなく画像も提供する	476
	16.5.2 高レベルアーキテクチャ	476
16.6	その他の議論可能なトピック	481
まとめ		482

Chapter *17* Amazonの売上トップ10の商品の ダッシュボードの設計 **483**

17.1	要件	484
17.2	まず初めに考えること	485
17.3	初期の高レベルアーキテクチャ	486
17.4	集計サービス	487
	17.4.1 商品IDによる集計	488
	17.4.2 ホストIDと商品IDのマッチング	489
	17.4.3 タイムスタンプの保存	489
	17.4.4 ホスト上の集計プロセス	490
17.5	バッチパイプライン	492
17.6	ストリーミングパイプライン	494
	17.6.1 単一ホストでのハッシュテーブルとmax-heap	494
	17.6.2 複数のホストへの水平スケーリングと多層集計	495
17.7	近似	497
	17.7.1 Count-Min Sketch	499
17.8	Lambdaアーキテクチャを使用したダッシュボード	501
17.9	Kappaアーキテクチャアプローチ	502
	17.9.1 LambdaアーキテクチャとKappaアーキテクチャの比較	502
	17.9.2 ダッシュボードのKappaアーキテクチャ	504
17.10	ロギング、モニタリング、アラート	505
17.11	その他の議論可能なトピック	505
17.12	参考文献	506
まとめ		506

*A*ppendix

Appendix *A* モノリスとマイクロサービス **509**

| A.1 | モノリスの利点 | 510 |
| A.2 | モノリスの欠点 | 511 |

A.3	**マイクロサービスの利点**	**511**
	A.3.1 製品要件／ビジネス機能のアジャイルかつ迅速な開発とスケーリング	511
	A.3.2 モジュール性と置換可能性	512
	A.3.3 障害の分離と耐障害性	512
	A.3.4 所有権と組織構造	513
A.4	**サービスの欠点**	**513**
	A.4.1 コンポーネントの重複	513
	A.4.2 追加コンポーネントの開発と維持のコスト	514
	A.4.3 分散トランザクション	516
	A.4.4 参照整合性	516
	A.4.5 複数のサービスにまたがる機能開発とデプロイメントの調整	516
	A.4.6 インターフェイス	517
A.5	**参考文献**	**518**

Appendix B　OAuth 2.0 認可と OpenID Connect 認証　519

B.1	**認可と認証**	**519**
B.2	**前置き：シンプルなログイン、cookie ベースの認証**	**520**
B.3	**シングルサインオン**	**520**
B.4	**シンプルなログインの欠点**	**521**
	B.4.1 複雑さと保守性の欠如	521
	B.4.2 部分的な認可がない	522
B.5	**OAuth 2.0 フロー**	**523**
	B.5.1 OAuth 2.0 の用語	523
	B.5.2 初期のクライアントセットアップ	524
	B.5.3 バックチャンネルとフロントチャンネル	526
B.6	**その他の OAuth 2.0 フロー**	**527**
B.7	**OpenID Connect 認証**	**528**

Appendix C　C4モデル　531

Appendix D　2フェーズコミット（2PC）　537

索引	541
訳者プロフィール／監訳者プロフィール	551

Part 1

第1部では、システム設計面接でよく扱われるトピックについて説明します。第1部で触れる内容は、システム設計面接で聞かれるであろう質問について第2部で議論するための下地となります。

第1章では、いくつかのシステムをサンプルとして取り上げて、システム設計に関する概念を紹介します。ただし、ここではあまり詳しい説明はせずに、その後の章で、これらの概念について詳しく掘り下げていきます。

第2章では、典型的なシステム設計面接がどのように行われるかを見ていきます。質問の何を意図したものかを明確にし、システムのどこを最適化するべきか、その際にどのようなトレードオフが発生するのかを学びます。次に、データの保存と検索、監視やアラートなどのシステム運用上で気にすべき事柄、またエッジケースや新しい制約条件など、その他の一般的な事柄について説明します。

第3章では、非機能要件について掘り下げます。これらは、通常、顧客や面接官から明示的に要求されるものではなく、システムを設計する前に自ら明確にしておく必要があるものです。

大規模なシステムは、数億人のユーザーにサービスを提供し、毎日数十億件のデータの読み書きのリクエストを受け取る可能性があります。第4章では、このような大量のトラフィックを処理するために、データベースをどのようにスケールできるかについて説明します。

そして、システムは複数のサービスに分割される可能性があり、関連するデータをこれらの複数のサービスに書き込む必要があるかもしれません。これについては第5章で説明します。

さらに、多くのシステムでは、特定の機能を共通機能として用意する必要があります。第6章では、このような横断的に提供するべき機能を、不特定多数のシステムに提供できるようにサービスとしてまとめる方法について説明します。

Chapter 1

システム設計に関する概念を俯瞰する

本章の内容
- **システム設計面接の重要性を学ぶ**
- **サービスのスケーリングについて知る**
- **クラウドホスティングとベアメタルの比較を行う**

　システム設計面接は、ネットワーク上で提供される一般的なソフトウェアシステムの設計について、候補者と面接官議論する形で進められます。面接は、面接官が特定のソフトウェアシステムを候補者に短く曖昧に説明し、その設計を行うように指示するところから始まります。場合によって、そのサービスの対象となるユーザーが技術者であったり、非技術者であったりします。

　システム設計面接は、ほとんどのソフトウェアエンジニア、ソフトウェアアーキテクト、エンジニアリングマネージャーの採用面接で実施されます（本書では、ソフトウェアエンジニア、アーキテクト、マネージャーを単に**エンジニア**と総称します）。面接プロセスではシステム設計以外に、コーディングや行動や文化についての面接も行われるでしょう。

1.1 トレードオフについての議論

　次に挙げる事柄は、システム設計面接の重要性と、候補者および面接官としての準備の重要性を表すものです。

　システム設計面接では、システム設計の専門知識の幅広さや深さ、ほかのエンジニアとシステム設計について議論したり伝えたり能力を評価するために、候補者としてのパフォーマンスのチェックが行われます。これは、その会社に採用された際に職位を決定するために重要な指標となります。大規模システムの設計やレビューをする能力は、エンジニアの職位が上がるにつれて重要になります。そのため、システム設計面接は、シニアなポジションの面接になればなるほど、重視されます。したがって、面接官および候補者として、こうしたシステム設計面接に備えることは、テック業界でのキャリアにとってよい投資となるはずです。

　テック業界がほかの産業と大きく異なる点として、従業員が何年も、あるいは生涯同じ会社に留まるのではなく、数年ごとに転職し、会社を変えるのが一般的であるということが挙げられます。これは、一般的なエンジニアであれば、キャリアの中で何度もシステム設計面接を受けることを意味します。非常に人気のある会社に勤めているエンジニアであれば、面接官としてシステム設計面接を数多く行うことになります。面接候補者の立場で見れば、候補者には最高の印象を与えるための時間が1時間もなく、世界で最も賢く意欲的な競争相手の候補者と、限られた時間の中で勝ち抜かねばならないのです。

　システム設計は芸術であり、科学ではありません。そして、完璧さを求めるものでもありません。与えられたリソースと時間で達成できるシステムを設計するために、トレードオフと妥協が必要です。さらには、現在および将来の要件に最も適合するシステムを設計しなければなりません。本書で議論するさまざまなシステムには、全て現段階での見積もりと仮定が含まれており、学術的に厳密ではなく、網羅的でもなく、科学的でもありません。ソフトウェアのデザインパターンやアーキテクチャパターンに言及することがありますが、これらの原則を正式に説明することもしません。そういった内容については、ほかの書籍や情報を当たるようにしてください。

　システム設計面接は、正解を求めるものではありません。複数の可能なアプローチについて議論し、要件を満たすためのトレードオフを検討する能力が問われます。第1部で議論するさまざまな要件の種類と一般的なシステムの知識は、システムの設計、可能性のある多くのアプローチの評価、トレードオフの議論に役立つでしょう。

1.2 あなたは本書を読むべきでしょうか？

　システム設計面接には、明確な正解は存在しません。そのことが、何を準備すべきか、面接中に何をどのように議論すべきかについて知ることを難しくしています。システム設計面接に関するオンラインの学習材料を検索すると、さまざまな内容を扱う、品質もバラバラなコンテンツを大量に見つけることになります。これは、混乱を招き、学習の妨げとなってしまいます。さらに、最近までは、この話題に特化した専門書はほとんどありませんでしたが、最近では少しずつ出版され始めています。システム設計面接に特化した高品質な書籍に関していえば、有名な19世紀フランスの詩人であり小説家でもあるヴィクトル・ユーゴーの言葉を借りれば、「時が来たアイデア」[訳注1]だと私は信じています。複数の人たちがほぼ同時期に同じアイデアを得たということは、その妥当性が確認されたといえるでしょう。

　本書は、ソフトウェアエンジニアリングの入門書ではなく、最低限の業界経験を積んだ読者が最も効果的に使用できるように書かれています。あなたが初めてインターンシップを体験する学生であれば、本書で登場する馴染みのないツールの説明をWebサイトやその他の入門書でまずは読み、それから本書に登場する馴染みのない概念について、職場にいるほかのエンジニアと一緒に議論することができるでしょう。本書は、システム設計面接へのアプローチ方法について議論しており、オンラインやほかの本で簡単に見つけられる入門的な内容についてはできる限り省略するようにしています。少なくともコーディングとSQLの知識については、中級レベル程度の習熟度を持っていることを前提としています。

　本書は、システム設計面接の準備を行い、断片的な教材を大量にを学んできたことで起こりうる知識の欠落を埋めたりするための、より体系的で組織化されたアプローチを提供します。それと同時に、システム設計面接の際に、自分のエンジニアリングの成熟度とコミュニケーションスキルをどのように示せばよいのかがわかるようになっています。例えば、約50分という短い間に、面接官に対して自分のアイデア、知識、質問を明確かつ簡潔に表現する方法などを学ぶことができるでしょう。

　システム設計面接でも、ほかの面接と同様に、コミュニケーション能力、頭の回転の速さ、的確な質問をする能力、パフォーマンスへの不安などが問われることなります。質問に答える際に、面接官が期待しているポイントを言い忘れることもあるかもしれません。このような面接形式が本当に適切なものであるかどうかについては、議論が尽きることはないでしょう。個人的な経験からいえば、職位が上がるにつれて、会議に費やす時間は長くなり、頭の回転の速さ、適切な質問ができること、最も重要で関連性の高い話題に議論の舵を切ること、自分の考えを簡潔に伝えることといった能力がより重要となります。本書は、1時間以内で行われる面接の中で、自分のシステム設計の専門知識を効果的かつ簡潔に表現し、面接官に適切な質問をすることで、面接を望ましい方向に導くことの必要性を強調し

訳注1 『Histoire d'un Crime』（ある犯罪の物語）の一節「Rien n'est plus puissant qu'une idée dont le temps est venu」。

ています。本書を読み、ほかのエンジニアとシステム設計のディスカッションを練習することで、システム設計面接に合格し、入社した会社でシステム設計に参加するために必要な知識と流暢さを身に付けることができます。また、本書の内容は、システム設計面接を行う面接官にとっても、参考になるはずです。

文章でのコミュニケーションよりも口頭でのコミュニケーションが優れている人もいれば、約50分の面接中に重要なポイントを言い忘れてしまう人もいます。システム設計面接は、口頭でのコミュニケーションが得意なエンジニアに有利であり、逆に、たとえ相当なシステム設計の専門知識を持ち、これまで勤めた組織で貴重なシステム設計の貢献をしてきたとしても、口頭でのコミュニケーションが不得意なエンジニアな場合、不利となるかもしれません。本書は、エンジニアにこういったことやシステム設計面接の課題に備え、それらにどう取り組むかを体系的に示し、臆することなく面接に臨む方法を指導していきます。

あなたがソフトウェアエンジニアで、システム設計の概念に関する知識を広げたい、システムについて議論する能力を向上させたい、あるいは単にさまざまなシステム設計の概念やシステム設計に関する情報を集めたいと考えているのであれば、ぜひ本書を読み進めてください。

1.3　本書の概要

本書は2部構成になっています。第1部は、一般的な教科書のように、システム設計面接で議論されるさまざまなトピックについて網羅する章で構成されています。第2部は、第1部で扱った概念を参照しながら、面接で行われるであろう具体的な質問に関する議論で構成されており、さらには、アンチパターンや一般的な誤解、間違いについても議論します。こうした議論において、あらゆる領域の知識を全て持っていることは期待されていないことを明確に述べておきます。むしろ、あるアプローチが何らかのトレードオフを持っていたとしても、要件をよりよく満たすことを想像できることが重要です。例えば、ファイルサイズの縮小やGzip圧縮のために具体的にどれくらいのCPUとメモリリソースを消費するかを計算できる必要はありません。しかし、ファイルを送信する前に圧縮することでネットワークトラフィックを減少させる反面、送信者と受信者の両方でCPUとメモリリソースを多く消費するという点に言及できることが重要です。

本書の目的の1つは、関連する多くの情報を集めて1冊の書籍としてまとめ、知識の基礎を築いたり、知識の欠落を特定したりできるようにすることです。そこからほかの情報源を当たり、さらに勉強することができるようになるからです。

本章では、まずは前段階として、第1部で扱う概念のいくつかについて言及し、システム設計のサンプル見ていきます。ここでの内容を前提として、さらに多くの概念を続く章で見ていくことにします。

1.4 前奏曲：システムのさまざまなサービスにおける、スケーリングについての簡単な議論

それではまず、アプリケーションの典型的な初期構築の方法と、そこから、アプリケーションのサービスに必要に応じてスケーラビリティを追加する一般的なアプローチの説明から始めることにしましょう。その過程で、多くの用語と概念、そしてテクノロジー企業が必要とするさまざまなサービスを見ていくことにします。そして、これらのサービスの詳細ついては、後続の章で詳しく説明することにします。

定義

サービスの**スケーラビリティ**とは、負荷の変化に応じてリソースを容易かつコスト効率よく変更する能力のことです。変更は、ユーザー数とシステムへのリクエスト数の増減の両方によって生じることになります。スケーラビリティについては、「第3章　非機能要件」でさらに詳しく説明します。

1.4.1 始まり：アプリケーションの小規模な初期デプロイメント

アーティザンベーグル[訳注2]が注目されている状況に乗じて、私たちは近くのベーグルカフェについての投稿を読んだり作成したりできる素晴らしいコンシューマー向けアプリ「Beigel」を作ったばかりです。

初期段階では、Beigelにおける主なコンポーネントは次の通りです。

- コンシューマー向けアプリケーション：3つの一般的なプラットフォームに向けて提供されているが、基本的に同じ機能を持ったアプリケーション
  - ブラウザアプリケーション：ReactJSを用いたブラウザアプリケーションで、JavaScriptを使って構築されたフロントエンドサービスにリクエストを送信する。ユーザーがダウンロードする必要があるJavaScriptバンドルのサイズを小さくするために、Brotliで圧縮してある。古くからある、より一般的な選択肢としてGzip圧縮が考えられるが、Brotliが生成する圧縮ファイルは、より小さくなる
  - iOSアプリケーション：コンシューマーのiOSデバイスにダウンロードされる
  - Androidアプリケーション：コンシューマーのAndroidデバイスにダウンロードされる
- コンシューマー向けアプリケーションにサービスを提供するステートレスなバックエンドサービス：GoまたはJavaで構築されている可能性がある
- 単一のクラウドホスト上に置かれたSQLデータベース

訳注2　職人が手作業で作る高品質なベーグルのこと。

このシステムには、フロントエンドサービスとバックエンドサービスという2つの主要なサービスが存在しています。図1.1に示したように、コンシューマアプリケーションはクライアントサイドコンポーネントであり、サービスとデータベースサーバサイドのコンポーネントです。

> **注意**
> ブラウザとバックエンドサービスの間に、なぜフロントエンドサービスが必要なのかについては、「6.5.1　アプリの基本的なシステム設計」と「6.5.2　Webサーバアプリケーションの目的」での議論を参照してください。

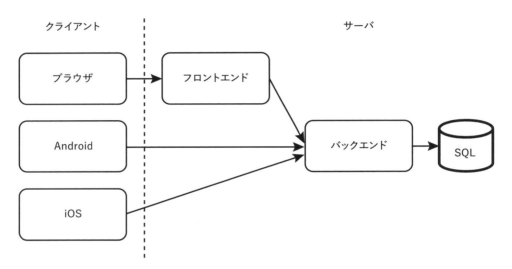

⬆図1.1　アプリケーションの初期のシステム設計。3つのクライアントアプリケーションと2つのサーバアプリケーション（SQLアプリケーション／データベースを除く）を持つ理由についてのより詳細な議論は、「第6章　機能的分割のための共通サービス」を参照のこと

　サービスを最初に立ち上げたタイミングでは、ユーザー数は少なく、リクエストもそれほど多くはないでしょう。少ないリクエストを処理するには単一のホストで十分かもしれません。DNSを設定して、全てのリクエストを単一のホストに向けることにしましょう。
　最初は、2つのサービスを同じデータセンター内の単一のクラウドホストに、それぞれホストできます（クラウドとベアメタルの比較については、次の節で行います）。DNSを設定して、ブラウザアプリからの全てのリクエストをNode.jsホストに、Node.jsホストと2つのモバイルアプリケーションからのリクエストをバックエンドホストに向けます。

1.4.2　GeoDNSでのスケーリング

　数か月後、Beigelは、アジア、ヨーロッパ、北米で何十万人もの日々のアクティブユーザーを獲得しました。ピークトラフィック時には、バックエンドサービスは1秒間に数千のリクエストを受け取り、モニタリングシステムがタイムアウトによるステータスコード504のレスポンスを報告し始めています。システムをスケールアップする必要があります。

　しかし、私たちはトラフィックの増加を観察し、この状況に備えていました。私たちのサービスは標準的なベストプラクティスに従ってステートレスに設計されているので、同一のバックエンドホストを複数プロビジョニングし、各ホストを世界の異なる場所の異なるデータセンターに配置できるのです。図1.2を見てみましょう。クライアントがbeigel.comというドメインを通じてバックエンドにリクエストを行う際、GeoDNS[訳注3]を使用してクライアントを最も近いデータセンターに誘導するようになっています。

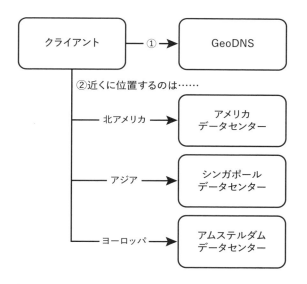

⬆ **図1.2**　サービスを地理的に分散した複数のデータセンターにプロビジョニングした図。クライアントの位置（IPアドレスから推測）に応じて、クライアントは最も近いデータセンターのホストのIPアドレスを取得し、そこにリクエストを送信する。クライアントは、このホストのIPアドレスをキャッシュする場合がある

　サービスを特定の国や一般的な地理的地域のユーザーにサービスを提供する場合、レイテンシを最小限に抑えるために、通常は距離的に近くにあるデータセンターでホストします。サービスを地理的に分散した大規模なユーザーベースにサービスを提供する場合には、複数のデータセンターでホストし、GeoDNSを使用してユーザーに最も近いデータセンターのホストのIPアドレスを返します。これは、1つのドメインに対してさまざまな場所を示す複

訳注3　ユーザーの地理的な位置に基づいて最適なサーバを選択するDNSの技術。

数のAレコードを割り当てることを意味します。該当するホストの存在しない地域向けには、デフォルトのIPアドレスを割り当てます（AレコードはドメインをIPアドレスにマッピングするDNSの設定のこと）。

クライアントがサーバに対してリクエストを行うと、GeoDNSはクライアントのIPアドレスから現在地を取得し、対応するホストのIPアドレスを割り当てます。データセンターにアクセスできない可能性は低いのですが、そういった場合、GeoDNSは別のデータセンターのサービスのIPアドレスを返すことができます。このIPアドレスは、ユーザーのインターネットサービスプロバイダー（ISP）、OS、ブラウザなど、さまざまなレベルでキャッシュされる可能性があります。

1.4.3 キャッシングサービスの追加

次に、コンシューマーアプリからのキャッシュされたリクエストを提供するために、Redisキャッシュサービスを設定します。図1.3を見てみましょう。バックエンドのエンドポイントの中から、トラフィックが集中するエンドポイントをキャッシュから提供するように選択します。これにより、ユーザーベースとリクエスト負荷が継続的に成長していく中でも、時間を稼ぐことができます。しかし、次の手を打って、スケールアップする必要が出てきています。

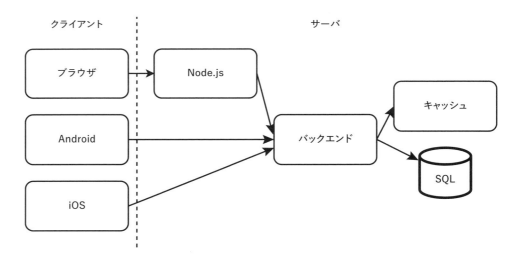

▲図1.3　サービスにキャッシュを追加。トラフィックの多い特定のバックエンドのエンドポイントをキャッシュできる。キャッシュミスが発生した場合、あるいはキャッシュされていないSQLデータベース／テーブルについてのリクエストの場合は、バックエンドがデータベースからデータをリクエスト取得する

1.4.4 コンテンツ配信ネットワーク

ブラウザアプリケーションは、JavaScript、CSSライブラリ、一部の画像や動画など、どのユーザーにも同じように表示され、ユーザー入力の影響を受けない静的コンテンツ／ファイルをホストしています。これらのファイルはアプリケーションのソースコードリポジトリ内に配置され、それらのデータはアプリケーションの残りの部分と一緒にNode.jsサービスからダウンロードされるようになっていました。しかしここで、静的コンテンツをホストするために、サードパーティのコンテンツ配信ネットワーク（Content Delivery Network：CDN）[訳注4]を使用することに決めました。図1.4を見てください。CDNから十分な容量を選択してプロビジョニングし、ファイルをCDNインスタンスにアップロードし、CDNのURLからファイルを取得するようにコードを書き換え、ソースコードリポジトリからそれらの静的ファイルを削除します。

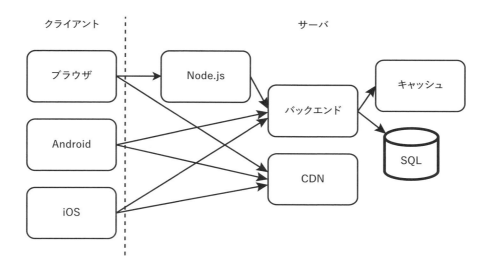

↑図1.4 サービスにCDNを追加する。クライアントはバックエンドからCDNアドレスを取得できる、または特定のCDNアドレスをクライアントやNode.jsサービスにハードコーディングできる

図1.5を見てみましょう。CDNは静的ファイルのコピーを世界中のデータセンターに保存するので、ユーザーは最も低いレイテンシを提供できるデータセンターからファイルをダウンロードできます。通常、地理的に最も近いデータセンターとなりますが、最も近いデータセンターが重いトラフィックを処理している場合や部分的な障害が発生している場合は、ほかのデータセンターのほうが速いかもしれません。

訳注4　静的コンテンツを効率的に配信するためのネットワークで、レイテンシの低減やトラフィック負荷の分散を実現する。

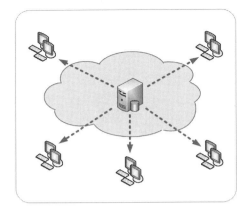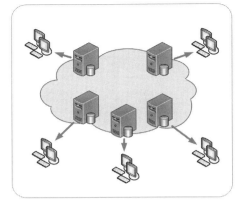

↑図1.5 左の図は、全てのクライアントが同じホストからデータをダウンロードしている様子を示している。右の図は、クライアントがCDNの提供するそれぞれ最もレイテンシの低いホストからダウンロードしている様子を示している（Kanoha作成の画像：https://upload.wikimedia.org/wikipedia/commons/f/f9/NCDN_-_CDN.png、著作権cc-by-sa：https://creativecommons.org/licenses/by-sa/3.0/）

　CDNを使用することで、レイテンシ、スループット、信頼性、コストが改善されました（これらの概念については、全て「第3章　非機能要件」で議論する）。CDNを使用することで、リクエスト単位のコストが、リクエスト数の増加とともに減少します。これは、メンテナンス、統合オーバーヘッド、カスタマーサポートのコストが、リクエスト数が増えるほど、分散されるからです。

　人気のあるCDNの例として、CloudFlare、Rackspace、AWS CloudFrontなどが挙げられます。

1.4.5 水平スケーラビリティとクラスタ管理、継続的インテグレーション、継続的デプロイメントについての簡単な議論

　フロントエンドとバックエンドのサービスは冪等[訳注5]であるので（冪等性とその利点については、「4.6.1　簡単なバッチETLパイプライン」「6.1.2　エラーチェック」「7.7　移行は厄介な作業である」で議論する）、水平方向にスケーラブルです。そのため、ソースコードを書き直すことなく、より大きなリクエスト負荷をサポートするために、より多くのホストをプロビジョニングし、必要に応じて、複数の同一のフロントエンドサービス、バックエンドサービスをそれらのホストにデプロイできます。

　それぞれのサービスでは、複数の担当エンジニアがソースコードに取り組んでおり、各エンジニアは毎日新しいコミットを提出しています。この大規模なチームとより速い開発をサポートするために、ソフトウェア開発とリリースのプラクティスを変更し、その過程で

訳注5　冪等性とは、同じ操作を複数回実行しても結果が変わらないという性質。

2人のDevOpsエンジニアを雇用して、大規模なクラスタを管理するためのインフラストラクチャを開発しました。サービスのスケーリング要件は急速に変化する可能性があるため、クラスタのサイズを簡単に変更できるようにしたいと考えています。新しいホストに簡単にサービスと必要な設定をデプロイできるようにする必要があります。また、サービスのクラスタ内の全てのホストにコードの変更を簡単にビルドしてデプロイできるようにしたいと考えています。大規模なユーザーベースを活用すれば、多様なホストに異なるコードや設定をデプロイして実験を行うこともできるでしょう。本節では、水平スケーラビリティと実験のためのクラスタ管理について簡単に説明します。

● CI/CD と Infrastructure as Code（IaC）

新機能を迅速にリリースしつつ、バグを混入させてしまうリスクを最小限に抑えるために、Jenkinsとユニットテストおよびインテグレーションテストツールを使用した継続的インテグレーション（CI：Continuous Integration）と継続的デプロイメント（CD：Continuous Deployment）[訳注6]を採用します（CI/CDの詳細な議論は本書の範囲外）。Dockerを使用してサービスをコンテナ化し、Kubernetes（またはDocker Swarm）を使用してスケーリングとロードバランシングの提供を含むホストクラスタを管理し、AnsibleまたはTerraformを使用してさまざまなクラスタ上で実行される多様なサービスの設定管理を行います。

> **注意**
>
> Mesosは、もはや時代遅れだと多くの人々に考えられています。Kubernetesが勝者であることが明らかだからです。次の関連記事も参照してください。
>
> - https://thenewstack.io/apache-mesos-narrowly-avoids-a-move-to-the-attic-for-now/
> - https://www.datacenterknowledge.com/business/after-kubernetes-victory-its-former-rivals-change-tack

---

Terraformを使用すると、インフラストラクチャエンジニアは単一の設定を書くだけで、複数のクラウドプロバイダーと互換性を持たせることができます。設定はTerraformのドメイン固有言語（DSL：Domain Specific Language）[訳注7]で書かれており、クラウドAPIと通信してインフラストラクチャをプロビジョニングできるようになります。実際には、Terraformの設定には一部のベンダー固有のコードが含まれる場合がありますが、これは

訳注6　CI/CD（継続的インテグレーションと継続的デプロイメント）は、どちらもソフトウェアの品質向上と迅速なリリースを実現する開発手法のこと。

訳注7　特定の問題領域や用途に特化して設計されたプログラミング言語のこと。

最小限に抑えるべきです。そうすることで、ベンダーロックインの発生を抑制できます。

このアプローチは、「Infrastructure as Code（IaC）」という名称でも知られています。IaSは、物理的なハードウェア設定や対話型の設定ツールを用いず、機械で読み込むことができる定義ファイルを通じてコンピュータデータセンターを管理およびプロビジョニングする手法です（『Amazon Web Services in Action』p.93（Andreas Wittig、Michael Wittig 著／ Manning Publications ／ 2015）[訳注8]。

● 段階的なロールアウトとロールバック

本節では、段階的なロールアウトとロールバックについて簡単に説明し、次節での実験と比較できるようにします。

本番環境にビルドをデプロイする際、ホストごとに少しずつデプロイしていくことを**段階的なロールアウト**といいます。ビルドを特定の一部のホストにデプロイし、モニタリングしてからその割合を増やしていきます。この過程を繰り返すことで、最終的に本番環境のホストの100%がこのビルドを実行するようにします。例えば、1%、5%、10%、25%、50%、75%、そして最後に100%というようにデプロイしていきます。問題が見つかった場合、手動または自動でデプロイメントをロールバックできます。ここでいう問題には、次のようなものが含まれます。

- テストで検出できなかったバグ
- システムのクラッシュ
- レイテンシの増加やタイムアウトの発生
- メモリリーク
- CPU、メモリ、ストレージ使用量などのリソース消費の増加
- ユーザーの離脱率の増加：段階的なロールアウトでもユーザーの離脱率を考慮する必要がある。離脱率とは、新しいユーザーがサインアップしてアプリケーションを使用し始め、すぐにアプリケーションの使用を止めたユーザーの割合のこと。新しいビルドをユーザーに提供する割合を少しずつ増やしていくことで、離脱率への影響を確認できる。ユーザーの離脱は、上記のエラーやクラッシュなどの要因のほかに、今回のビルドに含まれる変更を好まないユーザーが多数いた場合といった予期せぬ問題によって発生する可能性がある

訳注8 原著で紹介されているのは、First Editionだが、現在ではThird Editionが刊行されている。邦訳は第2版となっているが、Third Editionの訳である。『AWSインフラサービス活用大全［第2版］構築・運用、自動化、データストア、高信頼化』（クイープ 訳／インプレス／ ISBN978-4-295-01856-8）。

例えば、新しいビルドが耐えられないほどレイテンシを増加させてしまったとしましょう。これは、キャッシングと動的ルーティングの組み合わせで対応できます。サービスのレイテンシを1秒に指定している場合、クライアントが新しいビルドにルーティングされるリクエストを行ってタイムアウトが発生すると、クライアントはキャッシュから読み取るか、リクエストを繰り返して古いビルドを持つホストにルーティングされるように設定できます。この場合には、タイムアウトがなぜ発生したのかをトラブルシューティングできるように、リクエストとレスポンスをログに記録する必要があるでしょう。

CDパイプラインを設定して、本番クラスタをいくつかのグループに分割し、CDツールが各グループの適切なホスト数を決定してホストをグループに割り当てるようにできます。クラスタのサイズを変更した場合、再割り当てと再デプロイが発生する可能性があります。

● 実験的リリース

アプリケーションで新機能の開発（または機能の削除）や見た目の変更を行ってUX、すなわちユーザー体験を変更する場合、全てのユーザーにその変更を一度に公開するのではなく、徐々に提供するユーザーを増やしていく、すなわちロールアウトを実施できます。実験的リリースの目的はUXの変更がユーザーの行動に与える影響を判断することであり、前述の段階的なロールアウトがアプリケーションのパフォーマンスやユーザーの離脱に与える影響を判断するのとは対照的です。一般的な実験的リリースのアプローチには、A/Bテストや多変量テスト、例えば多腕バンディットなどがあります。これらのトピックの詳細は本書の範囲外です。A/Bテストの詳細については、https://www.optimizely.com/optimization-glossary/ab-testing/を参照してください。多変量テストについては、『Experimentation for Engineers』（David Sweet 著／ Manning Publications ／ 2023）を、多腕バンディットの紹介についてはhttps://www.optimizely.com/optimization-glossary/multi-armed-bandit/を参照してください。

こうした実験的リリースは、パーソナライズされたユーザー体験を提供するためにも行われます。

実験的リリースと段階的なロールアウトおよびロールバックのもう1つの違いは、実験的リリースでは、専用に設計された機能公開ツールなどによって、各種ビルドを実行するホストの割合が調整されるのに対し、段階的なロールアウトとロールバックでは、CDツールを用いて問題が検出された場合に手動あるいは自動でホストを以前のビルドにロールバックするという点です。

CDと実験的リリースによって、新しいデプロイメントや機能に対して短いフィードバックサイクルを持つことが可能になります。

Webおよびバックエンドアプリケーションでは、それぞれの実験的なユーザー体験（UX）は、通常、異なるビルドにパッケージングされます。そして、ホストには割合ごとに異なるビルドがデプロイされます。しかし、モバイルアプリケーションの場合は、それとは異な

るのが一般的です。複数のユーザー体験が同じビルドにコーディングされ、それぞれの個別のユーザーはこれらのユーザー体験のサブセットのみが表示されるようになっています。その主な理由は次の通りです。

- モバイルアプリケーションのデプロイメントはアプリストアを通じて行わなければならない。そのため、新しいバージョンをユーザーのデバイスにデプロイするには多くの時間がかかる可能性がある。デプロイメントを迅速にロールバックする方法はない
- Wi-Fiと比較すると、モバイルデータ通信は遅く、信頼性が低く、お金もかかる。速度の遅さと信頼性の低さは、多くのコンテンツをオフラインで、つまりアプリケーションにバンドルして提供する必要があることを意味する。さらに、多くの国ではモバイルデータプランは依然として高価で、データ制限や超過料金が発生する可能性がある。これらの料金をユーザーに負担させることは避けるべきである。負担させてしまうと、ユーザーはアプリの使用時間を減らしたり、完全にアンインストールしたりする可能性があるからだ。コンポーネントやメディアファイルのダウンロードによるデータ通信の使用を最小限に抑えながら実験的リリースを行うためには、これらのコンポーネントやメディアデータを全てアプリに含め、個別のユーザーにそれぞれ望ましいサブセットを表示することで、この問題を解決する
- モバイルアプリケーションには、一部のユーザーには適用されず使用されない多くの機能が含まれている場合もある。例えば、「15.1　要件」ではアプリ内のさまざまな支払い方法について議論している。世界には数千のペイメントソリューションが存在している。アプリは、各ユーザーに提示可能な限定された数のペイメントソリューションのサブセットを提供できるように、たくさんのペイメントソリューションのコードとSDKをバンドルする必要があるかもしれない

　これらの全ての結果として、モバイルアプリケーションのサイズが100MB以上になる可能性もあります。これに対処するためのテクニックは本書の範囲外です。さまざまな事柄のバランスを取り、トレードオフを考慮する必要があります。例えば、YouTubeのモバイルアプリのインストールにYouTubeの動画自体をたくさん含めるという手法には明らかに無理があります。

1.4.6　機能的分割と横断的な関心の集約

　機能的分割は、さまざまな機能を異なるサービスやホストに分離することを意味します。そして、多くのサービスには、共有サービスにまとめることが可能な共通の関心事があります。「第6章　機能的分割のための共通サービス」では、それを行う理由、なぜそうすべきか、それに伴うトレードオフについて議論します。

● 共有サービス

当社は急速に拡大しています。日々のアクティブユーザー数は数百万人に成長しました。エンジニアリングチームを5人のiOSエンジニア、5人のAndroidエンジニア、10人のフロントエンドエンジニア、100人のバックエンドエンジニアに拡大し、データサイエンスチームを新設しました。

拡大したエンジニアリングチームは、コンシューマーが直接利用するアプリケーションだけではなく、拡大するカスタマーサポートや運用部門向けのサービスなど、多くのサービスに取り組まなければなりません。コンシューマーがカスタマーサポートに連絡したり、運用部門がプロダクトのバリエーションを作成してローンチするための機能をアプリケーション内に追加することも必要になってきます。

多くのアプリケーションには、検索バーが用意されています。検索機能を提供するため、我々はElasticsearchを使用した共有の検索サービスを作成することにしました。

水平スケーリングに加えて、機能と地理的条件に基づいてのサービス分割も行うことにしました。地理的に分散した多数のホスト間でデータ処理とリクエストを分散させるために機能的分割を利用します。すでに、キャッシュ、Node.jsサービス、バックエンドサービス、データベースサービスを別々のホストに機能的に分割しており、ほかのサービスでも機能的分割を行い、各サービスを地理的に分散したホストの独自クラスタに配置することにしました。図1.6は、Beigelに追加する共有サービスを示しています。

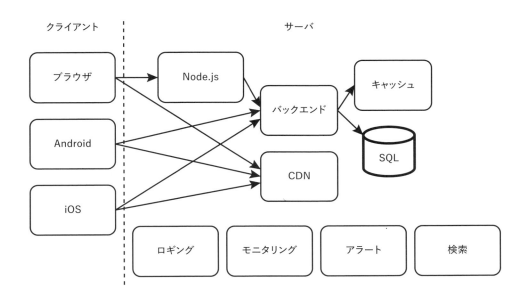

⬆ **図1.6** 機能的分割。共有サービスの追加

ここでは、ログベースのメッセージブローカーで構成されるロギングサービスを追加しています。実際の構築には、Elastic Stack（Elasticsearch、Logstash、Kibana、Beats）を利用できるでしょう。さらに、ZipkinやJaegerなどの分散トレーシングシステムや分散ロギングを使用して、リクエストが多数のサービスを通過する際のトレースを行います。サービスは各リクエストにスパンIDを付加し、これらをトレースとして組み立てて分析できるようにします。ロギング、モニタリング、アラートについては、「2.5　ロギング、モニタリング、アラート」で、さらに議論します。

モニタリングとアラートサービスも追加しました。カスタマーサポートがよりよく顧客をサポートできるように、アプリケーション内で組み込みブラウザを利用します。これらのアプリケーションは、顧客の操作によって出力されたアプリのログを処理し、カスタマーサポートが顧客の問題を簡単に理解できるように、使いやすいUIで表示します。

APIゲートウェイとサービスメッシュは、どちらも横断的な関心事を1か所にまとめるための方法です。これら以外の方法として、デコレータパターンやアスペクト指向プログラミングがありますが、これらは本書の範囲外のトピックです。

●APIゲートウェイ

さて、この時点で、アプリケーションユーザーからのAPIリクエストはリクエスト全体の半分以下になっています。ほとんどのリクエストはほかの企業からのもので、これらの企業はユーザーのアプリケーション内の活動に基づいて有用な製品やサービスを推奨するなどの機能を提供しています。そこで、外部の開発者に一部のAPIを公開するために、APIゲートウェイレイヤを開発することにします。

APIゲートウェイは、クライアントからのリクエストを適切なバックエンドサービスにルーティングするリバースプロキシです。多くのサービスに共通の機能を提供するので、個々のサービスがそれらを重複して実装する必要はありません。

- 認可と認証、その他のアクセス制御とセキュリティポリシー
- リクエストレベルでのロギング、モニタリング、アラート
- レートリミットの設定
- 課金
- 分析

APIゲートウェイとそのサービスを含むアーキテクチャを図1.7に示します。ほかのクライアントからのサービスへのリクエストは中央に描かれたAPIゲートウェイを通過します。APIゲートウェイは、前述の全ての機能を実行し、DNSルックアップを行い、その後関連するサービスのホストにリクエストを転送します。また、APIゲートウェイは、DNS、IDとア

クセス制御および管理、レート制限設定サービスなどのサービスにリクエストを行います。さらに、APIゲートウェイには、ここを通じて行われた全ての設定変更をログに記録するようになっています。

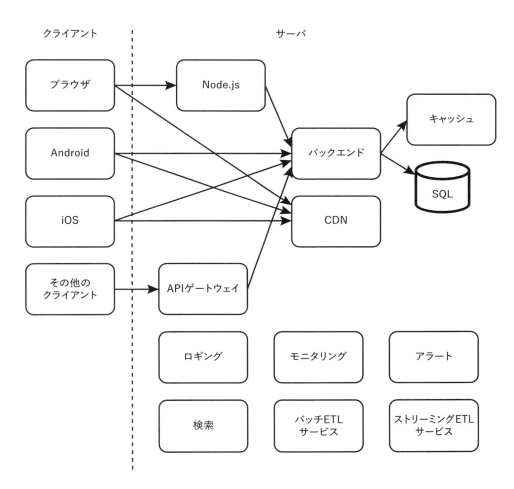

↑図1.7 APIゲートウェイとサービスを含むアーキテクチャ。サービスへのリクエストはAPIゲートウェイを通過する

しかし、このアーキテクチャには欠点があります。APIゲートウェイは、レイテンシを増加させ、大規模なホストクラスタを必要とします。APIゲートウェイホストと特定のリクエストを処理するサービスのホストは、異なるデータセンターに存在する可能性があります。そのため、APIゲートウェイホストとサービスホストの間でリクエストをルーティングするシステムの設計は、不自然で、複雑な設計になってしまいます。

これに対する解決策は、サービスメッシュ（サイドカーパターンとも呼ばれる）を使用することです。サービスメッシュについては、「第6章　機能的分割のための共通サービス」で、さらに議論することにします。図1.8は、私たちのサービスにおけるサービスメッシュを表しています。Istioなどのサービスメッシュフレームワークを使用できるでしょう。各サービスの各ホストは、メインサービスと一緒にサイドカーを実行できます。これを実現するためにKubernetesPodを使用します。各Podは、そのサービス（1つのコンテナ内）とそのサイドカー（別のコンテナ内）を含んでいます。ポリシーを設定するための管理インターフェイスを提供し、これらの設定を全てのサイドカーに配布できます。

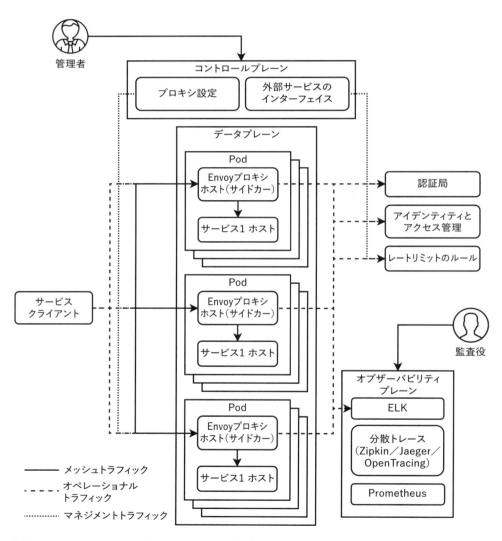

⬆図1.8　サービスメッシュの図。Prometheusは各プロキシホストにリクエストを行ってメトリクスをプル／スクレイプしますが、それを図示すると多くの矢印を追加せねばならず、図が煩雑になって混乱を招くため、図示していません（引用元：https://livebook.manning.com/book/cloud-native/chapter-10/146）

このアーキテクチャでは、全てのサービスへのリクエストとそのレスポンスは、サイドカーを通ってルーティングされます。サービスとサイドカーは同じホスト（つまり同じマシン）上にあるため、localhostで互いに指定を行うことができ、ネットワークレイテンシはありません。ただし、サイドカーは、システムリソースを消費します。

● **サイドカーレスサービスメッシュ：最新の手法**

サービスメッシュでは、システムのコンテナ数をほぼ2倍にする必要がありました。しかし、内部サービス間の通信（別名イングレスまたはイーストウェスト）を含むシステムの場合は、サービスホストにリクエストを行うクライアントホストにサイドカープロキシロジックを配置して、この複雑さを低減させることができます。サイドカーレスサービスメッシュの設計では、クライアントホストがコントロールプレーンから設定を受け取ります。クライアントホストはコントロールプレーンAPIをサポートする必要があるため、適切なネットワーク通信ライブラリも利用する必要があります。

サイドカーレスサービスメッシュの問題点は、サービスと同じ言語のクライアントが必要であることです。

サイドカーレスサービスメッシュプラットフォームの開発は、まだ初期段階です。Google Cloud Platform（GCP）Traffic Directorは、サイドカーレスサービスメッシュとして、2019年4月にリリースされました（https://cloud.google.com/blog/products/networking/traffic-director-global-traffic-management-for-open-service-mesh）。

● **コマンドクエリ責務分離（CQRS）**

コマンドクエリ責務分離（CQRS：Command Query Responsibility Segregation）は、コマンド／書き込み操作とクエリ／読み取り操作を機能的に別々のサービスに分割するマイクロサービスパターンです。その例として、メッセージブローカーとETLジョブが挙げられます。データが1つのテーブルに書き込まれ、その後変換されて別のテーブルに挿入される設計は、全てCQRSの例です。CQRSを導入すると複雑さが増しますが、このパターンの利点は、レイテンシが低く、スケーラビリティが高く、保守と利用が容易な点です。なぜなら、書き込みサービスと読み取りサービスを別々にスケールできるからです。

本書では多くのCQRSの例を紹介していますが、それらを明示的には記載していません。一例としては、「第15章　Airbnbの設計」でAirbnbホストがリスティングサービスに書き込んでいますが、ゲストは予約サービスから読み取るようにしています（予約サービスも、ゲストが予約をリクエストするための書き込みエンドポイントを提供しているが、これはホストがリスティングを更新することとは無関係である）。

CQRSの詳細な定義や解説については、本書以外の情報源で簡単に見つけることができるでしょう。

1.4.7 バッチあるいはストリーミングによる抽出、変換、書き出し（ETL）の処理

一部のシステムでは、予測不可能なタイミングでトラフィックが跳ね上がる（スパイク）することがあり、その一方で、特定のデータ処理のリクエストについては同期処理（リクエストが来た際に即座に処理してレスポンスを返す）である必要がないかもしれません。

- データベースへの大規模なクエリ（ギガバイト単位のデータを処理するクエリなど）を含むリクエスト
- リクエストが行われたときのみに処理するのではなく、特定のデータを定期的に事前処理するほうが理にかなっている場合：アプリケーションのトップページに過去1時間または7日間の全ユーザーで最も頻繁に学習された上位10単語を表示する場合などが挙げられる。この情報は、特定のタイミングで事前に処理しておくべきである。さらに、この処理の結果は各ユーザーに対して処理を繰り返すのではなく、全てのユーザーに同じ結果を再利用できる
- ユーザーに数時間または数日間、古いデータを表示していても問題ない場合もある：例えば、一般に公開したコンテンツにおいて閲覧ユーザー数を表示する際などは、必ずしも最新の統計である必要はない。数時間、多少古い統計を表示しても問題はないはずだ
- 即座に実行する必要のない書き込み（例：INSERT、UPDATE、DELETEなどのデータベースリクエスト）：例えば、ロギングサービスへの書き込みは、ロギングサービスホストのハードディスクドライブに即座に書き込む必要はない。これらの書き込みリクエストは、キューに入れて後で実行できる

ロギングのような特定のシステムの場合、ほかの多くのシステムから大量のリクエストを受け取るため、ETLのような非同期アプローチを使用しないのであれば、ロギングシステムクラスタでこれらの全てのリクエストを同期的に処理しようとすると、数千のホストを用意する必要が出てきてしまうでしょう。

このようなバッチジョブには、Kafka[訳注9]（AWSを使用する場合はKinesis）のようなイベントストリーミングシステムとAirflow[訳注10]のようなバッチETLツールを組み合わせて使用できます。

データを継続的に処理したい場合、定期的にバッチジョブを実行するのではなく、Flinkのようなストリーミングツールを使用することもできます。例えば、ユーザーがアプリケーションに何らかのデータを入力し、それを使用して数秒または数分以内に何らかの推奨情報や通知を送信するタスクを行いたい場合、最近のユーザー入力を処理するFlinkパイプ

訳注9 分散ストリーム処理プラットフォームで、リアルタイムデータ処理に適している。

訳注10 スケジュールされたタスクを自動化するためのオープンソースプラットフォーム。

ラインを作成できます。ロギングシステムは、通常はストリーミングです。なぜなら、リクエストの途切れないストリームとなることが想定されるからです。リクエストの頻度が低い場合は、バッチパイプラインで十分です。

1.4.8 その他の一般的なサービス

　会社が成長し、ユーザーベースが拡大するにつれて、より多くのプロダクトが開発されていきます。そして、大規模で、成長し、多様化するユーザー層に対応するために、それらのプロダクトは、さらにカスタマイズやパーソナライズの機能を高める必要がでてきます。こうした、成長に伴う新しい要件を満たし、それを活用するために、数多くのサービスが必要になります。例えば、次ようなものが含まれるでしょう。

- 外部ユーザーの認証／認可のための顧客／外部ユーザーの認証情報管理
- データベースサービスを含む、さまざまなストレージサービス：各システムにそれぞれの個別要件があるということは、それぞれのシステムが使用するデータを保存、処理、提供するそれぞれ最適な方法が存在していることを意味する。異なる技術と技術を使用する共有ストレージサービスをいくつも開発し、維持する必要がある
- 非同期処理：大規模なユーザーベースには多くのホストが必要で、サービスにいつトラフィックのスパイクが発生するかは予測不可能である。こうしたトラフィックのスパイクに対応するために、ハードウェアを効率的に利用し、不必要なハードウェアにコストをかけてしまうことを避けるため、非同期処理が必要となる
- 分析と機械学習のためのノートブックサービス：実験、モデル作成、デプロイメントが含まれる。大規模な顧客ベースを活用して実験を行い、ユーザーの嗜好を発見し、ユーザー体験をパーソナライズして、より多くのユーザーを惹き付けることで収益を増やす新たな方法を発見できる
- 内部検索と副次的問題（オートコンプリート／先行入力サービスなど）：多くのWebまたはモバイルアプリケーションでは、ユーザーが目的とするデータを検索するために、検索バーを備えている
- プライバシーコンプライアンスサービスとチーム：拡大するユーザー数と大量の顧客データは、悪意のある部外者、内部の人たちに注目され、彼らはデータを盗もうとするかもしれない。大規模なユーザーベースに対するプライバシー侵害は、組織や多数の人々に影響します。ユーザーのプライバシーを保護するために投資する必要がある
- 不正検出：会社の収益が増加すると、犯罪者や詐欺師にとって魅力的な標的となるため、効果的な不正検出システムが必須となる

1.4.9 クラウド vs ベアメタル

　私たち自身でホストとデータセンターを管理するか、そうした管理をクラウドベンダーに
アウトソースするかを選択できます。本節では、両方のアプローチの比較分析を行います。

● 一般的な考慮事項

　本節の冒頭で、このサービスではベアメタル（自社で物理マシンを所有し管理すること）
ではなく、クラウドサービス（AWS、DigitalOcean、Microsoft Azure などのプロバイダー
からホストをレンタルすること）の使用を決定しました。

　クラウドプロバイダーは、CI/CD、ロギング、モニタリング、アラート、キャッシュ、SQL、
NoSQLを含むさまざまなタイプのデータベースの簡単なセットアップと管理など、必要とな
る多くのサービスを提供してくれます。

　最初からベアメタルを選択した場合、これらの必要なサービスを自分で構築し、維持す
る必要があります。これは、機能開発から注意と時間を奪い、会社にとって大きなコストと
なる可能性があります。

　また、エンジニアリングリソースとクラウドツールのコストを比較する必要があります。
エンジニアは非常に高価なリソースであり、金銭的にコストがかかるだけではなく、優秀な
エンジニアほど挑戦的な仕事を好む傾向があります。一般的なサービスの小規模なセット
アップなどの単調な作業を与えて彼らを退屈させると、別の会社に転職してしまい、競争の
激しい採用市場で代替が難しくなる可能性があるのです。

　クラウドサービスをベアメタルの代わりに使用することには、ほかにも次のような利点が
あります。

● セットアップの簡単さ

　クラウドプロバイダーのブラウザインターフェイスで、目的に最も適したパッケージを選択
することは非常に簡単です。ベアメタルでは、Apacheのようなサーバソフトウェアのインス
トール、ネットワーク接続とポートフォワーディングのセットアップなど、さまざまなステップ
が必要になります。

● コスト面での利点

　クラウドを利用する場合、物理マシン/サーバを購入するというような、事前に支払わな
ければならないコストがありません。クラウドベンダーに対しては、従量課金、すなわち使っ
た分だけを支払えばよく、大量にリソースを利用した場合には割引が提供されることもあり
ます。予測不可能に変化する要件に応じて、簡単かつ迅速にスケールアップまたはスケール
ダウンできます。一方で、ベアメタルを選択した場合、物理マシンが少なすぎたり多すぎた
りする状況に陥る可能性があります。また、一部のクラウドプロバイダーは「オートスケーリ

ング」サービスを提供しており、現在の負荷に合わせて自動的にクラスタのサイズを調整できるようになっています。

ただし、クラウドが常にベアメタルよりも安いわけではありません。Dropbox（https://www.geekwire.com/2018/dropbox-saved-almost-75-million-two-years-building-tech-infrastructure/）やUber[訳注11]（https://www.datacenterknowledge.com/uber/want-build-data-centers-uber-follow-simple-recipe）は、自社のデータセンターでホストを行っているよい例で、彼らの要件の場合には、ベアメタルのほうがコストパフォーマンスのよい選択肢となっているのです。

● クラウドサービスはよりよいサポートと品質を提供する可能性がある

これは事例証拠によるものではありますが、クラウドサービスは優れたパフォーマンス、ユーザー体験、サポートを提供することが一般的で、障害の頻度と深刻度が低い傾向にあります。その理由として考えられるのは、クラウドサービスは、ベアメタルに比べて市場競争力が高くなければ、顧客を惹き付け、維持することができないという点でしょう。多くの組織は、内部ユーザーや従業員よりも顧客を重視し、注意を払う傾向があります。おそらく、顧客の収益は直接測定可能である一方で、内部ユーザーに高品質のサービスとサポートを提供することの利益は、定量化することが難しいだと考えられます。また、質の低い社内サービスによる収益や士気の低下も定量化しにくいという問題点があります。クラウドサービスは、サービスチームの努力が大きなユーザーベースに影響を与えるため、ベアメタルにはないスケールメリットを有しています。

さらに、外部向けのドキュメントは、内部向けのドキュメントよりもよく整備されていることが多いものです。わかりやすくていねいに書かれ、頻繁に更新され、検索しやすい整理されたWebサイトに配置されていることが多いでしょう。外部向けのドキュメントの作成や更新には、より多くのリソースが割り当てられており、動画やステップバイステップのチュートリアルが提供される場合もあります。

また、外部サービスは内部サービスよりも高品質の入力のバリデーションを行っていることが想定できます。簡単な例を挙げると、特定のUIフィールドまたはAPIエンドポイントのフィールドでユーザーにメールアドレスの入力を求める場合、サービスはユーザーの入力が実際に有効なメールアドレスであることを検証する必要があります。会社は、入力検証の品質の悪さについて不満を述べる外部ユーザーに注意を払うはずです。なぜなら、彼らはそのプロダクトを使うのを止め、これ以上お金を払ってくれなくなるかもしれないからです。内部ユーザーは利用を停止する選択肢を持つ可能性がほとんどなく、彼らからの同様のフィードバックは無視されてしまうかもしれません。

訳注11 Uberは、2023年にマルチクラウドプラットフォームに移行している。この辺りの経緯も、クラウドvsベアメタルのよい論点となるだろう。https://www.infoq.com/jp/news/2023/11/uber-up-cloud-microservices/

エラーが発生した場合に、時間のかかるサポート担当者やサービスの開発者に連絡するプロセスを経ることなく、エラーを修正する方法についてユーザーを指導する有益なエラーメッセージを返す仕組みは、高品質なサービスの必須条件といえます。外部サービスは、よりよいエラーメッセージを提供し、高品質のサポートを提供するために多くのリソースを割り当て、優先的に対応してくれるでしょう。

顧客がメッセージを送信した場合、サポートからは数分または数時間以内に返信を受け取る可能性があります。一方で、従業員の質問にサポートが返答するのには数時間または数日かかる場合があります。時には、内部ヘルプデスクチャンネルへの質問に全く返答がない場合もあります。従業員への返答は、あまりよく書かれていないドキュメントの参照を指示するだけかもしれません。

組織の内部サービスは、組織がそれに対して適切なリソースとインセンティブを提供する場合だけは、外部サービスと同じくらいよくなるでしょう。ユーザー体験とサポートの向上がユーザーの士気と生産性を向上させるため、組織は内部ユーザーにどれだけ上質なサービスを提供しているかを測定するための指標を設定することを検討する場合があります。こういった面倒で複雑な仕組みの構築を避ける1つの方法は、クラウドサービスを使用することです。これらの考慮事項は、それ以外も、外部サービスと内部サービスの比較では一般的なことです。

最後に、各開発者は、個人の責任として自分自身を高い基準で管理することは必要ですが、他人の仕事の質について何かを決めつけることはできません。しかし、質の低い内部依存関係が継続した場合、組織の生産性と士気を損なうことになるでしょう。

● アップグレード

組織のベアメタルインフラストラクチャで使用されるハードウェアとソフトウェア技術の両方が古くなってくると、アップグレードが困難になります。これは、メインフレームを使用する金融会社でよく目にする事象です。メインフレームから汎用サーバに切り替えるのは非常にコストがかかり、困難でリスクが高いため、そのような企業は新しいメインフレームを購入し続けます。メインフレームは、同等の処理能力を持つ汎用サーバよりもはるかに高価です。汎用サーバを使用する組織も、ハードウェアとソフトウェアを常にアップグレードするための専門知識と努力が必要です。例えば、大規模な組織で使用されているMySQLでは、バージョンアップをするだけでも、かなりの時間と労力が必要です。多くの組織は、このようなメンテナンスをクラウドプロバイダーにアウトソースすることを好みます。

● いくつかの問題

クラウドプロバイダーを利用する問題の1つは、ベンダーロックインです。アプリケーションの一部または全てのコンポーネントを別のクラウドベンダーに移行することを決定した場

合、このプロセスは簡単ではないでしょう。データとサービスを特定のクラウドプロバイダーから別のプロバイダーに移行するためには、かなりのエンジニアリング作業が必要になり、移行中に両方のサービスの料金を支払う必要があるかもしれません。

あるベンダーから別のベンダーやベアメタルに移行したくなる理由は、いくつもあります。例えば、今現在、利用しているベンダーは要求の厳しいSLA[訳注12]を競争力のある価格で満たす優れた運営を行う会社かもしれませんが、これが今後も同様に続く保証はありません。ベンダーのサービス品質が低下し、現在のSLAを満たせなくなる可能性があります。あるいは、価格が競争力を失い、ベアメタルやほかのクラウドベンダーがもっと安くなる将来も考えられます。それ以外にも、ベンダーのセキュリティその他の条件が満たされていないと判明する可能性もあるでしょう。

もう1つの問題は、データとサービスのプライバシーとセキュリティの所有権を持てないことです。クラウドプロバイダーがきちんとデータを保護し、サービスのセキュリティを確保していることを信頼できないかもしれません。ベアメタルでは、プライバシーとセキュリティを個人的に検証できます。

これらの理由から、多くの企業はマルチクラウド戦略を採用し、単一のベンダーではなく複数のクラウドベンダーを使用しています。これにより、ベンダー移行の必要が出た場合に、すぐに対応できるようになります。

1.4.10 サーバレス：Function as a Service（FaaS）

特定のエンドポイントや関数の使用頻度が低い場合、厳密なレイテンシ要件がない場合などには、Function as a Service（FaaS）プラットフォーム（AWS LambdaやAzure Functionsなど）上の関数として実装するほうが安価になる可能性があります。必要なときだけに関数を実行することで、この関数へのリクエストを常に待機しているホストを用意する必要がなくなるからです。

OpenFaaSとKnativeは、自社のクラスタ上でFaaSをサポートしたり、AWS Lambda上のレイヤとして使用してクラウドプラットフォーム間で関数の移植性を向上させたりするためのオープンソースのFaaSソリューションです。本書の執筆時点では、オープンソースFaaSソリューションと、Azure Functionsなどのベンダー管理FaaSを統合する方法は提供されていません。

Lambda関数のタイムアウトは15分です。FaaSは、この時間内に完了できるリクエストを処理することを意図しています。

典型的な構成では、APIゲートウェイサービスがリクエストを受け取り、対応するFaaS

訳注12 「Service Level Agreement」の略で、「サービス品質保証」や「サービスレベル合意書」と訳される。サービスの品質やレベルに関して、事業者と利用者の間で結ばれる契約のこと。

関数をトリガーします。APIゲートウェイが必要なのは、リクエストを待機し続けているサービスが必要だからです。

FaaSのもう1つの利点は、サービス開発者がデプロイメントとスケーリングを管理する必要がなく、ビジネスロジックのコーディングに集中できるという点です。

FaaS関数の1回の実行には、Dockerコンテナのようなサンドボックス環境の起動、適切な言語ランタイム（Java、Python、Node.jsなど）の起動と関数の実行、ランタイムとDockerコンテナの終了などのステップが必要であることに注意しましょう。こうした一連のステップを踏むことを、一般に「コールドスタート」と呼びます。特定のJavaフレームワークのように、起動に数分かかるフレームワークはFaaSには不適切かもしれません。このような状況が、GraalVMのような高速起動と低メモリフットプリントを持つJDK（Java Development Kit）の開発を促進しました（https://www.graalvm.org/）。

このようなオーバーヘッドがあるのに、なぜFaaSを使うべきなのでしょうか。全ての関数を単一のパッケージにまとめて、モノリスと同様にホストインスタンスで実行できないのは、なぜでしょうか。その理由は、モノリスに存在する欠点にあります（「付録A　モノリスとマイクロサービス」を参照）。

頻繁に使用される関数を特定のホストに一定時間（つまり、有効期限付きで）デプロイすることは可能でしょうか。そのようなシステムは自動スケーリングするマイクロサービスに似ており、起動に時間がかかるフレームワークを使用する場合に検討できるでしょう。

FaaSの移植性には議論の余地があります。AWS Lambdaのような独自のFaaSで多くの作業を行った組織は、ロックインされる可能性があることはすぐにわかるでしょう。別のソリューションへの移行は困難で時間がかかり、費用がかかりそうです。しかも、オープンソースのFaaSプラットフォームは完全な解決策ではありません。なぜなら、それらは自社のホストにプロビジョニングして維持する必要があり、FaaSのスケーラビリティの目的を損なうからです。FaaSの移植性の問題は、特に大規模なシステムの場合に重要になります。そうしたケースでは、FaaSがベアメタルよりもはるかに高価になる可能性があるからです。

ただし、FaaSの関数は2つのレイヤに分けて書くことでコスト削減の可能性を含みます。関数の主要なロジックを含む内部レイヤ／関数と、ベンダー固有の設定を含む外部レイヤ／関数です。こうしておけば、ベンダーを切り替える際には、外部関数のみを変更すればよくなります。

Spring Cloud Function（https://spring.io/projects/spring-cloud-function）は、この概念を一般化した新手のFaaSフレームワークです。AWS Lambda、Azure Functions、Google Cloud Functions、Alibaba Function Computeでサポートされており、将来的にはほかのFaaSベンダーでもサポートされるかもしれません。

1.4.11 結論：バックエンドサービスのスケーリング

第1部では、ここから先の章で、バックエンドサービスをスケールするための概念とテクニックについて議論します。フロントエンド／ UIサービスは、通常はNode.jsサービスであり、ReactJSやVue.jsなどのJavaScriptフレームワークで書かれた同じブラウザアプリを全てのユーザーに提供するだけなので、クラスタサイズを調整してGeoDNSを使用するだけで簡単にスケールできます。バックエンドサービスは動的で、それぞれのリクエストに対して異なるレスポンスを返す可能性があります。そのためのスケーラビリティに関する技術は、より多様で複雑です。機能的分割についてはすでに議論しましたが、それについてまた幾度か触れることになるでしょう。

まとめ

- システム設計面接の準備をすることは、候補者のキャリアにとって重要であり、また会社にも利益をもたらす
- システム設計面接は、ネットワーク上で提供される典型的なソフトウェアシステムの設計について、エンジニア間で議論することで行われる
- GeoDNS、キャッシング、CDNはサービスをスケールするための基本的なテクニックである
- CI/CDツールとプラクティスによって、より速く、よりバグの発生を抑えながら昨日のリリースが可能になる。また、ユーザーをグループに分け、実験目的で各グループに異なるバージョンのアプリを公開することも可能となる
- Terraformなどの IaC（Infrastructure as Code）ツールは、クラスタ管理、スケーリング、機能実験のための有用な自動化ツールである
- 機能的分割と横断的な関心事の集中化は、システム設計の重要な要素である
- ETLジョブを使用して、トラフィックスパイクの処理を長い時間に分散させることで、必要なクラスタサイズを減らすことができる
- クラウドホスティングには多くの利点があり、コストは多くの場合利点となる（ただし、常にではない）。とはいえ、クラウドホスティングには、ベンダーロックインや潜在的なプライバシーとセキュリティリスクなどの欠点もある
- サーバレスは、サービスに対する代替アプローチである。ホストを常時稼働させる必要がないというコスト面での利点と引き換えに、機能が制限されることがある

Chapter

典型的な
システム設計面接の流れ

2

本章の内容

- **システム要件の明確化と可能なトレードオフの最適化**
- **システムのAPI仕様のドラフト作成**
- **システムのデータモデルの設計**
- **ロギング、モニタリング、アラート、検索などの懸念事項に関する議論**
- **面接経験の振り返りと企業の評価**

　本章では、1時間のシステム設計面接中に従うべき、いくつかの原則について議論します。本書を読み終えた後、もう1度、次に示したリストを参照してみましょう。そして、面接中はこれらの原則を念頭に置いてください。

1. 機能要件と非機能要件を明確にする（「第3章　非機能要件」を参照）。非機能要件は、QPS（Queries Per Second）[訳注1]やP99レイテンシ[訳注2]などを指す。面接官が単純なシステムから始めて拡張し、より多くの機能を設計したいのか、それとも即座にスケーラブルなシステムを設計したいのかを尋ねるようにしよう

訳注1　1秒間に処理されるクエリの数を示す指標で、システム性能の評価基準となる。

訳注2　レイテンシの分布において、上位99%のデータポイントの中での最大値。つまり、全リクエストのうちの99%が、この時間以下で応答していることを示す。

2. システムの特性には、常にトレードオフが伴い、完全に利点ばかりで欠点のないなどというものはほとんど存在しない。スケーラビリティ、整合性、レイテンシを改善するための新しい追加は、複雑さとコストも増加させ、セキュリティ、ロギング、モニタリング、アラートなどの機能も必要になる

3. 面接の主導権を握るようにしよう。面接官の興味を強く保ち、彼らが望むことについて議論しよう。議論のトピックを提案し続けること

4. 時間を意識しよう。先ほど述べたように、1時間で行うには、議論するトピックが多すぎるからである

5. ロギング、モニタリング、アラート、監査について議論しよう

6. テストと保守性（デバッグ可能性、複雑さ、セキュリティ、プライバシーを含む）について議論しよう

7. システム全体と各コンポーネントのグレースフルデグラデーション（Graceful Degradation）[訳注3]と障害について考慮し、議論しよう。目立った症状の出ない障害や隠れた障害なども考慮すること。問題があってもエラーが出るとは限らない。何も信頼してはいけない。外部システムも内部システムも信頼してはいけない。自分のシステムさえも信頼してはならない

8. システム図、フローチャート、シーケンス図を描く。これらを視覚的な補助ツールとして用い、議論を進めよう

9. システムは常に改善可能である。思っているよりも、議論することは間違いなく多くある

　システム設計面接の質問に関する議論は、何時間も続けられる可能性があるものです。特定の側面に焦点を当てる必要があり、面接官にさまざまな議論の方向性を提案し、どの方向に進むべきかを尋ねなければなりません。あなたの知識を余すところなく伝えたり示唆したりできる時間は1時間しかありません。高レベルのアーキテクチャと関係性、各コンポーネントの低レベルの実装の詳細について議論するために、抽象的なレベルと具体的なレベルをうまく行き来する能力が問われます。何か大事なことを言い忘れたり無視したりすると、面接官はあなたがそれを知らないのだと思うでしょう。こうした面接技術を向上させるには、仲間のエンジニアとシステム設計の質問について議論する練習をする必要があります。一流企業は多くの洗練された候補者と面接を行いますが、その中で合格する候補者は、全員よく訓練され、システム設計について流暢に話ができるものです。

　本節の質問に関する議論は、システム設計面接でさまざまなトピックを議論するためのアプローチの例です。これらのトピックの多くは一般的なものなので、議論の間で一部の繰り

訳注3　障害発生時にシステムやサービスが完全に停止することなく、機能が低下した状態でも動作を続けられるように設計する手法のこと。機能を制限した上で、古いブラウザでもWebシステムが動作できるようにするという意味でも用いられる。

返しが見られるかもしれません。時間制限のある議論の中では、一般的な業界用語を利用すること、有用な情報をなるべく多く文中に含めることに注意を払いましょう。

次に示したリストは、面接のための大まかな指針となるものです。ただし、システム設計の議論は動的であり、常にこの順番の通りに進行するとは限りません。

1. 要件を明確にして、トレードオフについて議論する
2. API仕様の草案を作成する
3. データモデルを設計する。そのデータをどのように分析することができるかを議論する
4. 障害設計、グレースフルデグラデーション、モニタリング、アラートについて議論する。その他のトピックとしては、ボトルネック、負荷分散、単一障害点の除去、高可用性、災害復旧、キャッシングがある
5. 複雑さとトレードオフ、保守とデコミッショニングのプロセス、コストについて議論する

2.1 要件を明確にし、トレードオフについて議論する

面接が始まったら真っ先に行うべきことは、質問の要件を明確にすることです。「第3章 非機能要件」では、機能要件と非機能要件について議論することの詳細とその重要性について説明しています。

本章の締めくくりとして、面接中に要件についての議論を行う際の一般的なガイドを提供します。第2部の各質問でも、この演習を行います。ただし、面接によって状況は異なるので、その個々の状況に応じて、このガイドから逸脱する可能性があることは念頭に置いておきましょう。

機能要件については10分以内で議論するようにしてください。10分という時間は、すでに面接時間の20%以上を占めています。それでも、細部への注意は重要です。機能要件を1つずつ書き出して順に議論すべきではありません。要件の取りこぼしが発生する可能性があるからです。そうではなく、まずは素早くブレインストーミングして機能要件の一覧を書き出し、その後で議論するようにしてください。このようにすれば、重要な要件を全て確実に把握したいと考えているのと同時に、時間を意識していることも面接官に伝えることができます。

機能要件についての議論は、全体的なシステムの目的と、そのシステムが大局的なビジネス要件にどのように適合するかについて30秒から1分程度議論することから始めることができます。その中で、ほとんど全てのシステムに共通のエンドポイント（ヘルスチェック、サインアップ、ログインなど）について簡単に言及できます。これ以上の詳細な議論は、面接の範囲内である可能性は低いでしょう。次に、いくつかの一般的な機能要件の詳細について議論します。

1. ユーザーのカテゴリやロールについて

   a. 誰が、どのようにこのシステムを利用するかについて理解しよう。ユーザーストーリーについて議論し、メモを取る。人間が作業する部分とプログラムによる処理、一般消費者と企業など、さまざまな組み合わせを考慮しよう。例えば、人間が作業する部分と一般消費者の組み合わせには、モバイルデバイスやブラウザアプリを介した消費者からのリクエストが含まれる。プログラムによる処理と企業の組み合わせには、ほかのサービスや企業からのリクエストが含まれる。

   b. 対象となるユーザーは技術者だろうか、あるいは非技術者だろうか。設計するのが、開発者向けなのか非開発者向けなのか、どちらに向けたプラットフォームやサービスなのかを特定する。開発者向けの例には、キーバリューストアのようなデータベースサービス、整合性のあるハッシュを提供する目的のためのライブラリ、分析サービスなどが含まれる。非開発者向けの設計の場合は、誰でも知っているようなアプリケーションやサービスの例を挙げ、「このアプリケーションを設計してください」という形式で伝えられることが多い。そのような課題の場合、対象となるのユーザーは、技術者であるかどうかに無関係で、全てのカテゴリのユーザーを考慮して議論を行う。

   c. ユーザーのロールをリストアップする（例：購入者、販売者、投稿者、閲覧者、開発者、マネージャーなど）

   d. 数字には注意すること。全ての機能要件と非機能要件には、数字が必要である。ニュース記事を取得するのであれば、何個のニュース記事を取得するかが重要となる。どれくらいの時間なのかを知りたい場合は、何ミリ秒／秒／時間／日といったことを明確にする。

   e. ユーザー間またはユーザーと運用スタッフ間のコミュニケーションはあるか？

   f. 国際化（I18N）とローカライズ（L10N）^{訳注4}のサポート、国や地域の言語、郵便番号、価格などについて確認すること。複数の通貨サポートが必要かどうかも確認しておく。

2. ユーザーカテゴリに基づいて、スケーラビリティ要件を明確にする。日々のアクティブユーザー数を見積もり、その後、日次または時間単位のリクエスト率を見積もる。例えば、検索サービスに10億人の日々のユーザーがいて、各ユーザーが10件の検索リクエストを送信する場合、1日に100億件のリクエスト、つまり1時間に4億2,000万件のリクエストが行われる計算になる

3. どのデータをどのユーザーがアクセスできるべきかを確認する。認証と認可の役割とメカニズムについて議論を行う。APIエンドポイントのレスポンスボディの内容について

訳注4 I18Nは「internationalization」、L10Nは「localization」の略。それぞれ、間に18文字、10文字あることを表している。

議論し、次に、データの取得頻度について議論する。例えば、リアルタイムなのか月次レポートなのか、あるいはその他の頻度なのかというような点である

4. 検索。検索を含む可能性のあるユースケースに何があるかを議論しよう

5. 分析機能は典型的な要件の1つである。機械学習の要件について議論し、A/Bテストや多腕バンディットなどの実験のサポートを含める。これらのトピックについて知りたい場合は、https://www.optimizely.com/optimization-glossary/ab-testing/ およびhttps://www.optimizely.com/optimization-glossary/multi-armed-bandit/ を参照のこと

6. 疑似コード関数シグネチャ（例：fetchPosts（userId））をメモし、ユーザーストーリーと一致させる。この例であれば、特定のユーザーの投稿を取得するようなものだ。そして、どの要件が必要で、どれが範囲外かを面接官と議論を行う

「ほかのユーザー要件はありますか？」と常に尋ね、実装の可能性のある機能についてブレインストーミングしてください。ただし、あなたが考えるべきことを面接官に委ねてはなりません。自分で考えずに面接官に考えさせたり、全ての要件を教えてほしいと望んでいるという印象を与えてはいけません。

　要件は繊細なものであり、全ての内容を明確にしたと思っても詳細を見逃すことがよくあります。ソフトウェア開発がアジャイルプラクティスに従う理由の1つは、要件を伝えることが難しい、あるいは不可能だということです。新しい要件や制約というものは、開発プロセスを通じて常に発見され続けるのです。経験を積むと、要件の詳細を明確化する質問を行うのが上手になっていくでしょう。

　将来的にほかの機能要件を満たすようにシステムを拡張できることを認識していると面接官に示し、拡張の可能性についてブレインストーミングしてください。

　面接官は、あなたが全てのドメイン知識を持っていることを期待してはいません。あなたが、特定のドメイン知識を必要とする何らかの特定の要件を思いつかない可能性はあるでしょう。しかし、それは問題ではなく、必要なのは、批判的思考、細部への注意、謙虚さ、学ぶ意欲を示すことです。

　次に、非機能要件について議論します。非機能要件の詳細な議論については「第3章 非機能要件」を参照してください。世界人口全体にサービスを提供し、製品が完全に世界市場を支配していると仮定する必要があるかもしれません。そうであれば、スケーラビリティを設計すべきかどうかを面接官に確認しましょう。スケーラビリティが要求されないような場合、面接官はスケーラビリティよりも、複雑な機能要件をあなたがどのように考慮するかに興味があるかもしれません。これには、設計するデータモデルも含まれます。要件について議論した後、システム設計の議論に進むことができるでしょう。

2.2 API仕様の草案を作成する

　機能要件に基づいて、システムのユーザーがシステムから受け取ったり、システムに送信したりするデータの内容を決定します。一般に、エンドポイントのパスとクエリパラメータを含むGET、POST、PUT、DELETEエンドポイントの草案を作成するのにかけられる時間は5分以内です。エンドポイントの草案作成に長く時間をかけることは、たいていは推奨されません。全体で1時間未満という限られた時間の中で、議論すべきポイントはほかにもたくさんあるので、ここでは多くの時間を使わないことを面接官に伝えてください。

　エンドポイントの草案を作る前に、あなたは機能要件を明確にしているはずです。面接においては、後になってから機能要件の明確化を行うのは適切ではありません。重要なことを見逃した場合を除いて、今の段階になってから機能要件の詳細を議論すべきではないということです。

　草案ができたら、API仕様を作成し、それが機能要件をどのように満たすかを説明して議論を行い、見逃した可能性のある機能要件がないかを調べてください。

2.2.1　一般的なAPIエンドポイント

　ここで紹介するのは、ほとんどのシステムに共通して必要となるエンドポイントです。これらのエンドポイントについては、まず軽く触れておき、面接での議論の範囲外であることを明確すべきでしょう。詳細に議論する必要はほとんどありませんが、あなたがシステム設計において細部に注意を払いながら全体像を見ていることを示すのは常に有益です。

● ヘルスチェック

　GET /healthは、テスト用のエンドポイントです。レスポンスとして400番台あるいは500番台のステータスコードが返る場合、システムに本番の問題があることを示します。このエンドポイントの処理は、単純なデータベースクエリを実行するだけかもしれません。あるいは、ディスク容量、さまざまなエンドポイントのステータス、アプリケーションロジックチェックなどのヘルスデータを返すこともあるでしょう。

● ユーザー登録とログイン（認証）

　アプリケーションのユーザーは、通常、コンテンツをアプリケーションに送信する前にユーザー登録（POST /signup）とログイン（POST /login）をする必要があります。OpenID Connect[訳注5]は一般的な認証プロトコルで、これについては「付録B　OAuth 2.0認可とOpenID Connect認証」で議論します。

訳注5　OAuth 2.0を基盤とした認証プロトコルで、分散型認証を実現する。

● ユーザーとコンテンツ管理

ユーザーの詳細情報を取得、変更、削除するためのエンドポイントが必要かもしれません。多くの消費者向けアプリは、不適切なコンテンツ（違法またはコミュニティガイドラインに違反するコンテンツなど）にフラグを立てたり報告したりするためのチャンネルを提供しています。

2.3 ユーザーとデータ間の接続と処理

「2.1　要件を明確にし、トレードオフについて議論する」では、ユーザーの種別とデータ、そして、どのデータにどのユーザーがアクセスできるべきかについて議論しました。「2.2　API仕様の草案を作成する」では、ユーザーがデータをCRUD（Creat：作成、Read：読み取り、Update：更新、Delete：削除）するためのAPIエンドポイントを設計しました。ここでは、ユーザーとデータ間の接続を表す図を描き、さまざまなシステムコンポーネントとそれらの間でデータがどのように処理されるかを示すことができます。

- フェーズ1
  - 各タイプのユーザーを表すボックスを描く
  - 機能要件を満たす各システムを表すボックスを描く
  - ユーザーとシステム間の接続を描く

- フェーズ2
  - リクエスト処理とストレージを分離する
  - リアルタイム性と結果整合性のトレードオフなど、非機能要件に基づいて異なる設計を作成する
  - 共有サービスを検討する

- フェーズ3
  - システムをコンポーネントに分解する。これらのコンポーネントは、ライブラリまたはサービスとなるのが一般的である
  - コンポーネント間の接続を描く
  - ロギング、モニタリング、アラートを検討する
  - セキュリティについて検討する

- フェーズ4
  - システム設計のサマリーを作成する
  - 新しい追加要件を議論の俎上に上げる

- 障害耐性を分析する。各コンポーネントでどのような障害が発生する可能性があるのかを分析する。ネットワーク遅延、不整合、線形化不可能性などが該当する。各状況を防止または軽減し、このコンポーネントと全体のシステムの障害耐性を向上させるために何ができるかを考える

システムアーキテクチャ図のテクニックである**C4モデル**の概要を「付録C　C4モデル」に示しているので、そちらも参照してください。C4モデルは、システムをさまざまな抽象レベルに分解するためのテクニックです。

2.4 データモデルを設計する

まずは、データモデルを最初から設計するのか、既存のデータベースを使用するのかについて確認しておきます。一般に、サービス間でデータベースを共有することはアンチパターンと見なされているため、既存のデータベースを使用している場合には、ほかのプログラムからアクセスできるようにAPIエンドポイントを構築したり、必要に応じてデータベース間のバッチあるいはストリーミングによるETLパイプラインを構築すべきです。

共有データベースで一般的に発生する問題は、次のとおりです。

- 同じテーブルに対するさまざまなサービスからのクエリが、リソース競合を起こす可能性がある。多くの行に対するUPDATEなど、ある種のクエリや実行に長時間かかるクエリを含むトランザクションは、テーブルを長時間ロックする可能性があるからだ
- スキーマの移行が、より複雑になる。1つのサービスに利益をもたらすスキーマ移行が、ほかのサービスのDAOコード^{訳注6}を破壊する可能性がある。つまり、エンジニアがそのサービスのみで作業している場合でも、作業していない別のサービスのビジネスロジックの低レベルの詳細、さらにはソースコードについて最新の情報を把握する必要が出てくる。これは、エンジニアの時間を非生産的なことに消費してしまうかもしれない。また、それらの変更を行ったほかのエンジニアの時間も非生産的に消費してしまう可能性もある。ドキュメントやプレゼンテーションスライドの作成と読解、ミーティングに多くの時間が費やされることになる。提案されたスキーマ移行に関係するチームでの同意するのに時間がかかる可能性があり、これもエンジニアリング時間を非生産的に浪費してしまうことにもつながる。ほかのチームがスキーマ移行に同意できない場合、あるいは特定の変更について何らかの妥協がシステム内に生まれる可能性があり、これは新たな技術的負債を導入することになってしまい、全体的な生産性を低下させる

訳注6　Data Access Object（データアクセスオブジェクト）の略。データベースアクセスを抽象化するためのパターンの1つ。

- 同じデータベースを共有するさまざまなサービスは、各サービスのユースケースにどれだけ適しているかに関係なく、特定のデータベーステクノロジー（例：MySQL、HDFS、Cassandra、Kafkaなど）を利用しなければならない。それぞれのサービスにおいて、サービスの要件に最適なデータベーステクノロジーを選択できない

つまり、いずれの場合においても、私たちは対象とするサービスに向けて新しいスキーマを設計する必要があるということです。前のセクションで議論したAPIエンドポイントのリクエストボディとレスポンスボディを、スキーマ設計の出発点として使用できます。各ボディをテーブルスキーマに注意深くマッピングし、おそらく同じパスのエンドポイントにおける読み取り（GET）と書き込み（POSTとPUT）リクエストのボディを同じテーブルに関連付けるわけです。

2.4.1 複数のサービスがデータベースを共有することの欠点の例

例えば、eコマースのシステムを設計している場合、過去7日間の注文の総数など、ビジネスメトリクスデータを取得するためのサービスが必要かもしれません。私たちのチームは、ビジネスメトリクス定義の「信頼できる情報源（source of truth）」[訳注7]がないと、異なるチームが異なる方法でメトリクスを計算してしまうことに気付きました。例えば、注文の総数にはキャンセルされたり返金されたりした注文を含めるべきかどうか、「7日前」のカットオフ時間にはどのタイムゾーンを使用するのか、「過去7日間」には現在の日を含めるべきかどうかといったことが統一されなくなってしまうのです。メトリクス定義を明確にするための複数チーム間のコミュニケーションオーバーヘッドには、コストがかかり、間違いが発生しやすいものでした。

メトリクスの計算にはOrdersサービスからの注文データを使用しますが、メトリクス定義は注文データとは独立して変更したいので、私たちは新しいチームを結成してメトリクス専用のサービスを作成することを決定しました。

Metricsサービスは、注文データについてOrdersサービスに依存します。メトリクスのリクエストは次のように処理されます。

1. 計算すべきメトリクスの種類を取得
2. Ordersサービスから関連するデータを取得
3. メトリクスを計算
4. メトリクスの値を返す

訳注7 システムやデータ管理の文脈で使われる用語で、正確なデータの唯一の拠りどころとなる情報源のこと。

両方のサービスが同じデータベースを共有する場合、メトリクスの計算ではOrdersサービスのテーブルに対してSQLクエリを実行することになります。その結果として、スキーマの移行作業は複雑になります。例えば、Ordersチームが、Orderテーブルに対して大きなクエリが多すぎると判断したとします。そして、分析の結果、最近の注文に対するクエリのほうが重要で、古い注文に対するクエリよりも低レイテンシが必要だと判断したとしましょう。チームは、Orderテーブルには過去1年間の注文のみを含め、古い注文はArchiveテーブルに移動することを提案します。Orderテーブルには、Archiveテーブルよりも多くのフォロワー、あるいはリードレプリカを割り当てることになるでしょう。

Metricsチームは、この提案された変更を理解し、両方のテーブルを用いてメトリクス計算を行うように変更する必要があります。しかし、この提案された変更にMetricsチームが反対するかもしれず、その場合、変更が進まず、最近の注文データに対する高速クエリからの組織的な生産性向上が達成できない可能性があります。

Ordersチームが Order テーブルをCassandraに移動し、低書き込みレイテンシを実現したかったとしましょう。しかし、Metricsチームは書き込みの頻度が低いため、そのシンプルさゆえにSQLを使用し続けたいと考えているならば、2つのサービスは同じデータベースを共有できなくなってしまいます。

2.4.2 ユーザー更新の競合を防ぐために利用可能な技術

クライアントアプリケーションが複数のユーザーに共有設定の編集を許可する状況は、数多くあります。この共有設定の編集がユーザーにとって簡単な作業ではない場合（ユーザーが情報を入力するのに数秒以上かかる場合）、複数のユーザーが同時に同じ設定を編集し、保存時に互いの変更を上書きしてしまうことを許してしまうと、フラストレーションを感じるUXになる可能性があります。ソースコードの場合は、バージョン管理の技術によってこれを防ぐことができますが、開発以外のほとんどの状況では、技術者ではないユーザーが関与するため、彼らがGitを学んで活用してくれることを期待するのは現実的ではありません。

例えば、ホテルの部屋予約サービスでは、ユーザーがチェックインとチェックアウトの日付、連絡先情報、支払い情報を入力し、予約リクエストを送信するのに時間がかかるでしょう。そのため、複数のユーザーが部屋を二重予約しないようにする必要があります。

別の例として、プッシュ通知の内容を設定する場合があります。例えば、当社はBeigelアプリ（「第1章　システム設計に関する概念を俯瞰する」参照）に送信するプッシュ通知の内容をサービス提供元の社員が設定できるように、ブラウザからアクセスできる管理画面を提供しているかもしれません。そして、それぞれのプッシュ通知の内容編集の権限はチームが共有している可能性があります。この場合、複数のチームメンバーが同時にプッシュ通知の内容を編集し、互いの変更を上書きしないようにしておく必要があります。

同時更新を防ぐ方法は多くありますが、この節では可能な1つの方法を紹介します。

このような状況を防ぐために、編集中の内容をロックすることが考えられます。サービスには、これらの設定を保存するためのSQLテーブルが含まれている可能性があります。関連するSQLテーブルに「`unix_locked`」という名前のタイムスタンプ列と、「`edit_username`」と「`edit_email`」という文字列列を追加することになります（このスキーマ設計は正規化されていないが、実際にはほとんど問題ない。面接官に正規化されたスキーマを主張するかどうかを尋ねること）。次に、ユーザーが編集アイコンまたはボタンをクリックして編集を開始したときに、UIがバックエンドに通知するためのPUTエンドポイントを公開します。図2.1に、2人のユーザーがほぼ同時にプッシュ通知の編集を行った際に発生するであろう一連のステップを示します。1人のユーザーが一定期間（例：10分間）設定をロックでき、別のユーザーはその設定がロックされていることを確認できます。

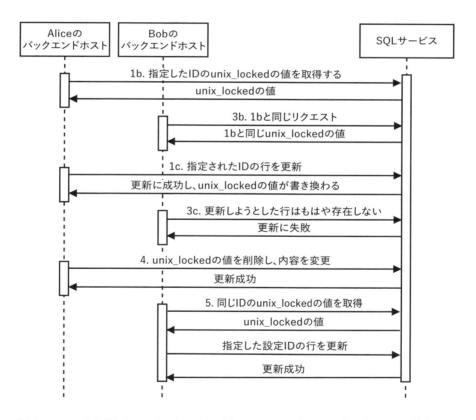

⬆ **図2.1** SQLを使用したロックメカニズムの図。ここでは、2人のユーザーが同じIDに対応する同じSQL行の更新をリクエストしている。Aliceのホストが最初に目的のIDのunix_lockedのタイムスタンプ値を取得し、次にその行を更新するUPDATEクエリを送信するので、AliceはそのIDのレコードをロックできる。ステップ1cでそのクエリを送信した直後に、Bobのホストも更新クエリを送信するが、Aliceのホストがunix_lockedの値を変更していたため、BobのUPDATEクエリは正常に実行できず、BobはそのIDのレコードをロックできない

1. AliceとBobは両者とも、ブラウザで、管理画面のプッシュ通知の内容の編集画面を表示している。Aliceは、タイトルを「National Bagel Dayを祝おう！」から「National Bagel Dayだから20％オフ！」に更新することを決めた。彼女は編集ボタンをクリックすると、次のようなことが起こる

    a. クリックイベントはPUTリクエストを送信し、彼女のユーザー名とメールアドレスをバックエンドに送信する。バックエンドのロードバランサーは、このリクエストをホストに割り当てる。

    b. Aliceのバックエンドホストは、2つのSQLクエリを1つずつ実行する。まずは現在のunix_lockedを取得する。

```
SELECT unix_locked FROM table_name WHERE config_id = {config_id}.
```

    c. バックエンドは、「edit_start」タイムスタンプが12分前未満かどうかをチェックする（10分ではなく12分なのは、ホストの時間を完全に同期させることはできないことや、ステップ2のカウントダウンタイマーが遅れて開始した場合のバッファを含ませているため）。12分前未満でなければ、設定をロックすることを示すように行を更新する。UPDATEクエリは「edit_startをバックエンドの現在のUNIX時間に設定し、「edit_username」と「edit_email」をAliceのユーザー名とメールで上書きする。ほかのユーザーがその間に変更した場合に備えて、「unix_locked」フィルターが必要となる。UPDATEクエリは、正常に実行されたかどうかを示す真偽値を返す。

```
UPDATE table_name SET unix_locked = {new_time}, edit_username = {username}, edit_
email = {email} WHERE config_id = {config_id} AND unix_locked = {unix_locked}
```

    d. UPDATEクエリが成功した場合、バックエンドはUIにステータスコード200を返し、レスポンスボディは「{"can_edit": "true"}」のようになる。

2. UIは編集可能なページを開き、10分のカウントダウンタイマーを表示する。彼女は古いタイトルを消去し、新しいタイトルの入力を開始する

3. ステップ1bと1cのSQLクエリの間に、Bobも内容を編集しようとしたと仮定する

    a. 彼も編集ボタンをクリックし、PUTリクエストをトリガーする。このリクエストは別のホストに割り当てられる。

    b. 最初のSQLクエリはステップ1bと同じ、現在のunix_lockedに格納された時間を返す。

    c. 2番目のSQLクエリは、ステップ1cのクエリの直後に送信される。SQL DMLクエリは同じサーバーに送信される（「4.3.2　シングルリーダーレプリケーション」を参

照）。これは、ステップ1cのクエリが完了するまでこのクエリが実行できないことを意味する。クエリが実行されると、`unix_time`値が変更されて12分未満となっているため、行を更新せず、SQLサービスはバックエンドに`false`を返す。バックエンドはUIに200（成功）を返し、レスポンスボディは「{ "can_edit": "false", "edit_start": "1655836315", "edit_username": "Alice", "edit_email": "alice@beigel.com" }」のようになる。

d. UIはAliceが編集をしている残りの時間を計算し、「Alice（alice@beigel.com）が編集中です。8分後にもう一度お試しください。」というバナー通知を表示する。

4. Aliceは編集を終了し、保存ボタンをクリックする。これにより、バックエンドへのPUTリクエストをトリガーし、編集された値を保存し、「unix_locked」「edit_start」「edit_username」「edit_email」の内容を消去する

5. Bobが再び編集ボタンをクリックすると、今度は編集できるようになる。Bobが「edit_start」に保存されている時間の12分後以降に編集ボタンをクリックしていた場合も、編集できるようになる。Aliceがカウントダウンが終了する前に変更を保存していなかった場合、UIは彼女にもう変更を保存できないという通知を表示する

Bobがプッシュ通知管理ページを訪れるタイミングが、Aliceが設定の編集を開始した後である場合はどうなるでしょうか。この時点で可能で最適なUIは、編集ボタンを無効にし、バナー通知を表示して、Aliceが編集中であるため編集できないことをBobに知らせるものです。この最適化を実装するには、プッシュ通知設定のGETレスポンスに3つのフィールドを追加し、UIがそれらのフィールドを処理して編集ボタンを［有効］または［無効］としてレンダリングする必要があります。

Jakarta Persistence APIとHibernateを使用したレコードのバージョン追跡の概要については、https://vladmihalcea.com/jpa-entity-version-property-hibernate/ を参照してください。

2.5　ロギング、モニタリング、アラート

ロギング、モニタリング、アラートに関しては、多くの書籍が出版されています。このセクションでは、面接で言及する必要がある主要な概念について説明し、議論されるであろういくつかの概念について掘り下げます。面接の際、面接官に対してモニタリングについて言及するのを忘れないでください。

2.5.1　モニタリングの重要性

　　モニタリングは、顧客体験を視覚化するために、全てのシステムにとって重要です。バグ、性能劣化、予期せぬイベント、現在および将来の機能要件と非機能要件を満たす能力という視点において、システムの弱点を特定できる必要があります。

　　Webサービスは、常に障害を起こす可能性があります。これらの失敗は、緊急性とどれくらい迅速な対応が必要かによって分類できます。緊急性の高い障害には、即座に対応しなければなりません。緊急性の低い障害は、より高い優先度のタスクが完了するまで保留できます。サービスの要件と私たちの持つ裁量に応じて、緊急性レベルをいくつに分けて定義するかを決定できるでしょう。

　　そして、サービスが別のサービスと依存関係にある場合、依存するサービスが性能劣化を起こすたびに、先方のチームは、私たちのサービスが潜在的な原因であると見なす可能性があります。したがって、可能性のある性能劣化を簡単に調査し、質問に答えることができるロギングとモニタリングのセットアップも必要です。

2.5.2　オブザーバビリティ

　　この話は、オブザーバビリティ（observability：観測可能性）の概念につながります。システムのオブザーバビリティとは、そのシステムがどれだけ適切に計装（instrumentation）[訳注8]されているのか、そして内部で何が起こっているかを簡単に見つけ出せるかの尺度を指します（『Cloud Native DevOps with Kubernetes』（John Arundel、Justin Domingus 著／O'Reilly Media ／ 2019）[訳注9]）。ロギング、メトリクス、トレースの仕組みがなければ、システムは不透明なままです。特定のエンドポイントのP99を10%減少させることを目的としたコード変更が、本番環境でどれだけうまく機能するかを簡単に知ることはできません。P99の改善が予想よりもはるかに少なかった場合、あるいは予想よりはるかに多く改善した場合、予測が外れた理由について関連する洞察を計装から導き出すことができるはずです。

　　GoogleのSRE本[訳注10]（https://sre.google/sre-book/monitoring-distributed-systems/#xref_monitoring_golden-signals）で、モニタリングの4つのゴールデンシグナル（レイテンシ、トラフィック、エラー、飽和度）についての詳細な議論について学ぶことをお勧めします。

訳注8　計測のための仕組みをシステムに組み込むこと。

訳注9　邦訳『Kubernetesで実践するクラウドネイティブ DevOps』（須田 一輝 監訳、渡邉 了介 訳／オライリー・ジャパン／ ISBN978-4-87311-901-4）。

訳注10　『Site Reliability Engineering』（Betsy Beyer、Chris Jones、Jennifer Petoff、Niall Richard Murphy 編／O'Reilly Media）。邦訳『SRE サイトリライアビリティエンジニアリング』（澤田 武男、関根 達夫、細川 一茂、矢吹 大輔 監訳、Sky株式会社 玉川 竜司 訳／オライリー・ジャパン／ ISBN978-4-87311-791-1）。

1. レイテンシ

   SLAを超えるレイテンシ（例：1秒以上のレイテン）に対してアラートを設定できる。SLAで定められたレイテンシは、個々のリクエストが1秒以上の場合といったものや、スライディングウィンドウ（例：5秒、10秒、1分、5分）にわたるP99の閾値などがある。

2. トラフィック

   1秒あたりのHTTPリクエスト数で測定される。さまざまなエンドポイントに対して、トラフィックが多すぎる場合に発行するアラートを設定できる。負荷テストで決定された負荷制限に基づいて、適切な数値を設定する。

3. エラー

   即座に対処する必要がある4xxまたは5xxレスポンスコードに対して緊急性の高いアラートを設定する。何らかのチェック項目が引っかかった場合には、緊急性の低い（または要件に応じて緊急性の高い）アラートを発行する。

4. 飽和度

   システムの制約が、CPU、メモリ、I/Oのいずれであるかに応じて、超過してはならない使用率目標を設定できる。そして、使用率目標に達した場合にアラートを発行するように設定できる。これ以外の考慮すべき点に、ストレージの使用率が挙げられる。ストレージが（ファイルまたはデータベースの使用による）数時間または数日以内に枯渇する可能性がある場合にアラートを発行させる設定が可能である。

　メトリクス、ダッシュボード、アラートは、モニタリングと警告のための3つのツールです。メトリクスは測定する変数で、エラー数、レイテンシ、処理時間などが該当します。ダッシュボードは、サービスの主要メトリクスの要約ビューを提供します。アラートは、サービスで問題が発生したときにサービス所有者に送信される通知です。メトリクス、ダッシュボード、アラートは、ログデータを処理することで生成されます。これらを作成および管理するための共通のブラウザUIを提供することで、より簡単に管理できるようになります。

　また、CPU使用率、メモリ使用率、ディスク使用率、ネットワークI/OなどのOSメトリクスをダッシュボードに含め、サービスのハードウェア割り当てを適切に調整したり、メモリリークを検出したりするために利用できるでしょう。

　バックエンドアプリケーションにおいては、多くのバックエンドフレームワークがデフォルトで各リクエストをログに記録するか、リクエストメソッドに簡単なアノテーションを追加して、ロギングをオンにすることができるようになっています。アプリケーションコードにロギング用の命令文を追加することもできます。また、コード内の特定の変数の値を手動でログに記録して、顧客のリクエストがどのように処理されたかを理解するのに役立てることもできるでしょう。

『Cloud Native: Using Containers, Functions, and Data to build Next-Generation Applications』（Boris Scholl、Trent Swanson、Peter Jausovec 著／O'Reilly Media／2019）では、ロギングに関する一般的な考慮事項として、次のことを挙げています。

- ログエントリは、ツールや自動化によって簡単に解析できるように構造化されるべきである
- 各エントリには、サービス間でリクエストを追跡し、ユーザーと開発者の間で共有する固有の識別子が含まれるべきである
- ログエントリは小さく、読みやすく、有用であるべきである
- タイムスタンプは同じタイムゾーンと時間形式を使用すべきである。異なるタイムゾーンと時間形式を含むログは読みにくく、解析しにくいものとなってしまう
- ログエントリを分類すること。デバッグ、情報、エラーから分類を始めるとよい
- パスワードや接続文字列などの個人情報や機密情報をログに記録しないこと。このような情報を指す一般的な用語は、個人識別情報（PII：Personally Identifiable Information）と呼ばれる

次のようなログは、ほとんどのサービスに共通して用意されます。多くのリクエストレベルのロギングツールには、これらの詳細をログに記録するためのデフォルト設定があります、

- ホストロギング
  - ホスト上のCPUとメモリ使用率
  - ネットワークI/O
- リクエストレベルのロギングは、全てのリクエストの詳細情報をキャプチャする
  - レイテンシ
  - 誰が、いつ、リクエストを行ったか
  - 関数名と行番号
  - リクエストパスとクエリパラメータ、ヘッダ、ボディ
  - レスポンスのステータスコードとボディ（エラーメッセージが出力された場合は、それも含む）

システムによっては、エラーなどの特定のユーザー体験に特に興味があるかもしれません。アプリケーション内にログ主力文を配置し、これらのユーザー体験に焦点を当てたカスタムメトリクス、ダッシュボード、アラートを設定できます。例えば、アプリケーションのバグによる5xxエラーに焦点を当てるために、リクエストパラメータやレスポンスのステータスコード、エラーメッセージ（エラーがある場合）などの特定の詳細を処理するメトリクス、

ダッシュボード、アラートを作成できます。

また、システムが独自の機能要件と非機能要件をどれだけ満たしているかを監視するために、イベントをログに記録する必要もあります。例えば、キャッシュを構築する場合、キャッシュの障害、ヒット、ミスをログに記録すべきでしょう。メトリクスにも、障害、ヒット、ミスの数が含まれるべきです。

エンタープライズシステムでは、ユーザーにモニタリングへのアクセスを提供したり、ユーザー向けに特別なモニタリングツールを構築したりすることが望ましい場合があります。例えば、顧客がリクエストの状態を追跡するためのダッシュボードを作成し、URLパスなどのカテゴリでメトリクスとアラートをフィルタリングおよび集計できるようにします。

さらに、起こり得るサイレント障害にどのように対処するかについても議論する必要があります。このような障害には、アプリケーションコードやライブラリや別のサービスなどの依存関係のバグによって、4xxまたは5xxになるべきレスポンスが2xxのレスポンスコードを返してしまう場合や、サービスにロギングとモニタリングが不十分で改善が必要な場合などがあります。

個々のリクエストのロギング、モニタリング、アラート以外に、システムのデータを検証するためのバッチおよびストリーミング監査ジョブを作成することもできます。これは、システムのデータ整合性のモニタリングに似ています。ジョブの結果が検証の失敗を示す場合にアラートを発火させることができます。このようなシステムについては「第10章　データベースバッチ監査サービスのデザイン」で議論します。

2.5.3　アラートへの対応

サービスを開発・運用するチームは、通常、数人のエンジニアで構成されています。このチームは、サービスにおける緊急性の高いアラートのためのオンコールスケジュールを設定することがあります。オンコールエンジニアが特定のアラートの原因に精通していない可能性があるため、アラートのリスト、考えられる原因、原因を見つけて修正するための手順を含む手順書（runbook）を準備する必要があります。

手順書を準備する際に、特定の問題に対する手順が、簡単にコピー&ペーストできる一連のコマンドで構成されている場合（例：ホストの再起動）、これらのステップをアプリケーションで自動化し、これらのステップが実行されたことをログに記録する必要があります（『Practical Monitoring』chapter 3,（Mike Julian／O'Reilly Media／2017）[訳注11]）。自動障害回復を実装可能なのに実装しないのは、手順書の悪い利用例だといえます。手順書の指示が特定のメトリクスを表示するためのコマンドの実行で構成されている場合、これらのメトリクスをダッシュボードに表示する必要があるでしょう。

訳注11　邦訳は『入門 監視』（松浦 隼人 訳／オライリージャパン／ ISBN978-4-87311-864-2）。

企業によってはSRE（Site Reliability Engineering）チームが組織されているかもしれません。SREチームは、重要なサービスの高い信頼性を確保することを目的とし、ツールとプロセスを開発するエンジニアで構成され、これらの重要なサービスのオンコールを担当する場合もよくあります。SREチームが、そのサービスを運用し、サポートしてもらえるようにするためには、サービスのビルドがSREチームの基準を満たす必要があるでしょう。この基準は、例えば、高いユニットテストカバレッジ、SREレビューに合格する機能テストスイート、可能性のある問題について網羅的な説明がなされていることなどが挙げられ、SREチームによって検証され、よく整備された手順書が必要となります。

障害が解決された後には、何が間違っていたか、なぜそうなったか、チームが今後どのようにして再発を防ぐかを話し合うポストモーテムを行う必要があります。ポストモーテムにおいては誰かを非難することは避けるべきです。そうしないと、メンバーは問題に対処する代わりに、問題を軽視したり隠したりしようとする可能性があるからです。

問題を解決するために採った行動のパターンを特定すれば、これらの問題の再発や深刻度の軽減を自動化する方法を見つけ出し、システムに自己修復の仕組みを導入することもできるでしょう。

2.5.4 アプリケーションレベルのロギングツール

オープンソースのELK（Elasticsearch、Logstash、Beats、Kibana）スイートや有料サービスであるSplunkは、アプリケーションレベルのロギングのための標準的なツールです。Logstashは、ログの収集と管理に使用されます。Elasticsearchは検索エンジンであり、ログの保存、インデックス作成、検索に便利です。Kibanaはログの視覚化とダッシュボード作成用で、Elasticsearchをデータソースとして使用し、ユーザーがログを検索できるようにします。Beatsは、2015年に公開され、ElasticsearchまたはLogstashにリアルタイムでデータを送信する軽量データ送信ツールです。

本書では、「イベントをログに記録する」と述べる場合は、組織内の複数サービスによってログに使用される共通のELKサービスにイベントをログに記録することを常に意味しています。

数多くのモニタリングツールが公開されており、独自のものやFOSS（Free and Open Source Software：自由でオープンソースのソフトウェア）のものもあります。本節ではこれらのツールのいくつかについて簡単に説明しますが、包括的なリスト、詳細な議論、比較は本書の範囲外となります。

これらのツールの違いを比較するには、次のような特性を見るとよいでしょう。

- 機能による違い：さまざまなツールは、ロギング、モニタリング、アラート、ダッシュボードの全部を提供しているものも、その一部だけを提供しているものもある
- サーバ以外の多種多様な種類の機器（ロードバランサー、スイッチ、モデム、ルーター、ネットワークカードなど）を含む、さまざまなオペレーティングシステムのサポートがあるかどうか
- リソースの消費量
- 人気度：そのツールに詳しいエンジニアが見つけやすいかどうかに関連する
- 更新の頻度など開発者によるサポートの高さ

また、次のような主観的な特性も注目すべきでしょう。

- ツールに成熟する上での学習曲線
- 手動設定の難しさと、新規ユーザーがミスを犯す可能性
- ほかのソフトウェアやサービスとの統合の容易さ
- バグの数と深刻度
- UX：これらのツールの中にはブラウザやデスクトップUIクライアントを持つものがあり、ユーザーによってはUIの好みが分かれるかもしれない

FOSSのモニタリングツールには、次のようなものがあります。

- Prometheus ＋ Grafana：モニタリングにはPrometheus、視覚化とダッシュボードにはGrafanaを利用する
- Sensu：データの保存にRedisを使用するモニタリングシステム。サードパーティのアラートサービスにアラートを送信するようにSensuを設定できる
- Nagios：モニタリングとアラートシステムを持つ
- Zabbix：モニタリングダッシュボードツールを含むモニタリングシステム

プロプライエタリなツールには、Splunk、Datadog、New Relicなどがあります。

時系列データベース（TSDB：time series database）は、ロギング時系列データで発生する連続的な書き込みなど、時系列データの保存と配信に最適化されたシステムです。例えば、次のような場合に利用します。時系列データにおいては、ほとんどのクエリは最近のデータへのアクセスである可能性があるため、古いデータの価値は低く、TSDBにおいては、ダウンサンプリングを設定することでストレージを節約できます。これは、定義された間隔でデータの平均を計算して古いデータをロールアップします。つまり、複数のデータを平均し、その平均のみを保存して元のデータは削除するので、占有するストレージが少なくて済みます。データ保持期間とサンプリングの頻度は、要件と予算によって決定する必要があります。

古いデータの保存コストをさらに削減するために、データを圧縮したり、テープや光ディスクなどの安価なストレージメディアを使用したりすることもできます。https://www.zdnet.com/article/could-the-tech-beneath-amazons-glacier-revolutionise-data-storage/、または、https://arstechnica.com/information-technology/2015/11/to-go-green-facebook-puts-petabytes-of-cat-pics-on-ice-and-likes-windfarming/ では、使用していないときに減速または停止するハードディスクストレージサーバなどのカスタムセットアップの例などを紹介しています。

- Graphite：一般に、OSメトリクスのログに使用される（Webサイトやアプリケーションなど、ほかのものも監視可能）。GrafanaのWebアプリケーションで、その結果を可視化できる
- Prometheus：これも、通常、Grafanaを用いて視覚できる
- OpenTSDB：HBaseを使用する分散型のスケーラブルなTSDB
- InfluxDB：Goで書かれたオープンソースのTSDB

Prometheusは、時系列データベースを中心に構築されたオープンソースのモニタリングシステムです。Prometheusは、ターゲットのHTTPエンドポイントからメトリクスをリクエストするためにプルし、PushgatewayはAlertmanagerにアラートをプッシュします。これは、電子メールやPagerDutyなどのさまざまなチャンネルにプッシュするように設定できます。Prometheusクエリ言語（PromQL）を使用して、メトリクスを検索しグラフを描画することも可能です。

Nagiosは、サーバ、ネットワーク、アプリケーションの監視に焦点を当てたプロプライエタリの昔ながらのITインフラストラクチャモニタリングツールです。数百ものサードパーティプラグイン、Webインターフェイス、高度な視覚化ダッシュボードツールが公開されています。

2.5.5 ストリーミングあるいはバッチ処理によるデータ品質の監査

データ品質は、データが参照する実世界の構成を表現し、意図された目的に使用できることを保証する表現を指す非公式な用語です。例えば、ETLジョブによって更新されるテーブルにおいて、そのジョブによって生成されたはずの行が欠落している場合、データ品質が低いと表現します。

データベーステーブルは、データ品質の問題を検出するために継続的・定期的に監査できます。このような監査は、最近追加および変更されたデータを検証するストリーミング、あるいはバッチ処理のETLジョブを定義することで実装できます。

これは、サービスリクエストの処理中に発生する検証チェックなど、以前の検証チェックで検出されなかったエラー、つまりサイレントエラー（検知されないエラー）を検出するのに特に有用です。

この概念は、「第10章　データベースバッチ監査サービスのデザイン」で議論されるデータベースバッチ監査のための仮想的な共有サービスに拡張することができるでしょう。

2.5.6　データ異常を検出するための異常検知

異常検知は、異常なデータポイントを検出するという機械学習の考え方を指す言葉です。機械学習の概念の完全な説明は本書の範囲外ですが、本節では異常なデータポイントを検出するための異常検知について簡単に説明することにします。これは、データ品質を確保するためと分析的な洞察を得るために有用な手法です。特定のメトリクスの異常な上昇と下降は、データ処理の問題や市場条件の変化を示す可能性があるからです。

最も基本的な形式による異常検知は、連続的なデータストリームを異常検知アルゴリズムに流し込むことで実現できます。定義された数のデータポイント（機械学習では訓練セットと呼ばれる）を処理した後、異常検知アルゴリズムは統計モデルとして作られます。このモデルの目的は、データポイントを入力として受け取り、そのデータポイントが異常であるかどうかの確率を出力することです。このモデルが機能することを検証するために、検証セットと呼ばれる訓練セットとは別に用意したデータポイントを使用します。各データポイントは正常または異常のどちらかに、あらかじめ手動でラベル付けしておきます。最後に、テストセットと呼ばれるさらに別の手動でラベル付けされたセットでモデルをテストすることで、モデルの精度特性を定量化できます。

多くのパラメータは、手動で調整可能です。例えば、使用する機械学習モデル、3つのセットそれぞれのデータポイント数、適合率と再現率などの特性を調整するモデルのパラメータが挙げられます。なお、適合率や再現率などの機械学習の概念は、本書では範囲外とします。

ただし、実際には、データ異常を検出するためのこのアプローチは、実装、維持、利用が複雑でコストがかかります。したがって、重要なデータセットのみで利用すべきでしょう。

2.5.7　検知されないエラーと監査

検知されないエラーとは、エラーが発生したにもかかわらず、エンドポイントがステータスコード200を返すような状況でのことで、バグの影響で発生している可能性があります。その対策として、データベースへの最近の変更を監査するバッチETLジョブを書き、失敗した監査に対してアラートを発生させることが可能です。詳細は「第10章　データベースバッチ監査サービスのデザイン」で見ていくことにします。

2.5.8 オブザーバビリティに関する参考情報

- 『Cloud Observability in Action』（Michael Hausenblas 著／ Manning Publications ／ 2023）
  クラウドベースのサーバレスおよびKubernetes環境にオブザーバビリティのプラクティスを適用するためのガイドブック。
- https://www.manning.com/liveproject/configure-observability
  サービステンプレートのオブザーバビリティ関連機能を実装するためのハンズオンコース。
- 『Practical Monitoring』（Mike Julian 著／ O'Reilly Media ／ 2017）
  オブザーバビリティのベストプラクティス、インシデント対応、アンチパターンに関する専門書。
- 『Cloud Native: Using Containers, Functions, and Data to build Next-Generation Applications』（Boris Scholl, Trent Swanson, Peter Jausovec 著／ O'Reilly Media ／ 2019）
  オブザーバビリティがクラウドネイティブアプリケーションに不可欠であることを強調している。
- 『Cloud Native DevOps with Kubernetes』（John Arundel、Justin Domingus 著／ O'Reilly Media ／ 2019）の第15章、第16章
  これらの章では、クラウドネイティブアプリケーションにおけるオブザーバビリティ、モニタリング、メトリクスについて議論している。

2.6 検索バー

　検索は、多くのアプリケーションに実装されている一般的な機能です。ほとんどのフロントエンドアプリケーションは、ユーザーが目的のデータを迅速に見つけるための検索バー[訳注12]を提供しています。データは、Elasticsearchクラスタを用いてインデックス化できます。

2.6.1 導入

　検索バーは多くのアプリのUIコンポーネントの中でも一般的なものです。単一の検索バーだけの場合もあれば、フィルタリングなどのためにほかのフロントエンドコンポーネントを含む場合もあります。検索バーの例を図2.2に示します。

訳注12　日本では「検索ボックス」と呼ぶほうが一般的かもしれないが、本書では原文のまま検索バーと表記する。

↑図2.2 Google検索バー。結果をフィルタリングするためのドロップダウンメニューを備えている（引用元: Google）

検索を実装するのに必要な技術としては、一般に次のようなものがあります。

1. LIKEオペレータとパターンマッチングを使用したSQLデータベースにおける検索
   例えば、次のようなクエリになる

```
SELECT <column> FROM <table> WHERE Lower(<column>) LIKE "%Lower(<search_term>)%"
```

2. match-sorter（https://github.com/kentcdodds/match-sorter）のようなライブラリの利用
   検索語を受け取って、レコードのマッチングと並べ替えを行うJavaScriptライブラリ。このようなソリューションは、各クライアントアプリケーションで個別に実装する必要がある。これは、数GB程度までのテキストデータ（つまり、数百万レコードまで）に適した単純な技術を利用したソリューションである。Webアプリケーションは、通常はバックエンドからデータをダウンロードするが、そのデータ量は数MB以上になることはほとんどない。そうでなければ、アプリケーションを数百万人のユーザーからのアクセスに耐えられるようにすることが難しくなり、スケーラブルではない。モバイルアプリケーションはデータをローカルに保存する可能性があるので、理論的にはGBのデータを持つことが可能だが、数百万台の電話機の間でデータの同期を行うのは現実的ではない可能性が高い。
3. Elasticsearchのような検索エンジンの使用
   このソリューションはスケーラブルで、ペタバイトのデータを処理できる。

最初のLIKEオペレータとパターンマッチングには多くの制限があり、適切な検索エンジンに変更されるまでの一時的な実装としてのみ使用すべきです。例えば、次のような制限が挙げられるでしょう。

- 検索クエリのカスタマイズが困難なこと
- ブースティング、重み付け、あいまい検索、ステミングやトークン化などのテキスト前処理のような高度な機能がないこと

ここでの議論は、検索対象となるそれぞれのレコードが小さい、つまりテキストレコードであり、ビデオなどのレコードではないことを前提としています。ビデオレコードの場合、インデックス作成と検索操作はビデオデータに直接行われるのではなく、付随するテキストメタデータに対して行われます。検索エンジンでのインデックス作成と検索の実装は、本書では範囲外とします。

第2部の実際の課題例における議論でもこれらの技術を参照しますが、ここではElasticsearchを使う方法を取り上げます。

2.6.2 Elasticsearchを用いた検索バーの実装

組織では、多くのサービスの検索要件を満たすための共有Elasticsearchクラスタを利用できます。本節では、まず基本的なElasticsearchの全文検索クエリについて説明し、次に既存のElasticsearchクラスタを利用する場合のサービスへのElasticsearchの追加の基本的なステップについて説明します。本書ではElasticsearchクラスタのセットアップについては議論せず、Elasticsearchの概念と用語を詳細に説明することもしません。例として、「第1章　システム設計に関する概念を俯瞰する」でも紹介したBeigelアプリケーションを取り上げましょう。

基本的な全文検索、あいまい検索を提供するために、検索バーをElasticsearchサービスにクエリを転送するGETエンドポイントにアタッチします。Elasticsearchクエリは、Elasticsearchインデックス（リレーショナルデータベースのデータベースに相当）に対して実行されます。GETクエリが検索結果のリストを含む2xxレスポンスを返した場合、フロントエンドはリストを表示する結果ページをロードします。

例えば、Beigelアプリケーションが検索バーを提供し、ユーザーが「sesame」という用語を検索したとしましょう。この場合、Elasticsearchへのリクエストは次のいずれかに該当するでしょう。

検索語がクエリパラメータに含まれる場合、完全一致のみを検索します。

```
GET /beigel-index/_search?q=sesame
```

あるいは、JSONリクエストボディを使用することもでき、その場合は完全なElasticsearch DSLを利用できます（ただし、それについては本書の範囲外である）。

```
GET /beigel-index/_search
{
  "query": {
    "match": {
      "query": "sesame",
      "fuzziness": "AUTO"
    }
  }
}
```

「"fuzziness": "AUTO"」は、あいまい（近似）マッチングを許可するためのものです。
これは、検索語や検索結果にスペルミスが含まれている場合など、多くのユースケースで役
立ちます。

結果は、関連性の高い順でソートされたJSON配列として返されます。バックエンドは
これらの結果をフロントエンドに返し、フロントエンドはそれを解析してユーザーに表示
します。

2.6.3　Elasticsearchインデックスと取り込み

Elasticsearchにおけるインデックスの作成は、ユーザーが検索バーから検索クエリを送
信したときに検索対象となるドキュメントを取り込み、インデックス作成操作を行うことで
構成されます。

インデックスを最新に保つために、Bulk APIを使用します。これにより、定期的に、ある
いは何らかのイベントをトリガーとして、インデックス作成または削除リクエストを行えます。

インデックスのマッピングを変更するには、新しいインデックスを作成し、古いものを削
除します。もう1つの方法は、Elasticsearchの再インデックスの機能を使用することです
が、これはコストが高い作業です。なぜなら、各書き込みリクエストの後に内部で利用さ
れているLuceneのコミット操作が同期的に発生するためです（https://www.elastic.co/
guide/en/elasticsearch/reference/current/index-modules-translog.html#index-
modules-translog）。

Elasticsearchインデックスの作成には、検索したい全てのデータをElasticsearchの
ドキュメントストアに保存する必要があり、これによって全体的なストレージ要件が増加して
しまいます。それに対する対策としては、インデックスを作成する、すなわち検索対象とす
るデータの一部分だけを送るなど、さまざまな最適化手法が編み出されています。

表2.1は、SQLとElasticsearchの用語を対比させた対応表です。

SQL	Elasticsearch
Database	Index
Partition	Shard
Table	Type（廃止されたが、それに変わる用語が存在しない）
Column	Field
Row	Document
Schema	Mapping
Index	全てがインデックスされている

⬆ **表2.1** SQLとElasticsearchの用語の対応表。対応する用語は全く同じではなく違いもあるので、この表を額面通りに受け取らないこと。この対応表は、SQLの経験はあるものの、Elasticsearchは初めてという開発者が、さらに学習するための出発点として使用することを意図している

2.6.4 SQLの代わりにElasticsearchを利用する

　Elasticsearchは、SQLのように利用できます。Elasticsearchには、クエリコンテキストとフィルターコンテキストの概念があります（https://www.elastic.co/guide/en/elasticsearch/reference/current/query-filter-context.html ）。ドキュメントによると、フィルターコンテキストでは、クエリ句で「このドキュメントは、このクエリ句に一致するかどうか」という条件を付けることができます。答えは単純に「はい」か「いいえ」であり、スコアは計算されません。クエリコンテキストでは、クエリ句は「このドキュメントは、このクエリ句にどれくらい一致しているか」という条件を付けることができます。クエリ句はドキュメントが一致するかどうかを決定し、関連性のスコアを計算します。本質的に、クエリコンテキストはSQLクエリに類似しており、フィルターコンテキストは検索に類似しています。

　SQLの代わりにElasticsearchを使用することで、検索とクエリの両方が可能になり、重複したストレージ要件が排除され、SQLデータベースにおけるメンテナンスのオーバーヘッドが排除されます。筆者は、データストレージにElasticsearchのみを使用するサービスを見たこともあります。

　しかし、Elasticsearchは多くの場合、リレーショナルデータベースを置き換えるのではなく、補完するために使用されます。Elasticsearchはスキーマレスデータベースであり、正規化や主キーと外部キーなどのテーブル間の関係の概念がありません。SQLとは異なり、ElasticsearchはCQRS（コマンドクエリ責務分離）（「1.4.6　機能的分割と横断的な関心の集約」参照）やACID[訳注13]も提供しません。

訳注13　Atomicity（原子性）、Consistency（整合性）、Isolation（独立性）、Durability（永続性）の頭文字をとった略語。データベーストランザクションの4つの特性を表す。

また、Elasticsearch Query Language（EQL）はJSONベースの言語であり、冗長で学習コストがかかります。一方で、SQLはデータアナリストなどの開発や技術に関わらない人々にも馴染みがあります。技術者ではないユーザーでも、SQLなら1日以内に基本的な構文を簡単に習得できるでしょう。

Elasticsearch SQLは、2018年6月のElasticsearch 6.3.0のリリースで導入されました（https://www.elastic.co/blog/an-introduction-to-elasticsearch-sql-with-practical-examples-part-1、および、https://www.elastic.co/what-is/elasticsearch-sql）。一般的なフィルタリングと集計操作の全てをサポート（https://www.elastic.co/guide/en/elasticsearch/reference/current/sql-functions.html）しており、期待の持てる機能です。SQLの優位性は確立されていますが、今後数年で、より多くのサービスがデータストレージと検索の両方にElasticsearchを使用する可能性があると考えられます。

2.6.5　サービスでの検索の実装

ユーザーストーリーと機能要件の議論中に検索に言及することで、顧客重視の姿勢をアピールできます。質問が検索エンジンの設計でない限り、Elasticsearchを利用したデータ取り込みやインデックス作成、検索クエリの実行、結果の処理以上に検索の実装を説明させられる可能性は低いでしょう。第2部の具体的な質問に関するの議論のほとんどは、そうした基本的な検索についての議論となっています。

2.6.6　検索に関する読み物

Elasticsearchとインデックス作成に関するリソースを紹介しておきます。

- https://www.elastic.co/guide/en/elasticsearch/reference/current/index.html
  公式のElasticsearchのガイドドキュメント。
- 『Elasticsearch in Action, Second Edition』（Madhusudhan Konda 著／ Manning Publications ／ 2023）
  ElasticsearchとKibanaを使用して完全に機能する検索エンジンを開発するためのハンズオンガイド。
- https://www.manning.com/livevideo/elasticsearch-7-and-elastic-stack
  Elasticsearch 7とElastic Stackに関するオンラインコース。
- https://www.manning.com/liveproject/centralized-logging-in-the-cloud-with-elasticsearch-and-kibana
  ElasticsearchとKibanaを使用してクラウドでログを集中化するためのハンズオンコース。

- https://stackoverflow.com/questions/33858542/how-to-really-reindex-data-in-elasticsearch

  Elasticsearchインデックスの更新方法に関する公式Elasticsearchガイドの代替となる議論。
- https://developers.soundcloud.com/blog/how-to-reindex-1-billion-documents-in-1-hour-at-soundcloud

  大規模な再インデックス作業のケーススタディ。

2.7　その他の議論

　システム設計について、要件を満たすまで議論できたら、ほかのトピックについても議論するとよいでしょう。本節では、さらなる議論が発生する可能性のあるトピックについて簡単に説明します。

2.7.1　アプリケーションの運用と拡張

　さあ、ここまでの面接の中で、まずは要件について議論し、それらのその要件のためのシステム設計を行いました。ここからは、必要な要件をよりよく満たすために設計を改善し続けることができるでしょう。

　また、可能性のある追加要件に議論を拡大することもできます。テック業界で働く人なら誰でも、アプリケーション開発が完了することはないことを知っているでしょう。常に新しい要件が出てきて、過去の要件とのすり合わせが必要になるものです。ユーザーは、追加開発や機能変更を望むフィードバックを送ってくるでしょう。APIエンドポイントのトラフィックとリクエスト内容を監視して、スケーリングと開発のどちらを優先するかを決めなければなりません。どの機能を開発、運用し、どの機能を非推奨や廃止するかについては、常に議論を行う必要があります。これらのトピックについて面接の中でも議論できるでしょう。

- メンテナンスについては、すでに面接中に議論されている可能性がある。どのシステムコンポーネントが特定のテクノロジー（ソフトウェアパッケージなど）に依存しているのか、どのコンポーネントが最も迅速に開発が必要で、最も多くのメンテナンス作業を必要とするコンポーネントはどれなのか。あるいは任意のコンポーネントに破壊的な変更をもたらすアップグレードをどのように処理すべきか
- 将来的に開発が必要になる可能性のある機能と、そのシステム設計について
- 将来的に必要なくなる可能性のある機能と、それらを影響を最低限に留めつつ廃止および廃止するにはどうすればよいか。このプロセス中に提供する適切なレベルのユーザーサポートとは何で、それをどのように最適に提供するか

2.7.2　ほかのタイプのユーザーのサポート

　サービスを拡張して行く中で、ほかのタイプのユーザーへのサポートを追加できます。消費者または企業、手動または自動化のいずれかに焦点を当てた場合、それ以外のユーザーカテゴリをサポートするようにシステムを拡張することについて議論できます。現在のサービスを拡張するのと新しいサービスを構築するのでは、どちらがより適しているか、そしてその両方のアプローチのトレードオフについても議論できるでしょう。

2.7.3　代替となるアーキテクチャの決定

　面接の前半で、置き換えが可能なほかのアーキテクチャの決定について議論したはずです。それらをより詳細に再検討できます。

2.7.4　ユーザビリティとフィードバック

　ユーザビリティは、ユーザーが、望む目標を効果的かつ効率的に達成するために、システムをどれだけうまく使いこなすことができるかを示す尺度です。ユーザーインターフェイスの使いやすさを評価することで計測が可能です。ユーザビリティメトリクスを定義し、必要なデータをログに記録し、これらのメトリクスを定期的に計算してダッシュボードを更新するバッチETLジョブを実装できるでしょう。ユーザビリティメトリクスは、ユーザーにシステムをどのように使用してほしいと考えているかに基づいて定義します。

　例えば、検索エンジンを作成した場合、ユーザーが望むのは、目的の結果を素早く見つけることです。可能なメトリクスの1つは、ユーザーが結果リストをクリックするまでの平均時間です。結果が関連性の高い順で並べようとしており、ユーザーが結果をクリックするまでの時間が短いということは、ユーザーがリストの上部に近いところで望む結果を見つけられたことを示すと仮定できます。

　別の例のメトリクスは、ユーザーがアプリケーションを使用する際に、サポート部門からどれだけの助けを必要とするかです。理想的には、アプリケーションはセルフサービスで利用可能であるべきです。つまり、ユーザーは助けを求めることなく、アプリケーション内で望むタスクを完全に実行できることが理想です。アプリケーションにヘルプデスクが用意されている場合、1日または1週間あたりに作成されるヘルプデスクチケットの数で計測できます。ヘルプデスクチケットの数が多い場合、アプリケーションがセルフサービスとなってはいないことを示しています。

　また、ユーザビリティは、ユーザー調査でも計測できます。一般的なユーザビリティ調査のメトリクスは、ネットプロモータースコア（NPS：Net Promoter Score）です。NPSは、アプリケーションを友人や同僚に推奨する可能性を9または10と評価するユーザー（推奨者）の割合から、6以下と評価するユーザー（批判者）の割合を引いたものとして定義されます。

アプリケーション内に、ユーザーがフィードバックを送るためのUIコンポーネントを用意することもできます。例えば、Web UIにはフィードバックやコメントをメールで送信するためのHTMLリンクやフォームを付けられるかもしれません。スパムなどの理由でメールを使用したくない場合は、フィードバックを送信するためのAPIエンドポイントを作成し、フォーム送信をそれにアタッチできます。

ログをきちんと採っておき、ユーザーのフィードバックとログに記録された活動とを組み合わせることで、バグの再現に役立てることが可能です。

2.7.5 エッジケースと新しい制約

面接が終盤に差し掛かると、面接官がエッジケースや新しい制約を導入するかもしれません。何が持ち込まれるかはわかりません。新しい機能要件が追加されるかもしれませんし、極端な非機能要件が追加されるかもしれません。要件の定義中に、これらのエッジケースのいくつかは予想できていたかもしれません。そうした新しい要件を満たすためにトレードオフを行うことができるか、または現在の要件とこれらの新しい要件の両方をサポートするようにアーキテクチャを再設計できるかについて議論することになるでしょう。例をいくつか挙げます。

新しい機能要件

- クレジットカード支払いをサポートする販売サービスを設計したとする。支払いシステムが各国のさまざまなクレジットカード支払い要件をサポートするためにカスタマイズ可能にする必要がある場合は何を変更すべきか。お店の専用決済といったほかの支払いタイプもサポートする必要がある場合はどうか。クーポンコードをサポートする必要がある場合はどうか
- テキスト検索サービスを設計したとする。検索対象を、画像、音声、ビデオに拡張するには、どうすればよいか
- ホテルの部屋予約サービスを設計したとする。ユーザーが部屋を変更する機能を追加する必要がある場合、どうすればよいか。新たに利用可能な部屋を見つける必要があり、別のホテルからも探す必要があるかもしれない
- ニュースフィードのレコメンデーションサービスにソーシャルネットワーキング機能を追加することを決定した場合、どうなるか

スケーラビリティとパフォーマンス

- ユーザーに100万人のフォロワーがいたり、メッセージを100万人に送る必要がある場合、どうしたらよいか。メッセージ配信時間のP99が非常に長くなってしまう状況を受け

- 入れることができるか。それとも、よりよいパフォーマンスを得るために新たに何らかの設計をする必要があるか
- 過去10年間の販売データの正確な監査を行う必要がある場合、どうすればよいか

レイテンシとスループット

- メッセージ配信時間のP99値を500ミリ秒以内にする必要がある場合、どうすればよいか
- ライブストリーミングに対応していないビデオストリーミングサービスを設計したとして、それをライブストリーミングをサポートするように設計を変更するには、どうすればよいか。100億台のデバイスで100万本の高解像度ビデオを同時にストリーミングするには、どうすればよいか

可用性と障害耐性

- 全てのデータはデータベースにも格納されているため、高可用性を必要としないキャッシュを設計したとする。そこから、少なくともある一部のデータに対して高可用性が必要となった場合、どう対応すればよいか
- 設計した販売サービスが高頻度の取引に使用される可能性が出てきたとする。可用性をどのように向上させることができるか
- システムの各コンポーネントは、それぞれどのような障害を発生させるする可能性があるのかを考えてみよう。これらの障害を防止あるいは軽減し、このコンポーネントと全体のシステムの障害耐性を向上させるためには、何をすることができるか

コスト

- 低レイテンシと高パフォーマンスをサポートするために高価な費用がかかる設計を行ってしまったとする。コストを下げるために、どういったトレードオフが考えられるか
- 必要に応じてサービスをグレースフルに廃止するには、どうすればよいか
- ポータビリティは考慮されているか。アプリケーションをクラウドに（またはクラウドから）移行するには、どうすればよいか。アプリケーションをポータブルにすることによって発生するトレードオフには何が挙げられるか（より高いコストと複雑さなど）。なお、ポータブルなオブジェクトストレージにはMinIO（https://min.io/）を検討するとよい

　本書の第2部の各質問は、同様にさらなる議論のためのトピックのリストで終わるようになっているので、参考にしてください。

2.7.6　クラウドネイティブの概念

マイクロサービス、サービスメッシュと共有サービスのためのサイドカー（Istio）、コンテナ化（Docker）、オーケストレーション（Kubernetes）、自動化（Skaffold、Jenkins）、インフラストラクチャのコード化（Terraform、Helm）などのクラウドネイティブの概念を通じて、非機能要件に対処することについて議論できます。これらのトピックの詳細な議論は、本書の範囲外です。興味のある読者は、数多く存在する専門書やオンライン資料を参照してください。

2.8　面接後の振り返りと評価

多くの面接を経験するにつれて、あなたの面接でのパフォーマンスは向上して行くでしょう。各面接からできるだけ多くを学ぶことができるように、面接が終わったら、毎回、できるだけ早く振り返りのメモを書くべきです。そうすることで、それぞれの面接におけるよい記録を持つことができ、面接パフォーマンスについて正直な批判的評価を書くことができるようになります。

2.8.1　面接後できるだけ早く振り返りを書く

このプロセスをよりスムーズに行うために、面接の終わりに、自分が書いた図の写真を撮る許可を面接官に尋ねるとよいでしょう。ただし、許可が拒否された場合には、あまりそれにこだわりすぎないようにしてください。ペンとノートを鞄に入れて、いつも持参してください。写真を撮ることができない場合は、面接で書いた図を、面接後すぐに記憶から呼び起こし、改めてノートに書くようにしてください。そして、詳細を思い出せるだけメモしましょう。

面接後は、できるだけ早く振り返りを書くべきです。そのほうが、多くの詳細を覚えているからです。面接後は疲れているかもしれませんが、リラックスしすぎて、将来の面接パフォーマンスを向上させるための貴重な情報を忘れてしまうのは生産的な行為ではありません。すぐに家やホテルの部屋に戻り、快適で気が散らない環境で振り返りを書くようにしましょう。

振り返りには、次のような内容を書きます。

1. 冒頭部分
   a. 面接が行われた会社とグループ
   b. 面接の日付
   c. 面接官の名前と役職
   d. 面接官が尋ねた質問
   e. 図は写真から抽出したものか、記憶から再描画したものか

2. 面接を約10分ずつのセクションに分割し、図を書き始めたセクション内に、その図を配置する。1枚の写真に複数の図が含まれている場合、図を加工して、個別の図に分割する必要があるかもしれない

3. それぞれのセクションに、面接で話したことを詳細に思い出せるだけ書いていく
   a. あなたが述べたこと
   b. あなたが描いたもの
   c. 面接官が述べたこと

4. 個人的な評価と振り返りを書く。評価は不正確かもしれないので、改善するために練習しよう
   a. 面接官の履歴書やLinkedInプロフィールを見つけよう
   b. 面接官の立場に立って考えてみる。面接官は、なぜそのシステム設計の質問を選んだのだろうか。面接官は何を期待していたのだろうか
   c. 面接官の表情やボディランゲージ。面接官は、あなたの発言や図に満足または不満足そうに見えただろうか。どのような表情やボディランゲージから、そう感じたのだろうか。面接官は何か発言を遮ったり、議論したがったりしたか。そして、それはどの発言で起こったのか

5. その後で、より多くの詳細を思い出した場合は、思い違いを書いてしまわないように注意を払いながら、別のセクションとして、それらの内容を追記しておく

振り返りを書いている間、次のように自分に問いかけましょう。

- 面接官は、あなたの設計について何を質問したか
- 面接官は「本当にそうですか？」などといって、あなたの発言に疑問を投げかけたことがあったか
- 面接官がいわなかったことは何か。それは、あなたが言及するかをどうかを試すために、意図的に行われたのか。それとも、面接官がその知識を欠いていた可能性があるか

振り返りと回想が終わったら、よくがんばった自分をほめてあげて、休憩を取りましょう。

2.8.2　自己評価を書く

　自己評価を書くことは、あなたが面接で示すことができた、自分が熟練している領域、そして不足している領域について可能な限り多くを学ぶのに役立ちます。面接から数日以内に自己評価を書き始めるようにしましょう。

　面接で聞かれた質問について調査を始める前に、まず次のことについて、追加で考えていることがあれば、その考えを書き留めてください。これは、現在の知識の限界と、システム設計面接であなたがどれくらい洗練しているかを自己認識するためです。

2.8.3　言及しなかった詳細な事項

　50分以内にシステム全体を包括的に議論することは不可能です。したがって、その時間内にどういったトピックについて詳細に言及するかを選択する必要があります。現在の知識に基づいて（つまり、調査を始める前に）、ほかにどのような事柄に言及できたでしょうか。そして、あなたが今回の面接でそれらを言及しなかったのは、なぜでしょうか。

　それらを議論しなかったのは、意図的な行動だったでしょうか。そうだとしたら、それはなぜでしょうか。そうしたトピックは、関係がないか、あるいは低レベルすぎると考えたのか、あるいはもっとほかのトピックについて話し合うべきと決めるに至った何らかの理由があったのでしょうか。

　時間が足りなかったからでしょうか。もしそうなら、面接時間をうまく活用して、そのトピックについても議論する時間を作るには、どうすればよかったでしょうか。

　あるいは、そのトピックに精通していなかったからでしょうか。だとしたら、あなたは今、自分に何が不足しているかをはっきり認識できたことになります。そのトピックについて、よりうまく説明できるように勉強するようにしましょう。

　もしかしたら、疲れていたからかもしれません、睡眠不足が原因でしょうか。前日は詰め込み勉強をしすぎず、もっと休むべきだったのでしょうか。それとも、それより前に受けた面接の疲れでしょうか。面接の前に短い休憩を要求すべきででしょうか。面接テーブルにコーヒーを置いておけば、その香りがあなたの集中力を取り戻させてくれたかもしれません。

　それとも、緊張していたのでしょうか。面接官や、面接の何らかの環境に威圧されてしまったのでしょうか。緊張をほぐし、落ち着く方法について、ネットでいろいろ調べてみるのもよいでしょう。

　自分自身や他人の期待の重圧に押しつぶされていたと感じたかもしれません。その場合は、物事を客観的に見るようにしてください。優れた企業は多数あります。今回がだめでも別の機会に、現在は名声がなくても将来的に優れたビジネスパフォーマンスを示すことになる企業に入る幸運に恵まれるかもしれません。そうすれば、あなたの経験と所有する株式が価値あるものになります。あなたは、謙虚で、日々学び続ける決意があることを知ってい

ます。そして、これがどうあれ、可能な限り多くを学び、今後の多くの面接でのパフォーマンスを向上させるための経験の1つに過ぎないと肝に銘じてください。

　不正確なことを述べてしまった可能性があるトピックはあったでしょうか。これは、あなたがどういった概念に精通していないかを表しています。これらの概念については、もっと勉強するようにしましょう。

　質問された事柄に関するリソースを見つける必要があります。書籍を参照したり、次のようなオンラインリソースを検索したりするとよいでしょう。

- Google
- High Scalability（http://highscalability.com/）などのWebサイト
- YouTube動画

　システム設計の質問にさまざまなアプローチがあることは、本書全体で強調しています。見つけた資料には類似点もありますが、異なっている記述も多くもあるでしょう。あなたの振り返りを、あなたが見つけた資料と比較してみましょう。それらのリソースが次のことをどのように行ったかを、あなたの場合と比較してみましょう。

- 質問の明確化。あなたは知性を感じさせる質問ができたか。また、どのような点を見逃してしまったか
- 図。資料には理解しやすいフローチャートが含まれていたか。高レベルのアーキテクチャ図と低レベルのコンポーネント設計図を、あなたの作成したものと比較してみよう
- 資料に書かれた高レベルアーキテクチャは、要件をどの程度うまく満たしているか。どのようなトレードオフが行われているか。そのトレードオフは高すぎると思うか。どのような技術が選ばれたか。それは、なぜか
- コミュニケーション能力
  - その資料を初めて読んだり見たりしたとき、どれだけの内容が理解できたか
  - 理解できなかったことは何か。理解的なかった原因は、あなたの知識不足だったか、それともプレゼンテーションが不明確だったからか。あなたが最初から理解できるように資料を更新するには、どうすればよいか。これらの質問に答えることで、複雑で込み入ったアイデアを明確かつ簡潔に伝える能力が向上するはずである

　評価には、いつでも情報を追加できます。面接の数か月後でも、改善可能な領域から、提案できた別のアプローチまで、あらゆる種類のトピックに関する新しい洞察を得ることがあります。そのような洞察を得た際には、評価に追加しておきましょう。面接の経験から、可能な限り多くの価値を引き出してください。

面接で行われた質問についてほかの人と議論することができますし、むしろ議論すべきですが、それぞれの質問がどの会社の面接で聞かれたものかを決して開示しないでください。面接官のプライバシーと面接プロセスの完全性を尊重しましょう。私たち全員が、企業が適切に採用を行い、私たちが有能なエンジニアと働き、学ぶことができるように、公平な競争の場を維持する倫理的および専門的な義務があります。業界の生産性と報酬は、私たち全員がそれぞれの役割を果たすことによって得られるのです。

2.8.4 面接のフィードバック

会社に対して、面接のフィードバックをもらえるように依頼しましょう。会社によっては、具体的なフィードバックを提供しない方針がある場合もあり、そうした会社からは多くのフィードバックを受け取れない可能性がありますが、依頼してみる価値はあります。

また、逆に会社から電子メールや電話でフィードバックを求められる場合もあります。フィードバックを求められた場合は、きちんと提供するべきです。それは、採用するかどうかの決定に影響はないかもしれませんが、同じエンジニアの仲間として面接官を支援することも重要です。

2.9 会社を面接する

本書では、採用の候補者としてシステム設計面接をどのように受けるかに焦点を当てています。しかし本節では、候補者であるあなたが、この会社が限りある人生の次の数年間を投資したい場所かどうかを決定するために、面接官にどういったことを尋ねたらよいかについて考えてみます。

面接プロセスは、双方向で行われるものです。会社側は、あなたの経験、専門知識、適性を理解し、その役職に最適な候補者を見つけたいと考えています。一方で、あなたは（採用されれば）少なくとも数年間はこの会社で過ごすことになるので、可能な限り最高の人々と最高の開発プラクティス、最高の哲学の中で働き、エンジニアリングスキルを最大限に発展させることができる場所であるかを見極める必要があります。

その会社において、エンジニアリングスキルをどのように発展させることができるかを知るために可能なテクニックを紹介します。

面接の前に、会社のエンジニアリングブログを読んで、次のような事柄についてより深く理解しておきましょう。記事が多すぎる場合は、上位10個の人気記事と自分の役職に最も関連する記事を選んで読めばよいでしょう。使用しているツールについての記事を読み、次のようなことを理解しておきましょう。

1. そのツールはどういうものか
2. 誰がそれを使用するのか
3. それは何を目的としたものか、そして目的を達成するためにどのように利用するのか。ほかの類似ツールと比較して、異なる点、似ている点は何か。ほかのツールができないことで、このツールができることは何か。どうやってそれを行うことができるのか。ほかのツールができることで、このツールができないことは何か

各記事について、少なくとも2つの質問を書き留めることを検討してください。面接の前に、質問を見直し、面接中にどの質問をするかを計画するとよいでしょう。

さらに、その会社について、次のような点を理解しておきましょう。

- その会社の一般的な技術スタック
- 会社が使用しているデータツールとインフラストラクチャ
- どういった目的のツールがお金を払って購入され、どういったツールが自分たちで開発されたのか。これらの決定はどのように行われたのか
- どういったツールをオープンソースで公開しているのか
- 会社が行ったほかのオープンソースへの貢献として何かあるか
- さまざまなエンジニアリングプロジェクトの歴史と開発について
- プロジェクトに投入される開発チームメンバーの人数と内訳：プロジェクトを監督するVPやディレクターの有無、チーム構成と職位、専門知識の条件、エンジニアリングマネージャー、プロジェクトマネージャー、エンジニア（フロントエンド、バックエンド、データエンジニアおよびサイエンティスト、モバイル、セキュリティなど）のレベルや経験値
- どんな内製ツールを開発、利用しているか。それらのツールはユーザーの要件をどの程度うまく予測し、対処できているのか。フィードバックを頻繁に反映できているか、そのツールがもたらした最も素晴らしい成果、引き起こした問題は何か。どういったツールが放棄されたのか、それはなぜか。それらの内製ツールは競合他社や最先端のものと比較してどうなのか
- 会社または会社内の関連チームは、これらの点に対処するために何をしたのか
- エンジニアの会社のCI/CDツールに関する経験はどの程度あるのか。エンジニアはCI/CDの問題にどのくらいの頻度で遭遇するのか。CIビルドは成功するが、CDデプロイメントが失敗するといった事例があるのか。これらの問題のトラブルシューティングに、どれくらいの時間を費やしているのか。先月、関連するヘルプデスクチャンネルに送信されたメッセージの数をエンジニアの数で割った数はいくつになるのか

- 計画されているプロジェクトは何で、それらはどのようなニーズを満たすのか。エンジニアリング部門の戦略的ビジョンは何か
- 過去2年間の組織全体で行われたシステム移行プロジェクトはあるか
  - サービスのベアメタルからクラウドベンダー、またはクラウドベンダー間での移行
  - 特定のツール（例：Cassandraのようなデータベース、特定のモニタリングソリューション）の使用停止
- 突然の方向性のUターンがあったか。例えば、ベアメタルからGoogle Cloud Platformに移行し、わずか1年後にAWSに移行するなど。これらのUターンが起きた原因は何で、そのうちどういったことが予測不可能な要因であり、どういったことが見過ごされた要因または政治的要因によるものなのか
- これまでの会社の歴史の中で、セキュリティ侵害があったのか。その深刻度は、どれくらいだったのか。また、将来の侵害のリスクはどれくらいなのか。これは慎重にすべき質問である。会社は法的に要求されるもの以上は開示しないだろう
- 会社全体のエンジニアリング能力のレベル
- 経営実績

　特に、あなたの将来のマネージャーの技術的背景には注意を払ってください。エンジニアまたはエンジニアリングマネージャーの立場として、技術的ではないエンジニアリングマネージャー、特にカリスマ的な人を決して受け入れないようにしましょう。エンジニアリング作業を批判的に評価できず、エンジニアリングプロセスの大きな変更（例：手動デプロイメントから継続的デプロイメントへの移行などのクラウドネイティブプロセス）に関するよい決定を下したり、そのような変更の実行をリードしたりすることができないエンジニアリングマネージャーは、たいていは同じ会社（または買収された会社）に長年在籍しており、ポジションを得るための政治的な足場を確立しています。そういった人は、有能なエンジニアリング組織を持つほかの会社で同様のポジションを得ることはできません。そのようなマネージャーを育成してしまう大企業は、新興のスタートアップに破壊されているか、もうすぐそうなります。そのような会社で働くことは、あなたが持つほかの選択肢よりも短期的には有利な場合があるかもしれませんが、エンジニアとしての長期的な成長が数年間遅れてしまう可能性があります。そして、短期的な金銭的利益のために、つまり給料が低いために断った会社がその後すぐに市場でよいパフォーマンスを示し、その会社の株式の評価が高くなり、得られる金銭の面でも間違った選択となってしまう場合もあります。自己責任で選択を行ってください。

　全体として、今後4年間で、この会社から何を学べて、何を学べないのかを考えるようにしてください。オファーを受け取ったら、収集した情報を見直すことで、思慮深い決定を下すことができるでしょう。

https://blog.pragmaticengineer.com/reverse-interviewing/ は、将来のマネージャーとチームを面接する方法に関する記事です。

まとめ

- 全てはトレードオフである。低レイテンシと高可用性はコストと複雑さを増加させる。ある特定のポイントに注目して改善を行った場合、ほかの問題を引き起こす
- 時間を意識する。議論の重要なポイントを明確にし、それらに集中する
- システムの要件を明確にし、要件を最適化するためにシステムの機能に起こりうるトレードオフについて議論をするところから始める
- 次のステップとして、機能要件を満たすAPIの仕様を作成する
- ユーザーとデータの間の接続を図にする。ユーザーがシステムに対してどのデータを読み書きし、データがシステムコンポーネント間でどのように変更されるかを書き込む
- ロギング、モニタリング、アラート、検索、そして、それまでの中で出てきたほかの懸念事項について議論する
- 面接後、自己評価を行いパフォーマンスを評価し、自身がどの分野について得意なのか、不得意なのかを分析する。これは将来参考とすることで、改善を追跡するのに役立つ
- 今後数年間で達成したいことを考え、会社を面接して、そこにキャリアを投資したいかどうかを判断する
- ロギング、モニタリング、アラートは、予期せぬイベントを迅速に警告し、それらを解決するための有用な情報を提供する重要な機能である
- 4つの黄金シグナルと3つの道具を使用して、サービスのオブザーバビリティを定量化する
- ログエントリは、解析しやすく、小さく、有用で、分類され、標準化された時間形式を持ち、個人情報を含まないようにする必要がある
- アラートへの対応のベストプラクティスに従う。例えば、有用で従いやすい手順書を用意し、特定したパターンに基づいて手順書、および手順そのものについて継続的に改善を行う

Chapter

3

非機能要件

本章の内容

- インタビューの冒頭で行う非機能要件についての議論について
- 非機能要件を満たすための技術とテクノロジーの活用方法について
- 非機能要件を最適化する

　システムには機能要件と非機能要件があります。機能要件はシステムの入力と出力を記述するもので、これらは大まかなAPI仕様とエンドポイントとして表現できます。

　一方の**非機能要件**とは、システムの入出力以外の要件を指す言葉です。一般的な非機能要件として、次のものが挙げられるでしょう。これらについて、本章で詳しく見ていくことにします。

- **スケーラビリティ**：システムがコスト効率よく処理を行えるように、使用するハードウェアリソースの量を簡単に調整できる能力
- **可用性**：単位時間の中で、システムがリクエストを正しく受け付け、期待されるレスポンスを返すことができる期間を割合で表したもの。例えば、99.9％の可用性であれば年間約8.77時間のダウンタイムを意味する
- **パフォーマンス／レイテンシ／P99とスループット**：パフォーマンスまたはレイテンシは、ユーザーのリクエストがシステムに到達してからレスポンスが返るまでの時間のことを

意味する。帯域幅とは、システムが一定時間内に処理できる最大リクエスト数のことを指す。スループットは、その時点でシステムが一定時間内に処理しているリクエスト数のことである。ただし、「スループット」という用語は「帯域幅」の代わり利用されることが多い（これは厳密には正しくはない）。一般に、スループットはレイテンシと反比例の関係にあり、レイテンシが低いシステムはスループットが高くなる

- **フォールトトレランス**：システムのコンポーネントの一部が故障した場合でも動作を継続する能力、およびダウンタイムが発生した場合に永続的な被害（データ損失など）を防止する能力
- **セキュリティ**：システムへの不正アクセスの防止
- **プライバシー**：個人を一意に識別できる個人識別情報（PII）へのアクセス制御
- **正確性**：システムのデータは完全に正確である必要はなく、コストや複雑さを改善するために正確性のトレードオフが、しばしば議論の対象となる
- **整合性**：全てのノード／マシンのデータが一致しているかどうか
- **コスト**：システムのほかの非機能的特性とトレードオフすることで、コストを削減できる
- **複雑性**、**保守性**、**デバッグの容易性**、**テストの容易性**：これらは関連する概念で、システムの構築の難しさと、構築後の保守の難しさを決定する

　技術者であるかどうかにかかわらず、顧客は非機能要件を明示的に要求しない場合があり、しかも、システムがその非機能要件を満たすことを暗に前提としている可能性があります。つまり、顧客が述べる要件は、多くの場合は不完全で、不正確で、時には過剰なものになります。細かいところまで明確化しなければ、要件に関する誤解が生じます。特定の要件を完全に把握できないために不十分なものになってしまったり、実際には必要ない要件を想定して過剰な提案をしてしまったりするかもしれません。

　初心者は特に、非機能要件を明確にすることに失敗しがちですが、要件の明確化の欠如は機能要件と非機能要件の両方で起こる可能性があります。そのため、システム設計の議論を始める際には、機能要件と非機能要件の両方について必ず議論し、明確化する必要があるのです。

　非機能要件は、そのいくつかが互いにトレードオフの関係にあることがよくあります。システム設計面接では、さまざまな設計上の決定において、さまざまなトレードオフをどう扱うかについて、議論する必要があります。

　非機能要件と、それらに対処するための技術を別々に議論するのは困難です。なぜなら、特定の技術を使うことで、いくつかの非機能要件に対して有利に働いても、同時に別の要件に対しては問題を引き起こすことがあるからです。本章では、さまざまな非機能要件について簡単に説明し、それを満たすためのいくつかの技術について触れてから、それらの技術について詳しく説明します。

3.1　スケーラビリティ

スケーラビリティとは、システムがコスト効率よく処理をこなすことができるように、使用するハードウェアリソースの量を簡単に調整できる能力のことを指します。

より大量の処理やユーザー数をサポートするためにハードウエアリソースを増やすプロセスを**スケーリング**と呼びます。スケーリングには、CPU処理能力、RAM、ストレージ容量、ネットワーク帯域幅の増強が必要です。単にスケーリングといった場合には、垂直スケーリングと水平スケーリングのいずれか、あるいは両方を意味しています。

垂直スケーリングの概念は単純で、単にお金を多く支払うことで簡単に達成できるものです。これは、より強力で高価なホストマシンにアップグレードすることを意味し、より高速なプロセッサ、より多くのRAM、より大きなハードディスクドライブ、スピニングハードディスクの代わりにソリッドステートドライブ（SSD）を用いたレイテンシの低減、より高い帯域幅のネットワークカードなどが含まれます。ただし、垂直スケーリングには大きな問題が3つあります。

1つ目は、金銭的コストです。コストの増加の割合が、アップグレードされたハードウェアのパフォーマンスよりも大きいことがあります。例えば、複数のプロセッサを持つカスタムメインフレームを使うと、シングルプロセッサの量産型のマシンよりも同じプロセッサの数だけ利用するもコストがかかってしまいます。

2つ目は、垂直スケーリングには技術的な限界があることです。現在の技術的な制限により、単一のホストで技術的に可能な最大の処理能力、RAM、ストレージ容量は制限されてしまいます。これは、予算がいくらあっても解決できません。

3つ目に、垂直スケーリングにはダウンタイムが必要な場合があることです。スケールするために、ホストを一旦停止し、ハードウェアを更新してから再起動する必要があります。ダウンタイムを避けるには、別のホストを用意し、そこでサービスを開始してから、新しいホストにリクエストを切り替えるといった作業が必要になります。しかも、サービスの状態やデータが、古いホストや新しいホスト以外のマシンに保存されている場合のみに可能な方法です。後述しますが、特定のホストへのリクエストの転送や、サービスの状態を別のホストに保存するといった技術は、スケーラビリティ、可用性、フォールトトレランスなどの多くの非機能要件を達成するために重要です。

なお、垂直スケーリングは概念的には単純なため、本書では特に断りがない限り、「スケーラブル」や「スケーリング」という用語は水平方向にスケーラブルおよび水平スケーリングを指しています。

水平スケーリングとは、処理とストレージの要件を複数のホストに分散させることを指します。「真の」スケーラビリティは、水平スケーリングによってのみ達成できます。システム設計の面接におけるスケーリングの議論は、ほぼ必ず水平スケーリングについてのものとなります。

顧客のスケーラビリティ要件を決定するために、次のような質問をするとよいでしょう。

- システムからのデータの入出力の量は、どれくらいでしょうか？
- 1秒あたりの読み取りクエリの数は、どれくらいでしょうか？
- 1リクエストあたりのデータ量は、どれくらいでしょうか？
- 1秒あたりの動画視聴回数は、何回くらいでしょうか？
- 発生する可能性のあるトラフィックのスパイクは、どれくらいの大きさになるでしょうか？

3.1.1 ステートレスサービスとステートフルサービス

HTTPはステートレスなプロトコルなので、バックエンドサービスは水平方向に簡単にスケールすることが可能です。「第4章　データベースのスケーリング」では、データベース読み取りの水平スケーリングについて説明します。ステートレスなHTTPバックエンドと水平方向にスケーラブルなデータベース読み取り操作の組み合わせは、スケーラブルなシステム設計の議論を始めるのに、ちょうどいいトピックです。

一方、共有ストレージへの書き込みは、スケーリングが最も難しい処理です。本書の後半で、レプリケーション、圧縮、集約、非正規化、メタデータサービスなどの技術について説明します。

ステートフルとステートレスの間のトレードオフを含む、一般的な通信アーキテクチャの議論については、「6.7　一般的なAPIパラダイム」を参照してください。

3.1.2 基本的なロードバランサーの概念

水平方向にスケールされた各サービスでは、次のいずれかのロードバランサーを使用することになります。ロードバランサーとは、複数のサーバ間でトラフィックを分散し、システムのスケーラビリティと可用性を向上させるためのデバイスまたはソフトウェアです。

- ハードウェアロードバランサー：複数のホスト間でトラフィックを分散するための専用の物理デバイス。高価なことで知られており、数千ドルから数十万ドルもの費用がかかる可能性がある
- 共有ロードバランサーサービス：LBaaS（Load Balancing as a Service：サービスとしてのロードバランシング）とも呼ばれる
- ロードバランシングソフトウェアをインストールしたサーバ：最も一般的なソフトウエアとして、HAProxyとNGINXが挙げられる

本節では、面接で説明する際に有用なロードバランサーの基本的な概念について説明します。

本書ではシステム図として、各サービスやその他のコンポーネントを長方形として描くことで表し、それらの間のリクエストを矢印で表します。一般に、サービスへのリクエストがロードバランサーを通過し、サービスのホストにルーティングされることが理解されているので、ロードバランサー自体を図示することは、通常はありません。

面接官に、ロードバランサーコンポーネントをシステム図に含める必要はないと伝えてもよいでしょう。それは、暗黙の了解がなされていることであり、ロードバランサーコンポーネントを図に入れてしまうと、システムを構成するほかのコンポーネントやサービスから注意を逸らすことになってしまうからです。

● レベル4 vs レベル7

レベル4とレベル7のロードバランサーの違いを区別して、それぞれのサービスにどちらがより適しているかを議論できるようにしておく必要があります。レベル4のロードバランサーはトランスポート層（TCP）で動作します。TCPストリームの最初の数パケットから抽出されたアドレス情報に基づいてルーティングの決定を行い、ほかのパケットの内容は検査しません。そして、レベル4のロードバランサーは、パケットを転送することしかできません。一方で、レベル7のロードバランサーはアプリケーション層（HTTP）で動作するため、次のような機能があります。

- **ロードバランシング／ルーティングの決定**：パケットの内容に基づいて行える
- **認証**：指定された認証ヘッダがない場合に401を返すことができる
- **TLS終端**：データセンター内のトラフィックのセキュリティ要件はインターネット上のトラフィックよりも低い場合があるため、TLS終端（HTTPS → HTTP）を実行すると、データセンターのホスト間で暗号化／復号のオーバーヘッドがなくなる。アプリケーションがデータセンター内のトラフィックを暗号化する必要がある場合（つまり、転送中の暗号化）には、TLS終端を行うことはできない

● スティッキーセッション

スティッキーセッションとは、ロードバランサーが特定のクライアントからのリクエストを、ロードバランサーあるいはアプリケーションによって設定された期間、特定のホストに送信することを意味します。スティッキーセッションは、ステートフルなサービスに使用されます。例えば、eコマースのWebサイト、ソーシャルメディアのWebサイト、銀行のWebサイトは、ログイン情報やプロフィール設定などのユーザーセッションデータを維持するためにスティッキーセッションを使用する場合があります。そうすることで、ユーザーがサイトをナビゲートする際に再認証や設定の再入力が不要になります。eコマースWebサイトは、ユーザーのショッピングカートにスティッキーセッションを使用する場合があります。

スティッキーセッションは、期間ベースのCookie、もしくはアプリケーション制御の
Cookieを使用して実装できます。期間ベースのセッションでは、ロードバランサーがクライ
アントに期間を定義するCookieを発行します。ロードバランサーはリクエストを受け取る
たびにCookieをチェックします。アプリケーション制御のセッションでは、アプリケーショ
ンがCookieを生成します。ロードバランサーは依然として独自のCookieを発行しますが、
このCookieはアプリケーションが発行したCookieと同時に利用されます。ただし、ロード
バランサーのCookieはアプリケーションのCookieの寿命に従います。このアプローチに
よって、ロードバランサーのCookieが期限切れになった後もクライアントが別のホストに
ルーティングされないことが保証されますが、アプリケーションとロードバランサーの間に追
加のインテグレーションが必要になるため、実装がより複雑になってしまいます。

● セッションレプリケーション

セッションレプリケーションでは、あるホストへの書き込みリクエストが、同じセッション
に割り当てられたクラスタ内のほかの複数のホストにもコピーされるため、読み取りのリク
エストはそのセッションを持つ任意のホストにルーティングできるようになります。セッショ
ンレプリケーションは可用性が向上します。

これらのホストは、バックアップリングを形成する場合があります。例えば、セッションに
3つのホストがある場合、ホストAが書き込みを受け取ると、ホストBに書き込み、ホストB
はさらにホストCに書き込みます。ほかにも、ロードバランサーがセッションに割り当てられ
た全てのホストに書き込みリクエストを行うという方法もあります。

● ロードバランシング vs リバースプロキシ

本書以外のシステム設計面接の準備資料を読んでいる際に「リバースプロキシ」という用
語に出会うかもしれません。ここでは、ロードバランシングとリバースプロキシを簡単に比較
しておきましょう[訳注1]。

ロードバランシングはスケーラビリティのためのものですが、リバースプロキシはクライア
ントサーバ通信を管理するための技術です。リバースプロキシはサーバのクラスタの前方に
位置し、クライアントとサーバの間のゲートウェイとして機能し、リクエストURIやその他の
基準に基づいて、入ってくるリクエストを適切なサーバに転送します。リバースプロキシは、
キャッシングや圧縮などのパフォーマンス機能、SSL終端などのセキュリティの機能も提供
する場合があります。ロードバランサーもSSL終端を提供することがありますが、その場
合、スケーラビリティの向上が主たる目的です。

ロードバランシングとリバースプロキシの詳細な議論については、https://www.nginx.

訳注1　一般的には、ロードバランサーにもリバースプロキシ的機能を持たせることも多い。

com/resources/glossary/reverse-proxy-vs-load-balancer/ で読むことができます。

● さらに読むべき資料

- https://www.cloudflare.com/learning/performance/types-of-load-balancing-algorithms/
  さまざまなロードバランシングのアルゴリズムについて説明されている。
- https://rancher.com/load-balancing-in-kubernetes
  Kubernetesでロードバランシングを扱う方法の入門書。
- https://kubernetes.io/docs/concepts/services-networking/service/#loadbalancer
  および https://kubernetes.io/docs/tasks/access-application-cluster/create-external-load-balancer/
  Kubernetesサービスに外部クラウドサービスのロードバランサーを接続する方法を説明している。

3.2 可用性

　可用性は、単位時間の中で、システムがリクエストを正しく受け付け、期待されるレスポンスを返すことができる期間を割合で表したものです。表3.1に可用性の一般的なベンチマークを示します。

可用性（%）	ダウンタイム/年	ダウンタイム/月	ダウンタイム/週	ダウンタイム/日
99.9	8.77時間	43.8分	10.1分	1.44分
99.99 （フォーナイン）	52.6分	4.38分	1.01分	8.64秒
99.999 （ファイブナイン）	5.26分	26.3秒	6.05秒	864ミリ秒

⬆ **表3.1**　可用性（%）とダウンタイムの関係

　高可用性のためのNetflixのマルチリージョンのアクティブデプロイメントについての詳細な議論は、https://netflixtechblog.com/active-active-for-multi-regional-resiliency-c47719f6685bを参照してください。本書では、データセンター内や、異なる大陸にあるデータセンター間でのレプリケーションなど、高可用性のための同様の技術について説明します。また、モニタリングとアラートについても説明します。

　高可用性はほとんどのサービスで必要とされ、不必要に複雑化することなく高可用性を担保するために、ほかの非機能要件がトレードオフされる場合があります。

　システムの非機能要件について議論する際には、まず高可用性が必要かどうかを確認しましょう。強力な整合性と低レイテンシが必ず必要だと仮定したりしないでください。CAP

定理[訳注2]について考え、それらを高可用性とトレードオフできるかどうかを議論してください。可能な限り、これを実現する非同期通信技術を提案してください。例えば、「第4章　データベースのスケーリング」と「第5章　分散トランザクション」で説明するイベントソーシングやSagaなどが該当します。

リクエストをすぐに処理したり、レスポンスをすぐに返したりする必要のないサービスは、強力な整合性と低レイテンシを必要としない可能性が高いのです。例えば、サービス間でプログラム的に行われるリクエストなどです。例としては、長期ストレージへのロギングや、Airbnbで数日後の部屋予約リクエストを送信することなどが挙げられるでしょう。

即時のレスポンスが絶対に必要な場合は、同期通信プロトコルを使用します。アプリケーションを直接使用するユーザーによって行われるリクエストなどが該当します。

とはいえ、直接ユーザーが行うリクエストだからといって、常にリクエストしたデータを即時に返さなければならないと思い込まないでください。確認レスポンスだけをレスポンスとして即時に返し、実際に要求されたデータは、数分または数時間後に返すことが可能かどうかを検討しましょう。例えば、ユーザーが所得税の支払いを提出するリクエストを行う場合を考えてみましょう。この場合、この支払いは即座に行う必要はありません。サービスは内部でリクエストをキューに入れ、リクエストが数分または数時間以内に処理されるという確認だけをユーザーに即座に返せば差支えないでしょう。その後、支払いはストリーミングジョブや定期的なバッチジョブによって処理され、その後ユーザーには結果（支払いが成功したか失敗したかなど）が電子メール、テキスト、アプリの通知を通じて通知すればよいわけです。

高可用性が必要ない状況の例としては、キャッシングサービスがあります。キャッシングはリクエストのレイテンシとネットワークトラフィックを減らすために使用されることがありますが、リクエストレートリミットサービスのデザイントを完了するために絶対に必要なものではないため、キャッシングサービスのシステム設計では可用性よりも低レイテンシを優先する場合があります。もう1つの例は、「第8章　レートリミットサービスのデザイン」で説明するレート制限です。

可用性はインシデントメトリクスでも測定できます。https://www.atlassian.com/incident-management/kpis/common-metricsでは、MTTR（Mean Time To Recovery：平均復旧時間）やMTBF（Mean Time Between Failures：平均故障間隔）などのさまざまなインシデントメトリクスについて説明しています。これらのメトリクスは、ダッシュボードに表示し、警告を発するために利用されます。

訳注2　ノード間のデータ複製において、同時に整合性（Consistency）、可用性（Availability）、分断耐性（Partition-tolerance）の3つの保証を提供することはできないという定理のこと。

3.3 フォールトトレランス

フォールトトレランスは、システムのコンポーネントの一部が故障した場合でも動作を継続できる能力、および、ダウンタイムが発生した場合に永続的な被害（データの消失など）を防止する能力です。これによって、グレースフルデグラデーション（優雅な機能低下）、つまりシステムの一部が故障した場合でも一部の機能を維持することが可能になり、完全に破滅的な故障を回避できます。こうしておけば、エンジニアが故障した部分を修復し、システムを正常な状態に戻すための時間を稼ぐことができるわけです。また、自己修復メカニズムを実装して、交換コンポーネントを自動的にプロビジョニングしてシステムに接続することもできます。この方法を使えば、手動による介入なしに、エンドユーザーに気付かれることなくシステムを復旧させることができます。

可用性とフォールトトレランスは、しばしば一緒に議論されます。可用性がアップタイム／ダウンタイムの尺度で測られるものである一方、フォールトトレランスは尺度ではなく、システムの特性を指しています。

フォールトトレランスと密接に関連する概念として、耐障害設計（failue design）があります。これはスムーズなエラー処理に関するものです。制御ができないサードパーティAPIのエラーや、検知できなかったエラー（サイレントエラー）をどのように処理するかも考慮しなければなりません。それでは、ここからフォールトトレランスの技術を見ていくことにしましょう。

3.3.1 レプリケーションと冗長性

レプリケーションについては「第4章　データベースのスケーリング」で説明します。

レプリケーション技術の1つは、コンポーネントを冗長にする、つまり複数（例えば3つ）のインスタンス／コピーを持つことです。3つのコピーが存在していれば、コンポーネント2つが同時にダウンしてもアップタイムに影響を与えません。「第4章　データベースのスケーリング」で説明するように、更新操作は通常は特定の単一のホストに割り当てられるため、ほかのホストがリクエスト元から地理的に離れたデータセンターにある場合のみに更新のパフォーマンスは影響を受けます。しかし、読み取りは全てのレプリカで行われることが多いため、コンポーネントがダウンすると読み取りパフォーマンスは低下します。

この場合、インスタンスのいずれか1つが信頼できる情報源（多くの場合、リーダーと呼ばれる）として指定され、ほかの2つのコンポーネントはレプリカ（またはフォロワー）として指定されます。レプリカはさまざまな配置が可能です。1つのレプリカを同じデータセンター内の異なるサーバラックに、もう1つのレプリカは異なるデータセンターに置くことなどが可能です。3つのインスタンス全てを異なるデータセンターに置くこともできるでしょう。これはフォールトトレランスを最大化しますが、パフォーマンスが低下するというトレードオフがあります。

レプリケーションの例として、Hadoop分散ファイルシステム（HDFS：Hadoop Distributed File System）があります。HDFSには「レプリケーション係数」と呼ばれる設定可能なプロパティがあり、ブロックのコピー数を任意に設定できます。デフォルト値は3です。レプリケーションは可用性の向上にも役立ちます。

3.3.2 前方誤り訂正と誤り訂正符号

前方誤り訂正（**FEC**：Forward Error Correction）は、ノイズや信頼性の低い通信チャンネルを介したデータ送信におけるエラーを防ぐ技術です。これは、メッセージを冗長な方法でエンコードすることを意味し、例えば誤り**訂正符号**（**ECC**：Error Correction Code）を使用します。

FECは、システムレベルではなくプロトコルレベルの概念です。システム設計面接中にFECとECCについての認識に言及することも可能ではありますが、詳細に説明する必要はないため、本書ではこれ以上議論しません。

3.3.3 サーキットブレーカー

サーキットブレーカーは、失敗する可能性が高い操作をクライアントが繰り返し実行してしまうのを防ぐメカニズムです。サーキットブレーカーは、直近の一定期間内で、下流サービスに関して行われたリクエストの中で失敗したものの数を計算します。その数が閾値を超えるた場合、クライアントからの下流サービスの呼び出しが停止されます。そして、しばらくしてから、クライアントは再び少量のリクエストを行い、それらが成功すれば、失敗が解決されたと見なして、制限を解除してリクエストの送信を再開します。

定義

サービスBがサービスAに依存している場合、Aを上流サービス、Bを下流サービスと呼びます。

サーキットブレーカーは、失敗する可能性が高いリクエストに費やされるリソースを節約します。また、すでに過負荷になっているシステムに、クライアントが追加の負担をかけるのを防ぎます。

一方で、サーキットブレーカーはシステムのテストを難しくします。例えば、不正なリクエストを利用して、適切な負荷をかけるような負荷テストを行うといった場合です。こういったテストはサーキットブレーカーを作動させてしまうため、負荷テストの結果として失敗させなければならないにもかかわらず、テストが成功してしまう可能性があります。その場合、同じくらいの負荷がクライアントからかけられたときに、サーバが停止してしまうなどの問題が

発生するかもしれません。また、サーキットブレーカーのための適切なエラーの閾値と停止期間を推定するのも難しい作業です。

サーキットブレーカーは、サーバ側で実装できます。例としてResilience4j（https://github.com/resilience4j/resilience4j）があります。これは、Hystrix（https://github.com/Netflix/Hystrix）という、Netflixで開発され、2017年にメンテナンスモードに移行したソフトウエアにインスピレーションを受けて作成されたものです（https://github.com/Netflix/Hystrix/issues/1876#issuecomment-440065505）。Netflixは、今やこうした設定を事前に決めるのではなく、アプリケーションのリアルタイムパフォーマンスに反応する、より適応的な実装をすることに移行しています。例えば、適応型同時実行制限（Adaptive Concurrency Limits：https://netflixtechblog.medium.com/performance-under-load-3e6fa9a60581）などが、その例です。

3.3.4 指数バックオフとリトライ

指数バックオフと**リトライ**は、サーキットブレーカーに似ています。クライアントがエラーレスポンスを受け取ると、リクエストをもう一度行う前にしばらく待ち時間をおくようにして、リトライを繰り返すたびに、その待ち時間を指数関数的に増加させることを指数バックオフと呼びます。クライアントは待ち時間をランダムな値で微妙に調整し、毎回完全に同じ値にならないようにします。この技術は「ジッター」と呼ばれます。こうしておくと、複数のクライアントが全く同じタイミングで送信をリトライしてしまい、下流サービスが過負荷になってしまう「リトライストーム」を防ぐことができます。サーキットブレーカーと同様に、クライアントが成功レスポンスを受け取ると、失敗が解決されたと解釈され、待ち時間はリセットされ、制限なしでリクエスト送信が再開されます。

3.3.5 ほかのサービスのレスポンスのキャッシング

私たちのサービスは、何らかのデータを外部サービスに依存している場合があります。外部サービスが利用できない状況が発生した際、どのように対処すべきでしょうか。一般的には、クラッシュやエラーを返すよりも、グレースフルデグラデーションを行うことが望ましいと考えています。その場合、戻り値の代わりにデフォルトの値、あるいは空のレスポンスを使用することができるでしょう。空のデータよりも古いデータを返したほうがよい場合、成功したリクエストを行うたびに外部サービスのレスポンスをキャッシュし、外部サービスが利用できない場合に、これらのレスポンスデータを利用できます。

3.3.6 チェックポインティング

大量のデータに対して何らかのデータ集約の操作を実行するマシンがあったとします。データのサブセットを順に取得して集約を実行し、結果を指定された場所に書き込む作業

を、全てのデータが処理されるまで繰り返します。ストリーミングパイプラインの場合は、このプロセスを無限に繰り返すことになります。このマシンがデータ集約中に障害を起こした場合、交換された新しいマシンはどのデータポイントから集約を再開すべきかを知る必要があります。これは、各データサブセットが処理され、結果が正常に書き込まれた後にチェックポイントを書き込むことで実現できます。新しいマシンは、記録されているチェックポイントから処理を再開します。

チェックポインティングは、Kafkaのようなメッセージブローカーを使用するETLパイプラインでよく利用されます。マシンはKafkaトピック[訳注3]から複数のイベントを取得し、イベントを処理し、結果を書き込み、その後チェックポイントを書き込みます。処理が失敗した場合、新しい交換は最新のチェックポイントから再開できます。

Kafkaは、パーティションレベルでのオフセットストレージをKafka内で提供しています（https://kafka.apache.org/22/javadoc/org/apache/kafka/clients/consumer/KafkaConsumer.html）。Flinkは、Kafkaトピックからデータを消費し、Flinkの分散チェックポインティングメカニズムを使用して、定期的にチェックポインティングを行います（https://ci.apache.org/projects/flink/flink-docs-master/docs/dev/datastream/fault-tolerance/checkpointing/）。

3.3.7 デッドレターキュー

サードパーティAPIへの書き込みリクエストが失敗した場合、リクエストをデッドレターキュー[訳注4]に入れ、後でリクエストを再試行できます。

デッドレターキューは、ローカルに保存されるのと、別のサービスに保存されるのとでは、どちらがよいでしょうか。ここで、複雑さと信頼性のトレードオフが発生します。

- 最も簡単なオプションは、失敗したリクエストを単に削除することである。これは、リクエストの失敗が許可される場合の選択肢である
- try-catchブロックを利用してデッドレターキューをローカルに実装する。ホストが障害を起こすと、リクエストは失われてしまう
- より複雑で信頼性の高いオプションは、Kafkaのようなイベントストリーミングプラットフォームを使用することである

面接では、複数のアプローチとそのトレードオフについて議論する必要があります。1つのアプローチだけを取り上げるべきではありません。

訳注3 処理に失敗したメッセージを一時的に保存し、後で再試行するための仕組み。

訳注4 ストリームデータの転送と処理を行う際の論理的なチャンネル。

3.3.8　ロギングと定期的な監査

　　検知されないエラーを処理する1つの方法は、書き込みリクエストをログに記録し、定期的な監査を実行することです。監査ジョブはログを処理し、書き込み先のサービス上のデータが期待値と一致することを検証できます。これについては「第10章　データベースバッチ監査サービスの設計」でさらに詳しく説明します。

3.3.9　バルクヘッドパターン

　　バルクヘッドパターン[訳注5]は、分離されたプールにシステムを分割するフォールトトレランスメカニズムです。これによって、1つのプールの障害がシステム全体に影響を与えないようにできます。

　　例えば、サービスのさまざまなエンドポイントがそれぞれ独自のスレッドプールを持ち、スレッドプールを共有しないようにできます。これにより、あるエンドポイントのスレッドプールが枯渇しても、ほかのエンドポイントのリクエスト処理能力に影響を与えません（この手法についての詳細は、『Microservices for the Enterprise: Designing, Developing, and Deploying』（Indrasiri、Siriwardena 著／Apress／2019）を参照のこと）。

　　バルクヘッドの別の例は、『Release It!: Design and Deploy Production-Ready Software, Second Edition』（Michael T. Nygard 著／Pragmatic Bookshelf／2018）で紹介されています。例えば、システムに何らかのバグが存在していて、特定のリクエストがホストをクラッシュさせる可能性があったとします。このリクエストが繰り返されるたびに、そのリクエストが送られた先のホストがクラッシュしてしまいます。サービスをバルクヘッドに分割する（つまり、ホストをプールに分割する）ことで、このリクエストが全てのホストをクラッシュさせ、システムが完全に停止してしまうのを防ぎます。このリクエストは調査される必要があるため、サービスにはロギングとモニタリングが必要です。モニタリングは問題のあるリクエストを検出し、エンジニアはログを使用してクラッシュのトラブルシューティングを行い、その原因を特定できます。

　　または、あるリクエスト元がサービスに高頻度のリクエストを行い、その他のリクエスト元のリクエストを阻害する可能性があります。バルクヘッドパターンは、リクエスト元ごとに特定のホストを割り当てることで、サービスのキャパシティを1つのリクエスト元が占有するのを阻止できます（「第8章　レートリミットサービスの設計」で説明するレート制限は、この状況を防ぐもう1つの方法です）。

訳注5　バルクヘッド（Buklhead）は「隔壁」を意味する。バルクヘッドパターンは、セルベースアーキテクチャとも呼ばれ、船の隔壁が一部の区域が浸水してもほかの区域への浸水を食い止めるように、一部で障害が発生しても、ほかの部分に影響が及ばないようにする手法のこと。

また、サービスのホストをプールに分割し、各プールにリクエスト元を割り当てることができます。これは、より多くのリソースを割り当てることで特定のリクエスト元を優先するテクニックとしても利用できます。

　図3.1は、あるサービスが2つの別のサービスにサービスを提供している状態を表した図です。サービス0のホストが利用できなくなると、どちらのリクエスト元にもサービスを提供できなくなります。

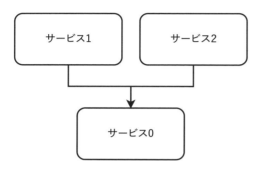

⬆ **図3.1**　サービス0への全てのリクエストは、1つのホストプールで処理される。サービス0の単一のホストプールが利用できなくなると、サービス0はどのリクエスト元にもサービスを提供できない

　図3.2では、サービス0のホストが2つのプールに分割され、各プールがリクエスト元にそれぞれ割り当てられています。1つのプールが利用できなくなっても、ほかのプールには影響しません。このアプローチの明らかなトレードオフは、特定のリクエスト元のトラフィックにスパイクが発生した場合、それぞれのプールが、もう一方にサポートを行うことができない点です。これは、特定のリクエスト元に一定数のホストを割り当てるという意図的な決定によるものです。必要に応じて、手動または自動でそれぞれのプールをスケーリングできます。

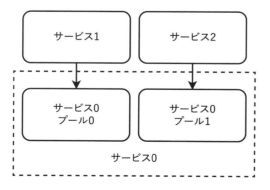

⬆ **図3.2**　サービス0は2つのプールに分割され、それぞれがリクエスト元に割り当てられる。一方のプールが利用できなくても、もう一方のプールには影響しない

バルクヘッドパターンのほかの例は、『Release It!: Design and Deploy Production-Ready Software, Second Edition』（Michael Nygard 著／Pragmatic Bookshelf／2018）で紹介されています。

本書の第2部のシステム設計の議論ではバルクヘッドについて言及しませんが、ほとんどのシステムに一般的に適用可能であり、面接中に議論することができます。

3.3.10 フォールバックパターン

フォールバックパターンは、問題を検出した際に、代替のコードパスを実行するような構成を意味します。例えば、キャッシュされたレスポンスを返したり、類似した代替サービスを利用するなどが該当します。例えば、クライアントが近くのベーグルカフェのリストをバックエンドに要求したとします。この際に、バックエンドサービスが停止した場合に備えてレスポンスをキャッシュすることが可能です。このキャッシュされたレスポンスは最新ではない可能性がありますが、エラーメッセージを返すよりもよいでしょう。また、キャッシュをする代わりに、クライアントからBingマップやGoogleマップなどのサードパーティのマップAPIにリクエストを行うこともできます。これらのサービスが返すレスポンスは、私たち自身のバックエンドによってカスタマイズされたコンテンツと同等のものを提供できない可能性はあります。フォールバックを設計する際は、その信頼性、すなわちフォールバック自体も失敗する可能性があることを考慮しなければなりません。

メモ

フォールバック戦略についての詳細情報、Amazonがフォールバックパターンをほとんど使用しない理由、およびAmazonが使用するフォールバックパターンの代替案については、https://aws.amazon.com/builders-library/avoiding-fallback-in-distributed-systems/ を参照してください。

3.4 パフォーマンス／レイテンシとスループット

ユーザーのリクエストがシステムに到達してからレスポンスが返るまでの時間を、パフォーマンスまたはレイテンシと呼びます。そこに含まれるのは、リクエストがクライアントから発せられて、サービスに到達するまでのネットワークレイテンシ、サービスがリクエストを処理してレスポンスを作成するのにかかる時間、そしてレスポンスがサービスからクライアントに到達するまでのネットワークレイテンシが含まれます。消費者向けアプリケーション（例：フードデリバリーアプリケーションにおけるレストランのメニューの表示、eコマースアプリケーションにおける支払いの送信）の典型的なリクエストで期待されるレイテンシは、数十ミリ秒から数秒です。高頻度の取引を行うアプリケーションでは、数ミリ秒のレイテンシしか許容されない場合もあります。

厳密には、レイテンシはパケットが送信元から最終送信先まで移動する時間を指します。しかし「レイテンシ」という用語は、一般に「パフォーマンス」と同じ意味で使用されるようになっており、この2つの用語がしばしば互換的に使用されるようになっています。ただし、パケットの移動時間について議論する必要がある場合は、必ず「レイテンシ」という用語を使用します。

　レイテンシという用語は、ユーザーのリクエストからレスポンスまでの時間だけではなく、システム内のそれぞれのコンポーネント間のリクエストからレスポンスまでの時間を説明するためにも使用できます。例えば、バックエンドホストがデータを採取・保存するためにロギングまたはストレージシステムにリクエストを行う場合、システムのレイテンシは、データを採取・保存してバックエンドホストにレスポンスを返すのに必要な時間のことを指します。

　システムの機能要件によっては、あるリクエストに対するレスポンスは、実際にユーザーがリクエストした情報を含む必要がないことがあります。その場合、処理は非同期で行われるので、レスポンスは単に正しく処理が登録されたことを示すだけのものとなり、指定された時間後にリクエストした情報がユーザーに送信されるか、あるいはユーザーが別途リクエストを行うことで入手可能にします。このようなトレードオフによって、システムの設計をシンプルにできる可能性があるため、ユーザーのリクエストが行われた際に、ユーザーが実際にどれくらい早く情報が必要なのかを常に明確にし、議論する必要があります。

　低レイテンシを達成するためのよくある設計には、次のようなものが挙げられるでしょう。1つ目はサービスをユーザーの地理的に近いデータセンターにデプロイすることで、これによってユーザーとサービスの間のパケットの移動距離を短縮できます。ユーザーが地理的に分散して存在している場合、ユーザークラスタへの地理的距離を最小限に抑えるように、複数のデータセンターにサービスをデプロイすることがあります。その場合に、データセンター間でホストがデータを共有しなければならないのであれば、サービスは水平方向にスケーラブルである必要があります。

　時には、ユーザーとデータセンター間の物理的距離以外の要因、例えばトラフィックやネットワーク帯域幅、バックエンドシステムの処理（実際のビジネスロジックと永続化層）などが、レイテンシによって大きく寄与する場合もあります。また、特定の場所からアクセスしてくるユーザーに対して最も低いレイテンシを持つデータセンターを決定するために、ユーザーと各データセンター間でテストリクエストを行うこともあるかもしれません。

　レイテンシを低くするためのその他の方法として、CDNの利用、キャッシング、RESTの代わりにRPCを用いたデータサイズの削減、HTTPの代わりにTCPとUDPを直接使用するためにNettyのようなフレームワークで独自のプロトコルを設計すること、バッチ処理やストリーミング技術などが考えられるでしょう。

　レイテンシとスループットを検討する際には、データの特性と、データがシステムに入出力される方法について議論し、その次に、それを踏まえた戦略を提案するとよいでしょう。

例えば、アクセス数のカウントの集計が取得できるのは、数時間後になっても大丈夫かどうかをまず議論すれば、バッチ処理やストリーミングアプローチを検討できるようになります。必要とされるレスポンス時間について議論し、早いレスポンスが必要とされるなら、データをあらかじめ集計されているはずであり、書き込み時に集計を行って、読み取り時に行う集計処理は最小限か全くしないでレスポンスを返すべきでしょう。

3.5 整合性

　　整合性（consistency）という言葉は、CAPの定理によれば、ACIDとCAPで異なる意味を持ちます。ACIDにおける整合性は外部キーやユニーク性などのデータ関係に焦点を当てています。一方で、『Designing Data-Intensive Applications』（Martin Kleppmann 著／O'Reilly Media／2017）[訳注6]で述べられているように、CAPにおける整合性は実際には線形化可能性であり、ある時点で全てのノードが同じデータを有し、データの変更は線形でなければならない、つまりデータが変更された際に、全てのノードがデータの変更の提供を同時に開始する必要があると定義されています。

　　結果整合性[訳注7]を持つデータベースであっても、可用性、スケーラビリティ、レイテンシの改善のために結果整合性のトレードオフが発生することになります。ACIDデータベース（RDBMSデータベースを含む）は、ネットワーク分断が発生した場合に書き込みを受け付けることができません。なぜなら、ネットワーク分断中に書き込みが発生した場合、ACIDの整合性を維持できないからです。MongoDB、HBase、Redisは線形化可能性のために可用性をトレードオフしており、CouchDB、Cassandra、Dynamo、Hadoop、Riakは可用性のために線形化可能性をトレードオフしています。

線形化可能性を優先するデータベース	可用性を優先するデータベース
HBase	Cassandra
MongoDB	CouchDB
Redis	Dynamo
	Hadoop
	Riak

⬆️ **表3.2**　線形化可能性を優先するデータベースと可用性を優先するデータベース

訳注6　邦訳は『データ指向アプリケーションデザイン』（斉藤 太郎 監訳、玉川 竜司 訳／オライリージャパン／ISBN978-4-87311-870-3）。

訳注7　「Eventual Consistency」の訳語。線形化可能性のモデルとは異なり、分散システムにおいて、データが変更されたときに、一時的にそれぞれのノードが異なるデータを持つことを許容するものの、時間の経過とともに最終的に整合性の取れた状態となるモデルのこと。

面接中の議論の中で、ACIDの整合性とCAPの整合性の違い、および線形化可能性と結果整合性のトレードオフが存在することを強調する必要があるでしょう。本書では、線形化可能性と結果整合性のためのさまざまな技術について議論します。例を示します。

- フルメッシュ
- クォーラム

次の技術は結果整合性のための技術であり、まず最初に特定の1か所に書き込み、その書き込みを関連する別の場所に伝播させるものです。

- イベントソーシング（「5.2　イベントソーシング」）、トラフィックスパイクを処理するための技術
- コーディネーションサービス
- 分散キャッシュ

次の技術は結果整合性において、整合性と正確性をより低いコストとトレードオフするためのものです。

- ゴシッププロトコル
- ランダムリーダー選択

また、線形化可能性の欠点を次に示します

- 可用性が低いこと。リクエストに応える前に、ほとんど、または全てのノードが確実に同期している必要があるためである。これは、ノード数が多くなるほど難しくなる
- より複雑でコストがかかる

3.5.1　フルメッシュ

図3.3は、フルメッシュの例を示しています。クラスタ内の各ホストは、ほかの全てのホストのアドレスを知っており、メッセージを全てのホストにブロードキャストするようになっています。

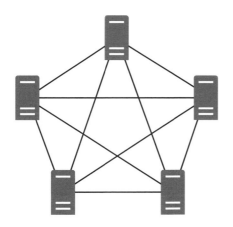

↑図3.3 フルメッシュを表した図。全てのホストはほかのホスト全てに接続されており、それらの全てのホストにメッセージをブロードキャストする

　ホストは、どのように互いを発見するのでしょうか。新しいホストが追加されたとき、そのアドレスはどのようにほかのホストに送信されるのでしょうか。そのための方法としては、次のようなものが挙げられます。

- アドレスのリストを設定ファイルで保持する。リストが変更されるたびに、このファイルを全てのホスト／ノードにデプロイするようにする
- 全てのホストからハートビートを受け取るサードパーティサービスを利用する。それぞれのホストは、サービスがハートビートを受け取る限り、登録が維持される。全てのホストはこのサービスを利用し、全てのホストのアドレスの一覧を取得できる

　フルメッシュはほかの技術よりも実装が簡単ですが、スケーラブルではありません。メッセージの数は、ホスト数の二乗で増加していくからです。フルメッシュは小規模なクラスタでは効果的ですが、大規模なクラスタをサポートできないのです。クォーラムでは、システムの整合性が取れていると見なされるためには、ホストの過半数が同じデータを持つ必要があります。BitTorrentは、分散P2Pファイル共有のためにフルメッシュを使用するプロトコルの例です。面接中には、フルメッシュについて簡単に言及し、スケーラブルなアプローチと比較できるでしょう。

3.5.2　コーディネーションサービス

　図3.4は、コーディネーションサービスを示しています。これは、リーダーノード（あるいは複数のリーダーノードのセット）を選択するサードパーティコンポーネントです。リーダーを持つことでメッセージ数が減少します。ほかのノードは全てリーダーノードにメッセージを送

信し、リーダーノードは必要な処理を行って最終結果を送り返します。各ノードはリーダー（または複数のリーダーのセット）だけと通信する必要があり、各リーダーは配下のノードを管理します。

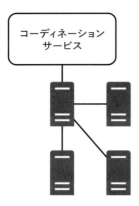

図3.4 コーディネーションサービスを表した図

　これを利用したアルゴリズムの例として、Paxos、Raft、Zabがあります。もう1つの例は、SQLにおけるシングルリーダー複数フォロワー（「4.3.2　シングルリーダーレプリケーション」）で、これはスケーラブルな読み取りを可能にする技術です。ZooKeeper（https://zookeeper.apache.org/）は、分散コーディネーションサービスです。ZooKeeperには、次の点において、単一ホストに保存された設定ファイルを利用するよりも優れています（これらの利点の多くは、https://stackoverflow.com/q/36312640/1045085で議論されています）。これらの機能は自分で分散ファイルシステムや分散データベースに実装することもできますが、ZooKeeperを利用すればすぐに利用できます。

- アクセス制御（https://zookeeper.apache.org/doc/r3.1.2/zookeeperProgrammers.html#sc_ZooKeeperAccessControl）
- 高パフォーマンスのためのメモリ内データ保存
- スケーラビリティ。ZooKeeper Ensembleにホストを追加することで水平スケーリングが可能（https://zookeeper.apache.org/doc/r3.1.2/zookeeperAdmin.html#sc_zkMulitServerSetup）
- 指定された時間範囲内での保証された結果整合性、または、より高いコストを支払うことで強力な整合性も利用可能（https://zookeeper.apache.org/doc/current/zookeeperInternals.html#sc_consistency）。ZooKeeperは、整合性のために可用性をトレードオフしており、CAPの定理ではCPシステムといえる
- クライアントは書き込まれた順序でデータを読み取りが可能

コーディネーションサービスの主たる欠点は、その複雑さです。コーディネーションサービスは、高度に信頼性が高く、1つのリーダーのみが選出されることを保証する必要がある洗練されたコンポーネントです（2つのノードが両方ともリーダーであると信じている状況は「スプリットブレイン」と呼ばれます。『Designing Data-Intensive Applications』（Martin Kleppmann著／O'Reilly Media ／ 2017）の158ページを参照してください）。

3.5.3 分散キャッシュ

RedisやMemcachedのような**分散キャッシュ**も利用できるでしょう。図3.5を見てください。サービスのノードは新しいデータを取得するために定期的にオリジンにリクエストを行い、その後で分散キャッシュ（例:Redisのようなインメモリストア）にリクエストを行ってデータを更新できます。この方法はシンプルで、レイテンシが低く、分散キャッシュクラスタは私たちのサービスとは独立してスケーリングが可能です。しかし、このソリューションは、ここで紹介する全ての手法の中で、フルメッシュを除けば、最もリクエスト数が多くなってしまいます。

⬆ **図3.5** 分散キャッシュを使ったメッセージのブロードキャストを表した図。ノードはデータを更新するためにRedisのようなインメモリストアにリクエストを出すこともできるし、新しいデータをフェッチするために定期的なリクエストを出すこともできる

メモ

Redisはインメモリキャッシュであり、定義上は、いわゆる分散キャッシュではありません。しかし、実用的な目的では分散キャッシュとして利用されています。https://redis.io/about/、および、https://stackoverflow.com/questions/18376665/redis-distributed-or-notを参照してください。

メッセージに必要なフィールドが含まれているかどうかを、送信側ホストと受信側ホストの両方でチェックできます。多くの場合、その両側で行われます。なぜなら、追加のコストはわずかですが、どちらか一方の側でエラーが発生して無効なメッセージのやり取りをしてしまう可能性を減らすことができるからです。送信側ホストが無効なメッセージを受信側ホ

ストにHTTPリクエストを介して送信し、受信側ホストがこのメッセージが無効であることを検出した場合、受信側は即座に400または422を返します。4xxエラーに対して高緊急度のアラートをトリガーするように設定できるため、このエラーが発生した場合にすぐに通知を受け取り、即座に調査を開始できます。しかし、Redisを使用する場合、ノードによって書き込まれた無効なデータは、別のノードによってフェッチされるまで検出されない可能性があるため、警告の発報が遅れる可能性があります。

1つのホストから別のホストに直接送信されるリクエストの場合は、スキーマ検証のプロセスが入ります。しかし、Redisは単なるデータベースであり、スキーマを検証しないため、ホストは任意のデータをRedisに書き込むことができてしまうのです。これは、セキュリティ上の問題を引き起こす可能性があります（https://www.trendmicro.com/en_us/research/20/d/exposed-redis-instances-abused-for-remote-code-execution-cryptocurrency-mining.html、および、https://www.imperva.com/blog/archive/new-research-shows-75-of-open-redis-servers-infected/を参照のこと）。Redisは、信頼された環境内の信頼されたクライアントだけがアクセスできるように設計されています（https://redis.io/docs/latest/operate/oss_and_stack/management/security/）。また、Redisは暗号化をサポートしていないため、プライバシーの問題を起こしやすくなっています。これは、保存時の暗号化を実装すると複雑さが増し、コストが増加し、パフォーマンスが低下するためです（https://docs.aws.amazon.com/AmazonElastiCache/latest/red-ug/at-rest-encryption.html）。

コーディネーションサービスはこれらの欠点を解決できますが、その代わりに、より複雑で、より高コストになってしまいます。

3.5.4　ゴシッププロトコル

ゴシッププロトコルは、疫病感染の広がり方をモデルにしています。図3.6を見てみましょう。各ノードは定期的にまたはランダムな間隔で別のランダムなノードを選択し、データを共有します。このアプローチは、コストと複雑さを下げるために整合性を犠牲にしています。

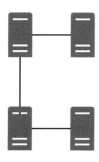

図3.6　ゴシッププロトコルを表した図

Cassandraはゴシッププロトコルを使用して、分散データパーティション間の整合性を維持しています。DynamoDBは「ベクタークロック」と呼ばれるゴシッププロトコルを使用して、複数のデータセンター間の整合性を維持しています。

3.5.5 ランダムリーダー選択

図3.7に示すように、**ランダムリーダー選択**は簡単なアルゴリズムを使用してリーダーを選出します。この単純なアルゴリズムは1つのリーダーだけが存在する状態を保証しないため、複数のリーダーが同時に存在してしまう可能性があります。しかし、これは大きな問題ではありません。なぜなら、各リーダーはほかの全てのホストとデータを共有できるため、全てのホスト（全てのリーダーを含む）が正しいデータを持つことになるからです。ただし、問題となるのは、重複したリクエストと不要なネットワークトラフィックが発生する可能性があることです。

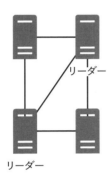

⬆ **図3.7** ランダムリーダー選択によって起こりうる複数のリーダーが存在した状態

Kafkaはランダムリーダー選択を使用したリーダーフォロワーレプリケーションモデルを使用して、フォールトトレランスを提供しています。YARNは、ホストのクラスタ全体でリソース割り当てを管理するためにランダムリーダー選択アプローチを利用しています。

3.6 精度

精度（Accuracy）は、複雑なデータ処理や高い書き込みレートを持つシステムに関連する非機能要件です。データの**精度**とは、データ値が正確であり、近似値ではないことを意味します。推定アルゴリズムは、複雑度を下げるために精度を妥協することがあります。推定アルゴリズムの例には、Presto分散SQLクエリエンジンでのカーディナリティ（COUNT DISTINCT）推定に使用されるHyperLogLogや、データストリーム内のイベントの頻度を推定するためのcount-min sketchがあります。

キャッシュは、そのデータの取得元であるデータベースのデータが変更された場合に「古く」なります。その対策として、キャッシュには特定の間隔ごとに最新のデータをフェッチするリフレッシュポリシーが存在する場合があります。短いリフレッシュポリシーは、コストが高くなります。代替案として、データが変更されたときに関連するキャッシュキーを更新または削除するようにシステムを設定できますが、これは複雑さを増すだけです。

精度は、整合性とある程度関連しています。結果整合性を持つシステムは、可用性、複雑さ、コストの改善のために精度をトレードオフします。結果整合性のあるシステムに書き込みが行われた場合、この書き込みより後に行われた読み取りの結果においても、書き込みの影響が反映されない可能性があり、これは精度が低い状態です。結果整合性のあるシステムは、全てのレプリカが書き込み操作を反映するまで精度が低い状態となります。しかし、このような状況を議論する際には、「精度」ではなく「整合性」という用語を使用するべきでしょう。

3.7 複雑性と保守性

複雑性を最小限に抑える最初のステップは、機能要件と非機能要件の両方を明確にすることです。これによって、不要な要件のための設計を回避できます。

設計図を描く際には、独立したシステムに分離できるコンポーネントはどれであるかに注意を払いましょう。共通のサービスを使用して複雑性を減らし、保守性を向上させるべきです。ほとんどのサービスに渡って共通サービスとして切り出すことが可能なものとして、次のようなものが挙げられます。

- ロードバランサーサービス
- レートリミット（「第8章　レートリミットサービスのデザイン」を参照）
- 認証と認可（「付録B　OAuth 2.0認可とOpenID Connect認証」を参照）
- ロギング、モニタリング、アラート（「2.5　ロギング、モニタリング、アラート」を参照）
- TLS終端（ほかの書籍やWebサイトを参照）
- キャッシュの利用（「4.8　キャッシング」を参照）
- 該当する場合はDevOpsとCI/CD（これらは本書の範囲外）

ユーザーデータをデータサイエンスで活用するために収集する組織などでは、分析や機械学習の機能も共通サービスとして切り出すことができるでしょう。

複雑なシステムになってくると、高可用性と高フォールトトレランスのために、さらに複雑な構成を利用する必要がでてくる可能性があります。システムがある程度の複雑さを避けて通れない場合は、その複雑さと引き換えに可用性とフォールトトレランスを低くするトレードオフを検討するとよいでしょう。

それ以外にも、複雑性を改善するためにほかの要件でのトレードオフを議論してください。例えば、リアルタイムで処理する必要のないデータの処理操作を遅延させるETLパイプラインなどが考えられます。

　レイテンシとパフォーマンスを向上させるために複雑性をトレードオフする一般的な技術には、ネットワーク通信におけるメッセージサイズを最小限に抑えるものがあります。このような技術として、RPCシリアライゼーションフレームワークやメタデータサービスが挙げられます（メタデータサービスについては「6.3　メタデータサービス」を参照）。

　Avro、Thrift、protobufなどのRPCシリアライゼーションフレームワークは、スキーマファイルのメンテナンスが必要になる代わりにメッセージサイズを小さくできます（RESTとRPCの比較については「6.7　一般的なAPIパラダイム」を参照）。このようなシリアライゼーションフレームワークを利用することは、どのような面接でも常に提案すべきであり、本書では再び言及することはありません。

　また、どのような障害が発生する可能性があるか、さまざまな障害がユーザーとビジネスにどのような影響を与えるか、そして障害を防止および緩和する方法についても議論する必要があります。そのための一般的な概念として、レプリケーション、フェイルオーバー、手順書の作成などが挙げられるでしょう。手順書については「2.5.3　アラートへの対応」で説明しています。

　複雑性については、第2部の全ての章で、それぞれ議論しています。

3.7.1　継続的デプロイメント（CD）

　継続的デプロイメント（**CD**：Continuous deployment）は、本書の「1.4.5　水平スケーラビリティとクラスタ管理、継続的インテグレーション、継続的デプロイメントについての簡単な議論」で初めて言及しました。そこで述べたように、CDはデプロイメントとロールバックを簡単に行えるようにしてくれます。その結果として、私たちは、システムの保守性を向上させる速いフィードバックサイクルを手に入れることができます。誤ってバグのあるビルドを本番環境にデプロイしてしまった場合でも、簡単にロールバックできるようになるのです。インクリメンタルアップグレードや新機能のデプロイメントを早く、簡単にできることは、ソフトウェア開発ライフサイクルの高速化につながります。これは、「付録A　モノリスとマイクロサービス」で議論されているように、モノリスの構成に比べてサービスを分割することの大きな利点です。

　これ以外のCD技術として、ブルーグリーンデプロイメント（ゼロダウンタイムデプロイメントとも呼ばれる）があります。この手法の詳細については、https://spring.io/blog/2016/05/31/zero-downtime-deployment-with-a-database、および、https://dzone.com/articles/zero-downtime-deployment、https://craftquest.io/articles/what-are-zero-downtime-atomic-deploymentsなどの情報を参照してください。

　SonarQube（https://www.sonarqube.org/）のような静的コード分析ツールも、システムの保守性を向上させます。

3.8 コスト

システム設計の議論では、ほかの非機能要件をトレードオフすることで、より低いコストを実現することを提案できます。次に例を示します。

- 水平スケーリングの代わりに垂直スケーリングを行うことで、複雑さを低くする代わりにより高いコストを選択する
- システムの冗長性（ホスト数やデータベースのレプリケーション係数など）を減らすことで、可用性を低くする代わりにコストを改善する
- ユーザーからより遠く、より安価な場所にあるデータセンターを使用することで、レイテンシを高くする代わりにコストを改善する

実装コスト、モニタリングコスト、高可用性などの各非機能要件のコストについても議論するようにしましょう。

本番環境の問題は深刻さが多様であり、どれくらい早く対処して解決する必要があるかも問題ごとに異なるため、必要以上のモニタリングとアラートを実装しないようにしましょう。問題が発生したらすぐにエンジニアに警告する必要がある場合の対応方法の構築は、問題が発生してから数時間後に警告を出せばよい場合と比べて、コストは高くなります。

本番環境で発生しうる問題に対処するための保守コストに加えて、ライブラリやサービスなどが廃止されることなどで、時間の経過によるソフトウェアの自然劣化に対するコストも発生します。将来の更新が必要になる可能性のあるコンポーネントを特定しておきましょう。いずれかの依存関係（ライブラリなど）が、将来的にサポートされなくなった場合、ほかのコンポーネントに変更する妨げになる要因は何か考えられるでしょうか。更新が必要になった場合に、これらの依存関係を簡単に別のものに置き換えられるようにするには、どのようにシステムを設計すればよいでしょうか。

将来的に依存関係を変更する必要がある可能性は、どれくらいあるでしょうか。特に、サードパーティの依存関係については直接制御することが難しいため、注意深く考えましょう。サードパーティのライブラリやサービスは廃止される可能性があり、信頼性やセキュリティの問題など、私たちの要件を満たさないことが判明する可能性もあります。

コスト議論を網羅的に行うには、必要に応じてシステムを廃止するコストも考慮に含める必要があります。チームが方向性の変更を決定した場合や、システムのユーザーが少なすぎて開発と保守のコストを正当化できない場合など、さまざまな理由でシステムの廃止を決定する可能性があります。サービス廃止の際に、既存のユーザーにデータを提供することを決定する場合があるため、そのためにデータをテキストファイルやCSVファイルに抽出する必要があるかもしれません。

3.9 セキュリティ

　面接中に、システムの潜在的なセキュリティ脆弱性と、セキュリティ侵害をどのように防止および軽減するかについて議論する必要があるかもしれません。これには、組織の外部からのアクセスと内部からのアクセスの両方が含まれます。セキュリティに関して一般的に議論されるトピックとして、次のようなものが挙げられます。

- TLS終端を行うか、データセンター内のサービスやホスト間でデータを暗号化したままにする（「転送中の暗号化（encryption in transit）」と呼ばれる）か。TLS終端は、通常、データセンター内のホスト間の暗号化が必要なくなるので、処理を節約するために行われる。そして、機密データについてだけは例外的に扱い、転送中の暗号化を使用する場合がある
- どのデータを暗号化せずに保存して、どのデータを暗号化して保存する必要があるか（「保存時の暗号化（encryption at rest）」と呼ばれる）。保存時の暗号化は、ハッシュ化したデータを保存することとは概念的に異なるものである

　また、OAuth 2.0とOpenID Connectについて、ある程度理解している必要があります。これらについては「付録B　OAuth 2.0認可とOpenID Connect認証」で説明しています。
　DDoS攻撃を防ぐためのレートリミットについても議論する場合があります。レートリミットシステムは、それのみについての質問がされる場合があり、これについては「第8章 レートリミットサービスのデザイン」で説明します。レートリミットは、外部向けシステムの設計時には、ほぼ必ず言及する必要があるでしょう。

3.10 プライバシー

　個人識別情報（PII：Personally Identifiable Information）は、顧客を一意に識別するために使用可能なデータです。例えば、フルネーム、政府発行のID、住所、電子メールアドレス、銀行口座IDなどです。PIIは、一般データ保護規則（GDPR：General Data Protection Regulation）^{訳注8}やカリフォルニア州消費者プライバシー法（CCPA：California Consumer Privacy Act）^{訳注9}などの規制に準拠するために保護する必要があります。これには、外部からのアクセスと内部からのアクセスの両方が含まれます。
　システム内では、データベースやファイルに保存されているPIIにアクセス制御メカニズムを適用する必要があります。LDAPなどのメカニズムを使用し、データは転送中（SSLを使用）と保存時の両方で暗号化しなければなりません。

訳注8　EU（欧州連合）のデータ保護に関する法律で、個人データの保護を強化し、EU域内でのデータの自由な流通を促進することを目的としている。

訳注9　カリフォルニア州の州法で、住民のためにプライバシー権と消費者保護を強化することを目的としている。

個々の顧客のプライバシーを維持しながら統計的な集計処理（例：顧客あたりの平均取引回数）を計算する必要がある場合には、SHA-2やSHA-3などのハッシュアルゴリズムを使用してPIIをマスクすることを検討してください。

PIIが追記専用データベースやHDFSのようなファイルシステムに保存されている場合に利用可能な一般的なプライバシー技術は、各顧客に暗号化キーを割り当てることです。暗号化キーはSQLのような可変ストレージシステムに保存できます。特定の顧客に関連するデータは、保存される前にその顧客の暗号化キーで暗号化する必要があります。顧客のデータを削除する必要がある場合、顧客の暗号化キーを削除するだけでよく、これによって復号の方法が失われるため、追記専用ストレージ上の顧客の全てのデータにアクセスできなくなり、削除されたと見なすことができます。

プライバシーについては、その複雑さ、コスト、カスタマーサービスやパーソナライゼーション（機械学習を含む）などの多くの側面への影響について議論することができるでしょう。

また、データ保持ポリシーや監査など、データ漏洩の防止策や緩和策についても議論する必要があります。詳細は各組織に固有のものとなる傾向があるため、これはオープンエンドの議論となるでしょう。

3.10.1 外部サービス vs 内部サービス

外部サービスを設計する場合、セキュリティとプライバシーに関するメカニズムを確実に設計する必要があります。では、ほかの内部サービスのみにサービスを提供する内部サービスは、どうでしょうか。悪意のある外部からの攻撃者に対するユーザーサービスのセキュリティメカニズムによって外部からの攻撃を防御しており、内部ユーザーが悪意のある行動を試みることはないと仮定して、例えばレートリミットサービスにセキュリティ対策が不要だと判断する場合があるでしょう。また、ユーザーサービスがほかのユーザーサービスからレートリミットのリクエスト元に関するデータを要求しないことを信じて、プライバシー対策が不要だと判断することもできるでしょう。

しかし、「内部ユーザーは常にセキュリティメカニズムを適切に実装しており、悪意がなく、しかも意図的または偶発的に顧客のプライバシーを侵害しないことが確実である」とは考えにくいという判断がなされる場合のほうが多いでしょう。したがって、セキュリティとプライバシーメカニズムを常にきちんと実装するというエンジニアの文化を採り入れるべきです。これは、ほとんどの組織が採用しているあらゆる種類のサービスとデータに対する内部アクセス制御とプライバシーポリシーと一致しています。例えば、ほとんどの組織は各サービスのGitリポジトリとCI/CDに対して役割ベースのアクセス制御を設定しています。また、多くの組織は、従業員と顧客のデータへのアクセスを、必要と判断された人のみに付与する手順を用意しています。これらのアクセス制御とデータアクセスは、通常、可能な限り範囲と期間が制限されています。特定のシステムに対してこのようなポリシーを採用し、ほかのシステムに対しては採用しない論理的な理由はありません。内部サービスが機密機能や

データを露出していないことを確認してからであれば、セキュリティとプライバシーメカニズムを除外できると判断できるかもしれません。さらに、全てのサービス（外部か内部かにかかわらず）は、機密データベースへのアクセスをログに記録する必要があります。

　もう1つのプライバシーメカニズムは、ユーザー情報の保存に関する明確に定義されたポリシーを持つことです。ユーザー情報を保存するデータベースは、十分に文書化されるべきで、厳格なセキュリティと厳密なアクセス制御ポリシーを持つサービスによって管理されるべきです。ほかのサービスとデータベースはユーザーIDのみを保存し、それ以外のユーザーデータは保存しないようにしましょう。ユーザーIDは、定期的に、またはセキュリティやプライバシー侵害が発生した場合に変更できます。

　図3.8（図1.8の再掲）は、セキュリティとプライバシーメカニズムを含むサービスメッシュを示しています。この図では、アイデンティティとアクセス管理サービスへの外部リクエストという形で図示されています。

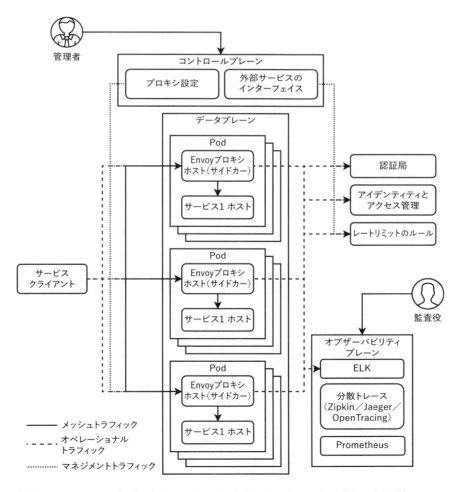

↑図3.8　セキュリティとプライバシーメカニズムを含むサービスメッシュ（図1.8の再掲）

3.11 クラウドネイティブ

クラウドネイティブは、スケーラビリティ、フォールトトレランス、保守性などの非機能要件に対処するアプローチです。Cloud Native Computing Foundationによるクラウドネイティブの定義は、次の通りです（https://github.com/cncf/toc/blob/main/DEFINITION.md）。強調するために、特定の単語を太字にしています。

クラウドネイティブ技術は、パブリッククラウド、プライベートクラウド、ハイブリッドクラウドなどの近代的でダイナミックな環境において、スケーラブルなアプリケーションを構築および実行するための能力を組織にもたらします。このアプローチの代表例に、**コンテナ**、**サービスメッシュ**、**マイクロサービス**、**イミュータブルインフラストラクチャ**、**宣言型 API** があります。

これらの手法により、**回復性**、**管理力**、**可観測性**のある**疎結合システム**を実現できます。これらを堅牢な自動化と組み合わせることで、エンジニアはインパクトのある**変更**を最小限の労力で**頻繁**かつ**予測どおりに**行うことができます。

Cloud Native Computing Foundation は、オープンソースでベンダー中立プロジェクトのエコシステムを育成・維持して、このパラダイムの採用を促進したいと考えてます。私たちは最先端のパターンを民主化し、これらのイノベーションを誰もが利用できるようにします。

本書はクラウドネイティブコンピューティングに関するものではありませんが、本書全体でクラウドネイティブ技術（コンテナ、サービスメッシュ、マイクロサービス、サーバレス関数、イミュータブルインフラストラクチャまたはIaC、宣言型 API、自動化）を利用して、その利点（耐障害性、管理可能性、観測可能性、頻繁で予測可能な変更を可能にすること）を達成し、関連する概念に関する資料への参照を提供しています。

3.12 さらなる参考情報

興味のある読者は、本書では議論していないPACELC定理について調べることができます。PACELCはCAP定理の拡張です。これは、分散システムでネットワーク分断が発生した場合、可用性と整合性の間で選択する必要があり、それ以外の場合は通常の運用中にレイテンシと整合性の間で選択する必要があると述べています。

本章と同様の内容を含む有用なリソースとして、『Microservices for the Enterprise: Designing, Developing, and Deploying』（Kasun Indrasiri、Prabath Siriwardena 著／Apress／2018）があります。

まとめ

- システムの機能要件と非機能要件の両方について議論する必要がある。非機能要件について仮定を立てないこと。非機能的特性は、それぞれの互いにトレードオフの関係のバランスをとることで、非機能要件を最適化できる

- スケーラビリティは、システムのハードウェアリソース使用量を簡単に調整してコスト効率を高める能力である。システムへのトラフィック量を予測するというのは、難しい、あるいは不可能なため、ほぼ常に議論される

- 可用性は、システムがリクエストを受け付けた際に、要求されたレスポンスを返すことができる回数の割合のことである。ほとんどのシステムが（ただし、全てではない）高可用性を必要とするためそれが要件であるかどうかを明確にする必要がある

- フォールトトレランスは、一部のコンポーネントが故障した場合でもシステムが動作を継続する能力と、ダウンタイムが発生した場合に永続的な被害を防止する能力のことである。これにより、ユーザーは一部の機能を引き続き使用でき、エンジニアが故障したコンポーネントを修復する時間を稼ぐことができる

- パフォーマンスまたはレイテンシは、ユーザーのリクエストがシステムに到達してからレスポンスが返るまでの時間を意味する。ユーザーは、インタラクティブなアプリケーションが速く読み込まれ、入力に対して迅速にレスポンスすることを期待する

- 整合性は、全てのノードが一時点で同じデータを含み、データに変更が発生した場合、全てのノードが同時に変更されたデータの提供を開始する必要があると定義される。金融システムなどの特定のシステムでは、複数のユーザーが同じデータを閲覧する際に同じ値を見る必要があるが、ソーシャルメディアなどのシステムでは、異なるユーザーが一時的に少し異なるデータを閲覧する（最終的には同じになる）ことが許容される場合がある

- 結果整合性を持つシステムは、より低い複雑さとコストと引き換えに精度をトレードオフする

- 複雑性は、最小限に抑える必要がある。これにより、システムの構築と保守がより安価で容易になる。可能な限り、共通サービスなどの一般的な技術を使用すること

- コストの議論には、複雑性の最小化、障害対応のコスト、保守のコスト、ほかの技術への切り替えのコスト、サービス自体の廃止のコストが含まれる

- セキュリティの議論には、どのデータを保護する必要があり、どのデータを保護する必要がないかを決定し、その後、転送中の暗号化や保存時の暗号化などの概念を検討することが含まれる

- プライバシーの考慮事項には、アクセス制御メカニズムと手順、ユーザーデータの削除または難読化、データ侵害の防止と軽減が含まれる

- クラウドネイティブは、一般的な非機能要件を達成するための一連の技術を採用するシステム設計へのアプローチである

Chapter 4

データベースのスケーリング

本章の内容

- さまざまな種類のストレージサービスを理解する
- データベースのレプリケーション
- データベースへの書き込みを減らすためのイベント集約
- 正規化と非正規化の違いを理解する
- 頻繁なクエリをメモリにキャッシュする

　本章では、データベースのスケーリングの概念、そのトレードオフ、そして、これらの概念を実装で利用する一般的なデータベースについて議論します。システムのさまざまなサービスを構築するにあたってデータベースを選択する際に、これらの概念を考慮する必要があります。

4.1　ストレージサービスに関する簡単な前置き

　ストレージサービスとは、データを保存するシステムの総称で、SQLデータベース、NoSQLデータベース、ファイルストレージなどが含まれます。また、ストレージサービスは、ステートフルなサービスです。ステートレスなサービスと比較して、**ステートフル**なサービスには整合性を確保するメカニズムがあり、データ損失を避けるための冗長性が必要となり

ます。ステートフルサービスは、強整合性のためにPaxosのようなメカニズムを選択したり、結果整合性のメカニズムを選択したりする場合があります。これらは複雑な決定となり、整合性、複雑さ、セキュリティ、レイテンシ、パフォーマンスなど、さまざまな要件に応じてトレードオフを行う必要があります。これが、できる限り全てのサービスをステートレスに保ち、状態保持はステートフルなサービスにのみ限定する理由の1つです。

注意

強整合性では、全てのアクセスが全ての並列プロセス（またはノード、プロセッサなど）で同じ順序（順次）で見られます。したがって、弱整合性では異なる並列プロセス（またはノードなど）が変数を異なる状態として読み取る可能性があるのに対し、1つの一貫した状態のみを観察することが可能となります。

できる限り全てのサービスをステートレスに保つもう1つの理由は、Webまたはバックエンドサービスの個々のホストに状態を保持すると、スティッキーセッションを実装する必要があり、同じユーザーを常に同じホストにルーティングする必要が出てきてしまうからです。また、ホストが故障した場合にデータをレプリケートし、フェイルオーバー（ホストが故障した場合にユーザーを適切な新しいホストにルーティングするなど）を処理しなければなりません。全ての状態をステートフルなストレージサービスにプッシュすることで、要件に適したストレージ／データベース技術を選択するだけでよく、状態の管理を自前で設計・実装する必要も、それによってミスを犯す心配もしなくてよくなるというメリットを享受できます。

ストレージは大まかに次のように分類でき、これらのカテゴリを区別する方法を知っておく必要があります。さまざまなストレージタイプの完全な紹介は本書の範囲外なので（必要であれば、ほかの資料を参照のこと）、ここでは本書の議論を理解するために必要な情報だけを抜粋しています。

- **データベース**
  - **SQL**：テーブル、テーブル間の主キーや外部キーを含む関係などのリレーショナルな特性を持つ。SQLはACIDプロパティを持っている必要がある
  - **NoSQL**：SQLプロパティを持たない全てのデータベース
  - **カラム指向**：効率的なフィルタリングのために、データを行ではなく列で編成する。例としては、CassandraやHBaseなどが挙げられる
  - **キーバリュー**：データは、キーと値のペアのコレクションとして保存される。各キーはハッシュアルゴリズムを通じてディスクの位置に対応する。読み取りのパフォーマンスが非常によいのが特徴。キーはハッシュ可能でなければならないため、プリミティブ型であり、オブジェクトへのポインタにはできない。値にはこの制限がなく、プリミ

ティブ型やポインタを利用できる。キーバリューデータベースは、通常、キャッシング
に使用され、LRU（Least Recently Used）などのさまざまな技術を採用している。
キャッシュは高いパフォーマンスを持つが、高可用性は必須ではない（キャッシュが
利用できない場合、リクエスタは元のデータソースにクエリを実行できるため）。例と
しては、MemcachedやRedisなどが挙げられる

- **ドキュメント**：キーバリューデータベースの一種と考えることができるが、値にサイズ制限
  がないか、キーバリューデータベースよりもはるかに大きな制限がある。さまざまな形式の
  値を取ることができる。テキスト、JSON、YAMLなどが一般的。例としては、MongoDB
  が挙げられる
- **グラフ**：エンティティ間の関係を効率的に保存するように設計されている。例としては、
  Neo4j、RedisGraph、Amazon Neptuneなどが挙げられる
- **ファイルストレージ**：データはファイルとして保存され、ディレクトリ（フォルダ）という構造
  で整理できる。パスをキーとするキーバリューの一種として見なせる
- **ブロックストレージ**：データを一定サイズのチャンクとして、固有の識別子付きで保存する。
  Webアプリケーションでブロックストレージを使用することはあまり多くない。ブロックスト
  レージは、ほかのストレージシステム（データベースなど）の低レベルコンポーネントを設計
  する際に利用される
- **オブジェクトストレージ**：ファイルストレージよりもフラットな階層構造。オブジェクトは、通常、
  単純なHTTP APIでアクセスされる。オブジェクトの書き込みは遅く、オブジェクトは変更
  できないため、静的データに適している。クラウドでは、AWS S3が例として挙げられる

4.2　データベースを使用する場合と避ける場合

　サービスのデータをどのように保存するかを決定する際、データベースを使用するか、
ファイル、ブロック、オブジェクトストレージなどのほかの可能性を使用するかについて議論
することがあります。特定のアプローチを好む場合でも（面接中に好みを述べること自体は
できるものの）、面接中は全ての関連要因について議論し、ほかの人の意見を考慮できな
ければなりません。本節では、取り上げることができるさまざまな要因について議論してい
きましょう。常に、さまざまなアプローチと、それらに存在するトレードオフについて議論す
るようにしてください。

　データベースとファイルシステムのどちらを選択するかの決定は、通常、裁量と経験則
に基づいて行われます。学術的な研究や厳密な原則はほとんどありません。2006年の
Microsoftの古い論文（https://www.microsoft.com/en-us/research/publication/to-
blob-or-not-to-blob-large-object-storage-in-a-database-or-a-filesystem）から引用さ
れる結論は、「256KB未満のオブジェクトはデータベースに保存するのが最適で、1MBを
超えるオブジェクトはファイルシステムに保存するのが最適である。256KBから1MBの間

では、読み取りと書き込みの比率とオブジェクトの上書きまたは置換の頻度が重要な決定要因となる」[訳注1]というものです。意思決定に対して、次に示すようないくつかのポイントが考慮できるでしょう。

- SQL Serverでは、2GB以上のファイルを保存するには特別な設定が必要である
- データベースオブジェクトは完全にメモリにロードされるため、データベースからファイルをストリーミングするのは非効率である
- データベーステーブルの行が大きなオブジェクトである場合、レプリケーションが遅くなる。これらの大きなblobオブジェクトをリーダーノードからフォロワーノードにレプリケートする必要があるため

4.3 レプリケーション

データベースをスケールする（つまり、分散データベースを複数のホスト、一般的にデータベース用語ではノードと呼ばれるものに実装する）方法には、レプリケーション、パーティショニング、シャーディングがあります。レプリケーションはデータのコピー（レプリカと呼ばれる）を作成し、それらを異なるノードに保存することです。パーティショニングとシャーディングは、どちらも大規模なデータセットを分割して複数のサーバで管理する方法で、データのアクセス効率を向上させます。シャーディングはサブセットが複数のノードに分散されることを意味し、パーティショニングはそうではありません。ホスト1台だけでは次のような制限があるため、スケールの要件を満たすことができないのです。

- **フォールトトレランス**：各ノードは、ノードまたはネットワーク障害の場合に備えて、データセンター内および複数のデータセンターにわたって別のノードにデータをバックアップできる。失敗したノードの役割とパーティション／シャードを引き継ぐために、別のノードのフェイルオーバープロセスを定義できる
- **ストレージ容量を拡張する能力**：単一のノードでは、利用可能な最大容量の複数のハードディスクドライブを含むように垂直スケーリングできるが、高額になる。また、ストレージを増やしても、ノードのスループットが問題になる可能性がある
- **より高いスループット**：データベースは、複数の同時プロセスやユーザーの読み取りと書き込みを処理する必要がある。垂直スケーリングは、最速のネットワークカード、よりよいCPU、より多くのメモリを積むことで、限界まで高めることができる
- **より低いレイテンシ**：分散したユーザーに近づけるために、レプリカを地理的に分散できる。特定のデータに対する読み取りが多いレプリカが存在していた場合、そのデータセンター上のレプリカの数を増せる

訳注1 かなり古い論文であるため、あくまでも参考値であり、状況に応じて対応する必要がある。

読み取り（SELECT操作）をスケールするのは、単にそのデータのレプリカの数を増やすだけです。一方で、書き込みのスケーリングは困難で、本章が書き込み操作のスケーリングの難しさに対処することについて多くのページを割いているのは、そのためです。

4.3.1　レプリカの分散

　典型的なデザインは、同じラック上のホストに1つのバックアップを用意し、別のラックまたはデータセンターのホストにバックアップをもう1つ、あるいは両方にバックアップを用意することです。この話題に関する文献はたくさんあります（例：https://learn.microsoft.com/en-us/azure/availability-zones/az-overview）。

　データはシャーディングされる可能性があり、これは次のような利点をもたらします。シャーディングの主なトレードオフは、シャードの位置を追跡する必要があるため、複雑さが増すことです。

- **ストレージのスケール**：データベース／テーブルが単一のノードに収まらない場合、ノード間でシャーディングすることで、データベース／テーブルを単一の論理ユニットとして維持できる
- **メモリのスケール**：データベースがメモリに保存されている場合、単一のノード上のメモリの垂直スケーリングはすぐに金銭的に高価になるため、シャーディングが必要になる可能性がある
- **処理のスケール**：シャーディングされたデータベースは並列処理の利点を活用できる可能性がある
- **地域性**：データベースは、特定のクラスタノードが必要とするデータが、ほかのシャード上のほかのノードではなく、地理的に近い場所に保存される可能性が高くなるようにシャーディングできる

注意

線形化可能性のために、HDFSのような特定のパーティションされたデータベースは、削除を追加操作（論理的なソフトデリートと呼ばれる）として実装しています。HDFSでは、「トゥームストーンの追加」と呼ばれます。これにより、削除が行われた際に、実行中の読み取り操作への中断や不整合を防ぎます。

4.3.2 シングルリーダーレプリケーション

シングルリーダーレプリケーションでは、全ての書き込み操作が単一のノード（リーダーと呼ばれる）で発生します。シングルリーダーレプリケーションは、書き込みではなく読み取りのスケーリングに関するものです。MySQLやPostgresなどの一部のSQLディストリビューションには、シングルリーダーレプリケーションの設定があります。これにより、SQLサービスはACID整合性を失うことになり、高トラフィックのサービスを提供するためにSQLデータベースを水平方向にスケールすることを選択した場合の関連する考慮事項となります。

図4.1は、プライマリセカンダリリーダーフェイルオーバーを伴うシングルリーダーレプリケーションを示しています。全ての書き込み（SQLではデータ操作言語（DML：Data Manipulation Language）またはDDLクエリとも呼ばれる）はプライマリリーダーノードで発生し、セカンダリリーダーを含むフォロワーにレプリケートされます。プライマリリーダーが障害を起こした場合、フェイルオーバープロセスによってセカンダリリーダーがプライマリに昇格します。障害を起こしていたリーダーが復旧すると、そのリーダーはセカンダリリーダーとなります。

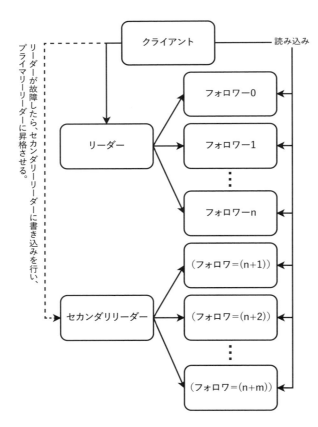

↑ 図4.1 プライマリセカンダリリーダーフェイルオーバーを伴うシングルリーダーレプリケーション（出典：『Web Scalability for Startup Engineers』（Artur Ejsmont 著／McGraw Hill ／2015）の図5.4を改編）

単一のノードには、フォロワー全体で共有される最大スループットがあり、これによってフォロワー数の制限が読み取りスケーラビリティを制限します。読み取りをさらにスケールさせるには、図4.2に示すようなマルチレベルレプリケーションを利用することになります。この場合、フォロワーには複数のレベルがあり、ピラミッドのような構造になっています。各レベルは下のレベルのフォロワーにレプリケートを行います。各ノードがそれぞれ処理可能な数のフォロワーの数にレプリケートできるので全体のフォロワー数を増やすことができますが、整合性を取るのがさらに遅くなるというトレードオフがあります。

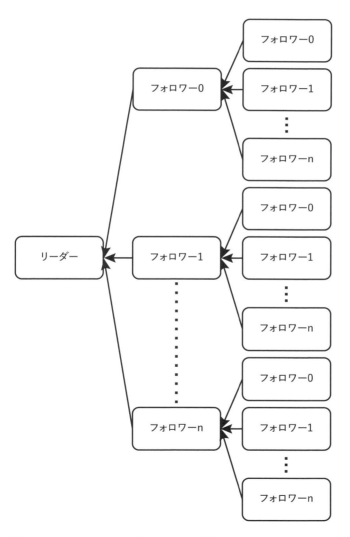

図4.2 マルチレベルレプリケーション。各ノードはそのフォロワーにレプリケートし、それらのフォロワーは今度は自分のフォロワーにレプリケートする。このアーキテクチャによって、それぞれのノードが処理可能なフォロワーの数だけレプリケートできるが、その分だけ整合性を取るのが遅くなるというトレードオフがある

シングルリーダーレプリケーションは、最も実装が簡単です。その主な制限は、データベース全体が単一のホストに収まる必要があることです。もう1つの制限は、レプリケーションにおけるフォロワーへの書き込み時間がかかるため、結果整合性となることです。

MySQLのbinlogベースのレプリケーションは、シングルリーダーレプリケーションの例です。Ejsmontの著書『Web Scalability for Startup Engineers』の第5章が、とても参考になります。関連するオンラインドキュメントを紹介します。

- https://dev.to/tutelaris/introduction-to-mysql-replication-97c
- https://dev.mysql.com/doc/refman/8.0/en/binlog-replication-configuration-overview.html
- https://www.digitalocean.com/community/tutorials/how-to-set-up-replication-in-mysql
- https://docs.microsoft.com/en-us/azure/mysql/single-server/how-to-data-in-replication
- https://www.percona.com/blog/2013/01/09/how-does-mysql-replication-really-work/
- https://hevodata.com/learn/mysql-binlog-based-replication/

● シングルリーダーレプリケーションをスケーリングするためのハック：アプリケーション層でのクエリロジック

手動で入力された文字列は、データベースのサイズをゆっくりと増加させます。これは簡単な見積もりと計算で確認できます。データがプログラムで生成されたり、長期間蓄積されたりした場合、ストレージサイズは単一のノードの許容範囲を超えて大きくなる可能性があります。

データベースのサイズを削減できず、SQLを引き続き使用したい場合、可能な選択肢の1つは、データを複数のSQLデータベースに分割することです。これにはサービスが複数のSQLデータベースに接続するように設定する必要があり、さらに適切なデータベースからクエリを実行するようにアプリケーションでSQLクエリを書き直す必要があることも意味します。

単一のテーブルを2つ以上のデータベースに分割する必要がある場合、アプリケーションは複数のデータベースにクエリを実行し、結果を結合しなければなりません。クエリロジックは、もはやデータベースにカプセル化できず、アプリケーション側にはみ出しています。つまり、アプリケーションは、特定のデータがどのデータベースに格納されているかを追跡するためのメタデータを保存する必要があるわけです。その結果として、アプリケーションでのメタデータ管理を伴うマルチリーダーレプリケーションとなります。サービスとデータ

ベースは、特にこれらのデータベースを使用する複数のサービスがある場合、メンテナンスが難しくなります。

例えば、私たちのベーグルカフェお勧めアプリケーションであるBeigelが毎日数十億の検索を処理する場合、検索クエリを記録しておく単一のSQLテーブルfact_searchesは数日以内にTBサイズに成長します。そこで、このデータを複数のデータベースにパーティション分割し、それぞれを独自のクラスタに配置します。そして、日ごとにパーティションに分割し、毎日新しいテーブルを作成し、それぞれのテーブルにfact_searches_YYYY_MM_DDという形式（例えばfact_searches_2023_01_01やfact_searches_2023_01_02）で名前を付けることができます。これらのテーブルにクエリを実行するアプリケーションは、このパーティションロジック（この場合はテーブルの命名規則）を知っている必要があります。より複雑な例も見ておきましょう。特定の顧客が非常に多くのトランザクションを行うような場合、その特定の顧客のためだけのテーブルが必要になることがあります。検索APIへの多くのクエリが別の食品おすすめアプリケーションから行われるのであれば、それぞれのアプリケーションのためのテーブル（例えばfact_searches_a_2023_01_01）を作成して、2023年1月1日のそれぞれのアプリケーション、例えばA社からの全ての検索クエリをそこに保存できます。Beigelに検索リクエストを行う会社に関するメタデータを保存する別のSQLテーブルsearch_orgsが必要になる場合もあるでしょう。

議論の中でこれを可能性として提案することはできますが、この設計を採用する可能性は非常に低いでしょう。マルチリーダーまたはリーダーレスレプリケーションを持つデータベースを使用すべきです。

4.3.3　マルチリーダーレプリケーション

マルチリーダーレプリケーションとリーダーレスレプリケーションは、書き込みとデータベースのストレージサイズをスケールするための技術です。これらは、シングルリーダーレプリケーションには存在しないレース条件の処理が必要となります。

マルチリーダーレプリ]ケーションでは、その名の通り、複数のノードがリーダーとして指定され、任意のリーダーから書き込みを行えます。各リーダーは自身の書き込みをほかの全てのノードにレプリケートする必要があります。

●整合性の問題とアプローチ

このレプリケーションは、シーケンスが重要な操作に対して整合性とレース条件の問題を引き起こします。例えば、あるリーダーが更新中の行に対して、別のリーダーが同じ行を削除した場合、どのような結果になるべきでしょうか。操作の順序付けにタイムスタンプを使用するだけでは、異なるノード上のクロックを完全に同期させることができないため、機能しません。

同じクロックを異なるノードで使用しようとしても、やはり機能しません。なぜなら、各ノードがクロックの信号を異なるタイミングで受信するためで、これは**クロックスキュー**として知られる既知の現象です。したがって、同じソースと定期的に同期されるサーバクロックでさえ、数ミリ秒以上の差が生じます。この差よりも小さい時間差で異なるサーバに問い合わせが行われた場合、どちらが先に行われたかを判断することは不可能です。

　ここでは、システム設計の面接でよく遭遇する、整合性に関連するレプリケーションの問題とシナリオについて説明します。これらの状況は、データベースやファイルシステムを含むさまざまなストレージ形式のどれであっても発生する可能性があります。「第3章　非機能要件」でも紹介した『Designing Data-Intensive Applications』と、その本で示された参考文献には、レプリケーションの落とし穴について詳細な言及があります。

　データベースの整合性の定義とは何でしょうか。整合性は、データベーストランザクションがデータベースを1つの有効な状態から別の有効な状態に移行させ、データベースの不変条件を維持することを保証するものです。データベースに書き込まれるデータは、制約、カスケード、トリガー、またはそれらの組み合わせを含む、定義された全てのルールに従って有効である必要があります。

　本書のほかのところでも議論しているように、整合性には複雑な定義があります。整合性の一般的な非公式な理解は、データが全てのユーザーにとって同じでなければならないということです。

1. 複数のレプリカ上で同じクエリを実行すると、レプリカが異なる物理サーバ上にあっても、同じ結果を返す
2. 異なる物理サーバ上であっても、同じ行に影響を与えるデータ操作言語（DML）クエリ（INSERT、UPDATE、DELETE）は、同じ順序で実行される

　結果整合性を受け入れる場合はありますが、特定のユーザーは自分達にとって有効な状態のデータを受け取る必要があるかもしれません。例えば、ユーザー A がカウンターの値を取得し、カウンターを1増やしてから再度そのカウンターの値を取得した場合、ユーザー A にとっては1増えた値を受け取ることが合理的な結果です。一方、カウンターをクエリする別のユーザーが取得した場合には、増加前の値を取得する可能性があります。これは「書き込み後読み込み整合性」と呼ばれます。

　一般的な考え方としては、整合性の要件を緩和する方法を模索すべきでしょう。全てのユーザーに対して整合性を保つ必要があるデータの量を最小限に抑えるアプローチを見つけましょう。

　異なる物理サーバ上で同じ行に影響を与えるDMLクエリは、競合状態を引き起こす可能性があります。考えられる状況をいくつか示します。

- プライマリキーを持つテーブルで同じ行を DELETE と INSERT する。DELETE が先に実行された場合、最終的に行は存在すべきである。INSERT が先だった場合、プライマリキーによって実行は妨げられ、その後 DELETE によって行が削除されることになる
- 同じセルに対する2つのUPDATE操作で異なる値を設定した場合、最終的な状態は全て同じとなるべきである

同じミリ秒に異なるサーバに送信されたDMLクエリについては、どう扱うべきでしょうか。これは、ほとんど起きることはなく、このような状況でレース条件を解決するための一般的な方法はないようです。したがって、さまざまなアプローチを提案できるでしょう。1つのアプローチは、DELETE を INSERT ／ UPDATE よりも優先し、ほかの INSERT ／ UPDATE クエリについてはどちらを採用するかはランダムに決定するという方法です。いずれにせよ、有能な面接官は50分の面接の数秒を、このような判断基準の参考にならない議論に費やすような無駄なことはしないでしょう。

4.3.4 リーダーレスレプリケーション

リーダーレスレプリケーションでは全てのノードが平等であり、読み取りと書き込みは任意のノードで発生する可能性があります。この場合、レース条件はどのように処理されるのでしょうか。1つの方法は、クォーラムの概念を導入することです。クォーラムは、合意のために一致しなければならないノードの最小数です。データベースにn個のノードがあり、読み取りと書き込みの両方がn/2 ＋ 1ノードのクォーラムを持てば、整合性が保証されることは簡単にわかります。整合性が必要な場合、高速な書き込みと高速な読み取りのどちらかを選択します。高速な書き込みが必要な場合は、低い書き込みクォーラムと高い読み取りクォーラムを設定し、高速な読み取りが必要な場合はその逆を設定します。そうでない場合、結果整合性のみが可能であり、UPDATE と DELETE 操作は整合性を持つことができません。

Cassandra、Dynamo、Riak、Voldemortは、リーダーレスレプリケーションを使用するデータベースの例です。Cassandraにおいて、UPDATE操作ではレース条件を考慮する必要がありますが、DELETE操作は実際に行が削除されるのではなく、トゥームストーンを使用して実装されています。HDFSでは、読み取りとレプリケーションはラックのローカリティに基づいており、全てのレプリカは平等です。

4.3.5 HDFSレプリケーション

本節では、HDFS、Hadoop、Hiveに関する簡単な復習を行います。詳細な議論は本書の範囲外です。

HDFSレプリケーションは、ここまで紹介した3つのアプローチのどれにもうまく当てはまりません。HDFSクラスタには、アクティブなNameNode、パッシブ（バックアップ）な

NameNode、複数のDataNodeノードが存在します。NameNodeはファイルシステムの名前空間操作（ファイルやディレクトリのオープン、クローズ、名前変更など）を実行します。また、ブロックからDataNodeへのマッピングも決定します。DataNodeは、ファイルシステムのクライアントからの読み取りと書き込みリクエストを処理する責任を持ちます。また、NameNodeの指示に従って、DataNodeは、ブロックの作成、削除、レプリケーションの実行も行います。ユーザーデータは、NameNodeを通過することはありません。HDFSは、テーブルを1つ以上のファイルとしてディレクトリに保存します。各ファイルはブロックに分割され、DataNodeノード間でシャーディングされます。デフォルトのブロックサイズは64MBで、この値は管理者が設定できます。

Hadoopは、MapReduceプログラミングモデルを使用して分散データを保存および処理するフレームワークです。Hiveは、Hadoop上に構築されたデータウェハウスソリューションです。Hiveには、効率的なフィルタークエリのために1つ以上の列でテーブルをパーティション分割する概念があります。例えば、次のようなクエリを発行して、パーティション分割されたHiveテーブルを作成することが可能です。

```
CREATE TABLE sample_table (user_id STRING, created_date DATE, country STRING)
PARTITIONED BY (created_date, country);
```

図4.3は、このテーブルのディレクトリツリーを示しています。テーブルのディレクトリには、日付値のサブディレクトリがあり、それらにはさらに列の値のサブディレクトリがあります。created_dateあるいはcountryでフィルタリングされたクエリは、関連するファイルのみを処理し、無駄にフルテーブルスキャンを行ってしまわないようになっています。

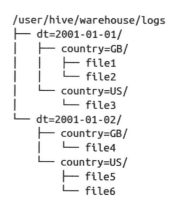

⬆ **図4.3** 「sample_table」というテーブルのHDFSディレクトリツリーの例。列にはdateとcountryが含まれ、テーブルはそれらの2つの列でパーティション分割されている。sample_tableディレクトリには日付値のサブディレクトリがあり、それらには列の値のサブディレクトリがある（出典：https://stackoverflow.com/questions/44782173/hive-does-hive-support-partitioning-and-bucketing-while-usiing-external-tables）

HDFSは追加専用であり、UPDATEやDELETE操作をサポートしていません。おそらく、UPDATEとDELETEによって発生する可能性があるレプリケーションのレース条件を回避するためでしょう。INSERTにはレース条件がありません。

HDFSには、名前クォータ、スペースクォータ、ストレージタイプクォータがあります。それぞれのディレクトリツリーに対しては次のようになっています。

- 名前クォータは、ファイルとディレクトリ名の数のハード制限
- スペースクォータは、全てのファイルのバイト数のハード制限
- ストレージタイプクォータは、特定のストレージタイプの使用に関するハード制限（HDFSストレージタイプの議論は本書の範囲外）

ヒント

HadoopとHDFSの初心者は、HadoopのINSERTコマンドを使用することが多いのですが、これは避けるべきです。INSERTクエリは1行だけの新しいファイルを作成してしまい、これは64MBものブロック全体を占有するため、無駄が発生するからです。また、名前の数にも影響を与え、プログラムによるINSERTクエリを行い続けると、すぐに名前クォータの上限を超えてしまいます。詳細については、https://hadoop.apache.org/docs/current/hadoop-project-dist/hadoop-hdfs/HdfsQuotaAdminGuide.htmlを参照してください。その代わりに、HDFSファイルに直接行を追加すべきですが、データの不整合と処理エラーを防ぐために、追加しようとしている行がファイル内の既存の行と同じフィールドを持つようにする必要があります。

Sparkを使用してHDFSにデータを保存している場合、次に示すように、saveAsTableまたはsaveAsTextFileを使用する必要があります。Sparkのドキュメント（https://spark.apache.org/docs/latest/sql-data-sources-hive-tables.htmlなど）を参照してください。

```
val spark = SparkSession.builder().appName("Our app").config("some.config",
"value").getOrCreate()
val df = spark.sparkContext.textFile({hdfs_file})
df.createOrReplaceTempView({table_name})
spark.sql({spark_sql_query_with_table_name}).saveAsTextFile({hdfs_directory})
```

4.3.6 さらなる参考文献

本書では、すでに何度か登場している『Designing Data-Intensive Applications』を参考に、次のようなトピックについて、さらに議論するようにしましょう。

- リードリペア、アンチエントロピー、タプルなどの整合性のためのテクニック
- CouchDB、MySQL Group Replication、Postgresにおけるマルチリーダーレプリケーション合意アルゴリズムとその実装
- スプリットブレインなどのフェイルオーバーの問題
- これらのレース条件を解決するためのさまざまな合意アルゴリズム（データ値について合意を得るためのもの）

4.4 シャーディングされたデータベースによるストレージ容量のスケーリング

データベースサイズが単一のホストの最大容量を超えて成長してしまった場合、古い行を削除する必要があります。このように古いデータを保持する必要がある場合は、HDFSやCassandraのようなシャーディングされたストレージに保存しなければなりません。シャーディングされたストレージは水平方向にスケーラブルであり、理論的には単にホストを追加するだけで無限のストレージ容量をサポートできるはずです。実際に、世の中には100PB（ペタバイト）以上のプロダクションHDFSクラスタが存在します（https://eng.uber.com/uber-big-data-platform/）。YB（ヨタバイト）サイズクラスタも理論的には構築可能ではあるものの、そのような量のデータを保存して分析するために必要なハードウェアの金銭的コストは法外に高いものになるのは間違いありません。

> **ヒント**
>
> 消費者に直接サービスを提供するためのデータを保存するためには、Redisのような低レイテンシのデータベースを使用できます。

もう1つのアプローチは、データを消費者のデバイスやブラウザのcookieやlocalStorageなどに保存することです。ただし、このデータの処理もフロントエンドで行う必要があるため、バックエンドからはアクセスできないことを意味します。

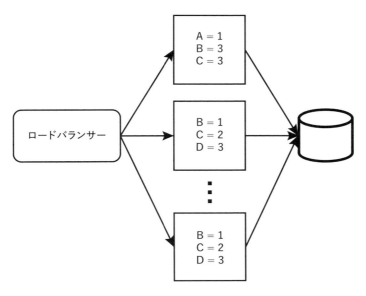

図4.4 単一層集約の例。ロードバランサーがイベントを単一の層（layerあるいはtier）のホスト間に分散させて、これらのホストがそれぞれに割り当てられたイベントを集約してから、これらの集約されたカウントをデータベースに書き込む。個々のイベントが直接データベースに書き込まれた場合、書き込み率ははるかに高くなり、データベースをスケールアップする必要が生じる。ここには図示されていないが、高可用性や精度が必要な場合は、ホストのレプリカも必要となる

4.5.2 多層集約

図4.5は、多層集約を示しています。各層のホストは、自身よりも前の層にいるホストから送られたイベントを集約することになります。最終層（何層にするかは、要件と利用可能なリソースに応じて決定できます）でデータベースに書き込むまで、各層のホスト数を徐々に減らすことができます。

集約を行う際に発生する主なトレードオフは、最終的な整合性と複雑さの増加です。各層は集計処理とデータベースの書き込みに多少の時間を要するため、データベースに書き込まれた際にはすでにデータが古くなっている可能性もあります。こうしたシステムにレプリケーション、ロギング、モニタリング、アラートなどの機能を実装することも複雑さを増します。

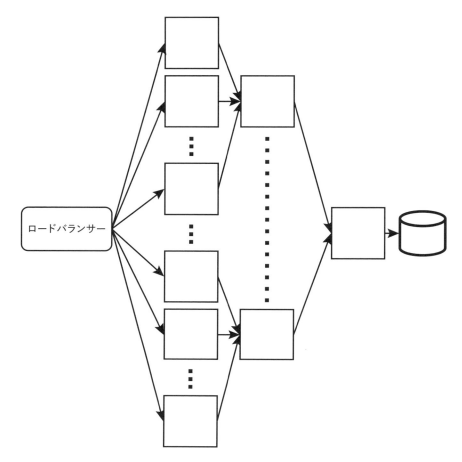

⬆図4.5　多層集約の例。これは多層レプリケーションを逆さにしたような形をしている

4.5.3　パーティショニング

　パーティショニングを行うにはレベル7のロードバランサーが必要です（「3.1.2　基本的なロードバランサーの概念」のレベル7ロードバランサーの簡単な説明を参照）。ロードバランサーは、外部からのリクエストイベントを処理し、イベントの内容に応じてそれを処理することが可能なホストに転送するように設定できます。

　図4.6の例を見てみましょう。イベントが単にA～Zという値であったと仮定すると、ロードバランサーは、値がA～Iのイベントをある特定のホストに、値がJ～Rのイベントを別のホストに、値がS～Zのイベントをさらに別のホストに転送するように設定しています。最初の層のホストからで集約された結果のハッシュテーブルは、さらに第2層のホストに集約され、その後、最終的なホストのハッシュテーブルに集約されます。最後に、この最終的なハッシュテーブルは最大ヒープホストに送信され、最終的な最大ヒープが構築されます。

イベントトラフィックは正規分布に従うと予想できるため、特定のパーティションが不釣り合いに高いトラフィックを受け取ることになります。例えば図4.6では、これに対処するために各パーティションに異なる数のホストを割り当てています。イベントA～I用のパーティションには3つのホスト、J～Rには1つのホスト、S～Zには2つのホストが割り当てられています。これらのパーティショニングの決定は、パーティション間でトラフィックが不均等であり、特定のホストがほかと比べて高いトラフィック（つまり、「ホット」になる）を受け取り、均等に割り当てた場合には処理許容量以上のトラフィックを受け取ってしまう可能性があるためです。

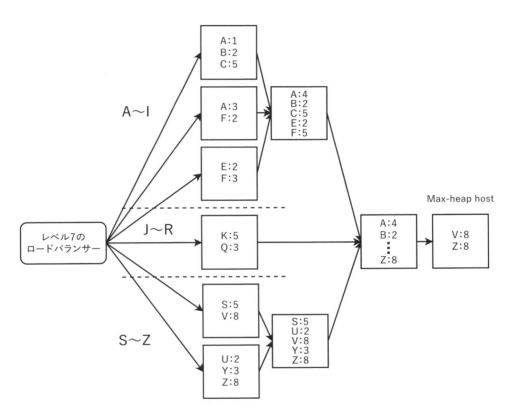

⬆図4.6　パーティショニングを伴う多層集約の例

また、イベントJ～R用のパーティションにはホストが1つしかないため、2番目の層は用意されていません。設計者として、状況に応じてこのような決定を下すことができるでしょう。

パーティションごとに異なる数のホストを割り当てる以外に、トラフィックを均等に分散させるための別方法は、パーティションの数と幅を調整することです。例えば、{A-I, J-R,

S-Z}というイベントの割り当てではなく、{{A-B, D-F}, {C, G-J}, {K-S}, {T-Z}}というように割り当てたパーティションを作成することも可能です。この場合、パーティションの数を3つから4つに変更し、イベントCを2番目のパーティションに移動しています。システムのスケーラビリティ要件に対応するために、創造的かつダイナミックに意思決定をしましょう。

4.5.4 イベントの種類が非常に多い場合

前節の図4.6では、イベントはA～Zの26個のキーという非常に少ない種類で構成されていました。ところが、現実の実装では、イベントのキーの種類ははるかに大きくなることがあります。意味のある粒度でイベントを分類してキーを割り当てた場合に、それを受け取った次の層がメモリオーバーフローを引き起こさないように注意して設計しなければなりません。早い段階の層を担当するホストは、メモリ空間をメモリ容量以下に制限すべきです。そうすることによって、後ろの段階の集約層のホストが全てのキーを収容するのに十分なメモリを確保できます。これは、早い段階の集約層のホストが頻繁にフラッシュする必要があることを意味しているかもしれません。

例えば、図4.7は2つの層のみの簡単な集約サービスを示しています。最初の層には2つのホストがあり、2番目の層にはホストは1つだけです。最初の層の2つのホストは、割り当てるキーの数を実際に処理可能な数の半分以下に制限すべきです。そうすれば、第2層のホストが全てのキーを集約できるようになります。

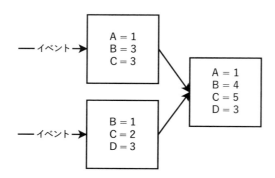

⇧ **図4.7** 2層のみの簡単な集約サービス。第1層に2つのホスト、第2層に1つのホストが存在している

また、早期の集約層にはメモリの少ないホストを、後の層にはより多くのメモリを持つホストをプロビジョニングすることもできます。

4.5.5 レプリケーションとフォールトトレランス

ここまで、レプリケーションとフォールトトレランスについて議論していませんでした。ホストがダウンすると、集約された全てのイベントが失われてしまいます。さらに、連鎖的な障害を引き起こす可能性もあります。なぜなら、ある層のホストがダウンしたことで、それよりも前の全ての層が集約した結果を次のホストに送ることができずにオーバーフローする可能性があり、そうなってしまうと、オーバーフローしたイベントの集約結果も同様に失われるからです。

それに対する対策として、「3.3.6 チェックポインティング」と「3.3.7 デッドレターキュー」で議論したチェックポイントとデッドレターキューが使用できるでしょう。しかし、多くの層を経た後方の層を担当するホストの停止は、多数のホストが影響を受ける可能性があります。そうなると、大量の処理を繰り返す必要があり、これはリソースを無駄に消費してしまいます。結果として、そうした層の障害は集約に相当な遅延を発生させる可能性を有することになってしまいます。

これに対する解決策は、各ノードを独立したサービスとして構築し、そこにRedisのような共有インメモリデータベースにリクエストを行う複数のステートレスノードのクラスタとしてでデザインすることです。図4.8に、そうしたサービスの例を示します。サービスは複数のホスト（例：3つのステートレスホスト）を持つことができ、共有ロードバランシングサービスがこれらのホスト間でリクエストを分散させます。この場合は、スケーラビリティは懸念事項とならないため、各サービスはいくつか少数のホスト（例：フォールトトレランスのために3つのホスト）で運用できるでしょう。

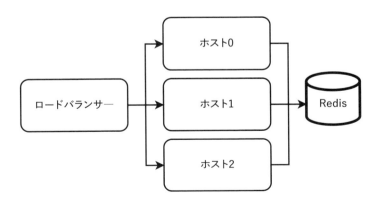

⬆ 図4.8　ノードをサービスに置き換えた例。これを集約ユニットと呼ぶ。このユニットにはフォールトトレランスのために3つのステートレスホストで構成されているが、必要に応じてより多くのホストを利用することもできる

本章の冒頭で、データベースへの書き込みはできるだけ少なくしたほうがよいという議論をしましたが、ここで述べている内容は、それとは矛盾しているように見えるかもしれません。しかし、各サービスは別個のRedisクラスタを持っているので、同じキーへの書き込みの競合は発生しないのです。さらに、これらの集約されたイベントは次の層、あるいはデータベースへのフラッシュを行うたびに削除されるので、データベースのサイズは制御不能に成長することはありません。

> **メモ**
>
> Terraformを使用して、この集約サービス全体を定義できます。各集約ユニットは、3つのPodを持つKubernetesクラスタとして定義し、Podごとに1つのホスト（サイドカーサービスパターンを使用している場合は2つのホスト）を持つことになるでしょう。

4.6　バッチおよびストリーミングETL

ETL（Extract, Transform, Load）は、1つ以上の何らかのソースからデータをコピーし、ソースとは異なる方法、コンテキストなどでデータを表現する別のシステムにデータをコピーする一般的な手順のことをいいます。バッチとは、通常は定期的にデータをバッチで処理することを指しますが、手動でバッチをトリガーすることもできます。ストリーミングとは、リアルタイムで処理される連続的なデータフローのことです。

バッチとストリーミングのどちらを利用するかの決定は、ポーリングと割り込みの関係と同じように考えることができます。ポーリングと同様に、バッチジョブは新しいイベントを処理する必要があるかどうかに関係なく、常に定義された頻度で実行されます。一方、ストリーミングジョブはトリガー条件が満たされたときに実行されます。これは、通常、新しいイベントの発生を伴います。

バッチジョブの使用例としては、顧客向けに毎月の請求書（PDFやCSVファイルなど）を生成する処理などがあります。例えば、請求書に必要なデータが毎月特定の日にしか利用できない場合（顧客向けの請求書を生成するために必要な当社のベンダーからの請求明細書が特定の日にしか来ないなど）に、このようなバッチジョブは適しています。こうした定期的なファイル生成のためのデータが全て組織内で生成される場合、Kappaアーキテクチャ（「第17章　Amazonの売上トップ10の商品のダッシュボードの設計」参照）を検討し、各データが利用可能になるとすぐに処理が開始されるストリーミングジョブを実装することもできます。このアプローチの利点は、月次ファイルが月が終わるとほぼすぐに利用可能になること、データ処理コストが月全体に分散されること、そして小さなデータの断片を一度に処理する関数をデバッグするほうが、GBサイズのデータを処理するバッチジョブをデバッグするよりも簡単であることなどが挙げられるでしょう。

バッチ処理のツールとしては、AirflowとLuigiなどが多く使われています。ストリーミング処理の一般的なツールとして、KafkaとFlinkが挙げられます。FlumeとScribeはロギング用の特殊なストリーミングツールで、複数のサーバからリアルタイムでストリーミングされるログデータを集約する機能を提供します。ここで、いくつかのETLの概念を簡単に紹介します。

　ETLパイプラインは、タスクの有向非巡回グラフ（DAG：Directed Acyclic Graph）[訳注2]で構成されています。DAGでは、ノードはタスクに対応し、先祖[訳注3]はその依存関係です。ジョブは、ETLパイプラインの1回の実行です。

4.6.1　簡単なバッチETLパイプライン

　crontab、2つのSQLテーブル、各ジョブ用のスクリプト（つまり、スクリプト言語で書かれたプログラム）を使用して簡単なバッチETLパイプラインを実装できます。cronは、1つのマシンだけで動作できる程度の小規模な非重要なジョブで、並列性のないものに適しています。利用するSQLテーブルの例を次に示します。

```
CREATE TABLE cron_dag (
  id INT,            -- ジョブのIÐ。
  parent_id INT,    -- 親ジョブ。ジョブは0、1、または複数の親を持つことができます。
  PRIMARY KEY (id),
  FOREIGN KEY (parent_id) REFERENCES cron_dag (id)
);
CREATE TABLE cron_jobs (
  id INT,
  name VARCHAR(255),
  updated_at INT,
  PRIMARY KEY (id)
);
```

　crontabで、スクリプトの実行リストを指定します。この例ではPythonスクリプトを使用していますが、任意のスクリプト言語が利用可能です。スクリプトを共通のディレクトリである/cron_dag/dag/に配置し、そこから呼び出さられるPythonファイル／モジュールは別のディレクトリに配置するとよいかもしれません。とはいえ、ファイルの編成方法に関するルールはありません。あなたが最適だと思う配置方法を採用してください。

```
0 * * * * ~/cron_dag/dag/first_node.py
0 * * * * ~/cron_dag/dag/second_node.py
```

訳注2　データ処理タスクの依存関係を表すグラフ構造で、循環がないという特徴がある。
訳注3　DAGにおける先祖（Ancestors）とは、グラフ上でそのノードの上流にあるノードのことを指す。

各スクリプトは、次のようなアルゴリズムで実装するとよいでしょう。ステップ1と2は再利用可能なモジュールとして抽象化することが可能です。

1. 関連するジョブのupdated_atの値が依存した前ジョブよりも小さいことを確認する
2. 必要に応じてモニタリングをトリガーする
3. 特定のジョブを実行する

ただし、この方法には次のような欠点があります。

- スケーラブルではない。全てのジョブが単一のホストで実行され、単一のホストの一般的な問題点は全て存在してしまう
  - 単一障害点が生まれてしまう。
  - 特定の時間にスケジュールされた全てのジョブを実行するのに十分な計算リソースがない可能性がある。
  - ホストのストレージ容量を超える可能性がある。
- ジョブは、何百万ものデバイスに通知を送信するなど、多数の小さなタスクで構成される場合がある。そうしたジョブが失敗して再試行が必要となると、成功したタスクは繰り返さないようにする必要がある（つまり、個々のタスクは冪等でなければならない）。単純な設計を利用した場合、そのような冪等性を提供できない可能性がある
- PythonスクリプトとSQLテーブルでジョブIDに整合性があることを確認するための検証ツールがないため、この手法はプログラミングエラーに対して脆弱となる
- GUIがない（自分で作成しない限り）
- ロギング、モニタリング、アラートが実装されていない。これは非常に重要であり、次のステップとして行う必要がある。例えば、ジョブが失敗した場合や、ジョブの実行中にホストがクラッシュした場合の対応を追加し、スケジュールされたジョブが確実に正常に完了するようにする必要がある

問題

このシンプルなバッチETLパイプラインを水平方向にスケールして、スケーラビリティと可用性を向上させるには、どうしたらよいでしょうか。

専用のジョブスケジューリングシステムとして、AirflowとLuigiが挙げられます。これらのツールには、DAGの視覚化を行い、使いやすさを向上させるWeb UIが付属しています。また、垂直方向にスケーラブルであり、大量のジョブを管理するためにクラスタ上で実行することも可能です。本書では、バッチETLサービスが必要な場合は、常に組織レベルで用意された共有Airflowサービスを使用することとします。

4.6.2 メッセージング用語

　本節では、技術的な議論や文献でよく遭遇するさまざまなタイプのメッセージングとストリーミングのセットアップに関する一般的な用語を明確にしておきましょう。

● メッセージングシステム

　メッセージングシステムとは、アプリケーション間でデータを転送するシステムの一般的な用語で、データの送信と共有の複雑さを軽減し、アプリケーション開発者がデータ処理に集中できるようにするものです。

● メッセージキュー

　メッセージには、あるサービスから別のサービスに送信される作業オブジェクトの指示が含まれ、キューに格納することで処理されるのを待機させることができます。各メッセージは、1回だけ単一のコンシューマーによって処理されます。

● プロデューサー／コンシューマー

　プロデューサー／コンシューマー（パブリッシャー／サブスクライバー、pub／subとも呼ばれる）は、イベントを生成するサービスとイベントを処理するサービスを分離するための非同期メッセージングシステムです。プロデューサー／コンシューマーのシステムには、メッセージキューも含まれます。

● メッセージブローカー

　メッセージブローカーは、送信者のメッセージングプロトコルの形式から受信者のメッセージングプロトコルの形式にメッセージを変換するプログラムです。メッセージブローカーは翻訳層といえます。メッセージブローカーの例としては、KafkaとRabbitMQが挙げられます。RabbitMQは「最も広く展開されているオープンソースメッセージブローカー」と主張しています（https://www.rabbitmq.com/）。AMQPは、RabbitMQによって実装されているメッセージングプロトコルの1つです（AMQPの説明は本書の範囲外）。Kafkaは、独自のカスタムメッセージングプロトコルを実装しています。

● イベントストリーミング

　イベントストリーミングは、リアルタイムで処理される連続的なイベントのフローを指す一般的な用語です。イベントには状態の変更に関する情報が含まれています。最も一般的なイベントストリーミングプラットフォームとして、Kafkaが挙げられます。

● プルとプッシュ

サービス間通信は、プルまたはプッシュで行えます。プルはプッシュよりも優れており、これはプロデューサーコンシューマーアーキテクチャの背景にある一般的な概念です。プルでは、コンシューマーがメッセージの消費率を制御するための過剰なメッセージによってオーバーロードが発生することはありません。

コンシューマーの開発中に負荷テストとストレステストを行い、本番トラフィックでのスループットとパフォーマンスをモニタリングします。モニタリング結果をテストと比較することで、チームはテストを改善するためにエンジニアリングリソースが必要になるかどうかを判断できます。コンシューマーはスループットとプロデューサーのキューサイズの時間の経過による変化をモニタリングして、チームは必要に応じてそのサイズをスケールすることができるでしょう。

本番システムが常に高負荷となっている場合、キューが空になる期間が長くなる可能性は低く、コンシューマーはメッセージを継続的にポーリングするほうが現実的です。予測不可能な数分以内のトラフィックスパイクを処理するために大規模なストリーミングクラスタを維持しなければならない場合は、このクラスタをほかの優先度の低いメッセージにも使用する必要があるかもしれません（つまり、組織のために共通で利用するFlink、Kafka、Sparkサービスを用意する）。

ユーザーからのポーリングまたはプルのほうがプッシュよりも有利なケースは、ユーザーがファイアウォールで保護されている場合や、依存関係に頻繁な変更があってプッシュリクエストが多すぎる場合などが挙げられるでしょう。プルにはプッシュよりもセットアップ手順が1つ少ないという利点もあります。ユーザーはすでに依存しているサービスやシステムにリクエストを行っているケースが多いはずです。しかし、通常、依存しているサービスやシステムがユーザーにリクエストを行っていることは、そう多くはありません。

一方、プルのほうが不利なケースとしては、システムが多くのデータソースからクローラーを使用してデータを収集している場合で、全てのクローラーの開発と保守が複雑で面倒になってしまう可能性があります（https://engineering.linkedin.com/blog/2019/data-hub）。このような場合は、個々のデータプロバイダーが情報を中央リポジトリにプッシュするほうが、よりスケーラブルかもしれません。プッシュは、プロバイダーが期待するタイミングでのデータ更新も可能にします。

プッシュがプルよりも優れているもう1つの例外的な状況は、音声やビデオのライブストリーミングなどの損失の多いアプリケーションです。これらのアプリケーションは、最初の配信に失敗したデータを再送信せず、UDPを使用して受信者にデータをプッシュすることが一般的です。

4.6.3　KafkaとRabbitMQ

　ほとんどの企業は共有のKafkaサービスを用意しており、すでに別のサービスによって使用されていることが多いでしょう。本書では、これ以降、メッセージングまたはイベントストリーミングサービスが必要な場合はKafkaを使用します。ただし、面接では、Kafkaを使うことに否定的な意見の面接官の怒りを買うリスクを冒すよりも、KafkaとRabbitMQの詳細と違いに関する知識を示し、それらのトレードオフについて議論するほうが安全かもしれません。

　KafkaとRabbitMQはどちらも、不均一なトラフィックを平滑化し、トラフィックスパイクによってサービスが過負荷になることを防ぎ、高トラフィック期間を処理するために大量のホストをプロビジョニングする必要がないようにサービスの費用対効果を高く保つために使用できます。

　KafkaはRabbitMQよりも複雑で、RabbitMQよりも多くの機能を提供します。言い換えれば、KafkaはRabbitMQの代わりに使用することは常に可能ですが、その逆は常に可能とは限りません。

　システムが必要とする要件がRabbitMQで十分な場合は、RabbitMQの使用を提案できます。また、多くの組織にはおそらく共有のKafkaサービスがあり、RabbitMQなどの別のコンポーネントのセットアップと保守（ロギング、モニタリング、アラートを含む）の手間を避けるために使用できると述べることもできます。表4.1にKafkaとRabbitMQの違いを示します。

Kafka	RabbitMQ
スケーラビリティ、信頼性、可用性のために設計されている。RabbitMQよりも複雑なセットアップが必要	セットアップは簡単だが、デフォルトではスケーラブルではない
Kafkaクラスタを管理するにはZooKeeperが必要となる。これには、ZooKeeperで各KafkaホストのIPアドレスを設定することも含まれる	アプリケーションをロードバランサーにアタッチし、ロードバランサーへの生産とロードバランサーからの消費を行うことで、アプリケーションレベルでスケーラビリティを実装することはできる。しかし、これはKafkaよりもセットアップに手間がかかり、成熟度がはるかに低いため、多くの点で劣ることは間違いない
レプリケーションがあるので、耐久性のあるメッセージブローカーだといえる。ZooKeeperでレプリケーション係数を調整し、異なるサーバラックやデータセンターでレプリケーションを行うようにアレンジすることができる	スケーラブルではないので、デフォルトでは耐久性がない。ダウンタイムが発生するとメッセージは失われる。耐久性を高めるためにメッセージをディスクに永続化する「レイジーキュー」機能があるが、これはホスト上のディスク障害に対しては保護されない
キュー上のイベントは、使われた後に削除されないので、同じイベントを繰り返し取り出すことができる。これは、コンシューマがイベント処理を終える前に失敗し、イベントを再処理する必要がある場合、すなわち失敗許容のためである	キュー上のメッセージは、「キュー」の定義のとおり、取り出された際に削除される（2021年7月26日にリリースされたRabbitMQ 3.9では、各メッセージを繰り返し消費できるstream機能が追加されているため、この違いはそれ以前のバージョンのみに存在する。https://www.rabbitmq.com/docs/streams）

この点で、Kafkaで「キュー」という言葉を使うのは概念的に不正確であるといえる。実際には、リストなのである。しかし、「Kafkaキュー」という用語は一般的に使われている	1つのメッセージにつき複数のコンシューマーが利用できるように、コンシューマーごとにキューを作成できる。しかし、これは複数のキューの本来の用途ではない
Kafkaではキューの保持期間を設定できる。デフォルトでは7日間になっており、イベントは消費されたかどうかにかかわらず7日後に削除される。保持期間を無限に設定し、Kafkaをデータベースとして使用することもできる	AMQP標準のメッセージ・キューごとの優先度の概念を持つ。優先度の異なる複数のキューを作成することができる。キュー上のメッセージは、より優先度の高いキューが空になるまでキューから取り出されない。公平性の概念やスタベーション（飢餓）の考慮はない
優先順位の概念は存在しない	

⚙ 表4.1 KafkaとRabbitMQの主な違い

4.6.4 Lambdaアーキテクチャ

Lambdaアーキテクチャは、ビッグデータを処理するためのデータ処理アーキテクチャで、バッチとストリーミングのパイプラインを並行して実行し、同じデータを処理します。わかりやすい言い方をすると、同じターゲットを更新する並行の高速パイプラインと低速パイプラインを持つことを指します。高速パイプラインは整合性と精度をトレードオフして低レイテンシ（すなわち高速な更新）を実現し、低速パイプラインは逆にレイテンシをトレードオフして、整合性と精度を高めます。高速パイプラインは次のような技術を採用します。

- 近似アルゴリズム（「17.7　近似」で議論）
- Redisのようなインメモリデータベース
- 高速処理のために、高速パイプラインのノードは処理するデータをレプリケートしない場合があり、ノードの停止によってデータの損失と精度の低下が発生する可能性がある

低速パイプラインは、通常、HiveやSparkとHDFSなどのMapReduceデータベースを使用します。ビッグデータを含み、整合性と精度が必要なシステムにLambdaアーキテクチャを提案できます。

さまざまなデータベースソリューションについての注意点

世の中には数多くのデータベースソリューションが存在しています。一般的なものには、さまざまなSQLディストリビューション、Hadoop、HDFS、Kafka、Redis、Elasticsearchなどが挙げられるでしょう。それ以外にも、MongoDB、Neo4j、AWS DynamoDB、GoogleのFirebase Realtime Databaseなど、あまり一般的ではないものも多数あります。システム設計の面接では、一般的ではないデータベース、特に独自の

データベースに関する知識は期待されてないことのほうが多いでしょう。独自のデータベースが採用されることは、ほとんどないからです。スタートアップが独自のデータベースを採用する場合、早めにオープンソースのデータベースに移行することを検討すべきです。データベースが大きくなるほど、ベンダーロックインからの脱却が難しくなるからです。つまり、移行プロセスが難しく、エラーが発生しやすく、お金がかかるようになるということです。

　Lambdaアーキテクチャの代わりに、Kappaアーキテクチャを利用することもできます。Kappaアーキテクチャは、ストリーミングデータを処理するためのソフトウェアアーキテクチャパターンで、単一の技術スタックでバッチ処理とストリーム処理の両方を実行するためのものです。これは、着信データをKafkaと同じように追加専用のイミュータブルログに書き込んで保存し、その後ストリーム処理を行い、ユーザーがクエリを実行できるデータベースに保存します。LambdaとKappaアーキテクチャの詳細な比較については、「17.9.1 LambdaとKappaアーキテクチャの比較」を参照してください。

4.7　非正規化

　サービスのデータが単一のホストに収まる場合の典型的なアプローチは、SQLを選択して、スキーマを正規化することです。正規化には、次のような利点があります。

- 整合性があり、重複データがないため、不整合なデータを持つテーブルは存在しない
- 1つのテーブルのみをクエリすればよい構造であるため、挿入と更新が高速に行える。正規化されていないスキーマの場合、挿入や更新に複数のテーブルをクエリする必要があるかもしれない
- 重複データがないため、データベースサイズが小さくなる。テーブルが小さければ、読み取り操作も高速になる
- 正規化されたテーブルは、通常、列が少ないため、インデックスも少なくなる。その結果、インデックスの再構築が高速になる
- 必要なテーブルのみをJOINできるクエリを発行できる

正規化には、次のような欠点もあります。

- JOINクエリは個々のテーブルに対するクエリよりもはるかに遅くなる。実際に、この理由で正規化が行われない場合もよくある

- ファクトテーブルにはデータではなくコードが含まれているため、サービスやアドホック分析のほとんどのクエリにJOIN操作が含まれる。JOINクエリは単一のテーブルに対するクエリよりも冗長になる傾向があるため、作成や保守が難しくなる

　面接中によく言及される、より高速な読み取り操作を実現するためのアプローチの1つは、ストレージのサイズとスピードをトレードオフすることです。つまり、JOINクエリを避けるために、スキーマの正規化を行わない選択を探るというものです。

4.8　キャッシング

　ディスクにデータを保存するタイプのデータベースの場合、頻繁に行われるクエリや直近に行われたクエリをメモリにキャッシュすることが可能です。組織では、SQLサービスやHDFSを用いたSparkなど、さまざまなものを共有データベースサービスとして提供できます。これらのサービスもキャッシングを利用できます。例えば、Redisを使ったキャッシュなどです。
　本節では、さまざまなキャッシング戦略について簡単に説明します。キャッシングを利用することで、次のような改善が見込めます。

- **パフォーマンス**

  これがキャッシュの本来の目的であり、それ以外の利点は付随的なものである。キャッシュはメモリを使用するため、ディスクを使用するデータベースよりも高速だが、コストも高くなる。

- **可用性**

  データベースが利用できない場合でも、アプリケーションはキャッシュからデータを取得でき、サービスは依然として利用可能となる。ただし、アクセス可能なのは、キャッシュされたデータのみとなる。コストを節約するために、キャッシュにはデータベース内のデータのサブセットしか含まれていない場合もある。しかも、キャッシュは高パフォーマンスと低レイテンシのために設計されており、高可用性のためではない。キャッシュの設計は、高パフォーマンスのために可用性やほかの非機能要件をトレードオフしている場合がある。データベースは高可用性であるべきで、サービスの可用性のためにキャッシュに依存するべきではない。

- **スケーラビリティ**

  頻繁にリクエストされるデータをキャッシュに入れておくことで、サービスへのリクエストの多くを処理できる。また、キャッシュはデータベースよりも高速なので、リクエストがより速く処理され、オープンなHTTPの同時接続数が減少し、より小さなバックエンドクラスタで同じリクエスト量を処理できるようになる。ただし、キャッシュはレイテン

シを最適化するように設計されるのが一般的であり、可用性に対してトレードオフを行う可能性があるため、スケーラビリティの技術としては推奨できない。例えば、データセンターを跨ぐリクエストが遅く、キャッシュの主な目的であるレイテンシの改善を妨げるため、キャッシュをデータセンター間でレプリケートすることはありえない。したがって、データセンターがネットワークの問題といった何らかの理由で停止した場合、キャッシュが利用できなくなり、全てのリクエストはデータベースに対して行われる。そういった場合、データベースは全てのリクエストを処理できなくなる可能性がある。バックエンドサービスには、バックエンドとデータベースの容量に合わせて、レートリミットを設定しなければならない。

キャッシングは、クライアント、APIゲートウェイ（Microsoft Docsの2020年5月17日の記事『Caching in a cloud-native application.』（Rob Vettor、David Coulter、Genevieve Warren、https://docs.microsoft.com/en-us/dotnet/architecture/cloud-native/azure-cachingを参照）、および、各サービスレイヤー（『Cloud Native Patterns』（Cornelia Davis、Manning Publications、2019）を参照）など、さまざまなレベルで実施できます。図4.9は、APIゲートウェイでのキャッシングの例を示しています。このキャッシュは、サービスとは独立してスケールでき、その時々でのトラフィック量に対応できます。

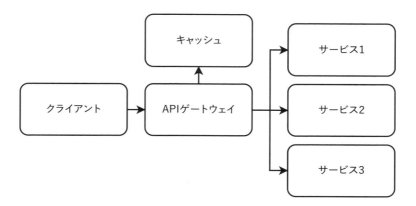

▲図4.9　APIゲートウェイでのキャッシュ利用の例（引用元：『Caching in a cloud-native application.』https://docs.microsoft.com/en-us/dotnet/architecture/cloud-native/azure-caching）

4.8.1 読み取り戦略

読み取り戦略は、高速な読み取りのための最適化を意味します。

● キャッシュアサイド（遅延ロード）

キャッシュアサイドは、キャッシュがデータベースの「横」に位置することを意味します。図4.10はキャッシュアサイドの例です。読み取りリクエストでは、アプリケーションは、まずキャッシュに読み取りリクエストを行い、キャッシュがヒットした場合はそこからデータを返します。キャッシュがヒットしなかった場合、アプリケーションはデータベースに読み取りリクエストを行い、その後データをキャッシュに書き込みます。そうすることで、同じデータへの後続のリクエストはキャッシュから読み取ることができるようになります。つまり、データは最初に読み取られたときのみ、データベースからキャッシュにロードされます。これを**遅延ロード**と呼びます。

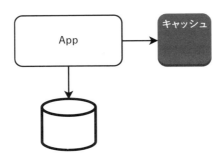

⬆図4.10　キャッシュアサイドの図

キャッシュアサイドは、読み取りリクエストが多い場合に効果的です。次のような利点があります。

- キャッシュアサイドは、読み取りリクエストとリソース消費を最小限に抑える。リクエスト数を減らすために、アプリケーションは複数のデータベースリクエストの結果をまとめて1つのキャッシュ値として保存することもできる（言い換えると、1つのキャッシュキーで、複数のデータベースリクエストを保存できる）
- リクエストされたデータのみがキャッシュに書き込まれるため、必要なキャッシュ容量を簡単に決定し、必要に応じてそのサイズを調整してコストを節約できる
- 実装が簡単である

キャッシュクラスタがダウンした場合、全てのリクエストがデータベースに大して行われるようになります。したがって、データベースがこの負荷を処理できることを確認しておく必要があるでしょう。この仕組みの欠点を示します。

- キャッシュされたデータが古くなる、あるいは不整合になる可能性がある。特に書き込みが直接データベースに行われる場合に、その可能性は高くなる。古いデータを減らすために、TTLを設定するか、ライトスルー（これについては後述）を利用して、全ての書き込みがキャッシュを通過するようにできる
- キャッシュがヒットしなかったリクエストは、直接データベースにリクエストするよりも遅くなる。これは、データベースへのリクエスト以外に、キャッシュの読み取りリクエストと書き込みリクエストが必要なためである

● リードスルー

リードスルー、**ライトスルー**、**ライトバック**というキャッシングでは、アプリケーションは常にキャッシュにリクエストを行い、必要に応じてキャッシュ自身がデータベースにリクエストを行うという仕組みになっています。

図4.11はリードスルー、ライトスルー、ライトバックというキャッシングのアーキテクチャを図示したものです。リードスルーキャッシュでキャッシュミスが発生した場合、キャッシュはデータベースにリクエストを行い、データをキャッシュに保存し（つまり、キャッシュアサイドと同様に遅延ロードが行われ）、その後データをアプリケーションに返します。

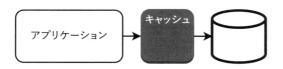

↑図4.11　リードスルー、ライトスルー、ライトバックという3つのキャッシングでは、アプリケーションはキャッシュにリクエストを行い、必要に応じてキャッシュがデータベースにリクエストを行う。したがって、この単純なアーキテクチャ図が、この3つのキャッシング戦略全てを表している

リードスルーは、読み取りリクエストが多い状況に適しています。アプリケーションがデータベースに直接アクセスしないため、データベースリクエストの実装の負担がアプリケーションからキャッシュに移ります。リードスルーキャッシュのトレードオフとしては、キャッシュアサイドとは異なり、複数のデータベースリクエストの結果を単一のキャッシュ値としてグループ化することはできません。

4.8.2 書き込み戦略

書き込み戦略は、キャッシュの古さを最小限に抑えるための最適化を意味します。キャッシュの古さを抑える代わりに、より高いレイテンシや複雑さが生じます。

● ライトスルー

ライトスルーでは、全ての書き込みはキャッシュを通過し、そのままデータベースに書き込まれます。その利点は、次の通りです。

- 整合性が担保される。キャッシュデータはデータベースの書き込みごとに更新されるため、決して古くなることはない

欠点は、次の通りです。

- キャッシュとデータベースの両方に書き込みが行われるため、書き込みが遅くなる
- 新しいキャッシュノードはデータが欠落した状態なので、コールドスタート問題が発生する。これを解決するためにキャッシュアサイドを使用できる
- キャッシュされたデータの多くは、実際にはリクエストされないため、不必要なコストが発生する。この無駄なスペースを減らすためにTTL（Time-to-Live）を設定できる
- キャッシュがデータベースよりも小さい場合、最適なキャッシュ削除ポリシーを決定する必要がある

● ライトバック／書き込み遅延

ライトバック（書き込み遅延）では、アプリケーションはキャッシュに対してデータを書き込みますが、すぐにはキャッシュはデータベースに書き込みません。その代わりに、キャッシュは更新されたデータを定期的にデータベースにフラッシュします。その利点を示します。

- ライトスルーよりも平均して高速な書き込みが可能。データベースへの書き込みはブロッキングされない

欠点は、次の通りです。

- 書き込みのタイミングが遅くなる以外は、ライトスルーと同じ欠点がある
- キャッシュは高可用性である必要があり、パフォーマンス／レイテンシを向上させるためにトレードオフを行えないため、設計は複雑になる。高可用性とパフォーマンスの両方を担保する必要があるためである

● ライトアラウンド

ライトアラウンドでは、アプリケーションはデータベースのみに書き込みます。図4.12を参照してください。ライトアラウンドは、通常、キャッシュアサイドまたはリードスルーと組み合わせて使用されます。アプリケーションは、キャッシュミス時にキャッシュを更新します。

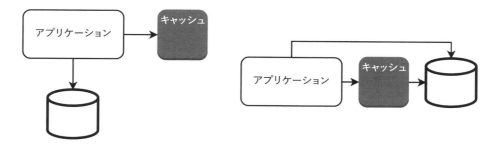

⬆ **図4.12** ライトアラウンドの2つの可能なアーキテクチャ。（左）キャッシュアサイドを使用したライトアラウンド。（右）リードスルーを使用したライトアラウンド

4.9 別サービスとしてのキャッシング

なぜキャッシングを別サービスとするのでしょうか。サービスのホストのメモリにキャッシュしないのは、なぜでしょうか。

- 各サービスはステートレスになるように設計されているため、各リクエストはランダムにホストに割り当てられる。キャッシュが各ホストに存在すると、各ホストが異なるデータをキャッシュするかもしれず、リクエストがあった際にそのデータをキャッシュしている可能性が低くなる。ステートフルでパーティション分割可能なデータベースは、各データベースノードが同じデータのリクエストを提供できることとは異なる
- 前述のポイントに関連するが、キャッシングはホットシャードを発生させるようなバラ付きの多いリクエストパターンがある場合に特に有用である。リクエストやレスポンスがユニーク、すなわち、そのたびに異なるデータを返す場合、キャッシングは効果がない
- 各ホストにキャッシュを保存する場合、サービスの新しいバージョンをデプロイするたびにキャッシュがクリアされてしまう。これは、1日に何回も発生してしまう可能性がある
- キャッシュを別サービスにしておけば、サービスから独立してスケールできる（ただし、本章の冒頭で議論した危険性がある）。キャッシングサービスは、非機能要件に最適化された特定のハードウェアまたは仮想マシンを使用できるが、提供するサービスとは異なる可能性がある
- 多くのクライアントが同じタイミングで同じリクエストを行ったとして、それがキャッシュにまだ入ってなかった場合、データベースサービスは同じクエリを何度も実行するこ

とになる。キャッシュはリクエストの重複を取り除き、サービスに単一のリクエストを送信するようにする。これは「リクエストの集約」と呼ばれ、サービスのトラフィックを削減できる

　バックエンドサービスでのキャッシングに加えて、ネットワークリクエストのオーバーヘッドを避けるために、可能であればクライアント（ブラウザまたはモバイルアプリ）でもキャッシュするべきでしょう。また、CDNの使用も検討するべきです。

4.10　異なる種類のデータのキャッシュの例とその手法

　HTTPレスポンスやデータベースクエリはキャッシュ可能です。HTTPレスポンスの本文をキャッシュし、リクエストのHTTPメソッドとURIの組み合わせをキャッシュキーとして用いて、そのキャッシュを取得できます。また、アプリケーション内では、キャッシュアサイドパターンを利用してリレーショナルデータベースクエリをキャッシュすることが可能です。

　キャッシュには、プライベートとパブリック／共有のキャッシュが考えられます。プライベートキャッシュはクライアント上にあり、パーソナライズされたコンテンツに利用できます。パブリックキャッシュは、CDNなどのプロキシ上、あるいはサービス上に置かれるキャッシュです。

　次に示す情報は、キャッシュに格納してはいけない情報です。

- 個人情報は決してキャッシュに保存すべきではない。例えば、銀行口座の詳細など
- 株価や飛行機の到着時間、近い将来のホテルの部屋の空き状況など、リアルタイムで変化する公開情報
- 書籍や動画など、支払いが必要な有料または著作権のあるコンテンツに対しては、プライベートキャッシングを使用しない
- 変更される可能性のある公開情報はキャッシュできるが、オリジンサーバに対して再検証する必要がある。例えば、来月の飛行機のチケットやホテルの部屋の空き状況など。サーバレスポンスは、キャッシュされたレスポンスが「新鮮」であることを確認するだけのレスポンスで、ステータスコード304を返すので、レスポンスのデータサイズは極めて小さくなる。これにより、ネットワークレイテンシとスループットが向上する。キャッシュされたレスポンスは、新鮮であると判断する期間を示すmax-ageという値を設定する。ただし、将来的には条件が変化し、設定したmax-age値が長くなってしまうような状況は十分に考えられる。そこで、キャッシュされたレスポンスが新鮮であるかどうかを先に簡単に検証するロジックをバックエンドに実装することもできる。その場合、クライアントがキャッシュされたレスポンスを使用する前にバックエンドで再検証するように、レスポンスヘッダでmust-revalidateを返す

長期間変更されない公開情報は、長い有効期限を設定してキャッシュできます。例えば、バスや電車のスケジュールなどが、それに該当するでしょう。

企業はできるだけ多くの処理とストレージをクライアントのデバイス側で処理させて、データセンターは重要なデータのバックアップとユーザー間の通信のみに使用することでハードウェアコストを節約できます。例えば、WhatsAppはユーザーの認証と接続情報を保存しますが、メッセージはサーバ側では保存しません（ユーザーのストレージ消費の大部分をメッセージが占めることになる）。さらに、メッセージをGoogle Driveにバックアップする機能を提供して、メッセージのバックアップコストを別の会社に押し付けています。このコストから解放されることで、WhatsAppはサービスを無料で提供し続け、ユーザーはGoogleにデータを保存し、無料のストレージ容量を超える場合にはGoogleにストレージ料金を支払うことになります。

ただし、localStorageでのキャッシングが常に意図したとおりに機能すると仮定すべきではありません。常にキャッシュミスが発生することを想定し、サービスがその際のリクエストを受け取るように準備しておく必要があります。全ての層（クライアント／ブラウザ、ロードバランサー、フロントエンド／APIゲートウェイ／サイドカー、バックエンド）でキャッシュを行えるように設計し、リクエストが届くサービスができるだけ少なくなるように設計してください。それよって、レイテンシとコストを低く抑えることが可能になります。

ブラウザは、全てのCSSファイルをダウンロードして処理してからWebページのレンダリングを開始するため、CSSのブラウザキャッシングはブラウザ上で動作するWebアプリケーションのパフォーマンスを大幅に向上させる可能性があります。

メモ

ブラウザがWebページの全てのCSSをできるだけ早くダウンロードして処理できるように、Webページのパフォーマンスを最適化する方法については、https://csswizardry.com/2018/11/css-and-network-performance/ を参照してください。

クライアントでキャッシュを保持する場合の欠点は、データ利用回数の分析が複雑化することです。クライアントのキャッシュが利用されると、バックエンドはクライアントがこのデータにアクセスしたことを示す指標を受け取らないためです。クライアントがキャッシュされたデータにアクセスしたことを知る必要がある場合や、それが有益であると考えられる場合、クライアントでこれらのデータの利用回数をログに記録し、そのログをバックエンドに送信しなければならなくなり、このことが複雑さを増加させます。

4.11　キャッシュの無効化

キャッシュの無効化とは、キャッシュエントリを置き換え、あるいは削除するプロセスのことを指します。キャッシュバスティングは、ファイルに特化したキャッシュの無効化のことをいいます。

4.11.1　ブラウザキャッシュの無効化

ブラウザでのキャッシュの場合は、通常、各ファイルに対してmax-ageを設定します。それでは、キャッシュの有効期限前にサーバ側のファイルが新しいバージョンに置き換えられた場合は、どうすればよいでしょうか。その場合は、**フィンガープリンティング**と呼ばれる技術を使用し、ファイルに新しい識別子 (バージョン番号、ファイル名、クエリ文字列ハッシュ) を与えます。例えば、「style.css」という名前のファイルを「style.b3d716.css」という名前に変更し、新しいデプロイメント時にファイル名のハッシュを置き換えるといった具合です。ほかにも、画像ファイル名を含むHTMLタグ「<img src=/assets/image.png />」を「<img src=/assets/image.png?hash=a3db6e />」にすることも、フィンガープリンティングの例です。この場合は、ファイルのバージョンを示すためにhashクエリパラメータを使用しています。オリジンサーバへの不要なリクエストを防ぐために、フィンガープリンティングとともにimmutableキャッシュ制御オプションも使用できます。

フィンガープリンティングは、互いに依存する複数のGETリクエストや、ファイルが相互に依存しているようなケースで、キャッシュを扱う場合に重要です。GETリクエストのキャッシュ関連のヘッダでは、特定のファイルやレスポンスが相互に依存していることを表現できないため、古いバージョンのファイルがデプロイされる可能性があるからです。

例えば、ブラウザでは、通常はCSSとJavaScriptをキャッシュしますが、HTML (Webページが静的でない限り、多くのブラウザアプリケーションはアクセスのたびに異なるコンテンツを表示する) はキャッシュしません。しかし、CSSとJavaScriptも、ブラウザアプリケーションの新しいバージョンがデプロイされる際に更新される可能性があります。バージョン更新によってHTMLが更新されたにもかかわらず、CSSやJavaScriptが古いままだとWebページが壊れる可能性があります。そんな場合でも、ユーザーは本能的にブラウザのリロードボタンをクリックする可能性があり、これによって問題は解決されます。ユーザーがページをリロードすると、ブラウザはオリジンサーバからデータを再取得するためです。しかし、これは良質とはいえないユーザー体験でしょう。しかも、こうした問題はテスト中に見つけるのが難しいものです。フィンガープリンティングによって、HTMLに正しいCSSとJavaScriptのファイル名が含まれていることを保証することが可能です。

フィンガープリンティングを使用せずにこの問題を回避しようとして、CSS と JavaScript だけではなく HTML もキャッシュし、これらのファイル全てに同じ max-age を設定して同時に期限切れになるようにすればよいだろうと考えるかもしれません。しかし、ブラウザはこれらの異なるファイルに対するリクエストを、例えば数秒ずれたタイミングで行う可能性があります。新しいバージョンのデプロイがちょうどこれらのリクエストと同じタイミングで進行した場合、ブラウザが古いファイルと新しいファイルを混ぜて取得してしまう可能性を消すことができません。

ファイルの依存関係だけではなく、アプリケーションには、GET リクエストが別のリクエストやページに依存する可能性があります。例えば、ユーザーがアイテムのリスト（セール中のアイテム、ホテルの部屋、サンフランシスコ行きの飛行機、写真のサムネイルなど）に対して GET リクエストを行い、その後、アイテムの詳細に対して GET リクエストを行う場合を考えてみましょう。最初のリクエストをキャッシュすると、削除されてすでに存在しない商品の詳細を、ユーザーがリクエストしてしまう可能性があります。REST アーキテクチャのベストプラクティスでは、リクエストはデフォルトでキャッシュできますが、これらのことを考慮して、キャッシュをそもそもしない、あるいは短い有効期限を設定するなどの対応が必要となります。

4.11.2 キャッシングサービスでのキャッシュ無効化

サービス提供側は、クライアントのキャッシュに直接アクセスすることができないため、キャッシュを無効化する方法は、max-age の設定やフィンガープリンティングなどに頼るしかありません。しかし、キャッシングサービスを用いると、そのエントリの作成、置換、削除を直接行えるようになります。キャッシュ置換ポリシーに関するオンラインリソースは多数あり、その実装は本書の範囲外なので、ここではいくつかの一般的なものを簡単に定義するだけにとどめます。

- ランダム置換
  キャッシュが満杯になったときにランダムにアイテムを置換する。最も単純な戦略。
- LRU（Least Recently Used：最近使用されていないもの）
  最も長いこと使用されていないアイテムを最初に置換する。
- FIFO（First In First Out：先入れ先出し）
  使用／アクセスされた頻度に関係なく、追加された順序でアイテムを置換する。
- LIFO（Last In First Out：後入れ先出し／先入れ後出し）
  使用／アクセスされた頻度に関係なく、追加されたのとは逆順でアイテムを置換する。

4.12 キャッシュウォーミング

キャッシュウォーミングとは、これらのエントリに対する最初のリクエストよりも前にキャッシュにエントリを事前に格納しておくことを意味します。これによって、それぞれにエントリに対する最初のリクエストがキャッシュミスにならず、キャッシュから提供できるようになります。キャッシュウォーミングは、CDNや私たちのフロントエンドまたはバックエンドサービスなどのサービスに適用され、ブラウザキャッシュには適用されません。

キャッシュウォーミングの利点は、事前にキャッシュされたデータに対する最初のリクエストにおいて、後続のリクエストと同じ低レイテンシでレスポンスできることです。しかし、キャッシュウォーミングには多くの欠点もあります。

- キャッシュウォーミングの実装に追加の複雑さとコストがかかる。キャッシングサービスには数千のホストが含まれる可能性があり、それらをウォームアップすることは複雑で高コストなプロセスになる可能性がある。この場合、最も頻繁にリクエストされるエントリのみをキャッシュすることでコストを削減できる。Netflixのキャッシュウォーマーシステム設計についての議論は、https://netflixtechblog.com/cache-warming-agility-for-a-stateful-service-2d3b1da82642を参照のこと

- キャッシュを埋めるためにサービスにクエリを行う追加のトラフィック（フロントエンド、バックエンド、データベースサービスを含む）が発生する。サービスがキャッシュウォーミングの負荷を処理できない可能性を考慮する必要がある

- 何百万人ものユーザーを抱えたサービスでは、そのデータにアクセスした最初のユーザーだけが遅いレスポンススピードを経験をすることになり、キャッシュウォーミングでそれに対応しようとした場合、キャッシュウォーミングの複雑さとコストが得られる利点に見合わない可能性がある。頻繁にアクセスされるデータは最初のリクエスト時にキャッシュされるが、頻繁にアクセスされないデータはキャッシングやキャッシュウォーミングで対応できない

- キャッシュの有効期限を短く設定することができない。期限を短くすると、それぞれのキャッシュアイテムが使用される前に期限切れになり、キャッシュをウォームアップする時間が無駄になるからである。したがって、長い有効期限を設定する必要があり、その結果としてキャッシュサービスの運用コストが必要以上に大きくなる。あるいは、異なるエントリに対して異なる有効期限を設定する必要があり、より複雑になり、問題を引き起こす可能性がある

キャッシュなしで行われるリクエストのP99は一般的に1秒未満であるべきです。たとえ、もう少し要件を緩和できたとしても、10秒を超えるべきではありません。キャッシュウォーミングの代わりに、キャッシュなしで提供されるリクエストが妥当なP99を持つことを保証するのもよい方法です。

4.13　さらなる参考文献

本章では、『Web Scalability for Startup Engineers』（Artur Ejsmont、McGraw Hill、2015）の資料を参考にしています。

4.13.1　キャッシングの参考文献

- 『Scaling Microservices – Understanding and Implementing Cache』（Kevin Crawley、2019年8月22日）
- https://dzone.com/articles/scaling-microservices-understanding-and-implementi
- 『Caching in a cloud-native application』（Rob Vettor、David Coulter、Genevieve Warren、Microsoft Docs、2020年5月17日）
- https://docs.microsoft.com/en-us/dotnet/architecture/cloud-native/azure-caching
- 『Cloud Native Patterns』（Cornelia Davis 著／ Manning Publications ／ 2019）
- https://jakearchibald.com/2016/caching-best-practices/
- https://developer.mozilla.org/en-US/docs/Web/HTTP/Headers/Cache-Control
- 『Intelligent Caching』（Tom Barker 著／ O'Reilly Media ／ 2017）

まとめ

- ステートフルサービスの設計は、ステートレスサービスよりもはるかに複雑で障害が発生しやすいため、システム設計ではサービスをステートレスに保ち、共有のステートフルサービスを使用するとよい
- 各ストレージ技術はそれぞれのカテゴリに分類される。これらのカテゴリを区別する方法を知る必要がある。カテゴリは次の通り
  - データベース（SQLまたはNoSQL。NoSQLは、カラム指向またはキーバリューに分類できる）
  - ドキュメント
  - グラフ
  - ファイルストレージ
  - ブロックストレージ
  - オブジェクトストレージ
- サービスのデータの保存方法を決定する際には、データベースにするか、ほかのストレージカテゴリの使用するかを検討しよう

- データベースをスケールするためには、さまざまなレプリケーション技術を利用できる。シングルリーダーレプリケーション、マルチリーダーレプリケーション、リーダーレスレプリケーション、HDFSレプリケーションなどが挙げられる。これらの3つのアプローチにきれいに当てはまらないものも存在する
- データベースの必要サイズが単一のホストの保存容量を超える場合、シャーディングが必要となる
- データベースの書き込みは費用が高くスケーリングが難しいため、可能な限りデータベースの書き込みを最小限に抑える必要がある。イベントの集約は、データベースの書き込みを減らすのに役立つ
- Lambdaアーキテクチャは、同じデータを処理するために並行のバッチおよびストリーミングパイプラインを使用し、両方のアプローチの利点を実現しながら、互いの欠点を補完する
- 非正規化は、読み取りレイテンシとより単純なSELECTクエリを最適化するためによく使用されるが、整合性や、書き込み速度、ストレージ容量要件、インデックス再構築速度などに影響が出る
- 頻度の高いクエリをメモリにキャッシュすることで、クエリの平均レイテンシを減少させることができる
- 読み取り戦略は、高速な読み取りのために最適化を行うが、キャッシュの古さとのトレードオフが存在する
- キャッシュアサイドは読み取りの多いシステムに適しているが、キャッシュされたデータが古くなる可能性があり、キャッシュミスが発生した場合にはキャッシュがない場合よりも遅くなる
- 読み取りスルーキャッシュは、データベースへのリクエストをキャッシュが行うことで、アプリケーションからのデータベースアクセスを行わないようにできる
- 書き込みスルーキャッシュではキャッシュは決して古くならないが、速度に影響が出る
- 書き込みバックキャッシュは、定期的に更新されたデータをデータベースにフラッシュする。ほかのキャッシュデザインとは異なり、キャッシュの停止によるデータ損失を防ぐために、キャッシュが高可用性である必要がある
- 書き込みアラウンドキャッシュは書き込みが遅く、キャッシュが古くなる可能性が高くなる。キャッシュされたデータが変更される可能性が低い状況に適している
- 専用のキャッシングサービスは、サービスのホストのメモリにキャッシュするよりもユーザーによりよいサービスを提供できる
- プライベートデータをキャッシュしないようにしよう。キャッシュするのは公開データに限定する。再検証とキャッシュの有効期限は、データが変更される頻度と確率に応じて設定する

- サービスとクライアントで、キャッシュ無効化の戦略は異なる。前者はシステムからホストにアクセスして操作ができるが、後者ではできないためである
- キャッシュウォーミングにより、キャッシュされたデータの最初のユーザーが後続のユーザーと同じくらい早くレスポンスを受け取れるが、キャッシュウォーミングには多くの欠点がある

Chapter

5

分散トランザクション

Chapter 5
分散トランザクション

本章の内容

- 複数のサービスにわたるデータの整合性の維持
- スケーラビリティ、可用性、低コスト、整合性のためのイベントソーシングの使用
- 変更データキャプチャ（CDC）を用いた複数サービスへの変更の書き込み
- コレオグラフィとオーケストレーションによるトランザクションの実行

　システムにおいて、作業単位（ユニット）として1つであったとしても、複数のサービスへのデータ書き込みを伴う場合があります。各サービスへの書き込みは個別のリクエスト／イベントと考えることができます。そして、どの書き込みも失敗する可能性があり、その原因としてはバグやホストまたはネットワークの障害が挙げられます。それによって、サービス間でデータの不整合が生じる可能性があります。例えば、顧客が航空券とホテルの部屋の両方を含むツアーパッケージを購入した場合に、システムはチケットサービス、部屋予約サービス、支払いサービスに書き込む必要があるとします。そのうちのいずれかの書き込みが失敗すると、システムは不整合な状態になります。別の例を挙げましょう。受信者にメッセージを送信し、メッセージが送信されたことをデータベースにログを記録するメッセージングシステムがあるとします。メッセージが受信者のデバイスに正常に送信されたものの、データベースへの書き込みが失敗した場合、メッセージが配信されていないように見えてしまいます。

トランザクションは、サービス間でデータの整合性を維持するために、複数の読み取りと書き込みを論理的な単位にグループ化する方法です。トランザクションは単一の操作としてアトミックに実行され、トランザクション全体が成功（コミット）するか失敗（中止、ロールバック）します。トランザクションはACIDプロパティを持ちますが、ACIDの概念の理解はデータベース間で異なるため、実装も異なります。

これらの書き込みを分散するために、Kafkaなどのイベントストリーミングプラットフォームを利用し、ダウンストリームサービスが（プッシュではなく）プルでこれらの書き込みを取得できるような場合は、そうすべきです（プルとプッシュの議論については「4.6.2　メッセージング用語」を参照）。その他の状況では、**分散トランザクション**の概念を導入します。これは、それらの個別の書き込みリクエストを単一の分散（アトミック）トランザクションとして組み合わせます。そして、ここで、**コンセンサス**の概念を導入します。つまり、全てのサービスが書き込みイベントが発生した（または発生しなかった）ことに同意するようにします。サービス間の整合性のためにコンセンサスは達成されるべきですが、書き込みイベント中に障害が発生すると、整合性が確保されない可能性があります。本節では、分散トランザクションにおける整合性を維持するためのアルゴリズムについて説明します。

- イベントソーシング、変更データキャプチャ（CDC）、イベント駆動アーキテクチャ（EDA）の関連概念
- チェックポイントの設定とデッドレターキューについては、「3.3.6　チェックポインティング」と「3.3.7　デッドレターキュー」を参照のこと
- Saga
- 2フェーズコミット（この書籍の範囲外。2フェーズコミットについての簡単な議論については「付録D　2フェーズコミット（2PC）」を参照のこと）

2フェーズコミットとSagaはコンセンサス（全てコミットまたは全て中止）を達成しますが、ほかの技術は、書き込みに失敗したことで不整合が生じた場合、特定のデータベースを真実のソースとして指定するように設計されています。

5.1　イベント駆動アーキテクチャ（EDA）

『Scalability for Startup Engineers』（Artur Ejsmont 著／McGraw Hill ／2015）の中で、Artur Ejsmontは「イベント駆動アーキテクチャ（EDA）は、異なるコンポーネント間のほとんどの相互作用が、作業を要求するのではなく、すでに発生したイベントを発表することで実現されるアーキテクチャスタイルです」（p295）と述べています。

EDAは、非同期かつノンブロッキングです。リクエストは処理される必要がなく、それには相当の時間がかかり、高レイテンシをもたらす可能性があります。むしろ、イベントを発

行するだけです。イベントが正常に発行されれば、サーバは成功レスポンスを返します。イベントは、その後処理されます。必要であれば、サーバはその後リクエスト元にレスポンスを送信できます。EDAは、疎結合、スケーラビリティ、応答性（低レイテンシ）を促進します。

　EDAの代替案は、サービスが別のサービスに直接リクエストを行うことです。この場合、リクエストがブロッキングであるか非ブロッキングであるかにかかわらず、いずれかのサービスが利用不可能になったり低パフォーマンスになったりすることは、システム全体が利用不可能になることを意味します。このリクエストは各サービスのスレッドも消費するため、リクエストの処理に時間がかかる間、利用可能なスレッドが1つ少なくなります。この影響は、リクエストの処理に長時間かかる場合やトラフィックスパイク中に起きた場合に、特に顕著です。トラフィックスパイクはサービスを圧倒し、504タイムアウトを引き起こす可能性があります。これによって、リクエスト元も影響を受けます。各リクエスト元はリクエストが完了するまでスレッドを維持し続ける必要があるため、リクエスト元のデバイスはほかの作業のためのリソースがその分少なくなってしまいます。

　このような場合、トラフィックスパイクによる障害を防ぐために、複雑な自動スケーリングソリューションを利用するか、大規模なホストクラスタを維持する必要があり、より多くの費用がかかります（別の解決方法としてレート制限があるが、これについては「第8章　レートリミットサービスの設計」で議論する）。

　こうした代替案は、より高額・複雑で、エラーが発生しやすく、スケーラビリティが低くなります。しかも、そうした代替案が提供するような強力な整合性と低レイテンシは、実際にはユーザーにとって必要ではない可能性もあります。

　リソース消費の少ないアプローチは、イベントをイベントログに書き込むことです。パブリッシャーサービスは、サブスクライバーサービスがイベントの処理を完了するのを待つために継続的にスレッドを消費する必要はありません。

　現実的な状況では、EDAの非ブロッキング哲学を完全には守らないことを選択する場合があります。例えば、サーバはリクエストに必要な全てのフィールドと有効な値が含まれていることを検証する場合があります。文字列フィールドは、空文字やnullではない必要があるかもしれません。また、数値が最小長と最大長を持つ場合もあります。無効なデータを永続化してリソースと時間を浪費して、その後からエラーを見つけるよりも、無効なリクエストをすぐに失敗させる選択をすることがあります。イベントソーシングと変更データキャプチャ（CDC）は、EDAの例です。

5.2　イベントソーシング

　イベントソーシングは、データやその変更をイベントとして専用の追加型ログに保存するパターンです。Davis（『Cloud Native Patterns』）によると、イベントソーシングの考え方は、イベントログが信頼できる情報源であり、ほかの全てのデータベースはイベントログの投影

にすぎないということです。どの書き込みも、最初にイベントログに対して行われる必要があります。この書き込みが成功した後、1つ以上のイベントハンドラがこの新しいイベントを消費し、ほかのデータベースに書き込みます。

イベントソーシングは特定のデータソースに縛られません。ユーザーインタラクション、外部システム、内部システムなど、さまざまなソースからイベントをキャプチャできます。図5.1を見てください。イベントソーシングは、エンティティの細粒度の状態変更イベントをイベントのシーケンスとして公開し、永続化することで成り立っています。これらのイベントはログに保存され、サブスクライバーはログのイベントを処理してエンティティの現在の状態を決定します。つまり、発行者サービスはイベントログを介して非同期にサブスクライバーサービスと通信していることになります。

⬆ **図 5.1**　イベントソーシングでは、パブリッシャーがエンティティの状態変更を示すイベントのシーケンスをログに公開する。サブスクライバーはログイベントを順番に処理してエンティティの現在の状態を決定する

これは、さまざまな方法で実装できます。パブリッシャーはKafkaトピックなどのイベントストアや追加専用ログにイベントを公開したり、リレーショナルデータベース（SQL）に行を書き込んだり、MongoDBやCouchbaseなどのドキュメントデータベースにドキュメントを書き込んだり、低レイテンシのためにRedisやApache Igniteなどのインメモリデータベースに書き込むこともできるでしょう。

● 問題

サブスクライバーホストが、イベントの処理中にクラッシュした場合はどうなるでしょうか。また、サブスクライバーサービスは、そのイベントを再度処理する必要があることをどのように知ることができるでしょうか。

イベントソーシングは、システム内の全てのイベントの完全な監査証跡（オーディットトレイル）を提供し、デバッグや分析のためにイベントを再生することでシステムの過去の状態を追いかけられる情報を提供します。イベントソーシングは、新しいイベントタイプとハンドラを導入することで、既存のデータに影響を与えずにビジネスロジックを変更することも可能にします。

イベントソーシングは、イベントストア、リプレイ、バージョニング、スキーマの更新を管理する必要があるため、システム設計と開発をより複雑にし、ストレージ要件も増加します。ログが成長するにつれて、イベントのリプレイはより高コストで時間がかかるようになります。

5.3　変更データキャプチャ（CDC）

変更データキャプチャ（**CDC：Change Data Capture**）は、データベースの変更をリアルタイムで検知して変更ログイベントストリームにロギングし、このイベントストリームをAPIを通じて提供ほかのシステムと同期する技術です。

図5.2は、CDCを図示したものです。単一の変更、あるいは変更のグループを、1つのイベントとして変更ログイベントストリームに公開できます。このイベントストリームには複数のコンシューマーが登録されており、それぞれがサービス、アプリケーション、データベースのいずれかに対応しています。各コンシューマーはイベントを受け取り、ダウンストリームサービスに渡され、そこで処理されることになります。

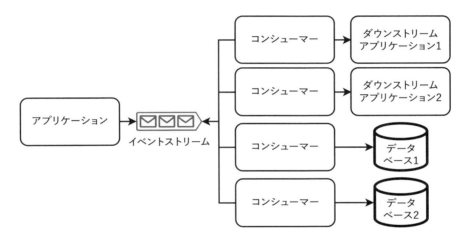

⬆図5.2　変更ログイベントストリームを使用してデータの変更を同期する図。コンシューマーのほかに、サーバレス関数を使用してダウンストリームアプリケーションやデータベースに変更を伝播することもできる

CDCは、イベントソーシングよりも整合性が高く、レイテンシが低くなります。各リクエストは、ほぼリアルタイムで処理されます。イベントソーシングにおいて、リクエストがサブスクライバーに処理されるまで、しばらくログに残る可能性があるのとは異なります。

トランザクションログテーリングパターン（『Microservices Patterns: With Examples in Java』（Chris Richardson著／Manning Publications／2019））は、プロセスがデータベースに書き込み、Kafkaにプロデュースする必要がある場合に、不整合を防ぐことができる別のシステム設計パターンです。このパターンでは、2つの書き込みのうちの1つが失敗すると、不整合が発生する可能性があります。

図5.3はトランザクションログテーリングパターンを図示したものです。トランザクションログテーリングでは、トランザクションログマイナーと呼ばれるプロセスがデータベースのトランザクションログを追跡し、各更新をイベントとして生成します。

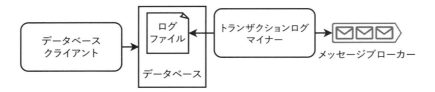

図 5.3 トランザクションログテーリングパターンの図。サービスがデータベースに書き込みクエリを行い、データベースはこのクエリをログファイルに記録する。トランザクションログマイナーがログファイルを追跡し、このクエリをピックアップして、メッセージブローカーにイベントを生成する

　CDC プラットフォームには、Debezium (https://debezium.io/)、Databus (https://github.com/linkedin/databus)、DynamoDB Streams (https://docs.aws.amazon.com/amazondynamodb/latest/developerguide/Streams.html)、Eventuate CDC Service (https://github.com/eventuate-foundation/eventuate-cdc) などがあります。これらは、トランザクションログマイナーとして使用できます。

　トランザクションログマイナーは、重複イベントを生成する可能性があります。重複イベントを処理する1つの方法は、メッセージブローカーとして、厳密に一度だけ配信を行うメカニズムを使用することです。もう1つの方法は、処理するイベントを冪等にすることです。

5.4　イベントソーシングとCDCの比較

　イベント駆動アーキテクチャ（EDA：Event Driven Architecture）、イベントソーシング、CDCは、分散システムでデータの変更を関心のある消費者やダウンストリームサービスに伝播するために使用される関連概念です。これらは非同期通信パターンを使用してサービスを分離し、データ変更を伝達します。一部のシステム設計では、イベントソーシングとCDCを一緒に使用することもあります。例えば、サービス内でイベントソーシングを使用してデータ変更をイベントとして記録し、CDCを使用してそれらのイベントを別のサービスに伝播できます。これらは、目的、粒度、信頼できる情報源の点で異なります。これらの違いを表5.1に示します。

	イベントソーシング	変更データキャプチャ（CDC）
目的	イベントを信頼できる情報源として記録する	ソースサービスからダウンストリームサービスにイベントを伝播することでデータ変更を同期する
信頼できる情報源	ログ、またはログに公開されたイベントが信頼できる情報源である	パブリッシャサービスのデータベース。公開されたイベントは信頼できる情報源ではない
粒度	特定のアクションや状態変更を表す粒度の細かいイベント	新規、更新、削除された行やドキュメントなどの個別のデータベースレベルの変更

表 5.1　イベントソーシングと変更データキャプチャ（CDC）の違い

5.5 トランザクションスーパーバイザー

トランザクションスーパーバイザーは、トランザクションが正常に完了するか、または補償されることを確保するプロセスです。これは、定期的なバッチジョブまたはサーバレス関数として実装できます。図5.4はトランザクションスーパーバイザーの例です。

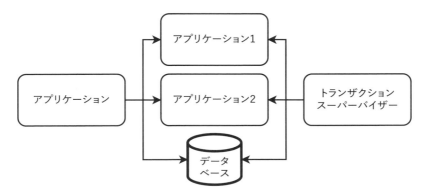

⬆ **図 5.4** トランザクションスーパーバイザーの例。アプリケーションは複数のダウンストリームアプリケーションやデータベースに書き込む可能性がある。トランザクションスーパーバイザーは、書き込みが失敗した場合に備えて、定期的にさまざまな送信先と同期を行う

トランザクションスーパーバイザーは、不整合の手動でのレビューと、補償トランザクションの手動実行のためのインターフェイスとして、まずは実装されるべきです。補償トランザクションの自動化は一般的にいってリスクが高く、慎重にアプローチする必要があるからです。補償トランザクションを自動化する前に、まず広範囲にわたるテストが必要です。また、ほかにも分散トランザクションメカニズムがないことも確認しておく必要があります。それ以外にも、分散トランザクションメカニズムがあった場合、それらが互いに干渉し、データ損失やデバッグが困難な状況につながる可能性があります。

補償トランザクションは、手動で実行されたか自動で実行されたかにかかわらず、常にログに記録しておく必要があります。

5.6 Saga

Sagaは、一連のトランザクションとして記述できる長期間生存するトランザクションのことを意味します。Sagaパターンは、長時間実行される分散トランザクションを複数の小さなステップに分割し、失敗時に補償処理を行う設計パターンです。全てのトランザクションが正常に完了するか、または実行されたトランザクションをロールバックするための補償トランザクションが実行されます。Sagaは失敗を管理するためのパターンであり、Saga自体は状態を持ちません。

典型的なSagaの実装には、KafkaやRabbitMQなどのメッセージブローカーを介して通信するサービスが含まれます。本書におけるSagaに関する議論では、Kafkaを使用します。

Sagaの重要なユースケースは、特定のサービスが特定の要件を満たす場合のみに分散トランザクションを実行することです。例えば、ツアーパッケージの予約では、旅行サービスが航空券サービスに書き込みリクエストを行い、さらにホテルの部屋サービスに書き込みリクエストを行う可能性があります。利用可能なフライトまたはホテルの部屋がない場合、Saga全体をロールバックする必要があります。

航空券サービスとホテルの部屋サービスも、航空券サービスとホテルサービスとは別の支払いサービスに書き込む必要がある場合があります。これには次のような理由が考えられます。

- 支払いサービスは、航空券サービスがチケットが利用可能であることを確認し、ホテルの部屋サービスがその部屋で利用可能であることを確認できるまで、支払いを処理すべきではない。そうしないと、ツアーパッケージ全体が実施可能であるかを確認する前にユーザーからお金を集めてしまう可能性がある
- 航空券サービスとホテルの部屋サービスは別々の会社に属している可能性があり、ユーザーの個人的な支払い情報を彼らに渡すことはできない。その代わり、我々の会社がユーザーの支払いを処理し、それぞれの会社に支払いを行う必要がある

支払いサービスへのトランザクションが失敗した場合、Saga全体を補償トランザクションを使用して逆順にロールバックする必要があります。

コーディネーションを構造化する方法には、コレオグラフィ（並行）とオーケストレーション（線形）の2つがあります。本節の残りでは、コレオグラフィの例とオーケストレーションの例を1つずつ取り上げて議論し、その後、コレオグラフィとオーケストレーションを比較します。本書で取り上げる以外の例については、https://microservices.io/patterns/data/saga.htmlを参照してください。

5.6.1 コレオグラフィ

コレオグラフィでは、Sagaを開始するサービスは2つのKafkaトピックと通信します。分散トランザクションを開始するために1つのKafkaトピックにプロデュースし、最終的なロジックを実行するために別のKafkaトピックから消費します。SagaのほかのサービスはKafkaトピックを介して互いに直接通信します。

図5.5は、ツアーパッケージを予約するためのコレオグラフィSagaを示しています。本章では、Kafkaトピックを含む図はイベント消費をトピックから離れる方向に矢印の先端を向けて示しています。本書のほかの章では、イベント消費はトピックに向かって矢印の先端を

向けて示されています。この違いの理由は、ほかの章と同じ規則に従うと、本章の図が混乱する可能性があるためです。本章の図は、複数のサービスが特定の複数のトピックから消費し、ほかの複数のトピックにプロデュースすることを示しており、選択した方法で矢印の方向を表示するほうが明確です。

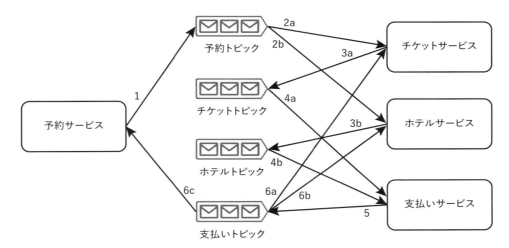

⬆ 図5.5　ツアーパッケージの航空券とホテルの部屋を予約するためのコレオグラフィSaga。番号が同じでアルファベットが異なるラベルは、並行して発生するステップを意味する

予約が成功した場合の手順は、次のようになります。

1. ユーザーが予約サービスに予約リクエストを行おうとしている。予約サービスは予約トピックに予約リクエストイベントをプロデュースする
2. チケットサービスとホテルサービスが、この予約リクエストイベントを消費する。両方のサービスがリクエストを満たすことができる、つまりチケットやホテルの予約が可能なことを確認する。両方のサービスは、予約IDと「AWAITING_PAYMENT（支払い待ち）」などの状態とともに、このイベントをそれぞれのデータベースに記録する場合がある
3. チケットサービスとホテルサービスは、それぞれチケットトピックとホテルトピックに支払いリクエストイベントをプロデュースする
4. 支払いサービスは、チケットトピックとホテルトピックから支払いリクエストイベントを消費する。これらの2つのイベントは異なる時間に、おそらく異なるホストによって消費されるため、支払いサービスはこれらのイベントの受信をデータベースに記録する必要がある。これによって、サービスのホストは必要な全てのイベントが受信されたことを確認できる。必要な全てのイベントが受信されると、支払いサービスは支払いを処理する

5. 支払いが成功した場合、支払いサービスは支払いトピックに支払い成功イベントをプロデュースする

6. チケットサービス、ホテルサービス、予約サービスが、このイベントを消費する。チケットサービスとホテルサービスはともに、この予約を確認する。この処理には、予約IDの状態をCONFIRMED（確約済み）に変更したり、必要に応じてほかの処理やビジネスロジックを実行したりすることが含まれる。予約サービスは、ユーザーに予約が確認されたことを通知するかもしれない

　ステップ1～4は補償可能なトランザクションであり、補償トランザクションによってロールバックできます。ステップ5は、ピボットトランザクションです。ピボットトランザクション以降のトランザクションは、成功するまで再試行できます。ステップ6のトランザクションは、再試行可能なトランザクションです。これは「5.3　変更データキャプチャ（CDC）」で議論したCDCの例です。予約サービスは、チケットサービスやホテルサービスからの応答を待つ必要はありません。

　外部会社が、私たちの会社のKafkaトピックをどのようにサブスクライブするかという質問が出るかもしれません。その答えは、「サブスクライブしない」です。セキュリティ上の理由から、私たちは外部から直接Kafkaサービスにアクセスすることを決して許可しません。この議論では、明確さのために詳細を単純化しています。チケットサービスとホテルサービスは、実際には私たちの会社に属しています。これらは、私たちのKafkaサービス／トピックと直接通信し、外部サービスにリクエストを行います。図5.5では、設計図を必要以上に複雑にしないように、これらの詳細を示していないのです。

　支払いサービスがチケットを予約できないというエラーで応答した場合（リクエストされたフライトが満席、あるいはフライトがキャンセルされるなどの理由による）、ステップ6で処理は異なるものとなります。予約を確認する代わりに、チケットサービスとホテルサービスは予約をキャンセルし、予約サービスはユーザーに適切なエラー応答を返す可能性があります。ホテルサービスや支払いサービスからのエラー応答による補償トランザクションは、説明した状況と似ているため、議論しません。

　コレオグラフィに関する注意点を次に示します。

- 双方向の線は存在しない。つまり、サービスが同じトピックに対してプロデュースとサブスクライブをすることはない
- 2つのサービスが同じトピックにプロデュースすることはない
- サービスは複数のトピックをサブスクライブできる。サービスがアクションを実行する前に複数のトピックから複数のイベントを受信する必要がある場合、特定のイベントを受信したことをデータベースに記録する必要がある。これによって、必要な全てのイベントが受信されたかどうかの判断は、データベースから読み取ることができる

- トピックとサービスの関係は1対多または多対1であり、多対多になることはない
- サイクルが存在する場合がある。図5.5のサイクルに注目してみよう（ホテルトピック > 支払いサービス > 支払いトピック > ホテルサービス > ホテルトピック）

図5.5では、複数のトピックとサービスが多くの線でつながれています。より多くのトピックとサービスを含むコレオグラフィは、複雑になりすぎ、エラーが発生しやすく、維持が困難になる可能性があります。

5.6.2　オーケストレーション

オーケストレーションでは、Sagaを開始するサービスがオーケストレーターです。オーケストレーターは、Kafkaトピックを介して各サービスと通信します。Sagaの各ステップで、オーケストレーターはこのステップを開始するためにトピックにプロデュースし、ステップの結果を受け取るために別のトピックから消費する必要があります。

オーケストレーターは、イベントに反応してコマンドを発行する有限状態機械です。オーケストレーターには、ステップの順序のみを含める必要があります。補償メカニズム以外の別のビジネスロジックを含めることはできません

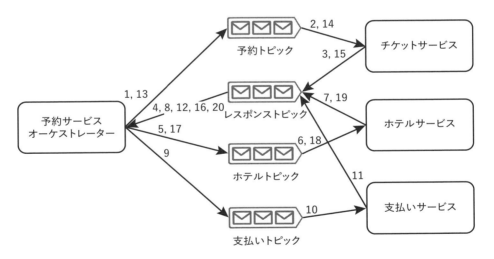

↑**図5.6**　ツアーパッケージの航空券とホテルの部屋を予約するためのオーケストレーションSaga

図5.6はツアーパッケージを予約するためのオーケストレーションSagaを示しています。予約が成功した場合の手順は、次のようになります。

1. オーケストレーターが、予約トピックにチケットリクエストイベントをプロデュースする
2. チケットサービスが、このチケットリクエストイベントを消費し、予約IDのために「AWAITING_PAYMENT」状態で航空券を予約する
3. チケットサービスが、レスポンストピックに「チケット支払い待ち」イベントをプロデュースする
4. オーケストレーターが、「チケット支払い待ち」イベントを消費する
5. オーケストレーターが、ホテルトピックにホテル予約リクエストイベントをプロデュースする
6. ホテルサービスが、ホテル予約リクエストイベントを消費し、予約IDのために「AWAITING_PAYMENT」状態でホテルの部屋を予約する
7. ホテルサービスが、レスポンストピックに「部屋支払い待ち」イベントをプロデュースする
8. オーケストレーターが、「部屋支払い待ち」イベントを消費する
9. オーケストレーターが、支払いトピックに支払いリクエストイベントをプロデュースする
10. 支払いサービスが、支払いリクエストイベントを消費する
11. 支払いサービスが、支払いを処理し、その後レスポンストピックに支払い確認イベントをプロデュースする
12. オーケストレーターが、支払い確認イベントを消費する
13. オーケストレーターが、予約トピックに支払い確認イベントをプロデュースする
14. チケットサービスが、支払い確認イベントを消費し、その予約に対応する状態を「CONFIRMED」に変更する
15. チケットサービスが、レスポンストピックにチケット確認イベントをプロデュースする
16. オーケストレーターが、レスポンストピックからこのチケット確認イベントを消費する
17. オーケストレーターが、ホテルトピックに支払い確認イベントをプロデュースする
18. ホテルサービスが、この支払い確認イベントを消費し、その予約に対応する状態を「CONFIRMED」に変更する
19. ホテルサービスが、レスポンストピックにホテルの部屋確認イベントをプロデュースする
20. 予約サービスオーケストレーターが、ホテルの部屋確認イベントを消費する。その後、ユーザーに成功レスポンスを送信したり、予約サービス内の別のロジックを実行したりするなど、次のステップを実行できる

　この図を見ると、ステップ18とステップ19は必要ないと思うかもしれません。ステップ18は、成功するまで再試行できるため、失敗することがありません。そして、ステップ18と20は並行して行えます。しかし、アプローチに一貫性を持たせるため、線形に実行します。

ステップ1から13は、補償可能なトランザクションです。ステップ14はピボットトランザクションで、ステップ15以降は再試行可能なトランザクションです。

3つのサービスのいずれかが予約トピックにエラーレスポンスをプロデュースした場合、オーケストレーターはさまざまなサービスに補償トランザクションを実行するためのイベントをプロデュースすることになります。

5.6.3 比較

表5.1は、コレオグラフィとオーケストレーションの比較です。コレオグラフィは各サービスが独立して動作する分散型アプローチで、オーケストレーションは中央集権的な制御方式です。特定のシステム設計でどちらのアプローチを使用するかを評価するために、それらの違いとトレードオフを理解する必要があります。最終的な決定は各部分においては恣意的かもしれませんが、違いを理解することで、一方のアプローチを選択することで何をトレードオフしているかも理解できます。

コレオグラフィ	オーケストレーション
サービスへのリクエストは並行して行われる。これは、オブザーバーオブジェクト指向設計パターンである	サービスへのリクエストは線形に行われる。これは、コントローラーオブジェクト指向設計パターンである
Sagaを開始するサービスは、2つのKafkaトピックと通信する。分散トランザクションを開始するために1つのKafkaトピックにプロデュースし、最終的なロジックを実行するために別のKafkaトピックから消費する	オーケストレーターは、Kafkaトピックを介して各サービスと通信する。Sagaの各ステップで、オーケストレーターはこのステップを開始するためにトピックにプロデュースし、ステップの結果を受け取るために別のトピックから消費する必要がある
Sagaを開始するサービスは、Sagaの最初のトピックにプロデュースし、Sagaの最後のトピックから消費するコードのみで構成される。開発者はサガに関与する全てのサービスのコードを読む必要があり、そのステップを理解しなければならない	オーケストレーターは、Sagaのステップに対応するKafkaトピックをプロデュースおよび消費するコードで構成されるため、オーケストレーターのコードを読むだけで、分散トランザクションのサービスとステップを理解でききる
サービスは、複数のKafkaトピックをサブスクライブしなければならない場合がある。これは、複数のサービスから特定の別のイベントを消費した場合のみに特定のイベントをプロデュースする必要があるためである。つまり、すでに消費したイベントをデータベースに記録しておく必要がある	オーケストレーター以外の各サービスは、別のKafkaトピックを1つ（別のサービスから）のみをサブスクライブする。その結果、さまざまなサービス間の関係は理解しやすくなる。コレオグラフィとは異なり、サービスが特定のイベントをプロデュースする前に、別々のサービスから複数のイベントを消費する必要がないため、データベースへの書き込み回数を減らせる可能性がある
リソース消費が少なく、やり取りが少なく、ネットワークトラフィックが少ないため、全体的なレイテンシが低くなる	全てのステップがオーケストレーターを通過する必要があるため、イベント数はコレオグラフィの2倍になる。全体的な効果として、オーケストレーションはよりリソース消費が多く、やり取りが多く、ネットワークトラフィックが多くなる。そのため、全体的なレイテンシが高くなってしまう

並行リクエストにより、レイテンシも減少する	リクエストが線形で実行されるため、レイテンシが増大する可能性がある
サービスのソフトウェア開発ライフサイクルの独立性が低くなる。開発者はいずれかのサービスを変更するために、全てのサービスを理解する必要がある	サービスの独立性が高くなる。サービスの変更はオーケストレーターのみに影響し、ほかのサービスには影響しない
オーケストレーションのような単一障害点が存在しない（つまり、Kafkaサービス以外のサービスは高可用性である必要がない）	オーケストレーションサービスが失敗すると、Saga全体が実行できなくなる（つまり、オーケストレーターとKafkaサービスは高可用性である必要がある）
補償トランザクションは、Sagaに関与する多様なサービスによってトリガーされる	補償トランザクションは、オーケストレーターによってトリガーされる

⬆ **表5.2** コレオグラフィSaga vs オーケストレーションSaga

5.7　その他のトランザクションタイプ

　次に示すコンセンサスアルゴリズム[訳注1]は、通常、分散データベースにおける多数のノードのコンセンサスを達成するのに役立ちます。本書では、これらについて詳しく議論しません。詳細については、『Designing Data-Intensive Applications』を参照してください。

- クォーラム書き込み
- PaxosおよびEPaxos
- Raft
- Zab（ZooKeeper atomic broadcast protocol）：Apache ZooKeeperで使用されている

5.8　さらなる参考文献

- 『Designing Data-Intensive Applications: The Big Ideas Behind Reliable, Scalable, and Maintainable Systems』（Martin Kleppmann著／O'Reilly Media／2017）
- 『Cloud Native: Using Containers, Functions, and Data to Build Next-Generation Applications』（Boris Scholl、Trent Swanson、Peter Jausovec著／O'Reilly Media／2019）
- 『Cloud Native Patterns』（Cornelia Davis著／Manning Publications／2019）

訳注1　分散システムにおいて、複数ノードが一致した決定を下すためのプロトコル（例：Paxos、Raft）。

- 『Microservices Patterns: With Examples in Java』（Chris Richardson 著／ Manning Publications ／ 2019）
  3.3.7で、トランザクションログテーリングパターンについて議論している。第4章では、Sagaに関する詳細が書かれている。

まとめ

- 分散トランザクションは、複数のサービスに同じデータを書き込み、最終的な整合性またはコンセンサスを達成する
- イベントソーシングでは、書き込みイベントがログに保存され、これが信頼できる情報源となり、イベントを再生してシステムの状態を再構築できる監査証跡となる
- 変更データキャプチャ（CDC）では、イベントストリームに複数の消費者が存在し、それぞれがダウンストリームサービスに対応している
- Sagaは、全てが正常に完了するか、全てがロールバックされる一連のトランザクションである
- Sagaを調整する方法として、コレオグラフィ（並行）とオーケストレーション（線形）という2つの方法がある

Chapter

機能的分割のための
共通サービス

本章の内容

- APIゲートウェイやサービスメッシュ／サイドカーによるクロスカッティングコンサーンの集中化
- メタデータサービスによるネットワークトラフィックの最小化
- 要件を満たすためのWebおよびモバイルフレームワークの検討
- ライブラリとサービスとしての機能の実装
- REST、RPC、GraphQLの間での適切なAPIパラダイムの選択

　本書の前半で、機能的分割をスケーラビリティのための技術として議論しました。これは、バックエンドから特定の機能を分割し、専用のクラスタ上で実行するというものです。本章では、まずAPIゲートウェイについて説明し、続いて最近の革新的技術であるサイドカーパターン（サービスメッシュとも呼ばれる）[訳注1]について説明します。次に、共通データの集中化をメタデータサービス[訳注2]として議論します。これらのサービスに共通するテーマは、バックエンドサービスは共通する機能を備えていることが多く、それらの共通機能をサービスから分割して共有サービスとして分離することで、独立した管理が可能になるというものです。

訳注1　各サービスの機能を分離し、プロキシ（サイドカー）として動作させるアーキテクチャ手法。なお、サービスメッシュはサイドカー方式を用いたアーキテクチャであり、サイドカーパターンそのものがサービスメッシュと呼ばれるわけではない。
訳注2　システム内で共通して使用されるデータを管理し、IDベースで効率的なアクセスを可能にするサービス。

> **メモ**
> Istioという人気のあるサービスメッシュ実装の最初の正式版リリースは、2018年のことでした。

最後に、システム設計のさまざまなコンポーネントを開発するために利用可能なフレームワークについて議論します。

6.1 サービスのさまざまな共通機能

各種サービスには多くの非機能要件があるため、機能要件が異なる複数のサービスが同じ非機能要件を共有している可能性は高いでしょう。例えば、売上税を計算するサービスとホテルの部屋の空室状況をチェックするサービスでは、パフォーマンス向上のためにキャッシュを利用することや、登録ユーザーからのリクエストのみを受け付けるための認証は、どちらのサービスにも必要な機能でしょう。

エンジニアがこれらの機能を各サービスで個別に実装すると、作業やコードの重複が発生してしまいます。その結果として、貴重なエンジニアリングリソースが重複した別のシステムに分散されてしまうため、それぞれの機能において、不具合や非効率が発生する可能性が高くなってしまいます。

これを解決する方法の1つは、このコードをライブラリとして切り分け、多くのサービスで使用できるようにすることです。しかし、この解決策には欠点があります。その欠点については「6.7 一般的なAPIパラダイム」で詳しく見ていきますが、ライブラリの更新タイミングはそれを利用するサービスの開発者によって制御されるため、新しいバージョンでバグやセキュリティの問題が修正されても、サービスによっては依然として問題を抱えている古いバージョンが利用され続ける可能性があります。また、サービスを実行する各ホストがそれぞれライブラリを実行するため、そうした機能を独立してスケールさせることができません。

このような問題を解決するには、これらのクロスカッティングコンサーン（横断的関心事）をAPIゲートウェイを用いて集中化することです。APIゲートウェイは、複数のデータセンターに配置されたステートレスマシンで構成される軽量のWebサービスを意味しています。これを使うことで、組織の多くのサービスに共通の機能を提供し、異なるプログラミング言語で書かれていても、さまざまなサービス間でクロスカッティングコンサーンを集中化できます。APIゲートウェイは、多くの責務があるにもかかわらず、できるだけシンプルに保つべきサービスです。クラウドで提供されているAPIゲートウェイの例として、Amazon API Gateway（https://aws.amazon.com/api-gateway/）とKong（https://konghq.com/kong）が挙げられます。

APIゲートウェイの機能には次のようなものがあり、カテゴリにグループ化できます。

6.1.1 セキュリティ

APIゲートウェイにより、サービスのデータへの不正アクセスを防ぐことができます。

- 認証

  リクエストが、どのユーザーからのものであることを確認する。

- 認可

  ユーザーがこのリクエストを行う権限があることを確認する。

- SSL終端

  SSL終端は、通常、APIゲートウェイ自体ではなく、同じホスト上のプロセスとして実行される別のHTTPプロキシによって処理される。ロードバランサーでのSSL終端は高コストであるため、APIゲートウェイで処理されるのが一般的である。「SSL終端」という用語が一般的に使用されているが、実際にはSSLの後継であるTLSがプロトコルとして利用される。

- サーバサイドデータ暗号化

  バックエンドホストやデータベースにデータを安全に保存する必要がある場合、APIゲートウェイは保存前にデータを暗号化し、リクエスト元にデータを送信する前に復号を行う。

6.1.2 エラーチェック

エラーチェックは、無効なリクエスト、あるいは重複したリクエストがサービスホストに到達するのを防ぎ、有効なリクエストのみを処理できるようにします。

- リクエスト検証

  例えば、POSTリクエストのボディが有効なJSONであることを確認するなど、リクエストが適切にフォーマットされていることを確認する検証ステップを導入できる。リクエストに必要な全てのパラメータが存在し、その値が全ての制約を守っていることも確認可能である。これらの要件は、APIゲートウェイ上のサービスで設定できる。

- リクエストの重複排除

  成功ステータスのレスポンスがリクエスト元／クライアントに到達しなかった場合、リクエスト元／クライアントが同じリクエストを再試行する可能性がある。これは重複したリクエストとなってしまう。処理済みのリクエストIDを保存し、重複を避けるために、通常、キャッシュが使われる。サービスが、冪等、ステートレス、「少なくとも1回」という条件のレスポンスであれば、重複したリクエストを適切に処理でき、リクエストの重複による問題は発生しない。しかし、サービスが「厳密に1回」または「最大1回」のリクエストを期待する場合、リクエストの重複は問題を引き起こす可能性がある。

6.1.3 パフォーマンスと可用性

APIゲートウェイは、キャッシュ、レート制限、リクエストディスパッチを提供することで、サービスのパフォーマンスと可用性の向上が可能です。

- キャッシング
  APIゲートウェイは、データベースやほかのサービスへの一般的なリクエストをキャッシュできる。次のような例が考えられる。
  - サービスアーキテクチャにおいて、APIゲートウェイはメタデータサービス（「6.3 メタデータサービス」参照）にリクエストを行う場合がある。このとき、最も頻繁に使用されるエンティティに関する情報をキャッシュできる。
  - ID情報を使用してキャッシュを行うことで、認証および認可サービスへの呼び出し回数を減らすことができる。
- レート制限（スロットリングとも呼ばれる）
  リクエストによってサービスに過剰な負荷がかかるのを防ぐ。レート制限サービスの例については、「第8章　レートリミットサービスの設計」で別途解説する。
- リクエストディスパッチ
  APIゲートウェイは、ほかのサービスへのリモート呼び出しを行う。さまざまなサービスに対するHTTPクライアントを作成し、これらのサービスへのリクエストが適切に分離されていることを確認できる。あるサービスで遅延が発生しても、ほかのサービスへのリクエストは影響を受けない。バルクヘッドやサーキットブレーカーなどの一般的なパターンは、リソースの分離を実装し、リモート呼び出しが失敗した場合にサービスをより回復力のあるものにするのに役立つ。

6.1.4 ロギングと分析

APIゲートウェイによって提供される一般的な機能としてもう1つ挙げられるのは、リクエストのロギングまたは利用データの収集です。これにより、分析、監査、請求、デバッグなど、さまざまな目的でリアルタイムの情報を収集できます。

6.2 サービスメッシュ／サイドカーパターン

「1.4.6　CI/CDとInfrastructure as Code（IaC）」では、APIゲートウェイの欠点に対処するためにサービスメッシュを利用する方法について簡単に説明しました。ここで、その内容をもう一度振り返りましょう。

- 各リクエストを追加のサービスを経由してルーティングする必要があるため、レイテンシが増加する
- 大規模なホストクラスタが必要となり、コストを抑えるためにスケーリングが必要となる

図6.1は、図1.8の再掲で、サービスメッシュを図示したものです。このデザインのちょっとした欠点は、サービスのホストでサイドカーが動作しなくなると、サービス自体が稼働していても利用できなくなることです。これは、単一のホスト上で複数のサービスやコンテナを実行しない一般的な理由でもあります。

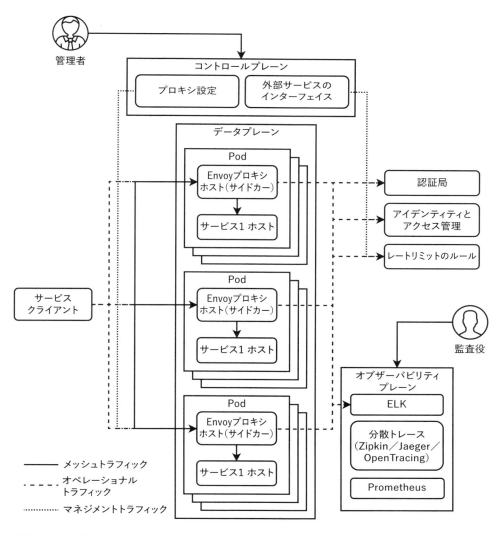

図6.1 サービスメッシュの図（図1.8の再掲）

Istioのドキュメントによると、サービスメッシュはコントロールプレーンとデータプレーンで構成されています（https://istio.io/latest/docs/ops/deployment/architecture/）。また、Nginxのプロダクトマーケティング責任者であるJenn Gileは、可観測性プレーンについても説明しています（https://www.f5.com/ja_jp/company/blog/nginx/how-to-choose-a-service-mesh^{訳注3}）。図6.1には、これらの3種類のプレーンが全て含まれています。

管理者はコントロールプレーンを使用してプロキシを管理し、外部サービスとやり取りできます。例えば、コントロールプレーンは証明書を取得するために認証局に接続したり、特定の設定を管理するためにIDおよびアクセス制御サービスに接続したりします。また、証明書IDやID、アクセス制御サービスの設定をプロキシホストにプッシュすることもできます。Envoy（https://www.envoyproxy.io/）とプロキシホスト間でサービス間およびサービス内リクエストが発生しますが、これをメッシュトラフィックと呼びます。サイドカープロキシのサービス間通信には、HTTPやgRPCなど、さまざまなプロトコルを使用できます（https://learn.microsoft.com/en-us/dotnet/architecture/cloud-native/service-mesh-communication-infrastructure）。可観測性プレーンは、ロギング、モニタリング、アラート、監査を提供します。

サービスメッシュで管理できる共通の共有サービスの別の例として、レート制限が挙げられます。これについては、「第8章　レートリミットサービスのデザイン」で詳しく説明します。AWS App Mesh（https://aws.amazon.com/app-mesh）は、クラウドで提供されるサービスメッシュです。

メモ

サイドカーレスサービスメッシュについては、「1.4.6　CI/CDとInfrastructure as Code（IaC）」を参照してください。

6.3　メタデータサービス

メタデータサービスは、システム内の複数のコンポーネントで使用される情報を保存します。コンポーネント間でメタデータサービスに格納されている情報を受け渡しする際に、全ての情報をやり取りするのではなく、IDのみの運用が可能になります。IDを受け取ったコンポーネントは、そのIDに対応する情報をメタデータサービスにリクエストすることができるからです。この手法は、SQLの正規化と同様に、システム内の重複情報を少なくすることができるため、整合性が向上します。

訳注3　原文のリンクはリンク切れになっているが、日本語訳は2024年9月現在、まだアクセスが可能。

ETLパイプラインを例に取って、メタデータサービスの利用方法を見てみましょう。ユーザーがサインアップした特定のプロダクトのウェルカムメールを送信するETLパイプラインがあったとします。メールメッセージは、プロダクトによって異なる多くの文章や画像を含む数MBのHTMLファイルかもしれません。図6.2のように、プロデューサーがパイプラインキューにメッセージを生成する際、HTMLファイル全体をメッセージに格納するのではなく、ファイルのIDのみを格納できます。そして、ファイル本体はメタデータサービスに保存されます。また、コンシューマーがメッセージを消費する際、そのIDに対応するHTMLファイルをメタデータサービスにリクエストします。このアプローチによって、キューに大量の重複データが含まれるのを回避できます。

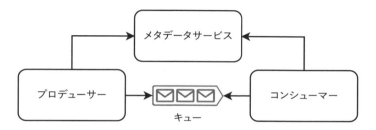

⬆図6.2　メタデータサービスを使用してキュー内の個々のメッセージのサイズを削減できる。大きなオブジェクトはメタデータサービスに配置し、個々のメッセージにはIDのみを格納する

　メタデータサービスを使用することによって発生するトレードオフとして、設計が複雑化することが挙げられ、全体的なレイテンシが増えてしまうことです。この設計では、プロデューサーはメタデータサービスとキューの両方にデータを書き込む必要が出てきてしまうからです。ただし、設計によっては、メタデータサービスへの入力をこれより前のステップで行うことができる場合もあり、そうであればプロデューサーはメタデータサービスに書き込む必要がありません。

　プロデューサークラスタにトラフィックスパイクが発生すると、メタデータサービスに大量の読み取りリクエストが発生する可能性があります。したがって、メタデータサービスは大量の読み取りアクセスをサポートできるようにしておく必要があります。

　まとめると、メタデータサービスは、IDでメタデータを取得するサービスということになります。第2部の具体的な事例での議論の中で、メタデータサービスを多く利用することになります。

　図6.3は、APIゲートウェイとメタデータサービスを導入することによって必要となるアーキテクチャの変更を例示したものです。クライアントはバックエンドに直接リクエストを行うのではなく、APIゲートウェイにリクエストを行います。APIゲートウェイはいくつかの処理を実行し、メタデータサービスやバックエンドのいずれか、または両方にリクエストを送信する場合があります。

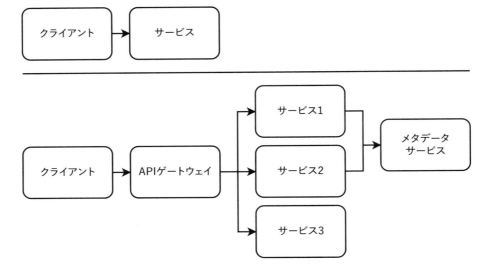

🔼 図6.3 サービスの機能的分割の設計（上のフロー図）から、APIゲートウェイとメタデータサービスを分離する（下のフロー図）。分割を行う前は、クライアントが直接サービスにクエリを行っている。分割後は、クライアントがAPIゲートウェイにクエリを行い、APIゲートウェイがいくつかの処理を実行し、リクエストをいずれかのサービスにルーティングするようになる。ルーティング先のサービスは次に、IDに基づいてデータを取得するために、メタデータサービスにクエリを行う場合がある

6.4 サービスディスカバリ

　サービスディスカバリは、複数のサービスを管理する文脈で、面接中に軽く言及される可能性のあるマイクロサービスの概念です。サービスディスカバリはバックグラウンドで行われ、ほとんどのエンジニアはその詳細を理解する必要はありません。理解する必要があるのは、各内部APIサービスには、アクセスするためのポート番号が割り当てられているのが一般的であるということです。外部APIサービスとほとんどのUIサービスには、アクセスするためのURLが割り当てられています。サービスディスカバリについては、インフラストラクチャを開発するチームの面接を受けた際に言及される可能性があります。ほかの職種のエンジニアに対しては、サービスディスカバリの詳細が議論される可能性は低いでしょう。これは、その職種をこなせるかどうかの確認事項に、このトピックがあまり関連しないためです。

　非常に簡単にいえば、サービスディスカバリは、クライアントが利用可能なサービスホストを識別する手法です。サービスレジストリは、利用可能なサービスのホストを追跡するデータベースです。KubernetesやAWSのサービスレジストリの詳細については、https://docs.aws.amazon.com/whitepapers/latest/microservices-on-aws/microservices-on-aws.htmlを参照してください。クライアントサイドディスカバリとサーバサイドディスカバリの詳細については、https://microservices.io/patterns/client-side-discovery.htmlとhttps://microservices.io/patterns/server-side-discovery.html が参考になるでしょう。

6.5 機能的分割とさまざまなフレームワーク

システム設計図のさまざまなコンポーネントを開発するために使用できるフレームワークは無数にありますが、本節でそのいくつかについて議論します。新しいフレームワークが次々に開発され、さまざまなフレームワークが業界で注目を浴びたり、廃れたりします。膨大でさまざまなフレームワークが存在することは、初心者にとって混乱の元となります。さらに、フレームワークによっては複数のコンポーネントに使用できるものもあり、それによって全体像がさらに混乱する可能性があります。本節は、次のようなさまざまなフレームワークについて、広く議論していきます。

- Web
- モバイル (AndroidとiOSを含む)
- バックエンド
- PC

言語とフレームワークの世界は、本節でカバーできるよりもはるかに広く、それらの全てを議論することはできず、いくつかのフレームワークと言語についての認識を提供することしかできません。しかし、本節を最後まで読めば、さまざまなフレームワークのドキュメントを簡単に読みこなし、その目的とどのようなシステム設計に適合できるかを理解できるようになるはずです。

6.5.1 アプリの基本的なシステム設計

図1.1（008ページ）では、アプリケーションの基本的なシステム設計を紹介しました。今日では、バックエンドサービスにリクエストを行うモバイルアプリを開発する会社のほとんど全てが、AppleのApp StoreにiOSアプリケーションを、Google PlayのアプリストアにAndroidアプリケーションを公開しているはずです。また、モバイルアプリケーションと同じ機能を持つブラウザアプリケーション、あるいはユーザーにモバイルアプリケーションをダウンロードするようにお勧めする単純なランディングページを公開する場合もあるでしょう。それ以外にも、多くの異なるケースが考えられます。例えば、会社はPC向けのアプリケーションも開発するかもしれません。しかし、可能な全ての組み合わせを説明しようとすることは生産的ではないので、ここでは割愛します。

図1.1に関連して、例えば次のような質問について議論することから始め、その後、さまざまなフレームワークとそれらの言語に議論を広げていきましょう。

- バックエンドやブラウザーアプリケーションとは別に、なぜWebサーバアプリケーションがあるのか
- ブラウザアプリケーションは、AndroidとiOSアプリと共有されているバックエンドに直接リクエストを行うのではなく、中間に別のNode.jsアプリケーションが存在して、それを介してバックエンドにリクエストを行うのはなぜか

6.5.2 Webサーバアプリケーションの目的

Webサーバアプリの目的は、例えば次のようなものが挙げられるでしょう。

- Webブラウザを使用して誰かがURL（例：https://google.com/）にアクセスすると、ブラウザはNode.jsアプリからブラウザアプリケーションをダウンロードする。「1.4.1 始まり：アプリケーションの小規模な初期デプロイメント」で述べたように、ブラウザアプリケーションは可能な限り小さくして、迅速にダウンロードできるようにする必要がある
- ブラウザが特定のURLリクエスト（例：https://google.com/about のような特定のパスを持つリクエスト）を行うと、Node.jsがURLのルーティングを処理し、対応するページを提供する
- URLには、特定のバックエンドリクエストを必要とする特定のパスやクエリパラメータが含まれている場合がある。Node.jsアプリはURLを処理し、適切なバックエンドリクエストを行う
- フォームの入力と送信やボタンのクリックなど、ブラウザアプリケーション上の特定のユーザーアクションは、バックエンドリクエストを必要とする場合がある。1つのアクションが複数のバックエンドリクエストを必要とする場合もあるため、Node.jsアプリケーションはブラウザアプリケーション向けに独自のAPIを公開する。図6.4のように、各ユーザーアクションに対して、ブラウザアプリはNode.jsアプリケーション／サーバにAPIリクエストを行い、それが1つ以上の適切なバックエンドリクエストを行い、それらのレスポンスを用いてリクエストされたデータを返す

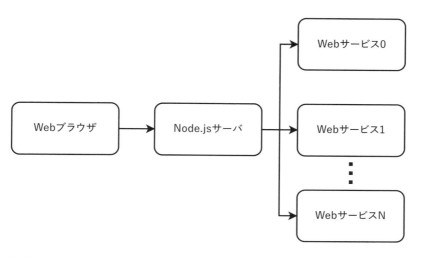

▲**図6.4** Node.jsサーバは、1つまたは複数のWebサービスに適切なリクエストを行い、それらのレスポンスを集約・処理し、適切なレスポンスをブラウザに返すことで、ブラウザからのリクエストに対応する

　なぜ、Webブラウザはバックエンドに直接リクエストを行わないのでしょうか。1つ目の理由は、バックエンドがRESTアプリケーションだった場合、そのAPIエンドポイントがブラウザが求める必要十分なデータを返してくれないかもしれないことです。その場合、ブラウザは複数のAPIリクエストを行い、必要以上のデータを取得しなければならなくなってしまいます。このデータ転送は、ユーザーのデバイスとデータセンター間でインターネットを介して行われるため、効率的ではありません。その代わりに、Node.jsアプリケーションがこれらの大規模なリクエストを行うほうが効率的です。なぜなら、データ転送は同じデータセンター内の隣接するホスト間で行われる可能性が高いからです。Node.jsアプリケーションは、ブラウザが求める必要十分なデータを返すことができます。

　GraphQLアプリでは、ユーザーにとって必要十分はデータだけをリクエストできますが、GraphQLエンドポイントのセキュリティ確保はRESTアプリよりも作業が多く、開発時間が長くなり、セキュリティ侵害の可能性も高くなります。ほかにも次のような欠点があります。なお、GraphQLについては「6.7.4　GraphQL」で詳細な議論を行います。

- 柔軟なクエリは、パフォーマンスを最適化するために、より多くの作業を必要とする
- クライアント側のコードが増加する
- スキーマを定義するために、より多くの作業が必要となる
- リクエストが大きくなる

6.5.3 Webとモバイルのフレームワーク

本節では、次のように分類されるフレームワークについて議論します。

- Web ／ブラウザアプリケーション開発
- モバイルアプリケーション開発
- バックエンドアプリケーション開発
- PC（デスクトップ）アプリケーション開発（Windows、macOS、Linuxなど）

フレームワークの完全なリストを作ったところで、長大なリストになってしまうでしょうし、キャリアの中で遭遇したり読んだりすることはほとんどないようなフレームワークがたくさん含まれることになり、著者としては、読者にとってそれは特に有用なものにはならないと考えています。したがって、ここで紹介するフレームワークのリストでは、有名な、あるいはかつて有名だった一部のフレームワークのみに留めています。

この分野は多様性に富んでおり、完全で客観的な議論を行うことは難しいでしょう。フレームワークと言語の作られ方に制限は一切なく、現存するものの中には理にかなったものもあれば、そうでないものもあります。

● ブラウザアプリケーション開発

Webブラウザ上ではHTML、CSS、JavaScriptのみを使うことができるため、後方互換性を維持するためにもブラウザアプリケーションはこれらの言語で構築されなければなりません。ブラウザはユーザーのデバイスにインストールされているため、ユーザー自身がアップグレードする必要があるからです。つまり、ほかの言語を利用可能なブラウザがあったとしても、それをダウンロードするようにユーザーを説得したり強制したりすることは困難で非現実的です。バニラJavaScript（つまり、フレームワークなし）でブラウザアプリケーションを開発することは可能ですが、ごく小さなものを除いては、もはやそれは非現実的だといえるでしょう。なぜなら、バニラJavaScriptを使った場合には再実装しなければならないような機能が、フレームワークには数多く含まれているからです（例：アニメーションやテーブルのソート、グラフの描画などのデータレンダリングなど）。

ブラウザアプリケーションは、HTML、CSS、JavaScriptで構築されなければなりませんが、フレームワークはほかの言語を提供できます。これらの言語で書かれたブラウザアプリケーションのコードを、HTML、CSS、JavaScriptにトランスパイル[訳注4]することが可能です。

訳注4 あるプログラミング言語で書かれたソースコードを、別の言語または同じ言語の異なるバージョンのソースコードなどに変換すること。

最も人気のあるブラウザアプリケーション向けのフレームワークには、React、Vue.js、Angularなどがあります。それ以外のフレームワークとしては、Meteor、jQuery、Ember.js、Backbone.jsなどが挙げられるでしょう。これらのフレームワークの共通のテーマの1つは、マークアップとロジックを同じファイルに共存させることです。つまり、マークアップ用のHTMLファイルとロジック用のJavaScriptファイルを別々に用意するのではなく、同じファイル内に格納するということです。これらのフレームワークには、マークアップとロジック用の独自の言語仕様を用意しているものもあります。例えば、ReactはJSXを導入しました。これはHTML風のマークアップ言語ですが、JSXファイルにはマークアップとJavaScriptの関数やクラスの両方を記述できます。Vue.jsにはtemplateタグがあり、これはHTMLに似ています。

JavaScriptにトランスパイルされるWeb開発用言語として、非常によく知られているものをいくつか紹介します。

- TypeScript (https://www.typescriptlang.org/)
  JavaScriptのラッパー／スーパーセットである静的型付け言語。事実上、どのJavaScriptフレームワークでも、多少のセットアップ作業を行えばTypeScriptを使用できる。
- Elm (https://elm-lang.org/)
  HTML、CSS、JavaScriptにトランスパイルできる。Reactなどのほかのフレームワーク内でも使用できる。
- PureScript (https://www.purescript.org/)
  Haskellに似た構文を目指している。
- Reason (https://reasonml.github.io/)
- ReScript (https://rescript-lang.org/)
- Clojure (https://clojure.org/)
  汎用言語、ClojureScript (https://clojurescript.org/) フレームワークは、ClojureをJavaScriptにトランスパイルする。
- CoffeeScript (https://coffeescript.org/)

これらのブラウザアプリケーションフレームワークは、ブラウザ／クライアントサイド用です。サーバサイドフレームワークもいくつか紹介しておきましょう。どのサーバサイドフレームワークもデータベースにリクエストを行うことができ、バックエンド開発にも使用できます。実際には、企業はしばしば「サーバ」開発用に1つのフレームワーク、「バックエンド」開発用に別のフレームワークを選択します。これは、「サーバサイドフロントエンド」フレームワークと「バックエンド」フレームワークを区別するのは、初心者には難しく、混乱しやすいものです。しかも、それらの間に厳密な区別はありません。

- Express（https://expressjs.com/）
Node.js（https://nodejs.org/）サーバフレームワーク。Node.jsは、ChromeのV8 JavaScriptエンジン上に構築されたJavaScriptランタイム環境。V8 JavaScriptエンジンは、元々はChrome用に構築されたが、LinuxやWindowsなどのオペレーティングシステム上でも実行できる。Node.jsの目的は、JavaScriptコードをオペレーティングシステム上で実行することで、Node.jsを要件として記載しているほとんどのフロントエンドまたはフルスタックの求人は、実際にはExpressを利用することを意味している。

- Deno（https://deno.land/）
JavaScriptとTypeScriptをサポートしている。Node.jsの元の作者であるRyan Dahlによって作成されたもので、Node.jsを作った際に後悔したことを反映して作られている。

- Goji（https://goji.io/）
Go言語のフレームワーク。

- Rocket（https://rocket.rs/）
Rustフレームワーク。RustのWebサーバおよびバックエンドフレームワークのほかの例については、https://blog.logrocket.com/the-current-state-of-rust-web-frameworks/を参照のこと。

- Vapor（https://vapor.codes/）
Swift言語用のフレームワーク。

- Vert.x（https://vertx.io/）
Java、Groovy、Kotlinでの開発を提供する。

- PHP（https://www.php.net/）
（PHPが言語かフレームワークかどうかについては普遍的な合意は存在しない。著者は、この点について議論することに実用的な価値はないと考えている）一般的なソリューションスタックはLAMPと呼ばれるが、これはLinux、Apache、MySQL、PHP/Perl/Python の頭文字をとったもの。PHPコードはApache（https://httpd.apache.org/）サーバ上で実行でき、順にLinuxホスト上で実行される。PHPは2010年頃までは人気があった（https://www.tiobe.com/tiobe-index/php/）が、著者の経験では今ではPHPコードが新しいプロジェクトで直接使用されることはほとんどない。シンプルなWebサイトの構築に役立つWordPressプラットフォームがPHPで構築されているため、Web開発においてPHPは依然として重要である。より洗練されたユーザーインターフェイスやカスタマイズは、ReactやVue.jsなど、かなりのコーディングを必要とするフレームワークを使用するWeb開発者によって、簡単に行える。Meta（旧Facebook）はPHPを利用している会社として非常に有名でで、Facebookのブラウザアプリケーションは、以前はPHPで開発されていた。2014年、Facebookは

Hackという言語（https://hacklang.org/）とHipHop Virtual Machine（HHVM）（https://hhvm.com/）を導入した。HackはPHPに似た言語だが、当時のPHPの問題であったセキュリティとパフォーマンスの問題を改善したもので、HHVMで実行される。Metaは、HackとHHVMを広く利用するユーザーである。

● **モバイルアプリケーション開発**

モバイルオペレーティングシステムとして最も普及しているのはAndroidとiOSで、それぞれGoogleとAppleによって開発されています。GoogleとAppleは、独自のAndroid／iOSアプリケーション開発プラットフォームを提供しており、一般に「ネイティブ」プラットフォームと呼ばれています。ネイティブのAndroid開発言語はKotlinとJavaで、ネイティブのiOS開発言語はSwiftとObjective-Cです。

● **クロスプラットフォーム開発**

クロスプラットフォーム開発フレームワークは、理論的には同じコードを複数のプラットフォームで実行することで、重複する作業を減らすというものです。実際には、各プラットフォーム用にアプリケーションをコーディングするためには、各プラットフォーム向けの追加のコードをそれぞれ書くことになる場合もあり、それによってクロスプラットフォームというメリットの一部が失われる可能性があります。このような状況は、オペレーティングシステムが提供するUIコンポーネントが互いに全く異なっている場合に発生します。AndroidとiOS間でクロスプラットフォームの開発を行えるフレームワークには、次のようなものがあります。

- React Native（https://reactnative.dev/）
  Reactとは別物。ReactはWeb開発専用だが、React Nativeはモバイルアプリケーション用。ただし、React Native for Web（https://github.com/necolas/react-native-web）というフレームワークもあり、React Nativeを使用したWeb開発も可能となっている。
- Flutter（https://flutter.dev/）
  Android、iOS、Web、PCなどのアプリケーションをクロスプラットフォームで開発を行える。
- Ionic（https://ionicframework.com/）
  Android、iOS、Web、PCなどのアプリケーションをクロスプラットフォームで開発できる。
- Xamarin（https://dotnet.microsoft.com/en-us/apps/xamarin）
  Android、iOS、Windows向けの開発ができるクロスプラットフォーム開発環境。

- Electron（https://www.electronjs.org/）
  WebとPCの開発を行うことができるクロスプラットフォーム開発環境。
- Cordova（https://cordova.apache.org/）
  HTML、CSS、JavaScriptを使用したモバイルおよびPC向けのフレームワーク。
  Cordovaを使用すると、Ember.jsのようなWeb開発フレームワークでのクロスプラット
  フォーム開発が可能になる。

クロスプラットフォームを実現する別の手法として、**プログレッシブWebアプリ**（**PWA**：Progressive Web Apps）をコーディングするというものがあります。PWAは、典型的なデスクトップブラウザ体験を提供できるブラウザアプリケーションあるいはWebアプリケーションであり、**サービスワーカー**や**アプリマニフェスト**などの特定のブラウザ機能を使用して、モバイルデバイスに似たユーザー体験を提供します。例えば、サービスワーカーを使用することで、PWAはプッシュ通知のようなユーザー体験を提供したり、ネイティブモバイルアプリケーションに似たオフライン体験を提供するために、ブラウザにデータをキャッシュしたりできます。開発者は、アプリマニフェストを設定して、PWAをデスクトップやモバイルデバイスにインストールできるようになります。ユーザーは、デバイスのホーム画面、スタートメニュー、デスクトップなどにアプリのアイコンを追加し、そのアイコンをタップしてアプリを開くことができます。これは、AndroidやiOSのアップストアからアプリをインストールする体験に似ています。デバイスの画面サイズはさまざまであるため、デザイナーと開発者は、レスポンシブWebデザインのアプローチを使用する必要があります。これは、Webアプリケーションがさまざまな画面サイズの画面でアプリが開かれたとき、あるいはユーザーがブラウザウィンドウをリサイズしたときでも、適切に画面がレンダリングされるようにするためのWebデザインの手法です。開発者は、メディアクエリ（https://developer.mozilla.org/en-US/docs/Web/CSS/Media_Queries/Using_media_queries）やResizeObserver（https://developer.mozilla.org/en-US/docs/Web/API/ResizeObserver）などを使用して、アプリケーションがさまざまなブラウザまたは画面サイズで適切にレンダリングされるようにできます。

●バックエンド開発

バックエンド開発用のフレームワークのリストを示します。バックエンドフレームワークは、利用するインターフェイスから、RPC、REST、GraphQLに分類できます。一部のバックエンド開発フレームワークは、フルスタックです。つまり、データベースにリクエストを行うモノリシックなブラウザアプリケーションを開発するために使用できます。また、ブラウザアプリケーション開発に使用し、別のフレームワークで開発されたバックエンドサービスにリクエストを行うこともできますが、著者はこのような使用方法を聞いたことはありません。

- gRPC（https://grpc.io/）
RPCフレームワークで、C#、C++、Dart、Go、Java、Kotlin、Node.js、Objective-C、PHP、Python、Rubyを用いて開発を行える。そして、今後、ほかの言語でも利用できるように拡張される可能性がある。

- Thrift（https://thrift.apache.org/）／ Protocol Buffers（https://developers.google.com/protocol-buffers）
データオブジェクトをシリアライズし、ネットワークトラフィックを減らす目的で圧縮するために使用される。オブジェクトは定義ファイルで定義し、定義ファイルからクライアントとサーバ（Webサーバではなくバックエンドのサーバ）で利用できるコードをそれぞれ生成できる。クライアントはクライアント側のコードを使用してバックエンドへのリクエストをシリアライズし、バックエンドはバックエンド側のコードを使用してリクエストをデシリアライズする。バックエンドのレスポンスについても同様。定義ファイルは、可能な変更に制限を設けることで、後方互換性と前方互換性を維持するのにも役立つ。

- Dropwizard（https://www.dropwizard.io/）
JavaによるRESTフレームワークの例。Spring Boot（https://spring.io/projects/spring-boot）を使用して、RESTサービスを含むJavaアプリケーションを作成できる。

- Flask（https://flask.palletsprojects.com/）／ Django（https://www.djangoproject.com/）
ともにPythonで書かれたRESTフレームワークで、Webサーバ開発にも使用できる。

フルスタックフレームワークの例をいくつか示します。

- Dart（https://dart.dev）
あらゆるソリューションのためのフレームワークを提供する言語。フルスタック、バックエンド、サーバ、ブラウザ、モバイルアプリケーションに使用できる。

- Ruby on Rails（https://rubyonrails.org/）
Rubyのフルスタックフレームワークで、RESTにも使用できる。ほかのフレームワークやRailsとほかの言語を組み合わせるのではなく、単一のソリューションとして使用されることが多い。

- Yesod（https://www.yesodweb.com/）
Haskellのフレームワークで、RESTにも使用できる。ブラウザアプリケーション開発は、Yesodのシェイクスピア風テンプレート言語（https://www.yesodweb.com/book/shakespearean-templates）を使用して行える。HTML、CSS、JavaScriptにトランスパイルされる。

- Integrated Haskell Platform（https://ihp.digitallyinduced.com/）
  こちらもHaskellフレームワーク。
- Phoenix（https://www.phoenixframework.org/）
  Elixirという言語用のフレームワーク。
- JavaFX（https://openjfx.io/）
  デスクトップ、モバイル、組み込みシステム用のJavaクライアントアプリケーションプラットフォーム。Java Swing（https://docs.oracle.com/javase/tutorial/uiswing/）の後継で、JavaプログラムのGUIを開発するためのもの。
- Beego（https://beego.vip/）／Gin（https://gin-gonic.com/）
  Go言語によるフレームワーク。

6.6　ライブラリ vs サービス

　システムにどんなコンポーネントが必要かを決定したら、今度は各コンポーネントをクライアントサイドで実装するかサーバサイドで実装するか、ライブラリを使うのか、サービスとして実装するかといったことについて、それらの長所と短所を議論しなければなりません。ライブラリは静的でクライアント依存型の構成ですが、サービスは動的でサーバ依存型の構成を特徴とします。ただし、ここで何らかのコンポーネントに対して特定の選択肢が最適であると、早急に結論付けないでください。ほとんどの状況において、ライブラリとサービスのどちらを使用するかについて明確な選択肢はないので、両方のオプションの設計と実装の詳細、トレードオフについて議論できるようにしておく必要があります。

　ライブラリは、独立したコードバンドル[訳注5]かもしれないし、クライアントとサーバ間の全てのリクエストとレスポンスを転送する薄いレイヤーかもしれません。または、その両方の要素を含む場合もあるでしょう。つまり、APIロジックの一部がライブラリ内で実装され、残りはライブラリによって呼び出されるサービスによって実装される可能性もあるということです。そこで本章では、ライブラリとサービスを対比できるようにするために、「ライブラリ」という用語は独立したライブラリを指すこととします。

　表6.1は、ライブラリとサービスの比較をまとめたものです。これらのポイントの多くは、本章で詳しく説明します。

訳注5　ソフトウェアの機能やリソースをまとめたもの。

ライブラリ	サービス
ユーザーは使用するバージョン／ビルドを選択でき、新しいバージョンへのアップグレードを行う際に多くの選択肢がある。欠点は、新しいバージョンでバグやセキュリティ問題が修正されたとしても、ユーザーが古いバージョンのライブラリを使い続ける可能性があること。頻繁に更新されるライブラリの最新バージョンを常に使用したいユーザーは、プログラムによるアップグレードを自分で実装しなければならない	サービス自体の開発者がビルドを選択し、アップグレードのタイミングを制御する
デバイス間の通信やデータ共有がなく、利用方法に制限がある。別のサービスで同じライブラリが利用されている場合、あるいはサービスが水平方向にスケールされ、ホスト間のデータ共有が必要な場合、ユーザーサービスのホストが互いに通信してデータを共有できる必要がある。この通信は、ユーザーサービスの開発者によって実装される必要がある	ライブラリのような制限はない。複数のホスト間のデータ同期は、互いにリクエストを行うか、データベースにリクエストを行うことで実現可能である。利用側は、これについて心配する必要はない
言語に依存する	テクノロジーに依存しない
レイテンシは予測が可能	ネットワーク状況に依存するため、レイテンシの予測が難しい
予測可能で再現性のある動作をする	ネットワークの問題は予測不可能で再現が困難であるため、動作の予測性と再現性が低くなる可能性がある
ライブラリの負荷をスケールアップによって解決する必要がある場合、アプリケーション全体をスケールアップする必要がある。スケーリングコストは、ユーザー側のサービスが負担する	それぞれ独立にスケーリングできる。スケーリングコストはサービス側が負担する
知的財産を盗むために、ユーザーがコードを逆コンパイルする可能性がある	コードはユーザーに公開されない（ただし、APIはリバースエンジニアリングされる可能性があるが、本書では範囲外のトピック）

⬆ **表6.1**　ライブラリとサービスの比較概要

6.6.1　言語に依存するか、テクノロジーに依存しないか

　ライブラリは、クライアントが利用している言語で書かれることで、使いやすくなります。しかし、サポートしている言語全てで、同じライブラリを再実装する必要がでてきてしまいます。

　ライブラリのほとんどは、きちんと定義された一まとまりの関連タスクを実行するように最適化されているため、単一の言語で実装するのが適しています。ただし、目的によっては、ある言語やフレームワークが特にその目的に適している場合などもあり、そういった理由から、ライブラリ全体、あるいは一部分が別の言語で書かれていることもあり得ます。そのような

ケースでは、ロジックを同じ言語で実装してしまうと、ライブラリ利用時に何らかの非効率が生じるかもしれません。さらに、何らかのライブラリの開発中に、ほかの言語で書かれたライブラリにアクセスしたい場合もあるでしょう。ほかの言語のコンポーネントを含むライブラリを開発するために使用可能なユーティリティライブラリが数多く公開されているものですが、それについては本書の範囲外なので、ここではこれ以上詳しくは述べません。そうした状況に対処する際に実際に直面するであろう問題は、そのライブラリを開発するチームや会社に、必要となる全ての言語に精通したエンジニアがいる必要があることです。

一方で、サービスは特定の技術には依存しません。なぜなら、クライアントがサービスを利用する際には、双方の技術スタックは互いに影響しないからです。サービスは、目的に最も適した言語とフレームワークで実装することが可能です。ただし、クライアントは、そのサービスに対して、HTTP、RPC、GraphQLなどの接続を初期化して維持する必要があるという多少のオーバーヘッドを許容しなければなりません。

6.6.2 レイテンシの予測可能性

ライブラリにはネットワークレイテンシが発生しないため、応答時間は保証され予測可能であり、フレームグラフなどの手法で簡単にプロファイリングできます。

サービスにおけるレイテンシは、予測不可能で制御不能であり、次のような多数の要因によって引き起こされます。

- ネットワークレイテンシ（ユーザーのインターネット接続の品質に依存）
- サービスが現在のトラフィック量を処理する能力

6.6.3 動作の予測可能性と再現性

サービスは、予測可能性と再現性においても、ライブラリよりも低くなります。なぜなら、その動作は多く事柄に依存しているからです。

- デプロイメント時のロールアウトは、通常、段階的に行われる（つまり、ビルドは一度に数台ずつのサービスホストにデプロイされる）。リクエストは、ロードバランサーによって異なるビルドがデプロイされたホストにルーティングされる可能性があり、ホストごとに異なる動作をする可能性がある
- ユーザーは、サービスのデータを完全に制御してはいない。リクエストと次のリクエストの間にサービスの開発者によってデータが変更される可能性がある。これは、ユーザーがマシンのファイルシステムを完全に制御できるライブラリとは対照的である
- サービスは別のサービスにリクエストを行う場合があり、そうしたリクエスト先の予測不可能で再現不可能な動作の影響を受ける可能性がある

これらの問題があるものの、サービスはライブラリよりもデバッグが容易な場合も少なくありません。その理由は次のとおりです。

- ライブラリの開発者はユーザーのデバイス上のログにアクセスできないが、サービスの開発者はログにアクセスが可能である
- サービスの開発者はその実行環境を制御しており、仮想マシンやDockerなどのツールを使用してホスト用の統一された環境をセットアップできる。ライブラリは、ユーザーによって多様な環境で実行される。多様な環境とは、例えばハードウェア、ファームウェア、OS（AndroidとiOS）の変動などが挙げられる。ユーザーはクラッシュログを開発者に送信することはできるが、ユーザーのデバイスと環境にアクセスできなければ、デバッグが困難な場合がある

6.6.4 ライブラリのスケーリングに関する考慮事項

ライブラリはユーザーのアプリケーション内に含まれているため、独立してスケールアップすることはできません。ユーザーデバイス上でライブラリ単体をスケールアップすることは、意味がありません。ユーザーのアプリケーションが複数のデバイスで並行して実行されている場合、ユーザーはそれを使用するアプリケーションをスケールアップすることでライブラリをスケールアップできます。ライブラリだけをスケールアップするには、ユーザーはそのライブラリをラップする独自のサービスを作成し、そのサービスをスケールアップします。しかし、これはもはやライブラリではなく、単にユーザーが所有するサービスです。そのため、スケーリングのコストはユーザーが負担することになります。

6.6.5 その他の考慮事項

本節では、著者の個人的な経験から得られたいくつかの逸話を簡単に紹介しましょう。

一部のエンジニアは、自分のシステムに、サードパーティのライブラリコードをバンドルすることには心理的に躊躇しがちです。しかしながら、サービスに接続することには躊躇しません。特にJavaScriptバンドルの場合、ビルドサイズが膨らむことが懸念されます。また、ライブラリに悪意のあるコードが含まれている可能性も懸念材料になりますが、サービスの場合はそうした心配をする必要はありません。なぜなら、エンジニアはサービスに送信するデータを制御できる上に、サービスのレスポンスを完全に可視化できるからです。

また、多くの人々はライブラリで破壊的な変更が発生することは想定していますが、サービス、特に内部サービスでの破壊的な変更にはあまり寛容ではありません。サービス開発者は、「/v2」「/v3」などのバージョンをエンドポイント名に入れるような、不格好なAPIエンドポイントの命名規則を採用せざるを得ない場合があります。

これまでの筆者の経験では、ライブラリを使用する場合、サービスを使用する場合よりもアダプターパターンが頻繁に採用されていました。

6.7 一般的なAPIパラダイム

本節では、一般的な通信パラダイムとして次の項目を紹介し、比較していきます。サービスのパラダイムを選択する際には、これらの通信パラダイムによるトレードオフを考慮する必要があります。

- REST（Representational State Transfer）
- RPC（Remote Procedure Call）
- GraphQL
- WebSocket

6.7.1 OSI（Open Systems Interconnection）参照モデル

7層のOSI参照モデルは、ネットワークシステムの機能を、その基礎となる内部構造や技術に関係なく整理する概念的なフレームワーク／モデルです。各層の簡単な説明を表6.2に示します。このモデルを理解する上で留意しておくべきことは、各レベルのプロトコルが下位レベルのプロトコルを使用して実装されているという点です。

Actor、GraphQL、REST、WebSocketは、HTTP上に実装されています。RPCはレイヤー5に分類されます。なぜなら、HTTPのような高レベルのプロトコルに依存するのではなく、接続、ポート、セッションを直接処理するからです。

レイヤー番号	名称	説明	例
7	アプリケーション層	ユーザーインターフェイス	FTP、HTTP、Telnet
6	プレゼンテーション層	データを表現する。暗号化は、このレイヤーで行われる	UTF、ASCII、JPEG、MPEG、TIFF
5	セッション層	別々のアプリケーションのデータを区別する。接続を維持し、ポートとセッションを制御する	RPC、SQL、NFX、X Window System
4	トランスポート層	エンドツーエンドの接続を行う。信頼性のある配信または信頼性のない配信とフロー制御を定義する	TCP、UDP

3	ネットワーク層	論理アドレス指定。データが使用する物理的なパスを定義する。ルーターは、このレイヤーで動作する	IP、ICMP
2	データリンク層	ネットワーク形式。物理レイヤーのエラーを修正する場合がある	イーサネット、Wi-Fi
1	物理層	物理媒体上の生のビット	光ファイバー、同軸ケーブル、リピーター、モデム、ネットワークアダプター、USB

⬆ **表6.2** OSI参照モデル

6.7.2 REST

　RESTがステートレスな通信アーキテクチャで、HTTPメソッドとリクエストボディとレスポンスボディ（JSONまたはXMLでエンコードされるのが最も一般的）を使用することを読者は理解していると仮定します。本書では、APIにはRESTを使用し、POSTリクエストとレスポンスボディにはJSONを使用します。JSONスキーマはJSON Schemaオーガニゼーション（https://json-schema.org/）の仕様で表現できますが、本書ではこれを利用しません。なぜなら、50分のシステム設計面接で詳細に議論するのは、JSONスキーマは冗長であるためです。

　RESTは、学習、セットアップ、実験、デバッグ（curlまたはRESTクライアントを使用）が簡単です。ほかの利点として、以降で説明するハイパーメディアとキャッシング機能があります。

● ハイパーメディア

　ハイパーメディアコントロール（HATEOAS）またはハイパーメディアは、レスポンス内で「次に利用可能なアクション」に関する情報をクライアントに提供するためのものです。これは、レスポンスJSON内の「links」などのフィールドの形で、クライアントが論理的に次にクエリできるAPIエンドポイントを含んでいます。

　例えば、eコマースアプリケーションが請求書を表示した後、次のステップはクライアントが支払いを行うことだったとします。請求書エンドポイントのレスポンスボディには、支払いエンドポイントへのリンクが含まれている場合があります。例を次に示します。

```
{
  "data": {
    "type": "invoice",
    "id": "abc123",
```

```
  },

  "links": {
    "pay": "https://api.acme.com/payment/abc123"
  }
}
```

　この例では、レスポンスには請求書IDが含まれており、次のステップはその請求書IDの支払いをPOSTすることです。

　また、OPTIONSというHTTPメソッドが用意されています。これは、エンドポイントに関するメタデータ（利用可能なアクション、更新可能なフィールド、特定のフィールドが期待するデータなど）を取得するためのものです。

　実際には、ハイパーメディアとOPTIONSはクライアント開発者の立場から見ると使用が困難であり、各エンドポイントや機能についてのAPIドキュメントをクライアント開発者に提供するほうが理にかなっています。例えば、RESTにはOpenAPI（https://swagger.io/specification/）を使用し、RPCとGraphQLフレームワークには組み込みのドキュメントツールを使用します。

　リクエスト／レスポンスJSONボディの仕様に関する規約については、https://jsonapi.org/を参照してください。

　RPCやGraphQLなどのほかの通信アーキテクチャは、ハイパーメディアを提供しません。

● キャッシング

　開発者は、可能な限り、RESTリソースをキャッシュ可能と宣言すべきです。これには次のような利点があります。

- 一部のネットワーク呼び出しが回避されるため、レイテンシが低下する
- サービスが利用できない場合でもリソースが利用可能になるため、可用性が向上する
- サーバの負荷が軽減されるため、スケーラビリティが向上する

　キャッシングには、Expires、Cache-Control、ETag、Last-ModifiedといったHTTPヘッダを使用します。

　Expiresヘッダは、キャッシュされたリソースの絶対的な有効期限を指定します。サービスは、現在のクロック時間から最大1年先までの時間値を設定でき、「Expires: Mon, 11 Dec 2021 18:00 PST」のように書きます。

　Cache-Controlヘッダは、リクエストとレスポンスの両方に向けたキャッシングのた

めのコンマ区切りの指示（命令）で構成されています。例えば、`Cache-Control: max-age=3600`というヘッダは、レスポンスが3,600秒間キャッシュ可能であることを意味します。POSTとPUTリクエストには、このデータをキャッシュするようにサーバに指示する`Cache-Control`ヘッダが含まれる場合がありますが、これはサーバがこの指示に従うことを意味するものではなく、データのレスポンスにこの指示が含まれるとは限りません。キャッシュリクエストとレスポンスリクエストにおけるキャッシュコントロールに関する詳細については、https://developer.mozilla.org/en-US/docs/Web/HTTP/Headers/Cache-Controlを参照してください。

　ETag値は、リソースの特定のバージョンを表す識別子である文字列のOpaqueトークンです（Opaqueトークンとは、発行者のみが知っている独自のフォーマットを持つトークンのこと。トークンを検証するために、トークンの受信者はトークンを発行したサーバを呼び出す必要がある）。クライアントは、GETリクエストに`ETag`値を含めることで、より効率的にリソースを更新できます。リクエストの`ETag`が、サーバが保持するものと異なる場合、つまりリソースの値が変更された場合のみ、サーバはリソースの値を返します。言い換えれば、クライアントがすでに同じリソースを持っている場合、リソースを返すことは不必要であるため、行われません。

　`Last-Modified`ヘッダには、リソースが最後に変更された日時が含まれており、`ETag`ヘッダが利用できない場合のフォールバックとして使用できます。関連するヘッダに、`If-Modified-Since`と`If-Unmodified-Since`があります。

●RESTの欠点

　RESTの欠点の1つとして、ハイパーメディアやOPTIONSエンドポイント以外に統合されたドキュメンテーションメカニズムがないことが挙げられます。開発者は、ドキュメンテーションを全く提供しないかもしれません。ドキュメンテージョンを提供するには、RESTフレームワークを使用して実装されたサービスに、OpenAPI Specのドキュメントを出力するフレームワークを追加する必要があります。でなければ、クライアントは利用可能なリクエストエンドポイント、またはそのパスやクエリパラメータ、リクエストとレスポンスのボディフィールドなどの詳細を知る方法がありません。また、RESTには標準化されたバージョニングのルールがありません。一般的な慣例として、「/v2」「/v3」などのパスを使用してバージョンを表す方法があります。RESTのもう1つの欠点は、普遍的な仕様がないことで、これが混乱を招いています。人気のある仕様として、ODataとJSON-APIが挙げられるでしょう。

6.7.3　RPC（Remote Procedure Call）

　RPCは、プログラマーがネットワーク周りの細かい処理をせずに、異なるアドレス空間（つまり、別のホスト）上で手続き（プロシージャ）を実行させる手法です。人気のあるオー

プンソース RPC フレームワークには、Google の gRPC、Facebook の Thrift、Python の RPyC などが挙げられます。

面接では、次のような一般的なエンコーディング形式をきちんと理解しておく必要があるでしょう。エンコーディング（シリアライゼーションやマーシャリングとも呼ばれる）とデコーディング（パース、デシリアライゼーション、アンマーシャリングとも呼ばれる）が、どのように行われるかを理解していることが求められます。

- CSV、XML、JSON
- Thrift
- Protocol Buffers (protobuf)
- Avro

gRPC などの RPC フレームワークが REST と比較して優れている点として、次のようなことが挙げられます。

- RPC はリソースの最適化のために設計されているため、IoT デバイスなどの低電力デバイスには最適な通信アーキテクチャの選択肢である。大規模な Web サービスの場合でも、REST や GraphQL と比較して低いリソース消費であることは、スケールにおいて重要になる
- protobuf は、効率的なエンコーディング形式である。JSON は繰り返しが多く冗長で、リクエストとレスポンスのデータサイズが大きくなりがちなので、ネットワークトラフィックの節約は、スケールする際に重要になる
- 開発者は、ファイルでエンドポイントのスキーマを定義する。一般的な形式として、Avro、Thrift、protobuf などが挙げられる。クライアントは、これらのファイルを使用してリクエストを作成したり、レスポンスを解析したりする。スキーマのドキュメンテーションは API の開発に必要なステップまでも常に整備されており、クライアント開発者はいつでもきちんとした API ドキュメンテーションを入手できる。これらのエンコーディング形式にはスキーマ修正ルールもあり、開発者はスキーマ修正で後方互換性や前方互換性をどのように維持するかを明確にすべきである

RPC の欠点として最も重要な点は、バイナリプロトコルであることに起因します。クライアントが常に最新バージョンのスキーマファイルに更新する必要があり、これは特に組織外からのアクセスを受け付ける場合は面倒です。また、組織が内部ネットワークトラフィックを監視する必要がある場合、RPC のようなバイナリプロトコルよりも、REST のようなテキストプロトコルのほうが簡単です。

6.7.4　GraphQL

　GraphQLは、クライアントがAPIに対して、必要とするデータだけを正確に指定できる、宣言的データフェッチングを可能にするクエリ言語です。APIデータのクエリと操作のための言語を提供します。また、この柔軟性をきちんと利用可能にするために不可欠な統合APIドキュメンテーションツールも提供します。主な利点を次に挙げます。

- クライアントが必要なデータとその形式を決定できる
- サーバは効率的で、クライアントが要求したもののみを正確に配信できる。取得の不足（複数のリクエストが必要）や過剰（レスポンスサイズが肥大化する）を回避できる

一方で、次のような欠点もあります。

- シンプルなAPIとしては複雑すぎるかもしれない
- RPCとRESTよりも学習曲線が高く、セキュリティメカニズムも理解する必要がある
- RPCとRESTよりもユーザーコミュニティが小さい
- JSONのみでエンコードされるため、JSONの使用に起因する全ての問題点を伴う
- 各APIユーザーが少し異なるクエリを実行するため、ユーザー分析が複雑になる可能性がある。RESTとRPCでは、各APIエンドポイントに対して何回クエリが行われたかを簡単に確認できるが、GraphQLではあまり明確にはならない
- 外部APIにGraphQLを使用する際は注意が必要となる。データベースを公開し、クライアントにSQLクエリを行わせるのと同じような問題が発生する

　GraphQLの多くの利点はRESTでも実現できます。シンプルなAPIは、シンプルなREST HTTPメソッド（GET、POST、PUT、DELETE）とシンプルなJSONボディから始めることができます。要件が複雑になっていったら、OData（https://www.odata.org/）などの多くのRESTの機能を使用したり、JSON-APIの機能（https://jsonapi.org/format/#fetching-includes）を使用して複数のリソースから関連データを単一のリクエストに結合したりできます。一方で、GraphQLは複雑な要件に対処する際には、便利かもしれません。なぜなら、その機能の標準実装とドキュメンテーションが提供されているからです。RESTには普遍的な標準がありません。

6.7.5　WebSocket

　WebSocketは、HTTPとは異なり、永続的なTCP接続上で全二重通信を行うための通信プロトコルです。一般的なHTTPは各リクエストがあったときに新しい接続を作成し、レスポンスを返したら接続を閉じます。REST、RPC、GraphQL、Actorモデルは設計パターンや哲学ですが、WebSocketとHTTPは通信プロトコルです。しかし、WebSocketをほかの4つの選択肢の代わりにAPIアーキテクチャスタイルとして実装することもできるので、WebSocketをAPIアーキテクチャスタイルとして比較することは理にかなっているといえるでしょう。

　WebSocket接続を作成するには、クライアントがサーバにWebSocketリクエストを送信します。WebSocketはHTTPハンドシェイクを使用して初期接続を作成し、HTTPからWebSocketにアップグレードするようにサーバに要求します。その後のメッセージのやり取りには、この永続的なTCP接続上でWebSocketを使用できます。

　WebSocketは接続を開いたままにするため、接続に関連するサービス全てのオーバーヘッドが増加します。これは、WebSocketがステートフル（RESTやHTTPがステートレスであるのに対して）であることを意味します。リクエストは、関連する状態／接続を有するホストによって処理される必要があります。これは、RESTにおいては、どのホストでも任意のリクエストを処理できるのとは異なります。WebSocketのステートフルな性質と、接続を維持するためのリソースオーバーヘッドという2つの要素によって、WebSocketの拡張性は低くなってしまっています。

　WebSocketはP2P通信が可能なので、バックエンドは必要ありません。スケーラビリティと引き換えに、レイテンシが低く、パフォーマンスが高くなります。

6.7.6　比較

　面接中は、これらのアーキテクチャスタイルとプロトコル間のトレードオフ、スタイルとプロトコルを選択する際に考慮すべき要因を評価する必要があるかもしれません。RESTとRPCの比較が最も一般的です。スタートアップでは、通常、シンプルさのためにRESTを使用し、大規模な組織はRPCの効率性、後方互換性、前方互換性の利点を活用できます。GraphQLは比較的新しい考え方です。WebSocketは双方向通信に有用で、P2P通信も含みます。その他の参考文献として、https://apisyouwonthate.com/blog/picking-api-paradigm/ と https://www.baeldung.com/rest-vs-websockets も参考になるでしょう。

まとめ

- API ゲートウェイは、ステートレスで軽量に設計された Web サービスで、さまざまなサービス間で多くのクロスカッティングコンサーンを満たすことができる。これらはセキュリティ、エラーチェック、パフォーマンスと可用性、ロギングのグループに分類できる
- サービスメッシュまたはサイドカーパターンは、それに代わるパターンである。各ホストが自身のサイドカーを持つため、どのサービスも無駄に共有されることはない
- ネットワークトラフィックを最小化するために、システム内の複数のコンポーネントで処理されるデータを保存するメタデータサービスの使用を検討できる
- サービスディスカバリは、クライアントが利用可能なサービスホストを識別するためのものである
- ブラウザアプリは、2つ以上のバックエンドサービスを持つことができる。その1つはWeb サーバサービスで、ほかのバックエンドサービスからのリクエストとレスポンスを処理する
- Web サーバサービスは、バックエンドでの集約とフィルタリング操作を実行して、ブラウザとデータセンター間のネットワークトラフィックを最小化する
- ブラウザアプリケーションフレームワークは、ブラウザアプリケーション開発に利用できる。サーバサイドフレームワークは、Web サービス開発用である。モバイルアプリケーションは、ネイティブまたはクロスプラットフォームフレームワークを使って開発できる
- ブラウザアプリケーション、モバイルアプリケーション、Web サーバを開発するために、クロスプラットフォームまたはフルスタックのフレームワークがいくつもある。これらには、さまざまなトレードオフがあり、特定の要件には適さない場合がある
- バックエンド開発フレームワークは、RPC、REST、GraphQL フレームワークに分類できる
- 一部のコンポーネントは、ライブラリまたはサービスとして実装できる。各アプローチにはトレードオフがある
- ほとんどの通信パラダイムは、HTTP の上に実装されている。RPC は低レベルプロトコルであり、効率性のために利用できる
- REST は、学ぶのも使うのも容易である。REST リソースは、可能な限り、キャッシュ可能であることを宣言すべきである
- REST には、別のドキュメンテーションフレームワーク（OpenAPI など）が必要である
- RPC は、リソースの最適化のために設計されたバイナリプロトコルである。そのスキーマ修正ルールによって、後方互換性と前方互換性の維持も可能になる
- GraphQL は正確なリクエストを可能にし、統合された API ドキュメンテーションツールが用意されている。しかし、複雑であるため、セキュリティの確保が困難になる
- WebSocket は全二重通信のためのステートフル通信プロトコルである。ほかの通信パラダイムよりも、クライアントとサーバの両方のオーバーヘッドが大きくなる

Part 2

第1部では、システム設計面接でよく扱われるトピックについて学んできました。続く第2部では、サンプルを用いたシステム設計面接の想定質問を取り上げ、それに対してどのように回答すべきかを見ていきます。各質問において、第1部で学んだ概念を適用するとともに、その質問に関連する概念も紹介していきます。

第7章では、Craigslistのような、シンプルさを重視したシステムの設計方法を考えます。

第8章から第10章では、それ自体が多くのほかのシステムの共通コンポーネントとなるシステムの設計について説明します。

第11章では、オートコンプリート／タイプアヘッドサービスについて説明します。これは、大量のデータを継続的に取り込み、数MBのデータ構造に処理し、ユーザーが特定の目的のために照会するという典型的なシステムです。

第12章では、画像共有サービスについて説明します。画像や動画の共有や操作は、事実上、全てのソーシャルアプリケーションの基本機能であり、面接のトピックとしてよく登場します。そして、これは、第13章のトピックにつながっていきます。第13章では、コンテンツ配信ネットワーク（CDN：Contents Delivery Network）について説明します。CDNは、画像や動画などの静的コンテンツを世界中の視聴者にコスト効率よく提供するために一般的に使用されるシステムです。

第14章では、テキストメッセージングアプリについて説明します。多くのユーザーから多くのユーザーへと送信されたメッセージを配信し、誤って重複したメッセージを配信しないようにするシステムです。

第15章では、部屋の予約とマーケットプレイスシステムについて説明します。売り手は部屋を貸し出すことができ、借り手はそれを予約して支払います。また、このシステムでは、内部の運営スタッフが調停やコンテンツモデレーションを行えるようにする必要があります。

第16章と第17章では、データフィードを処理するシステムについて説明します。第16章では、関心のある多くのユーザーに配信するためにデータを並べ替えるニュースフィードシステムを解説し、第17章では、大量のデータを集約してダッシュボードにまとめ、意思決定に使用できるデータ分析サービスを紐解きます。

Chapter 7

Craigslist の設計

本章の内容

- **2つの異なるタイプのユーザーを持つアプリケーションの設計**
- **ユーザーの分割のための位置情報ルーティングの検討**
- **読み取りが多いアプリケーションと書き込みが多いアプリケーションの設計**
- **面接中の軽微な逸脱への対処**

　本章では、カテゴリごとに分類された広告投稿のためのWebアプリケーションを設計したいと考えています。Craigslistは、10億人以上のユーザーを有するといわれている典型的なWebアプリケーションの例で、地理的に分割されています。このサービスを題材に、ブラウザとモバイルアプリケーション、ステートレスなバックエンド、シンプルなストレージ要件、分析を含む全体的なシステムについて議論できます。さらに多くのユースケースと制約を追加して、オープンエンドな議論を行うことができます。本章は、モノリス型アーキテクチャを取り上げて議論する、本書では唯一の章です。

7.1 ユーザーストーリーと要件

　それではCraigslistのユーザーストーリーについて議論していきましょう。ここでは、閲覧者と投稿者という2つの主要なユーザータイプについて、それぞれ議論します。

　1つ目のユーザータイプである投稿者は、投稿の作成・削除ができ、自分の投稿を検索できます。特に自動で投稿を行うプログラムが利用されているような場合は、多くの投稿が行われている可能性があります。この投稿には次のような情報が含まれるべきでしょう。

- タイトル
- 複数の段落からなる説明
- 価格（ここでは単一の通貨を想定し、通貨の変換は考えない）
- 場所
- 最大10枚の写真（各1MB以下）
- ビデオ（ただし、これは後から改修として追加される可能性がある）

　投稿者は、7日ごとに投稿を更新できます。また、更新のためのリンクを含む電子メール通知を受け取ります。

　そして、2つ目のユーザータイプである閲覧者は、次のことができるべきでしょう。

1. 過去7日間に任意の都市で行われた全ての投稿を閲覧する、あるいは検索を行う。結果のリストを表示し、可能であれば無限スクロールで表示する
2. 結果にフィルターを適用する
3. 個々の投稿をクリックして、その詳細を表示する
4. 投稿者に連絡する（電子メールなどを利用）
5. 不正や誤解を招く投稿を報告する（例えば、価格情報として低い価格を入力しているのに、説明では高い価格を記載しているといったクリックベイト手法の可能性がある）

　このサービスにおける非機能要件は、次の通りです。

- スケーラブル：単一の都市で最大1,000万ユーザーが存在する
- 高可用性：99.9%のアップタイム
- 高性能：閲覧者は投稿作成後数秒以内に投稿を閲覧できるようにする。検索と投稿の閲覧は1秒のP99を持つべきである
- セキュリティ：投稿者は投稿を作成する前にログインする必要がある。ログインには認証ライブラリまたはサービスを使用できる。付録Bでは、人気のある認証メカニズムであるOpenID Connectについて説明しているが、本章では、これ以上は議論しない

ストレージの大部分はCraigslistの投稿を保存するためのもので、必要となるストレージ量は少ないでしょう。

- Craigslistのユーザーには、ローカルエリアの投稿のみを表示する場合がある。これは、個々のユーザーにサービスを提供するデータセンターが、全ての投稿の一部のみを保存する必要があることを意味する（ただし、ほかのデータセンターからの投稿もバックアップする可能性はある）
- 投稿は（プログラムではなく）手動で作成されるため、ストレージ使用量の増加速度は緩やかである
- プログラムで生成されたデータは処理しない
- 投稿は1週間後に自動的に削除される場合がある

ストレージ要件が低いということは、全てのデータが単一のホストに収まる可能性があるため、分散ストレージソリューションの必要がないことを意味します。ここで、投稿には平均1,000文字、つまり1KBのテキストが含まれていると仮定しましょう。大都市に1,000万人がいて、そのうち10%が投稿者で、1日平均10件の投稿を作成する（つまり、1日10GB）と仮定しても、SQLデータベースに数か月分の投稿を保存するのは難しくありません。

7.2 API

では続いて、APIエンドポイントをいくつか書き留めておきましょう。投稿の管理とユーザーの管理に分けて考えます。面接では、OpenAPI形式やGraphQLスキーマなどの正式なAPI仕様を書き下ろす時間はないので、正式な仕様を使ってAPIを定義できると面接官に伝えることはできるものの、面接中は大まかなメモだけを書くに留めます。以降、本書では、このことについては言及しません。

- 投稿用のCRUD
  - GET and DELETE /post/{id}
  - GET /post?search={search_string}
    これは全ての投稿を取得するエンドポイントになる。投稿の内容を絞り込むための「search」クエリパラメータを用意することができる。また、ページネーション用のクエリパラメータを実装することもできる。ページネーションについては「12.7.1　サムネイルのページのダウンロード」で説明する。
  - POSTとPUT /post
  - POST /contact
  - POST /report
  - DELETE /old_posts

- ユーザー管理
  - POST /signup：ユーザーのアカウント管理について議論する必要はない
  - POST /login
  - DELETE /user
- その他
  - GET /health
    フレームワークによって自動生成されるのが一般的である。ここでの実装では、小さなGETリクエストを行い、200を返すことを確認するだけの単純なものでも、さまざまなエンドポイントのP99と可用性を含む詳細なものでも構わない。
- さまざまなフィルター
  製品カテゴリによって異なる場合がある。簡単にするために固定のフィルターセットを想定するが、フィルターはフロントエンドとバックエンドの両方で実装できる。
  - **検索する範囲**：列挙型
  - **最低価格**
  - **最高価格**
  - **商品の状態**：列挙型（値には、NEW、EXCELLENT、GOOD、ACCEPTABLEが含まれる）

GET /post エンドポイントは、投稿を検索するための「search」クエリパラメータを備えています。

7.3 SQLデータベーススキーマ

Craigslistのユーザーと投稿データに対して、次のようなSQLスキーマ[訳注1]を設計できます。

- **User**：id PRIMARY KEY, first_name text, last_name text, signup_ts integer
- **Post**：このテーブルは正規化されていないので、投稿の全ての詳細を取得するためにJOINクエリは必要ない。id PRIMARY KEY, created_at integer, poster_id integer, location_id integer, title text, description text, price integer, condition text, country_code char(2), state text, city text, street_number integer, street_name text, zip_code text, phone_number integer, email text
- **Images**：id PRIMARY KEY, ts integer, post_id integer, image_address text
- **Report**：id PRIMARY KEY, ts integer, post_id integer, user_id integer, abuse_type text, message text

---

訳注1　画像メタデータやユーザーアクセス権を効率的に管理するためのデータベースの構造。

- **Storing images**：オブジェクトストアに画像を保存できる。AWS S3やAzure Blob Storageは、信頼性が高く、使用と維持が簡単で、コスト効率がよいため人気がある
- **image_address**：オブジェクトストアから画像を取得するために使用される識別子

レイテンシを低くしなければならない場合、例えばユーザークエリに応答する際に、通常はSQLまたはRedisのような低レイテンシのインメモリデータベースを使用します。HDFSなどの分散ファイルシステムを使用するNoSQLデータベースは、大規模なデータ処理ジョブ用です。

7.4 初期の高レベルアーキテクチャ

図7.1のように、Craigslistの初期設計について複雑さの異なる複数の可能性を議論できます。続く2つのセクションで、それぞれの設計について議論します。

1. ユーザー認証サービスを認証に使用し、投稿の保存にオブジェクトストアを使用するモノリスなシステム
2. クライアントフロントエンドサービス、バックエンドサービス、SQLサービス、オブジェクトストア、およびユーザー認証サービス

どちらの場合も、ロギングサービスを必ず用意します。なぜなら、ロギングはほぼ常に必要なことであり、これによってシステムを効率的にデバッグできるようになるからです。話を簡単にするために、モニタリングとアラートは省略してもよいでしょう。ただし、ほとんどのクラウドベンダーは、設定が簡単なロギング、モニタリング、アラートツールを提供しており、それらを使用するべきです。

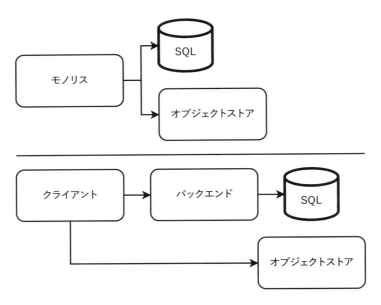

↑ **図 7.1** 高レベルアーキテクチャの初期設計。（上）高レベルアーキテクチャは、モノリスとオブジェクトストアのみで構成されている。（下）UIフロントエンドサービスとバックエンドサービスを持つ従来の高レベルアーキテクチャ。画像ファイルはオブジェクトストアに保存され、クライアントはそれに対してリクエストを行う。投稿の残りの部分はSQLに保存される

7.5 モノリス型アーキテクチャ

　モノリスな設計を使用するという最初の提案は直感的ではなく、面接官も驚くかもしれません。彼らのキャリアの中でWebサービスにモノリス型アーキテクチャを使用することは滅多にないからです。しかし、設計に関する全ての決定は、トレードオフを考慮すべきものであることを心に留め、モノリスな設計を提案した上で、トレードオフについて議論することを恐れてはなりません。

　UIとバックエンド機能の両方を含むモノリスとしてアプリケーションを実装することで、投稿ページ全体をオブジェクトストアに保存する設計が可能です。ここで行う設計に関する重要な決定は、投稿の写真を含む投稿のWebページ全体をオブジェクトストアに保存するということです。このような意思決定は、「7.3　SQLデータベーススキーマ」で議論したPostテーブルにおいて、あまり多くのカラムを用意する必要がない可能性があることを意味します。なお、このテーブルは、図7.1の下部に示されている高レベルアーキテクチャで利用することになります。これについては、本章で後ほど議論します。

　図7.2を見てください。Craigslistのトップページは、ロケーションナビゲーションバー（「SF bay area（サンフランシスコベイエリア）」などの地域と、「sfc（サンフランシスコ市街）」「sby（サウスベイ）」などの具体的な場所へのリンク）と、ほかの都市へのリストがあ

る「nearby cl（近隣都市一覧）」セクションを除いては、ほぼ静的です。左側のナビゲーションバーにある「craigslist app」や「about craigslist」、下部のナビゲーションバーにある「help」「safety」「privacy」などのリンクを含む部分は、静的なコンテンツです。

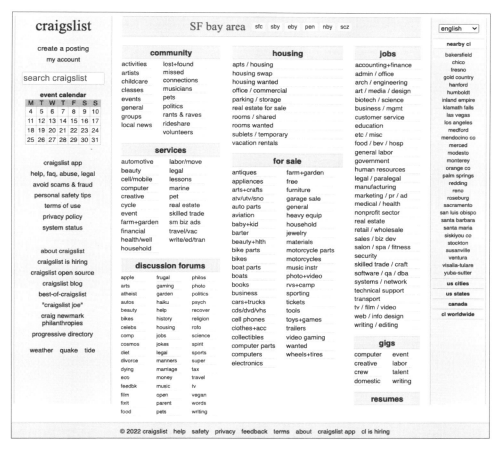

⬆ 図7.2　Craigslistのホームページ（出典：https://sfbay.craigslist.org/）

このアプローチであれば、実装とメンテナンスが簡単です。一方で、この手法における主な問題点は次の通りです。

1. HTMLタグ、CSS、JavaScriptが全ての投稿で重複する
2. ネイティブモバイルアプリケーションを開発する場合、ブラウザアプリケーションとバックエンドを共有できない。解決策として可能なのは、プログレッシブWebアプリケーション（「6.5.3　Webとモバイルのフレームワーク」で議論している）として開発することである。そうすればモバイルデバイスにインストール可能で、任意のデバイスのWebブラウザで使用できるようになる

3. 投稿に関する分析を行うには、HTMLを解析する必要が出てきてしまう。ただし、これは小さな欠点に過ぎない。投稿ページをフェッチしてHTMLを解析するための独自のユーティリティスクリプトを開発・メンテナンスすることができるからである

最初の問題点は、重複したページコンポーネントを保存するためにストレージが余計に必要となることです。また、新機能や新しいフィールドを追加したとしても、古い投稿に適用できない点も問題となりますが、投稿は1週間後に自動的に削除されるため、要件によっては許容できるかもしれません。システムを設計する際に考慮から外す要件の例として、このことを面接官と議論してもよいでしょう。

2番目に挙げた問題点は、ブラウザアプリケーションをレスポンシブデザインアプローチで作成し、モバイルアプリケーションをWebViewsを使用してブラウザアプリケーションのラッパーとして実装することで、部分的に緩和できます。https://github.com/react-native-webview/react-native-webviewは、React Native用のWebViewライブラリです。https://developer.android.com/reference/android/webkit/WebViewはネイティブAndroid用のWebViewライブラリで、https://developer.apple.com/documentation/webkit/wkwebviewはネイティブiOS用のWebViewライブラリです。CSSメディアクエリ（https://developer.mozilla.org/en-US/docs/Learn/CSS/CSS_layout/Responsive_Design#media_queries）を利用すると、スマートフォンのディスプレイ、タブレットのディスプレイ、ラップトップとデスクトップのディスプレイで異なるページレイアウト表示が可能となります。この手法を用いれば、モバイルフレームワークのUIコンポーネントを使用する必要はありません。なお、このアプローチを利用する場合と、モバイル開発フレームワークのUIコンポーネントを利用する従来のアプローチを使用する場合のUXの比較は、本書の範囲外とします。

バックエンドサービスとObject Store Serviceでの認証には、サードパーティのユーザー認証サービスを利用することも可能ですし、独自のものを実装してもよいでしょう。Simple LoginとOpenID Connect認証メカニズムの詳細な議論については、「付録B　OAuth 2.0認可とOpenID Connect認証」を参照してください。

7.6　SQLデータベースとオブジェクトストアの使用

図7.1の下部は、高レベルアーキテクチャとして、従来的なものを示しています。UIフロントエンドサービスがあり、バックエンドサービスとオブジェクトストアサービスにリクエストを行います。バックエンドサービスはSQLデータベースにリクエストを行います。

このアプローチでは、「7.4　初期の高レベルアーキテクチャ」で議論したように、オブジェクトストアは画像ファイル用で、SQLデータベースは投稿の残りのデータを保存することになります。単純に画像を含めた全てのデータをSQLデータベースに保存し、オブジェク

トストアを全く持たないという方法もあるでしょう。しかし、その場合、クライアントが画像ファイルをダウンロードする際にバックエンドホストを経由しなければならないことを意味します。そのような処理はバックエンドホストの負荷を大きくするため、画像ダウンロードのレイテンシが増えてしまいまいます。そして、ネットワーク接続に突然障害が起こり、全てのダウンロードが失敗してしまうといった事態を引き起こす可能性も増加させてしまいます。

初期の実装をシンプルに保ちたい場合は、そもそも投稿に画像を入れられる機能そのものを省略し、後からこの機能を実装したいときにオブジェクトストアを追加できるようにすることも検討できるでしょう。

各投稿における画像は、1MBのファイル10枚に制限されていて、大きな画像ファイルは保存できませんが、この要件が将来的に変更される可能性について面接官と議論できます。より大きな画像が必要になる可能性が低い場合は、SQLに画像を保存することも提案できます。その際に準備する画像保存用のテーブルは、post_idを入れるtextカラムとimage blobカラムを持ちます。この設計の利点は、単純であることです。

7.7 移行は厄介な作業である

適切なデータストアを選択するという議論を行う際、ほかの機能や要件について議論する前に、データ移行の問題について話し合っておきましょう。

SQLに画像ファイルを保存することの欠点として前述した以外にもう1つ考えられるのは、将来的にはオブジェクトストアに移行する必要があることです。通常、あるデータストアから別のデータストアへの移行は面倒で煩雑な作業となります。

次のような過程をもとに、実現可能な簡単な移行プロセスについて議論していきましょう。

1. 両方のデータストアを単一のエンティティとして扱う。つまり、レプリケーションは抽象化されており、レイテンシや可用性などの非機能要件を最適化するためにデータがさまざまなデータセンターにどのように分散されているかを考慮しなくてもよいものとする
2. ダウンタイムを許容する。データ移行中にアプリケーションへの書き込みをできないようにすれば、古いデータストアから新しいデータストアにデータを移行している最中に、ユーザーが古いデータストアに新しいデータを追加することがなくなる
3. ダウンタイムが始まるときに進行中のリクエストを切断／終了できるので、書き込み（POST、PUT、DELETE）リクエストを行っているユーザーは500エラーを受け取ることになる。このダウンタイムについて、電子メール、ブラウザやモバイルデバイスのプッシュ通知、クライアントアプリケーションでのバナー通知などのさまざまなチャンネルを通じて、ユーザーに事前に告知できる

Pythonスクリプトを書いて開発者がラップトップ上で実行することで、あるストアからレコードを読み取り、別のストアに書き込むことができるでしょう。図7.3のように、このスクリプトは、現在のデータレコードを取得するためにバックエンドにGETリクエストを行い、新しいオブジェクトストアにPOSTリクエストを行います。一般に、こういった単純な方法は、データ転送が数時間以内に完了し、一度だけしか行う必要がない場合に適しています。ちなみに、開発者がこのスクリプトを書くのには数時間はかかるでしょうが、データ転送を高速化するためにスクリプトを改善することに、さらに時間を費やす価値はなさそうです。

　それよりも、バグやネットワークの問題によって、移行ジョブが突然停止し、スクリプトの実行を再開する必要がある場合を見込んでおくべきでしょう。書き込みエンドポイントは冪等であるべきで、新しいデータストアにレコードが重複して書き込まれるのを防ぐ必要があります。そのためには、スクリプトにはチェックポイントを設定しておくべきで、すでに移行したレコードを再度読み取んだり書き込みしないようにします。単純なチェックポイントメカニズムで十分で、各書き込みの後、オブジェクトのIDをローカルマシンのハードディスクに保存するといったものでよいでしょう。ジョブが途中で失敗した場合、ジョブを再開するときに（必要に応じてバグを修正した後）チェックポイントから処理を再開できるようにします。

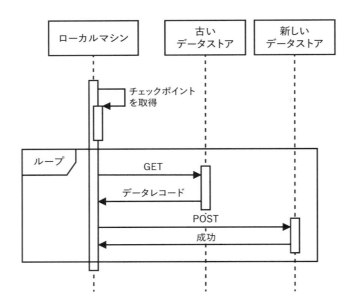

図 7.3 単純なデータ移行プロセスのシーケンス図。ローカルマシンはチェックポイントがある場合はそこまで移動し、次に古いデータストアから新しいデータストアに各レコードを移動するための一連のリクエストを行う

注意深い読者であれば、このチェックポイントメカニズムが機能するためには、スクリプトは毎回同じ順序でレコードを読み取る必要があることに気付くでしょう。これを達成する方法は、いくつか考えられます。

- **レコードのIDの完全でソートされたリストを取得し、ローカルマシンのハードディスクに保存できる場合**

  スクリプトはデータ転送を開始する前にこのリストをメモリにロードできる。スクリプトはIDごとに各レコードをフェッチし、新しいデータストアに書き込み、このIDが転送されたことをハードディスクに記録する。ハードディスクへの書き込みは遅いので、これらの完了したIDをバッチで書き込んだり、チェックポイントを記録したりできる。このバッチ処理により、IDのバッチがチェックポイントを記録する前にジョブが失敗する可能性があり、その場合、オブジェクトが再読み取りおよび再書き込みされる可能性があるので、書き込みエンドポイントを冪等にして、レコードが重複して生成されるのを防ぐ。

- **データオブジェクトにタイムスタンプなどの順序付けフィールドがある場合**

  スクリプトは、このフィールドを使用してチェックポイントを行うことができる。例えば、日付でチェックポイントを設定する場合、スクリプトはまず最も古い日付のレコードを転送し、この日付をチェックポイントとして記録し、日付を後ろにずらしながら、その日付のレコードを転送するというように、転送が完了するまで続ける。

このスクリプトは、データオブジェクトのフィールドを適切なテーブルと列に読み書きする必要があります。データ移行前に追加された機能が多ければ多いほど、移行スクリプトは複雑になっていきます。機能が増えるということは、より多くのクラスとプロパティがあることを意味します。より多くのデータベーステーブルと列が存在し、より多くのORM/SQLクエリを作成する必要があります。そして、それぞれのクエリステートメントもより複雑になり、テーブル間のJOINをも含む可能性があります。

データ転送を技術者のローカルマシンで完了させるにはデータサイズが大きすぎる場合、データセンター内でスクリプトを実行することになります。データが複数のホストに分散している場合は、各ホストで個別に実行できます。複数のホストを使用すると、ダウンタイムなしでデータ移行を行うことができます。データストアが多くのホストに分散しているのであれば、多くのユーザーがいるからそうなっているのであり、そうした状況においてダウンタイムを生じさせることは、収益とサービスの評判との間で天秤をかけた場合にリスクが高すぎるといえるでしょう。

古いデータストアを1つずつのホストで順に廃止していくためには、各ホストで次のような手順を実行することになります。

1. ホストの接続をドレインする。接続のドレインとは、既存のリクエストを完了させながら、新しいリクエストを受け付けないようにすることを意味する。接続のドレインに関する情報については、https://cloud.google.com/load-balancing/docs/enabling-connection-draining、https://aws.amazon.com/blogs/aws/elb-connection-draining-remove-instances-from-service-with-care/、https://docs.aws.amazon.com/elasticloadbalancing/latest/classic/config-conn-drain.htmlなどが参考になる
2. ホストがドレインされた後、ホスト上でデータ転送スクリプトを実行する
3. スクリプトの実行が完了したら、このホストはもう必要なくなる

　移行中に書き込みエラーが発生した場合、どのように処理すべきでしょうか。この移行処理が何時間も何時間もかかるものであるなら、データの読み取りや書き込みにエラーが発生するたびに転送ジョブがクラッシュして途中で止まってしまうようでは実用的ではありません。スクリプトはエラーをログに記録してから、実行を継続すべきです。エラーが発生するたびに、読み取りまたは書き込み中のレコードをログに記録し、ほかのレコードの読み取りと書き込みを続けます。エラーを調査し、必要に応じてバグを修正し、その後スクリプトを再実行して、これらの特定のレコードを改めて転送できます。

　この経験から学ぶべき教訓は、データ移行は複雑で費用のかかる作業であり、可能であれば避けるべきだということです。システムのデータストアを決定する際、小規模なデータ（できれば、重要でなく、失われたり破棄されても問題ないデータ）のみを扱う概念実証として実装する場合を除いて、適切なデータストアを最初から設定すべきで、後で設定してから移行する必要があるような設計は避けるべきです。

7.8　投稿の書き込みと読み取り

　図7.4は、「7.6　SQLデータベースとオブジェクトストアの使用」のアーキテクチャを使用して、投稿者が投稿を書き込むシーケンスを示した図です。複数のサービスにデータを書き込んでいますが、整合性のための分散トランザクション技術は必要ありません。次の手順で投稿を書き込みます。

1. クライアントは、画像を除く投稿データをバックエンドにPOSTリクエストで送る。バックエンドは投稿をSQLデータベースに書き込み、投稿IDをクライアントに返す
2. クライアントは画像ファイルを1つずつオブジェクトストアにアップロードするか、スレッドをフォークして並列アップロードリクエストを行える

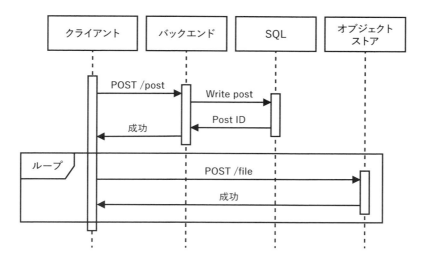

図7.4 新しい投稿の書き込みの際にクライアントが画像アップロードを処理するシーケンス図

　このアプローチでは、バックエンドは画像ファイルがオブジェクトストアに正常にアップロードされたかどうかにかかわらず、ステータス番号200、つまり成功を返します。バックエンドが投稿全体が正常にアップロードされたことを確認できるようにするためには、バックエンドで画像をオブジェクトストアにアップロードする必要があります。図7.5は、そのようなアプローチを示しています。バックエンドは、全ての画像ファイルがオブジェクトストアに正常にアップロードされた場合のみ、クライアントにステータスコード200の成功を返します。ただし、画像ファイルのアップロードが失敗する可能性があり、その理由としては、アップロードプロセス中にバックエンドホストがクラッシュしたり、ネットワーク接続の問題が発生したり、オブジェクトストアが利用できない場合などが挙げられます。

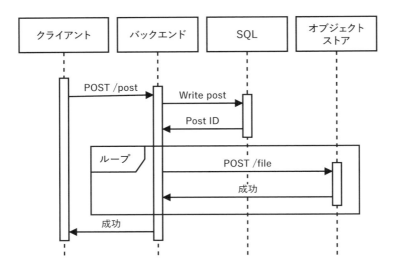

▲ 図7.5　新しい投稿の書き込みの際にバックエンドが画像アップロードを処理するシーケンス図

どちらのアプローチにも、長所と短所があります。バックエンドを介さずに画像アップロードすることの利点は、次の通りです。

- リソースの節約：画像アップロードの負荷をクライアントに負担させる。画像ファイルのアップロードがバックエンドを経由して行われる場合、バックエンドはオブジェクトストアの利用が増えるとともにスケールアップする必要が出てきてしまう
- 全体的なレイテンシの低減：画像ファイルが経由するホストを削減できる。CDNを使用して画像を保存することを決定した場合、バックエンドを経由する場合では、クライアントが自分の位置に近いCDNエッジを利用できなくなるため、レイテンシの問題はさらに大きな問題となる

画像のアップロードをバックエンドを経由して行う利点は、次の通りです。

- オブジェクトストアに認証と認可のメカニズムを実装し、維持する必要がない。オブジェクトストアが外部に公開されないため、システム全体の攻撃対象領域が小さくなる
- 閲覧者は投稿の全ての画像を確実に閲覧できる。バックエンドを経由しないアプローチでは、一部、あるいは全ての画像のアップロードに失敗した場合、閲覧者が投稿を見たときに、それらの画像が表示できない。これが許容可能なトレードオフかどうか、面接官と議論するとよい

両方のアプローチの利点をどちらも活かす方法は、クライアントからのアップロードはバックエンドを経由させ、ダウンロードはCDNから行うようにすることです。

> **問題**
>
> 各画像ファイルを別々のリクエストでアップロードする場合と、全てのファイルを1つの
> リクエストでアップロードする場合の長所と短所を考えてください。

　クライアントは、各画像ファイルを別々のリクエストでアップロードする必要が本当にあるの
でしょうか。そのような複雑なことをする必要はないかもしれません。まとめてアップロードし
た場合でも、書き込みリクエストの最大サイズは10MBをわずかに超える程度で、数秒でアッ
プロードできる小さなサイズです。しかし、これは失敗時の再試行も同じだけのデータ量を送
ることを意味します。これらのトレードオフについて、面接官と議論するようにしましょう。

　閲覧者が投稿を読み取るシーケンス図は、POSTの代わりにGETリクエストを使用す
る点を除いて、図7.4と同じです。閲覧者が投稿を読み取る際、バックエンドはSQLデータ
ベースから投稿をフェッチし、クライアントに返します。次に、クライアントは投稿の画像を
オブジェクトストアからフェッチして表示します。画像フェッチリクエストは並行して実行で
きます。ファイルは異なるストレージホストに保存され、レプリケーションされているため、
別々のストレージホストから並行してダウンロードできます。

7.9　機能的パーティショニング

　スケールアップの最初のステップは、地理的な地域（例：都市ごと）による機能的パー
ティショニングを採用することです。これは、一般に「位置情報ルーティング（geolocation
routing）」と呼ばれ、DNSクエリの発信元の地理的な位置に基づいてトラフィックを捌く
手法です。アプリケーションを複数のデータセンターにデプロイし、各ユーザーをその都市
にサービスを提供するデータセンター（通常は最も近いデータセンター）にルーティングでき
ます。つまり、各データセンターのSQLクラスタには、そのデータセンターがサービスを提
供する都市のデータのみが含まれることになります。各SQLクラスタのレプリケーションを、
「4.3.2　シングルリーダーレプリケーション」で説明したMySQLのbinlogベースのレプリ
ケーションを使用して、ほかの2つのデータセンターの異なるSQLサービスに実装できます。

　Craigslistは、この地理的パーティショニングを行い、各都市にサブドメインを割り当て
ています（例：sfbay.craigslist.org、shanghai.craigslist.orgなど）。ブラウザでcraigslist.
orgにアクセスすると、次のようにアクセスが処理されます。図7.6にも図示しました。

1. インターネットサービスプロバイダーがcraigslist.orgのDNS検索を行い、そのIPアド
   レスを返す（ブラウザとOSにはDNSキャッシュがあるため、ブラウザは将来のDNS検
   索に自身のDNSキャッシュまたはOSのDNSキャッシュを使用できる。それによって、
   ISPにこのDNS検索リクエストを送信するよりも高速になる）

2. ブラウザは、craigslist.orgのIPアドレスにリクエストを行う。サーバはアドレスに含まれる私たちのIPアドレスに基づいて位置を判断し、私たちの位置に対応するサブドメインを含むステータスコード3xxのリダイレクトレスポンスを返す。この返されたアドレスは、ブラウザやユーザーのOS、ISPなどの途中の仲介者によってキャッシュされる可能性がある
3. このサブドメインのIPアドレスを取得するために、もう1回DNS検索が必要となる
4. ブラウザはサブドメインのIPアドレスにリクエストを行う。サーバは、そのサブドメインのWebページとデータを返す

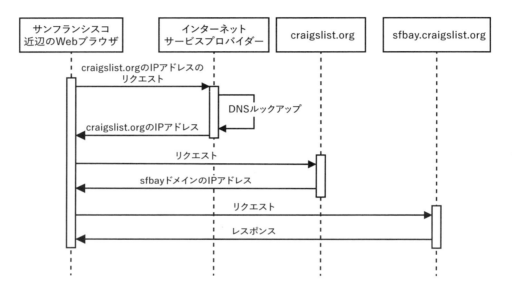

⬆ **図7.6** GeoDNSを使用してユーザーリクエストを適切なIPアドレスに誘導するシーケンス図

　craigslist.orgで位置情報ルーティングを行うために、GeoDNS[訳注2]を使用できます。ブラウザはcraigslist.orgのDNS検索を一度だけ行えばよく、返されるIPアドレスはユーザーの所在地（都市）に対応するデータセンターになります。その後、ブラウザは、このデータセンターにリクエストを行って、その都市の投稿を取得します。また、ブラウザのアドレスバーにサブドメインを指定する代わりに、UIのドロップダウンメニューで都市を指定することもできます。ユーザーは、このドロップダウンメニューで都市を選択し、適切なデータセンターにリクエストを行い、その都市の投稿を閲覧できます。また、全てのCraigslist都市を含む単純な静的Webページも別途提供しており、ユーザーが希望の都市をクリックしてアクセスすることもできるようになっています。AWSなどのクラウドサービス（https://docs.aws.amazon.com/Route53/latest/DeveloperGuide/routing-policy-geo.html）は、位置情報ルーティングの設定ガイドページを提供しています。

訳注2 ユーザーの地理的な位置に基づいてトラフィックを適切なサーバにルーティングする技術。

7.10 キャッシング

特定の投稿が非常に人気になり、高い読み取りリクエスト率を受ける場合があります。例えば、市場価値よりもはるかに安い価格の商品が出品された場合などです。レイテンシSLA（例：1秒当たりP99）を遵守し、504タイムアウトエラーを防ぐために、人気のある投稿をキャッシュできます。

このとき、Redisを使用してLRU（Least Recently Used）キャッシュ[訳注3]を実装できます。キーは投稿IDで、値は投稿のHTML全体ページになります。オブジェクトストアの前にイメージサービスを実装し、そこに独自のキャッシュを持たせて、オブジェクト識別子を画像にマッピングすることもできます。

投稿ページは静的なので、潜在的なキャッシュの古さは制限されますが、投稿者が投稿を更新した場合にキャッシュと内容が変わってしまう可能性があります。その場合、対応するキャッシュエントリをホストから更新する必要があります。

7.11 CDN

図7.7で示したように、CDNの使用も検討が可能ですが、Craigslistには、全てのユーザーに表示される静的メディアファイル（画像やビデオなど）がほとんどありません。静的コンテンツとしては、CSSとJavaScriptファイルがありますが、これらは合計でも数MBに過ぎません。そして、CSSとJavaScriptファイルにはブラウザキャッシングも使用できます（ブラウザキャッシングについては「4.10 異なる種類のデータのキャッシュの例とその手法」で議論しました）。

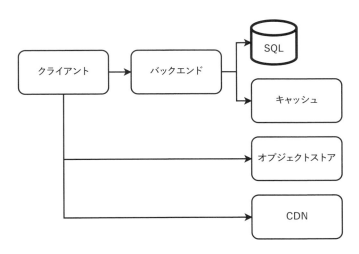

▲図7.7　キャッシュとCDNを追加した後のCraigslistアーキテクチャ図

訳注3　最も使用頻度の低いアイテムを削除するキャッシュアルゴリズム。

7.12 SQLクラスタによる読み取りのスケーリング

機能的パーティショニングとキャッシングよりも複雑なことは、このサービスでは必要ないかもしれません。読み取りをスケールする必要がある場合は、「第3章　非機能要件」で議論したアプローチに従うことができます。その1つがSQLレプリケーションです。

7.13 書き込みスループットのスケーリング

本章の冒頭で、このアプリケーションは、読み取りのほうが多いことを述べました。プログラムによる投稿の作成を許可する必要はないでしょう。しかし、本節では、それを許可し、おそらく投稿作成のための公開APIを公開した場合を仮定した内容となっています。

SQLホストへの挿入と更新のトラフィックスパイクがある場合、スパイク時に必要なスループットがサービスの最大書き込みスループットを超える可能性があります。https://stackoverflow.com/questions/2861944/how-to-do-very-fast-inserts-to-sql-server-2008にも書かれているように、SQL実装によっては、高速なINSERTの方法を提供しています。例えば、Microsoft SQL ServerのExecuteNonQueryは1秒あたり数千のINSERTを達成します。別のソリューションは、個々のINSERTステートメントの代わりにバッチコミットを使用することで、各INSERTステートメントに対するログフラッシュのオーバーヘッドがなくなります。

7.13.1 Kafkaのようなメッセージブローカーを使用する

書き込みトラフィックのスパイクを処理するために、SQLサービスの前にKafkaサービスを配置するなどのように、ストリーミングソリューションを使用できます。

図7.8は、ストリーミングソリューションを利用した場合のありうる設計を示しています。投稿者が新しい投稿や更新された投稿を送信すると、ポストプロデューサーサービス（Post Producer Service）のホストは投稿トピックにプロデュースします。このサービスはステートレスで水平方向にスケーラブルです。「ポストライター（Post Writer）」と名付けた新しいサービスを作成し、投稿トピックから継続的に消費してSQLサービスに書き込むことができます。このSQLサービスでは、「第3章　非機能要件」で議論したリーダー・フォロワーレプリケーションを使用できます。

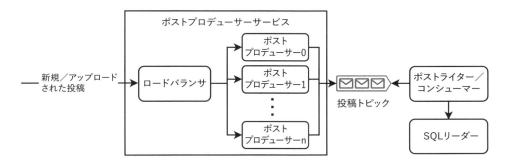

▲図7.8 水平スケーリングとメッセージブローカーを使用して書き込みトラフィックスパイクを処理する

　このアプローチの主なトレードオフは、複雑さと結果整合性です。組織には共用のKafkaサービスがすでに用意されており、独自のKafkaサービスを作成する必要はないかもしれず、その場合は複雑さはある程度軽減されます。整合性に至るまでの期間は、書き込みがSQLフォロワーに到達するのに時間がかかるほど増加します。

　必要な書き込みスループットが単一のSQLホストの平均書き込みスループットを超える場合、SQLクラスタにおいて、さらなる機能的パーティショニングを行い、書き込みトラフィックが多いカテゴリ用に専用のSQLクラスタを用意できます。しかし、このソリューションは理想的ではありません。投稿を閲覧するためのアプリケーションロジックは、カテゴリに応じて特定のSQLクラスタから読み取る必要があるためです。クエリロジックはSQLサービスにカプセル化されず、アプリケーションにも存在することになります。SQLサービスは、もはやバックエンドサービスから独立しておらず、両方のサービスの維持がより複雑になります。

　より高い書き込みスループットが必要な場合は、CassandraやKafka with HDFSなどのNoSQLデータベースを使用できます。

　また、DDoS攻撃を防ぐために、バックエンドクラスタの前にレートリミッタ（「第8章 レートリミットサービスの設計」参照）を追加することも議論するべきかもしれません。

7.14 電子メールサービス

　バックエンドは、電子メールを送信するために共有の電子メールサービスにリクエストを送信できます。

　投稿が7日経過したときに投稿者に更新リマインダーを送信するには、SQLデータベースに対して7日経過した投稿を問い合わせ、取得できたそれぞれの投稿に対して電子メールサービスに電子メールを送信するようにリクエストするバッチETLジョブとして実装できます。

ほかのアプリの通知サービスには、予測不可能なトラフィックスパイクの処理、低レイテンシ、短時間での通知配信などの要件がある場合があります。そのような通知サービスについては、次の章で議論します。

7.15 検索

「2.6 検索バー」を参照してください。ユーザーが投稿を検索できるように、Postテーブルに対するElasticsearchインデックスを作成します。ユーザーが検索前後に投稿をフィルタリングできるようにするかどうか（例：ユーザー、価格、状態、場所、投稿の新しさなど）について議論し、それに応じてインデックスに適切な修正を加えることができます。

7.16 古い投稿の削除

Craigslistの投稿は一定の日数後に期限切れとなり、それ以降はアクセスできなくなります。これはcronジョブまたはAirflowで実装でき、そこからDELETE /old_postsエンドポイントを毎日呼び出すようにします。DELETE /old_postsは、単純なデータベース削除操作であるDELETE /post/{id}とは別のエンドポイントである可能性があります。前者には、適切なタイムスタンプ値を計算してからそのタイムスタンプ値よりも古い投稿を削除するという、より複雑なロジックが含まれているためです。両方のエンドポイントでは、Redisキャッシュから該当するキーを削除する処理を追加する必要があるかもしれません。

このジョブは単純で、削除されるはずの投稿がさらに数日間アクセス可能なままであっても許容できるため、重要度は低くなります。したがって、cronジョブで十分かもしれず、Airflowを採用すると、必要以上にシステムが複雑になってしまう可能性があります。期限前に、誤って投稿を削除しないように注意する必要があるでしょう。そのため、この機能への変更は、本番環境にデプロイする前に、ステージング環境で徹底的にテストする必要があります。cronの単純さは、複雑なワークフロー管理プラットフォームであるAirflowに比べて保守性を向上させます。特に、機能を開発したエンジニアが別の部署に移動し、別のエンジニアがメンテナンスを行う場合などには有効でしょう。

古い投稿の削除、または一般的な古いデータの削除を行うことには、次のような利点があります。

- ストレージのプロビジョニングとメンテナンスにかかる金銭的なコストを節約できる
- 読み取りやインデックス作成などのデータベース操作を高速化できる
- 新しい場所に全てのデータをコピーする必要があるような保守操作（例:異なるデータベースソリューションの追加や移行）が高速化し、複雑さが低下し、コストが削減される

- 組織のプライバシーに関する懸念が減少し、データ漏洩の影響が小さくなる（ただし、今回の場合は公開データであるため、この利点はあまり関係がない）

欠点は次の通りです。

- データを保持することで可能となるはずの分析や有用な洞察が得られなくなる
- 政府の規制により、一定期間データを保持しなければならない場合がある
- 削除された投稿のURLが新しい投稿に再利用され、閲覧者がそこにアクセスした際に、古い投稿を見ていると勘違いする可能性が、極めて低いものの存在する。このような事象が発生する確率は、短縮URLサービスを使用している場合に高くなるが、この確率は非常に低く、ユーザーへの影響も小さいため、このリスクは許容できる。ただし、機密な個人データが露出する可能性がある場合、このリスクは許容できなくなる

コストが問題となっており、古いデータへのアクセス頻度が低い場合、データ削除の代替策として、圧縮してからテープなどの低コストのアーカイブハードウェアや、AWS Glacier や Azure Archive Storage などのオンラインデータアーカイブサービスに保存しておくこともできます。特定の古いデータが必要な場合、データ処理操作の前に、ディスクドライブに書き戻すことで処理を実行できます。

7.17 モニタリングとアラート

「2.5　ロギング、モニタリング、アラート」で議論したことに加えて、次のようなモニタリングとアラートも設定すべきです。

- データベースモニタリングソリューション（「第10章　データベースバッチ監査サービスの設計」で議論）は、古い投稿が削除されなかった場合に低緊急度のアラートを発行する必要がある
- 次のような異常検出を行う
  - 追加または削除された投稿の数
  - 特定の用語に対する検索の高い数
  - 不適切としてフラグが立てられた投稿の数

7.18 これまでのアーキテクチャ議論のまとめ

図7.9は、クライアント、バックエンド、SQL、キャッシュ、通知サービス、検索サービス、オブジェクトストア、CDN、ロギング、モニタリング、アラート、バッチETLなど、これまで議論してきた多くのサービスを含むCraigslistアーキテクチャを示しています。

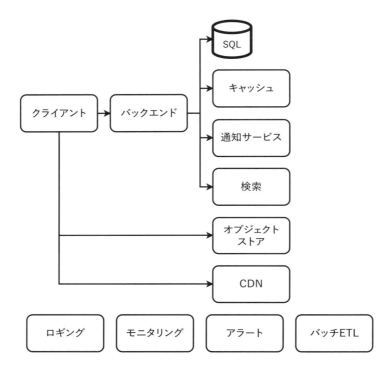

図7.9 通知サービス、検索、ロギング、モニタリング、アラートを含むCraigslistアーキテクチャ。ロギング、モニタリング、アラートは多くのコンポーネントにサービスを提供できるため、図では疎結合されるコンポーネントとして示されている。バッチETLサービスで、古い投稿を定期的に削除するなどの目的でジョブを定義できる

7.19 その他の可能な議論トピック

ここまでのシステム設計で、本章の冒頭で述べた要件は満たしています。ここから先の面接の残りの部分は、新しい制約と要件に関するものになるでしょう。

7.19.1 投稿の報告

投稿を報告するための機能については、特に難しいところはなく、議論をしていませんでした。これに関する議論を行った場合、次のような要件を満たすシステム設計が含まれるかもしれません。

- 一定数の報告がなされた場合、投稿は削除され、投稿者は電子メール通知を受け取る
- 投稿者のアカウントとメールアドレスが自動的にブラックリスト入りし、Craigslistにログインしたり投稿を作成したりできなくなることがある。ただし、ログインせずに投稿を閲覧したり、ほかの投稿者にメールを送信したりすることは引き続き可能となる
- 投稿者は、管理者に連絡してこの決定に異議を申し立てることができるべきである。これらのやり取りや対応方法を追跡、記録するシステムが必要かどうか、面接官と議論する必要があるかもしれない
- 投稿者がメールをブロックしたい場合、自分のメールアカウントで送信者のメールアドレスをブロックするように設定する必要があり、Craigslistで対応する必要はない

7.19.2 グレースフルデグラデーション（優雅な機能低下）

各コンポーネントの障害をどのように処理できるでしょうか。障害を引き起こす可能性のあるコーナーケースは何で、それらをどのように処理できるかを考えましょう。

7.19.3 複雑さ

Craigslistは、小規模なエンジニアリングチームでもメンテナンスできるように最適化された、シンプルなカテゴリ別広告アプリケーションとして設計されています。機能セットは意図的に最小限にしてあり、明確に定義されており、新機能は滅多に導入されません。これを達成するための戦略について議論することになるかもしれません。

●依存関係の最小化

ライブラリやサービスへの依存関係を持つアプリケーションは、時間とともに自然に劣化し、現在の機能を提供し続けるだけであっても、開発者によるメンテナンスが必要になります。古いライブラリバージョンや、時にはライブラリそのものが非推奨になり、開発者は新しいバージョンをインストールするか別のライブラリを見つけなければなりません。その際、新しいバージョンのライブラリやサービスをデプロイメントしたことで、アプリケーションが動作しなくなる可能性もあります。現在使用しているライブラリにバグやセキュリティの欠陥が見つかった場合にも、ライブラリの更新が必要になることがあります。システムの機能セットを最小限に抑えることで、その依存関係も最小限に抑えられ、デバッグ、トラブルシューティング、メンテナンスが簡素化されます。

このアプローチを行うには、広範なカスタマイズを必要としない最小限の有用な機能セットを各マーケットに対して提供することに重点を置くという企業文化が必要です。例えば、Craigslistが支払いを提供していない主な理由は、支払いを処理するためのビジネスロジックが各都市で異なる可能性があるためでしょう。異なる通貨、税金、支払い処理業者

（MasterCard、VISA、PayPal、WePayなど）を考慮しなければならず、これらの要因の変更に対応するために常に作業が必要になります。多くの大手テクノロジー企業には、プログラムマネージャーやエンジニアが新しいサービスを考案し構築することを奨励するエンジニアリング文化がありますが、この例で取り扱っているサービスの場合は適していません。

● クラウドサービスの使用

図7.9では、クライアントとバックエンド以外の全てのサービスをクラウドサービスにデプロイできます。例えば、図7.9の各サービスに対して次に示すAWSサービスを使用できます。AzureやGCPなどのクラウドベンダーも同様のサービスを提供しています。

- **SQL**：RDS（https://aws.amazon.com/rds/）
- **オブジェクトストア**：S3（https://aws.amazon.com/s3/）
- **キャッシュ**：ElastiCache（https://aws.amazon.com/elasticache/）
- **CDN**：CloudFront（https://www.amazonaws.cn/en/cloudfront/）
- **通知サービス**：Simple Notification Service（https://aws.amazon.com/sns）
- **検索**：CloudSearch（https://aws.amazon.com/cloudsearch/）
- **ロギング、モニタリング、アラート**：CloudWatch（https://aws.amazon.com/cloudwatch/）
- **ETLのバッチ処理**：Lambda関数での定期実行（https://docs.aws.amazon.com/lambda/latest/dg/services-cloudwatchevents-expressions.html）

● Webページ全体をHTMLドキュメントとして保存する

一般に、Webページは共通のHTMLテンプレートに対してバックエンドリクエストを行ってページ固有の詳細情報を取得し、ページに表示する組み込みのJavaScript関数で構成されています。Craigslistの場合、投稿のHTMLページテンプレートには、タイトル、説明、価格、写真などのフィールドが含まれており、各フィールドの値はJavaScriptで記入することができます。

Craigslistの投稿Webページはシンプルな設計になっているので、「7.5 モノリス型アーキテクチャ」で最初に議論したよりもシンプルな代替案が可能になります。ここで、さらに議論を行うことができるでしょう。すなわち、投稿のWebページを単一のHTMLドキュメントとしてデータベースやCDNに保存することができるのです。この手法では、キーが投稿のIDで、値がHTMLドキュメントであるキーバリューペアとして単純化できます。このソリューションは、データベースの各エントリに重複したHTMLが含まれるため、より多くのストレージスペースを必要とします。検索インデックスは、この投稿IDのリストに対して構築できます。

このアプローチの場合は、新しい投稿にフィールドを追加したり削除することも簡単にできます。新しい必須フィールド（例：サブタイトル）を追加することを決定した場合、SQLデータベースに変更を加えずに、フィールドを追加できます。保持する期間が決まっていて自動的に削除される古い投稿のフィールドを修正する必要はありません。Postテーブルは簡素化され、投稿のフィールドが投稿のCDN URLに置き換えられます。列は「id、ts、poster_id、location_id、post_url」だけになるでしょう。

● 観測可能性

保守性に関する議論では、「2.5 ロギング、モニタリング、アラート」で詳しく説明した観測可能性の重要性を強調する必要があります。ロギング、モニタリング、アラート、自動テストに投資し、優れたモニタリングダッシュボード、ランブック、デバッグの自動化など、優れたSREプラクティスを採用する必要があるでしょう。

7.19.4 アイテムカテゴリ／タグ

「自動車」「不動産」「家具」などのアイテムカテゴリ／タグを提供し、投稿者がリスティングに一定数のタグ（例：3つまで）を付けることができるようにしましょう。タグ用のディメンションテーブルを作成できます。Postテーブルには、カンマ区切りのタグリスト用の列を設けることができます。別の方法として、図7.10に示すように、「post_tag」というリレーションテーブルを持つこともできます。

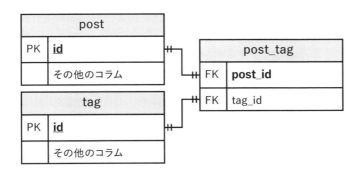

▲ 図7.10 投稿とタグのリレーションテーブル。このスキーマの正規化は、データの重複を避けることで整合性を維持できる。一方で、データが単一のテーブルにある場合、行間で重複した値が発生してしまう

さらにタグをフラットなリストから階層リストに拡張することで、ユーザーがより正確なフィルターを適用して、自分の興味に関連する投稿だけを適切に表示できます。例えば、「不動産」には、次のようなネストされたサブカテゴリが考えられます。

- 不動産 > 取引タイプ > 賃貸
- 不動産 > 取引タイプ > 販売
- 住宅タイプ > アパート
- 住宅タイプ > 一戸建て
- 住宅タイプ > タウンハウス

7.19.5 分析とレコメンデーション

SQLデータベースにクエリを実行し、さまざまなメトリクスのダッシュボードを作成する日次バッチETLジョブを作成できます。

- タグ別のアイテム数
- 最もクリックされたタグ
- 閲覧者が投稿者に最も多く連絡したタグ
- 最も早く売れたタグ（投稿者が投稿後すぐに投稿を削除したかどうかで測定可能）
- 報告された、疑わしい、確認された不正投稿の数と地理的、時間的分布

Craigslistは、パーソナライゼーションを提供せず、投稿は最新のものから順に表示されます。面接中には、パーソナライゼーションについて議論することもできます。これには、ユーザーの活動の追跡と投稿のレコメンデーションが含まれるでしょう。

7.19.6 A/Bテスト

「1.4.5 水平スケーラビリティとクラスタ管理、継続的インテグレーション、継続的デプロイメントについての簡単な議論」で簡単に触れたように、アプリケーションの新機能や見た目のデザインを開発する際、一度に全てのユーザーに公開するのではなく、公開するユーザーの数を段階的に増やし、少しずつ公開したい場合があります。

7.19.7 サブスクリプションと保存された検索

閲覧者が検索語（文字数制限付き）を保存し、その保存された検索に一致する新しい投稿について通知（電子メール、テキストメッセージ、アプリ内メッセージなど）を受け取るためのAPIエンドポイントを提供できます。このエンドポイントへのPOSTリクエストは、「saved_search」と名付けたSQLテーブルに行（タイムスタンプ、user_id、search_term）を書き込むようになるでしょう。

このキーワード保存型の検索サブスクリプションサービスは、本節で説明するように、それ自体が複雑なシステムになる可能性があります。

ユーザーは、保存した全ての検索をカバーする1日1回の通知を受け取るべきです。この

通知は、検索語のリストと、各検索語に対応する最大10件の結果で構成されているはずです。各結果は、その検索語に対する投稿データのリストで構成されます。データには、投稿へのリンクと、通知に表示する要約情報（タイトル、価格、説明の最初の100文字）が含まれる可能性があります。

　例えば、ユーザーが「san francisco studio apartment」と「systems design interview book」という検索語2つを保存していた場合、通知には次のような内容が含まれるでしょう（面接中にこれを全て書き下す必要はありません。いくつかの簡単なスニペットをメモし、それらが何を意味するかを口頭で説明できればよいでしょう）。

```
[
  {
    "search_term": "san francisco studio apartment",
    "results": [
      {
        "link": "sfbay.craigslist.org/12345",
        "title": "Totally remodeled studio",
        "price": 3000,
        "description_snippet": "Beautiful cozy studio apartment in the Mission.
Nice views in a beautiful and safe neighborhood. Clo"
      },
      {
        "link": "sfbay.craigslist.org/67890"
        "title": "Large and beautiful studio",
        "price": 3500,
        "description_snippet": "Amenities\nComfortable, open floor plan\nIn unit
laundry\nLarge closets\nPet friendly\nCeiling fan\nGar"
      },
      ...
    ]
  },
  {
    "search_term": "systems design interview book",
    "results": [
        ...
    ]
  }
]
```

　ユーザーが保存したキーワードに対する新しい検索結果を送信するために、日次のバッチETLジョブを実装できます。このジョブを実装する方法として、少なくとも2つの方法を提案できます。検索サービスへの重複リクエストを許可するシンプルな方法と、これらの重複リクエストを避ける複雑な方法です。

7.19.8 検索サービスへの重複リクエストを許可する

Elasticsearchは頻繁な検索リクエストをキャッシュするため（https://www.elastic.co/blog/elasticsearch-caching-deep-dive-boosting-query-speed-one-cache-at-a-time）、同じ検索語での頻繁なリクエストを行うことによるリソースの無駄を回避できます。バッチETLジョブは、ユーザーと彼らの個々の保存された検索語を一度に1つずつ処理できます。各プロセスは、ユーザーの検索語を個別のリクエストとして検索サービスに送信し、結果を統合し、通知サービス（「第9章　通知／アラートサービスの設計」で触れます）にリクエストを送信することで構成されます。

7.19.9 検索サービスへの重複リクエストを避ける

重複リクエストを避ける場合、バッチETLジョブは次のような手順を実行します。

1. 検索語の重複を排除し、各検索語で一度だけ検索を実行する。例えば、前日の検索語を重複排除するために、「SELEC DISTINC LOWER(search_term FRO saved_searc WHER timestam > UNIX_TIMESTAMP(DATEADD(CURDATE() INTERVA -DAY) AN timestam UNIX_TIMESTAMP(CURDATE()) 」のようなSQLクエリを実行する。検索は大文字小文字を区別しない可能性があるため、重複排除の一環として検索語を小文字化する。Craigslistの設計は都市ごとにパーティショニングされているため、1億件以上の検索語を持つことはないはずである。検索語あたり平均10文字と仮定すると、1億件では1GBのデータになり、これは単一のホストのメモリに簡単に収まる

2. 各検索語に対して、次のように処理を実行する

    a. （Elasticsearch）検索サービスにリクエストを送信し、結果を取得する

    b. この検索語に関連付けられたユーザーIDを「saved_search」テーブルに問い合わせる

    c. 各（ユーザーID、検索語、結果）タプルに対して、通知サービスにリクエストを送信する

このジョブがステップ2で失敗した場合、ユーザーに通知を再送信しないようにするには、どうすればよいでしょうか。それには、「第5章　分散トランザクション」で説明した分散トランザクションメカニズムを使用できます。あるいは、通知がすでに表示された（そして、おそらく消された）かどうかを確認してから表示するロジックをクライアント側に実装することもできます。これは、ブラウザやモバイルアプリなど特定のタイプのクライアントでは可能ですが、電子メールやテキストメッセージでは不可能です。

保存された検索に有効期限がある場合、有効期限日よりも古い行を削除するSQLの DELETE文を実行する日次のバッチジョブで、古いテーブル行をクリーンアップできるで しょう。

7.19.10 レートリミットの導入

個々のユーザーがリクエストを頻繁に送信し過ぎてリソースを消費しすぎることを防ぐ ために、サービスへの全てのリクエストをレートリミッターを経由して行わせることができ ます。レートリミッターの設計については「第8章　レートリミットサービスの設計」で議論 します。

7.19.11 大量の投稿

地理的な場所に関係なく誰でもアクセスできる全てのリスティングの単一URLを提供し たい場合は、どのようにすればよいでしょうか。その場合、Postテーブルが単一のホストで 管理するには大きすぎてしまう可能性があり、投稿のElasticsearchインデックスも単一の ホストには大きすぎる可能性があります。しかし、検索クエリは、引き続き単一のホストか ら提供する必要があります。クエリが複数のホストで処理され、結果が単一のホストに集約 されてから閲覧者に返される設計では、レイテンシが高くコストがかかります。どのようにし て、単一のホストから検索クエリを提供し続けることができるでしょうか。次のようなことが 考えられるでしょう。

- 1週間の投稿の有効期限（保持期間）を設定し、期限切れの投稿を削除する日次バッ チジョブを実装する。短い保持期間は、検索およびキャッシュするデータが少なくなる ことを意味し、システムのコストと複雑さを低減できる
- 投稿に保存されるデータ量を減らす
- 投稿のカテゴリに基づいて機能的パーティショニングを行う。例えば、さまざまなカテ ゴリ用に個別のSQLテーブルを作成する。ただし、アプリケーションに適切なテーブル へのマッピングが含まれる必要があるかもしれない。または、このマッピングをRedis キャッシュに保存し、アプリケーションはどのテーブルにクエリを行うかを決定するため にRedisキャッシュにクエリを行う設計も可能である
- 圧縮データの検索は非常にコストが高いため、圧縮は考慮すべきではない

7.19.12 地域の規制

　各管轄区域（国、州、郡、市など）には、Craigslistに影響を与える独自の規制がある可能性があります。例えば、次のようなものです。

- Craigslistで許可される製品やサービスの種類は、管轄区域によって異なる可能性がある。この要件をシステムでどのように処理できるかについては、「15.10.1　規制との付き合い方」で可能なアプローチを議論する
- 顧客データとプライバシーに関する規制により、会社が顧客データを国外に持ち出すことを許可しない場合がある。顧客の要求に応じて顧客データを削除したり、政府とデータを共有したりする必要がある場合もある。これらの考慮事項は、おそらく面接の範囲外となる

　正確な要件については、きちんと議論する必要があります。ユーザーの位置に基づいてクライアントアプリケーションで特定の製品およびサービスセクションを選択的に表示するだけで十分なのか、それとも禁止された製品やサービスについての閲覧や投稿をユーザーが行うことも防ぐ必要があるかなどが論点となるでしょう。

　セクションを選択的に表示するような初期アプローチは、ユーザーのIPアドレスからアクセス元の国を割り出して、それに基づいてセクションを表示または非表示にするロジックをクライアントに追加することです。さらに、これらの規制が多数あるか頻繁に変更される場合、Craigslist管理者が規制のルールを設定できるサービスを作成します。そして、クライアントがどのHTMLを表示または非表示にするかを決定するために、このサービスにリクエストを行うようにすることもできます。このサービスは、読み取りリクエストを大量に受けるものの、書き込みリクエストはさほど多くないため、書き込みが確実に成功するようにCQRS（コマンドクエリ責任分離）パターンを適用できます。例えば、管理者用と閲覧者用に別々のサービスを用意し、それぞれが個別にスケールし、それらの間で定期的な同期を行うようにできます。

　Craigslistに禁止されたコンテンツが投稿されないようにしなければならない場合、禁止された単語やフレーズを検出するシステムや、機械学習などを利用したアプローチについて議論する必要があるかもしれません。

　最後に付け加えておくと、実際のCraigslistは、国ごとにリスティングをカスタマイズしたりはしていません。例えば、2018年にアメリカ合衆国で可決された新しい規制に対応して、サービス全てにおいて個人広告セクションを削除しています。アメリカ以外では、このセクションを表示し続けるといったことはありませんでした。面接でも、このようなアプローチのトレードオフについて議論できるでしょう。

まとめ

- ユーザーとそのさまざまな必要なデータタイプ（テキスト、画像、ビデオなど）について議論し、非機能要件を決定する。Craigslistシステムの場合、スケーラビリティ、高可用性、高性能が非機能要件として重要である

- CDNは画像やビデオを提供するための一般的なソリューションだが、常に適切なソリューションであるとは思い込まないようにする。これらのメディアがユーザーの一部のみに提供される場合は、オブジェクトストアを使用する

- GeoDNSによる機能的パーティショニングは、スケールアップを議論する上での最初のステップである

- 次の論点はキャッシングとCDNで、主に投稿の提供のスケーラビリティとレイテンシを改善する

- Craigslistサービスは、読み取りが多いという特徴がある。SQLを使用する場合、読み取りをスケールするために、リーダー・フォロワーレプリケーションを検討する

- バックエンドの水平スケーリングとメッセージブローカーを検討して、書き込みトラフィックのスパイクを処理する。このような設定は、書き込みリクエストを多くのバックエンドホストに分散させて処理し、メッセージブローカーでバッファリングできる。コンシューマークラスタがメッセージブローカーからリクエストを消費し、それに応じて処理できる

- リアルタイムのレイテンシを必要としない機能については、バッチまたはストリーミングETLジョブの使用を検討する。これによって速度的には遅くなるが、スケーラビリティが高く、コストが低くなる

- 面接の残りの部分では、新しい制約と要件に関する議論が行われるかもしれない。本章では、投稿の報告、グレースフルデグラデーション、複雑さの低減、投稿のカテゴリ／タグの追加、分析とレコメンデーション、A/Bテスト、サブスクリプションと保存された検索、レートリミティング、各ユーザーへのより多くの投稿の提供、地域の規制などの新しい制約と要件について言及した

Chapter

レートリミットサービスの設計

本章の内容

- **レートリミットの使用**
- **レートリミットサービスについての議論**
- **レートリミットのためのさまざまなアルゴリズムの理解**

レートリミットは、システム設計面接で必ず言及すべき一般的なサービスであり、本書の例題のほとんどで触れられています。本章では、①面接官がレートリミットについて面接中に詳細な情報を求めた場合と、②レートリミットサービスの設計自体が質問となっている場合に対応することを目的としています。

レートリミットとは、クライアントがAPIエンドポイントにリクエストを行うことができる頻度を定義するものです。レートリミットは、特にボットによる、クライアントの意図しない、または悪意のある過剰なアクセスを防ぐことができます。本章では、そういった過剰なアクセスを行うクライアントを「過剰なクライアント」と呼びます。

意図しない過剰アクセスの例には、次のようなものがあります。

- クライアントが利用している別のWebサービスで、（正当または悪意のある）トラフィックスパイクが発生した
- そのサービスの開発者が、本番環境で負荷テストを実行することを決定した

このような意図しない過剰アクセスは「ノイジーネイバー」問題を引き起こします。これは、あるクライアントが私たちのサービスのリソースを過剰に使用し、その結果、ほかのクライアントが高いレイテンシや高い失敗率のリクエストを経験する問題です。

悪意のある攻撃には、次のようなものがあります。その中には、レートリミットでは防げないボット攻撃もあります（詳細は、https://www.cloudflare.com/learning/bots/what-is-bot-management/ を参照のこと）。

- サービス拒否（DoS：Denial of Service）または分散型サービス拒否（DDoS：Distributed denial of Service）攻撃
  DoSは標的に大量のリクエストを送り、通常のトラフィックを処理できなくさせる。DoSは単一のマシンを、DDoSは複数のマシンを使用して攻撃を行うという違いがあるが、本章ではこの区別は重要ではないので、これらを総称して「DoS」と呼ぶ。
- 総当たり攻撃
  パスワード、暗号化キー、APIキー、SSHログイン認証情報などの機密データを見つけるために、繰り返し試行錯誤を行う攻撃のことを指す。
- Webスクレイピング
  WebアプリケーションのWebページに多数のGETリクエストを行うボットを使用して、大量のデータを取得することを指す。例えば、Amazonの商品ページから価格や商品レビューをまとめて取得するなどが該当する。

レートリミットは、ライブラリとして実装することも、フロントエンド、APIゲートウェイ、サービスメッシュから呼び出される別のサービスとして実装することもできます。ここでは、「第6章　機能的分割のための共通サービス」で議論した機能的分割の利点を享受できるように、サービスとして実装します。図8.1は、本章で議論するレートリミットの設計を示しています。

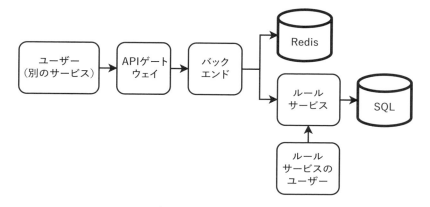

↑図8.1 レートリミットの初期の高レベルアーキテクチャ。フロントエンド、バックエンド、ルールサービスはそれぞれ共有ロギングサービスにログを記録するが、ここでは示していない。Redisデータベースは、通常、共有Redisサービスとして実装され、私たちのサービスが独自のRedisデータベースをプロビジョニングするわけではないことが多い。ルールサービスのユーザーは、ブラウザアプリケーションを介してルールサービスにAPIリクエストを行う可能性がある。ルールはSQLに保存できる

8.1 レートリミットサービスの代替案とそれが実現不可能な理由

　なぜ、負荷を監視して、必要に応じてホストを追加することでサービスをスケールアウトするのではなく、レートリミットを行うのでしょうか。サービスを水平方向にスケーラブルに設計できれば、追加の負荷に対応するためにホストを追加するのは簡単なはずです。自動スケーリングも検討できるでしょう。

　その理由としてまず挙げられるのは、トラフィックスパイクが検出されたときに新しいホストを追加するプロセスは遅すぎるかもしれないことです。新しいホストを追加するには、ホストハードウェアのプロビジョニング、必要なDockerコンテナのダウンロード、新しいホストでのサービスの起動、ロードバランサーの設定を更新してトラフィックを新しいホストに向けるなど、時間のかかる手順が含まれます。このプロセスは時間がかかりがちで、新しいホストがトラフィックを処理する準備ができる前に、サービスがクラッシュしてしまう恐れがあります。自動スケーリングのソリューションでさえ遅すぎる可能性があります。

　ロードバランサーは、各ホストに送信されるリクエスト数を制限できます。クラスタに余剰容量がなくなったときにリクエストをドロップするようにロードバランサーを使用して、ホストが過負荷にならないようにするのは、なぜでしょうか。

　それは、前述のように、悪意のあるリクエストを処理すべきではないからです。レートリミットは、悪意のあるリクエストのIPアドレスを検出し、単にそれらをドロップすることで、悪意のあるリクエストからサービスを守ります。後述しますが、レートリミットサービスは

通常は「429 Too Many Requests」[訳注1]を返しますが、特定のリクエストが悪意があると確信している場合は、次のオプションのいずれかを選択できます。

- リクエストをドロップし、何のレスポンスも返さず、攻撃者にサービスが停止していると思わせる
- ユーザーをシャドウバンし、200を返しつつ空または正常動作していると誤解させるようなレスポンスを返す

なぜ、レートリミットを別のサービスにする必要があるのでしょうか。各ホストが独立してリクエスト元のリクエストレートを追跡し、それらをレートリミットすることはできないのでしょうか。

それができない理由は、リクエストによっては、ほかのリクエストよりもコストがかかるからです。特定のユーザーが、より多くのデータを返す、より高価なフィルタリングや集計を必要とする、より大きなデータセット間のJOIN操作を含むリクエストを行う可能性があります。特定のクライアントからの高価なリクエストを処理することで、ホストが遅くなる可能性があるのです。

レベル4のロードバランサーはリクエストの内容を処理できません。スティッキーセッション（ユーザーからのリクエストを同じホストにルーティングする）にはレベル7のロードバランサーが必要になり、これはコストと複雑さを増加させてしまいます。レベル7のロードバランサーにほかのユースケースがない場合、この目的だけのためにレベル7のロードバランサーを使用するのは、やりすぎかもしれません。これらの理由から、専用の共有レートリミットサービスのほうがよい解決策となるでしょう。表8.1は、ここでの議論をまとめたものです。

レートリミット	新しいホストを追加	レベル7ロードバランサーを使用
リクエスト頻度の高いのユーザーに対して429 Too Many Requestsレスポンスを返すことでトラフィックの急増を処理する	新しいホストを追加しても、トラフィックの急増に対応するには遅すぎる可能性がある。サービスは新しいホストがトラフィックを処理する準備が整う前にクラッシュするかもしれない	トラフィックの急増を処理するための解決策ではない
攻撃者を欺く応答を送ることでDoS攻撃を処理する	悪意のあるリクエストを処理してしまう可能性があり、それは避けるべきである	解決策ではない
高コストなリクエストを行うユーザーに対して、レートを制限が可能である	高コストなリクエストの処理によるサービスの負担が発生する	高コストなリクエストを拒否できるが、単独のソリューションとしてはコストが高く、複雑すぎる可能性がある

⬆ **表8.1** レートリミットとその代替案の比較

訳注1 クライアントが指定されたレートリミットを超過した場合に返されるHTTPステータスコード。

8.2 レートリミットを行わない場合

レートリミットは、必ずしもクライアントからのアクセス過剰に対する適切な解決策ではありません。例えば、私たちが設計したソーシャルメディアサービスを考えてみましょう。ユーザーは、特定のハッシュタグに関連する更新を購読できます。ユーザーが短時間に多くの購読リクエストを行った場合、ソーシャルメディアサービスはユーザーに「過去数分間に行った購読リクエストが多すぎます」というレスポンスを返すことがあります。レートリミットを行う際に、単にユーザーのリクエストをドロップしてステータスコード429（Too Many Requests）を返すか、何も返さずにクライアントがレスポンスをステータスコードが500であると判断するだけでもよいのですが、これは良質なユーザー体験とはいえません。リクエストがブラウザやモバイルアプリケーションから送信された場合には、アプリケーションはユーザーに対して多すぎるリクエストを送信したことを表示するようにしておくことで、良質なユーザー体験を提供できます。

もう1つの例は、特定のリクエストレートに対してサブスクリプションの料金を請求するサービス（例：1時間あたり1,000リクエストと10,000リクエストで異なる料金を設定するような場合）です。この場合、クライアントが特定のタイムスロットでの割り当て呼び出し数を超えたときには、次のタイムスロットまでさらなるリクエストは処理されるべきではありません。クライアントが許可されているアクセス数を超えることを防ぐためには、共有レートリミットサービスは適切な解決策ではありません。後ほど詳しく説明しますが、共有レートリミットサービスは単純なユースケースをサポートするためだけに限定されるべきで、クライアントごとに異なるレートリミットを与えるような複雑なユースケースには適していません。

8.3 機能要件

現在、私たちが考えているレートリミットサービスは共有サービスであり、外部のユーザーが利用するサービスに対して機能を提供します。社内にいる従業員などの内部ユーザーは、ターゲットではありません。こうしたサービスを「ユーザーサービス」と呼びます。ユーザーサービスは、同じリクエスト元からのさらなるリクエストが遅延または拒否される（429レスポンスを返す）最大リクエストレートを設定できるようにしなければなりません。例えば、間隔は10秒または60秒で、10秒間に最大10リクエストまでを設定できると仮定しましょう。その他の機能要件は、次の通りです。

- 各ユーザーサービスは、そのホスト全体でリクエスト元からのレートを制限する必要があるが、サービス間で同じユーザーのレートを一括で制する必要はないと仮定する。つまり、レートリミットは各ユーザーサービスで独立して管理される

- ユーザーサービスでは、エンドポイントごとに複数のレートリミットを設定できる。ある リクエスト元／ユーザーに特別なレートリミットを許可するなど、複雑なユーザー固有 の設定は用意しない。私たちは、レートリミットサービスを安価でスケーラブル、そして 理解と使用が容易なサービスにしたいと考えているからである

- ユーザーは、どのユーザーがアクセスを制限されており、そのレートリミットイベントが 開始および終了したタイムスタンプを表示できるようにする必要がある。これに対応す るエンドポイントを提供する

- 全てのリクエストを記録すべきかどうかについては、面接官と議論する必要がある。 そのためには、大量のストレージが必要で、これにはコストがかかるからである。全ての リクエストの記録が必要であると仮定した場合には、コストを削減するためのストレー ジ節約技術について議論する必要がある

- 攻撃が疑われるアクセスがあった場合には特に、手動によるフォローアップと解析のた めに、制限に達したされたリクエスト元を記録する必要がある

8.4 非機能要件

レートリミットは、事実上、あらゆるサービスに必要な基本機能です。スケーラブルで、 高性能で、できるだけシンプルで、セキュアでプライベートである必要があります。レートリ ミットはサービスの可用性に不可欠ではないので、高可用性と耐障害性をトレードオフにで きます。精度と整合性はかなり重要ですが、厳密である必要はありません。

8.4.1 スケーラビリティ

ここで考えているレートリミットサービスは、特定のリクエスト元のアクセスを制限すべき かどうかを問い合わせるための1日に数十億回に達する可能性のあるリクエストに対してス ケーラブルである必要があります。レートリミットを変更するリクエストは、組織内の内部 ユーザーによって手動で行われるだけなので、この機能を外部ユーザーに公開する必要は ありません。

どれくらいのストレージが必要となるでしょうか。サービスに10億ユーザーがいて、任意 の時点でユーザーごとに最大100リクエストを保存する必要があると仮定します。ユーザー IDとユーザーごとの100のタイムスタンプのキューだけを記録する必要があり、それぞれ64 ビットになるでしょう。レートリミットサービスは共有サービスなので、レートリミットされて いるサービスとリクエストを関連付ける必要があります。大規模な組織では、数千のサービ スがあることも珍しくありません。そのうちの最大100のサービスが、レートリミットを必要 とすると仮定しましょう。

実際にレートリミットサービスが10億ユーザーのデータを保存する必要があるかどうかを

面接官に確認する必要があります。保持期間はどれくらいでしょうか。レートリミットサービスは、通常、過去10秒間のユーザーのリクエストレートに基づいてレートリミットの決定を行うため、10秒間だけデータを保存すれば十分です。さらに、10秒のウィンドウ内に100万〜1,000万以上のユーザーがいるかどうかを面接官に確認すべきです。保守的な最悪のケースとして、1,000万ユーザーがいると見積もりましょう。全体的なストレージ要件は100×64×101×10MB＝808GBとなります。Redisを使用し、各ユーザーにキーを割り当てる場合、値のサイズは64×100＝800バイトになります。10秒よりも古いデータをすぐに削除することは現実的ではない可能性があるため、実際に必要なストレージ量は、サービスが古いデータをどれだけ速く削除できるかによって異なります。

8.4.2　パフォーマンス

　別のサービスがユーザーからリクエストを受け取ると（このようなリクエストを「ユーザーリクエスト」と呼ぶ）、そのユーザーリクエストをレートリミットで制限すべきかどうかを判断するために、私たちのレートリミットサービスにリクエストを行います（このようなリクエストを「レートリミットリクエスト」と呼ぶ）。レートリミットリクエストは、ブロッキングなリクエストです。ほかのサービスは、レートリミットリクエストが完了するまでユーザーに応答できません。レートリミットリクエストのレスポンス時間は、ユーザーリクエストのレスポンス時間に追加されます。そのため、このサービスは非常に低いレイテンシ、おそらくP99で100ミリ秒が必要です。ユーザーリクエストをレートリミットするかどうかの決定は、迅速である必要があります。ログの表示や分析については、低レイテンシは必要ありません。

8.4.3　複雑さ

　私たちのサービスは、組織内の多くのサービスによって使用される共有サービスを意図しています。したがって、その設計はシンプルである必要があります。それによって、バグやサービス停止のリスクを最小限に抑え、トラブルシューティングを容易にし、レートリミットという単一の機能に集中できるようになり、コストを最小限に抑えることができるからです。ほかのサービスの開発者は、できるだけシンプルかつシームレスに私たちのレートリミットソリューションを統合できるようにする必要があります。

8.4.4　セキュリティとプライバシー

　「第2章　典型的なシステム設計面接の流れ」では、外部サービスと内部サービスにおいて、セキュリティとプライバシーで期待される事柄について議論しました。ここではさらに、いくつかの可能性のあるセキュリティとプライバシーのリスクについて議論できます。ユーザーサービスのセキュリティとプライバシーの実装が不十分で、外部の攻撃者が私たちのレートリミットサービスにアクセスするのを防げない可能性があるからです。また、社内の

（内部）ユーザーサービスが、例えば、ほかのユーザーサービスからのレートリミットリクエストを偽装することによって、当社のレートリミットへの攻撃を試みるかもしれません。あるいは、内部のユーザーサービスは、ほかのユーザーサービスからレートリミットとのリクエスト元に関するデータを要求することによって、プライバシーを侵害する可能性もあります。

これらの理由から、レートリミットサービスのシステム設計に、セキュリティとプライバシーのための機能を実装する必要があります。

8.4.5 可用性と耐障害性

高可用性や耐障害性は、必要ではないかもしれません。サービスの可用性が99.9％未満で、1日平均数分のダウンタイムがある場合、ユーザーサービスは、その時間中に全てのリクエストを処理し、レートリミットを課さないだけで済みます。さらに、可用性が高くなるほどコストも増加します。99.9％の可用性を提供するのは比較的安価ですが、99.99999％になると法外に高価になるでしょう。

後述するように、サービスを設計して、過剰なクライアントのIPアドレスを簡単な高可用性キャッシュにキャッシュできます。レートリミットサービスが停止直前に過剰なクライアントを識別した場合、このキャッシュは停止中もレートリミットリクエストに対応し続けることができるので、これらの過剰なクライアントは引き続きレートリミットされます。レートリミットサービスが数分間停止している間に過剰なクライアントが発生する可能性は統計的に低いのですが、もし発生した場合には、ファイアウォールなどの技術を使用してサービス停止を防ぐことができます。しかし、これらの数分間はユーザーエクスペリエンスが悪化するという代償を払うことになります。

8.4.6 精度

ユーザーエクスペリエンスの低下を防ぐために、クライアントを誤って識別してレートリミットによる制限をかけるべきではありません。アクセスが不正なものであるかの確証が得られない場合は、ユーザーをレートリミットすべきではないのです。レートリミットの値自体も、正確である必要はありません。例えば、制限が10秒間に10リクエストの場合、8リクエストで制限してしまったり、12リクエストまで許容してしまったりすることが時折発生する程度であれば、問題とはなりません。最小リクエストレートを提供するSLAがある場合は、より高いレートリミット（例：10秒間に12リクエスト以上）を設定できます。

8.4.7 整合性

精度についての前述の議論は、関連する整合性の議論につながります。どのユースケースにも強い整合性は必要ありません。ユーザーサービスがレートリミットを更新する場合、この新しいレートリミットが新しいリクエストに即座に適用される必要はありません。数秒間の

不一致は許容される可能性があります。どのユーザーがレートリミットされたかなどのログイベントの表示や、これらのログの分析についても、最終的な整合性で十分です。強い整合性ではなく結果整合性を使用することで、より単純で安価な設計が可能になります。

8.5 ユーザーストーリーと必要なサービスコンポーネントの議論

レートリミットリクエストには、ユーザー ID とユーザーサービス ID が必須情報として含まれます。レートリミットは各ユーザーサービスで独立しているため、ID フォーマットは各ユーザーサービスに固有のものにできます。ユーザーサービスの ID フォーマットは、レートリミットサービスではなく、ユーザーサービスによって定義され、維持されます。ユーザーサービス ID を使用して、異なるユーザーサービスからの可能性のある同一のユーザー ID を区別できます。各ユーザーサービスには異なるレートリミットがあるため、レートリミットサービスはユーザーサービス ID を使用して適用するレートリミット値を決定します。

レートリミットサービスは、ユーザー ID やサービス ID のデータを 60 秒間保存する必要があります。ユーザーのリクエストレートがレートリミットの閾値よりも高いかどうかを判断するために、このデータを使用する必要があるからです。任意のユーザーのリクエストレートや任意のサービスのレートリミットを取得する際のレイテンシを最小限に抑えるため、これらのデータはインメモリストレージに保存（またはキャッシュ）する必要があります。ログには整合性とレイテンシが要求されないため、HDFS のような最終的に整合性のあるストレージに保存できます。これには、可能なホスト障害からデータ損失を防ぐためのレプリケーションがあります。

最後に、ユーザーサービスは、エンドポイントのレートリミットを作成および更新するために、レートリミットサービスに頻繁でないリクエストを行えます。このリクエストは、ユーザーサービス ID、エンドポイント ID、希望するレートリミット（例：10 秒間に最大 10 リクエスト）で構成できます。

これらの要件をまとめると、次のようなものが必要となるでしょう。

- 高速な読み書きが可能なカウント用のデータベース
  スキーマはシンプルで、（ユーザー ID、サービス ID）以上に複雑になることは、ほとんどない。Redis のようなインメモリデータベースを使用できる。
- ルールを定義および取得できるサービス
  ルールサービスと呼ぶ。
- ルールサービスと Redis データベースにリクエストを行うサービス
  バックエンドサービスと呼ぶ。

2つ目と3つ目に挙げた2つのサービスは分離されるべきです。なぜなら、ルールの追加や変更のためのルールサービスへのリクエストが、リクエストをレートリミットすべきかどうかを判断するためのレートリミットサービスへのリクエストを妨げるべきではないからです。

8.6 高レベルアーキテクチャ

図8.2（図8.1の再掲）は、これらの要件とストーリーを考慮した高レベルアーキテクチャを示しています。クライアントがレートリミットサービスにリクエストを行うと、このリクエストは最初にフロントエンドまたはサービスメッシュを通過します。フロントエンドのセキュリティメカニズムがリクエストを許可すると、リクエストはバックエンドに送られ、次のような手順が実行されます。

1. ルールサービスからサービスのレートリミットを取得する。この情報はキャッシュすることで、レイテンシを下げ、ルールサービスへのリクエスト量を削減できる
2. このリクエストを含むサービスの現在のリクエストレートを決定する
3. リクエストをレートリミットすべきかどうかを示すレスポンスを返す

手順1と2は並行して実行し、各手順にスレッドをフォークするか、共通のスレッドプールからスレッドを使用することで、全体的なレイテンシを削減できます。

図8.2の高レベルアーキテクチャにあるフロントエンドとRedis（分散キャッシュ）サービスは、水平方向のスケーラビリティのためのものです。これは「3.5.3　分散キャッシュ」で議論した分散キャッシュアプローチです。

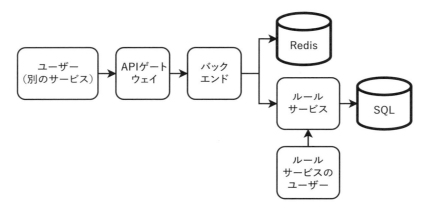

⬆図8.2　レートリミットの初期の高レベルアーキテクチャ。フロントエンド、バックエンド、ルールサービスも共有ロギングサービスにログを記録するが、ここでは示していない。Redisデータベースは、通常、共有Redisサービスとして実装され、私たちのサービスが独自のRedisデータベースをプロビジョニングするわけではないはずである。ルールサービスのユーザーは、ブラウザアプリを介してルールサービスにAPIリクエストを行う可能性がある

図8.2で、ルールサービスには非常に異なるリクエスト量を持つ2つの異なるサービス（バックエンドとルールサービスユーザー）からのユーザーがいることに気付くかもしれません。そのうちの1つ（ルールサービスユーザー）が全ての書き込みを行います。
　「3.3.2　前方誤り訂正と誤り訂正符号」と「3.3.3　サーキットブレーカー」で議論したリーダー・フォロワーレプリケーションの概念を思い出しましょう。図8.3に示すように、ルールサービスユーザーは、読み取りと書き込みの両方のSQLクエリを全てリーダーノードに対して行うことができます。バックエンドは、読み取り／SELECTクエリのみをフォロワーノードに対して行う必要があります。これにより、ルールサービスユーザーは高い整合性を備え、高いパフォーマンスを発揮します。

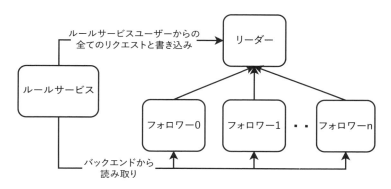

↑ **図8.3**　リーダーホストはルールサービスユーザーからの全てのリクエストと、全ての書き込み操作を処理する必要がある。バックエンドからの読み取りはフォロワーホスト間で分散できる

　図8.4を参照すると、ルールが頻繁に変更されることは予想できないため、ルールサービスに読み取りパフォーマンスをさらに向上させるためのRedisキャッシュを追加できます。図8.4はキャッシュサイドのキャッシングを示していますが、「3.8　コスト」で述べたその他のキャッシング戦略も使用できます。バックエンドサービスもRedisにルールをキャッシュできます。「8.4.5　可用性と耐障害性」で議論したように、過剰なユーザーのIDもキャッシュできます。ユーザーがレートリミットを超えたらすぐに、そのIDと、ユーザーがもはやレートリミットされるべきでない有効期限をキャッシュできます。そうすれば、バックエンドはユーザーのリクエストを拒否するためにルールサービスにクエリを行う必要がなくなります。
　AWSを使用している場合、RedisとSQLの代わりにDynamoDBを検討できます。DynamoDBは1秒あたり数百万のリクエストを処理でき（https://aws.amazon.com/dynamodb/）、最終的に整合性のある、または強く整合性のあるいずれかを選択できます（https://docs.aws.amazon.com/whitepapers/latest/comparing-dynamodb-and-hbase-for-nosql/consistency-model.html）。ただし、これを使用するとベンダーロックインが発生します。

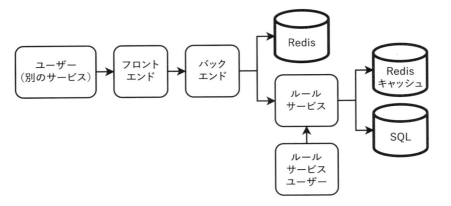

図 8.4 ルールサービス上のRedisキャッシュを持つレートリミットサービス。バックエンドからの頻繁なリクエストは、SQLデータベースの代わりにこのキャッシュから提供できる

　バックエンドには全ての非機能要件があります。スケーラブルで、高性能で、複雑ではなく、セキュアでプライベートで、最終的に整合性があります。リーダー・リーダーレプリケーションを持つSQLデータベースは高可用性と耐障害性があり、これは要件を超えています。精度については後で議論します。この設計はルールサービスユーザーにとってはスケーラブルではありませんが、「8.4.1　スケーラビリティ」で議論したように、許容できる問題です。

　要件から考えると、ここで考えた初期のアーキテクチャは設計が過剰で複雑すぎ、コストがかかりすぎる可能性があります。この設計は高精度で強い整合性がありますが、今回の非機能要件では、そこまでの要求はありません。精度と整合性をトレードオフにしてコストを下げることはできないかを考えてみましょう。まず、レートリミットサービスをスケールアップするための2つの可能な方法について議論することにします。

1. ホストは共有データベースからデータを取得することで、状態を保持せずに任意のユーザーにサービスを提供できる。これは、本書のほとんどの課題で採用してきたステートレスアプローチである
2. ホストは固定されたユーザーセットにサービスを提供し、そのユーザーのデータを保存する。これはステートフルアプローチ[訳注2]で、次節で議論する

訳注2　ホストが状態を保持し、特定のクライアントに対するリクエスト履歴をメモリに保存する手法。

8.7 ステートフルアプローチ／シャーディング

　図8.5は、今回の非機能要件により近い、ステートフルソリューションのバックエンドを示しています。リクエストが到着すると、ロードバランサーはそのホストにルーティングします。各ホストは、クライアントのカウントをメモリに保存します。ホストはユーザーがレートリミットを超えたかどうかを判断し、`true`または`false`を返します。ユーザーがリクエストを行い、そのホストがダウンしている場合、サービスは500エラーを返し、リクエストはレートリミットされません。

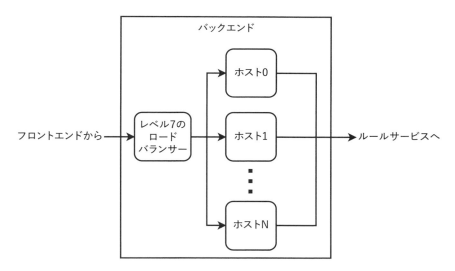

↑図8.5　ステートフルシャーディングアプローチを採用したレートリミットサービスのバックエンドアーキテクチャ。カウントはRedisのような分散キャッシュではなく、ホストのメモリに保存される

　このステートフルアプローチには、レベル7のロードバランサーが必要です。これは「8.1　レートリミットサービスの代替案とそれが実現不可能な理由」でレベル7のロードバランサーの使用について議論したことと矛盾するように見えるかもしれません。しかし、ここでは分散レートリミットソリューションで使用することについて議論しており、単にコストの高いリクエストを拒否して、各ホストが独自のレートリミットを実行するためのスティッキーセッションのためではないことに注意してください。

　このようなアプローチを採った場合、ホストがダウンしたときにデータ損失から保護する必要があるかという、耐障害性の問題がすぐに浮上するでしょう。そして、そうした問題は、レプリケーション、フェイルオーバー、ホットシャード、リバランシングなどのトピックについての議論につながります。「3.1　スケーラビリティ」で簡単に議論したように、レプリケーションではスティッキーセッションを使用できます。しかし、本章前半の要件の議論で、

整合性、高可用性、耐障害性は必要ないと述べました。特定のユーザーのデータを含むホストがダウンした場合、単に別のホストをそれらのユーザーに割り当て、影響を受けたユーザーのリクエストレートカウントを0からリスタートできます。したがって、ホスト停止の検出、代替ホストの割り当てとプロビジョニング、トラフィックの再バランシングといった議論が必要となるでしょう。

ステータスコード500のエラーが発生した場合、新しいホストをプロビジョニングする自動応答がトリガーされる必要があります。そして、新しいホストは、設定サービスからアドレスのリストを取得する必要があります。これは、AWS S3のような分散オブジェクトストレージに保存された単純な手動更新ファイル（高可用性のため、このファイルは分散ストレージに保存する必要があり、単一のホストに保存してはならない）、またはZooKeeperのような複雑なソリューションを利用することもできます。レートリミットサービスを開発する際には、ホストのセットアッププロセスが数分を超えないようにする必要があるでしょう。また、ホストのセットアップ時間を監視し、セットアップ時間が数分を超えた場合に低緊急度のアラートを発生させる必要があります。

ホットシャードを監視し、定期的にホスト間でトラフィックのバランス調整（リバランス）を行う必要があります。バッチETLジョブを定期的に実行して、リクエストログを読み取り、大量のリクエストを受け取っているホストを特定し、適切なロードバランシング設定を決定し、その設定を設定サービスに書き込むことができます。ETLジョブは新しい設定をロードバランサーサービスにプッシュすることもできますが、ロードバランサーホストがダウンした場合に備えて、設定サービスに書き込みます。そうしておけば、ホストが復旧するか、新しいロードバランサーホストがプロビジョニングされた場合、設定サービスから設定を読み取ることができます。

図8.6は、バランス調整ジョブを含むバックエンドアーキテクチャを示しています。このバランス調整によって、多数のヘビーユーザーが特定のホストに割り当てられてしまうことで、そのホストがダウンする事態を防ぎます。私たちのソリューションには、失敗したホストのユーザーを別のホストに分散させるフェイルオーバーメカニズムがないため、デススパイラルのリスクはありません。デススパイラルとは、過剰なトラフィックによってホストがダウンし、そのトラフィックが残りのホストに再分配されて、それらへのトラフィックを増加させ、次々とダウンしていく現象のことです。

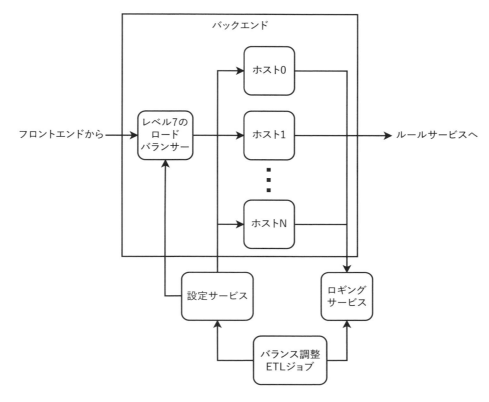

↑図8.6 バランス調整ETLジョブを含むバックエンドアーキテクチャ

　このアプローチのトレードオフは、DoS / DDoS攻撃に対する耐性が低くなることです。ユーザーが非常に高いリクエストレート（例：1秒間に数百のリクエスト）でアクセスしてくる場合、割り当てられたホストはこれを処理できず、このホストに割り当てられた全てのユーザーがレートリミットされなくなります。このような場合のためにアラートを設定し、このユーザーからのリクエストを全てのサービスでブロックすべきです。ロードバランサーは、このIPアドレスからのリクエストをドロップする（つまり、バックエンドホストにリクエストを送信せず、レスポンスも返さない）必要がありますが、リクエストはログに記録しなければなりません。

　ステートレスアプローチと比較すると、ステートフルアプローチはより複雑で、整合性と精度が高くなりますが、次のような欠点もあります。

- コスト
- 可用性
- 耐障害性

全体として、ステートフルアプローチは分散データベースの劣化版のようなものだといえます。私たちは独自の分散ストレージソリューションを設計しようとしましたが、それは広く使用されている分散データベースほど洗練されておらず、成熟していません。このアプローチは、単純さと低コストに最適化されており、強い整合性も高可用性もありません。

8.8　全てのカウントを各ホストに保存する

「8.6　高レベルアーキテクチャ」で議論したステートレスバックエンドの設計では、リクエストタイムスタンプの保存にRedisを使用しました。Redisは分散型で、スケーラブルで高可用性があります。また、低レイテンシで正確なソリューションです。しかし、この設計ではRedisデータベースを使用する必要があり、通常は共有サービスとして実装されます。外部のRedisサービスへの依存を避け、そのサービスで発生しうる問題によってレートリミットサービスが影響を受ける事態を避けることはできるでしょうか。

「8.7　ステートフルアプローチ／シャーディング」で議論したステートフルバックエンドの設計は、バックエンドに状態を保存することでRedisへのルックアップを回避できますが、ロードバランサーがどのホストにリクエストを送信するかを決定するために各リクエストを処理する必要があり、ホットシャードを防ぐためのリシャッフリングも必要です。全てのユーザーリクエストタイムスタンプを単一のホストのメモリに収めるように、ストレージ要件を削減できないでしょうか。

8.8.1　高レベルアーキテクチャ

必要となるストレージの要件を下げるには、どうしたらよいでしょうか。808GBのストレージ要件を8.08GB ≈ 8GBに削減するには、レートリミットサービスを使用する約100のサービスごとに新しいインスタンスを作成し、フロントエンドを使用してサービスごとのリクエストを適切なサービスにルーティングします。8GBはホストのメモリに収まりますが、高いリクエストレートのため、レートリミットに単一のホストを使用することはできません。128個のホストを使用すれば、各ホストは64MBだけ保存すればよくなります。最終的に決定する数は、おそらく1から128の間になるでしょう。

図8.7は、このアプローチのバックエンドアーキテクチャです。ホストがリクエストを受け取ると、次のことを並行して行います。

- レートリミットの決定を行い、それを返す
- 非同期でほかのホストとタイムスタンプを同期する

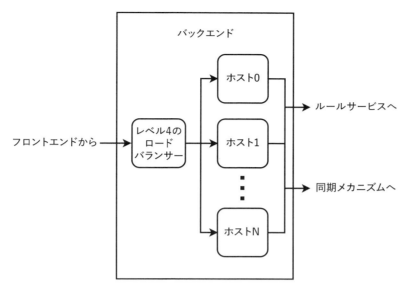

↑**図8.7** 全てのユーザーリクエストタイムスタンプがバックエンドホストのメモリに収まるレートリミットサービスの高レベルアーキテクチャ。リクエストはホスト間でランダムにロードバランスされ、各ホストはほかのサービスやホストにリクエストを行うことなく、ユーザーリクエストに対してレートリミットの決定を行い、レスポンスできる。ホストは別のプロセスで互いにタイムスタンプを同期する

　レベル4のロードバランサーがリクエストをホスト間でランダムに振り分けるので、ユーザーがレートリミットのリクエストを行うたびに、異なるホストに向けられる可能性があります。したがって、レートリミットを正確に計算するためには、ホスト上のレートリミットを同期する必要があります。ホストを同期する方法は複数あり、次節で詳しく説明します。ここでは、バッチ更新は頻度が低すぎるため、設定されたリクエストレートよりもはるかに高いレートでユーザーがレートリミットされてしまうので、ストリーミングを使用するとだけ記しておきます。

　ほかの2つの設計（ステートレスバックエンド設計とステートフルバックエンド設計）と比較すると、この設計は整合性と精度をトレードオフにして、より低いレイテンシとより高いパフォーマンス（より高いリクエストレートを処理可能）を実現しています。ホストがレートリミットの決定を行う前にメモリ内の全てのタイムスタンプを持っていない可能性があるため、実際の値よりも低いリクエストレートであると認識するかもしれません。また、次のような特徴があります。

- ステートレスサービスのように、レベル4のロードバランサーを使用して（フロントエンドを通じて）任意のホストにリクエストを向ける
- ホストはメモリ内のデータでレートリミットの決定を行える
- データ同期は独立したプロセスで行える

ホストがダウンしてデータが失われた場合はどうなるでしょうか。その場合は、レート
リミットされるはずの特定のユーザーが、レートリミットされる前により多くのリクエストを
行うことが許可されてしまいます。しかし、すでに述べたように、これは許容される動作
です。リーダーフェイルオーバーと可能性のある問題についての簡単な議論については、
『Designing Data-Intensive Applications』(Martin Kleppmann 著／O'Reilly Media
／ 2017) [訳注3]の157 〜 158ページを参照してください。表8.2に、ここまでで議論した3つの
アプローチを比較してまとめました。

ステートレス バックエンド設計	ステートフル バックエンド設計	全てのホストに カウントを保存する設計
分散データベースにカウントを保存	各ユーザーのカウントをバックエンドホストに保存	各ホストに全てのユーザーのカウントを保存
ステートレスなので、任意のホストにルーティング可能	レベル7のロードバランサーが各ユーザーを割り当てられたホストにルーティング	全てのホストにユーザーカウントがあるため、任意のホストにルーティング可能
高い読み取りおよび書き込みトラフィックを処理するために分散データベースに依存しており、スケーラブル	ロードバランサーは高リクエストレートを処理可能であり、垂直スケーラブル	各ホストが全てのユーザーカウントを保存する必要があり、スケーラブルではない
効率的なストレージ消費。レプリケーション係数を設定可能	最小のストレージ消費量(バックアップがない場合がある)	最も高価で高いストレージ消費。ホスト間の同期のためのn-n通信も発生する
結果整合性。同期完了前に決定が行われる可能性があるため、多少の不正確さが生じることがある	同じホストにリクエストを送るため、最も正確で整合性が高い	同期に時間がかかるため、最も不正確で整合性が低い
分散データベースの高可用性および耐障害性の恩恵を受ける	バックアップがない場合、ホストの故障は全てのカウントのデータ損失に繋がる。最も低い可用性と耐障害性	ホストは交換可能で、最も高い可用性と耐障害性を持つ
外部のデータベースサービスに依存。サービス停止の影響を受ける可能性がある	外部データベースに依存しないが、各リクエストごとにロードバランサーがホストを決定する必要がある	外部データベースに依存しない。大規模な組織での実装が容易

⬆ **表8.2**　ステートレスバックエンド設計、ステートフルバックエンド設計、全てのホストにカウントを保存
する設計の比較

訳注3　邦訳『データ指向アプリケーションデザイン』(斉藤 太郎 監訳、玉川 竜司 訳／オライリー・ジャパン／ ISBN978-
4-87311-870-3)。

8.8.2 カウントの同期

　ホストは、どのようにユーザーリクエストカウントを同期できるでしょうか。本節では、いくつかの考えられるアルゴリズムについて議論します。All-to-All以外の全てのアルゴリズムは、レートリミットサービスに適用可能です。

　同期メカニズムは、プルとプッシュのどちらにすべきでしょうか。整合性と精度をトレードオフにして、より高いパフォーマンス、より低いリソース消費、より低い複雑度を選択するのであれば、プッシュを選ぶはずです。ホストがダウンした場合、そのカウントを無視し、ユーザーがレートリミットされる前により多くのリクエストを行うことを許可できます。これらの考慮事項から、ホストはUDPを使用して、TCPの代わりに非同期でタイムスタンプを共有することを決定できます。

　そして、ホストが次の2つの主要なタイプのリクエストのトラフィックを処理できるように考えておく必要があります。

1. レートリミットの決定を行うリクエスト。このようなリクエストはロードバランサーによって制限され、必要に応じてより大きなクラスタをプロビジョニングすることで制限される
2. ホストのメモリ内のタイムスタンプを更新するリクエスト。同期メカニズムは、特にクラスタ内のホスト数を増やす際に、ホストが高いレートのリクエストを受け取らないようにする工夫する必要がある

● 全対全（All-to-All）

　全対全（All-to-All）とは、グループ内の各ノードがほかの全てのノードにメッセージを送信することを意味します。これは、メッセージの受信者への同時転送を指す「ブロードキャスト」よりも一般的です。図3.3（図8.8に再掲）のように、全対全にはフルメッシュトポロジーが必要で、つまり、ネットワーク内の各ノードがほかの全てのノードに接続されている必要があります。全対全はノード数に対して二次関数的にスケールしてしまうため、スケーラブルではありません。128のホストで全対全通信を使用すると、各全対全通信には128×128×64MB、つまり1TBを超えるデータが必要となり、これは実現不可能でしょう。

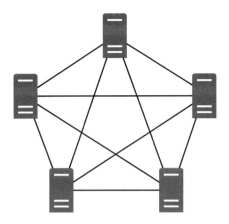

⬆ **図8.8** フルメッシュトポロジー。ネットワーク内の各ノードが、ほかの全てのノードに接続されている。私たちのレートリミットサービスでは、各ノードがユーザーリクエストを受け取り、リクエストレートを計算し、リクエストを承認または拒否する仕組みを持つ

● ゴシッププロトコル

ゴシッププロトコルでは、図3.6（図8.9に再掲）のように、ノードは定期的にランダムに他のノードを選び、メッセージを送信します。Yahoo!の分散レートリミットサービスは、ホストを同期するためにゴシッププロトコルを使用しています（https://yahooeng.tumblr.com/post/111288877956/cloud-bouncer-distributed-rate-limiting-at-yahoo）。このアプローチは、整合性と精度をトレードオフにして、より高いパフォーマンスとより低いリソース消費を実現します。ただし、複雑度も増してしまいます。

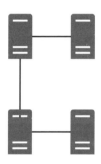

⬆ **図8.9** ゴシッププロトコル。各ノードは定期的にランダムにほかのノードを選び、メッセージを送信する

全対全とゴシッププロトコルは、どちらも全てのノードが直接互いにメッセージを送信する必要がある同期メカニズムです。これは、全てのノードがほかのノードのIPアドレスを知っている必要があることを意味します。ノードがクラスタに継続的に追加および削除され

るため、各ノードはほかのノードのIPアドレスを見つけるために設定サービス（ZooKeeperなど）にリクエストを行わなければなりません。

その他の同期メカニズムでは、ホストは特定のホストまたはサービスを介して互いにリクエストを行います。

● 外部ストレージまたは調整サービス

図8.10（図3.4とほぼ同じ）を参照してください。これら2つのアプローチは、ホストが互いに通信するための外部コンポーネントを使用します。

ホストは、リーダーホストを介して互いに通信できます。このホストは、クラスタの設定サービス（ZooKeeperなど）によって選択されます。各ホストはリーダーホストのIPアドレスのみを知る必要があり、リーダーホストは定期的にホストのリストを更新する必要があります。

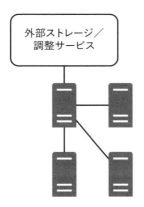

⤴ 図8.10　ホストは外部コンポーネント（外部ストレージサービスや調整サービスなど）を通じて通信を行う

● ランダムリーダー選択

単純なアルゴリズムでリーダーを選出することで、リソースの消費量と複雑さをトレードオフできます。図3.7（図8.11に再掲）を見てください。複数のリーダーが選出される可能性もあり、各リーダーがほかの全てのホストと通信できている限り、全てのホストは全てのリクエストのタイムスタンプで更新されます。そのため、不必要なメッセージングオーバーヘッドが発生することになります。

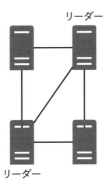

⬆ **図8.11** ランダムなリーダー選択が行われ、複数のリーダーが選出される可能性がある。これは不必要なメッセージングオーバーヘッドを引き起こすが、それ以外は特に問題はない

8.9 レートリミットアルゴリズム

　ここまで、ユーザーのリクエストレートがリクエストのタイムスタンプによって決定されると仮定して進めてきましたが、どのようにリクエストレートを計算する可能性があるかということについては議論してきませんでした。そこで、分散レートリミットサービスがリクエスト元の現在のリクエストレートをどのように決定するかについて考えていきます。一般的なレートリミットアルゴリズムには、次のようなものがあります。

- トークンバケット
- リーキーバケット
- 固定ウィンドウカウンター
- スライディングウィンドウログ
- スライディングウィンドウカウンター

　議論を続ける前に、注意点を1つ述べておきます。システム設計面接においては、候補者のほとんどが事前に経験していない専門知識を必要とするように見える場合があります。面接官は、候補者がレートリミットアルゴリズムに精通していることを期待していないかもしれません。そうした質問は、候補者の知識ではなく、コミュニケーションスキルと学習能力を評価するためのものです。面接官は、レートリミットアルゴリズムを説明し、要件を満たすソリューションを設計するために、候補者と協力する能力を評価したいのかもしれません。
　面接官は大まかな一般化や誤った発言をすることもありますが、それらを批判的に評価し、賢明な質問をし、ていねいに、しっかりと、明確に、簡潔に技術的な意見を表現できれば、その能力は評価されるはずです。

サービスに複数のレートリミットアルゴリズムを実装し、このサービスの各ユーザーがユーザーの要件に最も適合するレートリミットアルゴリズムを選択することも検討できます。このアプローチでは、ユーザーは希望するアルゴリズムを選択し、ルールサービスで希望の設定を行います。

議論を簡単にするため、本節のレートリミットアルゴリズムの説明では、レートリミットが10秒間に10リクエストであると仮定します。

8.9.1　トークンバケット

図8.12で図示したトークンバケットアルゴリズムは、トークンで満たされたバケツのアナロジーに基づいて、リクエストごとにトークンを消費し、一定間隔でトークンを補充することでレートを制限します。バケットとはバケツのことで、バケツには3つの情報があります。

- トークンの最大数
- 現在利用可能なトークンの数
- バケツにトークンが追加されるリフィル率

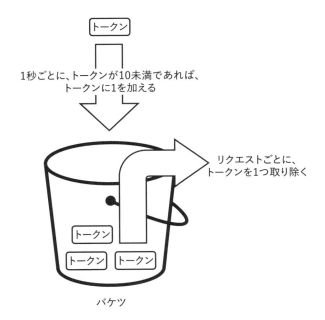

⬆ **図8.12**　1秒ごとにエンキューするトークンバケット

リクエストが到着するたびに、バケツからトークンを1つ取り除きます。トークンがない場合、リクエストは拒否されるか、アクセス制限されます。バケツは一定の速度で補充されます。

このアルゴリズムを簡単に実装するには、各ユーザーリクエストで次のような処理を行います。ホストは、ハッシュマップを使用してキーと値のペアを保存します。ホストがこのユーザーIDのキーを持っていない場合、システムはユーザーIDとトークンカウント9（10 − 1）でエントリを初期化して、falseを返します。ホストがこのユーザーIDのキーを持っており、その値が0より大きい場合、システムはそのカウントを減少させて、やはりfalseを返します。カウントが0の場合、trueを返します。trueが返るということは、ユーザーからのアクセスはレートリミットに達しており、制限されることになります。falseが返った場合は、ユーザーのアクセスはレートリミットに達しておらず、アクセスは制限されません。システムは、全てのユーザーの値を1秒ごとに1ずつ増加させる必要がありますが、10以上の数にすることはありません。

トークンバケットの利点は、理解と実装が容易で、メモリ効率がよい（各ユーザーにはトークンをカウントする整数変数がそれぞれ1つ必要なだけ）ことです。

この実装を行う上で明らかに考慮しておかなければならない点は、各ホストがハッシュマップ内の全てのキーを定期的に増加させる必要があることです。これはホストのメモリ内のハッシュマップで実行可能です。ストレージがホストの外部（Redisデータベースなど）にある場合、RedisはMSETコマンド（https://redis.io/commands/mset/）を提供しており、これを用いて複数のキーを更新することができますが、単一のMSET操作で更新できるキーの数に制限がある可能性があります（https://stackoverflow.com/questions/49361876/mset-over-400-000-map-entries-in-redis）（MSETに関する公式Redisドキュメントは、リクエスト内のキーの上限を述べておらず、Stack Overflowが正しいとは限らない。しかし、システムを設計する際には、常に合理的な質問をし、公式ドキュメントさえも完全に信頼すべきではない）。さらに、各キーが64ビットの場合、1,000万のキーを更新するリクエストは8.08GBのサイズになってしまい、これは大きすぎる値だといえるでしょう。

更新コマンドを複数のリクエストに分割する必要がある場合には、リソースのオーバーヘッドとネットワークレイテンシが問題になります。

さらに、キーを削除するメカニズム（つまり、最近リクエストを行っていないユーザーを削除する）がないため、システムはトークン補充リクエストレートを減らしたり、最近リクエストを行ったほかのユーザーのためにRedisデータベースにスペースを作るために、いつ利用されていないユーザーを削除すべきかを知ることができません。そういったことを行うためには、ユーザーの最後のリクエストのタイムスタンプを記録するための別のストレージメカニズムと、古いキーを削除するプロセスがシステムに必要になります。

「8.8　全てのカウントを各ホストに保存する」で取り上げた分散実装では、各ホストが独自のトークンバケットを持ち、このバケットを使用してレートリミットの決定を行う可能性があります。ホストは、「8.8.2　カウントの同期」で議論した技術を使用してバケットを同期

できます。ホストがほかのホストとバケットを同期する前にそのバケットを使用してレートリミットの決定を行う場合、ユーザーは設定されたレートリミットよりも高いレートでリクエストを行うことができる可能性があります。例えば、2つのホストがほぼ同時にそれぞれ同じユーザーからリクエストを受け取った場合、それぞれがトークンを1つ減らして9つのトークンが残ることになり、その後にほかのホストとそれを同期したとします。その結果、リクエストは2回あったにもかかわらず、全てのホストはトークンが1つだけ減り、9つのトークンが残った状態に同期されてしまいます。

> **Cloud Bouncer**
>
> トークンバケットに基づく分散レートリミットライブラリの例として、2014年にYahoo!が開発したCloud Bouncer（https://yahooeng.tumblr.com/post/111288877956/cloud-bouncer-distributed-rate-limiting-at-yahoo）が挙げられます。

8.9.2 リーキーバケット

リーキーバケットは、最大トークン数を持ち、一定の速度でそのトークンが減少していき（これをリーク、つまり漏れると表現する）、トークンが空になると減少が止まるようになっています。そして、リクエストあるたびに、バケツにトークンが追加されます。バケツが満杯の場合、レートリミットに達したと見なされ、リクエストは拒否されます。

図8.13を見てみましょう。リーキーバケットの一般的な実装には、固定サイズのFIFOキューを使用します。キューは定期的にデキューされます。リクエストが到着すると、キューに余裕がある場合にトークンがエンキューされます。固定サイズのキューのため、この実装はトークンバケットよりもメモリ効率が低くなります。

▲図8.13　1秒ごとにデキューするリーキーバケット

このアルゴリズムには、トークンバケットと同様の問題がいくつかあります。

- 毎秒、ホストは全てのキューからデキューする必要がある
- 古いキーを削除するための別のメカニズムが必要となる
- キューはその容量を超えることができないため、分散実装では、同期する前に複数のホストが同時にバケット／キューが満杯になってしまう可能性がある。これは、ユーザーがレートリミットを超えたことを意味する

ほかにありうる設計として、トークンの代わりにタイムスタンプをキューに格納するというものがあります。リクエストが到着すると、まずキューからタイムスタンプを、タイムスタンプが保持期間が過ぎているものをデキューしていきます。その後キューに空きがあればリクエストのタイムスタンプをエンキューします。エンキューが成功した場合はfalseを返し、そうでない場合はtrueを返します。このアプローチでは、毎秒全てのキューからデキューを行う必要がなくなります。

問題

整合性の問題に気付いたでしょうか？

注意深い読者であれば、レートリミットの決定に不正確さをもたらす可能性のある2つの整合性の問題にすぐに気付くでしょう

1. ホストがキーと値のペアをリーダーホストに書き込み、それが別のホストによってすぐに上書きされるレースコンディションが発生する可能性がある
2. ホストの時間が同期されておらず、ホストがほかのホストの異なる時間で記録されたタイムスタンプを使用してレートリミットの決定を行う可能性がある

これらの不正確さは、軽微で許容できるものです。本節で議論するタイムスタンプを使用するほかの分散レートリミットアルゴリズム（固定ウィンドウカウンターとスライディングウィンドウログ）にもこの2つの問題は存在していますが、これ以上は本節では言及しません。

8.9.3 固定ウィンドウカウンター

固定ウィンドウカウンターは、キーと値のペアとして実装されます。キーはクライアントIDとタイムスタンプの組み合わせ（例：user0_1628825241などの文字列）で、値はリクエスト数です。クライアントがリクエストを行うと、そのキーが存在する場合はリクエスト数である値がインクリメントされ、存在しない場合は新しく作成されます。カウント数が設定されたレートリミット内であればリクエストは受け入れられ、超えている場合は拒否されます。

ウィンドウ間隔は、固定されています。例えば、ウィンドウは各分の[0, 60)秒の間に実行できます。ウィンドウが過ぎると、全てのキーは期限切れになります。例えば、キー「user0_1628825241」は3:27:00 AM GMTから3:27:59 AM GMTまで有効です。なぜなら、1628825241は3:27:21 AM GMTで、これは3:27 AM GMTの範囲（ウインドウ）内にあるからです。

> **問題**
> リクエストレートが設定されたレートリミットをどれだけ超える可能性があるでしょうか？

　固定ウィンドウカウンターの欠点は、設定されたレートリミットの最大2倍のリクエストレートを許可してしまう可能性があることです。例えば、図8.13のようになっていて、レートリミットが1分間に5リクエストの場合、クライアントは[8:00:30 AM, 8:01:00 AM)に最大5リクエスト、[8:01:00 AM, 8:01:30 AM)にさらに最大5リクエストを行うことができます。クライアントは実際に1分間のインターバルで10リクエストを行っており、これは1分あたり5リクエストという設定されたレートリミットの2倍です（図8.14）。

⬆ **図8.14** ユーザーは[8:00:30 AM, 8:01:30 AM)に5リクエスト、[8:01:00 AM, 8:01:30 AM)にさらに5リクエストを行ったとする。固定ウィンドウ当たり5リクエストの制限内になるが、実際には1分間に10リクエストを行っている

　このアプローチを私たちのレートリミットサービスに適用した場合、ホストがユーザーリクエストを受け取るたびに、そのハッシュマップで次の手順を実行します。これらの手順のシーケンス図については図8.15を参照してください。

1. クエリする適切なキーを決定する。例えば、レートリミットの有効期限が10秒の場合、1628825250のuser0に対応するキーは["user0_1628825241", "user0_1628825242", …, "user0_1628825250"]となる
2. これらのキーに対するリクエストを行う。キーと値のペアをホストのメモリではなくRedisに保存している場合、MGETコマンド（https://redis.io/commands/mget/）を使用して指定された全てのキーの値を返すことができる。MGETコマンドは、取得するキーの数Nに対してO(N)ではあるものの、複数のリクエストを行う代わりに単一のリクエストを行うことで、ネットワークレイテンシとリソースのオーバーヘッドが低くなる

3. キーが見つからない場合は、例えば(user0_1628825250, 1)のような新しいキーと値のペアを作成する。キーが1つだけ見つかった場合は、その値を増加させる。複数のキーが見つかった場合（レースコンディションによる）、返された全てのキーの値の合計を計算し、その合計を1増加させる。これが過去10秒間のリクエスト数となる
4. 次のことを並行して行う
   a. 新しいまたは更新されたキーと値のペアをリーダーホスト（またはRedisデータベース）に書き込む。複数のキーがあった場合は、最も古いキー以外の全てのキーを削除する
   b. カウントが10を超える場合はtrueを、そうでない場合はfalseを返す

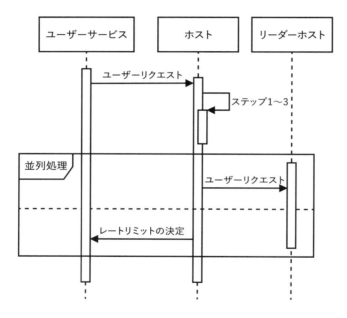

⤴ 図8.15　固定ウィンドウカウンターアプローチのシーケンス図。この図は、リクエストタイムスタンプの保存に、Redisではなくホストのメモリを使用するアプローチを示している。レートリミットの決定は、ホストのメモリに保存されたデータのみを使用して、ホスト上で即座に行われることになる。その後のリーダーホストでの同期のためのステップは図示されていない

問題

ステップ5で複数のキーが見つかるレースコンディションが発生するのは、どのようなメカニズムによるものでしょうか。

Redisキーは有効期限を設定できる（https://redis.io/commands/expire/）ので、キーの有効期限を10秒に設定する必要があります。Redisを使わない場合、期限切れのキーを継続的に見つけて削除するための別のプロセスを実装しなければなりません。このプロセスが必要な場合における、固定ウィンドウカウンターの利点は、キー削除プロセスがホストから独立していることです。この独立した削除プロセスはホストとは別にスケールでき、個別に開発できるため、テストとデバッグが容易になります。

8.9.4　スライディングウィンドウログ

スライディングウィンドウログは、各クライアントのキーと値のペアとして実装されます。キーはクライアントID、値はタイムスタンプのソートされたリストです。スライディングウィンドウログは、各リクエストのタイムスタンプを保存します。

図8.16は、スライディングウィンドウログを簡単な図として表現したものです。新しいリクエストが来ると、そのタイムスタンプを追加し、最初のタイムスタンプが期限切れかどうかをチェックします。期限切れの場合、バイナリサーチを使用して最後の期限切れタイムスタンプを見つけ、それより前のタイムスタンプを全て削除します。キューではなくリストを使用するのは、キューがバイナリサーチをサポートしていないからです。リストに10以上のタイムスタンプがある場合はtrueを、そうではない場合はfalseを返します。

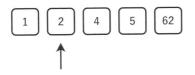

62が追加されると、「62-60＝2」のバイナリサーチが行われる

図8.16　簡単なスライディングウィンドウログの図。新しいリクエストが行われると、タイムスタンプが追加され、バイナリサーチを使用して最後の期限切れタイムスタンプを発見することで、全ての期限切れタイムスタンプが削除される。リストのサイズが制限を超えない場合、リクエストが許可される

スライディングウィンドウログは正確に動作しますが（分散実装の場合、「8.9.2　リーキーバケット」の最後の段落で議論した要因は発生する可能性がある）、各リクエストのタイムスタンプ値を保存するため、トークンバケットよりも多くのメモリを消費します。

スライディングウィンドウログアルゴリズムは、レートリミットを超えた後もリクエストをカウントするため、ユーザーのリクエストレートを測定することもできます。

8.9.5 スライディングウィンドウカウンター

スライディングウィンドウカウンターは、固定ウィンドウカウンターとスライディングウィンドウログをさらに発展させたものです。複数の固定ウィンドウ間隔を使用し、各間隔はレートリミットの時間ウィンドウの1/60の長さです。

例えば、レートリミット間隔が1時間の場合、1つの1時間ウィンドウの代わりに1分のウィンドウを60個使用します。現在のレートは、直近の60個のウィンドウの合計によって決定されます。ただし、リクエストを若干少な目にカウントする可能性があります。例えば、11:00:35のリクエストをカウントする場合、[10:01:00, 10:01:59]ウィンドウから[11:00:00, 11:00:59]ウィンドウまでの60の1分ウィンドウの合計を取るため、[10:00:00, 10:00:59]ウィンドウは無視されるからです。このアプローチは、固定ウィンドウカウンターよりも正確です。

8.10 サイドカーパターンの採用

ここまでの議論の後、レートリミットポリシーにサイドカーパターンを適用するかどうかの議論に至るかもしれません。図1.8は、サイドカーパターンを使用したレートリミットサービスアーキテクチャを示しています。「1.4.6　機能的分割と横断的な関心の集約」で議論したように、管理者はコントロールプレーンでユーザーサービスのレートリミットポリシーを設定でき、それらはサイドカーホストに配布されます。この設計では、ユーザーサービスがサイドカーホストにレートリミットポリシーを含むので、ユーザーサービスホストはレートリミットポリシーを検索するためにレートリミットサービスにリクエストを行う必要がなく、そのためのリクエストで発生するネットワークオーバーヘッドを節約できます。

8.11 ロギング、モニタリング、アラート

「2.5　ロギング、モニタリング、アラート」で議論した、ロギング、モニタリング、アラートの実践に加えて、次に挙げる事柄についてモニタリングとアラートを設定する必要があります。共有ロギングサービスのログに対して共有モニタリングサービスでモニタリングタスクを設定でき、これらのタスクは共有アラートサービスにアラートをトリガーして、これらの問題について開発者に警告する必要があるでしょう。

- シャドウバンされているにもかかわらず、高いレートでリクエストを続けるユーザーなど、潜在的な悪意のある活動の兆候
- 短時間に異常に多数のユーザーがレートリミットされるなど、潜在的なDDoS攻撃の兆候

8.12 クライアントライブラリで機能を提供する

　ユーザーサービスは、全てのリクエストに対してレートリミットサービスにクエリを行う必要があるのでしょうか。レートリミットの代替アプローチとして、ユーザーサービスがユーザーリクエストを集約し、次のような特定の状況のみでレートリミットサービスにクエリを行うことが考えられます。

- ユーザーリクエストのバッチが蓄積した場合
- リクエストレートの急激な増加に気付いた場合

　このアプローチを一般化して、レートリミットをサービスではなくライブラリとして実装できないでしょうか。「6.7　一般的なAPIパラダイム」では、ライブラリとサービスの比較の一般的な議論を行っています。完全にライブラリとして実装する場合、「8.7　ステートフルアプローチ／シャーディング」のアプローチを使用する必要があり、ホストは全てのユーザーリクエストをメモリに保持し、互いにユーザーリクエストタイムスタンプを同期しなければなりません。ホストは互いに通信してユーザーリクエストタイムスタンプを同期する必要があるため、サービスを使用するライブラリの開発者は、ZooKeeperのような設定サービスを設定しなければなりません。これは、多くの開発者にとっては複雑すぎて、エラーが発生しやすくなるため、代替案として、クライアントで一部の処理を行うことでサービスへのリクエスト頻度を下げ、レートリミットサービスのパフォーマンスを向上させる機能を備えたライブラリを提供できるでしょう。

　このパターンはクライアントとサーバ間で処理を分割するため、任意のシステムに一般化できますが、クライアントとサーバ間の密結合を引き起こす可能性があります。これは、一般にアンチパターンとなります。サーバアプリケーションの開発は、長期間にわたって古いクライアントバージョンをサポートし続ける必要があります。問題を避けるため、クライアントSDK（Software Development Kit）は、通常、一連のRESTまたはRPCエンドポイント上のレイヤーとして利用され、データ処理は行いません。クライアントで何らかのデータ処理を行いたい場合は、そのデータ処理は少なくとも次の条件の1つに当てはまる必要があります。

- 処理がシンプルで、サーバアプリケーションの将来のバージョンでもこのクライアントライブラリを簡単にサポートし続けられること
- 処理がリソース集約的で、クライアントでそのような処理を行うメンテナンスのオーバーヘッドが、サービスの運用コストの大幅な削減に値するトレードオフであること
- クライアントがサポートされなくなる時期が明示されており、それをユーザーにきちんと知らせていること

レートリミットサービスへのリクエストのバッチ処理に関しては、精度とネットワークトラフィックのバランスを最適な調整にするために、さまざまなバッチサイズを試すことができるでしょう。

クライアントがリクエストレートを取得し、リクエストレートが設定された閾値を超えた場合のみにレートリミットサービスを使用すると、どうなるでしょうか。この場合の問題点は、クライアントが互いに通信しないため、クライアントは特定のホストにインストールされているリクエストレートしか測定できず、特定のユーザーのリクエストレートを測定できないことです。これは、特定のユーザーではなく、ユーザー全体でのリクエストレートに基づいてレートリミットが有効になることを意味します。ユーザーはユーザーごとのレートリミットに慣れている可能性があり、以前にレートリミットされなかった頻度でリクエストで突然アクセスが制限されてしまうと、不満を持つ可能性があります。

これに代わるアプローチとして、クライアントが異常検出を使用してリクエストレートの急激な増加に気付き、その後サーバにレートリミットリクエストの送信を開始できます。

8.13 さらなる参考文献

- 『System Design Interview』（Smarshchok、Mikhail ／ 2019）（YouTubeチャンネル：https://youtu.be/FU4WlwfS3G0）
- 固定ウィンドウカウンター、スライディングウィンドウログ、スライディングウィンドウカウンターの議論は、https://www.figma.com/blog/an-alternative-approach-to-rate-limiting/に基づいている
- 『API Security in Action』（Neil Madden 著／ Manning Publications ／ 2020）
- 『Istio in Action』（Christian E. Posta and Rinor Maloku 著／ Manning Publications ／ 2022）
- 『Microservices in Action』3.5節（Morgan Bruce, Paulo A. Pereira 著／ Manning Publications ／ 2018）

まとめ

- レートリミットは、サービスの停止を防ぎ、不必要なコストの発生をも防ぐ

- 多くのホストを追加したり、ロードバランサーをレートリミットに使用したりする代替案は、実現不可能である。トラフィックスパイクに対応するために、ホストを追加するのは時間がかかりすぎる可能性があり、レートリミットだけのためにレベル7のロードバランサーを使用すると、コストと複雑さが高くなりすぎる可能性がある

- ユーザーエクスペリエンスが悪化する場合や、サブスクリプションなどの複雑なユースケースには、レートリミットを使用しないようにする

- レートリミットサービスの非機能要件は、スケーラビリティ、パフォーマンス、低い複雑性である。これらの要件を最適化するために、可用性、耐障害性、精度、整合性をトレードオフにできる

- レートリミットサービスへの主な入力はユーザーIDとサービスIDで、これらは管理者ユーザーが定義したルールに従って処理され、レートリミットするかどうかの「はい」または「いいえ」の応答を返す

- さまざまなレートリミットアルゴリズムがあり、それぞれに独自のトレードオフがある。トークンバケットは理解しやすく実装が容易でメモリ効率がよいのが特徴だが、同期とクリーンアップは難しくなる。リーキーバケットも理解しやすく実装が容易だが、若干不正確である。固定ウィンドウログはテストとデバッグが容易ですが、不正確で実装がより複雑になります。スライディングウィンドウログは正確だが、より多くのメモリが必要になる。スライディングウィンドウカウンターはスライディングウィンドウログよりも少ないメモリで済むが、スライディングウィンドウログほど正確ではない

- レートリミットサービスには、サイドカーパターンを検討できる

Chapter

通知／アラートサービスの設計

本章の内容
- サービスの機能範囲と議論の限定
- プラットフォーム固有のチャンネルに委任するサービスの設計
- 柔軟な設定とテンプレートのためのシステム設計
- サービスの一般的な懸念事項への対処

　私たちは、コーディング、デバッグ、テストの際に、重複を避け、保守性を向上させ、再利用を可能にするために、ソースコード内に関数やクラスを作成します。同様に、複数のサービスで使用される共通の機能を一般化できます（つまり、横断的な関心事の集中化）。

　ユーザー通知の送信は、一般的なシステム要件です。システム設計の議論では、通知の送信について検討する際には、組織全体で共通の通知サービスを提案すべきです。

9.1　機能要件

　私たちの通知サービスは、幅広いユーザーにとって、できるだけシンプルであるべきですが、これは機能要件にかなりの複雑さをもたらします。通知サービスが提供できる機能は多岐にわたるためです。限られた時間の中で、予想される幅広いユーザーベースに役立つ通知サービスのためのユースケースと機能をいくつか明確に定義しなければなりません。

機能の範囲を明確に定義することによって、必要な非機能要件を識別し、最適化できます。初期システム設計の後、さらなる可能性のある機能について議論し、設計に追加することもできるでしょう。

ここで扱う内容は、MVP[訳注1]を設計するよい練習にもなります。可能な機能を予測し、新しい機能やサービスを追加するために適応可能で、ユーザーフィードバックや変化するビジネス要件に応じて進化できるように、システムを疎結合のコンポーネントで構成する設計が可能です。

9.1.1 通知サービスはアップタイムモニタリングには適さない

私たちの通知サービスは、おそらくさまざまなメッセージングサービス（電子メール、SMSなど）の上に層を形成することになります。そのようなメッセージを送信するサービス（例：電子メールサービス）は、それ自体が複雑なサービスです。本章では共有メッセージングサービスを取り扱いますが、メッセージングサービスを設計することはしません。さまざまなチャンネルを通じてメッセージを送信するための、その上に構築されたユーザー向けサービスを設計します。

このアプローチを共有メッセージングサービス以外にも一般化すると、ストレージ、イベントストリーミング、ロギングなどの機能のためにほかの共有サービスにも同じように適用が可能です。また、組織がほかのサービスを開発するために使用するのと同じ共有インフラストラクチャ（ベアメタルまたはクラウドインフラストラクチャ）を使用することも同じようなものだといえるでしょう。

問題

アップタイムモニタリングを、監視対象のほかのサービスと同じ共有インフラストラクチャやサービスを使用して実装できるでしょうか？

この共通化のアプローチを考えると、このサービスはアップタイムモニタリング（つまり、ほかのサービスの停止時にアラートをトリガーする）には使用すべきではないと考えることができます。そうでないと、このサービスは、組織内のほかのサービスと同じインフラストラクチャ上に構築することも、同じ共有サービスを使用することもできません。なぜなら、それらに影響を与える停止は、このサービスにも影響を与え、停止アラートを発生させられなくなるからです。アップタイムモニタリングサービスは、監視対象のサービスとは独立したインフラストラクチャで実行する必要があります。これが、PagerDutyのような外部アップタイムモニタリングサービスが非常に人気がある大きな理由の1つです。

訳注1 「Minimum Viable Product」の略で、最低限の機能を持つ製品のこと。ユーザーの反応を早期に得るためのプロトタイプとして使用する。

とはいえ、「9.14　通知／アラートサービスの可用性モニタリングとアラート」では、このサービスをアップタイムモニタリングに使用するために考え得るアプローチについて説明します。

9.1.2　ユーザーとデータ

私たちの通知サービスには3種類のユーザーがいます。

- 送信者：通知を CRUD（作成、読み取り、更新、削除）し、受信者に送信する人物またはサービス
- 受信者：通知を受け取るアプリケーションのユーザー（デバイスやアプリケーション自体も受信者と呼ぶ）
- 管理者：通知サービスに管理者アクセス権を持つ人（管理者には、さまざまな能力がある。ほかのユーザーに通知の送受信の権限を付与したり、通知テンプレート（「9.5　通知テンプレート」）を作成および管理したりできる。通知サービスの開発者である私たちは、通常、管理者アクセス権を持っていると仮定している、実際には一部の開発者のみが本番環境への管理者アクセス権を持つかもしれない）

ユーザーとしては、手動のユーザー（人間のユーザー）、そしてプログラムによるユーザーの両方がいます。プログラムによるユーザーは、通知を送信するためにAPIリクエストを送信します。手動のユーザーは、通知の送信や、通知の設定や送信済み・保留中の通知の表示などの管理機能を含む全てのユースケースについて、Webユーザーインターフェイスを用いて操作できます。

通知のサイズは、1MBに制限してもよいでしょう。これは、数千文字とサムネイル画像には十分すぎるサイズです。ユーザーは通知内に動画や音声を入れるべきではありません。メディアコンテンツやほかの大きなファイルへのリンクを通知に含めるべきで、受信者システムは私たちの通知サービスとは別に開発された機能を持ち、そのコンテンツをダウンロードして表示する必要があります。ハッカーがサービスになりすまして悪意のあるWebサイトへのリンクを含む通知を送信しようとする可能性があります。これを防ぐために、通知にはデジタル署名を含める必要があります。また、受信者は認証局で署名を検証できます。詳細については、暗号化に関するリソースを参照してください。

9.1.3　受信者チャンネル

さまざまなチャンネルを通じて通知を送信する機能をサポートする必要があります。それには、次のようなチャンネルが考えられるでしょう。通知サービスを、これらの各チャンネルにメッセージを送信するサービスと統合する必要があります。

- ブラウザ
- 電子メール
- SMS（状況を簡単にするため、MMSは考慮しない）
- 自動音声電話
- Android、iOS、またはブラウザへのプッシュ通知
- アプリ内のカスタマイズされた通知（例えば、厳格なプライバシーとセキュリティ要件を持つ銀行や金融アプリは、内部メッセージングおよび通知システムを使用する）

9.1.4 テンプレート

　特定のメッセージングシステムは、ユーザーがメッセージを送信する前に入力するフィールドのセットを持つデフォルトのテンプレートを提供します。例えば、電子メールには送信者のメールアドレスフィールド、受信者のメールアドレスフィールド、件名フィールド、本文フィールド、添付ファイルのリストがあります。SMSには送信者の電話番号フィールド、受信者の電話番号フィールド、本文フィールドがあります。

　同じ通知が多くの受信者に送信される場合があります。アプリは新規登録したユーザーに歓迎メッセージを含む電子メールやプッシュ通知を送信する場合があります。そうしたメッセージは、全てのユーザーに対して同じ内容かもしれません。例えば、「Beigelへようこそ。初回購入時に20%割引をお楽しみください」といったメッセージです。

　メッセージには、ユーザーの名前や割引率などのパーソナライズされたパラメータが含まれる場合もあります。例えば、「${first_name}さん、ようこそ。初回購入時に${discount}%割引をお楽しみください」といったものです。もう1つの通知の例として、オンラインマーケットプレイスアプリケーションが注文を提出した直後に顧客に送信する注文確認の電子メール、テキスト、プッシュ通知があります。メッセージには、顧客の名前、注文確認コード、商品のリスト（商品は多くのパラメータを持つ場合がある）、価格などのパラメータがあるでしょう。メッセージには、その他にも多くのパラメータがある場合があります。

　通知サービスは、テンプレートをCRUD操作するためのAPIを提供する場合があります。ユーザーが通知を送信したい場合、メッセージ全体を自分で作成するか、特定のテンプレートを選択して、そのテンプレートの値を入力できます。

　テンプレート機能は、通知サービスのトラフィック削減にも役立ちます。これについては、本章の後半で説明します。

　テンプレートの作成と管理には多くの機能を提供でき、それ自体がサービス（テンプレートサービス[訳注2]）になる可能性があります。ここでは、テンプレートのCRUDに関する初期の議論に限定します。

訳注2　テンプレートサービスは独自の認証と認可、およびRBAC（ロールベースのアクセス制御）を持つ必要がある。

9.1.5 トリガー条件

通知は、手動またはプログラムによってトリガーできます。ユーザーが通知を作成し、受信者を追加して、すぐに送信するためのブラウザアプリケーションを提供する場合もあるでしょう。通知はプログラムによっても送信でき、ブラウザアプリケーションまたはAPIを通じて設定できます。プログラムによる通知は、スケジュールまたはAPIリクエストによってトリガーされるように設定されます。

9.1.6 購読者、送信者グループ、受信者グループの管理

ユーザーが複数の受信者に通知を送信したい場合、受信者グループを管理する機能を提供する必要があるかもしれません。ユーザーは、毎回受信者のリストを提供する代わりに、受信者グループを使用して通知を送信できます。

●警告

受信者グループには個人を特定できる情報（PII）が含まれているため、GDPRやCCPAなどのプライバシーに関する法律の対象となります。

ユーザーは受信者グループをCRUD操作できるようにする必要があります。また、ロールベースのアクセス制御（RBAC：Role-Based Access Control）[訳注3]も検討しなければならない場合があります。例えば、グループには読み取りロールと書き込みロールがある場合、ユーザーがグループのメンバーやその他の詳細を表示するには読み取りロールが必要で、メンバーを追加または削除するには書き込みロールが必要です。ただし、グループのRBACは本書における議論の範囲外とします。

受信者は通知をオプトインでき、不要な通知をオプトアウトできるようにしなければなりません。そうでなければ、受信者は通知の受信をコントロールできず、通知は単なるスパムになってしまいます。ただし、本章では、この議論はスキップします。この議題は、面接においては、フォローアップトピックとして議論される可能性があります。

9.1.7 ユーザー機能

提供できるその他の機能は、次の通りです。

- サービスは、送信者からの重複する通知リクエストを識別し、受信者に重複した通知を送信しないようにする必要がある

訳注3 ユーザーの役割に基づいてアクセス権を管理する方式。

- ユーザーが過去の通知リクエストを表示できるようにする必要がある。重要なユースケースは、ユーザーが特定の通知リクエストをすでに行ったかどうかを確認し、重複する通知リクエストを行わないようにすることである。通知サービスは重複する通知リクエストを自動的に識別して処理することもできるが、ユーザー通知サービスとは異なる定義で、複数の通知を重複と認識する可能性があるため、この実装を完全に信頼することはできない

- ユーザーは多くの通知設定とテンプレートを保存できる。そのため、名前や説明などのさまざまなフィールドで設定やテンプレートを検索できるようにする必要がある。ユーザーがお気に入りの通知を保存できるようにすることも考えられる

- ユーザーは通知のステータスを確認できるようにする必要がある。通知は予定されている状態、進行中の状態（送信トレイにある電子メールと同様）、または失敗した状態である可能性がある。通知の配信が失敗した場合、ユーザーは再試行が予定されているかどうかと、配信が再試行された回数を確認できるようにしなければならない

- （オプション）ユーザーが優先度レベルを設定できる機能。優先度の高い通知を優先度の低い通知よりも先に処理したり、リソース不足によって送信ができなくなる状態を防ぐために重み付けアプローチを使用したりする場合がある

9.1.8 分析

分析に関する事柄は、面接中の通知サービスを設計する議論の中では、範囲外とする場合がほとんどだと考えられますが、もちろん議論することはできます。

9.2 非機能要件

次に挙げる非機能要件について議論できるでしょう。

- スケール：通知サービスは1日に数十億の通知を送信できる必要がある。1通知あたり1MBとすると、通知サービスは1日にペタバイト単位のデータを処理して送信することになる。数千の送信者と10億の受信者がいる可能性がある

- パフォーマンス：通知は数秒以内に配信される必要がある。重要な通知の配信速度を向上させるために、ユーザーが特定の通知をほかの通知よりも優先できるように検討する場合がある

- 高可用性：99.999%のアップタイムが必要となる

- フォールトトレラント：受信者が通知を受け取れない状態の場合、次の機会に通知を受け取れるように設計すべきである

- セキュリティ：認可されたユーザーのみが通知を送信できるようにする必要がある

- プライバシー：受信者は通知をオプトアウトできる必要がある

9.3 初期の高レベルアーキテクチャ

次のような考慮事項に基づいてシステムを設計するとよいでしょう。

- ユーザーは、単一のサービスと単一のインターフェイスを通じて通知の作成をリクエストする。ユーザーは、この単一のサービス／インターフェイスを通じて、希望するチャンネルとその他のパラメータを指定する
- 各チャンネルは別々のサービスで処理できる。各チャンネルサービスは、そのチャンネル固有のロジックを提供する。例えば、ブラウザ通知チャンネルサービスは、Web Notifications APIを使用してブラウザ通知を作成できる。「通知APIの使用」（https://developer.mozilla.org/ja/docs/Web/API/Notifications_API/Using_the_Notifications_API）や「Notification」（https://developer.mozilla.org/ja/docs/Web/API/Notification）などのドキュメントを参照するとよいだろう。ブラウザによっては、Chromeのように独自の通知APIも提供していることもある。画像やプログレスバーのようなリッチな要素を含むリッチな通知については、「chrome.notifications」（https://developer.chrome.com/docs/extensions/reference/api/notifications?hl=ja）や「Notifications APIを使用する」（https://developer.chrome.com/docs/extensions/how-to/ui/notifications?hl=ja）を参照のこと
- 共通のチャンネルサービスロジックを別のサービスに集中させることができる。これを「ジョブコンストラクタ」と呼ぶことができる
- さまざまなチャンネルを通じた通知は、図9.1に示すように、外部のサードパーティサービスによって処理される場合がある。Androidプッシュ通知はFirebase Cloud Messaging（FCM）を介して行う。iOSプッシュ通知はApple Push Notification Service（APNs）を介して行われる。また、電子メール、SMS／テキストメッセージ、電話にもサードパーティサービスを利用する場合がありえる。サードパーティサービスへのリクエストを行うということは、リクエストレートを制限し、失敗したリクエストを処理する必要があるということを意味する

↑図9.1　通知サービスは外部の通知サービスにリクエストを行う可能性があるため、通知のリクエストレートを制限し、失敗したリクエストを処理する必要がある

- 通知を完全に同期メカニズムで送信することは、ネットワーク経由でリクエストとレスポンスの送受信を待つ間にスレッドを消費するため、スケーラブルではない。数千の送信者と数十億の受信者をサポートするために、イベントストリーミングのような非同期技術を使用する必要がある

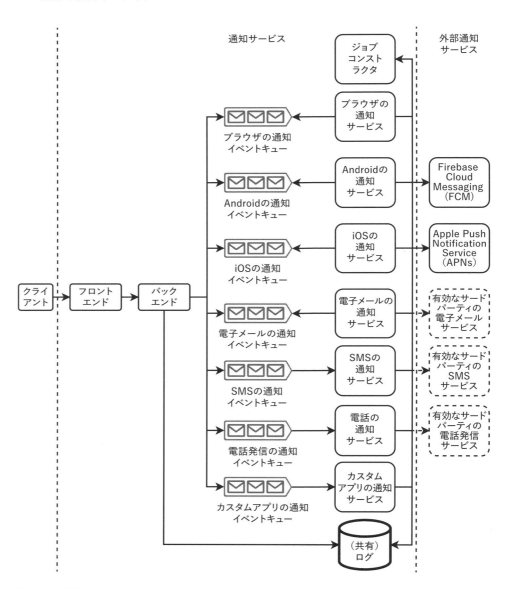

↑図9.2　通知サービスの高レベルアーキテクチャ。クライアント／ユーザーが通知を送信する際の可能性のある全てのリクエストを示している。さまざまなKafkaコンシューマー（それぞれが特定のチャンネル用の通知サービス）を総称してチャンネルサービスと呼ぶ。バックエンドとチャンネルサービスが共有ロギングデータベースを使用していることを示しているが、通知サービスの全てのコンポーネントは共有ロギングサービスにログを記録する必要がある

図9.2と図9.3は、これらの考慮事項に基づいた、初期の高レベルアーキテクチャを示しています。通知を送信するために、クライアントは通知サービスにリクエストを行います。リクエストは、まずフロントエンドサービスまたはAPIゲートウェイによって処理され、その後バックエンドサービスに送信されます。バックエンドサービスは、プロデューサークラスタ、通知Kafkaトピック、コンシューマークラスタを備えています。プロデューサーホストは、単順に通知Kafkaトピックにメッセージを生成し、ステータスコード200、すなわち成功を返します。コンシューマークラスタは、メッセージを消費し、通知イベントを生成し、関連するチャンネルキューに送ります。それぞれの通知イベントは単一の受信者／宛先を持っています。この非同期イベント駆動アプローチにより、通知サービスは予測不可能なトラフィックスパイクがあっても処理できます。

　キューの反対側には、各通知チャンネル用の個別サービスが存在します。そのうちのいくつかは、AndroidのFirebase Cloud MessagingやiOSのApple Push Notification Serviceなどの外部サービスに依存する場合があります。ブラウザ通知サービスは、さらに多様なブラウザタイプ（FirefoxやChromeなど）によって分割される場合があるでしょう。

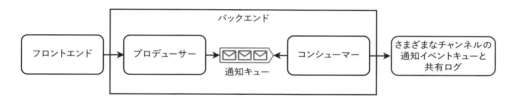

⬆ **図9.3**　図9.2のバックエンドサービスの詳細図。バックエンドサービスはプロデューサークラスタ、通知Kafkaトピック、コンシューマークラスタで構成されている。以降の図では、バックエンドサービスの詳細図は省略する

　各通知チャンネルは、個別のサービス（チャンネルサービスと呼ぶ）として実装する必要があります。なぜなら、特定のチャンネルで通知を送信するには特定のサーバアプリケーションが必要であり、各チャンネルは異なる機能、構成、プロトコルを利用する必要があるからです。電子メール通知はSMTPを使用します。電子メール通知システムを介して電子メール通知を送信するために、ユーザーは送信者のメールアドレス、受信者のメールアドレス、タイトル、本文、添付ファイルを提供しなければなりません。カレンダーイベントなど、ほかの電子メールタイプもあります。SMSゲートウェイは、HTTP、SMTP、SMPPなどの多くのプロトコルを使用します。SMSメッセージを送信するために、ユーザーは発信番号、宛先番号、文字列を渡す必要があります。

　この議論における「宛先」または「アドレス」という用語は、電話番号、メールアドレス、プッシュ通知用のデバイスID、ユーザーIDなどのカスタム宛先など、単一の通知オブジェクトを送信する場所を識別するフィールドを指します。

各チャンネルサービスは、宛先に通知を送信するというコア機能に集中すべきです。通知内容を全て処理し、宛先に通知を配信しなければなりません。しかし、特定のチャンネルでメッセージを配信するために、サードパーティAPIを使用する必要があります。例えば、通信会社ではない限り、電話やSMSを配信するためには、通信会社のAPIを使用することになります。モバイルプッシュ通知の場合、iOS通知にはApple Push Notification Service、Android通知にはFirebase Cloud Messagingを使用します。ブラウザ通知と独自のアプリ通知のみ、サードパーティAPIを使用せずにメッセージを配信できます。サードパーティAPIを使用する必要がある場合、対応するチャンネルサービスは、通知サービス内で、そのAPIに直接リクエストを行う唯一のコンポーネントであるべきです。

　チャンネルサービスと通知サービス内のほかのサービスとの間に結合がないことで、システムの耐障害性が高まり、次のようなことが可能になります。

- チャンネルサービスは、通知サービス以外のサービスでも使用できるようになる
- チャンネルサービスはほかのサービスとは独立してスケーリングできる
- サービスは互いに独立して内部実装の詳細を変更でき、専門知識を持つ別のチームによって保守できる。例えば、自動音声電話サービスチームは自動音声電話の送信方法を知っている必要があり、電子メールサービスチームは電子メールの送信方法を知っている必要があるが、各チームはほかのチームのサービスがどのように機能するかを知らなくてもよい
- カスタマイズされたチャンネルサービスを開発でき、通知サービスがそれらにリクエストを送信できる。例えば、プッシュ通知ではなくカスタムUIコンポーネントとして表示されるブラウザやモバイルアプリ内の通知を実装したい場合がある。チャンネルサービスをモジュラー設計にすることによって、そういった開発も容易になる

　フロントエンドサービスで認証（「B.7 OpenID Connect認証」の議論を参照）を使用して、サービスレイヤーホストなどの認可されたユーザーのみがチャンネルサービスに通知の送信を要求できるように構築できます。フロントエンドサービスは、OAuth2認可サーバへのリクエストを処理します。

　なぜ必要なチャンネルの通知システムをユーザーに直接利用させるのでは、よくないのでしょうか。追加のレイヤーを開発し、メンテナンスすることの利点は、どこにあるのでしょうか。

　通知サービスは、クライアント（つまり、チャンネルサービス）用の共通のUI（図13.1には示されていない）を提供できるため、ユーザーは単一のサービスから全てのチャンネルでの通知を管理でき、複数のサービスを学習して管理する必要がないことが挙げられます。

　フロントエンドサービスは、次のような共通の機能を提供できます。

- **レートリミット**

  通知クライアントに対して、大量のリクエストを送ってしまい、そのために500番台のエラーが発生してしまうことを防ぐ。レートリミットは、「第8章　レートリミットサービスの設計」で説明しているように、別の共通サービスに分離できる。適切な制限を決定するために、ストレステストを使用できる。レートリミットサービスは、特定のチャンネルのリクエストレートが設定された制限を超え続けている場合、あるいは、はるかに下回っている場合、適切なスケーリング決定を行えるように保守担当者に通知することもできる。自動スケーリングを検討してもよいだろう。

- **プライバシー**

  組織は、デバイスやアカウントに送信される通知を規制する特定のプライバシーポリシーを定めている場合がある。サービスレイヤーを使用して、これらのポリシーを適切に守れるように、全てのクライアントに対して設定、適用を行うことが可能になる。

- **セキュリティ**

  全ての通知の認証と認可をコントロールできる。

- **モニタリング、分析、アラート**

  サービスは通知イベントをログに記録し、さまざまな幅のスライディングウィンドウにわたる通知の成功率と失敗率などの集計統計を計算できる。ユーザーは、これらの統計を監視し、失敗率にアラートの閾値を設定できる。

- **キャッシング**

  リクエストは、「第8章　レートリミットサービスの設計」で説明されているキャッシング戦略の1つを使用して、キャッシングサービスを通じてリクエストを行える。

各チャンネル用にKafkaトピックをプロビジョニングします。通知に複数のチャンネルがある場合、各チャンネル用のイベントを生成し、対応するトピックに生成できます。また、各優先度レベル用にKafkaトピックを持つこともできます。つまり、5つのチャンネルと3つの優先度レベルがある場合、15のトピックを持つことになります。

Kafkaを使用し、同期的なリクエスト／レスポンスを避けるアプローチは、「同期型よりもイベント駆動型」というクラウドネイティブの原則に従っています。このアプローチの利点には、結合度が低く、サービス内のさまざまなコンポーネントを独立して開発できることによって、トラブルシューティングが簡単になり（過去のメッセージをいつでも再生できる）、ブロッキングコールがないことによる高いスループットの実現などがあります。ただし、これにはストレージコストがかかります。1日に10億のメッセージを処理する場合、ストレージ要件は1日あたり1PB、つまり1週間の保持期間で約10PBにもなります。

ジョブコンストラクタへの負荷を一定にするために、各チャンネルサービスのコンシューマーホストは独自のスレッドプールを持ちます。各スレッドは一度に1つのイベントを消費して処理していきます。

バックエンドと各チャンネルサービスは、トラブルシューティングや監査などの目的でリクエストをログに記録できます。

9.4 オブジェクトストア：通知の設定と送信

通知サービスはイベントのストリームをチャンネルサービスに供給します。各イベントは単一のアドレス指定先への単一の通知タスクに対応します。

問題

通知に大きなファイルやオブジェクトが含まれている場合は、どうすればよいでしょうか。複数のKafkaイベントに、それぞれ同一の大きなファイル／オブジェクトを含めるのは非効率です。

図9.3では、バックエンドが1MBの通知全体をKafkaトピックとして生成する可能性があります。しかし、通知には大きなファイルやオブジェクトが含まれる場合があります。例えば、電話通知には大きな音声ファイルが含まれる可能性があり、電子メール通知には複数のビデオ添付ファイルが含まれる可能性があります。バックエンドは、まずこれらの大きなオブジェクトをオブジェクトストアにPOSTし、オブジェクトIDを返します。その後、バックエンドは元のオブジェクトの代わりに、これらのオブジェクトIDを含む通知イベントを生成し、適切なKafkaトピックを生成します。チャンネルサービスは、このイベントを消費し、オブジェクトストアからオブジェクトをGETし、通知を組み立てて、受信者に配信します。高レベルアーキテクチャにメタデータサービスを追加したものを、図9.4に示します。

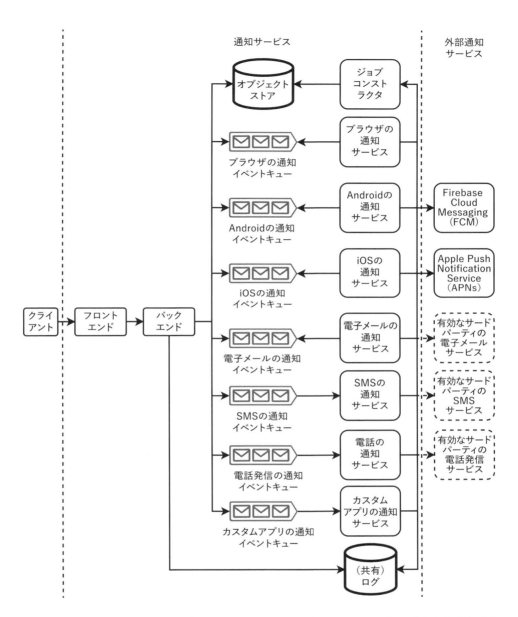

↑図9.4 メタデータサービスを含む高レベルアーキテクチャ。バックエンドサービスは大きなオブジェクトをメタデータサービスにPOSTできるため、通知イベントを小さく保つことができる

　同一の大きなオブジェクトが複数の受信者に配信される場合でも、バックエンドはオブジェクトストアに複数回POSTします。しかし、2回目以降のPOSTでは、オブジェクトストアは304 Not Modifiedレスポンスを返すことができます。

9.5 通知テンプレート

数百万の宛先を持つ宛先グループがある場合、数百万のイベントが生成される可能性があり、これはKafkaのメモリを多く占有する可能性があります。前節では、メタデータサービスを使用してイベント内の重複コンテンツを削減し、サイズを縮小する方法について説明しました。

9.5.1 通知テンプレートサービス

多くの通知イベントは、わずかなパーソナライゼーションがあるものの、中身はほとんど同じ内容となります。例えば、図9.5は、全ての受信者に受信者の名前のみが異なる文字列と共通の画像を含んだ通知を、数百万のユーザーにした際のプッシュ通知の例を示しています。別の例として、電子メールを送信する場合、電子メールの内容のほとんどは、全てのユーザーに共通のものとなるのが一般的です。電子メールのタイトルと本文は、各受信者ごとに多少異なる場合はあるものの（例：異なる名前や各ユーザーに対する異なる割引率など）、添付ファイルはおそらく全ての受信者で共通したものとなるでしょう。

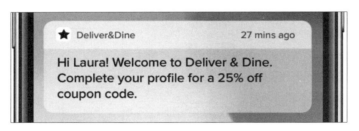

⬆ **図9.5** 全ての受信者に共通の画像を含み、受信者の名前のみが異なる文字列を持つプッシュ通知の例。内容は「Hi ${name}! Welcome to Deliver & Dine.」のようなテンプレートとして表すことができる。Kafkaキューイベントには、("name"と受信者の名前、宛先ID) の形式のキーバリューペアを含めることができる（出典：https://buildfire.com/what-is-a-push-notification/）

「9.1.4 テンプレート」では、このようなパーソナライゼーションを管理するために、テンプレートがユーザーにとって有用であることを説明しました。テンプレートは、通知サービスのスケーラビリティを向上させるためにも有用です。共通のデータを全てテンプレートに配置することで、通知イベントのサイズを最小限に抑えることができます。一方で、テンプレートの作成と管理自体が複雑なシステムになる可能性があります。これを、通知テンプレートサービス、または単にテンプレートサービスと呼ぶことができます。図9.6は、テンプレートサービスを含む高レベルアーキテクチャを示しています。クライアントは通知にテンプレートIDのみを含める必要があり、チャンネルサービスは通知を生成する際にテンプレートサービスからテンプレートを取得します。

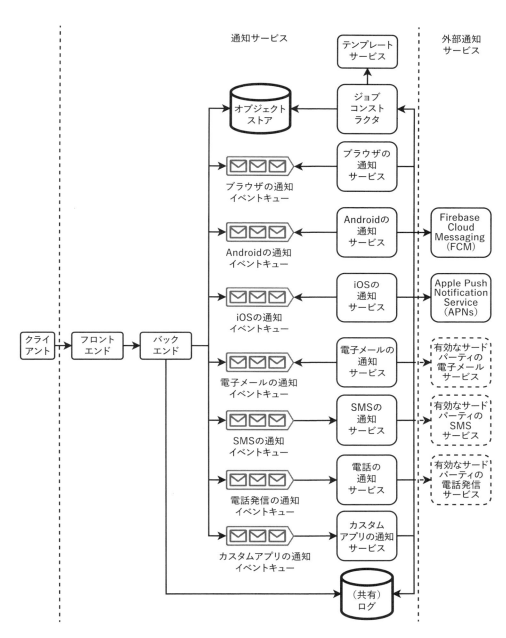

⬆図9.6　テンプレートサービスを含む高レベルアーキテクチャ。通知サービスユーザーはテンプレートをCRUD操作により管理できる。テンプレートサービスは独自の認証と認可、およびRBAC（ロールベースアクセス制御）を持つ必要がある。ジョブコンストラクタは読み取りアクセスのみを持つべきである。管理者には管理者権限を与えることで、テンプレートの作成、更新、削除やほかのユーザーへのロールの付与ができるようにする

　このアプローチとメタデータサービスを組み合わせると、イベントには通知ID（通知テンプレートキーとしても使用可能）、キーバリューペアの形式のパーソナライズされたデータ、

宛先のみを持てばよいことになります。通知にパーソナライズされたコンテンツがない場合（つまり、全ての宛先に同一の場合）、メタデータサービスは通知コンテンツ全体を含むことになり、イベントには宛先と通知コンテンツIDのみが含まれることになります。

ユーザーは、通知を送信する前に通知テンプレートを設定できます。ユーザーは通知テンプレートに対するCRUDリクエストをサービスレイヤーに送信でき、サービスレイヤーはそれをメタデータサービスに転送して、メタデータデータベースに適切なクエリを実行します。利用可能なリソースや使いやすさの考慮事項に応じて、ユーザーが通知テンプレートを設定する必要がなく、単に完全な通知イベントをサービスに送信することも可能です。

9.5.2 追加機能

テンプレートには、次のような追加機能が必要になる場合があります。これらの追加機能は、面接においては、最後に追加のトピックとして簡単に議論される可能性がありますが、面接中に詳細に議論する時間は、おそらくないでしょう。しかし、これらの機能にも対応できることは、エンジニアリングの成熟度を示すとともに、良好な面接となる兆候です。同時に、これらのシステムの詳細にさっと注目し、また元のトピックに戻る話の流暢さと、面接官に明確かつ簡潔に説明できる能力も示すことができるはずです。

● テンプレートのオーサリング、アクセス制御、変更管理

ユーザーはテンプレートを作成できるようにする必要があり、システムは作成されたテンプレートのデータを保存する必要があります。保存内容には、コンテンツや作成者ID、作成日時、更新日時などの作成詳細が含まれます。

ユーザーロールとしては、管理者、書き込みのみ、読み取りのみ、アクセス権なしなどの権限が考えられます。これらは、ユーザーがテンプレートに対して持つアクセス権限に対応します。通知テンプレートサービスは、組織のユーザー管理サービスと統合する必要があるかもしれず、そうした組織のユーザー管理にはLDAPなどのプロトコルが使われている場合があります。

テンプレートの変更履歴を記録したい場合もあります。履歴には、行われた正確な変更、変更を行ったユーザー、タイムスタンプなどのデータが含まれます。さらに一歩進んで、変更の承認プロセスを開発したい場合もあるかもしれません。特定のロールによって行われた変更は、1人以上の管理者の承認が必要になるといった具合です。これは、1人以上のユーザーが書き込み操作を提案し、1人以上の別のユーザーがその操作を承認または拒否するような、任意のアプリケーションで使用できる共有承認サービスとして一般化できます。

変更管理をさらに拡張すると、ユーザーは以前の変更をロールバックしたり、特定のバージョンに戻したりするなどの機能も必要になるかもしれません。

● 再利用可能で拡張可能なテンプレートクラスと関数

テンプレートは、個別に所有および管理される再利用可能なサブテンプレートで構成される場合があります。これらをテンプレートクラスと呼ぶことができます。

テンプレートのパラメータは、変数または関数にできます。関数にしておけば、受信者のデバイス上で動的な動作をさせる際に役立つでしょう。

変数には、データ型（例：整数、varchar(255)など）を持たせることができます。クライアントがテンプレートから通知を作成する際、バックエンドはパラメータ値を検証できます。通知サービスは、整数の最小値または最大値、文字列の長さなどの追加の制約／検証ルールも提供できるでしょう。関数に対しても、検証ルールを定義できます。

テンプレートのパラメータは、単純なルール（例：受信者名フィールドや通貨記号フィールド）や機械学習モデル（例：各受信者に異なる割引を提供）によって決定される場合があります。これには、動的パラメータを入力するために必要なデータを提供するシステムとの統合が必要になります。コンテンツ管理とパーソナライゼーションは異なる機能であり、異なるチームが管理しているかもしれません。サービスとそのインターフェイスは、この所有権と責任の分担を明確に反映するように設計されるべきです。

● 検索

テンプレートサービスには多数のテンプレートとテンプレートクラスが保存される可能性があり、その中には重複や非常に類似したものも登録されることになるでしょう。検索機能を提供することを検討する必要があるかもしれません。「2.6　検索バー」では、サービスに検索機能を実装する方法について説明しています。

● その他

その他の機能が必要になる可能性は、無限にあります。例えば、テンプレート内のCSSとJavaScriptをどのように管理したらよいでしょうか。

9.6　スケジュールされた通知

通知サービスは、共有Airflowサービスやジョブスケジューラサービスを使用してスケジュールされた通知を提供できます。図9.7で示すように、バックエンドサービスは通知をスケジュールするためのAPIエンドポイントを提供し、スケジュールされた通知を作成するために適切なリクエストを生成してAirflowサービスに行います。

ユーザーが定期的な通知を設定または変更する際に、AirflowジョブのPythonスクリプトが自動的に生成され、スケジューラのコードリポジトリにマージされます。

Airflowサービスの議論について詳細に説明することは、本書の範囲外です。面接によっては、面接官がAirflowやLuigiなどの既存のソリューションを使用する代わりに、独自のタスクスケジューリングシステムを設計するように要求するかもしれません。その場合には、「4.6.1　簡単なバッチETLパイプライン」で説明したcronベースのソリューションが適用できるでしょう。

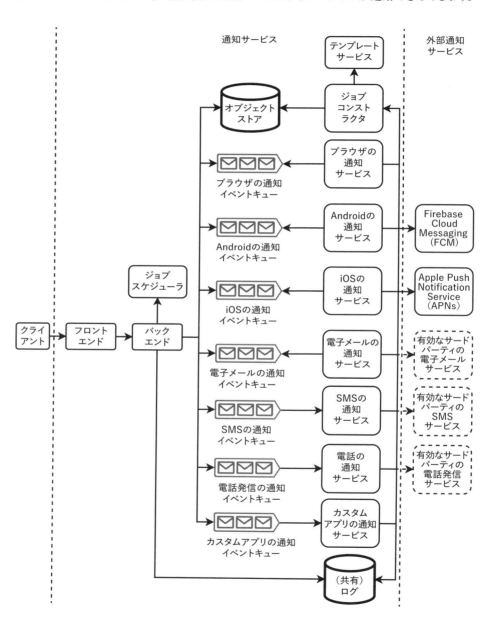

⬆ **図 9.7**　Airflow／ジョブスケジューラサービスを含む高レベルアーキテクチャ。ジョブスケジューラサービスは、ユーザーが定期的な通知を設定するためのもので、スケジュールされた時間にバックエンドに通知イベントを生成する

定期的な通知は、アドホックな通知と競合する可能性があります。なぜなら、両方とも
レートリミットサービスによって送信を制限される可能性があるからです。レートリミット
サービスが通知リクエストの即時処理を防ぐたびに、ログに記録しておく必要があります。
そのために、レートリミットイベントの頻度を表示するダッシュボードを用意しておかなけれ
ばなりません。また、頻繁なレートリミットイベントが発生した場合にトリガーされるアラート
を追加する必要があります。この情報に基づいて、クラスタサイズをスケールアップしたり、
外部通知サービスにより多くの予算を割り当てたり、特定のユーザーに過剰な通知を制限
または要求したりできます。

9.7　通知アドレス指定グループ

通知は、数百万の宛先／アドレスに対して行われる可能性があります。ユーザーがこれ
らの宛先を各々指定しなければならない場合、各ユーザーは独自のリストを維持する必要
があり、ユーザー間で多くの重複した受信者のデータが存在してしまう可能性があります。
さらに、これらの数百万の宛先を通知サービスに渡すことで、膨大なネットワークトラフィッ
クが必要となってしまうでしょう。ユーザーが宛先のリストを通知サービス内で維持し、
通知を送信するリクエストを行う際に、そのリストのIDを使用するほうが合理的です。この
ようなリストを「通知アドレス指定グループ」と呼ぶことにします。ユーザーが通知の配信を
リクエストする際、リクエストには宛先のリストを直接渡すか（人数に上限がある）、または
アドレス指定グループIDのリストを渡すことができます。

アドレスグループを処理するためのアドレスグループサービスを設計できます。このサー
ビスの機能要件には、次のようなものがあるでしょう。

- 読み取り専用、追加のみ可能（アドレスを追加できるが削除できない）、管理者（フル
  アクセス）など、さまざまなロールのアクセス制御。アクセス制御は、ここで重要なセ
  キュリティ機能となる。なぜなら、権限のないユーザーが10億人以上の受信者全体に
  に通知を送信できてしまうと、スパムやより悪意のある活動につながる可能性があるた
  めである
- 受信者が通知グループから自身を削除できるようにして、スパムを防ぐこともできる。
  これらの削除イベントは、分析のためにログに記録される場合がある
- これらの機能はAPIエンドポイントとして公開でき、これらのエンドポイントは全てサー
  ビスレイヤーからアクセスされる

また、大規模な受信者への通知リクエストに対して、手動のレビューと承認プロセスが必要になる場合もあります。テスト環境での通知は承認を必要としませんが、本番環境での通知は手動承認が必要です。例えば、100万人の受信者への通知リクエストには運用スタッフの手動承認が、1,000万人の受信者には管理者の承認が、1億人の受信者にはシニアマネージャーの承認が、そしてユーザーベース全体への通知にはディレクターレベルの承認が必要といった具合です。送信者が通知を送信する前に承認を得るためのシステムを設計しなければなりません。ただし、その具体的な内容は本書の範囲外です。

図9.8は、アドレスグループサービスを含む高レベルアーキテクチャを示しています。ユーザーは通知リクエストでアドレスグループを指定できます。バックエンドはアドレスグループサービスにGETリクエストを行って、アドレスグループのユーザーIDを取得できます。グループに10億以上のユーザーIDが含まれる可能性があるため、単一のGETレスポンスに全てのユーザーIDを含めることはできません。代わりに、ユーザーIDの最大数を持つことになります。アドレスグループサービスは「 GET /address-group/count/{name} 」というエンドポイントを提供する必要があります。これは、このグループ内のアドレスの数を返します。また、「GET /address-group/{name}/start-index/{start-index}/end-index/{end-index}」というエンドポイントも提供し、バックエンドがアドレスのバッチを取得するためのGETリクエストを行えるようにします。

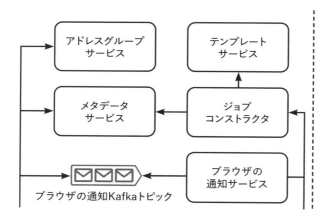

図9.8 図9.6のアドレスグループサービスが追加された詳細図。アドレスグループには受信者のリストが含まれている。アドレスグループサービスにより、ユーザーは各受信者を個別に指定する代わりに、単一のアドレスグループを指定して複数のユーザーに通知を送信できるようになる

これらのアドレスを取得し、通知イベントを生成するために、コレオグラフィSaga（「5.6.1 コレオグラフィ」）を使用できます。これにより、アドレスグループサービスへのトラフィックの急増に対処できます。図9.9は、このタスクを実行するためのバックエンドアーキテクチャを示しています。

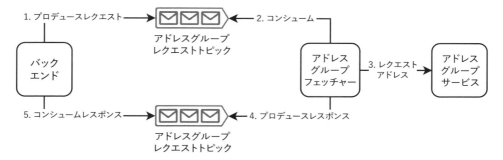

図9.9　アドレスグループから通知イベントを構築するためのバックエンドアーキテクチャ

　図9.10にシーケンス図を示します。プロデューサーが通知のジョブのイベントを作成し、コンシューマーはそのイベントを消費して、次のような処理を行います。

1. アドレスグループサービスからアドレスのバッチを取得するためにGETを使用する
2. 各アドレスから通知イベントを生成する
3. 適切な通知イベントKafkaトピックに生成する

> **ヒント**
> あるトピックを消費した際に、別のトピックに生成するプログラムが必要な場合は、Kafka Streams（https://kafka.apache.org/10/documentation/streams/）の使用を検討しましょう。

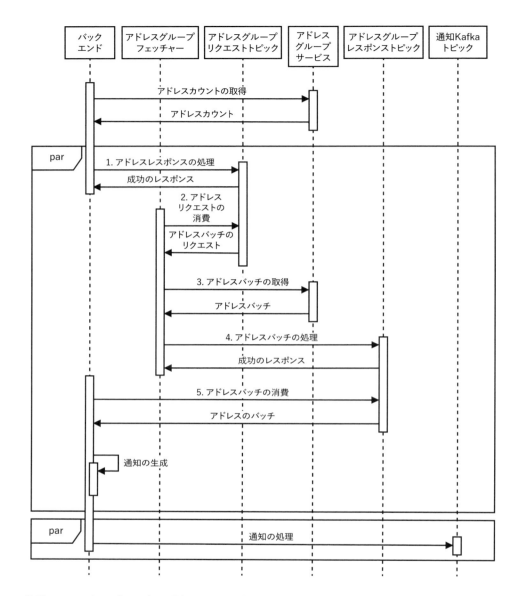

↑図9.10 アドレスグループから通知イベントを構築するためのバックエンドサービスのシーケンス図

　ステップ5以降を別のサービスで行うように、バックエンドサービスを2つのサービスに分割すべきでしょうか。バックエンドがアドレスグループサービスにリクエストを行う必要がない場合があるため、ここではそうしてはいません。

> **問題**
>
> アドレスグループへの新しいユーザーの追加と、そのアドレスグループのデータの取得が同時に発生した場合、何が起こるでしょうか。

この方法の問題点として、すぐに気付くのは、大規模なアドレスグループが頻繁に更新される。つまり、新しい受信者がどんどん追加されたり、逆に削除されることが頻繁に発生する可能性があるということです。こういった状況になるには、さまざまな理由が考えられます。

- 誰かが電話番号やメールアドレスを変更する可能性がある
- アプリは常に新しいユーザーを獲得し、現在のユーザーを失っている
- 10億人の無作為な人口では、毎日数千人が生まれ、死亡する

通知が全ての受信者に配信されたと見なすことができるのは、どのタイミングでしょうか。バックエンドが新しい受信者のバッチを取得し続けて通知イベントを作成しようとすると、非常に大きなグループの場合には、このイベント作成は決して終わりません。通知が発生した時点でアドレスグループ内にいる受信者のみに通知を配信すべきです。

アドレスグループサービスのアーキテクチャや実装の詳細についての議論は、本書の範囲外です。

9.8 購読解除リクエストの処理

全ての通知には、受信者が同様の通知の購読を解除するためのボタン、リンク、またはほかのUIが含まれている必要があります。受信者が今後の通知から削除を要求した場合、このリクエストが送信者に通知される必要があります。

また、図9.11のように、アプリケーションユーザー向けに通知管理ページをアプリに追加することもできます。アプリユーザーは、受信したい通知カテゴリを選択できます。通知サービスは通知カテゴリのリストを提供し、各種通知リクエストには必須フィールドとして、どのカテゴリに属するかという情報が含まれている必要があります。

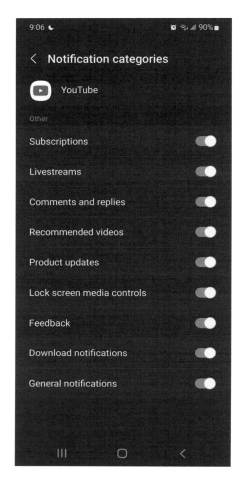

△ 図9.11　YouTubeのAndroidアプリでの通知管理。通知カテゴリのリストを定義し、アプリユーザーが購読するカテゴリを選択できるようになっている

> **問題**
>
> 購読解除は、クライアント側とサーバ側のどちらで実装すべきでしょうか。

　「サーバ側で実装するか、両方で実装するかのいずれか」というのが、その答えになります。クライアント側のみで実装するのは適切ではありません。購読解除がクライアント側のみで実装されている場合、通知サービスは引き続き受信者に通知を送信することになり、受信者のデバイス上のアプリケーションが通知をブロックすることになります。このアプローチはブラウザやモバイルアプリケーションでは実装できますが、電子メール、電話、SMSでは実装が不可能です。さらに、クライアントによってブロックされるだけの通知を生成して送信するのはリソースの無駄だといえるでしょう。ただし、サーバ側の実装にバグが

あり、ブロックされるはずの通知を引き続き送信する場合に備えて、クライアント側にも通知ブロックを実装することはあります。

購読解除がサーバ側で実装されている場合、通知サービスは受信者への通知をブロックします。バックエンドは通知の購読や購読解除を行うためのAPIエンドポイントを提供する必要があり、ボタン／リンクはこのAPIにリクエストを送信することになります。

通知ブロックを実装する1つの方法は、アドレスグループサービスAPIを変更してカテゴリを受け入れるようにすることです。新しいGET APIエンドポイントは、「GET /address-group/count/{name}/category/{category}」や「GET /address-group/{name}/category/{category}/start-index/{start-index}/end-index/{end-index}」のようになります。アドレスグループサービスは、そのカテゴリの通知を受け入れる受信者のみを返します。アーキテクチャやさらなる実装の詳細は、本書の範囲外です。

9.9 配信失敗の処理

通知の配信は、通知サービスとは無関係な理由で失敗する可能性があります。

- 受信者のデバイスに通信できない場合。考えられる原因には、次のようなことが挙げられる
  - ネットワークに問題が発生している
  - 受信者のデバイスの電源が切れている
  - サードパーティの配信サービスが利用できない
  - アプリケーションユーザーがモバイルアプリケーションをアンインストールしたか、アカウントを削除した場合。アプリケーションユーザーがアカウントを削除したりモバイルアプリケーションをアンインストールした場合、アドレスグループサービスを更新するメカニズムが必要だが、更新がまだ適用されていない可能性がある。チャンネルサービスは、単にリクエストを破棄し、ほかの処理を行わないようにすることができる。将来的にアドレスグループサービスが更新され、アドレスグループサービスからのGETレスポンスにこの受信者が含まれなくなると想定できる
- 受信者がこの通知カテゴリをブロックしており、受信者のデバイスがこの通知をブロックした場合。この通知は配信されるべきではなかったが、おそらくバグが原因で配信された。このケースに対しては、低緊急度のアラートを設定する必要がある

最初のケースのサブケースでは、それぞれ異なる処理が必要となります。データセンターに影響を与えるネットワークの問題は非常にまれであり、発生した場合は、関連チームがすでに影響を受ける全ての関連チームにブロードキャストを行っているはずです（明らかに影

響を受けるデータセンターに依存しないチャンネルを介して）。面接の際に、これについてさらに議論することはおそらくないでしょう。

　特定の受信者のみに影響するネットワークの問題があった場合や、受信者のデバイスの電源が切れていた場合、サードパーティの配信サービスは、この情報を含むレスポンスをチャンネルサービスに返します。チャンネルサービスは、通知イベントに再試行回数を追加するか、再試行フィールドがすでに存在する場合（つまり、この配信はすでに再試行中であった場合）、カウントをインクリメントできます。次に、この通知をデッドレターキューとして機能するKafkaトピックに生成します。チャンネルサービスはデッドレターキューから消費し、配信リクエストを再試行できます。図9.12では、高レベルアーキテクチャにデッドレターキューを追加しています。再試行が3回失敗した場合、チャンネルサービスはこれをログに記録し、ユーザーに連絡が取れないことをアドレスグループサービスに記録するリクエストを行えます。アドレスグループサービスは、このための適切なAPIエンドポイントを提供する必要があります。そして、アドレスグループサービスは、今後のGETリクエストに、このユーザーを含めないようにする必要もあります。なお、これらの実装の詳細は、本書の範囲外とします。

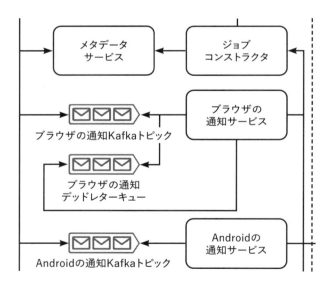

⬆ **図9.12**　ブラウザ通知デッドレターキューが追加された図9.6の詳細図。ほかのチャンネルサービスのデッドレターキューも同様に行うことができる。ブラウザ通知サービスが通知の配信時に503 Service Unavailableエラーに遭遇した場合、この通知イベントをデッドレターキューに生成／エンキューし、後で配信を再試行する。3回の試行が全て失敗すると、ブラウザ通知サービスはイベントをログに（共有ロギングサービスを用いて）記録する。また、このような配信失敗に対して低緊急度のアラートを設定することも考えられる

サードパーティの配信サービスが利用できない場合、チャンネルサービスは高緊急度のアラートをトリガーし、指数バックオフを採用し、同じイベントで再試行する必要があります。チャンネルサービスは、再試行の間隔を増やすことができます。

通知サービスは、受信者アプリケーションが見逃した通知をリクエストするためのAPIエンドポイントも提供する必要があるでしょう。受信者の電子メール、ブラウザ、モバイルアプリケーションが通知を受信する準備ができたら、このAPIエンドポイントにリクエストを行えます。

9.10 重複した通知に関するクライアント側の考慮事項

受信者デバイスに直接通知を送信するチャンネルサービスは、プッシュとプルの両方のリクエストを許可する必要があります。通知が作成されると、すぐにチャンネルサービスは受信者にプッシュしなければなりません。ただし、受信者のクライアントデバイスが何らかの理由でオフラインになっているか、利用できない場合もあります。デバイスがオンラインに戻ったら、通知サービスから通知をプルする必要があります。これは、ブラウザやカスタムアプリケーションの通知など、外部の通知サービスを使用しないチャンネルに適用されます。

重複する通知を避けるには、どうすればよいでしょうか。以前に、外部通知サービス（つまり、プッシュリクエスト）の重複通知を避けるためのソリューションについて議論しました。プルリクエストの重複通知を避ける仕組みは、クライアント側で実装する必要があります。クライアントには同じ通知を繰り返しリクエストする正当な理由がある可能性があり、サービスは同じ通知に関するリクエストを拒否すべきではありません（レートリミットによる制限を除く）。クライアントは、ユーザーにすでに表示（および却下）された通知を記録する必要があります。これは、ブラウザのlocalStorageやモバイルデバイスのSQLiteデータベースに記録されることになるでしょう。クライアントがプル（またはおそらくプッシュ）リクエストで通知を受信したら、デバイスのストレージと照合して、新しい通知をユーザーに表示する前に、通知がすでに表示されたものと同じであるかどうかを確認する必要があります。

9.11 優先度

通知には異なる優先度レベルがある場合かもしれません。図9.13のように、必要な優先度レベルの数（例：2〜5）を決定し、各優先度レベルに対して別々のKafkaトピックを作成できるでしょう。

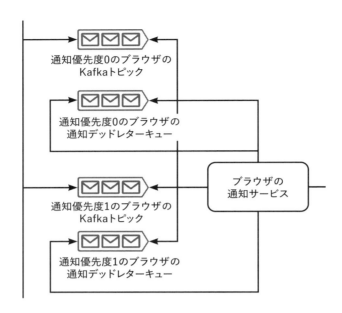

⬆ **図9.13** 図9.12に2つの優先度レベルを追加したもの

　高優先度の通知を低優先度の通知よりも先に処理するために、コンシューマーホストはシンプルに、高優先度のKafkaトピックが空になるまでは、まずはそこから消費し、その後低優先度のKafkaトピックから消費できます。加重アプローチを利用する場合、コンシューマーホストがイベントを消費する準備ができるたびに、まず加重ランダム選択を使用してどのKafkaトピックから消費するかを選択できます。

> **問題**
> 各チャンネルに異なる優先度設定を適応させるように、システム設計を拡張してみましょう。

9.12 検索

　ユーザーが既存の通知/アラート設定を検索して表示できるように、検索機能を提供する場合があります。検索のために、通知テンプレートと通知アドレスグループにインデックスを付加できます。「2.6.1　導入」でも触れたように、このユースケースにはmatch-sorterのようなフロントエンド検索ライブラリで十分でしょう。

9.13 モニタリングとアラート

「2.5 ロギング、モニタリング、アラート」で説明したこと以外に、次に示す項目についてモニタリングとアラートを設定する必要があります。

ユーザーが通知の状態を追跡できるようにしなければなりません。これは、ロギングサービスから読み取る別のサービスを通じて提供できます。ユーザーが通知を作成および管理するための通知サービスUIを提供し、テンプレートや通知のステータス追跡を含めることができます。

さまざまな統計に関するモニタリングダッシュボードを作成できます。すでに言及した成功率と失敗率以外にも、キュー内のイベント数と時間経過に伴うイベントサイズのパーセンタイルなどの有用な統計があります。これらはチャンネルと優先度別に分類され、CPU、メモリ、ディスクストレージの消費量などのOS統計も含まれます。高いメモリ消費とキュー内の大量のイベントは、不必要なリソース消費を示しています。イベントを調べて、メタデータサービスに配置できるデータがないかどうかを判断することで、キュー内のイベントのサイズを縮小できる可能性があります。

検知されないエラーを検出するために、定期的な監査を行うことも可能です。例えば、使用している外部通知サービスと協力して、次の2つの数字を比較できるでしょう。

- 外部通知サービスにリクエストを送信する通知サービスが受信した200レスポンスの数
- これらの外部通知サービスが受信した有効な通知の数

異常検出を使用して、送信者、受信者、チャンネルなどのさまざまパラメータによる通知レートやメッセージサイズの異常な変化を判断できます。

9.14 通知／アラートサービスの可用性モニタリングとアラート

「9.1.1 通知サービスはアップタイムモニタリングには適さない」では、通知サービスが監視対象のサービスと同じインフラストラクチャとサービスを共有しているため、アップタイムモニタリングには使用すべきではないという説明をしました。しかし、この通知サービスを停止アラートのための一般的な共有サービスにする方法を見つけることにこだわるとしたら、どうでしょうか。また、それ自体が失敗した場合は、どうすればよいでしょうか。アラートサービスは、どのようにユーザーに警告することができるでしょうか。1つの解決策は、外部デバイス、すなわちデータセンターに配置されたサーバなどを使用することです。

これらの外部デバイスにインストールできるクライアントデーモンを提供できます。サービスはこれらの外部デバイスに定期的なハートビートを送信し、デバイスはこれらのハート

ビートを期待するように設定されています。デバイスが期待された時間にハートビートを受信しない場合、サービスが正常に動作しているかを確認するためにクエリを実行できます。システムが2xxレスポンスを返した場合、デバイスは一時的なネットワーク接続の問題があっただけだと判断し、それ以上のアクションを取りません。リクエストがタイムアウトするかエラーを返した場合、デバイスは自動電話、テキストメッセージ、電子メール、プッシュ通知、その他のチャンネルを通じてユーザーに警告できます。本質的に、独立の特殊化された小規模なモニタリングおよびアラートサービスであり、1つの特定の目的のみに機能し、少数のユーザーだけにアラートを送信します。

9.15 その他の議論可能なトピック

　必要に応じて、Kafkaクラスタのメモリ量をスケール（増減）することもできます。キュー内のイベント数が時間とともに単調に増加する場合、通知が配信されていないことを意味し、コンシューマークラスタをスケールアップして、これらの通知イベントを処理・配信するか、レートリミットを実装して関連ユーザーに過剰な使用について通知する必要があります。

　この共有サービスの自動スケーリングを検討することもできます。ただし、実際には自動スケーリングソリューションの使用は難しい場合があります。その際には、予期せぬトラフィックスパイクによる停止を避けるために、サービスのさまざまなコンポーネントのクラスタサイズを制限まで自動的に増加させるように自動スケーリングを設定し、同時に開発者にリソース割り当てをさらに増やす必要があるかどうかのアラートを送ることができるでしょう。自動スケーリングがトリガーされたインスタンスを手動でレビューし、それに応じて自動スケーリング設定を微調整できます。

　通知サービスの詳細な議論を詳しく行おうとすると、多くの共有サービスを含む可能性があり、1冊の書籍の全てをそれに費やすほどの分量になります。本章では、通知サービスの核心的なコンポーネントに焦点を当て、議論を適切な長さに保つために、多くのトピックを省略しました。面接の残り時間で、これらのトピックについて議論することができるでしょう。

- 受信者は通知をオプトインし、不要な通知をオプトアウトできるようにする必要がある。そうでなければ、単なるスパムになってしまう。この機能について議論できる
- すでに大量のユーザーに送信された通知を修正する必要がある場合、どのように対処すればよいだろうか
  - この誤りを通知の送信中に発見した場合、プロセスをキャンセルし、残りの受信者に通知を送信しないようにできる。
  - まだトリガーされていない通知については、キャンセルできる。

- すでにトリガーされた通知については、この誤りを明確にするためのフォローアップ通知を送信する必要がある。
- 使用するチャンネルに関係なく送信者にレートリミットを課すのではなく、個々のチャンネルごとにレートリミットを可能にするシステムを設計してみよう
- 次のような分析ができる可能性がある
  - さまざまなチャンネルの通知配信時間の分析。パフォーマンス改善に使用できる。
  - 通知の応答率、およびユーザーのアクションや通知へのほかの反応の追跡と分析。
  - 通知システムをA/Bテストシステムと統合する。
- 「9.5.2　追加機能」で議論した追加のテンプレートサービス機能のAPIとアーキテクチャ
- スケーラブルで高可用性のジョブスケジューラサービス
- 「9.7　通知アドレス指定グループ」で議論した機能をサポートするアドレスグループサービスのシステム設計。次のような機能についても議論できる
  - 購読解除リクエストを処理するためにバッチアプローチとストリーミングアプローチのどちらを使用すべきか。
  - 受信者を通知に手動で再購読させる方法。
  - 受信者のデバイスやアカウントが組織内の任意のサービスにほかのリクエストを行った場合、自動的に通知に再購読させる。
- 大量の受信者に通知を送信するために、その通知に関連する承認状況を取得し、追跡するための承認サービス。この議論を、不要な通知の送信や乱用を防ぐためのメカニズムのシステム設計にまで拡張することもできる
- モニタリングとアラートについてのさらなる詳細な議論（定義する具体的な指標とアラートの例や詳細な説明を含む）
- クライアントデーモンソリューションについてのさらなる議論
- さまざまなメッセージングサービスのデザイン（例：電子メールサービス、SMSサービス、自動電話サービスなど）

9.16　最終ノート

　ここでデザインしたソリューションはスケーラブルで、全てのコンポーネントが水平方向に拡張可能です。フォールトトレランスは、この共有サービスでは非常に重要であり、常にこれに注意を払ってきました。モニタリングと可用性は堅牢なデザインになっており、単一障害点はなく、システムの可用性と健全性のモニタリングとアラートには独立したデバイスが含まれています。

まとめ

- 多くの異なるプラットフォームに同じ機能を提供する必要があるサービスは、共通の処理を1つにまとめ、各プラットフォーム用の適切なコンポーネント（または別のサービス）にリクエストを振り分ける単一のバックエンドで構成できる
- メッセージブローカーキュー内のメッセージのサイズを縮小するために、メタデータサービスやオブジェクトストアを使用できる
- テンプレートを使用してユーザーアクションを自動化する方法を検討する
- 定期的な通知にはタスクスケジューリングサービスを使用できる
- メッセージの重複を排除するための方法の1つは、受信者のデバイス上で処理を行う方法である
- システムコンポーネント間の通信には、Sagaのような非同期手段を使用する
- 分析とエラー追跡のためのモニタリングダッシュボードを作成する必要がある
- ほかの指標で見逃された可能性のあるエラーを検出するために、定期的な監査と異常検出を行う

Chapter

10

データベースバッチ
監査サービスの設計

本章の内容

- 無効なデータを見つけるためのデータベーステーブルの監査
- データベーステーブルを監査するためのスケーラブルで正確なソリューションの設計
- 一般的でない質問に答えるための、現実的な設計

　　手動で定義された検証を行うための共有サービスを設計してみましょう。この問題は、システム設計面接でよく出題される問題の中でも、特に多様な設計アプローチが可能なものであり、本章で議論されるアプローチは、多くの可能性の中の1つに過ぎません。

　　まず本章では**データ品質**の概念を紹介します。データ品質には、多くの定義があります。一般に、データ品質とはデータセットがその目的にどれだけ適しているかを指しますが、データセットが目的に適合するように改善する取り組みを指す場合もあります。データ品質には多くの要素があります[訳注1]。https://www.heavy.ai/technical-glossary/data-qualityで記載されている要素を次に列挙します。

訳注1　データ品質の要素は、システム設計におけるデータ検証基準であり、各要素は特定の目的に合わせてカスタマイズ可能である。

- **正確性**：測定値が真の値にどれだけ近いか
- **完全性**：データに目的に必要な全ての値が含まれているか
- **整合性**：異なる場所に同じ値を持ったデータが存在していた場合、データ変更が同時に反映され、同じ値を配信し始めるか
- **妥当性**：データが正しくフォーマットされ、値が適切な範囲内にあるか
- **一意性**：重複または重複するデータがないか
- **適時性**：必要なときにデータが利用可能か

データ品質を検証する2つのアプローチは、「2.5.6　データ異常を検出するための異常検出」で議論した**異常検出**と、**手動で定義された検証**です。本章では、手動で定義された検証のみを議論します。例えば、1時間ごとに更新され、数時間更新がない場合もありますが、更新の間隔が24時間を超えることは非常に珍しいテーブルがあったとします。この場合の**検証条件**は「最新のタイムスタンプが24時間前よりも新しい」となります。

　手動で定義された検証による**バッチ監査**は、一般的な要件です。**トランザクションスーパーバイザー**（「5.5　トランザクションスーパーバイザー」参照）は多くの可能性のあるユースケースの1つですが、トランザクションスーパーバイザーはデータが有効かどうかをチェックするだけはでなく、比較する複数のサービス／データベース間のデータ差分や、それらのサービス／データベースの整合性を回復するために必要な操作も返します。

10.1　なぜ監査が必要なのか？

　この質問を聞いた際、意味がないように感じるかもしれません。トランザクションスーパーバイザーの場合を除いて、バッチ監査は悪い慣行を助長する可能性があると主張できるでしょう。

　例えば、レプリケーションやバックアップされていないデータベースやファイルシステムでデータ損失が発生してデータが無効になった場合、データを失わないようにするために、レプリケーションやバックアップを実装すべきです。しかし、レプリケーションやバックアップには数秒以上かかる可能性があり、データが正常にレプリケーションやバックアップされる前にリーダーホストが失敗する可能性はあります。

データ損失の防止

　レプリケーションの遅延によるデータ損失を防ぐ1つの技術は、クォーラム整合性です。これは、クライアントに成功レスポンスを返す前に、クラスター内のホスト／ノードの過半数に書き込むという方法です。Cassandraでは、書き込みは複数のノードにまたがるメモリ内データ構造である**Memtable**にレプリケートされてから、成功レスポンスが返されます。メモリへの書き込みはディスクへの書き込みよりもはるかに高速です。

> Memtableは、定期的に、または特定のサイズ（例：4MB）に達したときに（SStableと呼ばれる）ディスクにフラッシュされます。

　リーダーホストが回復すれば、データが回復されたホストにレプリケートされる可能性があります。ただし、これは設定によっては整合性を維持するためにリーダーホストからのデータを意図的に失わせるような可能性のある特定のデータベース（MongoDBなど）では機能しません（『Web Scalability for Startup Engineers』（Arthur Ejsmont著／McGraw Hill Education／2015）。MongoDBデータベースでは、write concern（https://www.mongodb.com/docs/manual/core/replica-set-write-concern/）が1に設定されている場合、全てのノードはリーダーノードと整合性が取れている必要があります。リーダーノードへの書き込みが成功しても、レプリケーションが発生する前にリーダーノードが失敗した場合、ほかのノードはコンセンサスプロトコルを使用して新しいリーダーを選択します。以前のリーダーノードが回復すると、新しいリーダーノードと異なるデータ（そのような書き込みを含む）をロールバックします。

　また、データはサービスが受け取った時点で検証されるべきで、データベースやファイルにすでに保存された後ではないと主張することもできます。例えば、サービスが無効なデータを受け取った場合、適切な400番台のステータスコードをレスポンスとして返し、このデータを永続化すべきではありません。次に示す4xxコードは、無効なデータを含む書き込みリクエストに対して返されます。詳細については、https://developer.mozilla.org/en-US/docs/Web/HTTP/Status#client_error_responsesなどの情報を参照してください。

- **400 Bad Request**：サーバが無効と認識したリクエストに対する汎用的なレスポンス
- **409 Conflict**：リクエストがルールと競合した場合。例えば、サーバ上の既存のファイルよりも古いファイルのアップロードされた場合など
- **422 Unprocessable Entity**：リクエストエンティティの構文は有効ではあるが、処理できなかった場合。例えば、無効なフィールドを含むJSON本文を持つPOSTリクエストなど

　監査に対するもう1つの反論として、検証はデータベースとアプリケーションで行うべきで、外部の監査プロセスで行うべきではないという意見があります。アプリケーションはデータベースよりもはるかに頻繁に変更されるため、可能な限り、データベース制約の使用を検討するべきです。アプリケーションコードを変更するよりも、データベーススキーマを変更する（データベースマイグレーションを行う）ほうが難しいからです。アプリケーションレベルでは、アプリケーションは入力と出力を検証し、入力と出力の検証機能に対してユニットテストを行う必要があります。

データベース制約

データベース制約は有害であるという議論があります（https://dev.to/jonlauridsen/database-constraints-considered-harmful-38）。データベース制約は行きすぎた最適化であり、全てのデータ整合性要件を捉えられず、システムをテストしたり変更する要件に適応したりするのが難しくなるというものです。例えば、GitHub（https://github.com/github/gh-ost/issues/331#issuecomment-266027731）やAlibaba（https://github.com/alibaba/Alibaba-Java-Coding-Guidelines#sql-rules）などの企業では、外部キー制約を禁止しています。

実際の運用の際には、バグや**検知されないエラー**の発生はつきものです。筆者が個人的にデバッグした事例を紹介しましょう。POSTエンドポイントのJSONボディには、将来の日付値を含む日付フィールドがありました。POSTリクエストは検証され、SQLテーブルに書き込まれていました。さらに、現在の日付でマークされたオブジェクトを処理する日次バッチETLジョブもありました。クライアントがPOSTリクエストを行うたびに、バックエンドはクライアントの日付値が正しい形式であり、1週間先までの日付に設定されていることを検証していました。

しかし、SQLテーブルには5年先の日付が設定された行が含まれており、これは5年間検出されずにいました。日次バッチETLジョブがそれを処理し、一連のETLパイプラインの最後で無効な結果が検出されるまで気付かなかったのです。このコードを書いたエンジニアは会社を去っており、問題のデバッグは困難でした。筆者はGitの履歴を調べ、この1週間ルールはAPIが最初に本番環境にデプロイされてから数か月後に実装されたことを突き止め、それより前に、無効なPOSTリクエストが行われ、この問題の行を書き込んだのではないかと推測しました。ログの保持期間が2週間だったため、そのときのPOSTリクエストのログを確認することは不可能でした。SQLテーブルに対する定期的な監査ジョブがあれば、このエラーを検出できたはずです。そのジョブがデータが書き込まれたずっと後に実装され、実行が開始されたとしても、です。

例えば、無効なデータが永続化されるのを防ぐためにどんなに努力をしたとしても、無効なデータの永続化は発生し得るものと仮定し、それに備える必要があるでしょう。監査は、そういったことのための、さらなる検証チェックのレイヤなのです。

バッチ監査の一般的な実用的なユースケースは、大規模な（例：1GB以上のサイズ）ファイル、特に組織外部からのファイルで、その生成方法を制御できなかったファイルを検証することです。1つのホストが全ての行を処理して検証するには時間がかかりすぎます。データをMySQLテーブルに保存する場合、INSERTよりもはるかに高速なLOAD DATA（https://dev.mysql.com/doc/refman/8.0/en/load-data.html）を使用し、その

後SELECTステートメントを実行してデータを監査できます。SELECTステートメントは、特にインデックスを活用する場合、ファイル上でスクリプトを実行するよりもはるかに高速で、おそらく簡単です。HDFSのような分散ファイルシステムを使用する場合、HiveやSparkのようなNoSQLオプションを使用して高速な並列処理を行うことも可能です。

また、たとえ無効な値が見つかったとしても、データがないよりは汚いデータでもあるほうがましだという判断が行われ、データベーステーブルに保存することを決定するかもしれません。

最後に、重複または欠落データなど、**バッチ監査**でしか見つけられない問題もあります。特定のデータ検証には、以前に取り込まれたデータが必要な場合があるからです。例えば、異常検出アルゴリズムは、以前に取り込まれたデータを使用して、現在取り込まれているデータの異常を処理し、検出します。

10.2 SQLクエリの結果に対する条件文による検証の定義

用語の明確化：テーブルには行と列があります。特定の（行、列）座標のエントリは、セル、要素、データポイント、または値と呼ぶことができます。本章では、これらの用語を全て同じ意味で使用しています。

SQLクエリの結果に対する比較演算子によって**手動で定義された検証**を定義する方法について議論しましょう。SQLクエリの結果は二次元配列で、これを「result」と名付けます。そして、resultに対する条件文を定義できます。いくつかの例を見てみましょう。これらの例は全て日次の検証なので、昨日の行のみを検証し、例となるクエリには「Date(timestamp) > Curdate() - INTERVAL 1 DAY」というWHERE句が付けられています。ここから見ていく各サンプルにおいて、検証結果をを説明し、そのSQLクエリ、そして可能な条件文を示します。

手動で定義された検証は、次のように定義できます。

- **列の個々のデータポイント**：例えば、前述の「最新のタイムスタンプが24時間未満」といった条件で表すことができる

```
SELECT COUNT(*) AS cnt
FROM Transactions
WHERE Date(timestamp) >= Curdate() - INTERVAL 1 DAY
```

可能な真の条件文は、「result[0][0] > 0」と「result['cnt'][0] > 0」となる。

別の例を考えてみよう。あるIDを持つクーポンコードが特定の日付で期限切れになる場合、この日付以降にこのコードIDが表示された際にアラートを発生させるトランザクションテーブルに対する定期的な検証を定義できる。このアラートによって、クーポンコードIDが正しく記録されていないかもしれないことを検知できる。

```
SELECT COUNT(*) AS cnt
FROM Transactions
WHERE code_id = @code_id AND Date(timestamp) > @date
AND Date(timestamp) = Curdate() - INTERVAL 1 DAY
```

可能な真の条件文は、「result[0][0] == 0」と「result['cnt'][0] == 0」である。

- **列の複数のデータポイント**：例えば、アプリケーションユーザーは1日に1人5回以上の購入を行えない場合、トランザクションテーブルに対して、前日以降にユーザーIDごとに5行以上ある場合にアラートを発生させるようにできる。これのアラートが出た場合、バグがあるか、ユーザーが誤って5回以上の購入を行えた、または購入が正しく記録されていないことを示している可能性がある

```
SELECT user_id, count(*) AS cnt
FROM Transactions
WHERE Date(timestamp) = Curdate() - INTERVAL 1 DAY
GROUP BY user_id
```

条件文は「result.length <= 5」となる。
別の方法として、次のようにすることもできる。

```
SELECT *
FROM (
 SELECT user_id, count(*) AS cnt
FROM Transactions
 WHERE Date(timestamp) = Curdate() - INTERVAL 1 DAY
 GROUP BY user_id
) AS yesterday_user_counts
WHERE cnt > 5;
```

条件文は「result.length == 0」となる。

- **1つの行の複数の列**：例えば、特定のクーポンコードを使用する総販売数が1日あたり100を超えることができないというルールがあったとする

```
SELECT count(*) AS cnt
FROM Transactions
WHERE Date(timestamp) = Curdate() - INTERVAL 1 DAYAND coupon_code = @coupon_code
```

条件文は「result.length <= 100」。
同じ目的の別のクエリと条件文は次の通り。

```
SELECT *
FROM (
  SELECT count(*) AS cnt
FROM Transactions
WHERE Date(timestamp) = Curdate() - INTERVAL 1 DAYAND coupon_code = @coupon_code
) AS yesterday_user_counts
WHERE cnt > 100;
```

条件文は「result.length == 0」となる。

- **複数のクエリに対する条件文**：例えば、ある日の売上数が前週の同じ日に比べて10%以上変化した場合にアラートを出したいとする。そのために2つのクエリを実行し、その結果を次のように比較できる。クエリ結果を結果配列に追加することで、この結果配列は二次元ではなく三次元になる。

```
SELECT COUNT(*)
FROM sales
WHERE Date(timestamp) = Curdate()

SELECT COUNT(*)
FROM sales
WHERE Date(timestamp) = Curdate() - INTERVAL 7 DAY
```

条件文は「Math.abs(result[0][0][0] - result[1][0][0]) / result[0][0][0] < 0.1.」のようになる。

手動で定義された検証には、ほかにも無数の可能性があります。例えば、次のようなものが挙げられるでしょう。

- テーブルに毎時一定数以上の新しい行が書き込まれる必要がある
- 特定の文字列列には null 値を含めることができず、文字列の長さは1から255の間でなければならない

- 特定の文字列列は特定の正規表現にマッチする値を持つ必要がある
- 特定の整数列は非負でなければならない

これらの種類の制約の一部は、ORMライブラリの関数アノテーション（例：Hibernate の@NotNullや@Length(min = 0, max = 255)）やGo言語のSQLパッケージの制約 タイプでも実装できます。この場合、監査サービスは**追加**の検証レイヤとして機能します。 監査の失敗は、サービスの**検知されないエラー**を示しており、調査する必要があります。

本節ではSQLを例に挙げました。しかし、この概念を一般化して、HiveQL、Trino（以 前はPrestoSQLと呼ばれていた）、Spark、CassandraなどのSQLライクな類似言語での 検証クエリを定義できるでしょう。私たちの設計はデータベースクエリ言語を使用してクエリ を定義することに焦点を当てていますが、汎用プログラミング言語で検証関数を定義する こともできます。

10.3 シンプルな SQL バッチ監査サービス

本節では、まずSQLテーブルを監査するためのシンプルなスクリプトについて議論しま す。次に、このスクリプトからバッチ監査ジョブを作成する方法について議論します。

10.3.1 監査スクリプト

バッチ監査ジョブの最もシンプルな形式は、次の手順を実行するスクリプトです。

1. データベースクエリを実行する
2. 結果を変数に読み込む
3. この変数の値を特定の条件に対してチェックする

次に示すリストのサンプルPythonスクリプトは、トランザクションテーブルの最新のタイ ムスタンプが24時間未満かどうかをチェックするMySQLクエリを実行し、結果をコンソー ルに出力します。

🖐 **リスト10.1** 最新のタイムスタンプをチェックするPythonスクリプトとMySQLクエリ

```
import mysql

cnx = mysql.connector.connect(user='admin', password='password',
                        host='127.0.0.1',
                        database='transactions')
cursor = cnx.cursor()
```

```
query = """
SELECT COUNT(*) AS cnt
FROM Transactions
WHERE Date(timestamp) >= Curdate() - INTERVAL 1 DAY
"""

cursor.execute(query)
results = cursor.fetchall()
cursor.close()
cnx.close()

# result[0][0] > 0 が条件です。
print(result[0][0] > 0) # result['cnt'][0] > 0 も機能します。
```

複数の**データベースクエリ**を順次実行し、その結果を比較する必要がある場合があります。リスト10.2は、そういった処理の例です。

🔸**リスト10.2**　複数のクエリの結果を比較するスクリプトの例

```
import mysql

queries = [
    {
    'database': 'transactions',

    'query': """
        SELECT COUNT(*) AS cnt
        FROM Transactions
        WHERE Date(timestamp) >= Curdate() - INTERVAL 1 DAY
    """,
},
{
    `database`: 'transactions`,
    'query': """
        SELECT COUNT(*) AS cnt
        FROM Transactions
        WHERE Date(timestamp) >= Curdate() - INTERVAL 1 DAY
        """
    }
]

results = []
for query in queries:
    cnx = mysql.connector.connect(user='admin', password='password',
```

```
                        host='127.0.0.1',
                        database=query['database'])
        cursor = cnx.cursor()
    cursor.execute(query['query'])
    results.append(cursor.fetchall())
cursor.close()
cnx.close()

print(result[0][0][0] > result[1][0][0])
```

10.3.2 監査サービス

　次に、これをバッチ監査サービスという形に拡張していきましょう。スクリプトを一般化して、ユーザーが次の情報を外部から指定できるようにします。

1. SQLデータベースとクエリ
2. クエリ結果に対して実行される条件

　validation.py.templateという名前のPythonファイルテンプレートを実装しましょう。リスト10.3は、このファイルの実装例です。ただし、これは簡略化されています。この中で、バッチ監査ジョブは2つのフェーズに分かれています。

1. データベースクエリを実行し、その結果を使用して監査が合格したか失敗したかを判断する
2. 監査が失敗した場合、アラートをトリガーする

　実用的な実装では、ログイン認証情報はシークレット管理サービスによって提供され、ホスト名は設定ファイルから読み取ることになるでしょう。これらの詳細は本書の範囲外とします。このサービスの、**ユーザーストーリー**は次のようになります。

1. ユーザーがサービスにログインし、新しいバッチ監査ジョブを作成する
2. ユーザーがデータベース、クエリ、条件の値を入力する
3. サービスはvalidation.py.templateからvalidation.pyを作成し、{database}などのパラメータをユーザーの入力値で置き換える
4. サービスはvalidation.pyをインポートして、検証関数を実行する新しいAirflowまたはcronジョブを作成する

validation.pyは、単なる関数が書かれたものであることに気付くかもしれません。バッチETLサービス[訳注2]は、オブジェクトではなく関数を保存します。

validation.py.templateにデータベースクエリごとにAirflowタスクを作成すべきだというコメントを書きました。バックエンドは、そのようなvalidation.pyを別途生成する必要があります。これはコーディング面接の演習としてはよい課題ですが、システム設計面接としては範囲外です。

🔽 **リスト10.3** 監査サービスのPythonファイルテンプレート

```python
from datetime import datetime, timedelta
from airflow import DAG
from airflow.operators.bash import BranchPythonOperator
import mysql.connector
import os
import pdpyras

# ユーザー入力の例:
# {name} - ''
# {queries} - ['', '']
# {condition} - result[0][0][0] result[1][0][0]

def _validation():
 results = []
 # データベースクエリは高コストであるここで全てのクエリを実行する問題点は、
 # クエリが失敗した場合、全てのクエリを再実行する必要があることにある。
 # 代わりに、各クエリに対してAirflowタスクを作成することを検討すべきである。
 for query in {queries}:
   cnx = mysql.connector.connect(user='admin', password='password',
                                 host='127.0.0.1',
                                 database=query['database'])
   cursor = cnx.cursor()
   cursor.execute(query['query'])
 results.append(cursor.fetchall())
 cursor.close()
 cnx.close()
 # XComはタスク間でデータを共有するためのAirflowの機能。
 ti.xcom_push(key='validation_result_{name}', value={condition})

def _alert():
 # 監査が失敗した場合にPagerDutyアラートをトリガーするサンプルコード。
 # これは単なるサンプルコードであり、動作するコードとして扱うべきではない。
 # また、この結果をバックエンドサービスに送信することもできる。
 # これについては本章で後ほど議論する。
```

訳注2 データの抽出、変換、ロードプロセスを効率的にスケジュール・実行するためのプラットフォーム。

```
result = ti.xcom_pull(key='validation_result_{name}')
if result:
  routing_key = os.environ['PÐ_API_KEY']
  session = pdpyras.EventsAPISession(routing_key)
  dedup_key = session.trigger("{name} validation failed", "audit")

with ÐAG(
  {name},
  default_args={
      'depends_on_past': False,
      'email': ['zhiyong@beigel.com'],
      'email_on_failure': True,
      'email_on_retry': False,
      'retries': 1,
      'retry_delay': timedelta(minutes=5),
},
description={description},
schedule_interval=timedelta(days=1),
start_date=datetime(2023, 1, 1),
catchup=False,
tags=['validation', {name}],
) as dag:
t1 = BranchPythonOperator(
    task_id='validation',
    python_callable=_validation
)
# アラートは別のAirflowタスクなので、アラートが失敗した場合でも、
# Airflowジョブは高コストな検証関数を再実行しない。
t2 = BranchPythonOperator(
    task_id='alert',
    python_callable=_alert
)
t1 >> t2
```

10.4 要件

SQLやHive、Trinoのクエリをユーザーがデータベーステーブルの定期的なバッチ監査のために定義できるシステムを設計しましょう。機能要件は次の通りです。

- 監査ジョブのCRUD。監査ジョブには次に示すフィールドがある
  - 分、時間、日、時間間隔など
  - オーナー
  - SQLや関連する方言（HQL、Trino、Cassandraなど）での検証データベースクエリ
  - SQLクエリ結果に対する条件文

- 失敗したジョブはアラートをトリガーする必要がある
- 過去に実行したか、現在実行中のジョブのログを表示し、エラーがあったかどうか、条件文の結果を含む。ユーザーは、トリガーされたアラートのステータスと履歴（トリガーされた時間、解決としてマークされたかどうか、そしてマークされた場合はその時間）も表示できる必要がある
- ジョブは6時間以内に完了する必要がある
- データベースクエリは15分以内に完了する必要がある。システムは長時間実行されるクエリを含むジョブを禁止する必要もある

非機能要件は、次の通りです。

- **スケール**：10,000個未満のジョブ（つまり、10,000個未満のデータベース文）があると予想する。ジョブとそのログはUIを通じてのみ読み取られるので、トラフィックはそれほど多くはない
- **可用性**：ほかのシステムが直接依存しない内部システムであり、高可用性は必要としない
- **セキュリティ**：ジョブにはアクセス制御があり、ジョブはそのオーナーによってのみCRUD操作が可能である
- **正確性**：監査ジョブの結果は、ジョブの設定で定義されたとおりに正確である必要がある

10.5 高レベルアーキテクチャ

図10.1は、ユーザーがテーブルに対して定期的な検証チェックを定義するための仮想的なサービスの高レベルアーキテクチャの初期の図です。バッチETLサービスはAirflowサービスであるか、Airflowと同様に動作するものと仮定しています。これは、一括ジョブのPythonファイルを保存し、定義されたスケジュールで実行し、これらのジョブのステータスと履歴を保存し、監査条件が真または偽だったかを示す真偽値を返します。ユーザーは提供されるUIを操作し、そこからバックエンドを通じてリクエストを行います。

1. ユーザーは、バッチ監査ジョブのCRUD（これらのジョブのステータスと履歴の確認を含む）のために、共有のバッチETLサービスにリクエストを行う
2. 共有バッチETLサービスはアラートサービスではないので、アラートをトリガーしたり、トリガーされたアラートのステータスや履歴を表示するためのAPIエンドポイントを持っていない。ユーザーは定常されるUIとバックエンドを介して、この情報を表示するために共有アラートサービスにリクエストを行う

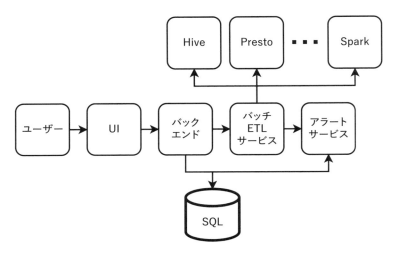

↑ 図10.1　ユーザーがデータに対して定期的な検証チェックを定義するための、仮想的なサービスの初期高レベルアーキテクチャ

　ユーザーがバッチ監査ジョブを作成するリクエストを送信すると、次のような処理が行われます。

1. バックエンドサービスは、ユーザーの入力値をテンプレートに代入してvalidation.pyファイルを作成する。このテンプレートは短い文字列なので、全てのバックエンドサービスホストのメモリに保存できる
2. バックエンドサービスは、このファイルを含むリクエストをバッチETLサービスに送信する。バッチETLサービスはバッチETLジョブを作成してこのファイルを保存し、バックエンドサービスにステータスコード200の成功レスポンスを返す

　私たちのバッチ監査サービスは、本質的に共有バッチETLサービス上のラッパーとなります。

　監査ジョブの設定には、ジョブのオーナー、cronエクスプレッション、データベースタイプ（Hive、Trino、Spark、SQLなど）、実行するクエリなどのフィールドがあります。メインのSQLテーブルは監査ジョブの設定を保存し、job_configと名付けることができます。また、ownerテーブルを作成して、ジョブをそのオーナーにマッピングし、job_idとowner_idの列を持つことができます。

　検証クエリはさまざまなSQLライクな方言で定義できるため、バッチETLサービスは、SQL、Hive、Trino、Spark、Cassandraなどの多様な共有データベースに接続されています。ジョブが失敗したり、監査に失敗したりした場合、バッチETLサービスは関連する人々に警告するために共有アラートサービスにリクエストを行います。セキュリティのための認証

に、「付録B　OAuth 2.0認可とOpenID Connect認証」で議論されている共有OpenID Connectサービスを使用できます。

10.5.1　バッチ監査ジョブの実行

監査ジョブは設定された時間間隔で定期的に実行され、2つの主要なステップで構成されています。

1. データベースクエリを実行する
2. データベースクエリの結果で条件分岐して処理を実行する

「4.6.1　簡単なバッチETLパイプライン」でも述べたとおり、バッチETLジョブはスクリプト（例：Airflowサービスの中のPythonスクリプト）として作成されます。ユーザーが監査ジョブを作成すると、バックエンドは対応するPythonスクリプトを生成します。この生成は、事前に定義して実装しておいたテンプレートファイルを利用できます。このテンプレートスクリプトには、適切なパラメータ（間隔、データベースクエリ、条件文）が代入される複数のセクションを含めることができます。

主なスケーラビリティの課題はバッチETLサービスと、おそらくアラートサービスにもあるので、スケーラビリティの議論はスケーラブルなバッチETLサービスとスケーラブルなアラートサービスの設計についてとなります。アラートサービスについての詳細な議論は「第9章　通知／アラートサービスの設計」を参照してください。

ユーザーの監査ジョブは主にSQLステートメントを実行する検証関数として定義されるため、Function as a Service (FaaS) [訳注3]プラットフォームを使用し、その組み込みのスケーラビリティを活用することも提案するとよいでしょう。異常なクエリに対する安全策も考慮しましょう。例えば、クエリ実行時間を15分に制限したり、クエリ結果が無効な場合にジョブを一時停止するなどが考えられます。

各監査ジョブ実行の結果は、SQLデータベースに保存され、UIを介してユーザーがアクセスできます。

10.5.2　アラートの処理

監査が失敗した際に出すアラートは、バッチETLサービスとバックエンドのどちらがトリガーすべきでしょうか。まず思い浮かぶこととして、監査ジョブを実行するのはバッチETLサービスなので、そうしたアラートをバッチETLサービスがトリガーすべきだと考えるかも

訳注3　特定のイベントが発生したときに実行される小さな機能単位のコードを実行するサービス。イベント駆動でスケーラブルなサーバレスコンピューティングモデルで、実行時間に基づいて課金される。

しれません。しかし、これはバッチ監査サービスで使用されるアラート機能が2つのコンポーネントに分割されてしまうことを意味します。

- アラートをトリガーするリクエストは、バッチETLサービスによって行われる
- アラートのステータスと履歴を表示するリクエストは、バックエンドサービスから行われる

つまり、アラートサービスに接続するための設定を両方のサービスで行う必要があり、追加のメンテナンスオーバーヘッドが発生することを意味します。将来、このバッチ監査サービスを維持するチームにそのコードに精通していないエンジニアがいるかもしれず、アラートに問題があった場合、そのエンジニアが誤ってアラートサービスとの全ての相互作用が1つのサービス上にあると思うかもしれません。そうすると、そのエンジニアは、問題が別のサービスにあることを発見する前に、間違ったサービスのデバッグを行ってしまい、時間を無駄にするかもしれません。

したがって、アラートサービスとの全ての相互作用はバックエンドサービス上にあるべきだと決定できます。バッチETLジョブは条件が真か偽かのみをチェックし、この真偽値をバックエンドサービスに送信します。値が偽の場合、バックエンドサービスはアラートサービス上でアラートをトリガーすることになります。

しかし、このアプローチには潜在的な問題があります。バックエンドサービスホストがクラッシュしたり利用不能になったりすると、アラートリクエストの生成や送信が中断され、アラートが送信されなくなる恐れがあるのです。この問題を防ぐ方法をいくつか考えてみましょう。

- バッチETLサービスからバックエンドサービスへのリクエストをブロッキングにし、バックエンドサービスがアラートリクエストの送信に成功した後のみに200を返すようにする。アラートリクエストが確実に行われるように、バッチETLサービスの再試行メカニズム（Airflowの再試行メカニズムなど）に依存させることができる。しかし、このアプローチは、結局のところ、実質的にはバッチETLサービスがアラートリクエストを行っていることを意味し、これらの2つのサービスが密結合する結果となってしまう
- バッチETLサービスは分割されたKafkaトピックにプロデュースし、バックエンドサービスホストはこれらのパーティションからコンシュームし、各パーティション上でチェックポイントを行う（おそらくSQLを使用する）ことができる。しかし、バックエンドサービスホストがアラートリクエストを行った後、チェックポイントする前に失敗する可能性があるため、重複したアラートを引き起こす可能性がある。したがって、アラートサービスは重複したアラートを除去できるようにしておく必要がある

現在のアーキテクチャは、ログの記録とモニタリングの両方を行っています。監査結果をSQLに記録し、これらの監査ジョブをモニタリングします。ジョブが失敗した場合、バッチ監

査サービスはアラートをトリガーします。アラートのみが共有サービスによって行われます。

そのほかのアプローチとして、監査ジョブの結果をSQLと共有ロギングサービスの両方に記録する方法が考えられるでしょう。数回の結果ごとにチェックポイントの記録を行うために別のSQLテーブルを使用できます。図10.2のシーケンス図をみてください。ホストが障害から回復するたびに、このSQLテーブルをクエリして最後のチェックポイントを取得できます。SQLに重複したログを書き込むことは問題ではありません。「INSERT INTO <table> IF NOT EXISTS...」ステートメントを使用することで、重複したレコードの記録を回避できるからです。ロギングサービスへの重複した結果の書き込みを処理する方法としては、次の3つの方法が考えられます。

1. 重複したログの影響は些細であると仮定し、単純にそれらをロギングサービスに書き込む
2. ロギングサービスが重複を処理する必要がある
3. 書き込む前に結果が存在するかどうかをロギングサービスにクエリする。ただし、これを行うとロギングサービスへのトラフィックが2倍になってしまう

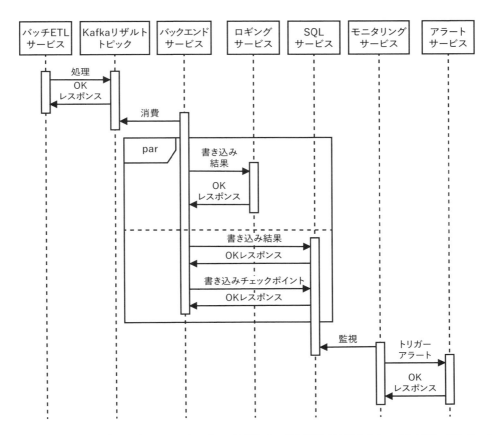

⬆図10.2　ロギングサービスとSQLサービスに並行してログを記録する場合のシーケンス図。SQLサービス上でモニタリングとアラートを行うことができる

図10.3に示したのは、共有ロギングサービスとモニタリングサービスを含む高レベルアーキテクチャの改訂版です。ロギングとアラートはバッチETLサービスから切り離されています。バッチETLサービスの開発者はアラートサービスの変更を気にする必要がなく、その逆も同様です。また、バッチETLサービスはアラートサービスにリクエストを行うように設定する必要がありません。

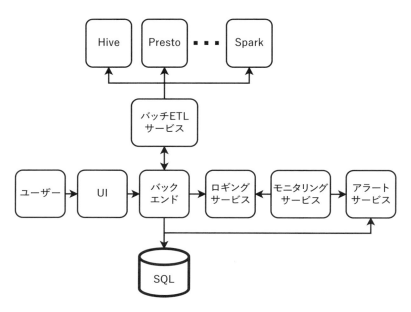

↑図10.3　共有サービスを使用した高レベルアーキテクチャ。全てのサービスが共有ロギングサービスにログを記録するが、バックエンドとモニタリングサービスとの関係のみを示している

10.6　データベースクエリの制約

　多くのサービスにおいて、データベースクエリは最も高コストで長時間実行される処理です。このサービスにおいても、それは例外ではありません。次の理由を含めて、バッチETLサービスが実行を許可されるクエリのレートと期間に制約を設ける必要があります。

- 多くのデータベースサービスは、共有サービスである。長時間で高コストなクエリを実行するユーザーは、ほかのユーザーによるクエリを処理するサービスが利用できる残りの能力を大幅に奪ってしまい、全体的な遅延を増加させる。クエリは、ホスト上のCPUとメモリを消費する。また、データベースサービスへの各接続もスレッドを消費し、このスレッド上のプロセスがクエリを実行し、クエリ結果を収集して返す。限られた数のスレッドを含むスレッドプールを割り当てることで、同時に実行されるクエリが多すぎないようにできる

- データベースサービスはサードパーティのクラウドプロバイダによって提供される場合があり、高コストで長時間実行されるクエリは多額の費用がかかる
- バッチETLサービスには実行するクエリのスケジュールが存在し、各クエリがその期間内に実行できることを確認する必要がある。例えば、1時間ごとのクエリは1時間以内に完了する必要がある

　ユーザーがジョブ設定でクエリを作成する際、あるいはその他のジョブ設定と一緒にクエリをバックエンドに送信する際に、ユーザーのクエリ定義を解析する技術を実装できるでしょう。

　本節では、システムの要件を満たし、コストを管理するためにユーザークエリに実装することが可能な制約について議論していきます。

10.6.1 クエリ実行時間の制限

　高コストなクエリを防ぐ簡単な方法は、ジョブ設定の作成や編集時にクエリ実行時間を10分に制限し、ジョブの実行時にはそれを15分に制限することです。ユーザーがジョブ設定でクエリを作成または編集する際、バックエンドはユーザーにクエリを実行させ、クエリ文字列の保存を許可する前に10分未満であることを検証する必要があります。これにより、ユーザーはクエリを10分という時間制限内に保つように訓練されます。その他の方法として、ノンブロッキング／非同期のエクスペリエンスを提示することもできます。ユーザーにクエリを保存させ、クエリを実行します。その後、クエリが10分以内に正常に実行されたかどうかをユーザーにメールやチャットで通知し、それに応じてジョブ設定が受け入れられたか拒否されたかを知らせます。このUXのトレードオフは、オーナーがこの制限によってクエリ文字列の変更を躊躇する可能性があり、結果として潜在的なバグや改善が対処されない可能性があることです。

　その他の制約として、複数のユーザーが同時にクエリを編集し、お互いの更新を上書きすることを防ぎたい場合があります。これを防ぐ方法については、「2.4.2　ユーザー更新の競合を防ぐために利用可能な技術」を参照してください。

　クエリの実行が15分を超えた場合、クエリを終了し、オーナーが編集して検証するまでジョブを無効にし、オーナーに高緊急度のアラートをトリガーします。クエリの実行が10分を超えた場合、将来的にクエリが15分を超える可能性があるということを警告するために、ジョブ設定のオーナーに低緊急度のアラートをトリガーできます。

10.6.2 送信前のクエリ文字列のチェック

　ジョブ設定の保存時にユーザーを数分待たせたり、保存した10分後に設定が拒否されたことを通知したりするのではなく、UIがクエリ文字列の作成中にすぐにフィードバックを

提供し、無効または高コストなクエリを含むジョブ設定の送信を防ぐ方ほうユーザーにとって便利です。そのような検証には、次のように実施できます。

まず、クエリがフルテーブルスキャンを行うことを禁止できます。パーティションキーを含むテーブルに対してのみクエリを実行することを許可し、クエリにはパーティションキーに対するフィルターが含まれている必要があります。さらに一歩進んで、クエリ内のパーティションキー値の数を制限することも検討できます。テーブルのパーティションキーを決定するために、バックエンドは関連するデータベースサービス上でDESCRIBEクエリを実行する必要があります。また、JOINを含むクエリも禁止できます。なぜなら、非常に高コストになる可能性があるからです。

ユーザーがクエリを定義した後、クエリ実行プランをユーザーに表示し、ユーザーがクエリの実行時間を最小限に抑えるためにクエリを調整できるようにします。この機能には、関連するデータベースクエリ言語でクエリを調整するためのガイドへの参照を付けるべきです。SQLクエリチューニングのガイドについては、https://www.toptal.com/sql-server/sql-database-tuning-for-developersを参照してください。Hiveクエリのチューニングガイドについては、https://cwiki.apache.org/confluence/display/Hive/LanguageManual+Explain、または『Apache Hive Essentials』（Dayang Du 著／Packt Publishing ／ 2018）の「Performance Considerations」という章を参照してください。

10.6.3 ユーザーは早めにトレーニングを受けるべきである

クエリを作成するユーザーには、これらの制約について早期に指導しておくべきです。そうすることで、ユーザーは制約に適応することを学ぶことができます。また、ユーザーを指導するための良好なUXと有益なドキュメントを提供すべきです。さらに、これらの制約は、バッチデータベース監査サービスの最初のリリース後数か月ではなく、できるだけ早いリリースで定義し設定すべきです。ユーザーがこれらの制約を課す前に高コストなクエリを送信することを許可した場合、ユーザーはこれらの制約に抵抗し、文句をいう可能性があり、クエリの変更を説得することが困難または不可能になるかもしれないからです。

10.7 同時に大量なクエリが実行されることを防止する

バッチETLサービスが実行できる同時クエリの数に上限を設定する必要があります。ユーザーがジョブ設定（特定のスケジュールで実行されるクエリを含む）を送信するたびに、バックエンドは同じデータベース上で同時に実行されるようにスケジュールされたクエリの数をチェックし、同時クエリの数が推定容量に近づいた場合、サービスの開発者にアラートをトリガーできます。各クエリが実行を開始する前の待機時間をモニタリングし、待機時

間が30分または決定したベンチマーク値を超えた場合に、低緊急度のアラートをトリガーできます。また、容量を推定するための負荷テストスキームの設計を検討することもできます。改訂された高レベルアーキテクチャを図10.4に示します。

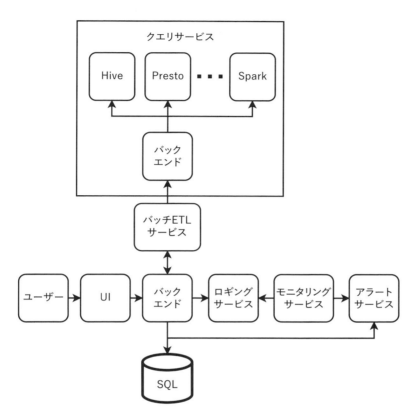

⬆ **図10.4** ほかのサービスがデータベースリクエストを行う共有クエリサービスを含む改訂版高レベルアーキテクチャ

図10.4には、新しいデータベースクエリサービスが含まれています。データベースは共有サービスであるため、同時クエリ数の設定された制限などの横断的な懸念事項はデータベース監査サービスではなく、データベースクエリサービスに保存する必要があります。

最適化を行うためのもう1つのアイデアは、バッチETLサービスがデータベースクエリを実行する前に、バックエンドサービスを介してアラートサービスにクエリを行い、未解決のアラートがあるかどうかをチェックすることです。未解決のアラートがあった場合は、監査ジョブを続行する必要はありません。

10.8 データベーススキーマメタデータのほかのユーザー

　ユーザーがクエリを作成するのを支援するために、サービスがスキーマメタデータから
ジョブ設定を自動的に導出することも可能です。例えば、WHEREフィルターは、通常、
パーティション列に定義されるので、UIはこれらの列をユーザーに提案するクエリテンプ
レートを提示したり、最新のパーティションのみをテストするクエリを作成するようにユー
ザーに提案したりといったことが可能でしょう。デフォルトでは、新しいパーティションが監
査に合格した場合、サービスはそのパーティションに対してさらなる監査をスケジュールす
べきではありません。ユーザーには、合格したにもかかわらず、同じ監査を再実行する理由
があるかもしれません。例えば、監査ジョブにバグがあるために誤って合格し、ジョブオー
ナーが監査ジョブを編集して合格した監査を再実行する必要がある場合などが該当するで
しょう。したがって、サービスはユーザーが手動で監査を再実行したり、そのパーティショ
ンに対して限られた数の監査をスケジュールしたりできるようにする場合もあります。

　テーブルには、新しい行が追加される頻度に関するデータ鮮度のSLA[訳注4]がある場合
があります。これは、データがどれだけ新しいものであるかというデータ鮮度の概念に関
連しています。データの準備ができる前にテーブルの監査を行うことは無駄であり、誤った
アラートをトリガーする可能性があるため、避けるべきです。おそらく、データベースクエリ
サービスは、テーブルオーナーがテーブルに対して鮮度SLAを設定できる機能を実装する
か、Amundsen（https://www.amundsen.io/）、DataHub（https://datahubproject.io/）
やMetacat（https://github.com/Netflix/metacat）のようなツールを使用して、組織用の
データベースメタデータカタログ／プラットフォームを開発できます。

　データベースメタデータプラットフォームのもう1つの有用な機能は、そのテーブルに関す
る問題を記録することです。テーブルオーナーやサービスは、特定のテーブルに問題が発
生していることをデータベースメタデータプラットフォーム上で更新できます。そして、デー
タベースクエリサービスは、このテーブルをクエリする人やサービスに、失敗した監査につい
て警告することが可能です。データベースメタデータプラットフォームの有用な機能は、ユー
ザーがテーブルのメタデータの変更を購読したり、テーブルに影響する問題についてアラー
トを受け取ったりできるようにすることです。これは、あるテーブルに対してクエリを発行す
るユーザーは、将来再びそのテーブルに対してクエリを発行する可能性があるからです。

　バッチETLサービスは、データベーススキーマの変更をモニタリングし、それに応じて対
応することもできます。列名が変更された場合、その列名を含む監査ジョブ設定のクエリ文
字列の列名も更新しなければなりません。列が削除された場合、関連する全てのジョブを
無効にし、そのオーナーにアラートを送る必要があります。

訳注4　「データ鮮度」とは必要な要件を満たしているデータを、必要としているタイミングに取得できることを指す。
「データ鮮度のSLA」は、更新頻度や時間制限を定めた契約。

10.9 データパイプラインの監査

図10.5は、データパイプライン（Airflow DAGなど）と、その上で実行される複数のタスクを示しています。各タスクは特定のテーブルに書き込む可能性があり、次のステージがそれを読み取ります。ジョブ設定には「パイプライン名」と「レベル」のフィールドを含めることができ、これらは job_config テーブルに列として追加できます。

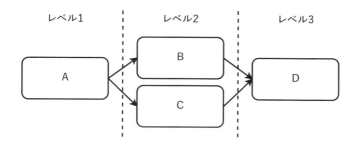

↑ 図10.5　複数のステージを持つサンプルデータパイプライン。各ステージに対して監査ジョブを作成できる

特定の監査ジョブが失敗した場合、サービスは次のような処理を行う必要があります。

- 上流のジョブが失敗した場合、監査ジョブを実行することは不要になるので、下流の監査も無効にしてリソースを節約する
- 同じテーブルへのクエリを含むほかのジョブとその下流のジョブも無効にする
- 無効にされた全てのジョブのオーナーと、全ての下流のジョブのオーナーに高緊急度のアラートをトリガーする

また、このテーブルに問題があることをデータベースメタデータプラットフォーム上で更新しなければなりません。そして、このテーブルを使用するデータパイプラインは、下流にある全てのタスクを無効にする必要があります。そうしないと、このテーブルにある不正なデータが下流のテーブルに伝播してしまう可能性があるからです。例えば、機械学習パイプラインは監査結果を使用して、処理を実行するかどうかを決定し、実験が不正なデータを用いて実行されないようにできます。Airflowはトリガールール（https://airflow.apache.org/docs/apache-airflow/stable/concepts/dags.html#trigger-rules）の設定が可能であり、各タスクが全ての依存関係または少なくとも1つの依存関係が正常に実行を完了した場合のみにタスクが実行されるようにするといったことができます。このような新しいバッチETLサービス機能は、Airflowやその他のワークフロー管理プラットフォームを強化するものだといえます。

これらのことから、ここで設計したバッチETLサービスは共有サービスに一般化することができ、組織全体のバッチETLジョブにこの機能を提供できることが示唆されます。

ユーザーがパイプラインに新しいレベルを追加する場合、全ての下流タスクのレベル値も更新する必要があります。図10.6に示すように、バックエンドは下流タスクのレベル番号を自動的にインクリメントすることでユーザーをサポートできます。

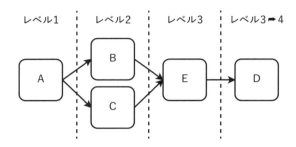

⬆ **図10.6** レベル2と3の間に新しいタスク「E」を追加すると、適切なレベルの番号を自動的にインクリメントし、レベル3がレベル4になる

10.10 ロギング、モニタリング、アラート

「2.5 ロギング、モニタリング、アラート」で議論したことに加えて、次に挙げる事柄についてもモニタリングし、アラートを送信する必要があります。このログはユーザーにとって有用であるかもしれないので、UIに表示したほうがよいでしょう。

- 現在のジョブステータス（開始、進行中、成功、失敗など）と、このステータスがログに記録された時間
- 失敗したバッチETLサービスデータベースクエリ。アラートには失敗の理由（クエリタイムアウトやクエリ実行のエラーなど）も含める必要がある
- 先に述べたように、データベースクエリの実行にかかった時間をモニタリングし、この時間が決定したベンチマーク値を超えた場合にアラートを発生させる
- 先に述べたように、上流のジョブが失敗した場合にジョブオーナーにアラートを発生させる
- バックエンドのエンドポイントにおける、1秒P99および4xxと5xxレスポンス
- 外部サービスへのリクエストにおける、1秒P99および4xxと5xxレスポンス
- 高トラフィック（負荷テストで決定した負荷制限を超えるリクエストレートとして定義）
- 高CPU、メモリ、I/O使用率
- SQLサービスの高ストレージ使用率（共有サービスではなく独自のSQLサービスを管理している場合）

4xxレスポンスは高緊急度のアラートをトリガーし、ほかの問題は低緊急度のアラートを
トリガーすべきです。

10.11 その他の可能な監査タイプ

これまで議論した監査／テストに加えて、ほかのタイプのテストについても議論できます。
次に例を示します。

10.11.1 データセンター間の整合性監査

同じデータが複数のデータセンターに保存されることは珍しくありません。そこで、デー
タセンター間のデータの整合性を確保するために、データベースバッチ監査サービスはデー
タセンター間でデータを比較するサンプリングテストを実行する機能を提供する場合があ
ります。

10.11.2 上流と下流のデータの比較

「7.7　移行は厄介な作業である」のデータ移行に関する議論でも触れたように、あるテー
ブルから別のテーブルにデータをコピーする必要がある場合があります。上流と下流のテー
ブルの最新のパーティションを比較してデータの整合性を確保するための監査ジョブを作
成できるでしょう。

10.12 その他の議論可能なトピック

面接中に議論される可能性のある、その他のトピックを示します。

- スケーラブルなバッチ ETL サービスやスケーラブルなアラートサービスの設計について。
  これらのサービスには Kafka のような分散イベントストリーミングプラットフォームが必
  要になる
- validation.py.template やその他の適切なテンプレートから Airflow Python ジョ
  ブを生成するための関数のコーディング。ただし、これはコーディングの質問であり、
  システム設計の質問ではない
- 監査ジョブアラートはデータベーステーブルのオーナーにデータ整合性の問題を通知す
  るが、これらの問題の原因を発見してトラブルシューティングする方法については議論
  していない。テーブルオーナーは、どのようにしてデータ整合性の問題をトラブルシュー
  ティングできるだろうか。監査サービスを強化することは可能か、それ以外の可能性が
  あるだろうか

- 特定の監査ジョブが特定の1回の実行では失敗したにもかかわらず、オーナーが同じクエリを実行してトラブルシューティングを行う際には合格するといった場合がある。オーナーは、そのようなジョブをどのようにトラブルシューティングすることができるだろうか。また、サービスはどのようなログや機能を提供すれば、その作業に役立つだろうか
- 重複を排除するために、同一または類似の監査ジョブを見つけるにはどうすればよいか
- データベースバッチ監査サービスは、大量のアラートを送信する。テーブルの問題は、複数の監査ジョブに影響を与え、同じユーザーに複数のアラートをトリガーする可能性がある。そうした重複したアラートを排除する方法はあるか。このアラート重複排除ロジックのどの部分をデータベースバッチ監査サービスに実装し、どの部分を共有アラートサービスに実装するべきか
- サービスは、スケジュールだけではなく、特定のイベントによってもテストをトリガーするように実装できる。例えば、各クエリ後に変更された行数を追跡し、これらの数を合計し、指定された行数が変更された後にテストを実行するなどが考えられる。テストをトリガーする可能性のあるイベントとそのシステム設計についても議論ができるだろう

10.13 参考文献

本章は、Uberのデータ品質プラットフォームであるTrustにインスピレーションを受けていますが、本章で議論された多くの実装の詳細はTrustとはかなり異なる可能性があります。Uberのデータ品質に関する議論は、https://eng.uber.com/operational-excellence-data-quality/ で読むことができますが、この記事はTrustという名前には言及していません。Uberのデータ品質プラットフォームの概要(構成サービスとそれらの相互作用およびユーザーとの相互作用の議論を含む)について、この記事を参照することをお勧めします。

まとめ

- システム設計面接中に、データ整合性を維持するための一般的なアプローチとして監査について議論できる。本章では、バッチ監査の可能なシステム設計について議論した
- データの不規則性を検出するために、定期的にデータベースクエリを実行できる。これらの不規則性は、予期しないユーザーアクティビティ、検知されないエラー、悪意のあるアクティビティなど、さまざまな問題が原因である可能性がある
- これらの定期的なデータベースクエリの多くのユースケースを包含する一般的なソリューションを定義し、スケーラブルで可用性が高く、正確なシステムを設計した
- 独自のcronジョブを定義するのではなく、Airflowのようなタスクスケジューリングプラットフォームを使用して監査ジョブをスケジュールできる。独自のcronジョブはスケーラビリティが低く、エラーが発生しやすいためである

- 監査ジョブの成功または失敗について、ユーザーに通知するための適切なモニタリングとアラートを定義する必要がある。定期的なデータベース監査サービスは、「第9章　通知／アラートサービスの設計」で議論したアラートサービスと、「付録B　OAuth 2.0　認可とOpenID Connect認証」で議論しているOpenID Connectも使用する
- ユーザーがアドホッククエリを行うためのクエリサービスを提供できる

Chapter 11

オートコンプリート／タイプアヘッド

本章の内容

- オートコンプリートと検索の比較
- データ収集と処理のクエリからの分離
- 連続的なデータストリームの処理
- 大規模な集約パイプラインをステージに分割することによるストレージコストの削減
- データ処理パイプラインの副産物をほかの目的に活用する

　本章では、オートコンプリートシステムの設計を行います。オートコンプリートは、大量のデータを継続的に取り込み、処理し、小さなデータ構造（数MB）に変換する分散システムであり、特定の目的のためにユーザーがクエリを実行することを目的としています。オートコンプリートシステムは、そうした一連の処理を行うシステムの設計能力を評価する質問として適しています。オートコンプリートシステムは、最大数十億人のユーザーが送信した文字列からデータを取得し、そのデータを重み付けトライ^{訳注1}に変換します。ユーザーが文字列を入力すると、重み付けトライがオートコンプリートの候補を提供します。また、オートコンプリートシステムにパーソナライゼーションや機械学習の要素を追加することもできるでしょう。

訳注1　トライ（trie）は木構造の一種で、重み付きトライ（Weighted trie）は各ノードに重み付け情報を持たせたデータ構造。

11.1 オートコンプリートの用途

まず、適切な要件を決定するために、このシステムの想定されるユースケースについて議論し、それを明確にします。オートコンプリートの可能な用途には、次のようなものが考えられます。

- 検索サービスでの補完。ユーザーが検索クエリを入力すると、オートコンプリートサービスはキーストロークごとにオートコンプリートの候補のリストを返す。ユーザーが候補を選択すると、検索サービスは文字列で検索を行い、結果のリストを返す
  - Google、Bing、Baidu、Yandexなどの一般的な検索で利用されている。
  - 特定のドキュメントコレクション内の検索で利用される。例として Wikipedia やビデオ共有アプリケーションが考えられる。
- ワードプロセッサーがオートコンプリートの候補を提供する場合がある。ユーザーが単語の入力を開始すると、ユーザーが現在入力しているプレフィックスで始まる一般的な単語のオートコンプリート候補が提供される機能である。ファジーマッチング[訳注2]と呼ばれる技術を使用すると、オートコンプリート機能はスペルチェック機能の機能を兼ねることになり、ユーザーが現在入力しているプレフィックスに完全に一致しないが、近いプレフィックスを持つ単語を提案できるようになる
- コーディングを目的とした統合開発環境（IDE：Integrated Development Environment）にオートコンプリート機能がある場合もある。オートコンプリート機能は、プロジェクトディレクトリ内の変数名や定数値を保持し、ユーザーが変数や定数を宣言するときに、それらをオートコンプリートの候補として提供できる。この場合はファジーマッチングは利用せず、完全一致が必要となる

それぞれのユースケースにおけるオートコンプリートサービスは、異なるデータソースとアーキテクチャを持つことになります。この面接での（さらにいうと、一般的なシステム設計面接一般において）潜在的な落とし穴は、結論を急いで、オートコンプリートサービスについて問われた際に、Google や Bing のような検索エンジンのオートコンプリートを思い浮かべてしまい、検索サービス用を仮定して話を進めてしまうことです。

面接官が「Google のような一般的な検索アプリのオートコンプリートを提供するシステムを設計してください」といった具体的な質問をした場合でも、30秒ほど時間を取って、オートコンプリートのほかの可能な用途について議論すべきでしょう。それによって、質問の範囲を超えて考え、安易な仮定や結論を避ける力を示せます。

訳注2 文字列が完全に一致しなくても、近似的に一致する候補を検索する技術。

11.2 検索とオートコンプリート

オートコンプリートと検索を区別し、その要件を混同しないようにする必要があります。そうすることで、検索サービスではなくオートコンプリートサービスを正しく設計できます。オートコンプリートと検索は、どのように似ていて、どのように異なるのでしょうか、類似点は、次の通りです。

- ユーザーの検索文字列に基づいてユーザーの意図を推測し、その意図に最も合致する可能性が高い順にソートされた結果のリストを返そうと試みる
- 不適切なコンテンツがユーザーに返されるのを防ぐために、可能な結果を前処理する必要がある場合がある
- ユーザーの入力をログに記録し、それを使用して提案／結果を改善できる場合がある。例えば、返された結果とユーザーがクリックした結果をログに記録する場合がある。ユーザーが一番上に表示された結果をクリックした場合、そのユーザーに最も関連性が高い結果を表示できていることを示している

オートコンプリートは、概念的に検索よりも単純です。高レベルでの主な違いを表11.1に示します。面接官が興味を持たない限り、これらの違いについて1分以上議論する必要はありません。重要なのは、批判的思考と大局的な視点を持つ能力を示すことです。

検索	オートコンプリート
検索結果は、通常、WebページのURLやドキュメントのリストとなる。検索対象となるドキュメントは前処理されてインデックスが生成されている。検索クエリの中の検索文字列がインデックスとマッチングされて関連するドキュメントが取得される	結果は、ユーザーの検索文字列に基づいて生成された文字列のリストとなる
P99レイテンシが数秒程度であれば、許容される場合がある。状況によっては、最大1分程度の高いレイテンシでも許容される場合がある	良好なユーザーエクスペリエンスのために、約100ミリ秒のP99の低レイテンシが望ましい。各文字を入力した直後に、ほぼ即座に候補が表示されることをユーザーは期待する
文字列、複雑なオブジェクト、ファイル、メディアなど、さまざまなデータ型が結果として出力可能である	結果のデータ型は文字列だけである
各結果には関連度スコアが付与される	必ずしも関連度スコアを持つわけではない。例えば、IDEのオートコンプリート結果リストは辞書順に並べられる場合がある

ユーザーが精度が高いと認識する要素となる関連性スコアを正確に計算するために、多くの労力を要する	精度要件（例：ユーザーが最初の数個の候補ではなく、もっと後ろの候補をクリックする）は、検索ほど厳密ではない場合がある。ただし、これはビジネス要件に大きく依存するため、特定のユースケースでは高い精度が必要な場合もある
検索結果はインデックスにあるドキュメントのいずれかを返す可能性がある。つまり、全てのドキュメントを処理してインデックスを作成し、検索結果で返せるようにする必要がある。複雑さを低減するために、ドキュメントの内容の一部をサンプリングする場合があるが、それでも全てのドキュメントを処理する必要はある	高い精度が必要ない場合、サンプリングや近似アルゴリズムなどの技術を使用して複雑さを低減できる
数百件の結果を返す場合がある	通常、返す結果の数は5～10件程度である
ユーザーは複数の結果を選択できる。結果の1つをクリックしてページ遷移した後でも、［戻る］ボタンを押せば、別の結果を選択できる。このときの挙動から、さまざまな情報を得ることが可能である	検索とは異なるフィードバックメカニズムとなる。オートコンプリートの候補がどれも一致しない場合、ユーザーは検索文字列の入力を最後まで手動で入力することになる

⬆ **表11.1** 検索とオートコンプリートの違い

11.3 機能要件

オートコンプリートシステムの機能要件として、面接官と次のようなトピックについて質疑応答を行えるでしょう。

11.3.1 オートコンプリートサービスの範囲

まず、どのようなユースケースや言語をサポートするかなど、範囲の詳細を明確にしましょう。

- **質問**：このオートコンプリートは一般的な検索サービス用ですか、それともワードプロセッサーやIDEなどのユースケース用ですか？
  - 回答例：一般的な検索サービスでの検索文字列の提案用です。
- **質問**：対象となるのは英語のみですか？
  - 回答例：はい。
- **質問**：サポートする必要がある単語数は、どれくらいですか？
  - 回答例：Websterの英語辞書には約47万語（https://www.merriam-webster.com/help/faq-how-many-english-words）が、オックスフォード英語辞書には17万1,000語以上（https://www.lexico.com/explore/how-many-words-are-there-in-the-english-language）が収録されています。これらの単語のうち、少な

くとも6文字の長さの単語がいくつあるかはわかりません。そのため、単語数に関して仮説を利用するのは避けます。また、辞書にない一般的な単語もサポートする可能性もあるので、最大10万語のセットをサポートすることにしましょう。英単語の平均長は4.7文字（5文字に四捨五入）で、1文字1バイト[訳注3]とすると、ストレージ要件はわずか5MBです。単語やフレーズの手動での（プログラムによる追加ではなく）追加を許可しても、ストレージ要件はほとんど増加しません。

> **メモ**
>
> 1956年に導入されたIBM 350 RAMACは、5MBのハードディスクドライブを搭載した最初のコンピューターでした（https://www.ibm.com/ibm/history/exhibits/650/650_pr2.html）。重量は1トン以上で、9m（30フィート）×15m（50フィート）の設置面積を占めていました。プログラミングは、機械語とプラグボード上のワイヤージャンパーで行われていました。なお、当時はシステム設計面接は存在していませんでした。

11.3.2 いくつかのUXの詳細

オートコンプリートの候補に関して、いくつかのUX（ユーザーエクスペリエンス）の詳細事項を質問によって明確にすることができるでしょう。例えば、オートコンプリートの候補は文章単位か単語単位か、オートコンプリートの候補が表示されるまでにユーザーが入力する必要がある文字数などが挙げられます。

- **質問**：オートコンプリートは単語単位ですか、それとも文章単位ですか？
  - 回答例：まずは単語だけを考え、時間があればフレーズや文章に拡張することを検討しましょう。
- **質問**：候補が表示される前に入力する必要がある最小文字数はありますか？
  - 回答例：3文字が妥当そうです。
- **質問**：最小の候補の長さは決まっていますか？　ユーザーが3文字入力した後に、4文字や5文字の単語の候補を表示しても、1、2文字しか入力を省力化できずあまり効果的ではありません
  - 回答例：少なくとも6文字の単語を考慮しましょう。
- **質問**：数字や特殊文字を考慮すべきですか、それとも文字だけですか？
  - 回答例：文字だけです。数字と特殊文字は無視します。

訳注3 ここでは英単語のみを対象としているのでこれでよいが、日本語などの文字はUTF-8では3〜4バイトになる。

- **質問**：一度に表示するオートコンプリートの候補の数と、その順序はどうすべきですか？
  - 回答例：一度に10個の候補を表示し、頻度の高い順に並べましょう。まず、文字列を受け取り、優先度の高い順に並べられた10個の辞書単語のリストを返す候補APIのGETエンドポイントを提供できます。その後、ユーザーIDも受け取ってパーソナライズされた候補を返すように拡張できます。

11.3.3 検索履歴の考慮

オートコンプリートの候補が、ユーザーの現在の入力のみに基づくべきか、それとも検索履歴やその他のデータソースにも基づくべきかを考慮する必要があります。

- **質問**：候補を特定のワードセットに制限することは、ユーザーが送信した検索文字列を処理する必要があることを意味します。この処理の出力がオートコンプリートの候補を取得するためのインデックスである場合、手動で追加あるいは削除された単語／フレーズを含めるために、それ以前に処理されたデータを再処理する必要がありますか？
  - 解説：このような質問は、エンジニアリングの経験を示しています。面接官と議論して、再処理する過去のデータが大量にあることを指摘することが可能です。とはいえ、なぜ新しい単語やフレーズが手動で追加されるのでしょうか。それは、過去のユーザー検索文字列の分析に基いているからです。つまり、分析や洞察を得るために、簡単にクエリできるテーブルを作成するETLパイプラインを検討することがあります。
- **質問**：候補のデータソースは何ですか？　以前に送信されたクエリだけですか、それともユーザーの人口統計などのほかのデータソースもありますか？
  - 解説：ほかのデータソースを考慮するのはよい考えです。送信されたクエリだけを使用しましょう。将来的にほかのデータソースを受け入れる可能性のある拡張可能な設計は、よいアイデアかもしれません。
- **質問**：全てのユーザーデータに基づいて候補を表示すべきですか、それとも現在のユーザーデータ（つまり、パーソナライズされたオートコンプリート）に基づいて表示すべきですか？
  - 回答例：まずは全てのユーザーデータから始めて、その後パーソナライゼーションを検討しましょう。
- **質問**：候補に使用する期間は、どのくらいですか？
  - 回答例：まずは全ての期間を考慮し、その後1年以上前のデータを削除することを検討しましょう。例えば、前年の1月1日以前のデータを考慮しないなど、カットオフ日を指定できます。

11.3.4 コンテンツモデレーションと公平性

コンテンツモデレーションや公平性など、ほかの可能な機能も考慮できます。

- **質問**：不適切な候補をユーザーが報告できる仕組みは必要ですか？
  - 回答例：有用かもしれませんが、今のところ無視しましょう。
- **質問**：少数のユーザーが検索の大部分を送信した場合を考慮する必要がありますか？オートコンプリートサービスは、ユーザーごとに同じ数の検索を処理することで、大多数のユーザーにサービスを提供すべきですか？
  - 回答例：いいえ、検索文字列自体のみを考慮しましょう。どのユーザーが送信したかは考慮しません。

11.4 非機能要件

機能要件について議論した後、非機能要件について同様の質疑応答を行えます。これには、可用性とパフォーマンスのトレードオフなどの取捨選択に関する議論が含まれる場合があります。

- グローバルなユーザーベースで使用できるようにスケーラブルである必要がある
- 高可用性は必要ない。これはクリティカルな機能ではないので、フォールトトレランスとトレードオフできる
- 高いパフォーマンスとスループットが必要となる。ユーザーは0.5秒以内にオートコンプリートの候補を見る必要がある
- 整合性は必要ない。候補が数時間古くても許容できるからである。新しいユーザー検索が、即座に候補を更新する必要はない
- プライバシーとセキュリティについては、オートコンプリートの使用に認証や承認は必要ないが、ユーザーデータは非公開に保つ必要がある
- 精度に関しては、次のように考えることができる
  - 検索頻度に基づいて候補を返したい場合には、検索文字列の頻度をカウントできる。そのようなカウントは正確である必要はなく、最初の設計段階では近似で十分だと判断できる。時間があれば、精度メトリクスの定義を含め、より高い精度を検討することが可能になる
  - スペルミスや混合言語のクエリは考慮しない。スペルチェックは有用だが、この質問では無視すべきである
  - 潜在的に不適切な単語やフレーズは、候補を単語のセットに制限することで不適切な単語は防げるが、フレーズは防げない。これらを「辞書単語」と呼び、実際の辞

書からではなく、追加した単語も含まれる場合がある。必要であれば、管理者がこのセットに単語やフレーズを手動で追加・削除するメカニズムを設計できる
- 候補がどれだけ最新である必要があるかについては、1日という緩い要件を設定できる

11.5 高レベルアーキテクチャの計画

システム設計面接の設計思考プロセスは、図11.1のような非常に高レベルの初期アーキテクチャ図を描くことから開始できます。ユーザーは検索クエリを送信し、「取り込みシステム」がそれを処理してデータベースに保存します。ユーザーは検索文字列を入力している際に、データベースからオートコンプリートの候補を受け取ります。ユーザーがオートコンプリートの候補を受け取る前に別の中間ステップがある可能性があり、それを「クエリシステム」という名前で呼びます。この図は、推論プロセスを導く助けとなります。

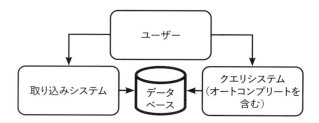

↑図11.1　オートコンプリートサービスの非常に高レベルな初期アーキテクチャ。ユーザーが文字列を入力し、システムがそれをデータベースに保存する。ユーザーはオートコンプリートの候補について、クエリシステムにリクエストを送信する。データ処理がどこで行われるかは、まだ議論していない

そして、システムを次に示すコンポーネントに分解できると考えます。

1. データ取り込み
2. データ処理
3. 処理されたデータをクエリして、オートコンプリート候補の取得

一般に、データ処理は取り込みよりもリソース集約的です。取り込みは要求を受け入れてログに記録するだけですが、トラフィックスパイクに対応する必要があります。そのため、スケールアップできるように、データ処理システムを取り込みシステムから分離します。これは、「第1章　システム設計に関する概念を俯瞰する」で議論したコマンドクエリ責務分離（CQRS）という設計パターンの例となっています。

考慮すべきもう1つの要素は、取り込みシステムが実際には検索サービスのロギングサービスであり、組織の共有ロギングサービスにもなり得るということです。

11.6 重み付けトライアプローチと初期の高レベルアーキテクチャ

図11.2は、オートコンプリートシステムの初期の高レベルアーキテクチャを示しています。オートコンプリートシステムは、単一のサービスではなく複数のサービスで構築され、その中でユーザーが1つのサービス（オートコンプリートサービス）のみにクエリを行い、システムの残りの部分と直接やり取りしないシステムです。システムの残りの部分は、ユーザーの検索文字列を収集し、定期的に重み付けトライを生成してオートコンプリートサービスに配信する役割を果たします。

共有ロギングサービスは、オートコンプリートサービスがユーザーに提供するオートコンプリート候補を導出するためのデータソースとなります。検索サービスのユーザーは検索クエリを検索サービスに送信し、それをロギングサービスがログとして記録します。ほかのサービスも、この共有ロギングサービスにログを記録します。オートコンプリートサービスは、検索サービスのログだけをクエリすることもあれば、オートコンプリート候補を改善するのに有用だと判断した場合、ほかのサービスのログもクエリすることがあり得るでしょう。

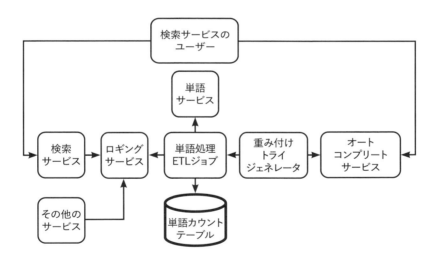

↑図11.2 オートコンプリートシステムの初期の高レベルアーキテクチャ。検索サービスのユーザーは検索文字列を検索サービスに送信し、これらの文字列は共有ロギングサービスによってログに記録される。単語処理ETLジョブは、ロギングされた検索文字列を読み取って処理を行うバッチジョブまたはストリーミングジョブとなる。重み付けトライのジェネレータは単語カウントを読み取り、重み付けトライを生成し、それをオートコンプリートサービスに送信する。ユーザーは、このサービスからオートコンプリート候補を取得する

共有ロギングサービスは、トピックとタイムスタンプに基づいてログメッセージを取得するためのAPIを備えているべきです。その実装の詳細（使用するデータベース：MySQL、HDFS、Kafka、Logstashなど）は、ここでの議論には関係ありません。なぜなら、私たち

はオートコンプリートサービスを設計しているのであって、組織の共有ロギングサービスを設計しているわけではないからです。面接においては、必要であれば、共有ロギングサービスの実装の詳細について議論する準備があることを付け加えてもよいでしょう。

ユーザーは、オートコンプリートサービスのバックエンドからオートコンプリート候補を取得します。オートコンプリート候補は、図11.3に示すような重み付けトライを用いて生成されます。ユーザーが文字列を入力すると、その文字列は重み付けトライとマッチングされます。結果リストは、マッチした文字列の子から生成され、重みの降順でソートされます。例えば、検索文字列「ba」は結果として["bay", "bat"]を返します。「bay」の重みは4で、「bat」の重みは2なので、「bay」が「bat」の前に来ます。

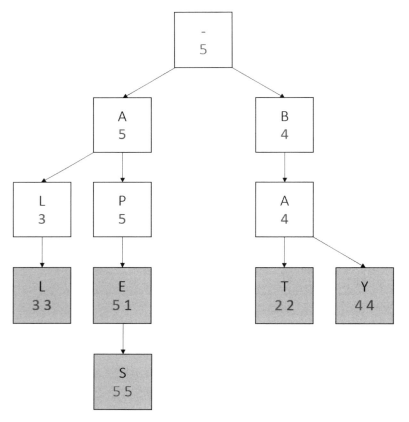

⬆ **図11.3** all、apes、bat、bayという単語を含む重み付けトライ（出典：https://courses.cs.duke.edu/cps100/spring16/autocomplete/trie.html）

それでは、これらのステップの実装の詳細について議論していくことにしましょう。

11.7 実装の詳細

重み付けトライジェネレータは、日次バッチETLパイプライン（またはリアルタイム更新が必要な場合はストリーミングパイプライン）になります。このパイプラインには、単語処理ETLジョブが含まれます。図11.2では、単語処理ETLジョブと重み付けトライジェネレータは別々のパイプラインステージになっています。これは、単語処理のETLジョブがほかの多くの目的やサービスにも応用可能であり、別々のステージにすることで、実装、テスト、保守、スケーリングが独立して行えるようになるためです。

単語カウントパイプラインには、次のようなタスク／ステップがあり、図11.4でDAGとして示しています。

1. ロギングサービスの検索トピック（および別のトピックも）から関連するログを取得し、一時的なストレージに格納する
2. 検索文字列を単語に分割する
3. 不適切な単語をフィルタリングする
4. 単語をカウントし、単語カウントテーブルに書き込む。必要な精度に応じて、全ての単語をカウントするか、count-min sketchのような近似アルゴリズム（「17.7.1　Count-min sketch」で説明する）を使用する
5. 適切な単語をフィルタリングし、利用頻度の高い未知の単語を記録する
6. 単語カウントテーブルから重み付けトライを生成する
7. 重み付けトライをバックエンドホストに送信する

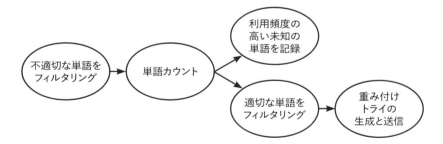

↑図11.4　単語カウントパイプラインのDAG。利用頻度の高い未知の単語の記録と適切な単語のフィルタリングは独立して行うことができる

生の検索ログの保存には、次のようなさまざまなデータベース技術を検討できます。

- 典型的なELKスタックの一部である、日ごとにパーティションされたElasticsearchインデックス。デフォルトの保持期間は7日間とする

- 各日のログはHDFSファイル（つまり、日ごとにパーティション化）にできる。ユーザーの検索は、（1日だけではなく、何らかの理由で古いメッセージを見る必要がある場合に備えて）数日間の保持期間を持つKafkaトピックに生成される。毎日、設定された時間に、最初のパイプラインステージは、設定された時間よりも新しいタイムスタンプを持つメッセージに到達するまで（つまり、1つ余分なメッセージを消費するが、この若干の不正確さは問題ない）、またはトピックが空になるまでメッセージを消費する。コンシューマーは、その日付に対応するパーティション用の新しいHDFSディレクトリを作成し、全てのメッセージをそのディレクトリ内の単一のファイルに追加する。各メッセージには、タイムスタンプ、ユーザー ID、検索文字列が含まれる可能性がある。HDFSには保持期間を設定するメカニズムがないため、古いデータを削除するには、そのためのステージをパイプラインに追加する必要がある
- SQLは、全てのデータを単一のノードに収める必要があるため、実現不可能である

ロギングサービスが、ELKサービスであると仮定しましょう。「4.3.5　HDFSレプリケーション」で言及したように、HDFSはMapReduceプログラミングモデルの一般的なストレージシステムです。MapReduceプログラミングモデルを使用して、多くのノードでデータ処理を並列化します。HDFSを使用してHiveまたはSparkを使用できます。HiveではSpark上のHive（https://spark.apache.org/docs/latest/sql-data-sources-hive-tables.html）を使用できるため、HiveアプローチもSparkアプローチも実際にはSparkを使用しています。Sparkは、メモリ内でHDFSからデータを読み書きし、メモリ内でデータを処理できるため、ディスク上での処理よりもはるかに高速です。以降のセクションでは、Elasticsearch、Hive、Sparkを使用した実装について簡単に説明します。コードの詳細な議論はシステム設計面接の範囲外であり、簡単な議論で十分です。

ここでの処理は、典型的なETLジョブです。各ステージで、前のステージのデータベースストレージから読み取り、データを処理し、次のステージで使用するデータベースストレージに書き込みます。

11.7.1　各ステップは独立したタスクであるべき

図11.4のバッチETLのDAGを見たときに疑問を感じるかもしれません。なぜ各ステップが独立したステージなのでしょうか。最初にMVPを開発する際には、重み付けトライの生成を単一のタスクとして実装し、全ての関数を単純に連鎖させてもよいでしょう。ただし、このアプローチは単純ですが、保守性が低くなってしまいます（複雑さと保守性は相関しているように見えますし、実際に通常は単純なシステムの方が保守が容易ですが、この例はトレードオフのよい例だといえるでしょう）。

個々の関数に対して徹底的な単体テストを実装して、バグを最小限に抑え、残りのバグを特定するためにロギングを実装し、エラーをスローする可能性のある関数を try-catch ブロックで囲んでエラーをログに記録できるでしょう。それでも、特定の問題を見逃す可能性があり、重み付けトライの生成でエラーが発生してプロセスがクラッシュした場合、プロセス全体を最初からやり直す必要があります。これらのETL操作は計算集約的で、完了までに数時間かかる可能性があるため、このようなアプローチを用いてしまうとパフォーマンスが低くなります。したがって、これらのステップを別々のタスクとして実装し、Airflowのようなタスクスケジューラシステムを使用して、前のタスクが正常に完了したときだけ各タスクが実行されるようにすることで、パフォーマンスの問題に対処できるのです。

11.7.2 Elasticsearch から HDFS に関連ログを取得する

Hiveの場合、CREATE EXTERNAL TABLEコマンド（https://www.elastic.co/guide/en/elasticsearch/hadoop/current/hive.html#_reading_data_from_elasticsearch）を使用して、ElasticsearchトピックにHiveテーブルを定義できます。次に、「INSERT OVERWRITE DIRECTORY '/path/to/output/dir' SELECT * FROM Log WHERE created_at = date_sub(current_date, 1);」のようなHiveコマンドを使用してログをHDFSに書き込みが可能です（このコマンドは、前日のログを利用することを仮定したものです）。

Sparkの場合、SparkContext esRDD メソッド（https://www.elastic.co/guide/en/elasticsearch/hadoop/current/spark.html#spark-read）を使用して Elasticsearch トピックに接続し、続いて Spark filter クエリ（https://spark.apache.org/docs/latest/api/sql/index.html#filter）を使用して適切な日付のデータを読み取り、その後Sparkの saveAsTextFile関数（https://spark.apache.org/docs/latest/api/scala/org/apache/spark/api/java/JavaRDD.html#saveAsTextFile(path:String):Unit）を使用して HDFS に書き込みが可能です。

面接中、HiveやSparkがElasticsearchとのインテグレーションの機能が存在していることを知らなくても、これらは人気のあるメインストリームのデータプラットフォームであるため、そうした機能が存在する可能性があると面接官に伝えることができるでしょう。そのようなインテグレーション機能が存在しない場合、または面接官に実装を求められた場合には、あるプラットフォームから読み取り、別のプラットフォームに書き込むスクリプトをコーディングする方法について簡単に議論できます。なお、そのスクリプトは、各プラットフォームの並列処理機能を活用する必要があります。また、パーティショニング戦略についても議論できます。このステップでは、入力／ログはサービスごとにパーティション化されている可能性がありますが、出力は日付ごとにパーティション化されます。このステージでは、検索文字列の両端の空白を削除するような処理も追加できます。

11.7.3 検索文字列を単語に分割し、ほかの単純な操作を行う

次に、split関数を使用して検索文字列を空白で分割します。HelloWorldのようにスペースを省略して入力された場合や、ピリオド、ダッシュ、カンマなどの区切り文字を使用する場合など、一般的な言語処理の問題も考慮する必要があるかもしれません。本章では、これらの問題が頻繁に発生しないと仮定して、無視することにします。検索ログの分析を行って、これらの問題が実際にどれほど一般的であるかを調べることをお勧めします。これらの分割された文字列を「検索単語」と呼びます。Hiveのsplit関数については https://cwiki.apache.org/confluence/display/Hive/LanguageManual+UDF#LanguageManualUDF-StringFunctionsを、Sparkのsplit関数についてはhttps://spark.apache.org/docs/latest/api/sql/index.html#splitを参照してください。前のステップのHDFSファイルから検索文字列を読み取り、文字列を分割します。

このステージでは、今後たとえシステムの変更があったとしても変更される可能性の低い、さまざまな単純な操作も実行できます。例えば、6文字以上で文字のみを含む（つまり、数字や特殊文字を含まない）文字列のフィルタリングや、全ての文字列を小文字に変換して、以降の処理でケースを考慮する必要がないようにすることなどです。その後、これらの文字列を別のHDFSファイルとして書き込みます。

11.7.4 不適切な単語をフィルタリングする

適切な単語のフィルタリングまたは不適切な単語のフィルタリングについて、次の2つのことを考える必要があります。

1. 適切な単語と不適切な単語のリストを管理する
2. 検索単語のリストを適切な単語と不適切な単語のリストでフィルタリングする

● 単語サービス

単語サービスは、適切な単語または不適切な単語のソートされたリストを返すAPIエンドポイントを提供するサービスです。これらのリストは最大でも数MBで、バイナリ検索を可能にするためにソートされています。そのサイズが小さいため、リストを取得するホストは、単語サービスが利用できない場合に備えて、このリストをメモリにキャッシュできます。それでも、「3.3.2　前方誤り訂正と誤り訂正符号」で説明したように、ステートレスのUIおよびバックエンドサービス、レプリケートされたSQLサービスで構成される典型的な水平スケーリングアーキテクチャを単語サービスに使用できます。図11.5は、単語サービスの高レベルアーキテクチャを示しています。これは、SQLデータベースに単語を読み書きする単純なアプリケーションです。適切な単語と不適切な単語のSQLテーブルには、単語用の文字列

カラムと、単語がテーブルに追加された日時、その単語を追加したユーザー、その単語が適切または不適切である理由などのメモ用の省略可能な文字列カラムなど、ほかの情報を提供するカラムが含まれる場合があります。単語サービスは、管理者ユーザーが適切な単語と不適切な単語のリストを表示し、手動で単語を追加または削除するためのUIを提供します。これらは全てAPIエンドポイントです。バックエンドは、カテゴリ別に単語をフィルタリングしたり、単語を検索したりするためのエンドポイントも提供する場合があります。

⬆ 図11.5　単語サービスの高レベルアーキテクチャ

● 不適切な単語のフィルタリング

　単語カウントETLパイプラインは、単語サービスに不適切な単語を要求し、そのリストをHDFSファイルに書き込みます。以前のリクエストによって、HDFSファイルがすでに存在しているかもしれません。単語サービスの管理者がそれ以降に特定の単語を削除する可能性もあるため、新しいリストには古いHDFSファイルに存在する単語が含まれていない可能性があります。HDFSは追加のみが可能であるため、HDFSファイルから個々の単語を削除することはできず、代わりに古いファイルを削除して新しいファイルを書き込む必要があります。

　不適切な単語のHDFSファイルができたら、`LOAD DATA`コマンドを使用してHiveテーブルを登録し、後に示す単純なクエリで不適切な単語をフィルタリングし、出力を別のHDFSファイルに書き込みが可能です。

　Sparkのような分散分析エンジンを使用して、どの検索文字列が不適切な単語であるかを判断できます。PythonやScalaでコーディングしたり、Spark SQLクエリを使用してユーザーの単語と適切な単語をJOINしたりできます。

　面接では、重要なロジックを次のように30秒未満でさっと書くようにします。その際には、面接時間の50分をうまく管理したいので、完璧なSQLクエリを書くのに貴重な時間を費やしたくないことを、面接官に簡単に説明するとよいでしょう。おそらく、面接官は、これがシステム設計面接の範囲外の内容であり、SQLスキルを示すためにこの時間を使う必要がないことに同意し、先に進むことを許可するでしょう。ただし、データエンジニアの職位に応募している場合は、少し状況が異なる可能性があります。

- WHERE句などのフィルタ
- JOIN条件
- AVG、COUNT、DISTINCT、MAX、MIN、PERCENTILE、RANK、ROW_NUMBERなどの
  アグリゲーション

```
SELECT word FROM words WHERE word NOT IN (SELECT word from inappropriate_words);
```

　不適切な単語テーブルは小さいことが予想されるため、より高速なパフォーマンスを得るためにマップジョインが使用できるはずです（MapReduceジョブのマッパーが結合を実行する：https://cwiki.apache.org/confluence/display/hive/languagemanual+joinsを参照）。

```
SELECT /*+ MAPJOIN(i) */ w.word FROM words w LEFT OUTER JOIN inappropriate_words
i ON i.word = w.word WHERE i.word IS NULL;
```

　Sparkのブロードキャストハッシュジョインは、Hiveのマップジョインに類似しています。ブロードキャストハッシュジョインは、各ノードのメモリに収まる小さな変数またはテーブル（Sparkでは、spark.sql.autoBroadcastJoinThresholdプロパティで設定され、デフォルトは10MB）と、ノード間で分割する必要がある大きなテーブルの間で発生します。ブロードキャストハッシュジョインは次のように行われます。

1. 小さいテーブルにハッシュテーブルを作成する。その際のキーはジョインを行う値で、値は行全体となる。例えば、現在の状況では、wordカラムの文字列でジョインするので、（word、created_at、created_by）列を持つinappropriate_wordsテーブルのハッシュテーブルには、{（「apple」、（「apple」、1660245908、「brad」))、（「banana」、（「banana」、1550245908、「grace」))、（「orange」、（「orange」、1620245107、「angelina」)) . . . }のようなエントリが含まれることになる
2. このハッシュテーブルをJOIN操作を実行する全てのノードにブロードキャスト／コピーする
3. 各ノードが小さいテーブルをそのノードの大きいテーブルの部分とJOINします

　両方のテーブルがメモリに収まらない場合、シャッフルドソートマージジョインが行われます。この場合、両方のデータセットがシャッフルされ、レコードがキーでソートされ、両側が反復されてJOINキーに基づいて結合されます。このアプローチでは、不適切な単語に関する統計を保持する必要がないと仮定しています。Sparkの結合に関する詳細な情報については、次のリソースを参照してください。

- https://spark.apache.org/docs/latest/sql-performance-tuning.html#join-strategy-hints-for-sql-queries、または、https://spark.apache.org/docs/latest/rdd-programming-guide.html#broadcast-variables

  Sparkの公式Sparkドキュメントには、利用可能なさまざまなJOIN戦略が記載されているが、詳細なメカニズムについては説明されていない。詳細な議論については以下のリソースを参照のこと。

- https://spark.apache.org/docs/latest/sql-performance-tuning.html#join-strategy-hints-for-sql-queries

  『Learning Spark, 2nd Edition』（Jules S. Damji、Brooke Wenig、Tathagata Das 著／O'Reily Media／2020）

- 『Spark: The Definitive Guide: Big Data Processing Made Simple』（Bill Chambers、Matei Zaharia 著／O'Reilly Media／2018）

- https://docs.qubole.com/en/latest/user-guide/engines/hive/hive-mapjoin-options.html

- https://towardsdatascience.com/strategies-of-spark-join-c0e7b4572bcf

11.7.5 ファジーマッチングとスペル修正

単語をカウントする前の最後の処理ステップは、ユーザーの検索単語のスペルミスを修正することです。文字列を受け取り、ファジーマッチングアルゴリズムを持つライブラリを使用して可能なスペルミスを修正し、元の文字列またはファジーマッチングされた文字列を返す関数をコーディングできます（ファジーマッチング、別名近似文字列マッチングは、パターンにおおよそ一致する文字列を見つける技術。ファジーマッチングアルゴリズムの概要は本書の範囲外）。その後、Sparkを使用して、均等なサイズのサブリストに分割された単語のリスト全体でこの関数を並列に実行し、出力をHDFSに書き込むことができます。

このスペル修正ステップは、独立したタスク／ステージです。なぜなら、要件を最適化するために選択できるファジーマッチングアルゴリズムやライブラリ、サービスが複数あるからです。このステージを分離することで、ファジーマッチングのためのライブラリやサービスを簡単に切り替え可能になるため、このパイプラインステージの変更はほかのステージに影響を与えません。ライブラリを使用する場合、変化するトレンドや新しい人気の単語に対応するためにアップデートする必要があるかもしれません。

11.7.6 単語のカウント

これで単語をカウントする準備が整いました。単純なMapReduce操作にすることもできますし、count-min sketch（「17.7.1　Count-min sketch」参照）のようなアルゴリズムを使用することもできます。

次に示したScalaのコードは、MapReduceアプローチを実装しています。このコードは、https://spark.apache.org/examples.htmlで紹介されている例を若干修正したものです。入力HDFSファイルの単語を（String, Int）ペアにマッピングしてcountsと呼び、カウントの降順でソートし、別のHDFSファイルとして保存しています。

```
val textFile = sc.textFile("hdfs://...")
val counts = textFile.map(word => (word, 1)).reduceByKey(_ + _).map(item => item.
swap).sortByKey(false).map(item => item.swap)
counts.saveAsTextFile("hdfs://...")
```

11.7.7　適切な単語のフィルタリング

単語カウントのステップで、フィルタリングする単語の数が大幅に減少するはずです。適切な単語のフィルタリングは、「11.7.4　不適切な単語をフィルタリングする」の不適切な単語のフィルタリングと非常に似ています。

適切な単語をフィルタリングするために、「SELECT word FROM counted_words WHERE word IN (SELECT word FROM appropriate_words);」のような単純なHiveコマンドを使用するか、マップジョインやブロードキャストハッシュジョインを使用して「SELECT /*+ MAPJOIN(a) */ c.word FROM counted_words c JOIN appropriate_words a on c.word = a.word;」のように実行できます。

11.7.8　頻出の新しい未知の単語の管理

前のステップで単語をカウントすると、頻度のトップ100 中に、それ以前には登場してこなかった新しい単語が見つかる可能性があります。このステージでは、これらの単語を単語サービスに書き込みます。単語サービスは、それらをSQL unknown_wordsテーブルに書き込むことになります。「11.7.4　不適切な単語をフィルタリングする」での議論と同様に、単語サービスでは、これらの単語を運用スタッフが手動で適切な単語または不適切な単語のリストに追加するためのUI機能とバックエンドエンドポイントを提供します。

図11.4の単語カウントバッチETLジョブのDAGに示したように、このステップは適切な単語のフィルタリングと独立して並行に実行可能です。

11.7.9　重み付けトライの生成と配布

これで、重み付けトライを構築するためのトップの適切な単語のリストが得られました。このリストは数MBしかないので、重み付けトライは単一のホストで生成が可能です。重み付けトライを構築するアルゴリズムはシステム設計面接の範囲外です。コーディング面接で

あれば、範囲内かもしれません。次に示すのはScalaで書かれた部分的なクラス定義ですが、実際の面接では、指定されたバックエンドの言語でコーディングする必要があります。

```scala
class TrieNode(var children: Array[TrieNode], var weight: Int) {
  // 以下の処理を行う：
  // - トライノードを作成し、返す。
  // - ノードをトライに挿入する。
  // - 最大のウェイトを持つ子を取得する。
}
```

重み付けトライをJSONにシリアライズします。トライは数MBのサイズで、検索バーが表示されるたびにクライアントにダウンロードするには大きすぎる可能性がありますが、全てのホストにコピーを保存するのであれば十分に実用に耐えるサイズです。トライは、AWS S3やMongoDBやAmazon DocumentDBなどのドキュメントデータベースのような共有オブジェクトストアに書き込むことができます。バックエンドホストは、毎日オブジェクトストアにクエリを実行し、更新されたJSON文字列を取得するように設定します。ホストはランダムな時間にクエリを実行するか、同じ時間にクエリを実行するように設定し、オブジェクトストアに大量の同時リクエストが殺到するのを防ぐためにジッターを追加できます。

共有オブジェクトが大きい場合（例：GBのオーダーの場合）、CDNに配置することを検討すべきです。この小さなトライのもう1つの利点は、ユーザーが検索アプリケーションをロードする際に全体のトライをダウンロードできるので、トライの検索がクライアント側で行われ、サーバ側で行われないことです。これにより、バックエンドへのリクエスト数が大幅に減少し、次のような利点が生まれます。

- ネットワークが信頼できないか遅い場合には、サーバにトライが置かれていると、ユーザーが検索文字列を入力する際に断続的に候補が得られない可能性があり、これはユーザー体験を悪くする
- ユーザーがタイピングしている途中でトライが更新されると、検索文字列の入力中のユーザーがその変更に気付く可能性がある。例えば、古いトライの文字列が入力と関連しているが、新しいトライではその関連が消失している可能性があり、ユーザーは候補が突然変わることに気付いてしまうかもしれない。または、ユーザーが数文字をバックスペースで消すと、候補が入力前と異なることに気付く可能性がある

地理的に分散したユーザーベースがある場合、ネットワークレイテンシによって、パフォーマンスの要件を満たさなくなるかもしれません。複数のデータセンターにホストをプロビジョニングすることもできますが、これはコストがかかり、レプリケーション遅延が発生する可能性があります。したがって、CDNは費用対効果の高い選択肢だといえます。

オートコンプリートサービスは、重み付けトライを更新するためのPUTエンドポイントを提供する必要があります。このステージはこのエンドポイントを使用して、生成された重み付けトライをオートコンプリートサービスに配信します。

11.8 サンプリングアプローチ

オートコンプリートに高い精度が必要ない場合、サンプリングを行うべきです。そうすれば、重み付けトライを生成するための操作のほとんどを単一のホスト内で行うサイズに留めることができます。これには、次のようなメリットがあります。

- トライの生成が極めて高速になる
- トライの生成が高速になると、本番環境にデプロイする前にコード変更をテストするのが容易になる。その結果、全体的なシステムの開発、デバッグ、保守が容易になる
- 処理、ストレージ、ネットワークを含むハードウェアリソースの消費が大幅に少なくなる

サンプリングは、さまざまなステップで行えます。

1. ロギングサービスからの検索文字列の取得の際にサンプリングを行う。このアプローチは結果の精度が最も低くなるが、複雑度も最も低くなる。統計的に有意な数の単語（少なくとも6文字の長さ）を得るために、広範囲のサンプルが必要となる可能性がある
2. 検索文字列を個々の単語に分割し、6文字以上の長さの単語をフィルタリングした後でサンプリングする。このアプローチでは、適切な単語をフィルタリングする計算コストを回避でき、前のアプローチほど大きなサンプルが必要となる可能性がある
3. 適切な単語をフィルタリングした後で単語をサンプリングする。このアプローチは精度が最も高くなるが、複雑さも最も高くなる

11.9 ストレージ要件の処理

高レベルアーキテクチャに基づいて、次に示す列を持つテーブルを作成し、それぞれのテーブルの情報を使って、順に次のテーブルの情報を生成していくことが可能です。

1. タイムスタンプ、ユーザー ID、検索文字列を含む生の検索リクエストのテーブル。このテーブルはオートコンプリート以外の多くの目的（例えば、ユーザーの興味や注目されている検索語を発見するための分析）にも使用できる
2. 日付と単語の列を含むテーブル。生の検索文字列を分割した後、このテーブルに個々の単語を追加する

3. どの検索文字列が辞書の単語であるかを判断し、日付（前のテーブルからコピー）、ユーザー ID、辞書の単語を含むテーブルを生成する
4. 辞書の単語を単語カウント用のテーブルに集約する
5. オートコンプリートの候補を提供するための重み付けトライを作成する

必要なストレージ量を見積もってみましょう。10億人のユーザーがいて、各ユーザーが1日に10回の検索を行い、平均20文字の検索を行っている仮定します。すると、毎日、約 1B × 10 × 20 × 1,000,000,000 = 200,000,000,000B = 200GB の検索文字列がログに記録されます。古いデータを1か月ごとに削除する場合、常に最大12か月分のデータがあるとして、検索ログには検索文字列の列だけで 200GB × 365 = 73000GB = 73TB が必要になります。ストレージコストを削減したい場合には、さまざまな方法を検討できるでしょう。

その方法の1つは、精度を犠牲にして、近似とサンプリング技術を使用することです。例えば、ユーザー検索の〜10％だけをサンプリングして保存し、このサンプルだけでトライを生成できます。

もう1つの方法を図11.6に示します。図11.6は、保存されるデータ量を減らすために、さまざまな期間でデータを集約およびロールアップするバッチETLジョブを示しています。各ステージで、入力データをロールアップされたデータで上書きできます。いつでも、最大1日分の生データ、4週間分の週ごとにロールアップされたデータ、11か月分の月ごとにロールアップされたデータを持つことになります。各ロールアップジョブから最も頻度の高い10％または20％の文字列だけを保持することで、さらにストレージ要件を削減できます。

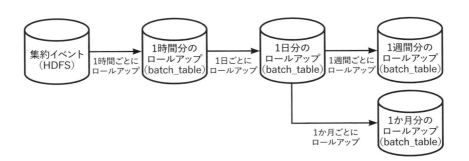

↑図11.6　バッチパイプラインのフロー図。各ステージで処理される行数を減らすために、徐々に長い時間間隔でロールアップするロールアップジョブを用意する

このアプローチは、スケーラビリティも向上させます。ロールアップジョブがなければ、単語カウントバッチETLジョブは73TBのデータを処理する必要があり、これには多くの時間がかかり、金銭的にも高コストになります。ロールアップジョブは、重み付けトライジェネレータが使用する最終的な単語カウントのために処理されるデータ量を減らしてくれます。ロギングサービスには14〜30日といった短い保持期間を設定でき、その場合はストレージ要件は2.8〜6TBになります。日次の重み付けトライジェネレータバッチETLジョブは、週次または月次にロールアップされたデータで実行できます。図11.7は、ロールアップジョブを含む新しい高レベルアーキテクチャを示しています。

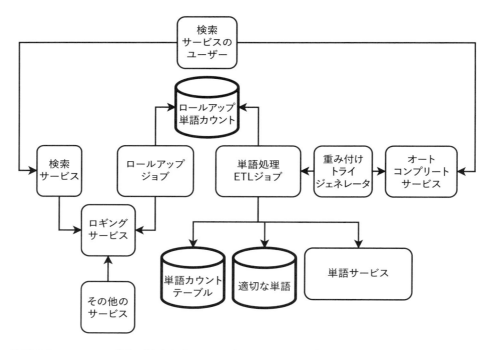

⬆**図11.7** ロールアップジョブを含むオートコンプリートシステムの高レベルアーキテクチャ。単語カウントを徐々に大きな間隔で集約／ロールアップすることで、全体的なストレージ要件と単語処理ETLジョブのクラスターサイズを削減できる

11.10 単語ではなくフレーズの処理

このセクションでは、単語の代わりにフレーズを処理するようにシステムを拡張するためのいくつかの考慮事項について説明します。トライは大きくなりますが、それでも、最も人気のあるフレーズだけを保持することで、数MBに制限できます。

11.10.1 オートコンプリート候補の最大長

前に決定した、オートコンプリート候補の最小長を5文字とするというルールを維持できます。しかし、オートコンプリート候補の最大長は、どうすべきでしょうか。より長い候補を表示することはユーザーにとって有用ですが、コストとパフォーマンスのトレードオフについて考える必要があります。システムは長い文字列をロギングして処理するためには、より多くのハードウェアリソースを必要とするか、より長い時間がかかります。トライも大きくなりすぎる可能性があります。

したがって、最大長を決定する必要があるでしょう。その長さは言語や文化によって異なり、アラビア語のように英語よりも冗長な言語もあります。私たちのシステムでは英語のみを考慮していますが、ほかの言語に拡張する必要が機能要件になった場合に備えるべきです。

解決策として取りうる方法の1つは、ユーザーの検索文字列の90パーセンタイル[訳注4]の長さを見つけるバッチETLパイプラインを実装し、これを最大長として使用することです。中央値やパーセンタイルを計算するには、リストをソートして適切な位置の値を選択することで実装できます。ただし、分散システムでの中央値やパーセンタイルの計算は本書の範囲外とします。検索文字列をサンプリングして90パーセンタイルを計算することもできます。

また、この決定のための分析は過剰エンジニアリングであると判断し、代わりに単純なヒューリスティックを適用することもできます。30文字から始めて、ユーザーフィードバック、パフォーマンス、コストの考慮に応じて、この数を変更することができるでしょう。

11.10.2 不適切な候補のフィルタリング

不適切な単語のフィルタリングは引き続き必要です。次のような方法を採ることができるでしょう。

- フレーズに1つでも不適切な単語が含まれている場合、フレーズ全体をフィルタリングする
- 適切な単語のフィルタリングは行わず、任意の単語やフレーズのオートコンプリート候補を提供する
- フレーズのスペルミスを修正しない。オートコンプリート候補が表示されることが珍しいくらいに、スペルミスは発生しないと仮定する。また、頻度の高いフレーズはほとんどスペルミスがないので、オートコンプリート候補に表示されることはないと仮定する

フィルタリングの難しい点は、不適切な単語だけではなく、不適切なフレーズをもフィルタリングする必要があることです。これは複雑な問題で、Googleでさえ完全な解決策を見つけ

訳注4 統計学における尺度の1つで、あるデータが全体の中でどの位置にあるかをパーセンテージで表したもの。

られていません（https://algorithmwatch.org/en/auto-completion-disinformation/）。対処する必要のある空間の広大さが、その原因です。不適切なオートコンプリート候補としては、次のようなものが考えられるでしょう。

- 宗教、性別、その他のグループに対する差別や否定的なステレオタイプ
- 誤情報（気候変動やワクチン接種に関する陰謀論など、政治的な誤情報や、ビジネスの意図に基づく誤情報を含む）
- 著名な個人に対する中傷、または判決が下されていない法的手続きにおける被告に対する中傷

一般的な解決策は、ヒューリスティックと機械学習の組み合わせを使用するものです。

11.11 ロギング、モニタリング、アラート

「第9章　通知／アラートサービスの設計」で説明した通常のアクションに加えて、オートコンプリートの結果を返さなかった検索キーワードをログに記録する必要があります。もしかしたら、トライジェネレータのバグによるものかもしれないからです。

11.12 その他の考慮事項とさらなる議論

面接が進むにつれて、ほかの可要件や議論のポイントがとして、次のようなものが出てくるかもしれません。

- 「then」「continue」「hold」「make」「know」「take」など、3文字よりも長い一般的な単語は数多くあり、これらの単語の一部は、常に高頻出の単語のリストに入る可能性がある。したがって、こうした常に高頻出となる単語を継続的にカウントしてトライに入れるのは、計算リソースの無駄になってしまうかもしれない。オートコンプリートシステムがそうした一般的な単語のリストを保持し、近似技術（あいまい検索）を使用してユーザーが入力したときにどの単語を返すかを決定することはできるだろうか
- 前述のように、ユーザーの検索ログはオートコンプリート以外にもさまざまな目的に利用できる。例えば、検索語のトレンドを提供するサービスにも使えるし、レコメンデーションシステムへの応用も考えられる
- 分散ロギングサービスの設計に関する議論
- 不適切な検索語のフィルタリング。不適切なコンテンツのフィルタリングは、ほとんどのサービスにおいて一般的な考慮事項となる
- パーソナライズされたオートコンプリートを作成するためのデータ入力と処理の方法を検討できる

- ラムダアーキテクチャを検討できる。ラムダアーキテクチャでは、ユーザーのクエリが数秒または数分で重み付けトライジェネレータに迅速に反映される高速パイプラインを構築でき、精度とのトレードオフでオートコンプリート候補を迅速に更新することが可能になる。ラムダアーキテクチャでは、正確ではあるが速度の遅い更新のためのパイプラインも構築できる
- アップストリームコンポーネントがダウンした場合に古い候補を返すためのグレースフルデグラデーション
- DoS攻撃を防ぐためのサービスフロントエンドのレートリミット
- オートコンプリートに関連しているが異なるサービスとして、スペルチェックサービスがある。ユーザーがスペルミスした単語を入力した場合に、正しい単語の提案を受け取る仕組みである。A/Bテストや多腕バンディットなどの実験技術を使用して、さまざまなファジーマッチング関数がユーザーのチャーンに与える影響を測定するスペル提案サービスを設計できる

まとめ

- オートコンプリートシステムは、大量のデータを継続的に取り込み、処理しを行い、ユーザーが特定の目的でクエリを実行できる小さなデータ構造に変換するシステムの例である
- オートコンプリートには、多くの用途がある。オートコンプリートサービスは、ほかの多くのサービスで使用される共有サービスになる可能性がある
- オートコンプリートと検索には似た面がいくつもあるが、目的は明らかに異なっている。検索はドキュメントを見つけるためのものであるが、オートコンプリートはユーザーが入力しようとしている文字列を提案するためのものである
- このシステムには多くのデータの前処理が含まれるため、前処理とクエリを別のコンポーネントに分割し、独立して開発とスケーリングができるようにする必要がある
- 検索サービスとロギングサービスをオートコンプリートサービスのデータ入力として使用できる。オートコンプリートサービスは、これらのサービスがユーザーから記録した検索文字列を処理し、これらの文字列からオートコンプリート候補を提供できる
- オートコンプリートには、重み付けトライを使用する。検索が高速で、ストレージ要件が低いことが、重み付けトライの特長である
- ストレージと処理コストを削減するために、大規模な集約ジョブを複数のステージに分割する。複雑性が高くなり、保守性が低下することがトレードオフとなる
- その他の考慮事項としては、処理されたデータのほかの用途、サンプリング、コンテンツのフィルタリング、パーソナライゼーション、ラムダアーキテクチャ、グレースフルデグラデーション、レートリミットなどが考えられる

Chapter

12

Flickrの設計

本章の内容

- 非機能要件に基づいたストレージサービスの選択
- クリティカルサービスへのアクセスの最小化
- 非同期プロセスのためのSagaの活用

　本章では、Flickrのような画像共有サービスを設計します。ファイル/画像の共有に加えて、ユーザーはファイルやほかのユーザーに対して、メタデータを追加することも可能です。例えば、アクセス制御、コメント、お気に入りなどの情報が該当します。

　画像や動画の共有・インタラクションは、事実上、全てのソーシャルアプリケーションの基本機能であり、これは一般的な面接トピックだといえます。本章では、10億人のユーザーを対象とした画像共有・インタラクションのための分散システム設計について議論します。これには、人間のユーザーとプログラム的なユーザーの両方が含まれます。本章を読めば、CDNを単に接続するだけでは済まされない、多くの考慮事項があることがわかるでしょう。アップロードされたコンテンツがダウンロード可能になる前に行う必要がある、スケーラブルな前処理操作をどのように設計するかについても議論します。

12.1 ユーザーストーリーと機能要件

まずは、面接官とユーザーストーリーについて議論し、それらをメモとして残しましょう。

- ユーザーは、ほかの人が共有した写真を閲覧できる。このユーザーを「閲覧者」と呼ぶ
- アプリケーションは幅50pxのサムネイルを生成して表示する必要がある。ユーザーはグリッド内で複数の写真を表示し、一度に1枚を選択してフル解像度版を表示できる
- ユーザーは写真をアップロードできる。このユーザーを「共有者」と呼ぶ
- 共有者は自分の写真にアクセスコントロールを設定することができる。アクセス制御は個々の写真のレベルで行うべきか、それとも共有者が閲覧者に前者の写真を全て閲覧させるか、まったく閲覧させないかのどちらかであるべきかという疑問があるかもしれない。ここでは簡単のために後者を選択する
- 写真には事前定義されたメタデータフィールドがあり、共有者が値を設定できる。例えば、位置情報やタグなどのフィールドが該当する
- 動的メタデータの例として、ファイルへの読み取りアクセス権を持つ閲覧者のリストがある。このメタデータは変更可能なので、「動的メタデータ」と呼ばれる
- ユーザーは写真にコメントを書き込むことができる。共有者はコメントのオン／オフを切り替えることもできる。ユーザーは新しいコメントについて通知を受け取ることができる
- ユーザーは写真をお気に入りに登録できる
- ユーザーはタイトルと説明で写真を検索できる
- 写真はプログラムを使ってダウンロードできる。この議論において、「写真を表示する」と「写真をダウンロードする」は同義である。ユーザーがデバイスのストレージに写真をダウンロードできるかどうかという細かい点については議論しない
- パーソナライゼーションについて簡単に議論できる

面接において、次のような点は議論しません。

- 写真メタデータによる写真のフィルタリング：この要件は単純なSQLパスパラメータで満たせるので、議論しなくてもよい
- クライアントによって記録される写真のメタデータについて：例えば、位置情報（GPSなどのハードウェアから）、時間（デバイスの時計から）、カメラの詳細（オペレーティングシステムから）など
- 動画については議論しない：動画についての詳細（コーデックなど）についての議論には、一般的なシステム設計面接の範囲外の専門的なドメイン知識が必要となるからである

12.2 非機能要件

議論中に質問すべき非機能要件には、次のようなものがあります。

- **候補者**：ユーザー数とAPIを介したダウンロード数はどの程度を想定していますか？
  - **面接官**：システムはスケーラブルである必要があります。世界中にいる10億人のユーザーにサービスを提供する必要があり、大量のトラフィックを想定しています。ユーザーの1%（1,000万人）が毎日10枚の高解像度（10MB）画像をアップロードすると仮定しましょう。これは、1日あたり1PB、10年間で3.65EBのアップロードになります。平均トラフィックは1GB/秒以上ですが、トラフィックスパイクを想定して10GB/秒として計画しなければなりません。
- **候補者**：写真は、アップロード直後に利用可能になる必要はありますか？　削除は、即時である必要がありますか？　プライバシー設定の変更は、即時に反映される必要がありますか？
  - **面接官**：写真がユーザーベース全体で利用可能になるまでに数分かかっても構いません。コスト削減のために、整合性や遅延などの特定の非機能特性をトレードオフにできます。コメントについても同様です。結果整合性が許容されます。また、プライバシー設定は、より早く反映される必要があります。削除された写真が全てのストレージから数分以内に消去される必要はありませんが、数時間以内であれば許容されます。ただし、数分以内に全てのユーザーからアクセスできなくなる必要があります。
- **候補者**：高解像度の写真には高速なネットワークが必要で、コストがかかる可能性があります。コストをどのように抑えることができますか？
  - **面接官**：議論の結果、ユーザーは一度に1枚の高解像度写真のみをダウンロードでき、複数の低解像度サムネイルは同時にダウンロードできるようにしました。ユーザーがファイルをアップロードする場合は、一度に1ファイルずつです。

その他の非機能要件は、次の通りです。

- 高可用性、例えば99.999%の可用性。ユーザーが写真のダウンロードやアップロードを妨げるようなサービスの停止はあってはならない
- 高性能と低レイテンシ。サムネイルのダウンロードに対して1秒のP99だが、高解像度写真に対してはそのレイテンシは必要ない
- アップロードに関しては、高性能である必要はない

サムネイルに関する注意点として、CSSのimg要素とwidthまたはheight属性を使用して、フル解像度の画像からサムネイルを表示できます。モバイルアプリケーションにも、同様のマークアップタグがあります。このアプローチは、ネットワークコストが高く、スケーラブルではありません。クライアントでサムネイルのグリッドを表示するために、全ての画像をフル解像度でダウンロードする必要があるからです。面接官に、MVPではまず、これを実装することを提案できます。サービスを拡張して大量のトラフィックに対応する際には、サムネイルを生成するアプローチを検討できます。サムネイル作成には2つのアプローチがあります。

1つ目のアプローチは、クライアントがサムネイルをリクエストするたびに、サーバがフル解像度の画像からサムネイルを生成する方法です。サムネイルの生成が計算的に安価であれば、これはスケーラブルになります。しかし、フル解像度の画像ファイルは数十MBのサイズです。閲覧者は、通常、1回のリクエストで10枚以上のサムネイルのグリッドをリクエストします。フル解像度の画像が10MB（もっと大きい可能性もある）だとすると、サーバは1秒未満で100MB以上のデータを処理しなければなりません。さらに、閲覧者はサムネイルをスクロールする際に、数秒以内に何度もこのようなリクエストが行われてしまう可能性があります。ストレージと処理が同じマシンで行われ、そのマシンがSSDを使用している場合（回転式ハードディスクドライブではなく）、これは計算的には実現可能かもしれません。しかし、このアプローチは非常にコストがかかります。さらに、処理とストレージを別々のサービスに機能的に分割できません。処理とストレージサービス間で毎秒多くのGBを転送するネットワークレイテンシでは、1秒のP99を実現できません。したがって、このアプローチは全体的に実現不可能だといえます。

唯一スケーラブルなアプローチは、ファイルがアップロードされた直後にサムネイルを生成・保存し、閲覧者がリクエストしたときには、作成済みのサムネイルを提供することです。各サムネイルは数KB程度のサイズなので、ストレージコストは低くなります。また、「12.7 画像とデータのダウンロード」で議論するように、サムネイルとフル解像度の画像ファイルの両方をクライアントにキャッシュすることもできます。本章では、このアプローチについて議論します。

12.3 高レベルアーキテクチャ

図12.1は、初期の高レベルアーキテクチャを示しています。共有者と閲覧者の両方が、画像ファイルのアップロードやダウンロードのリクエストをバックエンドを通じて行います。バックエンドはSQLサービスと通信します。

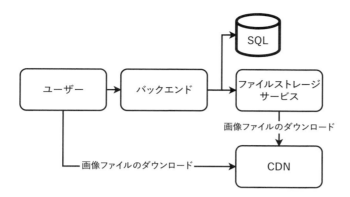

↑ 図 12.1 画像共有サービスの初期高レベルアーキテクチャ。ユーザーはCDNから直接画像ファイルをダウンロードできる。CDNへのアップロードは、別の分散ファイルストレージサービスを介してバッファリングできる。ユーザー情報や画像ファイルのアクセス許可などのデータはSQLに保存する

　まずアクセスされるのはCDNで、画像ファイルと画像メタデータ（各画像メタデータはフォーマットされたJSONまたはYAML文字列）のために利用します。これは、おそらくサードパーティのサービスとなるでしょう。

　次に示す理由から、共有者が画像ファイルをアップロードするための別の分散ファイルストレージサービスも必要となるかもしれません。このサービスが、CDNとのやり取りを処理します。これをファイルストレージサービスと呼ぶことにします。

- CDNプロバイダとのSLAによっては、CDNが画像をデータセンターにレプリケートするのに数時間かかる場合がある。その間、特に多数の閲覧者がダウンロードを試みる場合、閲覧者がこの画像をダウンロードするのが遅くなるかもしれない
- CDNへの画像ファイルのアップロードのレイテンシが、共有者にとって許容できないほど遅い可能性がある。その結果、CDNが多数の共有者が同時にアップロードする画像をサポートできないかもしれない。ファイルストレージサービスは必要に応じてスケールして、大量のアップロード／書き込みトラフィックを処理できる
- CDNにアップロードされた後にファイルストレージサービスからファイルを削除するか、バックアップとして保持するかを選択できる。後者を選択する理由として、CDNのSLAを完全に信頼できない場合や、CDNが停止した場合にファイルストレージサービスをCDNのバックアップとして使用したい場合が考えられる。CDNには数週間または数か月の保持期間があり、その後ファイルを削除し、必要に応じて指定された起点／ソースから再ダウンロードする場合もありえる。その他の状況として、CDNにセキュリティ問題が突然発見された場合に、CDNとの接続を急遽切断する必要が生じる可能性なども考えられる

12.4 SQLスキーマ

どの写真がどのユーザーに関連付けられているかといった、クライアントアプリケーションに表示される動的データには、SQLデータベースを使用します。リスト12.1に示すようなSQLテーブルスキーマを定義できるでしょう。Imageテーブルには画像メタデータが含まれています。各共有者に独自のCDNディレクトリを割り当て、ImageDirテーブルで追跡します。スキーマの説明はCREATEステートメントに含まれています。

⊌ リスト12.1 ImageテーブルとImageDirテーブルのSQL CREATE文

```
CREATE TABLE Image (
cdn_path VARCHAR(255) PRIMARY KEY COMMENT="CDN上の画像ファイルパス",
cdn_photo_key VARCHAR(255) NOT NULL UNIQUE COMMENT="CDNによって割り当てられたID",
file_key VARCHAR(255) NOT NULL UNIQUE COMMENT="ファイルストレージサービスによって
割り当てられたID。CDNにアップロードした後にファイルストレージサービスから画像を削
除する場合、このカラムは不要かもしれない",
resolution ENUM('thumbnail', 'hd') COMMENT="画像がサムネイルか高解像度かを示す",
owner_id VARCHAR(255) NOT NULL COMMENT="画像の所有者であるユーザーのID",
is_public BOOLEAN NOT NULL DEFAULT 1 COMMENT="画像が公開か非公開かを示す",
INDEX thumbnail (Resolution, UserId) COMMENT="解像度とユーザーIDに対する複合イン
デックス。特定のユーザーに属するサムネイルまたは高解像度画像を素早く見つけるための
もの"
) COMMENT="画像メタデータ";

CREATE TABLE ImageDir (
cdn_dir VARCHAR(255) PRIMARY KEY COMMENT="ユーザーに割り当てられたCDNディレクトリ",
user_id INTEGER NOT NULL COMMENT="ユーザーID"
) COMMENT="各共有者に割り当てられたCDNディレクトリを記録する";
```

ユーザーIDと解像度を指定しての写真の取得は一般的なクエリなので、これらのフィールドでテーブルにインデックスを付けます。「第4章 データベースのスケーリング」で議論したアプローチに従って、SQLの読み取りをスケールさせることができます。

共有者が閲覧者に自分の写真を閲覧する許可を与え、閲覧者が写真をお気に入りに登録できるようにするために、次のようなスキーマを定義できます。2つのテーブルを使用する代わりに、Shareテーブルにis_favoriteという真偽値のカラムを定義することもできますが、その情報の量の割にストレージ容量を必要とするスパースカラムになってしまうので注意が必要です。

```
CREATE TABLE Share (
 id            INT PRIMARY KEY,
 cdn_photo_key VARCHAR(255),
 user_id       VARCHAR(255)
```

```
);

CREATE TABLE Favorite (
 id INT PRIMARY KEY,
 cdn_photo_key VARCHAR(255) NOT NULL UNIQUE,
 user_id VARCHAR(255) NOT NULL UNIQUE
);
```

12.5 CDN上のディレクトリとファイルの整理

　ここで、CDNディレクトリを整理する方法について議論しましょう。ディレクトリ階層は、例えば、「ユーザー > アルバム > 解像度 > ファイル」のような構造が可能です。ユーザーが古いファイルに比べて最近のファイルにアクセスするほうが多い可能性があるため、日付も考慮に入れることもできます。

　この設計では、各ユーザーは自分のCDNディレクトリを持つようになっています。ユーザーがアルバムを作成できるようにし、各アルバムに0枚以上の写真を含めることができます。アルバムと写真のマッピングは1対多、つまり、各写真は1つのアルバムのみに属します。CDN上では、アルバムに含まれていない写真を「デフォルト」というアルバムに配置できます。したがって、ユーザーディレクトリには1つ以上のアルバムディレクトリが存在することになります。

　アルバムディレクトリには、JSON形式の画像メタデータファイルと、画像の複数の解像度のファイルをそれぞれのディレクトリに保存します。例えば、originalディレクトリには元のアップロードされたファイルswans.pngが保存され、thumbnailディレクトリには生成されたサムネイルswans_thumbnail.pngが保存されます。

　CdnPathの値のテンプレートは、「<album_name>/<resolution>/<image_name.extension>」です。ユーザーIDまたは名前は必要ありません。なぜなら、各ユーザーのIDは、UserIdフィールドに含まれているからです。

　例えば、ユーザー名がaliceのユーザーがnatureという名前のアルバムを作成し、その中にswans.pngという画像を配置したとします。CdnPathの値は「nature/original/swans.png」となります。対応するサムネイルのCdnPathは「nature/thumbnail/swans_thumbnail.png」となります。CDN上でtreeコマンドを実行すると、次のように表示されます。bobは、別のユーザーを表しています。

```
$ tree ~ | head -n 8
.
├── alice
│   └── nature
```

```
                ├── original
                │       └── swans.png
                ├── thumbnail
                │       └── swans_thumbnail.png
        ├── bob
```

これ以降、この議論では、「画像」と「ファイル」という用語を同じ意味に使用します。

12.6 写真のアップロード

　サムネイルの生成[訳注1]は、クライアントとサーバのどちらで行うべきでしょうか。「はじめに」でも述べたように、面接においてはさまざまなアプローチについて議論し、そのトレードオフを評価することが期待されます。

12.6.1 クライアントでのサムネイル生成

　クライアントでサムネイルを生成する場合、バックエンドの計算リソースを節約できます。また、サムネイルは小さいので、アップロード時のネットワークトラフィックにほとんど影響を与えません。100ピクセルのサムネイルは約40KBで、高解像度の写真（数MBから数十MB）に比べると無視できるサイズだからです。

　アップロード処理を行う前に、クライアントはファイルがすでにCDNにアップロードされているかどうかを確認できます。アップロードプロセスは、次のような手順で行われます。図12.2に、その流れを示しています。

1. サムネイルを生成する
2. 両方のファイルをフォルダに配置し、GzipやBrotliなどのエンコーディングで圧縮する。圧縮によって数MBから数十MBのデータを削減でき、ネットワークトラフィックを大幅に削減できるが、バックエンド側では圧縮ファイルを展開するためにCPUとメモリリソースを使用することになる
3. 圧縮されたファイルをCDNディレクトリにアップロードするためにPOSTリクエストを行う。リクエストボディはアップロードされる画像の数と解像度を記述するJSON文字列となる
4. CDN上で必要に応じてディレクトリを作成し、圧縮ファイルを展開して、ファイルをディスクに書き込む。そして、ほかのデータセンターにレプリケートする（次の質問を参照）

訳注1　小サイズのプレビュー画像を作成するプロセスで、ネットワーク負荷を軽減する役割を持つ。

⬆ **図12.2** クライアントが画像共有サービスに写真をアップロードするプロセス

> **注意**
> 面接では、圧縮アルゴリズム、暗号学的に安全なハッシュアルゴリズム、認証アルゴリズム、ピクセルからMBへの変換、「サムネイル」という用語の詳細を知っていることは期待されていません。その代わりに、賢く推論を働かせ、明確にコミュニケーションを取ることが期待されています。面接官は、サムネイルが高解像度の画像よりも小さいこと、大きなファイルをネットワーク経由で転送する際に圧縮が役立つこと、ファイルとユーザーに認証と認可が必要であることなどを推論できることを期待しています。「サムネイル」という用語を知らない場合は、「小さなプレビュー写真のグリッド」や「小さなグリッド写真」などの明確な用語を使用し、「小さい」がピクセル数が少ないことを意味し、それがファイルサイズが小さいことを意味すると説明できればよいでしょう。

● **クライアントサイド生成の欠点**

とはいえ、クライアントサイドの処理の欠点は無視できないでしょう。クライアントでのデバイスの種類や環境の詳細な状況を知ることは難しく、バグが発生した際には、再現が困難になります。また、コード中では、サーバではなくクライアントで発生する可能性のある多様な失敗シナリオを予測する必要があります。例えば、「クライアントのストレージ容量が不足していた」「ほかのアプリケーションがCPUやメモリを過剰に消費していた」「ネットワーク接続が突然失敗した」などの理由で、クライアントサイドでの画像処理が失敗する可能性があります。

これらの多くの状況は、サービス側ではコントロールすることはできません。実装とテストを行っている中で失敗シナリオを見落とす可能性があり、デバッグは困難なものになります。なぜなら、クライアントのデバイスで発生した状況を再現するのは、管理者アクセス権を持つサーバよりも、ずっと難しいからです。

多くの要因がアプリケーションに影響を与える可能性があり、何をログに記録するべきかを決定するのが難しくなります。次に例を示します。

- クライアントでの生成には、各クライアントタイプ（ブラウザ、Android、iOS）ごとのサムネイル生成を実装し、メンテナンスし続ける必要がある。FlutterやReact Nativeなどのクロスプラットフォームフレームワークを使用しない限り、プラットフォームごとに異なる言語を使用しなければならない。また、クロスプラットフォームのフレームワークにも、それぞれにトレードオフが存在する
- CPUが遅すぎたり、メモリが不足していたりといったハードウェア的な要因によって、サムネイル生成が許容できないほど遅くなる可能性がある
- クライアントで実行されているオペレーティングシステムの特定のバージョンに、画像処理中に問題が出たり、それ以外でも予想や対処が非常に困難な問題を引き起こすバグやセキュリティの問題がある可能性がある。例えば、画像のアップロード中にOSが突然クラッシュすると、破損したファイルがアップロードされてしまう可能性があり、これは閲覧者に影響を与える
- クライアントで実行されている別のソフトウェアがCPUやメモリを過剰に消費し、サムネイル生成の失敗や許容できないほどの遅延を引き起こす可能性がある。クライアントは、悪意のあるソフトウェア、例えばアプリケーションを妨害するウイルスなどに感染している可能性もある。クライアントにそのような悪意のあるソフトウェアが存在しているかどうかをチェックすることは現実的ではなく、クライアントがセキュリティのベストプラクティスに従っていることを保証できない
- 前項に関連して、自社のシステム内であれば、悪意のあるソフトウエアや攻撃からシステムを守るためにセキュリティのベストプラクティスに従うことができるが、クライアントが同じことを確実に行うようにさせることは不可能に近い。このため、クライアントでのデータの保存と処理を最小限に抑え、サーバ上のみでデータを保存・処理することが望ましい場合がある
- クライアントのネットワーク設定が、ポートやホストへのアクセス不許可、またはVPNの使用などによってファイルのアップロードが妨げられる可能性がある
- 一部のクライアントは信頼性の低いネットワーク接続を使用している可能性があり、そのために起こる突然のネットワーク切断を処理するロジックが必要になる場合がある。例えば、生成されたサムネイルをサーバにアップロードする前に、デバイスのストレージに保存しておくなどが挙げられる。こうしておけば、アップロードが失敗した場合、クライアントはアップロードを再試行する前にサムネイルを再生成する必要がない
- サーバにアップロードする前にデバイスのストレージに保存しようとしても、サムネイルを保存するのに十分なデバイスストレージがない可能性がある。クライアントサイドの実装では、サムネイルを生成する前に十分なデバイスストレージがあるかどうかをチェックする必要がある。そうしないと、共有者はサムネイル生成の処理が行われる間は待機させられた後で、ストレージ不足によるエラーを経験することになり、ユーザー体験に影響を与えてしまう

▪ 前項に関連して、クライアントサイドのサムネイル生成により、アプリケーションがローカルストレージへの書き込み権限などの追加の権限をユーザーに要求する必要が生じる可能性がある。アプリケーションにデバイスのストレージへの書き込みアクセスを許可することに不快感を覚えるユーザーもいるかもしれない。アプリケーション自体がこの権限を悪用しなくても、外部または内部の関係者がシステムを侵害したり、ハッカーがシステムを通じて、この権限を悪用しユーザーのデバイスで悪意のある活動を行う可能性がある

　実用的な問題として、ここで挙げたそれぞれの問題が影響を与えるユーザー数は少数かもしれず、少数のユーザーにしか影響を与えない問題を修正するためにリソースを投資する価値がないと判断する可能性もあります。ただし、これらの問題が累積することで、潜在的なユーザーベースの無視できない割合に影響を与える可能性はあるかもしれません。

● より面倒で長いソフトウェアリリースサイクル

　クライアントサイドの処理はバグや不具合を生み出す可能性が高く、修正コストも高いため、各ソフトウェアの開発サイクルの中で、デプロイ前に大量のリソースと時間をかけてテストを行う必要が出てきてしまい、開発速度が遅くなってしまいます。サーバサイドのサービスの開発のようにCI/CDを活用することもできません。その代わりに、図12.3に示すような手動テストを含むソフトウェアリリースサイクルを採用する必要があります。各新バージョンのリリースの際には、内部ユーザーによって手動でテストしてから、その後ユーザーベースの徐々に大きな割合に段階的にリリースしていくことになります。小さな変更を素早くリリースしてロールバックすることはできません。リリースが遅く面倒なため、各リリースには多くのコード変更が含まれることになってしまうからです。

▲ 図12.3 ソフトウェアリリースサイクルの例。新バージョンはアルファフェーズで内部ユーザーによって手動テストされ、その後、各段階で徐々に大きな割合のユーザーにリリースされる。なお、一部の企業のソフトウェアリリースサイクルには、ここに示されているよりも多くのステージがある。出典：Heyinsunによる画像（https://commons.wikimedia.org/w/index.php?curid=6818861）を日本語化、ライセンス：CC BY 3.0（https://creativecommons.org/licenses/by/3.0/deed.en）

コード変更を行なった際のリリース／デプロイ（クライアントまたはサーバのいずれか）が遅い状況において、新しいリリースのバグを防ぐために考えられる別のアップローチとしては、古いコードを削除せずに新しいコードを追加することです。図12.4に、その方法を示します。この例では新しい関数をリリースすることを想定していますが、このアプローチを一般化して、これ以外の場合でも新しいコードに適用できます。

1. 新しい関数を追加する。新しい関数は古い関数と同じ入力で実行することができるが、新しい関数の代わりに古い関数の出力を引き続き使用するようにする。新しい関数の呼び出し箇所をtry-catch文で囲み、例外がアプリケーションをクラッシュさせないようにする。catch文では、例外をログに記録し、デバッグできるようにログをロギングサービスに送信する

2. 関数をデバッグし、バグが見つからなくなるまで新しいバージョンのリリースを繰り返す

3. コードを古い関数から新しい関数を呼び出すように切り替える。コードをtry-catch文で囲み、catch文では例外をログに記録し、例外が発生した場合はバックアップとして古い関数を呼び出す。このバージョンをリリースし、問題がないかを観察して、問題が観察された場合は、コードを古い関数を使用するように戻す（つまり、前のステップに戻る）

4. 新しい関数が十分にテストされ、問題がないことを確信したら（バグが完全にないとはいえないものの）、コードから古い関数を削除する。このクリーンアップは、コードの読みやすさとメンテナンス性のために行う

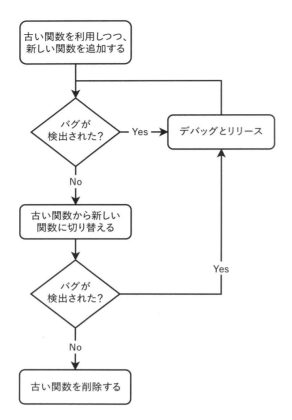

↑図12.4 段階的に新しいコードをリリースし、古いコードを徐々に削除するソフトウェアリリースプロセスのフローチャート

　このアプローチの問題点は、後方互換性のないコードの導入が難しいことです。もう1つの欠点は、コードベースが大きくなり、メンテナンス性が低下することです。さらに、開発者チームはこのプロセスを最後まで守る規律が必要で、ステップをスキップしたり最後のステップを無視したりする誘惑に負けないようにしなければなりません。

　このアプローチは、クライアントで多くの計算リソースとエネルギーを消費するため、モバイルデバイスにとって大きな問題となる可能性を秘めています。

　最後の問題点として挙げられるのは、この追加コードによってクライアントアプリのサイズが増加することです。数個の関数では影響は小さいかもしれませんが、多くのロジックでこのような安全策が必要な場合、影響が蓄積される可能性があります。

12.6.2　バックエンドでのサムネイル生成

　ここまででクライアントでのサムネイル生成のトレードオフについて議論しました。サーバでの生成には、より多くのハードウェアリソースと、バックエンドサービスを作成・維持する

ためのエンジニアリングの労力が必要にはなりますが、このサービスはほかのサービスと同じ言語とツールで作成できます。そのため、クライアントでのサムネイル作成よりも、サーバでのサムネイル作成のほうがコストが低いと判断されることがあります。

本節では、バックエンドでのサムネイル生成のプロセスについて議論します。そのステップは、次の3つに整理できます。

1. ファイルをアップロードする前に、ファイルがすでにアップロードされているかどうかを確認する。これによって、不必要な重複アップロードを防ぐことができ、コストを削減できる
2. ファイルをファイルストレージサービスとCDNにアップロードする
3. サムネイルを生成し、ファイルストレージサービスとCDNにアップロードする

ファイルがバックエンドにアップロードされると、バックエンドはファイルをファイルストレージサービスとCDNに書き込み、その後サムネイルを生成するストリーミングジョブをトリガーすることになります。

ファイルストレージサービスの主な目的はCDNへのアップロードのバッファであるため、データセンター内のホスト間でレプリケーションを実装することはあり得ますが、異なるデータセンター間でレプリケーションすることはありません。重大なデータセンター障害でデータが失われた場合、回復操作のためにCDNに置かれたファイルを使用することもできます。ファイルストレージサービスとCDNを互いのバックアップとして使用できるわけです。

スケーラブルな画像ファイルアップロードのために、そのステップのうちのいくつかのを非同期にすることが考えられ、それにはSagaアプローチを利用できます。Sagaについては「5.6　Saga」を参照してください[訳注2]。

● コレオグラフィSagaアプローチ

図12.5は、このコレオグラフィSagaにおけるさまざまなサービスとKafkaトピックを示しています。詳細な手順は、次の通りです。手順番号は、図中にも記載されています。

1. ユーザーは画像をハッシュし、その後バックエンドにGETリクエストを行ってそのハッシュを送り、画像がすでにアップロードされているかどうかを確認する。これは、ユーザーが以前のリクエストで画像を正常にアップロードしたものの、ファイルストレージサービスやバックエンドが成功を返しているにもかかわらず、接続が失敗したため、ユーザーがアップロードを再試行している可能性があるからである

訳注2　Sagaパターンには、コレオグラフィとオーケストレーションの2種類がある。

2. バックエンドは、リクエストをファイルストレージサービスに転送する

3. ファイルストレージサービスは、ファイルがすでに正常にアップロードされたかどうかを示すレスポンスを返す

4. バックエンドは、このレスポンスをユーザーに返す

5. このステップは、ファイルがすでに正常にアップロードされているかどうかによって異なる

　　a. 同じファイルが以前に正常にアップロードされていない場合、ユーザーはこのファイルをバックエンドを介してファイルストレージサービスにアップロードする（アップロード前にファイルを圧縮する場合がある）

　　b. ファイルがすでに正常にアップロードされている場合、バックエンドはサムネイル生成イベントをKafkaトピックに生成して、ステップ8に進む

6. ファイルストレージサービスは、ファイルをオブジェクトストレージサービスに書き込む

7. ファイルの書き込みが成功したら、ファイルストレージサービスはCDNのKafkaトピックにイベントを生成し、その後バックエンドを介してユーザーに成功レスポンスを返す

8. ファイルストレージサービスは、ステップ6からのイベント（画像ハッシュを含む）を消費する

9. ステップ1と同様に、ファイルストレージサービスは画像ハッシュを使用してCDNにリクエストを行い、画像がすでにCDNにアップロードされているかどうかを確認する。これは、ファイルストレージサービスのホストが以前に画像ファイルをCDNにアップロードしたものの、CDNトピックに関連するチェックポイントを書き込む前に失敗した場合に発生する可能性があるからである

10. ファイルストレージサービスは、ファイルをCDNにアップロードする。ファイルストレージサービスへのアップロードとは非同期かつ独立して行われるため、CDNへのアップロードが遅かったとしてもユーザー体験に影響はない

11. ファイルストレージサービスは、ファイルIDを含むサムネイル生成イベントをサムネイル生成Kafkaトピックに生成し、Kafkaサービスから成功レスポンスを受け取る

12. バックエンドは、ユーザーの画像ファイルが正常にアップロードされたことを示す成功レスポンスをユーザーに返す。このレスポンスは、サムネイル生成イベントが発生したことを確認するために、サムネイル生成イベント実行されたときだけに返される。こうしておけば、サムネイル生成が確実に行われる。Kafkaへのイベント生成が失敗した場合、ユーザーは「504 Timeoutレスポンス」を受け取る。その場合、ユーザーはステップ1からこのプロセスを再開することになる。では、Kafkaに複数回イベントを生成した場合はどうなるだろうか。KafkaではExactly Once（1度だけ実行）を保証できるため、問題にはならない

13. サムネイル生成サービスは、Kafkaからイベントを消費してサムネイル生成を開始する

14. サムネイル生成サービスは、ファイルストレージサービスからファイルを取得し、サム

ネイルを生成する。そして、作成したサムネイルをファイルストレージサービスを介して
オブジェクトストレージサービスに書き込む。サムネイル生成サービスが直接CDNに
書き込まない理由は、次の通り。

- サムネイル生成サービスは、サムネイル生成のリクエストを受け取り、ファイルスト
  レージサービスからファイルを取得し、サムネイルを生成し、結果のサムネイルを
  ファイルストレージサービスに書き戻す自己完結型のサービスであるべきである。
  CDNなどの別の場所に直接書き込むことは状況を複雑にしてしまう。例えば、CDN
  の負荷が高くなっている状態の時のことを考えてみよう。サムネイル生成サービス
  はCDNがファイルを受け入れる準備ができているかどうかを定期的にチェックする
  必要があり、同時にサービス自体がストレージを使い果たさないようにする必要が
  ある。CDNへの書き込みをファイルストレージサービスが処理するほうが単純で保
  守がやりやすい

- CDNに書き込みを許可される各サービスまたはホストは、追加のセキュリティメン
  テナンスの負担となる。サムネイル生成サービスにCDNへのアクセスを許可しない
  ことで、攻撃対象となる領域を減らすこともできる

15. サムネイル生成サービスは、ファイルストレージサービスにサムネイルをCDNに書き込
    むようにリクエストするThumbnailCdnRequestをCDNトピックに書き込む

16. ファイルストレージサービスは、CDNトピックからこのイベントを消費し、オブジェクト
    ストレージサービスからサムネイルを取得する

17. ファイルストレージサービスはサムネイルをCDNに書き込む。その際に、CDNはファイ
    ルのキーを返す

18. ファイルストレージサービスは、ユーザーIDとキーのマッピングを保持するSQLテー
    ブルにこのキーを書き込む（キーがまだテーブルに存在しない場合）。ステップ16 ～
    18は、ブロッキングの処理となる。ファイルストレージサービスホストが挿入ステップ
    中に障害を経験した場合、再実行時に別のホストがステップ16から再実行される。
    サムネイルのサイズは数KB程度なので、この再試行の計算リソースとネットワーク
    オーバーヘッドは無視できる

19. これらのファイルをファイルストレージサービスから即座に削除するか、1時間前に作
    成されたファイルを削除する定期的なバッチETLジョブを実装するかは、CDNがこれ
    らの（高解像度とサムネイル）画像ファイルをどれだけ早く提供できるかに応じて決定
    される。そのようなジョブは、ファイルをファイルストレージサービスから削除する前
    に、ファイルがデータセンターにレプリケートされていることを確認するためにCDNに
    対してクエリを実行することもできるが、それはオーバーエンジニアリングかもしれな
    い。ファイルストレージサービスは、ファイルハッシュを保持し、ファイルが以前にアッ
    プロードされたかどうかのリクエストに応答できるようにする。1時間以上前に作成さ
    れたハッシュを削除するバッチETLジョブを実装することもできるだろう

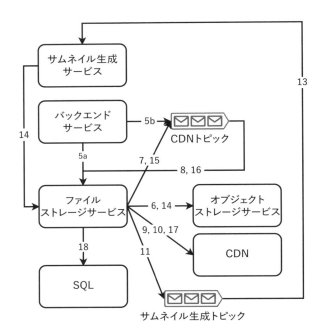

↑ **図12.5** サムネイル生成のコレオグラフィ（ステップ5aから開始）。矢印は本文で説明したステップ番号を示している。わかりやすくするため、ユーザーは図示していない。ファイルストレージサービスがKafkaトピックに生成し消費するイベントの一部は、オブジェクトストレージサービスとCDN間の画像ファイル転送を指示するためのものである。また、サムネイル生成をトリガーし、CDNメタデータをSQLサービスに書き込むためのイベントも存在する

> **トランザクションタイプを識別する**
>
> それぞれ補償可能なトランザクション、ピボットトランザクション、再試行可能トランザクションに該当するのはどれでしょうか。ここでは、ステップ11より前のステップは補償可能トランザクションです。なぜなら、アップロードが成功したという確認レスポンスをユーザーにまだ送っていないからです。ステップ11がピボットトランザクションです。これは、そこでアップロードが成功したことをユーザーに確認し、再試行は不要になるからです。そして、ステップ12-16は再試行可能トランザクションです。これらの（サムネイル生成）トランザクションを再試行するために必要な（画像ファイル）データを持っているので、成功が保証されています。

サムネイルとオリジナルの解像度だけではなく、複数の異なる解像度の画像を生成したい場合、両方のアプローチのトレードオフは、さらに顕著になります。

HTTP POSTやRPCの代わりにFTPを使用して写真をアップロードしたら、どうなるでしょうか。FTPではディスクへの書き込みが行われるので、その後の処理では、ディスクからメモリに読み込む際のレイテンシが発生し、CPUリソースが消費されます。圧縮ファイルをアップロードする場合、ファイルを展開するには、まずディスクからメモリにロードする必要があります。これは、POSTリクエストやRPCを使用した場合には発生しない不必要なステップだといえるでしょう。

ファイルストレージサービスのアップロード速度が、サムネイル生成リクエストのリクエストレートを決めることになります。サムネイル生成サービスがサムネイルを生成してアップロードできるよりも、ファイルストレージサービスがファイルをアップロードするほうが早い場合、Kafkaトピックは、サムネイル生成サービスが過度なリクエストを受けるのを防ぐことになります。

● オーケストレーション Saga アプローチ

ファイルのアップロードとサムネイル生成プロセスをオーケストレーションSagaとして実装することもできます。バックエンドサービスが、オーケストレータとなります。図12.6を参照してください。サムネイル生成のオーケストレーションSagaのステップは、次のようになります。

1. 最初のステップは、コレオグラフィアプローチと同じである。クライアントは画像がすでにアップロードされているかどうかを確認するためにバックエンドにGETリクエストを行う
2. バックエンドサービスは、ファイルストレージサービスを介してオブジェクトストアサービス（図12.6には示されていない）にファイルをアップロードする。ファイルストレージサービスは、アップロードが成功したことを示すイベントをファイルストレージレスポンストピックに生成する
3. バックエンドサービスは、ファイルストレージレスポンストピックからイベントを消費する
4. バックエンドサービスは、CDNトピックにイベントを生成し、ファイルをCDNにアップロードするようにリクエストする
5. （a）ファイルストレージサービスはCDNトピックから消費して、（b）ファイルをCDNにアップロードする。オブジェクトストアサービスへのアップロードとは別のステップとして行われるので、CDNへのアップロードが失敗した場合、このステップを繰り返してもオブジェクトストアサービスへの重複アップロードは発生しない。オーケストレーション方式の統一されたアプローチは、バックエンドサービスがファイルストレージサービスからファイルをダウンロードし、その後CDNにアップロードすることである。オーケストレーションアプローチを全体的に守るか、ここでそこから逸脱するかを選択できる。逸脱を選択する場合、ファイルが3つのサービス間を移動する必要がないように注意しなけれ

ばならない。また、その際には、ファイルストレージサービスがCDNにリクエストを行えるように設定する必要もある

6. ファイルストレージサービスは、ファイルがCDNに正常にアップロードされたことを示すイベントをCDNレスポンストピックに生成する
7. バックエンドサービスは、CDNレスポンストピックから消費を行う
8. バックエンドサービスは、サムネイル生成トピックにイベントを生成し、サムネイル生成サービスがアップロードされた画像からサムネイルを生成するようにリクエストする
9. サムネイル生成サービスは、サムネイル生成トピックから消費を行う
10. サムネイル生成サービスは、ファイルストレージサービスからファイルを取得し、サムネイルを生成し、それらをファイルストレージサービスに書き込む
11. サムネイル生成サービスは、サムネイル生成が成功したことを示すイベントをファイルストレージトピックに生成する
12. ファイルストレージサービスは、ファイルストレージトピックからイベントを消費し、サムネイルをCDNにアップロードする。ステップ4と同様に、オーケストレーションとネットワークトラフィックについての同じ議論がここでも適用される

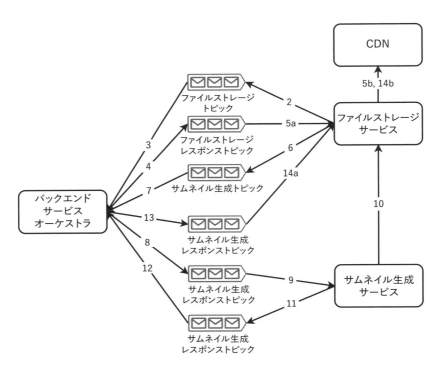

⬆ **図12.6** ステップ2から始まるサムネイル生成のオーケストレーション。図12.5ではオブジェクトストレージサービスを示していたが、この図ではわかりやすさのために省略している。同様に、ユーザーも図示していない

12.6.3 サーバサイドとクライアントサイドの両方の生成の実装

　サーバサイドとクライアントサイドの両方に、サムネイル生成を実装することもできます。まずサーバサイドの生成を実装し、どんなクライアントであっても、サーバサイドでサムネイルを生成できるようにします。次に、各クライアントタイプのクライアントサイドでのサムネイル生成を実装し、クライアントサイド生成の利点を実現します。クライアントは、まずクライアントサイドでのサムネイルの生成を試みます。それに失敗した場合、サーバがサムネイルを生成します。このアプローチによって、クライアントサイド生成の初期実装で全ての可能な失敗シナリオを考慮する必要がなく、クライアントサイド生成を段階的に改善できるようになります。

　このアプローチは、サーバサイドだけで生成するよりも複雑でコストがかかりますが、クライアントサイドだけで生成するよりは、安価で簡単かもしれません。なぜなら、サーバサイドの生成がクライアントサイドの生成のフェイルオーバーとして機能するので、クライアントサイドのバグやクラッシュのコストが低くなるからです。クライアントにバージョン番号を付加し、クライアントはリクエストにこれらのバージョン番号を含めることができます。特定のバージョンにバグがあることに気付いた場合、これらのクライアントから送信された全てのリクエストに対して、サーバサイドの生成が行われるようにサーバを設定できるわけです。その後、バグを修正して新しいクライアントバージョンを提供し、影響を受けるユーザーにクライアントを更新するように通知できます。一部のユーザーが更新を行わなくても、これらのユーザーのサムネイル作成はサーバサイドで実行できるので、深刻な問題にはなりません。いずれそのバージョンのクライアントは古くなっていき、最終的に使用されなくなります。

12.7　画像とデータのダウンロード

　画像とサムネイルがCDNにアップロードできたので、これらのファイルは閲覧者が利用できる状態になっています。共有者のサムネイルに対する閲覧者からのリクエストは、次のように処理されることになります。

1. Shareテーブルをクエリして、閲覧者が画像を閲覧することを許可している共有者のリストを取得する
2. Imageテーブルをクエリして、ユーザーのサムネイル解像度の画像の全てのCdnPath値を取得する。CdnPath値とCDNから読み取るための一時的なOAuth2トークンを返する
3. クライアントはCDNからサムネイルをダウンロードすることができるようになった。クライアントがリクエストされたファイルをダウンロードする権限があることを確認するため

に、CDNはトークン認証メカニズムを使用できる。これは「13.3　CDNの認証と認可」で詳しく紹介する

　動的コンテンツは更新または削除される可能性があるため、CDNではなくSQLに保存します。これには、写真のコメント、ユーザープロフィール情報、ユーザー設定が含まれます。人気のある、つまりアクセス数の多いサムネイルや画像はRedisキャッシュを使用できます。閲覧者が画像をお気に入りに登録する際、画像の不変性を利用して、クライアントに十分なストレージスペースがある場合、サムネイルとフル解像度の画像の両方をクライアントにキャッシュできます。そうすれば、閲覧者がお気に入りの画像のグリッドを表示するリクエストはサーバリソースを消費せず、瞬時に応答できるようになります。

　面接の目的上、既存のCDNの使用が許可されず、CDNの設計方法が質問された場合の議論については、次章で議論します。

12.7.1　リストページの整合性の取れた読み込み

　ユーザーが一度に1ページ分のサムネイル（例：10個のサムネイル）を表示する場合を考えてみましょう。ページ1にはサムネイル1 〜 10、ページ2にはサムネイル11 〜 20が表示されます。ユーザーがページ1を表示しているときに新しいサムネイル（サムネイル0と呼ぶことにする）が登録され、その後ユーザーがページ2に移動した場合、ユーザーのページ2向けのダウンロードリクエストに対するレスポンスがサムネイル10 〜 19ではなく11 〜 20となるようにするには、どうすればよいでしょうか。

　1つの方法は、ページネーションにバージョンを付加することです。例えば、「GET thumbnails?page=<page>&page_version=<page_version>」のようにします。「page_version」が省略された場合、バックエンドはデフォルトで最新バージョンを使用できます。このリクエストへのレスポンスには「page_version」を含める必要があります。そうすることで、ユーザーは後続のリクエストで同じpage_version値を継続して使用して、適切なデータを受け取ることができ、ユーザーはスムーズにページをめくることができます。ユーザーがページ1に戻ったとき、page_versionを省略することで、最新のページ1のサムネイルを表示させることができます。

　ただし、この技術はサムネイルがリストの先頭に追加または削除される場合のみに機能します。ユーザーがページをめくっている間にリストの別の位置にサムネイルが追加または削除された場合、ユーザーは新しいサムネイルを見ることができず、削除されたサムネイルを引き続き見ることになります。よりよいのは、クライアントが現在の最初の項目または最後の項目をバックエンドに渡すという方法です。ユーザーが前に進む場合は「GET thumbnails?previous_last=<last_item>」を使用し、ユーザーが後ろに戻る場合は「GET thumbnails?previous_first=<first_item>」を使用します。なぜこれがよいのかについては、読者のみなさんに向けた簡単な演習として残しておくことにしましょう。

12.8 モニタリングとアラート

「2.5　ロギング、モニタリング、アラート」で議論したことに加えて、ファイルのアップロードとダウンロード、SQLデータベースへのリクエストの両方をモニタリングし、アラートを設定する必要があります。

12.9 その他のサービス

広告やプレミアム機能などの収益化、支払い、検閲、パーソナライゼーションなど、議論できる多くのサービスがあります。これらに明確な優先順位はなく、どのような順番で議論が行われるかはわかりません。

12.9.1 プレミアム機能

画像共有サービスでは、これまで議論した全ての機能を含む無料プランを提供できます。その上でさらに、共有者向けに次のようなプレミアム機能を提供できるでしょう。

共有者は自分の写真に著作権があることを宣言し、閲覧者がフル解像度の写真をダウンロードして別の場所で使用するためには支払いが必要であることを主張できます。共有者がほかのユーザーに写真を販売するシステムを設計できます。その場合、販売を記録し、写真の所有権を追跡する必要があります。よりよいビジネス判断を行うための販売指標、ダッシュボード、分析機能を販売者に提供することも考えられます。さらに、売るべき写真の種類や価格設定方法を販売者に推奨するレコメンデーションシステムを提供することもできます。これらの機能は、全て無料または有料で提供できます。

無料アカウントには1,000枚の写真を無料でアップロードできるようにして、さまざまなサブスクリプションプランを提供して、そこで大きな許容量を提供できます。これらのプレミアム機能の使用量と請求のためのサービスもデザインする必要があります。

12.9.2 支払いと税金サービス

プレミアム機能には、ユーザーとの間の取引や支払いを管理するための支払いサービスと税金サービスが必要です。「15.1　要件」で議論するように、支払いは非常に複雑なトピックであり、通常はシステム設計面接では質問されません。しかし、面接官がこれらを課題のトピックとして尋ねる可能性はあります。税金についても同様のことがいえるでしょう。売上税、所得税、法人税など、多くの種類の税金が存在しています。また、それぞれ、国税、州税、郡税、市税など多くの構成要素が関連しているでしょう。収入レベルや特定の製品または業界に関する税金免除がある可能性もあるでしょう。税率が累進的である可能性もあります。写真が購入および販売された場所に関連するビジネスおよび所得税フォームを提供する必要があるかもしれません。

12.9.3 検閲／コンテンツモデレーション

検閲（一般的にはコンテンツモデレーションと呼ばれる）は、ユーザーがデータを共有するあらゆるアプリケーションで重要な機能です。コンテンツが公開されているか、選択された閲覧者のみと共有されているかにかかわらず、不適切または攻撃的なコンテンツをアプリケーションから削除することは、私たちの倫理的な（そして多くの場合、法的な）責任となります。

コンテンツモデレーションのためのシステムを設計する必要がありますが、コンテンツモデレーションは手動と自動の両方で行うことができます。手動の方法には、閲覧者が不適切なコンテンツを報告するメカニズムや、運営スタッフがこのコンテンツを閲覧して削除するメカニズムが含まれます。コンテンツモデレーションのためのヒューリスティック、あるいは機械学習なアプローチを実装することもできます。システムは、共有者に警告を与えたりBANしたりする管理機能を提供し、運営スタッフが地元の法執行機関と協力しやすくする必要もあります。

12.9.4 広告

クライアントはユーザーに広告を表示できます。一般的な方法は、クライアントにサードパーティの広告SDKを追加することです。このようなSDKは広告ネットワーク（例：Google Ads）によって提供されます。広告ネットワークは広告主（つまり私たち）にコンソールを提供し、好ましいカテゴリの広告や望まない広告を選択できるようにします。例えば、成人向け広告や競合他社の広告を表示したくないといった条件を指定できます。

もう1つ考えられるのは、クライアント内で共有者向けの広告を内部的に表示するシステムを設計することです。共有者は、写真の販売を促進するためにクライアント内で広告を表示したいと思うかもしれないからです。このアプリケーションの1つの使用例として、閲覧者が何らかの目的で写真を使用するために、画像を検索して購入するというものがあります。閲覧者がアプリケーションのホームページを読み込むと、お勧めの写真を表示して、共有者はホームページに自分の写真を表示するために広告料を支払うわけです。閲覧者が写真を検索する際に「スポンサー」枠の検索結果を表示することもできます。

また、広告のない体験と引き換えに、有料のサブスクリプションパッケージをユーザーに提供することもできるでしょう。

12.9.5 パーソナライゼーション

サービスが多数のユーザーにスケールするにつれて、幅広い視聴者にアピールし、収益を増加させるためにパーソナライズされた体験を提供したいと考え始めるでしょう。アプリケーション内でのユーザーの活動や別のソースから取得したユーザーデータに基づいて、

ユーザーごとに個人に最適化された広告、検索、コンテンツのお勧めを提供できます。

データサイエンスと機械学習アルゴリズムは、通常はシステム設計面接の範囲外であり、パーソナライゼーションについての議論は実験プラットフォームの設計に焦点を当てることになります。これは、ユーザーを実験グループに分割し、各グループに異なる機械学習モデルを提供し、結果を収集・分析し、成功したモデルをより広い視聴者に拡大するためのプラットフォームです。

12.10 その他の可能な議論トピック

議題に挙がりそうなそれ以外のトピックとして、次のようなものが挙げられます。

- 写真のメタデータ（タイトル、説明、タグなど）を用いて、Elasticsearchインデックスを作成できる。ユーザーが検索クエリを送信すると、検索対象として、タグだけではなくタイトルや説明にも対してファジーマッチングを行うことができる。Elasticsearchクラスタの作成については「2.6.3　Elasticsearchインデックスと取り込み」を参照のこと
- 閲覧者に画像の閲覧アクセスを許可する方法について議論したが、個々の画像へのアクセス制御、さまざまな解像度での画像のダウンロード許可、閲覧者が限られた数の閲覧者に画像を共有する許可など、より細かいアクセス制御について議論できる。ユーザープロフィールへのアクセス制御についても議論できる。ユーザーは、誰でも自分のプロフィールを閲覧できるようにするか、個々にアクセスを許可することができる。非公開プロフィールは検索結果から除外する必要がある
- 写真を整理する方法について、共有者がグループに写真を追加する機能など、さまざまな議論ができる。グループには複数の共有者からの写真をまとめて管理することができる。ユーザーはグループのメンバーである必要があり、写真を閲覧したり共有したりできる。グループでは管理者ユーザーを設定でき、管理者はグループにユーザーを追加したり削除したりできる。写真のコレクションをパッケージ化して販売するさまざまな方法と、関連するシステムデザインについても議論できるだろう
- 著作権管理と透かしのためのシステムについても議論できる。ユーザーは、各写真に特定の著作権ライセンスを割り当てることもできる。システムは、写真に見えない透かしを付け、ユーザー間の取引中に追加の透かしを付けることもできる。これらの透かしは、所有権と著作権侵害を追跡するために使用できる
- このシステム上のユーザーデータ（画像ファイル）は、機密性が高く、価値がある。データの損失、予防、軽減の可能性について議論できる。これには、セキュリティ侵害やデータ盗難が含まれる

- ストレージコストを制御するための戦略について議論できる。例えば、古いファイルと新しいファイル、あるいは、人気のある画像とそれ以外の画像に異なるストレージシステムを使用できる
- 分析用のバッチパイプラインを作成できる。例えば、最も人気のある写真を計算したり、時間、日、月ごとのアップロードされた写真の数を計算したりするパイプラインなどが挙げられる。このようなパイプラインは「17章　Amazonの売上トップ10の商品のダッシュボードの設計」で議論されている
- ユーザーは、ほかのユーザーをフォローし、新しい写真やコメントについて通知を受け取ることができる
- システムを拡張して音声や動画ストリーミングをサポートすることができる。動画ストリーミングの議論には、一般的なシステム設計面接では必要とされない特定のドメイン専門知識が必要となる。そのため、このトピックは特定の役割で必要とされる専門知識を問う面接で尋ねられる以外には、探索的または課題的な質問として尋ねられるかもしれない

まとめ

- ファイルや画像共有サービスには、スケーラビリティ、可用性、高いダウンロードパフォーマンスが必要となる。高いアップロードパフォーマンスと整合性は必要ない
- どのサービスがCDNに書き込みを許可されるべきだろうか。静的データにはCDNを使用するが、CDNのような機密サービスへの書き込みアクセスは安全で制限されたものにしなければならない
- どの処理操作をクライアントに置き、どれをサーバに置くべきだろうか。クライアントでの処理はサービス提供側のハードウェアリソースとコストを節約できるが、その代わりにかなりシステムが複雑になり、この複雑さのために追加のコストが発生する可能性がある
- クライアントサイドとサーバサイドでの処理には、それぞれ利点と欠点がある。開発／アップグレードが容易であるため、一般的にはサーバサイドでの処理が好まれる。クライアントサイドとサーバサイドでの処理を両方を行うことで、クライアントサイドの低い計算コストとサーバサイドの信頼性を得ることができる
- どのプロセスを非同期にできるだろうか。スケーラビリティを向上させ、ハードウェアコストを削減するために、そのようなプロセスにはSagaのような技術を使用する

Chapter

13

コンテンツ配信
ネットワークの設計

本章の内容

- **利点、欠点、予期せぬ状況についての議論**
- **ユーザーリクエストに応えるフロントエンドのメタデータストレージアーキテクチャ**
- **基本的な分散ストレージシステムの設計**

CDN (Content Delivery Network：コンテンツ配信ネットワーク) は、コスト効率がよく、地理的に分散したファイルストレージサービスで、地理的に分散した多数のユーザーに静的コンテンツを迅速に提供するために、複数のデータセンターの間でファイルを複製するように設計されています。各ユーザーに対して、最も速くサービスを提供できるデータセンターからサービスを提供します。フォールトトレランスなどの二次的な利点もあり、特定のデータセンターが利用できない場合でも、ほかのデータセンターからユーザーにサービスを提供できます。本章では、そうしたCDNの設計について議論します。本書で開発するCDNを「CDNService」と名付けることにします。

13.1 CDNの利点と欠点

CDNの要件とシステム設計について議論する前に、CDNを使用することの利点と欠点について議論しておきましょう。これは、要件を理解することに役立つかもしれません。

13.1.1　CDN を使用する利点

　ある会社がサービスを複数のデータセンターでホストしている場合、冗長性と可用性のために、データセンター間で複製される共有オブジェクトストアを有している可能性が高いでしょう。この共有オブジェクトストアが、CDNの多くの利点を提供しています。CDNを使用するのは、地理的に分散したユーザーベースが、CDNが提供する広範なデータセンターネットワークから利益を得られる場合です。

　CDNの使用を検討する理由は「1.4.4　コンテンツ配信ネットワーク」で議論していますが、いくつかをここで繰り返しておきます。

- **低レイテンシ**

　ユーザーは最寄りのデータセンターからサービスを受けることができるため、レイテンシが低くなる。サードパーティのCDNがなければ、複数のデータセンターにサービスをデプロイする必要があり、可用性を確保するためのモニタリングなど、かなりの複雑さが伴う。レイテンシが低いと、SEO（Search Engine Optimization：検索エンジン最適化）の向上などのほかの利点もあるかもしれない。検索エンジンは、遅いWebページに対して、直接的にも間接的にもペナルティを与える傾向が強い。間接的なペナルティの例として、ユーザーは読み込みが遅いWebサイトを途中で離れてしまう可能性がある。このようなWebサイトは離脱率が高いという言葉で表現でき、検索エンジンは離脱率の高いWebサイトにペナルティを与えることが知られている。

- **スケーラビリティ**

　サードパーティのプロバイダーを使用する場合、自分でシステムをスケールする必要はない。サードパーティがスケーラビリティを担当するからである。

- **低単価**

　サードパーティのCDNは、通常、大量に利用するユーザーに割引を提供するため、多くのユーザーに対して、高い負荷のあるサービスを提供すると、単価が低くなる。サードパーティCDNは、多くの企業のトラフィックに対応することでスケールメリットを得ており、ハードウェアや適切なスキルを持つ技術者のコストを大きなボリュームに分散させることができるため、より低いコストで提供できる。複数企業の変動するハードウェアとネットワーク要件は互いに平均化され、1社だけにサービスを提供する場合と比べ、より安定したニーズに対応できる。

- **高スループット**

　CDNは私たちのサービスに追加のホストを提供し、より多くの同時ユーザーと高いトラフィックにサービスを提供できる。

- **高可用性**

　追加されるホストは、私たちのサービスのホストが失敗した場合のフォールバックとし

て機能し、特にCDNがSLAを維持できる場合に有効である。地理的に複数のデータセンターに分散していることも可用性に有利である。例えば、あるデータセンターで停電を引き起こすような災害が発生しても、遠く離れたデータセンターには影響しない。さらに、あるデータセンターへの予期せぬトラフィックスパイクをほかのデータセンターにリダイレクトしてバランスを取ることもできる。

13.1.2 CDNを使用する欠点

CDNの利点について議論している記事や情報はたくさんありますが、欠点について議論しているものは、あまり多くありません。エンジニアの成熟度を示す面接でのシグナルは、あらゆる技術的な決定におけるトレードオフについて議論し、評価し、ほかのエンジニアによる挑戦を予測する能力です。面接官は、ほとんどの場合、あなたの設計上の決断に異議を唱え、さまざまな非機能要件を考慮したかどうかを探ります。CDNを使用するデメリットには、次のようなものがあります。

- システムから別のサービスを呼び出すことで、構造が複雑になる。具体的には、次のような要素を考慮する必要がある
  - 追加のDNSルックアップ
  - 追加の障害点
- トラフィックがさほど多くない場合、CDNを利用してもコストがかかるだけになってしまう可能性がある。また、CDNがサードパーティのネットワークを使用する可能性があるため、データ転送のコストなど、隠れたコストがかかる可能性もある
- 別のCDNへの移行には数か月かかり、コストがかかる可能性がある。別のCDNに移行しなければならなくなる理由としては、次のようなものが考えられる
  - 特定のCDNがユーザーの近くにホストを置いていない可能性がある。CDNでカバーされていない地域で重要なユーザーベースを獲得した場合、より適切な場所にホストを配置しているCDNに移行する必要があるかもしれない
  - CDNを提供する企業が倒産する可能性がある
  - CDNを提供する企業がSLAを満たさないなど、提供するサービスが不十分で、自社のユーザー、サービスに影響を与える可能性がある。また、顧客サポートが不十分であったり、データ損失やセキュリティ侵害などの事故を発生させてしまう可能性もある
- 一部の国や組織が特定のCDNのIPアドレスをブロックする可能性がある
- データをサードパーティに保存することに関するセキュリティとプライバシーの懸念があるかもしれない。CDNがデータを閲覧できないように、保存時の暗号化を実装することができるが、これには追加のコストとレイテンシの増加（データの暗号化と復号に

かかる時間）が発生する。設計と実装は、資格のあるセキュリティエンジニアによって
実装またはレビューされる必要があり、これによってチームに追加のコストとコミュニ
ケーションのオーバーヘッドが生じる

- もう1つ考えられるセキュリティ上の懸念は、JavaScriptライブラリに悪意のあるコー
  ドを挿入されてしまう可能性があることで、リモートでホストされているライブラリの
  セキュリティと整合性を個人的に保証することはできない

- 高可用性を確保するためにサードパーティに任せることのリスクとして、CDNに技術的
  な問題が発生した場合、CDN企業がそれらを修正するのにどれくらい時間がかかるか
  がわからないという点が挙げられる。サービスの劣化は顧客に影響を与える可能性が
  あるが、外部企業とのコミュニケーションのオーバーヘッドは、自社内でのコミュニケー
  ションよりも大きいことが多い。CDNを提供する企業はSLAを提供するかもしれない
  が、それが尊重されるかどうかは確実ではなく、先ほど議論したように、別のCDNへの
  移行はコストがかかる。さらに、私たち自身のSLAが、サードパーティに依存すること
  になってしまう

- CDNやサードパーティのツール／サービスの構成管理が、特定の使用ケースに対して
  十分にカスタマイズできない可能性があり、予期せぬ問題につながる可能性がある。
  その例については、次節で議論する

13.1.3 CDNを使用して画像を提供する際の予期せぬ問題の例

　本節では、CDNやサードパーティのツールやサービスを使用することで発生するかもし
れない、予期せぬ問題を例を挙げて議論します。

　CDNは、GETリクエストのユーザーエージェント（https://developer.mozilla.org/en-
US/docs/Web/HTTP/Headers/User-Agent）ヘッダを読み取り、リクエストがWebブ
ラウザからのものかどうかを判断し、もしそうであれば、アップロードされた形式（PNGや
JPEGなど）ではなく、WebP（https://developers.google.com/speed/webp）形式で画像
を返す可能性があります。一部のサービスでは、これが理想的かもしれませんが、画像を
元の形式で返してほしいブラウザアプリケーションには次に示す3つの選択肢があります。

1. Webアプリケーションでユーザーエージェントヘッダをオーバーライドする
2. 特定のサービスにはWebP画像を提供し、ほかのサービスには元の形式で画像を提供
   するようにCDNを設定する
3. リクエストをバックエンドサービスを通してルーティングする

　解決策1に関して、本書の出版時点では、Chromeはアプリケーションがユーザーエー
ジェントヘッダをオーバーライドすることを許可していませんが、Firefoxは許可してい

ます（https://bugs.chromium.org/p/chromium/issues/detail?id=571722、https://bugzilla.mozilla.org/show_bug.cgi?id=1188932 と https://stackoverflow.com/a/42815264を参照）。つまり、解決策1は、ユーザーを特定のWebブラウザに限定することになり、現実的ではないかもしれません。

　解決策2に関しては、個々のサービスに対して、こうした設定をカスタマイズする機能をCDNは提供していない可能性もあります。WebP形式で画像を提供する設定を、利用しているサービス全てで有効、あるいは無効にするという2択の選択しか提供してくれていないかもしれません。細かい設定が可能であったとしても、私たちのCDN構成を管理する関連インフラチームが、個々のサービスに対してこの構成を設定することができないか、または望まない可能性もあります。この問題は、大企業では顕著かもしれません。

　解決策3は、開発者がCDNから元の画像を取得するためだけのAPIエンドポイントを公開する必要があります。この解決策は、CDNのほとんど全ての利点を無効にするため、できる限り避けるべきです。サービスは、より複雑に、より遅くなってしまいます（ドキュメンテーションとメンテナンスのオーバーヘッドも考慮する必要がある）。バックエンドホストがユーザーから地理的に遠い可能性があり、ユーザーは近くのデータセンターからサービスを受けるというCDNの利点を失ってしまいます。しかも、このバックエンドサービスは画像の需要に合わせてスケールする必要があります。画像のリクエスト率が高い場合には、CDNとバックエンドサービスの両方をスケールアップする必要が出てきてしまいます。この解決策を採用するよりも、バックエンドサービスと同じデータセンターにある安価なオブジェクトストアにファイルを保存するほうが理にかなっています。残念ながら、筆者は個人的に、この「解決策」が大企業で使用されているのを見たことがあります。それは、アプリケーションとCDNが異なるチームによって所有されており、経営陣がそれらの間の協力を促進することに興味がなかったためです。

13.2 要件

　CDNの機能要件は単純です。認可されたユーザーは、ディレクトリの作成、10GBのファイルサイズの制限付きのファイルのアップロード、ファイルのダウンロードが可能であるべきです。

> **注意**
>
> コンテンツモデレーションについては、ここでは議論しません。コンテンツモデレーションは、ユーザーが他者によって作成されたコンテンツを見るアプリケーションでは不可欠です。しかし、これは、CDNを使用する組織の責任であり、CDNを提供する企業の責任ではないと仮定します。

非機能要件のほとんどは、CDNの利点と関連しています。

- **スケーラビリティ**：CDNはペタバイト単位のストレージと1日あたりテラバイト単位のダウンロード量をサポートするようにスケールする可能性がある
- **高可用性**：99.99％または99.999％のアップタイムが必要となる
- **高性能**：ファイルは、リクエスタに対して最も速くサービスを提供できるデータセンターからダウンロードされるべきである。しかし、同期には時間がかかる可能性があるため、アップロードのパフォーマンスはそれほど重要ではない。同期が完了する前に少なくとも1つのデータセンターでファイルが利用可能になっていれば十分である
- **耐久性**：ファイルの整合性が確保されなければならない
- **セキュリティとプライバシー**：CDNはデータセンター外部の宛先にリクエストを処理し、ファイルを送信する。ファイルは認可されたユーザーによってのみ、ダウンロードおよびアップロードされなければならない

13.3 CDNの認証と認可

「付録B　OAuth 2.0認可とOpenID Connect認証」でも説明しますが、認証の目的はユーザーのアイデンティティを確認することであり、認可の目的はリソース（CDNのファイルなど）にアクセスするユーザーがそれを行う許可を持っていることを確認することです。認証と認可によって、サイトやサービスが許可なくCDNアセットにアクセスする**ホットリンキング**を防ぎます。私たちのCDN は、これらのユーザーに対してサービスを提供するためのコストを負担していますが、支払いを受け取っているわけではありません。また、ホットリンキングが発生すると、未認可のファイルやデータへのアクセスは著作権侵害を引き起こす可能性もあります。

ヒント

認証と認可については、「付録B　OAuth 2.0認可とOpenID Connect認証」を参照してください。

CDNの認証と認可は、Cookieベース、またはトークンベースで行うことができます。「B.4 シンプルなログインの欠点」で議論しているように、トークンベース認証[訳注1]はメモリ使用量が少なく、より多くのセキュリティ専門知識を提供するサードパーティサービスを使用でき、きめ細かなアクセス制御が可能です。これらの利点に加えて、CDNのトークン認証では、

訳注1　ユーザーがセッションごとに発行される一意のトークンを利用して認証を行う方式。

リクエスタを許可されたIPアドレスや特定のユーザーアカウントに制限することもできます。

本節では、CDNの認証と認可の典型的な実装方法について議論します。次節では、面接中に議論をすることになる可能性のあるCDNのシステム設計について考え、この認証と認可プロセスをその設計の中でどのように行うかについても考えます。

13.3.1 CDNにおける認証と認可のステップ

ここでは、CDNにアセットをアップロードし、そのユーザー／クライアントをCDNに誘導するサイトまたはサービスを「CDNの顧客」と呼びます。

CDNは各顧客に秘密鍵を発行し、次のような情報からアクセストークンを生成するSDKまたはライブラリを提供します。図13.1を参照してください。アクセストークンの生成プロセスは、次の通りです。

1. ユーザーは、顧客のアプリケーションに認証リクエストを送信する。顧客のアプリケーションは、認証サービスを使用して認証を実行する場合がある（認証メカニズムの詳細はCDNアクセストークン生成プロセスとは無関係である。Simple LoginやOpenID Connectなどのさまざまな認証プロトコルについては、「付録B　OAuth 2.0認可とOpenID Connect認証」を参照のこと）

2. 顧客のアプリケーションは次のようなものを入力情報としてSDKにアクセスし、アクセストークンを生成する

   a. **秘密鍵**：顧客の秘密鍵

   b. **CDN URL**：生成されたアクセストークンでアクセス可能にするCDNのURL

   c. **有効期限**：アクセストークンの有効期限のタイムスタンプ。ここで指定した期限を過ぎると、ユーザーは新しいアクセストークンを発行し直す必要がある。ユーザーが期限切れのトークンでCDNにリクエストを行うと、CDNは302レスポンスを返してユーザーを顧客のサイトにリダイレクトすることができる。顧客は新しいアクセストークンを生成し、それをユーザーに302レスポンスで返して、CDNにリクエストを再試行させる

   d. **リファラ**：リファラHTTPリクエストヘッダと同じ働きをする

リファラヘッダとセキュリティ

　クライアント／ユーザーがCDNにHTTPリクエストを行う際、顧客のURLをHTTPヘッダのReferrerとして含める必要があります。CDNは認可されたリファラのみを許可するため、これによって未認可のリファラがCDNを使用することを防ぎます。

　しかし、これは正当なセキュリティメカニズムではありません。クライアントは単に本当の参照元とは異なるURLをReferrerヘッダとして使用するだけで、簡単に偽装できてしまいます。悪意あるサイト／サービスは、認可されたサイト／サービスをリファラヘッダに渡して偽装し、クライアントに許可されたサイト／サービスと通信していると信じ込ませることができます。

　　e. **許可されたIP**：CDNアセットのダウンロードを認可されたIPアドレス範囲のリストを渡すことができる

　　f. **許可された国や地域**：ブラックリストまたはホワイトリストの形で、国／地域を含めることができる。「許可されたIP」フィールドがすでにあり、どの国／地域が許可されているかをそこで制御できるが、便宜上、別途このフィールドを含めることもできる

3. 顧客のアプリケーションはトークンを保存し、そのトークンをユーザーに返す。トークンは暗号化された形式で保存することで、セキュリティを強化することもできる

4. 顧客のアプリケーションがユーザーにCDN URLを提供し、ユーザーがCDNアセットのGETリクエストを行う際には、GETリクエストにアクセストークンで署名する必要があり、これはURL署名と呼ばれる。署名されたURLは、「http://12345.r.cdnsun.net/photo.jpeg?secure=DMF1ucDxtHCxwYQ」のようになる（https://cdnsun.com/knowledgebase/cdn-static/setting-a-url-signing-protect-your-cdn-contentから引用）。「secure=DMF1ucDxtHCxwYQ」はアクセストークンをCDNに送信するためのクエリパラメータであり、これによってCDNは認可を判断する。つまり、ユーザーのトークンが有効であり、そのトークンでアセットをダウンロードできること、およびユーザーのIPまたは国／地域が許可されたものであることを確認する。最後に、CDNはアセットをユーザーに返す

5. ユーザーがログアウトすると、顧客のアプリケーションはユーザーのトークンを破棄する。ユーザーはログイン時に新しいトークンを生成する必要がある

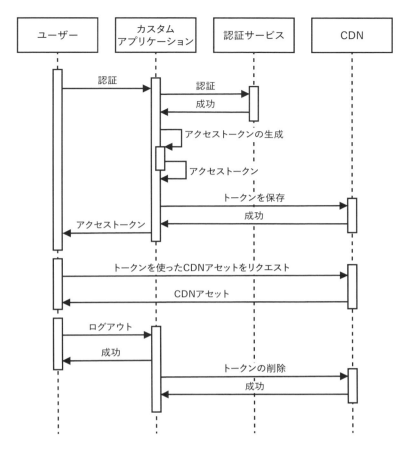

↑図13.1 トークン生成プロセスのシーケンス図。生成後は、トークンを使用してCDNアセットをリクエストし、ユーザーのログアウト時にトークンを破棄する。トークンの破棄プロセスは、ここに示されているように非同期にすることもできるが、ログアウトは頻繁なイベントではないため、同期処理にすることもできる

　トークンの削除は図13.1に示しているように非同期にすることもできますが、ログアウトは頻繁なイベントではないため、同期処理にすることもできるでしょう。トークンの削除が非同期の場合、この削除を処理する顧客アプリケーションホストが何らかの失敗した場合にトークンが削除されないリスクがあります。これを解決する方法の1つは、この問題を単に無視し、一部のトークンが破棄されないのを許容することです。また、別の解決策として、イベント駆動型のアプローチを使用することもできるでしょう。顧客アプリケーションのホストはKafkaキューにトークン削除イベントを生成し、コンシューマークラスタがこれらのイベントを消費してCDN上のトークンを削除できます。3つ目の解決策は、トークンの削除を同期／ブロッキングとして実装することです。顧客アプリケーションホストが意図しない失敗のためにトークンの削除が失敗した場合、ユーザー／クライアントは500エラーを受け取り、クライアントはログアウトリクエストを再試行できます。このアプローチではログアウトリク

エストの遅延が大きくなりますが、これは許容できるはずです。

CDNトークン認証と認可の詳細については、https://docs.microsoft.com/en-us/ azure/cdn/cdn-token-auth、https://cloud.ibm.com/docs/CDN?topic=CDN-working-with-token-authentication、https://blog.cdnsun.com/protecting-cdn-content-with-token-authentication-and-url-signingなどのソースを参照してください。

13.3.2 キーローテーション

顧客のキーは、定期的に変更されるべきです。これは、ハッカーにキーが盗まれてしまった場合でも、キーを変更することで、盗まれたキーを無効化できるからです。

また、キーは突然変更されるのではなく、ローテーションされるべきです。キーローテーション[訳注2]は、古いキーと新しいキーの両方が有効な期間が存在するようにキーを更新することをいいます。新しいキーが顧客の全てのシステムに配布されるには時間がかかるため、その間、顧客は古いキーと新しいキーの両方を使用し続ける場合があります。設定された有効期限時に、古いキーは期限切れとなり、ユーザーは期限切れのキーでCDNアセットにアクセスできなくなります。

これは、ハッカーがキーを盗んだことがわかっている場合にも有用な手順です。CDNはキーをローテーションし、古いキーの有効期限を短く設定すればよいからです。その間に、顧客はできるだけ早く新しいキーに切り替えを行うことになります。

13.4 高レベルアーキテクチャ

図13.2は、CDNの高レベルアーキテクチャ[訳注3]を示しています。ここでは、典型的なAPIゲートウェイーメタデーターストレージ/データベースアーキテクチャを採用しています。ユーザーリクエストはAPIゲートウェイによって処理されます。APIゲートウェイは、ほかのさまざまなサービスにリクエストを行うレイヤー/サービスです（APIゲートウェイの概要については「1.4.6　機能的分割と横断的な関心の集約」を参照）。これには、SSL終端、認証と認可、レートリミット（「第8章　レートリミットサービスの設計」を参照）、分析や課金などの目的のための共有ロギングサービスへのロギングが含まれます。APIゲートウェイを設定して、任意のユーザーに対して、どのストレージサービスホストから読み取りまたは書き込みを行うかを決定するためにメタデータサービスを参照できます。CDNアセットが保存時に暗号化されている場合、メタデータサービスはこれも記録でき、暗号化キーを管理するために秘密管理サービスを使用できます。

訳注2　セキュリティ強化のために暗号化キーを定期的に変更するプロセス。

訳注3　CDNのアーキテクチャとは、データ配信を最適化するためにAPIゲートウェイ、メタデータサービス、ストレージサービスを連携させた設計を指す。

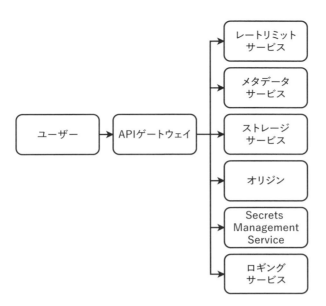

⬆図13.2　CDNの高レベルアーキテクチャ。ユーザーリクエストはAPIゲートウェイを通してルーティングされ、APIゲートウェイは適切なサービスにリクエストを行う。これにはレートリミットやロギングが含まれる。アセットはストレージサービスに保存され、メタデータサービスは各アセットを保存するストレージサービスホストとファイルディレクトリを追跡する。アセットが暗号化されている場合、暗号化キーを管理するために秘密管理サービスを使用できる。リクエストされたアセットが見つからない場合、APIゲートウェイはオリジン（つまり、私たちのサービスのこと。これはメタデータサービスで設定される）からそれを取得し、ストレージサービスに追加し、メタデータサービスを更新する

　これらの操作は、読み取り（ダウンロード）と書き込み（ディレクトリ作成、アップロード、ファイル削除）に一般化できます。初期設計を簡単にするために、全てのファイルを、全てのデータセンターに複製するとよいでしょう。そうしない場合、システムは次のような複雑な処理を行う必要があります。

- メタデータサービスは、どのデータセンターにどのファイルが含まれているかを追跡する
- ユーザークエリメタデータを定期的に使用して、データセンター間の最適なファイル分布を決定するファイル分布システムを構築する。これには、レプリカの数と場所が含まれる

13.5 ストレージサービス

　ストレージサービスは、ファイルを含むホスト／ノードのクラスタです。「4.2　データベースを使用する場合と避ける場合」で議論したように、大きなファイルを保存するためにデータベースを使用すべきではありません。ファイルは、ホストのファイルシステムに保存すべきです。可用性と耐久性のためにファイルを複製し、各ファイルを複数（例：3つ）のホストに割り当てる必要があります。可用性の監視と、メタデータサービスを更新して代替ノードを用意するフェイルオーバープロセスが必要となります。ホストマネージャーはクラスタ内でもクラスタ外でも構いません。クラスタ内マネージャーは直接ノードを管理し、クラスタ外マネージャーは小さな独立したノードクラスタを管理し、各小クラスタは自身を管理します。

13.5.1　クラスタ内

　HDFSのような分散ファイルシステムを使用でき、これにはクラスタ内マネージャーとしてZooKeeperが含まれています。ZooKeeperは、リーダー選出を管理し、ファイル、リーダー、フォロワー間のマッピングを維持します。クラスタ内マネージャーは非常に洗練されたコンポーネントでなければならず、信頼性、スケーラビリティ、高性能も必要です。そのようなコンポーネントの構築を避けたい場合は、クラスタ外マネージャーを利用します。

13.5.2　クラスタ外

　クラスタ外マネージャーによって管理される各クラスタは、複数のデータセンターに分散された3つ以上のノードで構成されます。ファイルの読み取りや書き込みを行うために、メタデータサービスはデータが保存されている、あるいは保存されるべきクラスタを識別し、その後クラスタ内のランダムに選択されたノードからファイルを読み書きします。このノードはクラスタ内のほかのノードへの複製も担当します。リーダー選出は必要ありませんが、ファイルをクラスタにマッピングする必要があります。クラスタ外マネージャーはファイルからクラスタへのマッピングを維持します。

13.5.3　評価

　実際には、クラスタ外マネージャーは、クラスタ内マネージャーに比べて非常に単純であるというようなことはありません。表13.1は、これらの2つのアプローチを比較した表です。

クラスタ内マネージャー	クラスタ外マネージャー
メタデータサービスは、クラスタ内マネージャーにリクエストを行わない	メタデータサービスは、クラスタ外マネージャーにリクエストを行う
クラスタ内の個々の役割へのファイル割り当てを管理する	クラスタへのファイル割り当てを管理するが、個々のノードには割り当てない
クラスタ内の全ノードを知る必要がある	各個々のノードを知る必要はないが、各クラスタについて知る必要がある
ノードからのハートビートを監視する	各独立クラスタのヘルスチェックを行う
ホストの障害に対処する。ノードが死ぬ可能性や、新しいノードがクラスタに追加される可能性がある	各クラスタの使用率を追跡し、オーバーヒートしたクラスタに対処する。容量制限に達したクラスタには、新しいファイルが割り当てられなくなる可能性がある

⚑**表13.1**　クラスタ内マネージャーとクラスタ外マネージャーの比較

13.6　一般的な操作

　クライアントが、IPアドレスではなく、CDNサービスのドメイン（例：cdnservice.flickr.com）に対してリクエストを行う場合、GeoDNS（「1.4.2　GeoDNSでのスケーリング」と「7.9　機能的パーティショニング」を参照）は、最も近いホストのIPアドレスを割り当てて、そこでロードバランサーがAPIゲートウェイホストにリクエストを振り分けます。「6.2　サービスメッシュ／サイドカーパターン」で説明したように、APIゲートウェイはキャッシングを含む多くの操作を実行します。フロントエンドサービスと関連するキャッシングサービスは、頻繁にアクセスされるファイルのキャッシュをサポートします。

13.6.1　読み取り／ダウンロード

　ダウンロードの場合、次のステップはリクエストを処理するストレージホストを選択することです。メタデータサービスは、次のようなメタデータを管理運用することで、この選択プロセスに用いることができます。システムとしては、RedisやSQLを使用できるでしょう。

- ファイルを含むストレージサービスホスト。一部あるいは全てのホストがほかのデータセンターにある可能性があるため、データセンターの情報も保存する必要がある。ファイルがホスト間で複製されるには時間がかかる
- 各データセンターのメタデータサービスは、そのホストの現在の負荷を追跡する。ホストの負荷は、現在そのホストが保持、提供しているファイルのサイズの合計で概算できる
- ホストからファイルをダウンロードするのにかかる時間を推定したり、同じ名前のファイルを区別したりするためのデータ（通常、MD5やSHAハッシュで行われる）

- ファイルの所有権とアクセス制御
- ホストのヘルスチェックデータ

● ダウンロードプロセス

　図13.3は、CDNが指定したアセットをすでに保存している場合において、APIゲートウェイがファイルをダウンロードするために行うステップのシーケンス図です。SSL終端、認証と認可、ロギングなどの一部のステップは省略しています。

1. レートリミットサービスにクエリを行い、リクエストがクライアントのレートリミットを超えていないかをチェックする。ここではリクエストがレートリミットを超えていないと仮定して、次に進む
2. メタデータサービスにクエリを行い、このアセットを含むストレージサービスホストを取得する
3. ストレージホストを選択し、アセットをクライアントに送る
4. ストレージホストのダウンロード量の増加の情報を使ってメタデータサービスを更新する。メタデータサービスがアセットのサイズを記録している場合、このステップはステップ3と並行して行うことができる。そうではない場合、APIゲートウェイはアセットのサイズを測定し、正確なダウンロードの増加量でメタデータサービスを更新する必要がある

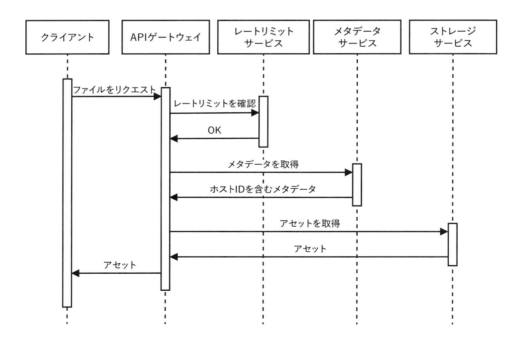

⬆ **図13.3**　クライアントがCDNダウンロードを行うシーケンス図。レートリミットによるアクセス拒否が発生していないと仮定したもの。アセットが存在する場合は単純なシーケンスとなる

注意深い読者の皆さんは、APIゲートウェイがメタデータサービスに対してダウンロード量の増加を更新する最後のステップは、非同期に行えることに気付くかもしれません。図13.3のシーケンス図に沿う場合、途中のプロセスでAPIゲートウェイホストが停止してしまうと、メタデータサービスは更新情報を受け取れない可能性があります。このエラーを無視し、ユーザーが許可される以上にCDNを使用してしまう場合があることを許容するという選択も可能です。あるいは、APIゲートウェイホストによって、このイベントをKafkaトピックとして生成することもできます。メタデータサービスがこのトピックから消費するか、専用のコンシューマークラスタがトピックから消費してメタデータサービスを更新するようにするわけです。

　また、クライアントが指定したアセットが、CDNに存在しない場合も考えられます。その理由はいくつか考えられます。アセットは、次のような理由で、削除されているかもしれません。

- アセットには保持期間（数か月や数年など）が設定されており、期限がすでに切れているのかもしれない。保持期間は、アセットが最後にアクセスされた時期に基づいて決定される場合もある
- あまり発生しないことだが、CDNのストレージスペースが不足した（あるいは、ほかのエラーがあった）ためにアセットがアップロードされなかったにもかかわらず、顧客はアセットが正常にアップロードされたと信じてしまっていた可能性がある
- その他のCDNのエラーも考えられる

　図13.4を見てみましょう。CDNにアセットがない場合、オリジン（顧客が提供するバックアップロケーション）からダウンロードする必要がありますが、これによってレイテンシが増加します。その後、ストレージサービスにアップロードしてアセットを保存し、メタデータサービスを更新しなければなりません。レイテンシの増加を最小限に抑えるために、ストレージプロセスはクライアントにアセットを返すのと並行して行えます。

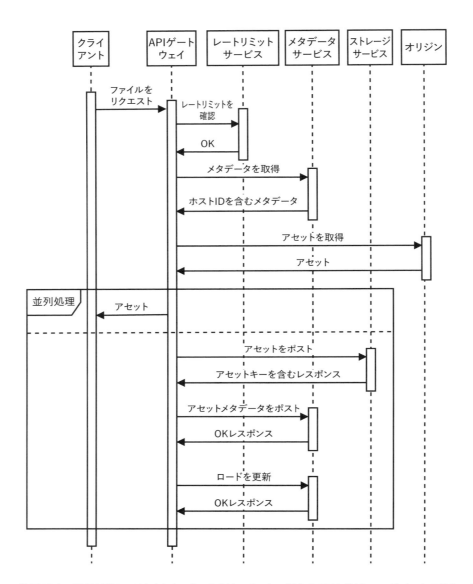

⬆図 13.4 CDN がリクエストされたアセットを持っていない場合の CDN ダウンロードプロセスのシーケンス図。CDN はオリジン（顧客が提供するバックアップロケーション）からアセットをダウンロードし、ユーザーに返す必要がある。また、将来のリクエストのためにアセットを保存する必要もある。アセットメタデータの POST とアップロード負荷の更新は単一のリクエストとして行うこともできるが、よりシンプルな仕組みにするために、別々のリクエストとして保持することが可能である

● 保存時にアセットが暗号化された場合のダウンロードプロセス

　アセットを暗号化された形式で保存する必要がある場合は、ダウンロードプロセスはどうなるでしょうか。図 13.5 を見てください。暗号化キーを秘密管理サービス（認証が必要）

に保存しておきます。APIゲートウェイホストが初期化されると、秘密管理サービスで認証を行い、それ以降のリクエストのためのトークンを受け取ることができます。図13.5のように、認可されたユーザーがアセットをリクエストした場合、ホストはまず秘密管理サービスからアセットの暗号化キーを取得します。続いて、ストレージサービスから暗号化されたアセットを取得し、アセットを復号してユーザーに返します。アセットが大きい場合、ストレージサービスに複数のブロックで保存されている可能性があり、各ブロックを個別に取得して復号する必要があるかもしれません。

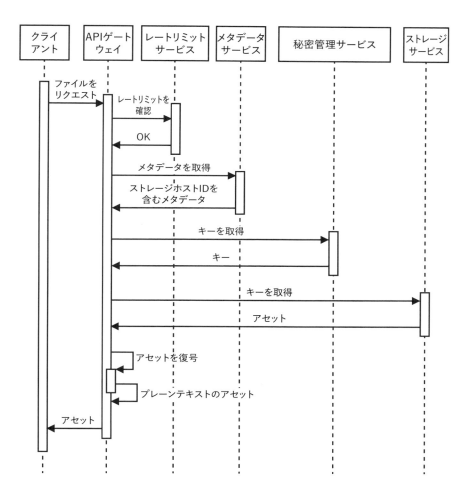

▲**図13.5** 保存時に暗号化されたアセットをダウンロードする場合のシーケンス図。CDNにアセットが存在している場合を仮定している。アセットが大きい場合、ストレージサービスに複数のブロックで保存されている可能性があり、その場合は各ブロックを個別に取得して復号する必要がある

図13.6は、暗号化されたアセットを取得するリクエストが行われたものの、指定されたアセットがCDNに存在していなかった場合のプロセスを示しています。この場合、APIゲートウェイはオリジンからアセットを取得する必要があります。次に、APIゲートウェイはユーザーにアセットを返すのと並行して、ストレージサービスにそれを保存できます。APIゲートウェイはランダムな暗号化キーを生成し、アセットを暗号化し、ストレージサービスにアセットを書き込み、キーを秘密管理サービスに書き込みます。

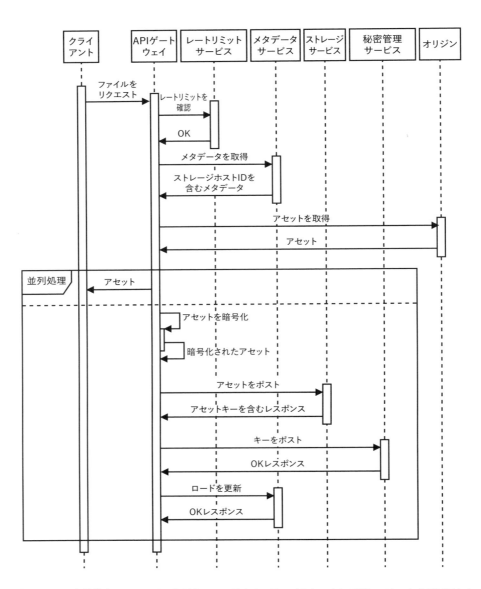

↑**図13.6** 暗号化されたファイルをダウンロードするステップのシーケンス図。アセットのPOSTとキーのPOSTも並行して行うことができる

13.6.2 書き込み：ディレクトリ作成、ファイルアップロード、ファイル削除

　ファイルは、その内容ではなく、IDによって識別されます（異なるユーザーが異なるファイルに同じ名前を付ける可能性があるため、ファイル名を識別子として使用できない。同じユーザーであっても、異なるファイルに同じ名前を付ける場合もある）。ここでは、異なるIDを持つものは、同じ内容のファイルであったとしても、異なるファイルと見なします。異なる所有者が所有する同一のファイルがあったとして、それは別々に保存するべきか、それともストレージを節約するために1つのコピーだけを保持するべきでしょうか。1つのコピーだけを保持することでストレージを節約する方法を採ってしまうと、所有者グループを管理するような機能を追加しなくてはならず、システムをさらに複雑化させてしまうことになります。所有者グループを管理するようにすれば、任意の所有者が、ほかの所有者のファイルにアクセスできるかどうかを管理できます。しかし、複数のユーザーが同一のファイルをアップロードするようなことは、全体のファイルのごく一部でしか起こらないと仮定すると、これはオーバーエンジニアリングになってしまうかもしれません。したがって、初期段階の設計では、たとえ同一のファイルであっても別々に保存すべきですが、システム設計に絶対的な正解はないことは覚えておきましょう（それゆえに、システム設計は科学ではなく芸術なのだ）。CDNが使用する総ストレージ量が大きくなるにつれて、ファイルの重複排除によるストレージ節約の価値が、複雑さの増加と比較しても、採算に見合うようになる可能性があることを面接官と議論できるでしょう。

　1つのファイルがGBやTBのサイズになる可能性があります。ファイルのアップロードやダウンロードの処理が、完了する前に失敗してしまった場合は何が起こるでしょうか。特に大きなファイルでは、最初からファイルをアップロードやダウンロードをやり直すのは無駄な作業です。チェックポイントやバルクヘッドに似たプロセスを開発し、ファイルをチャンクに分割して、クライアントが完了していないチャンクのアップロードやダウンロード操作のみを繰り返せるようにすべきです。このようなアップロードプロセスは**マルチパートアップロード**[訳注4]として知られており、同じ考え方をダウンロードにも適用できます。

　マルチパートアップロードのためのプロトコルを設計しましょう。そのようなプロトコルでは、チャンクのアップロードは独立したファイルのアップロードと同等に扱うことになります。処理を簡単にするために、チャンクは128MBなどの固定サイズとしましょう。クライアントがチャンクのアップロードを開始する際、ユーザーID、ファイル名、サイズなどの通常のメタデータを含む初期メッセージを送信します。また、アップロードしようとしているチャンクの番号も含めるべきでしょう。マルチパートアップロードでは、ストレージホストはファイルを保存するための適切なアドレス範囲をディスク上に割り当て、この情報を記録する必要があります。チャンクのアップロードを受信し始めると、適切なアドレスにチャンクを書き込む必

訳注4 大きなファイルをチャンクに分割してアップロードする方式で、ネットワーク負荷を軽減する。

要があります。メタデータサービスは、どのチャンクのアップロードが完了したかを追跡できます。クライアントが最後のチャンクのアップロードを完了すると、メタデータサービスはファイルの複製とダウンロードの準備ができたことをマークします。そして、チャンクのアップロードが失敗した場合には、クライアントはファイル全体ではなく、このチャンクだけを再アップロードできるようになります。

しかし、クライアントが全てのチャンクを正常にアップロードする前にファイルのアップロードを停止してしまった場合、これらのチャンクはストレージホストで無駄にスペースを占有することになってしまいます。そこで、不完全にアップロードされたファイルのチャンクを定期的に削除する単純なcronジョブまたはバッチETLジョブを実装するべきでしょう。ほかにも、この処理に関して議論することができるトピックには次のようなものがあります。

- クライアントにチャンクサイズを選択させる
- ファイルがアップロードされている間に複製を行い、CDN全体でファイルをより早くダウンロードできるようにする。これは、処理をさらに複雑にしてしまうものであり、必要とされる可能性は低いが、それでも高性能な機能が求められる場合には、このようなシステムについても議論できる
- クライアントは最初のチャンクをダウンロードすると、すぐにメディアファイルの再生を開始できる。これについては「13.9　メディアファイルのダウンロードに関して議論できる事柄」で議論する

> **注意**
>
> 本節で議論したチェックポイント付きのマルチパートアップロードは、multipart/form-data HTMLエンコーディングとは無関係です。後者は、ファイルを含むフォームデータをアップロードするための仕様です。multipart/form-data HTMLエンコーディングの詳細については、https://swagger.io/docs/specification/describing-request-body/multipart-requests/ や https://developer.mozilla.org/en-US/docs/Web/HTTP/Methods/POST などのページを参照してください。

CDNにおけるファイルの書き込みにおけるもう1つの問題は、分散システムでファイルの追加、更新、削除を処理する方法というものです。「4.3　レプリケーション」では、更新と削除操作の複製について、それがいかに複雑な処理なのか、そしてその解決策をいくつか議論しました。そこで出てきた解決策についても、議論が可能です。

- 追加、更新、削除の操作を実行したときに、その変更をほかのデータセンターに伝播するデータセンターを決める、単一リーダーアプローチ。このアプローチは、特に変更が全

てのデータセンターで迅速に利用可能である必要がない場合、要件に十分だといえる

- ▪ 「4.3　レプリケーション」で議論したマルチリーダーアプローチ（タプルを含む）。タプルについての議論については、『Designing Data-Intensive Systems』を参照のこと
- ▪ クライアントが全てのデータセンターでこのファイルのロックを取得し、全てのデータセンターでこの操作を実行し、その後ロックを解放する

これらのアプローチはそれぞれ、フロントエンドはそれぞれのデータセンターでのファイルの可用性の情報を用いて、メタデータサービスを更新します。

● 全てのデータセンターにファイルコピーを保持しない

ある一部のファイルが、特定の地域のみからアクセスされる可能性があります（例：特定の地域で利用されてる自然言語の音声やテキストファイルなど）。そうした場合は、全てのデータセンターが、そのファイルのコピーを持つ必要はありません。そこで、それぞれのデータセンターにファイルをコピーすべきかどうかを決定するための複製基準を設定できます（例：過去1か月以内のこのファイルに対するリクエスト数やユーザー数などを用いる）。ただし、これは耐障害性のために、ファイルがそれぞれのデータセンター内でも複製される必要があることを意味します。

一度に提供されるデータであっても、ユーザーによって提供されるデータの組み合わせが異なるようなアプリケーション要件があり、複数のファイルに分割されているかもしれません。例えば、ビデオファイルは全てのユーザーに提供されますが、複数の言語の音声ファイルが用意され、それは上記の例のように特定の地域でしか利用されないといったことなどが、これに該当します。このような処理は、CDNではなくアプリケーションレベルで処理すべきでしょう。

● バッチETLジョブのバランス調整

さまざまなデータセンター間でファイルを分散して、需要を満たすために適切な数のホストにファイルを複製できるようにするために、定期的な（1時間や1日ごとに）バッチジョブを用意しましょう。このバッチジョブは、ロギングサービスから前の期間のファイルダウンロードログを取得し、ファイルのリクエスト数を決定し、これらの数字を使用して各ファイルのストレージホスト数を調整します。続いて、どのファイルを各ノードに追加または削除すべきかのマップを作成し、このマップを使用してシャッフリングを行います。

リアルタイム同期のために、メタデータサービスをさらに開発して、ファイルの場所とアクセスを常に分析し、ファイルを再配布することもできます。

データセンターをまたぐ複製の処理は複雑なトピックであり、システム設計の面接中に詳細に議論することはあまりないかもしれません。ただし、そのような専門知識を求める役職

に応募している場合は話は異なります。本節では、メタデータサービスのファイルマッピングとストレージサービスのファイルを更新するために可能な設計について議論します。

メモ

ZooKeeperでデータセンターをまたぐ複製を設定する方法については、https://server
fault.com/questions/831790/how-to-manage-failover-in-zookeeper-across-
datacenters-using-observers、https://zookeeper.apache.org/doc/r3.5.9/
zookeeperObservers.html、https://stackoverflow.com/questions/41737770/how-
to-deploy-zookeeper-across-multiple-data-centers-and-failoverなどの情報
を参考にしてください。ZooKeeperを使用してノードを管理する検索プラットフォー
ムであるSolrにおけるデータセンターをまたぐ複製の設定方法については、https://
solr.apache.org/guide/8_11/cross-data-center-replication-cdcr.htmlを参照してく
ださい。

　では、メタデータサービスに新しいファイルメタデータを書き込み、それに応じてストレージサービスのデータセンター（クラスタ内アプローチの場合）またはホスト（クラスタ外アプローチの場合）間でファイルをシャッフルするアプローチについて議論していきましょう。このアプローチでは、さまざまなデータセンターにまたがるストレージサービスのホスト間でファイルを転送するリクエストを行う必要があります。書き込みリクエストが失敗した場合に、メタデータサービスとストレージサービスの間で不整合が発生するのを防ぐために、メタデータサービスは、ストレージサービスから成功レスポンスを受け取った場合のみ、ファイルの場所メタデータを更新する必要があります。ストレージサービスから成功レスポンスを受け取ったということは、ファイルが新しい場所に正常に書き込まれたことを示すからです。ストレージサービスは、自身のノード／ホスト内の整合性を確保するためにマネージャー（クラスタ内またはクラスタ外）に依存します。メタデータサービスがファイルの場所を返す前に、ファイルがそれらの場所に正常に書き込まれていることが保証されます。

　さらに、ファイルは新しい場所に正常に書き込まれた後のみに、以前のノードから削除されるべきです。こうしておけば、新しい場所へのファイル書き込みが失敗した場合、ファイルは古い場所に存在し続け、メタデータサービスはそれらのファイルのリクエストを受け取った際に、これらの古いファイルの場所を参照し続けることができるからです。

　これらの仕組みの構築には、Sagaアプローチ（「5.6　Saga」を参照）を使用できるでしょう。図13.7はコレオグラフィアプローチを示し、図13.8はメタデータサービスがオーケストレーターであるオーケストレーションアプローチを示しています。

　図13.7におけるステップは、次のようになっています。

1. シャッフリングジョブは、シャッフリングトピックにイベントを生成する。これは、ファイルを特定の場所から別の場所に移動することに対応する。このイベントには、このファイルの推奨レプリケーション係数（このファイルを含むべきリーダーノードの数に対応）などの情報も含まれる場合がある
2. ストレージサービスは、このイベントを消費し、新しい場所にファイルを書き込む
3. ストレージサービスは、メタデータトピックにイベントを生成し、メタデータサービスにファイルの場所メタデータを更新するようリクエストする
4. メタデータサービスはメタデータトピックから消費し、ファイルの場所メタデータを更新する
5. メタデータサービスは、ファイル削除トピックにイベントを生成し、ストレージサービスに古い場所からファイルを削除するようにリクエストする
6. ストレージサービスはこのイベントを消費し、古い場所からファイルを削除する

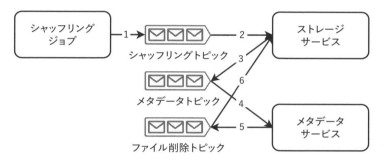

図13.7　メタデータサービスとストレージサービスを更新するためのコレオグラフィーSaga

トランザクションタイプを特定する

　これらのステップのうち、**補償可能なトランザクション**、**ピボットトランザクション**、**再試行可能なトランザクション**は、それぞれどれでしょうか。

　この処理の流れの中では、ステップ6までの全てのトランザクションが補償可能です。ステップ6はピボットトランザクションです。ファイルの削除は不可逆だからです。これは最後のステップなので、再試行可能なトランザクションはありません。

　とはいえ、ファイルの削除を不可逆にしないために、**ソフトデリート**（データを削除としてマークするものの、実際には削除しない）として実装できます。定期的に、データベースからデータを**ハードデリート**（ストレージハードウェアからデータを削除して、再度使用または回復することができなくする）できます。この場合、全てのトランザクションは補償可能であり、ピボットトランザクションは存在しなくなります。

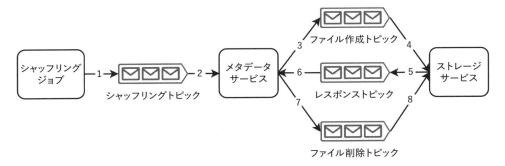

⬆ 図13.8　メタデータサービスとストレージサービスを更新するためのオーケストレーションSaga

図13.8のステップは、次のようになっています。

1. コレオグラフィアプローチのステップ1と同じ
2. メタデータサービスがこのイベントを消費する
3. メタデータサービスは、ファイル作成トピックにイベントを生成し、ストレージサービスに新しい場所にファイルを作成するようリクエストする
4. ストレージサービスはこのイベントを消費し、新しい場所にファイルを書き込む
5. ストレージサービスは、レスポンストピックにイベントを生成し、メタデータサービスにファイルの書き込みが正常に完了したことを通知する
6. メタデータサービスが、このイベントを消費する
7. メタデータサービスは、ファイル削除トピックにイベントを生成し、ストレージサービスに古い場所からファイルを削除するようリクエストする
8. ストレージサービスは、このイベントを消費し、古い場所からファイルを削除する

13.7　キャッシュの無効化

　CDNは静的ファイル用であるため、キャッシュの無効化はあまり問題にはなりません。対応方法としては、「4.11.1　ブラウザキャッシュの無効化」で議論したように、ファイルにフィンガープリントを付けることができるでしょう。これまでに、さまざまなキャッシング戦略（「4.8　キャッシング」）と、キャッシュ内の古いファイルを監視するシステムの設計について議論しています。こうしたシステムは、高トラフィックを予想する必要があります。

13.8 ロギング、モニタリング、アラート

「2.5　ロギング、モニタリング、アラート」では、面接で言及すべきロギング、モニタリング、アラートの重要な概念について議論しました。「2.5　ロギング、モニタリング、アラート」で議論されたこと以外に、CDNにおいては、次のような事柄についてモニタリングを行い、アラートを送るべきでしょう。

- アップローダーは、ファイルの状態（アップロード中、完了、失敗）を追跡できるなければならない
- CDNのミスヒットをログに記録し、それらをモニタリングし、低緊急度のアラートをトリガーする
- フロントエンドサービスは、ファイルのリクエスト率をログに記録できる。これは共有ロギングサービスで行える
- 異常、または悪意のある活動をモニタリングする

13.9 メディアファイルのダウンロードに関して議論できる事柄

メディアファイルを完全にダウンロードする前に再生を開始したい場合があります。解決策の1つは、メディアファイルを小さなファイルに分割し、それらを順番にダウンロードして、オリジナルの一部となるメディアファイルに組み立てることです。このようなシステムには、部分ごとに分割されたファイルを順に実行しながら全体のデータに再構成できるメディアプレーヤーがクライアント側で必要となります。これに関する詳細はシステム設計面接の範囲を超えているかもしれません。そういったメディアプレイヤーを構築するには、ファイルのバイト文字列を組み合わせる必要があります。

シーケンスが重要であるため、最初にどのファイルをダウンロードするかを示すメタデータが必要です。システムはファイルを小さなファイルに分割し、各部分ファイルにシーケンス番号を割り当てます。また、ファイルの順序と総数に関する情報を含むメタデータファイルも生成します。特定のシーケンスでファイルを効率的にダウンロードするには、どうすればよいでしょうか。ほかの可能なビデオストリーミング最適化戦略についても議論できます。

まとめ

- CDNはスケーラブルで耐障害性のある分散ファイルストレージサービスで、ほとんどのWebサービスにおいて、大規模に、あるいは地理的に分散したユーザーベースにサービスを提供するために必要なユーティリティである

- CDNは、各ユーザーが最も速くサービスを受けられるデータセンターからファイルにアクセスできるように、地理的に分散したファイルストレージサービスである

- CDNの利点は、低遅延、スケーラビリティ、低単価、高スループット、高可用性など

- CDNの欠点には、複雑さの増加、低トラフィックの場合は費用が割高になること、隠れたコストや移行にコストがかかること、ネットワーク制限による問題やセキュリティとプライバシーの懸念、カスタマイズ能力が不十分な場合に柔軟な対応ができないことなどが含まれる

- CDNは、ストレージサービスと、特定のファイルを保存するストレージサービスホストを追跡するメタデータサービスとに分離できる。ストレージサービスの実装は、ホストのプロビジョニングと健全性に焦点を当てることができる

- ファイルアクセスをログに記録し、このデータを使用してレイテンシとストレージを最適化するためにデータセンター間でファイルを再配布したり複製できる

- CDNは、安全で信頼性が高く、きめ細かなアクセス制御のために、キーローテーション付きのサードパーティのトークンベースの認証と認可を使用できる

- CDNの高レベルアーキテクチャとして、典型的なAPIゲートウェイ―メタデータ―ストレージ／データベースアーキテクチャを利用できる。仕様によって特有な機能要件と非機能要件に合わせて、各コンポーネントをカスタマイズし、スケールすることが可能である

- 分散ファイルストレージサービスは、クラスタ内またはクラスタ外で管理できる。それぞれにメリット、デメリットがある

- 頻繁にアクセスされるファイルは、APIゲートウェイにキャッシュすることで、より高速な読み取りが可能になる

- 秘密管理サービスを使用して暗号化キーを管理し、CDNでは保存時の暗号化を行うことができる

- 大きなファイルは、ファイルをチャンクに分割し、各チャンクのアップロードを個別に管理するマルチパートアップロードプロセスでアップロードする必要がある

- ダウンロードの低いレイテンシを維持しながらコストを管理するために、定期的なバッチジョブを実行してデータセンター間でファイルを再配布し、適切な数のホストに複製することが可能である

Chapter

テキストメッセージング アプリの設計

14

本章の内容

- **数十億のクライアントが短いメッセージを送信するアプリケーションの設計**
- **レイテンシとコストのトレードオフを考慮したアプローチの検討**
- **フォールトトレランスを考慮した設計**

　数十万人のユーザーが短期間に大量のメッセージを送り合うテキストメッセージングアプリケーションを設計しましょう。ただし、ここではビデオや音声チャットは考慮しません。ユーザーが不規則な頻度でメッセージを送信するので、システムはトラフィックの急な増加に対応できる必要があります。これは、本書において、厳密な1回限りの配信を考慮する最初のシステム例となります。ユーザーの送るメッセージは失われてはならず、また1回以上送信されてもいけないからです。

14.1　要件

議論の結果、次のような機能要件が決定したとします。

- リアルタイムと結果整合性の両方のケースを検討する
- チャットルームの参加ユーザー数。チャットルームは2人から1,000人までのユーザーが参加できる

- メッセージの文字数制限。UTF-8で1,000文字とする。UTF-8では、1文字が最大32ビットなので、メッセージは最大4KBのサイズとなる
- 通知はプラットフォーム固有の詳細な機能なので考慮する必要はない。Android、iOS、Chrome、Windowsアプリは、それぞれプラットフォーム固有の通知ライブラリを提供している
- 配信確認と既読確認の機能が必要である
- メッセージのログを記録する。ユーザーは過去のメッセージを10MBまで表示、検索可能である。10億人のユーザーがいる場合、これは10PBのストレージに相当する
- メッセージの本文はプライベートなものである。メッセージの送信情報など、どのようなメッセージ情報を閲覧できるかについて面接官と議論すべきである。ただし、メッセージ送信の失敗などのエラーイベントは、システム管理側がエラーを見えるようにトリガーする必要がある。このようなエラーのロギングとモニタリングにおいては、ユーザーのプライバシーを保護する必要がある。エンドツーエンド暗号化^{訳注1}が理想的である
- ユーザーのオンボーディング（新規ユーザーがメッセージングアプリケーションに登録するためのプロセス）は考慮しない
- 同じグループのユーザーに対する複数のチャットルーム／チャンネルは考慮しない
- チャットアプリケーションによっては、ユーザーが選択して素早く作成・送信できるテンプレートメッセージ（「おはようございます！」や「今話せません、後で返信します」など）がある。これはクライアント側の機能なので、ここでは考慮しない
- 一部のメッセージングアプリケーションでは、ユーザーが自分のコネクションがオンラインかどうかを確認できる。ここでは、これも考慮しない
- テキストの送信のみを考慮し、音声メッセージ、写真、ビデオなどのメディアは考慮しない

非機能要件は、次の通りです。

- **スケーラビリティ**
  10万人の同時接続を可能にする。各ユーザーが1分ごとに4KBのメッセージを送信すると仮定すると、書き込みレートは400MB/分になる。ユーザーは最大1,000の接続を持つことができ、メッセージは最大1,000人の受信者に送信でき、各受信者は最大5つのデバイスを持つ可能性がある。
- **高可用性**
  99.99%の可用性を実現する必要がある。

訳注1 送信者と受信者の間でメッセージが暗号化されるため、第三者が内容を閲覧できない通信方式。

- **高性能**

    P99でのメッセージ配信時間を10秒とする。

- **セキュリティとプライバシー**

    ユーザー認証が必要。メッセージはプライベートである必要がある。

- **整合性**

    メッセージの厳密な順序付けは必要ない。複数のユーザーがほぼ同時にメッセージを送信した場合、これらのメッセージは異なるユーザーに対して異なる順序で表示される可能性がある。

14.2 設計の第一歩

　一見すると、これは「第9章　通知／アラートサービスの設計」で議論した通知／アラートサービスと似ているように見えますが、詳しく整理すると、表14.1に示すような違いがあります。通知／アラートサービスの設計をそのまま再利用することはできませんが、出発点として使うことはできるでしょう。類似の要件とそれに対応する設計コンポーネントを特定し、差分を考慮して適切に設計の複雑さを調整できます。

メッセージングアプリ	通知／アラートサービス
全てのメッセージが同じ優先度で、P99配信時間は10秒	イベントには異なる優先度レベルがある
メッセージは1つのチャンネル上の1つのサービス内でクライアント間で配信される。ほかのチャンネルやサービスを考慮する必要はない	メール、SMS、自動電話、プッシュ通知、アプリ内通知など、複数のチャンネルで配信される
手動トリガー条件のみ	イベントは手動のほか、プログラムが行ったり、または定期的なトリガーもあり得る
メッセージテンプレートなし（メッセージ提案を除く）	ユーザーは通知テンプレートを作成・管理できる
エンドツーエンド暗号化のため、ユーザーのメッセージを管理者は見ることができず、共通要素を関数に抽出して計算リソースの消費を減らす自由度が低い	エンドツーエンド暗号化なし。テンプレートサービスなどの抽象化を作成する自由度が高い
ユーザーが古いメッセージを要求する可能性がある	ほとんどの通知は1回送信するだけでよい
配信確認と既読確認がアプリケーションの一部である	メール、テキスト、プッシュ通知などほとんどの通知チャンネルに管理者はアクセスできないため、配信確認と既読確認が不可能な場合がある

⬆️ **表14.1**　メッセージングアプリと通知／アラートサービスの違い

14.3 初期の高レベル設計

ユーザーは受信者のリストから、メッセージを送信したい相手を（名前などで）選択します。次に、モバイル、デスクトップ、ブラウザアプリケーションでメッセージを作成し、送信ボタンを押します。アプリケーションは、まずメッセージを受信者の公開鍵で暗号化し、その後メッセージを配信するためにメッセージングサービスにリクエストを送ります。メッセージングサービスは、受信者にメッセージを送信します。受信者は、送信者に配信確認と既読確認のメッセージを送ります。設計には、次のようなものが含まれるでしょう。

- アプリは各受信者のメタデータ（名前と公開鍵を含む）を保存する必要がある
- メッセージングサービスは各受信者とWebSocket接続を維持する必要がある
- 複数の受信者がいる場合、送信者は各受信者の公開鍵でメッセージを暗号化する必要がある
- メッセージングサービスは、多数の送信者が短時間に同時多発的に突然メッセージを送信することを決定した場合に発生する、予測不可能なトラフィックの急増を処理する必要がある

図14.1を見てください。異なる機能要件に対応し、異なる非機能要件を最適化するために、いくつかのサービスに処理を分割して設計を行っています。

- **送信者サービス**
  送信者からメッセージを受け取り、即座に受信者に配信する。また、これらのメッセージを次に説明するメッセージサービスに記録する。
- **メッセージサービス**
  送信者は、送信したメッセージについて、このサービスにリクエストを行うことができる。一方、受信者は、受信済みおよび未受信のメッセージについて、このサービスにリクエストできる。
- **接続サービス**
  ユーザーのアクティブな接続とブロックされた接続の保存と取得する。また、ほかのユーザーを自分の連絡先リストに追加したり、ほかのユーザーからのメッセージ送信をブロックする機能も有する。また、接続サービスは、名前、アバター、公開鍵などの接続メタデータも保存する。

図14.1は、サービス間の関係を示す高レベルアーキテクチャを示しています。ユーザーはAPIゲートウェイを介してサービスにリクエストを行います。送信者サービスは、メッセージを記録するためにメッセージサービスにリクエストを行います。これには、配信に失敗した

メッセージも含まれます。また、受信者が送信者をブロックしているかどうかを確認するために接続サービスにリクエストを行います。詳細は後ほど説明します。

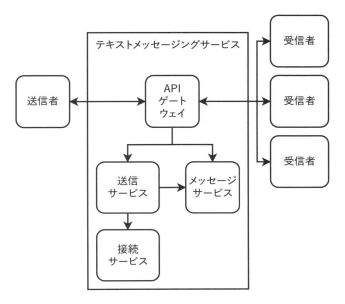

△ **図14.1** サービス間の関係を示す高レベルアーキテクチャ。受信者は、配信確認と既読確認を送信するためのリクエストを行うことができ、これらは送信者に送信される。任意のユーザー（送信者または受信者）は、古いメッセージや未配信のメッセージについてメッセージサービスにリクエストできる

14.4 接続サービス

接続サービスは、次のようなエンドポイントを提供する必要があります。

- GET /connection/user/{userId}
  ユーザーの全ての接続とそのメタデータを取得する。これにはアクティブな接続とブロックされた接続の両方、およびアクティブな接続の公開鍵が含まれる。接続グループやその他のカテゴリでフィルタリングするための追加のパス、またはクエリパラメータを追加することもできる。
- POST /connection/user/{userId}/recipient/{recipientId}
  userIdを持つユーザーからrecipientIdを持つ別のユーザーへの新しい接続リクエストを行う。

- PUT /connection/user/{userId}/recipient/{recipientId}/request/{accept}
  acceptはブール値で、接続リクエストを受け入れるか拒否するかを示す。
- PUT /connection/user/{userId}/recipient/{recipientId}/block/{block}
  blockはブール値で、接続をブロックまたはブロック解除することを示す。
- DELETE /connection/user/{userId}/recipient/{recipientId}
  接続を削除する。

14.4.1 接続の作成

ユーザーの接続（アクティブな接続とブロックされた接続の両方を含む）は、ユーザーのデバイス（つまり、デスクトップまたはモバイルアプリケーション）またはブラウザのCookieやlocalStorageに保存される必要があります。接続サービスは、このデータをバックアップする役割を果たし、ユーザーがデバイスを変更した場合や、ユーザーの複数のデバイス間でデータを同期するために使用されます。大量の書き込みトラフィックや大量のデータがないと予想できるため、共有SQLサービスにデータを保存するシンプルなステートレスバックエンドサービスとして実装できるでしょう。

14.4.2 送信者のブロック

ブロックされた接続は、受信者であるユーザーが送信者をブロックした場合は「ブロックされた送信者接続」、送信者であるユーザーが受信者からブロックされている場合は「ブロックされた受信者接続」と呼びます。本節では、メッセージングアプリのパフォーマンスとオフライン機能を最大化するための送信者ブロックのアプローチについて説明します。図14.2を見てください。ブロックは全てのレイヤー、つまりクライアント（送信者と受信者の両方のデバイス）とサーバで実装する必要があります。本節の残りの部分では、このアプローチに関連するいくつかの考慮事項について説明します。

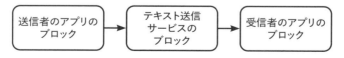

⬆図14.2　ブロックは全てのレイヤーで実装する必要がある。ブロックされた送信者がメッセージを送信しようとした場合は、そのデバイス自身がまずブロックを行う必要がある。このブロックが失敗してメッセージがサーバに到達した場合、サーバがブロックする必要がある。さらにサーバもメッセージのブロックに失敗し、受信者のデバイスに到達した場合、受信者のデバイスがブロックする必要がある

● トラフィックの削減

サーバへのトラフィックを減らすために、ブロックされた受信者接続はユーザーのデバイスに保存する必要があります。これにより、デバイスはユーザーがこの受信者と対話するのを防ぐことができ、サーバはこのような望まれない対話をブロックする必要がなくなります。誰かに自分がブロックされたことをユーザーに知らせるかどうかは、UXデザインに関する決定次第です。

● ブロック／ブロック解除を即時に実行可能にする

ユーザーがクライアントで送信者をブロックするリクエストを送信した場合、クライアントは送信者をブロックするための関連するPUTリクエストも送信する必要があります。ただし、この特定のエンドポイントが利用できない場合、クライアントは送信者をブロックしたことも記録でき、ブロックされた送信者からのメッセージを非表示にし、新しいメッセージ通知を表示しないようにできます。クライアントは、送信者のブロック解除に対して同様の操作を実行します。リクエストはデバイスのデッドレターキューに送られ、そのエンドポイントが再び利用可能になったときにサーバに送信できます。これは、グレースフルデグラデーションの例であり、すなわちシステムの一部が失敗しても、限定的な機能が維持されるようにできます。

これは、ユーザーのほかのデバイスがブロックしようとした送信者からメッセージを受信し続けたり、ブロック解除しようとした送信者からのメッセージを継続してブロックしたりする可能性があることを意味します。

また、接続サービスは、どのデバイスが接続を同期したかを追跡できます。同期されたデバイスが送信者をブロックした受信者にメッセージを送信した場合とは、バグまたは悪意のある活動の可能性を示し、接続サービスは開発者にアラートをトリガーする必要があります。これについては、「14.6　メッセージサービス」でさらに詳しく説明します。

● アプリのハッキング

送信者がアプリをハッキングして、自分をブロックした受信者に関するデータを削除しようとするのを防ぐ実用的な方法はありません。送信者のデバイス上でブロックされた受信者を暗号化する場合、キーを安全に保存する唯一の方法はサーバ上に保存することです。これは、送信者のデバイスがブロックされた受信者を表示するためにサーバにクエリを行う必要があることを意味し、送信者のデバイス上にこのデータを保存する意味をなくしてしまいます。このセキュリティ上の懸念は、全てのレイヤーでブロックを実装する別の理由となっています。セキュリティとハッキングに関する詳細な議論は、本書の範囲外とします。

● **可能性のある整合性の問題**

ユーザーが複数のデバイスから同じ相手に対してブロックまたはブロック解除リクエストを送信する可能性があります。PUTリクエストは冪等であるため、これは問題を引き起こすことはないように思われますが、実は不整合が生じる可能性があります。グレースフルデグラデーションのメカニズムが、この機能をより複雑にしてしまったのです。図14.3を見てみましょう。ユーザーが1つのデバイスでブロックリクエストを行い、その後ブロック解除リクエストを行い、別のデバイスでもブロックリクエストを行った場合、最終的な状態において、送信者をブロックすべきかブロック解除すべきなのかが不明確になってしまいます。すでに述べたように、リクエストの順序を決定するためにデバイスのタイムスタンプをリクエストに添付しても、解決策にはなりません。デバイスの時計を完全に同期させることができないからです。

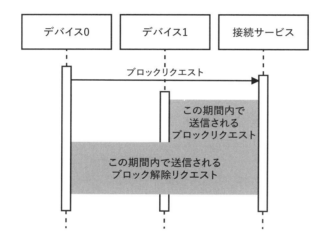

⬆ **図14.3** 複数のデバイスが接続サービスにリクエストを送信できる場合、不整合が生じる可能性がある。デバイス0がブロックリクエストを行い、その後ブロック解除リクエストを行い、デバイス1がデバイス0の後にブロックリクエストを行った場合、ユーザーの最終的な意図がブロックなのかブロック解除なのかが不明確となる

デバイスが接続されているときのみにリクエストを行うことができるようにしても、この問題は解決しません。なぜなら、サーバへのリクエストができなかった場合に、これらのリクエストをユーザーのデバイスのキューに入れることを許可しているからです。図14.4を見てください。ユーザーが1つのデバイスに接続してリクエストを行なったものの、それがキューに入った状態となったとします。すると、同じユーザーが別のデバイスに接続して行なったリクエストは成功してサーバに届き、その後、最初のデバイスがキューに入ったリクエストを再送信して成功し、リクエストがサーバに届く可能性があるのです。

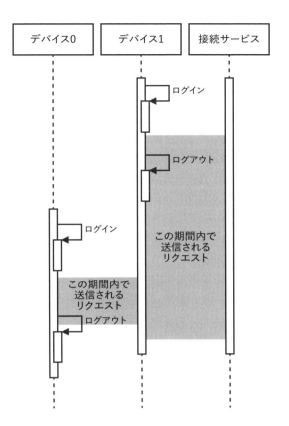

↑図14.4 デバイスがログインしている必要がある場合でも、リクエストがデバイスにキューに入れられ、ユーザーがログアウトした後に接続サービスに送信される可能性があるため、不整合が発生する可能性がある

　この整合性の問題は、書き込み操作を伴うオフライン機能を提供するアプリケーションで一般的に発生します。

　1つの解決策は、ユーザーに各デバイスの最終状態を確認してもらうことです（著者が作成したアプリケーションでも採用しているアプローチ：https://play.google.com/store/apps/details?id=com.zhiyong.tingxie）。手順は、次のようになります。

1. ユーザーが1つのデバイスで書き込み操作を行い、そのデバイスがサーバを更新する
2. 別のデバイスがサーバと同期し、その状態がサーバと異なることを発見する
3. デバイスはユーザーに最終状態を確認するUIを表示する

　もう1つ、解決方法として考えられるのは、不整合を防ぐ方法で書き込み操作（および、オフライン機能）に制限を設けることです。この場合、デバイスがブロックリクエストを送信

した場合、ほかの全てのデバイスがサーバと同期するまでブロック解除を許可すべきではありません。ブロック解除リクエストについても同様です。

これらのアプローチの欠点は、どちらもUXがスムーズではないことです。使いやすさと整合性の間にはトレードオフがあります。デバイスがネットワーク接続に関係なく任意の書き込み操作を送信できる場合、UXは向上しますが、整合性を保つことが不可能となってしまうのです。

● 公開鍵

デバイスがアプリをインストール（または、再インストール）し、初めてアプリを起動したとき、公開鍵と秘密鍵のペアを生成するようにします。そして、公開鍵を接続サービスに保存する必要があります。接続サービスは、WebSocket接続を介して新しい公開鍵でユーザーの接続を即座に更新しなければなりません。

ユーザーは最大1,000の接続を持つ可能性があり、各接続には最大5つのデバイスがあるため、鍵の変更には最大5,000のリクエストが必要になる可能性があります。これらのリクエストの一部は、デバイスが接続できないために失敗する可能性もあります。鍵の変更は頻繁には発生しないことが予想されるため、これによって予期しないトラフィックの急増を引き起こることは考えにくく、接続サービスはメッセージブローカリングやKafkaを使用する必要はありません。更新を受信しなかったデバイスは、後のGETリクエストで改めて受信できるはずです。

送信者が古い公開鍵でメッセージを暗号化した場合、受信者は復号できなくなってしまいます。受信者のデバイスがこのようなエラーを受信者ユーザーに表示するのを防ぐために、送信者はSHA-2などの暗号化ハッシュ関数でメッセージをハッシュし、このハッシュをメッセージの一部として含めることができます。受信者のデバイスは復号されたメッセージをハッシュし、ハッシュが一致する場合のみに復号されたメッセージを受信者ユーザーに表示します。送信者サービス（次節で詳しく説明する）は、受信者がメッセージを再送するように送信者にリクエストするための特別なメッセージエンドポイントを提供できます。受信者は公開鍵を含めることができるため、送信者はこのエラーを繰り返さず、古い公開鍵を新しいものに置き換えることもできます。

このようなエラーを防ぐ1つの方法は、公開鍵の変更を即座に有効にしないことです。公開鍵を変更するリクエストには、両方の鍵が有効な猶予期間（7日間など）を用意できます。受信者が古い鍵で暗号化されたメッセージを受信した場合、新しい鍵を含む特別なメッセージリクエストを送信者サービスに送信でき、送信者サービスは送信者に後者の鍵を更新するようにリクエストします。

14.5　送信者サービス

　送信者サービスは、送信者からメッセージを受信し、ほぼリアルタイムで受信者に配信するという単一の機能を持ち、スケーラビリティ、可用性、パフォーマンスを最適化しています。この重要な機能のデバッグ性とメンテナンス性を最適化するために、できるだけシンプルに保つ必要があります。予期しないトラフィックの急増がある場合、これらのメッセージを一時的なストレージにバッファリングして、十分なリソースがあるタイミングで処理して配信できるようにする必要があります。

　図14.5は、送信者サービスの高レベルアーキテクチャで、2つのサービスとその間のKafkaトピックで構成されています。これらを新規メッセージサービスとメッセージ送信サービスと呼びます。このアプローチは「9.3　初期の高レベルアーキテクチャ」の通知サービスバックエンドと似ています。ただし、ここではコンテンツが暗号化されており、それを解析して共通コンポーネントをIDに置き換えることができません。そのため、メタデータサービスは使用しません。

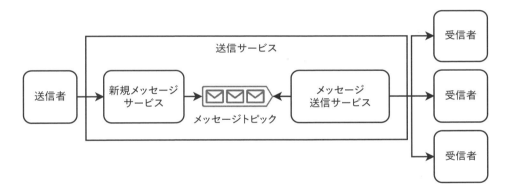

↑**図14.5**　送信者サービスの高レベルアーキテクチャ。送信者はAPIゲートウェイ（図示されていない）を介して送信者サービスにメッセージを送信する

　メッセージには、送信者ID、最大1,000の受信者IDのリスト、本文の文字列、列挙型（可能なステータスは「メッセージ送信済み」「メッセージ配信済み」「メッセージ既読」）のメッセージ送信ステータスフィールドが含まれています。

14.5.1　メッセージの送信

　メッセージの送信は、次のように行われます。ユーザーは、送信者ID、受信者ID、本文文字列を含むメッセージをクライアント上で作成します。配信確認と既読確認は初期状態では`false`に設定されています。クライアントは本文を暗号化し、メッセージを送信者サービスに送信します。

新規メッセージサービスはメッセージリクエストを受信し、新規メッセージKafkaトピックに生成し、送信者にステータスコード200（成功）を返します。1人の送信者からのメッセージリクエストには最大5,000の受信者が含まれる可能性があるため、このように非同期で処理する必要があります。新規メッセージサービスは、リクエストが適切にフォーマットされているかどうかなどの簡単な検証も実行し、無効なリクエストには400エラーを返す（同時に、必要であれば開発者に適切なアラートをトリガーする）こともあります。

図14.6は、メッセージ送信サービスの高レベルアーキテクチャを示しています。メッセージジェネレータは新規メッセージKafkaトピックからトピックを消費し、各受信者用に別々のメッセージを生成します。ホストはスレッドをフォークするか、スレッドプールを維持してメッセージを生成する可能性があるでしょう。ホストはメッセージを受信者トピックと呼ぶKafkaトピックに生成します。ホストはRedisなどの分散インメモリデータベースにチェックポイントを書き込むこともあります。ホストがメッセージの生成中に何らかの失敗があった場合、その代替ホストはこのチェックポイントを参照し、重複メッセージを生成しないようにできます。

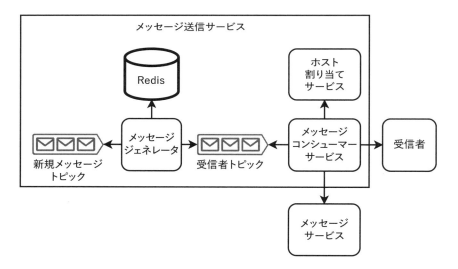

⇧図14.6　メッセージ送信サービスの高レベルアーキテクチャ。メッセージ消費者サービスは、ここに示されているように直接受信者にメッセージを送信するのではなく、ほかのサービスを経由してメッセージを送信する可能性がある

メッセージ消費者サービスは受信者トピックから消費し、次のような処理を実行します。

1. 送信者がブロックされているべきかどうかを確認する。メッセージ送信サービスはこのデータを保存しており、全てのメッセージについて接続サービスにリクエストを行う必要はない。メッセージにブロックされた送信者がある場合、クライアント側のブロックメカニズムが失敗したことを示し、それはバグや悪意のある活動の可能性を示唆している。この場合、開発者にアラートをトリガーする必要がある

2. 各メッセージ送信サービスホストは、一定数の受信者とのWebSocket接続を保持してる。この数は試行錯誤によってよいバランスを見つけることができる。Kafkaトピックを使用することで、各ホストはより多くの受信者にサービスを提供できる。これは、Kafkaトピックからメッセージを配信する準備ができたときのみ消費できるためである。サービスはZooKeeperのような分散構成サービスを使用して、ホストをにデバイスに割り当てることができる。このZooKeeperサービスは、特定の受信者にサービスを提供するホストを返すための適切なAPIエンドポイントを提供する別のサービスの背後にあるかもしれない。これを「ホスト割り当てサービス[訳注2]」と呼ぶ

   a. 現在のメッセージを処理しているメッセージ送信サービスホストは、ホスト割り当てサービスに適切なホストを問い合わせ、そのホストに受信者へのメッセージ配信を要求できます。詳細については「14.7.3　メッセージ送信の手順」を参照のこと

   b. 並行して、メッセージ送信サービスは次節で述べるメッセージサービスにメッセージをログに記録する必要がある。メッセージ送信サービスについては、「14.6　メッセージサービス」でより詳細に説明する

3. 送信者サービスは受信者クライアントにメッセージを送信する。メッセージを受信者クライアントに配信できない場合（その原因は、ほとんどの場合、受信者のデバイスがオフになっているかインターネット接続がないため）、メッセージはすでにメッセージサービスに記録されており、後でデバイスが取得できるため、単にメッセージをドロップするだけでよい

4. 受信者はメッセージが重複していないことを確認し、ユーザーに表示する。受信者アプリケーションはユーザーのデバイスで通知をトリガーすることもできる

5. ユーザーがメッセージを読んだとき、アプリは送信者に既読確認メッセージを送信する。これは同様の方法で配信される

ここで示したステップ1 〜 4は、図14.7のシーケンス図に示されています。

訳注2　ユーザーのリクエストを効率的に処理するために、クライアントとサーバホスト間の接続を管理するサービス。

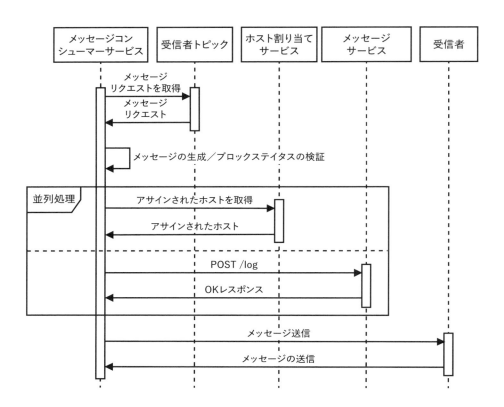

↑ **図14.7** 受信者のKafkaトピックからメッセージを消費し、受信者に送信するシーケンス図

演習

これらのステップをコレオグラフィSagaまたはオーケストレーションSagaで実行するにはどうしたらよいでしょうか。関連するコレオグラフィとオーケストレーションSagaの図を描いてください。

デバイスが未受信のメッセージのみを取得するには、どうしたらよいでしょうか。その方法の1つとして考えられるのは、メッセージサービスにおいて、ユーザーのどのデバイスがそのメッセージを受信しているかどうかを記録し、これを使用して各デバイスが未受信のメッセージのみを取得するためのエンドポイントを提供することです。このアプローチは、メッセージサービスが各デバイスに同じメッセージを複数回配信する必要がないことを前提としています。なお、メッセージは配信されても失われる可能性があります。ユーザーがメッセージを削除し、後で再度読みたいと思うかもしれません。メッセージングアプリにバグがあったり、デバイスに問題があったりして、ユーザーがメッセージを失う可能性もあります。このようなユースケースの場合、メッセージサービスAPIは、デバイスが最新のメッセージよりも

新しいメッセージを問い合わせるためのパスまたはクエリパラメータを公開するのがよいか
もしれません。デバイスは重複メッセージを受信する可能性があるため、クライアント側で
重複メッセージをチェックする必要があるでしょう。

前述のように、メッセージサービスは保持期間として、数週間といった期間を決めること
ができ、それを経過すると古いメッセージを削除します。

受信者デバイスがオンラインになったとき、メッセージングサービスに新しいメッセージを
問い合わせることができます。このリクエストはホストに転送され、ホストはメタデータサー
ビスに新しいメッセージを問い合わせ、受信者デバイスに返します。

メッセージ送信サービスは、ブロック／ブロック解除された送信者を更新するためのエ
ンドポイントも提供します。接続サービスはメッセージ送信サービスにリクエストを行って、
ブロック／ブロック解除された送信者を更新します。メッセージ送信サービスのほうが接続
サービスよりもトラフィックが多いことが予想されるため、接続サービスとメッセージ送信
サービスは独立してスケーリングできるように分離されています。

14.5.2 その他の議論

面接中に、次のような質問が出されて、それを検討する必要があるかもしれません。

- ユーザーがバックエンドホストにメッセージを送信したものの、バックエンドホストが受
  信したことをユーザーに応答する前に停止してしまった場合、どうすればよいか

バックエンドホストが停止してしまった場合、クライアントはステータスコード5xxの
エラーを受信します。失敗したリクエストに対しては、指数関数的リトライとバックオフ、
デッドレターキューなどの通常のテクニックを実装して対処できるはずです。クライアント
は、プロデューサーホストがメッセージを正常にエンキューし、バックエンドホストにステー
タスコード200のレスポンスを返すことができるまでリトライできます。

コンシューマーホストが停止してしまった場合、別のコンシューマーホストがそのKafka
パーティションからメッセージを消費し、そのパーティションのオフセットを更新できるよう
な自動または手動のフェイルオーバープロセスを実装できるでしょう。

- メッセージの順序付けの問題を解決するために、どのようなアプローチを採るべきか

特定の受信者へのメッセージが特定のKafkaパーティションに生成されるように、コンシ
ステントハッシュを利用するとよいでしょう。これにより、特定の受信者へのメッセージが順
序通りに消費され、受信されることが保証されます。

コンシステントハッシュを使うアプローチの場合、特定のパーティションにおいてメッセージが過負荷になった際に、パーティション数を増やし、コンシステントハッシュのアルゴリズムを変更して、より多くのパーティションにメッセージを均等に分散させることができます。それ以外にも、Redisのようなインメモリデータベースを使用して受信者からパーティションへのマッピングを保存し、特定のパーティションが過負荷にならないように、必要に応じてこのマッピングを調整する方法もあります。

最後に、クライアントもメッセージが順序通りに到着することを確認します。メッセージが順序外で到着した場合、さらなる調査のために緊急性の低いアラートをトリガーするとよいでしょう。クライアントはメッセージの重複排除も行うことができます。

- メッセージが多対多（n:n）ではなく1:1だった場合、どうなるだろうか

チャットルームに参加できる人数を制限すればよいでしょう。

アーキテクチャはスケーラブルなので、コスト効率よくスケールアップまたはスケールダウンできます。APIゲートウェイや共有Kafkaサービスなどの共有サービスを利用しています。Kafkaを使用すれば、サービスを停止することなくトラフィックスパイクを処理できます。

この方法の主な欠点はレイテンシで、特にトラフィックスパイク時に顕著となります。キューなどのプルメカニズムを使用すると、結果整合性は得られますが、リアルタイムメッセージングには適していません。リアルタイムメッセージングが必要な場合、Kafkaキューを使用することはできず、代わりにホストとデバイスの比率を減らし、大規模なホストクラスタを維持する必要があります。

14.6 メッセージサービス

メッセージサービスは、メッセージのログとして機能します。ユーザーがこのサービスにリクエストを行う目的は、次の通りです。

- ユーザーが新しいデバイスにログインしたばかりの場合、またはデバイスのアプリストレージがクリアされた場合、デバイスは過去のメッセージ（送信したメッセージと受信したメッセージの両方）をダウンロードする必要がある
- デバイスにメッセージが配信不能な場合がある。理由としては、電源が切れている、OSによって無効化されている、サービスへのネットワーク接続がないなどが考えられる。そして、クライアントが再び配信可能な状態になった際に、利用できなかった間に送信されたメッセージをメッセージサービスにリクエストする

プライバシーとセキュリティの保護のために、システムはエンドツーエンド暗号化を使用する必要があります。そうすれば、システムを通過するメッセージは暗号化されます。エンドツーエンド暗号化の追加の利点は、メッセージが転送中と保存中の両方で自動的に暗号化されることです。

エンドツーエンド暗号化

エンドツーエンド暗号化は、3つの簡単なステップで行われると考えられます。

1. 受信者が公開鍵と秘密鍵のペアを生成する
2. 送信者は受信者の公開鍵でメッセージを暗号化し、受信者にメッセージを送信する
3. 受信者は自分の秘密鍵でメッセージを復号する

　クライアントがメッセージを正常に受信した際、メッセージサービスは数週間の保持期間を設けることができ、その後メッセージを削除してストレージを節約し、プライバシーとセキュリティの両方を向上させることができます。メッセージを削除しておけば、例えばハッカーがサービスの潜在的なセキュリティの欠陥を悪用してメッセージの内容を取得しようとしても、不可能になります。ハッカーがユーザーのデバイスから秘密鍵を盗むことに成功した場合でも、システムから盗んで復号できてしまうデータの量を制限することになります。

　しかし、ユーザーは複数のデバイスでこのメッセージングアプリを実行している可能性があります。全てのデバイスにメッセージを配信したい場合、どうすればよいでしょうか。

　方法の1つとして、未配信メッセージサービスにそれらのメッセージを保持し、定期的なバッチジョブなどを実行して、設定した期限より古いデータをデッドレターキューから削除するというものが挙げられるでしょう。

　別の方法としては、ユーザーが一度に1台のモバイルデバイスのみでログインできるようにし、ユーザーのデバイスを通じてメッセージを送受信できるデスクトップアプリケーションも提供することです。ユーザーが別の電話でログインした場合、以前のデバイスで送受信した古いメッセージは表示されません。ユーザーがデータをクラウドストレージサービス（Google DriveやMicrosoft OneDriveなど）にバックアップして、別のデバイスにダウンロードできる機能を提供できます[訳注3]。

　メッセージサービスは高い書き込みトラフィックと低い読み取りトラフィックを想定しており、Cassandraの理想的なユースケースだといえます。メッセージサービスのアーキテクチャは、ステートレスなバックエンドサービスと共有Cassandraサービスにできます。

訳注3　LINEやWhatsAppなどが、この手法を採用している。

14.7 メッセージ送信サービス

「14.5　送信者サービス」では、新規メッセージサービスを含む送信者サービスについて説明しました。新規メッセージサービスは無効なメッセージをフィルタリングし、Kafkaトピックにメッセージをバッファリングします。処理の大部分とメッセージの配信は、メッセージ送信サービスによって行われます。本節では、これについて詳しく説明します。

14.7.1　導入

送信者サービスは、受信者が最初にセッションを開始しないと、受信者にメッセージを送信できません。なぜなら、受信者デバイスはサーバではないからです。ユーザーのデバイスがサーバになることは、通常は実現不可能です。理由は次の通りです

- **セキュリティ**
  悪意のある当事者がDDoS攻撃のためにデバイスを乗っ取るなど、悪意のあるプログラムをデバイスに送信する可能性がある。
- **デバイスへのネットワークトラフィックの増加**
  最初にデバイスが接続を開始せずに他者からネットワークトラフィックを受信できるようになってしまうと、所有者に高額な料金請求が行われてしまう可能性がある。
- **電力消費**
  全てのアプリケーションがデバイスをサーバにする必要がある場合、電力消費が大幅に増加し、バッテリ寿命が著しく短くなる。

BitTorrentのようなP2Pプロトコルを使用することもできますが、前述のトレードオフが伴います。それについては、本書ではこれ以上議論しないことにします。

デバイスが接続を開始する必要があるという要件は、メッセージングサービスが常に多数の接続（各クライアントに1つ）を維持する必要があることを意味します。大規模なホストクラスタが必要になり、これはメッセージキューを使用する意味をなくしてしまいます。WebSocketを使用しても助けにはなりません。なぜなら、オープンなWebSocket接続もホストメモリを消費するからです。

コンシューマークラスタには、最大10万人の同時受信者／ユーザーにサービスを提供するために数千のホストが必要になる可能性があります。これは、図14.1に示したように、各バックエンドホストが多数のユーザーとオープンなWebSocket接続を維持する必要があることを意味します。この状態の保持は避けられません。ユーザーにホストを割り当てるためにZooKeeperのような分散コーディネーションサービスが必要になります。ホストがダウンした場合、ZooKeeperはこれを検出し、代替ホストをプロビジョニングする必要があります。

メッセージ送信サービスホストが停止してしまった場合のフェイルオーバー手順を考えてみましょう。ホストはデバイスにハートビートを送信する必要があります。ホストが停止してしまった場合、そのデバイスは新しいWebSocket接続のためにメッセージ送信サービスにリクエストを送ることができます。コンテナオーケストレーションシステム（Kubernetesなど）は新しいホストをプロビジョニングし、ZooKeeperを使用してそのデバイスを特定し、これらのデバイスとWebSocket接続を開く必要があります。

　古いホストが停止してしまう前に一部の受信者にはメッセージを正常に配信したものの、全員には配信していない可能性があります。新しいホストが立ち上がったときに、どのようにして同じメッセージを重複を避けつつ再配信することができるでしょうか。

　1つの方法は、各メッセージの後にチェックポイントを設定することです。強い整合性を持たせるために、Redisクラスタをパーティション化して使用できます。ホストはメッセージが受信者に正常に配信された後、毎回Redisに書き込みます。ホストはメッセージを配信する前にRedisから読み取るので、重複メッセージを配信することはありません。

　別の方法は、単純に全ての受信者にメッセージを再送信し、受信者のデバイスの重複排除の処理に任せるというものです。

　3つ目の方法は、送信者が数分後に確認応答を受信しない場合、メッセージを再送信することです。このメッセージは、別のコンシューマーホストによって処理および配信される可能性があります。この問題が続く場合は、開発者にこの問題を警告するための共有モニタリングおよびアラートサービスへのアラートをトリガーできます。

14.7.2　高レベルアーキテクチャ

　図14.8は、メッセージ送信サービスの高レベルアーキテクチャを示しています。主要なコンポーネントは次の通りです。

1. メッセージングクラスタ：多数のデバイスに割り当てられた大規模なホストクラスタである。個々のデバイスにはIDを割り当てることができる
2. ホスト割り当てサービス：ZooKeeperサービスを使用して、デバイスIDからホストへのマッピングを維持するバックエンドサービス。Kubernetesのようなクラスタ管理システムもZooKeeperサービスを使用する場合がある。フェイルオーバー中、KubernetesはZooKeeperサービスを更新して古いホストのレコードを削除し、新しくプロビジョニングされたホストに関するレコードを追加する
3. 本章ですでに説明した接続サービス
4. 図14.6に示したメッセージサービス。デバイスが受信または送信した全てのメッセージもメッセージサービスにロギングされる

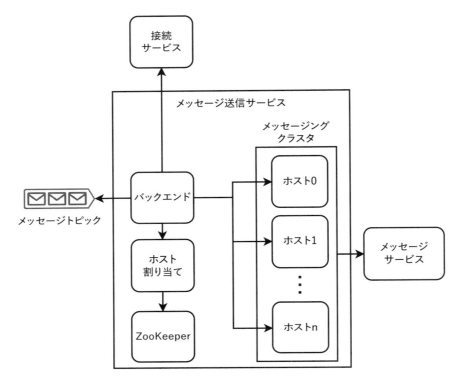

↑**図14.8** クライアントを専用ホストに割り当てるメッセージ送信サービスの高レベルアーキテクチャ。メッセージのバックアップは図示されていない

　全てのクライアントはWebSocketを介して送信者サービスに接続されているため、ホストはほぼリアルタイムのレイテンシでクライアントにメッセージを送信できます。これは、メッセージングクラスタに相当数のホストが必要であることを意味します。1台のホストで数百万の同時接続を確立することに成功しているエンジニアリングチームも存在します（https://migratorydata.com/2013/10/10/scaling-to-12-million-concurrent-connections-how-migratorydata-did-it/）。また、各ホストは、接続の公開鍵も保存する必要があります。メッセージングサービスは、クライアントが公開鍵をホストに送信するためのエンドポイントを必要とします。

　ただし、これは1台のホストが数百万のクライアントとの間でメッセージを同時に処理できることを意味するわけではありません。当然、トレードオフがあります。数秒以内に配信できるメッセージは、数百文字のテキストに限定されます。写真やビデオなどのファイルを処理するためには、別のメッセージングサービスを別のホストクラスタで作成し、テキストを処理するメッセージングサービスとは独立してスケーリングするとよいでしょう。トラフィックスパイク時でも、ユーザーは数秒のレイテンシで互いにメッセージを送信し続けることができますが、ファイルの送信には数分かかる可能性があります。

各ホストは数日前までのメッセージを保存し、定期的に古いメッセージをメモリから削除します。図14.9に示すように、ホストがメッセージを受信すると、メッセージをメモリに保存し、同時にスレッドをフォークしてメッセージをKafkaキューに生成できます。そして、コンシューマークラスタはキューから消費し、メッセージを共有Redisサービスに書き込みます（Redisは高速なデータ書き込みに優れていますが、より高い障害耐性のために書き込みをバッファリングするためにKafkaを使用することもできる）。クライアントが古いメッセージをリクエストすると、このリクエストはバックエンドを通じてホストに渡され、ホストは共有Redisサービスからこれらの古いメッセージを読み取ります。このアプローチ全体は、書き込みよりも読み取りを優先するので、読み取りリクエストのレイテンシを低減できます。さらに、書き込みのトラフィックは読み取りのトラフィックよりもはるかに大きくなるため、Kafkaキューを使用することで、トラフィックの急増がRedisサービスを圧迫しないようにできます。

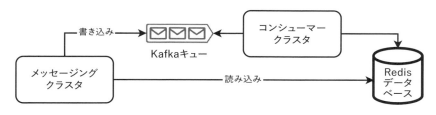

⬆ **図14.9** メッセージングクラスタとRedisデータベース間の相互作用。より高い障害耐性のために、Kafkaキューを使用して読み取りをバッファリングすることも可能

ホスト割り当てサービスには、クライアント／チャットルームIDからホストへのマッピングの機能が含まれます。このマッピングはRedisキャッシュに保持できます。整合性のあるハッシュ、ラウンドロビン、重み付けされたラウンドロビンを使用してIDをホストに割り当てることができますが、すぐにホットシャード問題（特定のホストが不均衡な負荷を処理する）につながる可能性があります。メタデータサービスは各ホストのトラフィックに関する情報を含むことが可能であるため、ホスト割り当てサービスは、この情報を使用してホットシャード問題を避けるためにクライアントまたはチャットルームをどのホストに割り当てるかを決定できます。各ホストが、トラフィックの多いクライアントとトラフィックの少ないクライアントをそれぞれ同じ割合で処理できるように、ホストをバランスさせるべきでしょう。

メタデータサービスには、各ユーザーのデバイスに関する情報も持たせることができます。

ホストは、リクエストアクティビティ（つまり、メッセージ処理アクティビティ）をロギングサービスに記録でき、これはHDFSに保存されるかもしれません。クライアントとホストを再割り当てし、メタデータサービスを更新することで、定期的にバッチジョブを実行し、ホストのリバランスを行うことができます。負荷のリバランシングをさらに改善するために、機械学習などの洗練された統計的アプローチの使用を検討できます。

14.7.3　メッセージ送信の手順

では、「14.5.1　メッセージの送信」のステップ2aを詳細に見ていくことにしましょう。バックエンドサービスがデバイスまたはチャットルームにメッセージを送信する場合のメッセージのテキストとファイルの内容について、次の手順を別々に実行できます。

1. バックエンドホストはホスト割り当てサービスにリクエストを送信し、ZooKeeperを参照して、受信者の個別クライアントまたはチャットルームに提供するホストを特定する。まだホストが割り当てられていない場合、ZooKeeperがホストを割り当てることができる
2. バックエンドホストは、それらのホスト（受信者ホストと呼ぶ）にメッセージを送信する

14.7.4　いくつかの質問

システム設計の面接中には、面接官から状態の保持に関する質問が行われることが予想されます。この設計は、クラウドネイティブの原則に反しているからです。クラウドネイティブは結果整合性を推奨しています。そのため、テキストメッセージングアプリのユースケース、特にグループチャットには適していないことについて議論できます。クラウドネイティブは、低い読み取りレイテンシ、高い可用性などと引き換えにして、より高い書き込みレイテンシと結果整合性を得ることを選択していますが、低い書き込みレイテンシと強い整合性という私たちの要件には完全には適用できないかもしれないからです。面接中に議論される可能性のある、その他の質問を列挙します。

- **質問**：サーバが受信者にメッセージを配信する前、または送信者に「送信」通知を送信する前に停止した場合はどうなるでしょうか？
  受信者のデバイスがオフラインの場合の対処方法については、すでに議論しています。送信者に「送信」通知が確実に配信されるようにするには、どうすればよいでしょうか。アプローチの1つとして、クライアントと受信者ホストが直近の「メッセージ送信」イベントを保存できます。高速な書き込みのためにCassandraを使用できるでしょう。送信者がしばらく経っても応答を受信しなかった場合、メッセージが送信されたかどうかを判断するためにメッセージングサービスに問い合わせることができます。クライアントや受信者ホストは、送信者に成功レスポンスを返すことができます。別のアプローチとして、「送信」通知を別のメッセージとして扱う方法があります。受信者ホストは送信者デバイスに「送信」通知を送信できます。
- **質問**：メッセージの順序付けを解決するために、どのようなアプローチを採るべきでしょうか？

各メッセージには、送信者クライアントによってタイムスタンプが付けられています。複数のメッセージが送信されると、後で送信したメッセージが先に正常に処理され、配信される可能性があります。受信者デバイスがメッセージを順番に表示し、ユーザーがデバイスを見ている場合は、以前のメッセージが後のメッセージの前に突然表示され、ユーザーを混乱させるかもしれません。この問題の解決策としては、後のメッセージがすでに受信者のデバイスに配信されている場合、以前のメッセージを破棄することです。受信者クライアントがメッセージを受信したとき、後のタイムスタンプを持つメッセージが存在するかどうかを判断し、存在する場合は適切なエラーメッセージとともに422エラーを返すことができます。このエラーは送信者のデバイスに伝播します。メッセージを送信したユーザーは、正常に配信されたメッセージの後に、先に送付したメッセージが表示されることを理解した上で、メッセージを再送信するかどうかを決定できます。

- **質問**：メッセージが、多対多（n:n）ではなく、1:1だった場合、どうなるでしょうか？
  チャットルームの参加人数を制限します。

14.7.5 可用性の向上

図14.8の高レベルアーキテクチャでは、各クライアントは単一のホストに割り当てられています。そのため、たとえホストからハートビートを受信するモニタリングサービスがあったとしても、ホスト障害から回復するのに少なくとも数十秒かかります。そのため、ホスト割り当てサービスは、クライアントをホスト間で再分配するための複雑なアルゴリズムを実行する必要があります。

可用性を向上させるために、通常はクライアントにサービスを提供せず、ハートビートのみを送信する待機ホストのプールを用意する方法が考えられます。そうすれば、あるホストがダウンした場合、ホスト割り当てサービスはすぐにそのホストに接続されているクライアントを待機ホストに割り当てることができます。これにより、ダウンタイムを数秒に短縮できるでしょう。このダウンタイムが許容可能かどうかを面接官と議論してください。

ダウンタイムを最小限に抑える設計として、ミニクラスタを作成することが考えられます。各ホストに1つまたは2つのセカンダリホストを割り当てます。前者をプライマリホストと呼びます。このプライマリホストは、全てのリクエストを常にセカンダリホストに転送し、セカンダリホストがプライマリホストと最新の状態を保ち、常にプライマリホストとして引き継ぐ準備ができていることを確認します。こうしておくことで、プライマリホストがダウンした場合、セカンダリホストへのフェイルオーバーをすぐに行えます。Terraformを使用すれば、このインフラストラクチャを定義できるでしょう。3つのポッドを持つKubernetesクラスタを定義し、各ポッドには1つのノードが格納されます。ただし、全体として、このアプローチはコストが高く複雑すぎるシステムになる可能性があります。

14.8　検索

各ユーザーは自分のメッセージのみを検索できます。テキストメッセージを直接検索する機能を実装し、各クライアントでの逆インデックス構築を回避して、逆インデックスの設計、実装、メンテナンスのコストを抑えることができます。平均的なクライアントのメッセージのストレージサイズは、おそらく1GB（メディアファイルを除く）をはるかに下回るでしょう。これらのメッセージをメモリにロードして検索することは難しくありません。

メディアファイル名で検索することはできますが、ファイルの内容自体は検索対象にはしません。バイナリデータの検索は本書の範囲外とします。

14.9　ロギング、モニタリング、アラート

「2.5　ロギング、モニタリング、アラート」では、面接で言及すべきロギング、モニタリング、アラートの重要な概念について説明しました。「2.5　ロギング、モニタリング、アラート」で説明したことに加えて、本システムでは、ログに次のような情報も記録する必要があります。

- API ゲートウェイからバックエンドサービスへのリクエストなど、サービス間のリクエスト
- メッセージ送信イベント（ユーザーのプライバシーを保護するために、必要となる情報のみをログに記録し、ほかの情報は記録しないようにする）
- ユーザーのプライバシーを守るため、メッセージの内容（送信者、受信者、本文、配信確認、既読確認を含む全てのフィールド）は決してログに記録しない
- メッセージがデータセンター内で送信されたか、あるデータセンターから別のデータセンターに送信されたか
- メッセージの送信、配信確認イベント、既読確認イベントのエラーなどのエラーイベント

「2.5　ロギング、モニタリング、アラート」で説明したことに加えて、本システムでは次のような事柄をモニタリングし、アラートを送信する必要があります。

- 通常通り、エラーとタイムアウトをモニタリングする。さらに、スケーリングの決定のために、さまざまなサービスの使用率をモニタリングする。未配信メッセージサービスのストレージ消費もモニタリングする
- バックエンドサービスでエラーがなく、未配信メッセージサービスのストレージ使用率が常に小さい場合、送信者サービスクラスタのサイズを縮小することを検討できることを示している

- 不正や異常な状況（クライアントが高いレートでメッセージを送信するなど）もモニタリングできる。プログラムによる送信は許可されていない。APIゲートウェイやバックエンドサービスの前にレートリミットを設けることを検討できる。問題を調査している間、疑いのあるクライアントによるメッセージの送受信を完全にブロックする

14.10 その他の議論になる可能性のあるトピック

このシステムについて、ほかに議論される可能性のあるトピックは、次の通りです。

- 一方のユーザーが別のユーザーにメッセージを送信するためには、まず受信するユーザーに許可をリクエストする必要がある。リクエストを受けたユーザーは、それを受け入れるかブロックできる。一度ブロックした後に考えを改めて、再び許可を与えることもできる
- ユーザーは、いつでもほかのユーザーをブロックできる。ブロックされたユーザーは、ブロックしたユーザーにメッセージを送信することはできなくなる。ブロックされたユーザーとブロックしたユーザーは、同じチャットルームに入ることもできない。ユーザーをブロックすると、そのユーザーを含むチャットルームから自分自身が削除される
- 別のデバイスからログインする場合はどうなるだろうか。ログインは、一度に1つのデバイスからのみの許可に限定する必要があるかもしれない
- 私たちのシステムは、メッセージが、送信された順序で受信されることを保証しない。さらに、チャットルームに複数の参加者がいて、ほぼ同時にメッセージを送信した場合、ほかの参加者はメッセージを順不同で受信する可能性がある。メッセージは、さまざまな参加者に異なる順序で到着する可能性がある。では、メッセージが順序通りに表示されることを保証するシステムにするには、どのような設計をすればよいだろうか。どのような仮定を立てればよいだろうか。参加者Aがインターネットに接続されていないときにメッセージを送信し、インターネットに接続された別の参加者がその直後にメッセージを送信した場合、別の参加者のデバイスにはどのような順序でメッセージが表示されるべきで、参加者Aのデバイスにはどのような順序で表示されるべきだろうか
- ファイル添付や音声・ビデオチャットをサポートするために、システムをどのように拡張できるだろうか。新しいコンポーネントとサービスについて簡単に議論できる
- メッセージの削除については議論していない。典型的なメッセージングアプリは、ユーザーがメッセージを削除する機能を提供し、その場合、削除後はそのメッセージを再度受信しないようにする必要がある。デバイスがオフラインの場合でもユーザーがメッセージを削除できるようにし、これらの削除をサーバと同期させる必要がある。この同期メカニズムはさらなる議論のポイントになる可能性があるだろう

- ユーザーをブロックまたはブロック解除するメカニズムについて、さらに詳しく議論することができるだろう
- 現在の設計における、考えうるセキュリティとプライバシーのリスクと、可能な解決策は何だろうか
- ユーザーの複数のデバイス間の同期をどのようにサポートできるだろうか
- ユーザーがチャットにほかのユーザーを追加または削除する際に、どのようなレース条件が発生する可能性があるだろうか。検知されないエラーが発生した場合はどうなるだろうか。サービスはどのように不整合を検出し、解決できるだろうか
- SkypeやBitTorrentのようなピアツーピア（P2P）プロトコルに基づくメッセージングシステムについては議論していない。クライアントは動的なIPアドレスを持っているため（静的IPアドレスでの接続は、通常、インターネットサービスプロバイダーで有料で提供されている）、クライアントはIPアドレスが変更されるたびにサービスを更新するデーモンを実行できる。複雑になりそうなポイントはあるだろうか
- 計算リソースとコストを削減するために、送信者はメッセージを暗号化して送信する前に圧縮できる。圧縮したメッセージを受け取った受信者は、メッセージを受信して復号化した後に解凍することができる
- ユーザーオンボーディングのシステム設計について議論しよう。新しいユーザーがメッセージングアプリをうまく利用し始められるようにするためには何をすればよいだろうか。新しいユーザーが迷うことなく連絡先を追加したり招待できるために何ができるだろうか。ユーザーは、手動で連絡先を入力したり、BluetoothやQRコードを使用して連絡先を追加したりできるだろう。あるいは、モバイルアプリケーションががデバイスの電話の連絡先リストにアクセスすることもできるが、これには対応するAndroidまたはiOSのOSによる許可が必要となる。ユーザーは新しいユーザーを招待するために、アプリケーションのダウンロードまたはサインオンのURLを送信することができる
- 私たちのアーキテクチャは中央集権的なアプローチである。つまり、全てのメッセージはバックエンドを通過する必要がある。P2Pアーキテクチャのような分散型アプローチについても議論できるだろう。その場合は、全てのデバイスがサーバとなり、ほかのデバイスからリクエストを受信できるようにする必要がある

まとめ

- シンプルなテキストメッセージングアプリのシステム設計においては、多数のクライアント間で大量のメッセージをルーティングする方法が主な議論のポイントとなる
- チャットシステムは、通知／アラートサービスに似ている。両方のサービスは多数の受信者にメッセージを送信するからである
- トラフィックスパイクを処理するためのスケーラブルで費用対効果の高い技術は、メッセージキューを使用することである。ただし、トラフィックスパイク時にはレイテンシが悪化する
- レイテンシを減らすには、ホストに割り当てるユーザー数を減らす。ただし、そうするとコストが高くなるというトレードオフがある
- いずれの解決策であっても、ホストの障害を処理し、ホストのユーザーをほかのホストに再割り当てする必要がある
- 受信者のデバイスが利用できない可能性があるため、後からメッセージを取得するためのGETエンドポイントを提供する必要がある
- サービス間のリクエスト、メッセージ送信イベントの詳細、エラーイベントをログに記録する必要がある
- 使用量メトリクスをモニタリングしてクラスタサイズを調整し、不正行為をモニタリングできる

Chapter

Airbnbの設計

Chapter
15

Airbnbの設計

本章の内容

- 予約システムの設計
- 運営スタッフが物件と予約を管理するためのシステム設計
- 複雑なシステムの範囲設定

　本章でのトピックは、家主が短期滞在者に部屋を貸し出すための、いわゆる民泊のサービスを設計することです。コーディングとシステム設計の両方の技量を問う問題になる可能性があります。コーディングの議論では、複数のクラスを組み合わせて構築し、オブジェクト指向プログラミング（OOP：Object Oriented Programming）で解くという形になるでしょう。本章では、この問題は次のような予約システム全般に適用できると仮定します。

- 映画のチケット
- 航空券
- 駐車場
- タクシーやライドシェアサービス（ただし、非機能要件や異なるシステム設計が必要になる）

15.1　要件

　システム設計の議論に入る前に、設計しているシステムの種類について話し合いましょう。Airbnbは、次のような複数の側面を持っているからです。

1. 予約アプリケーションである。つまり、有限のアイテムに対して予約を行うユーザーのタイプが存在する。Airbnbは、これらを「ゲスト」と呼んでいる。また、アイテムのリストを作成するユーザーのタイプもある。Airbnbは、これらを「ホスト」と呼んでいる
2. マーケットプレイスアプリである。商品やサービスを販売する人々と、それらを購入する人々をマッチングさせる。Airbnbは、ホストとゲストをマッチングさせる
3. 支払いを処理し、手数料を徴収する。つまり、顧客サポートやオペレーション（一般に「Ops」と略される）を行う内部ユーザーがいて、紛争を調停し、不正行為を監視・対応する。これが、Craigslistのような単純なアプリとAirbnbの違いです。Airbnbのような企業の従業員の大半は、カスタマーサポートとオペレーションのスタッフで構成されている

　この時点で、面接官に、面接の範囲がホストとゲストに限定されるのか、それともほかのタイプのユーザーも含むのかを確認するべきでしょう。本章では、ホスト、ゲスト、オペレーション、さらにアナリティクスについても議論します。

　ホストのユースケースには、次のようなものがあります。ユースケースのリストは、非常に長くなる可能性があるので、次のようなユースケースに議論を限定することにします。

- オンボーディングとリスティングの追加、更新、削除などの更新。更新には、掲載写真の変更などの小さなタスクも含まれるが、複雑なビジネスロジックも存在する。例えば、リスティングには最低予約期間や最大予約期間があり、価格設定は曜日やその他の基準によって異なる場合がある。アプリは推奨価格を表示することもできる。リスティングは地域の規制の対象となる場合もある。例えば、サンフランシスコの短期賃貸法では、ホスト不在の物件の賃貸を年間最大90日間に制限している。特定のリスティングの変更には、公開前にオペレーションスタッフの承認が必要な場合もある
- 予約の処理（例：予約リクエストの承諾または拒否など）
  - ホストは、予約リクエストを承諾または拒否する前に、ほかのホストからのゲストの評価とレビューを閲覧できる
  - Airbnbは、高い平均評価を持つゲストなど、ホストが指定した特定の基準下での自動承諾などの追加オプションを提供する場合がある
  - 承諾後の予約のキャンセル。これは金銭的なペナルティやリスティング特権の一時停止をトリガーする可能性がある。正確なルールは複雑になる可能性がある

- ゲストとのコミュニケーション（アプリ内メッセージなど）
- ゲストの評価とレビューの投稿、およびゲストの評価とレビューの閲覧
- ゲストからの支払いの受け取り（Airbnbの手数料を差し引いた額）
- 税務申告書類の受け取り
- 分析 – 収益、評価、レビュー内容の時系列での閲覧など
- オペレーションスタッフとのコミュニケーション（ゲストに損害賠償を要求するといった調停の要求や不正行為の報告を含む）

続いては、ゲストのユースケースです。ゲストのユースケースには、次のようなものがあります。

- リスティングの検索と閲覧
- 予約リクエストと支払いの送信、および予約リクエストのステータス確認
- ホストとのコミュニケーション
- リスティングの評価とレビューの投稿、およびホストの評価とレビューの閲覧
- ホストと同様のオペレーションスタッフとのコミュニケーション

そして、オペレーションスタッフのユースケースには、次のようなものがあります。

- リスティングリクエストのレビューと不適切なリスティングの削除
- 紛争調停、代替リスティングの提案、返金の送信など、顧客とのコミュニケーション

支払いについては、本書では詳しく議論はしません。なぜなら、支払いの処理は複雑すぎるからです。支払いソリューションは、国、州、市、その他の政府レベルで異なる、多くの通貨と規制（税金を含む）を考慮する必要があります。これらはさまざまな製品やサービスによっても異なります。支払いタイプによって異なる取引手数料を課す場合があります（例：小切手の最大取引金額や、ギフトカードでの支払いに対する割引などを設定して、ギフトカードの購入を奨励する）。返金のメカニズムと規制も、支払いタイプ、製品、国、顧客、その他多くの要因によって異なります。しかも、ユーザーから支払いを受け付ける方法は数百から数千通りあります。次に例を示します。

- 現金
- MasterCard、VISA、その他、多くのデビットカードやクレジットカード事業者（それぞれが独自のAPIを持っている）
- PayPalやAlipayなどのオンライン決済事業者

- 小切手
- ストアクレジット
- 特定の会社と国の組み合わせに特化した支払いカードやギフトカード
- 暗号通貨

それでは、要件の議論に戻りましょう。約5〜10分間の迅速な議論を行ってメモを書いた後、機能要件を明確にしていきます。

- ホストは部屋をリストできる。部屋は1人用とする。部屋のプロパティは都市と価格で、ホストは1部屋につき最大10枚の写真と25MBの動画を提供できる
- ゲストは、都市、チェックイン日、チェックアウト日で部屋をフィルタリングできる
- ゲストは、チェックイン日とチェックアウト日を指定して部屋を予約できる。予約にはホストの承認は必要ない
- ホストまたはゲストは、予約開始前であればいつでも予約をキャンセルできる
- ホストまたはゲストは、自分の予約リストを閲覧できる
- ゲストは、特定の日に1部屋しか予約できない
- 部屋の二重予約はできない
- 簡略化のため、実際のAirbnbには用意されている次の機能は除外する
  - ホストが手動で予約リクエストを承諾または拒否する機能
  - 予約後の（ゲストまたはホストによる）キャンセル機能
  - ゲストとホストへの通知（プッシュ通知やメールなど）については簡単に議論するが、詳細には踏み込まない
  - ユーザー間のメッセージング（ゲストとホスト間、オペレーションとゲスト／ホスト間など）

また、次の事柄は、本書の範囲外とします。ただし、これらの潜在的な機能要件に言及して、あなたの批判的思考力と細部への注意力を面接官に示すことは可能です。

- 部屋のその他の詳細情報。次に例を示す
  - 正確な住所情報は不要で、都市名のみが必要（州や国などの位置情報は無視する）
  - 全てのリスティングは、1人のゲストのみを許可する
  - 物件全体・プライベートルーム・シェアルームなどは区別しない
  - アメニティの詳細（プライベートバスルーム／共有バスルーム、キッチンの詳細など）
  - 子供がいても大丈夫かどうかを選択できる機能
  - ペット可かどうかを選択できる機能
  - アナリティクス（アクセス解析ツール）

- Airbnbは、ホストに推奨価格を提示する場合がある。リスティングは1泊あたりの最小価格と最大価格を設定し、Airbnbはこの範囲内で価格を変動させる場合がある
- クリーニング料金やその他の手数料、ピーク日（週末や休日など）の異なる価格、税金など、追加の価格オプションとプロパティ
- キャンセルのペナルティを含む支払いや返金
- 紛争調停を含むカスタマーサポート。リスティングリクエストのオペレーションによるレビューについて議論する必要があるかどうかを確認するのはよい質問である。また、範囲外のカスタマーサポートが予約プロセスに限定されるのか、リスティングプロセス中のカスタマーサポートも含むのかを確認することもできる。ここで「顧客」という用語はホストとゲストの両方を指すことを明確にしておく。この面接では、オペレーションによるリスティングレビューについて簡単に議論することを面接官が求める可能性があると仮定する
- 保険
- ホストとゲスト間、またはほかの当事者間のチャットやその他のコミュニケーション。これも本書の範囲外とする。なぜなら、これは予約サービスではなく、メッセージングサービスまたは通知サービス（ほかの章で議論している）であるため
- サインアップとログイン
- 停電が起こった際のホストとゲストへの補償
- ゲストが滞在をレビューしたり、ホストがゲストの行動をレビューしたりするなどのユーザーレビュー

　部屋のリストと予約のAPIエンドポイントについて議論する必要がある場合は、次のような設計を考えることができます。

- findRooms(cityId, checkInDate, checkOutDate)
- bookRoom(userId, roomId, checkInDate, checkOutDate)
- cancelBooking(bookingId)
- viewBookings(hostId)
- viewBookings(guestId)

このシステムにおける非機能要件は、次の通りです。

- 10億の部屋をリスティングでき、1日1億の予約まで拡張可能。過去の予約データは削除できる。プログラムで生成されたユーザーデータは存在しない
- 予約、より正確にはリスティングの可用性に関して強力な整合性が必要。二重予約や一般的に利用不可能な日付での予約がないようにしなければならない。その他のリスティング情報（説明や写真など）については、結果整合性が許容される場合がある
- 予約の損失は金銭的な影響を伴うため、高い可用性が必要となる。ただし、「15.2.5 予約フロー中の部屋のロック」で説明するように、二重予約を防ぎたい場合、失われた予約を完全に防ぐことはできない
- 高性能は不要。P99が数秒程度であれば許容される
- 典型的なセキュリティとプライバシーの要件。認証が必要となる。ユーザーデータは非公開とする。この面接の範囲内の機能に対しては、認可は必要とされない

15.2　設計に関する決定事項

部屋のリストと予約の設計について議論を進めていくと、すぐに次の2つの問題に直面することになるでしょう。

1. 部屋を複数のデータセンターにレプリケーションすべきか
2. データモデルでは、部屋の可用性をどのように表現すべきか

15.2.1　レプリケーション

ここで構築しているAirbnbのシステムは、サービスが地域ごとに提供されているという点でCraigslistに似ています。検索は、一度に1つの都市のみで行えます。この特性を活かして、リスティング数の多い都市には専用のデータセンターホストを、リスティングの少ない都市は複数をまとめて1つのデータセンターホストを割り当てることができます。書き込みのパフォーマンスは重要ではないので、シングルリーダーレプリケーションが利用可能です。読み取りレイテンシを最小限に抑えるために、セカンダリリーダーとフォロワーをデータセンター間で地理的に分散させることができます。サービスが特定の都市のルームを取得する際の地理的に最も近いフォロワーホストを検索したり、その都市に対応するリーダーホストに書き込むためにメタデータサービスを使用して都市からリーダーとフォロワーのホストIPアドレスへのマッピングを保持します。このマッピングは非常に小さく、管理者によって頻繁に変更されることはないので、単純に全てのデータセンターにレプリケーションし、管理者がマッピングを更新する際に手動でデータの整合性を確保することができるでしょう。

部屋の写真と動画を保存するためにCDNを利用します。JavaScriptやCSSなどの静的コンテンツも同様にCDNを利用します。

通常の手法に反して、インメモリキャッシュを使用しないことを選択する場合があります。検索結果には、利用可能な部屋のみが表示されます。ある部屋が誰もが泊まりたいようなよい部屋であれば、すぐに予約され、検索に表示されなくなります。逆に、部屋が検索に表示され続けるなら、その部屋は人気の出ない悪い部屋である可能性が高く、キャッシュを提供することでコストやシステムの複雑さを増加させる必要はないかもしれません。別の言い方をすれば、キャッシュの鮮度を維持するのは本システムでは難しく、キャッシュされたデータがすぐに古くなってしまう可能性があるということです。

これまでと同様に、これらの決定には議論の余地があり、そのトレードオフについて議論できるようにしておく必要があります。

15.2.2 部屋が借りられる状態かを保持するためのデータモデル

部屋が借りられる状態かどうかを表現するデータモデルについて、いくつかの方法を議論の俎上に載せ、そのトレードオフについて議論する必要があります。面接中は、1つのアプローチだけを提案するのではなく、複数のアプローチを評価する能力を示すことが重要です。

- **(room_id, date, guest_id) テーブル**
  シンプルな構造になるが、日付だけが異なる複数の行を大量に保持しなければならないという欠点がある。例えば、ある部屋が1か月全体にわたって同じゲストに予約されている場合、最大31行のレコードが存在することになる。
- **(room_id, guest_id, check_in, check_out) テーブル**
  よりコンパクトにデータを保存できる。ただし、ゲストがチェックインとチェックアウトの日付で検索を送信する場合、それと重なる日付があるかどうかを判断するためのアルゴリズムが必要となる。このアルゴリズムは、データベースクエリにコーディングすべきだろうか、それともバックエンドにコーディングするべきだろうか。前者は、メンテナンスとテストが難しくなる。しかし、バックエンドホストがこの部屋の可用性データをデータベースからフェッチする必要がある場合、I/Oコストが発生する。両方のアプローチでの具体的な実装方法は、コーディング面接で質問される可能性がある。

データベーススキーマには、多くの可能性があるのです。

15.2.3 重複予約の処理

複数のユーザーが同じ部屋を重複する日付で予約しようとした場合、最初のユーザーの予約を成立させ、UIを用いてほかのユーザーにこの部屋が選択した日付では利用できなくなったことを通知して、利用可能な別の部屋を見つけるようにガイドしなければなりません。こういった場合はネガティブなUX体験を提供してしまう危険性があるので、いくつかの代

替アプローチを簡単にブレインストーミングするのもよいでしょう。この状況に対処するための別の可能性を提案することもできます。

15.2.4 検索結果にランダム性を導入する

同じ物件を複数のユーザーが予約しようとする状況を発生させないように、検索結果の順序をランダムに入れ替えることも可能です。ただし、これはパーソナライゼーション（レコメンデーションシステムなど）の仕組みと衝突する可能性があります。

15.2.5 予約フロー中の部屋のロック

ユーザーが部屋の詳細を表示し、予約リクエストを送信する可能性がある場合、これらの日付の部屋を数分間ロックしたほうがよいでしょう。この間、ほかのユーザーによる重複する日付の検索では、この部屋を結果リストに表示しないようにします。ほかのユーザーがすでに検索結果を受け取った後にこの部屋がロックされた場合、部屋の詳細をクリックするとロックの通知が表示され、そのユーザーが部屋を予約しなかった場合に備えて、必要に応じて残りの期間を表示できます。

つまり、予約の成立のチャンスをいくつか失うことを意味するので、二重予約を防ぐことと、予約を失うことを天秤にかける必要があります。これは、Airbnbとホテルの違いです。ホテルは安価な部屋のオーバーブッキングを許可できます。なぜなら、常に何件かのキャンセルが発生することが予想できるからです。そして、オーバーブッキングが発生した場合にも、ホテルは部屋の割り当てられないゲストをより高価な部屋にアップグレードするという選択もできるからです。Airbnbのホストは、こういった対応が不可能なので、二重予約を許可できないのです。

「2.4.2　ユーザー更新の競合を防ぐために利用可能な技術」では、複数のユーザーが共有設定を同時に更新することによる同時更新の競合を防ぐメカニズムについて説明しています。

15.3 高レベルアーキテクチャ

前のセクションの要件の議論をもとに、高レベルアーキテクチャを描きます。図15.1を見てください。各サービスは関連する機能要件のグループを提供します。これにより、サービスを個別に開発でき、スケーリングもそれぞれに行うことができます。

- **予約サービス**
  ゲストが予約を行うためのサービス。このサービスは直接的な収益源であり、可用性とレイテンシに関して最も厳しい非機能要件を持つ。高いレイテンシは直接的に収益

低下をもたらし、ダウンタイムは、サービス全体の収益と評判に最も深刻な影響を与える。ただし一方で、強力な整合性は重要ではない可能性があり、可用性とレイテンシのために整合性を犠牲にできる。

- **リスティングサービス**

  ホストがリスティングを作成および管理するためのサービス。このサービスは重要ではあるが、予約サービスと予約可能確認サービスほどは重要ではない。予約サービスと予約可能確認サービスとは異なる機能要件と非機能要件があるため、別のサービスとなっている。予約サービスと予約可能確認サービスとはリソースを共有すべきではない。

- **予約可能確認サービス**

  予約プロセス中に部屋のロックを行い、ダブルブッキングを防ぐ役割を担う。予約可能確認サービスはリスティングが予約可能かどうかを追跡し、予約サービスとリスティングサービスの両方で使用される。可用性とレイテンシの要件は予約サービスと同様に重要である。読み取りはスケーラブルである必要があるが、書き込みは頻繁ではないためスケーラビリティが必要ないかもしれない。これについては、「15.8　予約可能確認サービス」でさらに議論する。

- **承認サービス**

  新しいリスティングの追加や特定のリスティング情報の更新など、一部の操作にはオペレーションスタッフの承認が必要な場合がある。これらのユースケースのために承認サービスを設計できる。このサービスを「承認サービス」と呼ぶのは、「レビューサービス」のような曖昧な名前よりもわかりやすく適切である。

- **レコメンデーションサービス**

  ゲストにパーソナライズされたリスティングのレコメンデーションを提供する。これは内部広告サービスと見なすことができる。詳細な議論を面接中にすることはあまりないが、図に書いて短時間の議論を行うことはできる。

- **規制サービス**

  前述したように、リスティングサービスと予約サービスは地域の規制を考慮する必要がある。規制サービスはリスティングサービスにAPIを提供し、後者が適切な規制に準拠したリスティングを作成するためのUXをホストに提供できるようにする。リスティングサービスと規制サービスは別々のチームで開発でき、各チームメンバーはそれぞれのサービスに関連するドメイン知識の習得に集中できる。規制の扱いは、最初は面接の範囲外かもしれないが、面接官はそれをどのように処理するかに興味を持つ可能性はある。

- **その他のサービス**

  アナリティクスなど、主に内部用途のためのサービス群。これらはについて面接で議論することはあまりない。

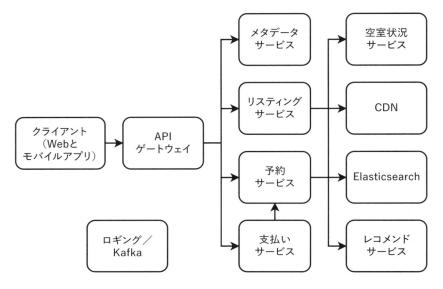

⬆図15.1　高レベルアーキテクチャ。APIゲートウェイの代わりに、リスティングサービスと予約サービスでサービスメッシュを使用することもできる

15.4　機能的パーティショニング

「7.9　機能的パーティショニング」でCraigslistについて議論した際のアプローチと同様に、地理的地域による機能的パーティショニングを採用できるでしょう。リスティングをそれぞれの地域ごとにデータセンターに配置できます。アプリケーションを複数のデータセンターにデプロイし、各ユーザーをその都市を担当するデータセンターにルーティングするわけです。

15.5　リスティングの作成または更新

リスティングの作成は2つのタスクに分けることができます。最初のタスクは、ホストが適切なリスティング規制を取得することです。2番目のタスクは、ホストがリスティングリクエストを送信することです。本章では、リスティングの作成と更新の両方をリスティングリクエストと呼びます。

図15.2は、適切な規制を取得するためのシーケンス図です。シーケンスは次のようになるでしょう。

1. ホストは、現在、新しいリスティングを作成するためのボタンを提供するクライアント（Webページまたはモバイルアプリケーションコンポーネント）を表示している。ホストがボタンをクリックすると、アプリケーションはユーザーの位置を含むリクエストをリスティングサービスに送信する（ホストの位置は、ホストに手動で提供を求めるか、位置情報へのアクセス許可を求めることで取得できる）
2. リスティングサービスは、その位置を規制サービス（「15.10.1　規制との付き合い方」を参照）に転送する。規制サービスは適切な規制を返す
3. リスティングサービスは規制をクライアントに返す。クライアントは規制に対応するために、UXを調整する場合がある。例えば、予約は最低14日間でなければならないというルールがある場合、クライアントは最小予約期間として14日未満を入力しようとすると即座にエラーを表示するようにできる

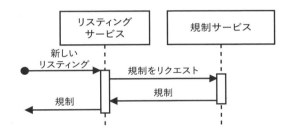

△図15.2　適切なリスティング規制を取得するためのシーケンス図

図15.3は、リスティングリクエストのシーケンスの概略図です。ホストはリスティング情報を入力して送信します。これはPOSTリクエストとしてリスティングサービスに送信されます。リスティングサービスは次のような処理を行います。

1. リクエストボディを検証する
2. リスティングのSQLテーブル（ここではListingテーブルと呼ぶ）に書き込みを行う。新しいリスティングと特定の更新には、オペレーションスタッフによる手動承認が必要となる。Listingテーブルには、リスティングがオペレーションによって承認されたかどうかを示す「Approved」という真偽値の列を含めることができる
3. オペレーションの承認が必要な場合、オペレーションユーザーにリスティングをレビューするように通知するため、POSTリクエストを承認サービスに送信する
4. クライアントにレスポンスコード200（成功）を返す

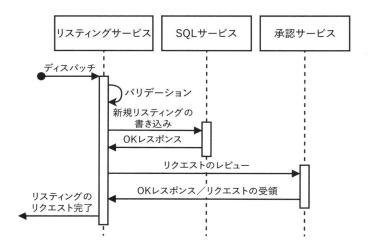

↑**図15.3** リスティングの作成または更新のリクエストのシーケンス概略図

　図15.4も見てみましょう。ステップ2と3はCDCを使用して並行して実行できます。全てのステップは冪等です。SQLテーブルへの重複書き込みを防ぐために、`INSERT IGNORE`を使用できます（https://stackoverflow.com/a/1361368/1045085）。また、「5.3　変更データキャプチャ（CDC）」でも議論したトランザクションログのテイリングも使用できます。

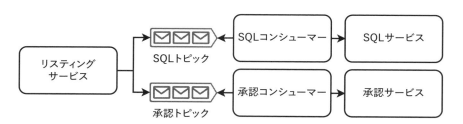

↑**図15.4**　SQLサービスと承認サービスへの分散トランザクションにCDCを使用する

　この設計図は簡略化されたものです。現実の実装では、リスティングプロセスは複数のリクエストからなる場合があります。リスティングを作成するフォームは入力する情報が多いため、部分ごとに分かれており、ホストがそれぞれの情報を入力して個別に送信する可能性があります。例えば、リスティングへの写真の追加は1枚ずつ行われる場合があります。それ以外にも、ホストがリスティングのタイトル、種類、説明を入力して1つのリクエストとして送信を行い、その後に価格の詳細を入力して別のリクエストとして送信するといったこともあり得るでしょう。

もう1つ注意すべき点は、リスティングリクエストがレビュー待ちの間に、ホストが追加の更新を行えるようにすることです。そうした更新が発生した場合は、対応するリスティングテーブルの行をUPDATEする必要があります。

通知については詳しく議論しませんが、通知の正確なビジネスロジックは複雑で頻繁に変更される可能性があります。通知はバッチETLジョブとして実装することができ、リスティングサービスにリクエストを行い、その後、共有の通知サービスにリクエストを送信して通知を送信します。バッチジョブは未完了のリスティングを照会し、次の処理を行えます。

- 完了していないリスティングプロセスがあることをホストに通知して思い出させる
- 未完了のリスティングについてオペレーションユーザーに通知し、オペレーションユーザーがホストに連絡してリスティングプロセスの完了を促すことができるようにする

15.6 承認サービス

ここで取り上げたような面接課題の場合、面接官の興味は予約プロセスの設計にあるかもしれず、承認サービスに関する議論はそれほど深掘りされないかもしれません。

承認サービスは内部アプリケーションであり、トラフィックが少ないため、シンプルなアーキテクチャで問題ありません。図15.5を見てください。設計はクライアントWebアプリケーションとバックエンドサービスで構成され、バックエンドサービスはリスティングサービスと共有SQLサービスにリクエストを行います。ここでは、全てのリクエストに対して手動での承認が必要であると仮定しています。例えば、承認や拒否を自動化することは考慮していません。

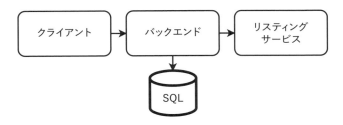

▲ 図15.5　承認サービスの高レベルアーキテクチャ。オペレーションユーザーがリスティングの追加や更新などの特定の操作をレビューするために用いられる

承認サービスは、レビューを必要とするリスティングをリスティングサービスが送信するためのPOSTエンドポイントを提供します。これらのリクエストを書き込むSQLテーブルを「listing_request」と名付けましょう。このテーブルには、次のような列が含まれるはずです。

- `id`
  ID。主キー。

- `listing_id`
  リスティングサービスのListingテーブル内のリスティングID。両方のテーブルが同じサービス内にある場合、これは外部キーになる。

- `created_at`
  このリスティングリクエストが作成、更新されたタイムスタンプ。

- `listing_hash`
  オペレーションユーザーがレビュー中に変更されたリスティングを、更新前の状態で承認や拒否しないようにするための追加メカニズムの一部として、この列を含めることができる。

- `status`
  リスティングリクエストのステータスを示す列挙型で、「`none`」「`assigned`」「`reviewed`」のいずれかの値を取る。

- `last_accessed`
  このリスティングリクエストが最後にフェッチされてオペレーションユーザーに返されたときのタイムスタンプ。

- `review_code`
  列挙型。承認されたリスティングリクエストの場合は単に「`APPROVED`」になる。それ以外には、リスティングリクエストを拒否する理由のカテゴリに対応する名前が用意される可能性がある。例えば、「`VIOLATE_LOCAL_REGULATIONS`（地域の規制に反している）」「`BANNED_HOST`（バンされたホスト）」「`ILLEGAL_CONTENT`（違法なコンテンツ）」「`SUSPICIOUS`（不審な情報）」「`FAIL_QUALITY_STANDARDS`（クオリティ標準違反）」など。

- `reviewer_id`
  このリスティングリクエストに割り当てられたオペレーションユーザーのID。

- `review_submitted_at`
  オペレーションユーザーが、承認あるいは拒否を送信したときのタイムスタンプ。

- `review_notes`
  オペレーションユーザーが書くことができるリスティングリクエストが、承認あるいは拒否された理由についてのメモ。

10,000人のオペレーションユーザーがいて、各ユーザーが週に最大5,000件の新規、あるいは更新されたリスティングをレビューすると仮定すると、このレビューオペレーションでは、週に5,000万行をSQLテーブルに書き込むことになります。各行が1KBを占めると仮

定すると、承認テーブルは月に1KB×50,000,000×30日＝1,500,000MB≒1.5TB増加します。1〜2か月分のデータをSQLテーブルに保持し、定期的なバッチジョブを実行して古いデータをオブジェクトストレージにアーカイブすることができるでしょう。

また、各オペレーションユーザーが割り当てられた作業／レビューを取得して実行するためのエンドポイントとSQLテーブルを設計することもできます。オペレーションユーザーは、まずGETリクエストで自分のIDを渡し、`listing_request`テーブルからリスティングリクエストをフェッチできます。複数のスタッフが同じリスティングリクエストに割り当てられるのを防ぐために、バックエンドは次のステップを含むSQLトランザクションを実行できるでしょう。

1. オペレーションユーザーがすでにリスティングリクエストに割り当てられている場合、この割り当てられたリクエストを返す。ステータスがassignedで、オペレーションユーザーのIDがreviewer_idであるレコードをSELECTする
2. 割り当てられたリスティングリクエストが1つもない場合、ステータスがnoneで、`created_at`タイムスタンプが一番古いレコードをSELECTする。これが割り当てられるリスティングリクエストになる
3. ステータスをassignedに、reviewer_idをオペレーションユーザーのIDにUPDATEする

バックエンドは、このリスティングリクエストをオペレーションユーザーに返し、オペレーションユーザーはそれをレビューして承認、あるいは拒否します。図15.6は同期処理による承認プロセスのシーケンス図です。承認や拒否は承認サービスへのPOSTリクエストであり、次のステップをトリガーします。

1. `listing_request`テーブルの行をUPDATEする。status、review_code、review_submitted_at、review_notesの列をUPDATEすることになるオペレーションユーザーがレビューしている間に、ホストがリスティングリクエストを更新するかもしれず、レースコンディションが発生する可能性がある。そのため、POSTリクエストには、承認サービスが以前にオペレーションユーザーに返したリスティングハッシュを含め、バックエンドはこのハッシュが現在のハッシュと同一であることを確認する必要がある。ハッシュが異なる場合、オペレーションユーザーがレビューしている間に、ホストがリスティングリクエストを更新したことを意味し、更新されたリスティングリクエストをオペレーションユーザーに返し、レビューをやり直させる必要がある。このレースコンディションの判別をハッシュではなく、`listing_request.last_accessed`タイムスタンプが`listing_request.review_submitted_at`よりも最近であるかどうかをチェックし

て識別することはできるだろうか。しかし残念ながら、この手法は信頼できない。なぜなら、さまざまなホストのクロックが完全に同期されていないからである。また、ホストやクライアントの時間設定はさまざまな理由で変更される可能性がるからである。例えば、サマータイム、サーバの再起動などが考えられ、サーバのクロックが定期的に参照サーバと同期される可能性もある。分散システムでは、整合性を確保するためにサーバのクロックに依存することはできない（『Designing Data-Intensive Applications』参照）

Lamportクロックとベクトルクロック

Lamportクロック（https://martinfowler.com/articles/patterns-of-distributed-systems/lamport-clock.html）訳注1は、分散システムでイベントの順序付けを行う技術です。ベクトルクロックは、より高度な技術です。詳細については、George Coulouris、Jean Dollimore、Tim Kindberg、Gordon Blairによる「Distributed Systems: Concepts and Design」（Pearson、2011）の第11章を参照してください。

---

2. リスティングサービスにPUTリクエストを送信し、listing_request.statusとlisting_request.reviewed_at列をUPDATEする。そして再度、ハッシュをSELECTし、送信されたハッシュと同一であることを確認する。その際、両方のSQLクエリをトランザクションでラップする必要がある

3. 予約サービスにPOSTリクエストを送信し、予約サービスがこのリスティングをゲストに表示し始めることができるようにする。図15.7に示すような代替アプローチも存在する

4. バックエンドは共有通知サービス（「第9章　通知／アラートサービスの設計」）にリクエストを送信し、承認または拒否についてホストに通知する

5. 最後に、バックエンドはクライアントにステータスコード200のレスポンスを送信する。これらのステップは冪等な方法で書かれるべきで、ホストがこのうちのいずれかのステップで失敗した場合には、そのステップ、あるいは全てのステップを繰り返すことができるようにする

訳注1　分散システムでイベントの順序を確立するために使用される論理クロック。

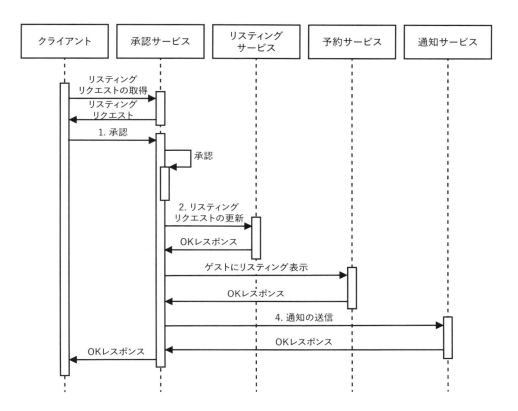

図15.6 リスティングリクエストのフェッチに続く、リスティングリクエストの同期的な承認のシーケンス図。承認サービスはSagaオーケストレーターになり得る

　代わりに変更データキャプチャ（CDC）をすることはできるでしょうか。図15.7はCDCを利用した非同期アプローチを示したものです。承認リクエストでは、承認サービスはKafkaキューにプロデュースし、ステータスコード200を返します。コンシューマーはKafkaキューから消費し、これらの全てのサービスへのリクエストを行います。承認の頻度は低いので、コンシューマーは指数関数的バックオフと再試行を使用して、Kafkaキューが空の場合に高頻度でポーリングすることを避け、キューが空の場合は1分に1回だけポーリングするようにできるでしょう。

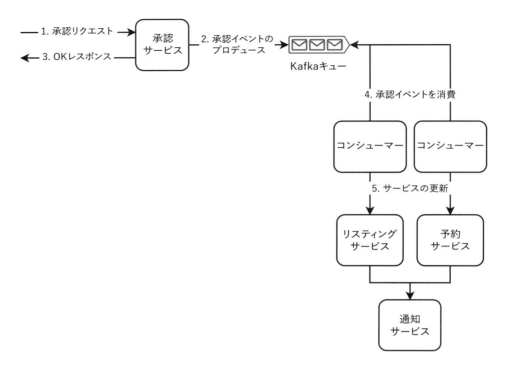

⬆ **図15.7** CDCを使用したリスティングリクエストの非同期承認アプローチ。全てのリクエストが再試行可能なので、Sagaを使用する必要はない

　通知サービスは、ホストに通知を送信する前に、リスティングサービスと予約サービスが更新されるまで待つ必要があります。そのため、2つのKafkaトピックから消費し、1つのトピックから特定のリスティング承認イベントに対応するイベントを消費した場合、同じリスティング承認イベントに対応するサービスからのイベントを待ってから通知を送信しなければなりません。したがって、通知サービスは、これらのイベントを記録するためのデータベースが必要です。このデータベースは、図15.7には示されていません。

　追加の安全装置として、サービス間の不整合を引き起こす可能性のある検知されないエラーを防ぐために、3つのサービスを監査するバッチETLジョブを実装できます。このジョブは、不整合を見つけた場合に開発者にアラートをトリガーします。

　このプロセスにはCDCを使用し、Sagaは使用しません。なぜなら、サービスのいずれかがリクエストを拒否することは予想されないため、補償トランザクションは必要ないからです。リスティングサービスと予約サービスにはリスティングの公開を妨げる理由はなく、通知サービスにはユーザーに通知を送信しない理由はありません。

　しかし、ユーザーがリスティングが承認される直前にアカウントをキャンセルした場合はどうなるでしょうか。図15.6の承認プロセスに関与するさまざまなサービスが、承認リクエストの直前にユーザー削除リクエストを受け取った場合、リスティングが無効であることを

記録するか、リスティングを削除できます。そうすれば、承認リクエストが原因でリスティングがアクティブ化されることはありません。面接官とさまざまなアプローチのトレードオフや思い付くほかの関連する懸念事項について話し合うべきでしょう。彼らは、あなたが細部に注意を払っていることを評価するはずです。

ほかにも実装可能な機能を思い付くかもしれません。例えば、リスティングのレビューに複数のオペレーションユーザーが関与する場合などが考えられます。これらの点について言及し、面接官が興味を持った場合には、それについて議論することができるでしょう。

オペレーションユーザーが管轄区域に担当が分けられており、その地域のリスティングリクエストのレビューだけを行う場合、適切なリスティングリクエストを割り当てるにはどうしたらよいでしょうか。このアプリケーションはすでに地理的地域によって機能的に分割されているので、オペレーションユーザーが特定のデータセンター内のリスティングリクエストをレビューできる場合、特に設計に何かを追加する必要はありません。そうでないのであれば、いくつかの可能性について議論できるでしょう。

- listing_requestテーブルとlistingテーブルの間でJOINクエリを実行し、特定の国や都市のリスティングリクエストを取得する必要がある。しかし、私たちの設計ではlisting_requestテーブルとlistingテーブルが異なるサービスにあるため、工夫が必要になる
  - システムを再設計する。リスティングサービスと承認サービスを組み合わせ、両方のテーブルを同じサービスに配置する
  - JOINロジックをアプリケーション層で処理する。これにはサービス間のデータ転送のI/Oコストなどの欠点がある
  - リスティングデータを非正規化または複製する。listing_requestテーブルにlocation列を追加するか、listingテーブルを承認サービスで複製する。リスティングの物理的な場所は変更されないため、非正規化や複製による不整合のリスクは低いが、最初に入力された場所が間違っていて後で修正された場合や何らかのその他のバグに起因する不整合が発生する可能性がある
  - リスティングIDに都市IDを含めることができる。そうすれば、どのサービスでもリスティングの都市をリスティングIDによって判断できるようになる。「(ID、都市)」のリストをメンテナンスすることで、任意のサービスからアクセスできるようになる。このリストは追加専用にし、トラブルの発生しやすいデータ移行を行う必要がないようにする

前述のように、承認されたリスティングは予約サービスにコピーされます。予約サービスはトラフィックが多くなる可能性があるため、このステップが最も失敗率が高いかもしれませ

ん。指数関数的バックオフと再試行またはデッドレターキューにより、失敗に備えるのが一般的です。承認サービスから予約サービスへのトラフィックは、ゲストからのトラフィックに比べて無視できるほど少ないため、予約サービスのダウンタイムの可能性を減らすために承認サービスからのトラフィックを減らす必要はありません。

最後に、一部の承認や拒否の自動化についても議論できます。SQLテーブル「Rules」にルールを定義し、これらのルールをフェッチしてリスティングの内容に適用できます。また、機械学習を使用することも考えられるでしょう。機械学習サービスで機械学習モデルをトレーニングし、選択されたモデルIDをRulesテーブルに配置できます。そうすれば、関数はリスティングの内容とモデルIDを機械学習サービスに送信でき、サービスは承認、拒否、または結論が出ない（つまり、手動レビューが必要）を返します。listing_request.reviewer_idの値は「AUTOMATED」のようになり、結論が出ないレビューのlisting_request.review_codeの値は「INCONCLUSIVE」になります。

15.7 予約サービス

予約／予約プロセスのステップを簡単に示します。

1. ゲストは次の条件を検索クエリとして送信し、利用可能なリスティングのリストを受け取る。結果に含まれる各リスティングには、サムネイルと簡単な情報が含まれる。要件のところで議論したように、ほかの詳細な事項については本書の範囲外とする
   - 都市
   - チェックイン日
   - チェックアウト日
2. ゲストは価格やその他のリスティングの詳細情報を用いて結果をフィルタリングできる
3. ゲストはリスティングをクリックして、高解像度の写真や動画などを含む詳細情報を表示する。そのページから、ゲストは [戻る] ボタンなどで結果リストに戻ることができる
4. ゲストが予約するリスティングを決定したとする。ゲストは予約リクエストを送信し、確認またはエラーを受け取る
5. ゲストが確認を受け取った場合、支払いを行うように指示される
6. ゲストが気が変わって、キャンセルリクエストを送信する場合がある

前述のリスティングサービスと同様に、次のような通知を送信することが可能です。

- 予約が正常に完了またはキャンセルされた後に、ゲストとホストにそれについて通知する
- ゲストが予約リクエストの詳細を入力したものの完了しなかった場合、数時間または数日後に予約リクエストを完了するようにリマインダーを送信する

- ゲストの過去の予約、閲覧したリスティング、ほかのオンライン活動、人口統計などのさまざまな要因に基づいて、適切なリスティングをゲストに推薦する。どのリスティングを推薦するかはレコメンデーションシステムによって選択される
- 支払いに関する通知。支払いについては、ホストが承諾する前にエスクローに支払いを預けるか、ホストが承諾した後のみに支払いを要求するかを選択できる。通知ロジックは、それに応じて異なる

スケーラビリティ要件について簡単に議論しておきましょう。前述のように、リスティングは都市ごとに機能的に分割できます。1つの都市に最大100万のリスティングがあると仮定しましょう。1日あたり最大1,000万件の検索、フィルタリング、リスティング詳細のリクエストといったように、少し多めにリクエスト量を見積もることができます。これらの1,000万件のリクエストが1日の特定の1時間に集中しているかもしれないと仮定しても、アクセス量は1秒あたり約3,000クエリとなり、これは1台または少数のホストで処理できる量です。本節で議論するアーキテクチャは、それよりもはるかに大きなトラフィックを処理できるでしょう。

図15.8は予約サービスの高レベルアーキテクチャです。全てのクエリはバックエンドサービスによって処理され、適切に共有のElasticsearchまたはSQLサービスにクエリを行います。

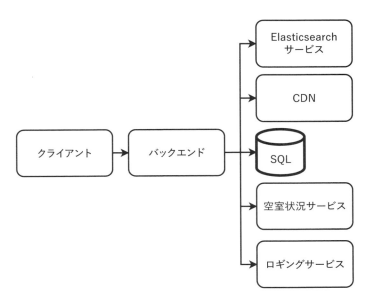

図15.8　予約サービスの高レベルアーキテクチャ

検索およびフィルタリングのリクエストはElasticsearchサービスで処理されます。Elasticsearchサービスは、ページネーションを処理することも可能です（https://www.elastic.co/guide/en/elasticsearch/reference/current/paginate-search-results.html）。これによって、一度に少数の結果を返すことでメモリとCPU使用量を節約できます。Elasticsearchは、あいまい検索をサポートしており、ゲストが場所や住所のスペルミスをした際に有用です。

　リスティングの詳細を取得するCRUDリクエストは、ORMを使用してSQLクエリにフォーマットされ、SQLサービスに対して行われます。また、写真と動画はCDNからダウンロードされ、予約リクエストは予約可能確認サービスに転送されます。これについては、次節で詳しく説明します。予約サービスのSQLデータベースへの書き込み操作は次のようなプロセスになります。

1. 予約リクエストが発生
2. 前節で説明した承認サービス。承認サービスはリスティングの詳細に対して更新を行うが、頻度は高くない
3. 予約をキャンセルしてリスティングを再度利用可能にするリクエスト。これは支払いが失敗した場合に発生する

　この予約サービスで使用されるSQLサービスは、「4.3.2　シングルリーダーレプリケーション」で説明したリーダー——フォロワーアーキテクチャを使用できます。頻度の低い書き込みはリーダーホストに行われ、リーダーホストはそれらをフォロワーホストにレプリケートします。SQLサービスには、次のような列を持つBookingテーブルが含まれるでしょう。

- id：予約に割り当てられた主キー ID
- listing_id：リスティングサービスによって割り当てられたリスティングのID（このテーブルがリスティングサービスにあった場合、この列は外部キーになる）
- guest_id：予約を行ったゲストのID
- check_in：チェックイン日
- check_out：チェックアウト日
- timestamp：この行が挿入、あるいは更新された時間（この列は単に記録のために用意している）

このプロセスにおける書き込み操作は、予約可能確認サービスに対して行われます。

1. 予約またはキャンセルリクエストは、関連する日付のリスティングが予約可能かどうか を変更する

2. 予約プロセスのステップ3（リスティングの詳細をリクエストする）で、ゲストが予約リ クエストを行う可能性があるため、リスティングを5分間ロックすることを検討できる。 つまり、その間は、そのリスティングがほかのゲストの重複する日付の検索クエリに表示 されなくなる。逆に、今ロックしているゲストが別の検索またはフィルタリングリクエスト を行った場合、早期に（5分が経過する前に）ロックを解除することができる。これは、 そのゲストがこのリスティングを予約する可能性が低いことを示しているからである

Elasticsearchインデックスは、リスティングが予約可能かどうかや詳細が変更された ときに更新する必要があります。つまり、リスティングの追加や更新には、SQLサービスと Elasticsearchサービスの両方への書き込みリクエストが必要となります。「第5章　分散 トランザクション」で説明したように、これは分散トランザクションとして処理して、どちら かのサービスへの書き込み中に障害が発生した場合の不整合を防ぐことができます。予約 リクエストには、予約サービスと予約可能確認サービス（次節で説明）の両方のSQLサー ビスへの書き込みが必要であり、こちらも分散トランザクションとして処理する必要があ ります。

予約の成立によってリスティングが検索の対象外になる場合、予約サービスは独自の データベースを更新して重複した予約を防ぐだけではなく、Elasticsearchサービスも更新 して、このリスティングが検索に表示されなくなるようにする必要があります。

Elasticsearchの結果は、ゲストの評価の降順でソートする場合があります。結果は機械 学習サービスによって並べ替えられる場合もあります。これらの考慮事項は本書の範囲外 とします。

図15.9は、予約プロセスのシーケンス図を単純化したものです。

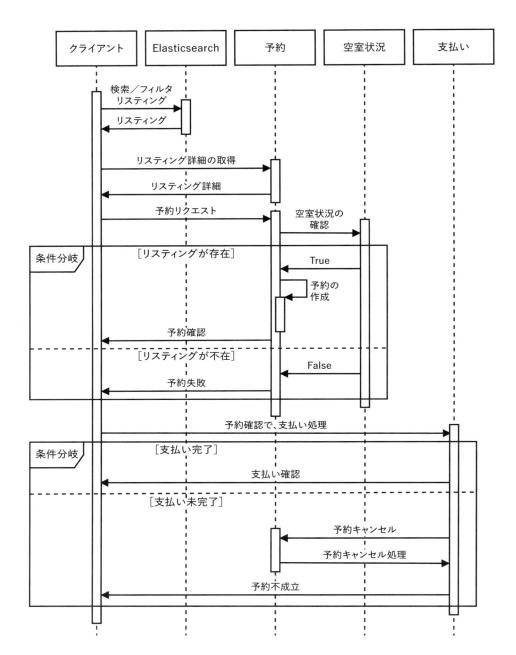

🔼 **図 15.9** 単純化された予約プロセスのシーケンス図を詳細を省いて単純化したもの。例えば、リスティングの詳細取得には、CDN が使用される場合がある。また、ホストに予約リクエストを手動で承諾、拒否するオプションは追加されていない。さらに、支払いの実行にはここには、記載していない多数のリクエストと複数のサービスが関与する。通知サービスへのリクエストも図示していない

最後に、多くのゲストが予約リクエストを行う前にリスティングを検索し、多くのリスティングの詳細を閲覧することを考慮して、検索と閲覧機能と予約機能を別々のサービスに分割することを検討できます。リスティングの検索と閲覧サービスはより多くのトラフィックを受け、予約リクエストを行うサービスよりも多くのリソースを割り当てられます。

15.8 予約可能確認サービス

予約可能確認サービスは、次のような状況を避ける必要があります。

- ダブルブッキング
- ゲストの予約がホストに表示されない状況
- ホストが特定の日付を利用不可能として登録したにもかかわらず、ゲストがその日付で予約ができてしまうこと
- これらのよくないユーザー体験により、カスタマーサポート部門がゲストとホストからの苦情で負担がかかること

予約可能確認サービスは、次のエンドポイントを提供します。

- 場所ID、リスティングタイプID、チェックイン日、チェックアウト日が与えられた場合に、予約可能なリスティングを取得する
- 特定のチェックイン日からチェックアウト日までの期間、リスティングを数分間（例：5分間）ロックする
- 特定のチェックイン日からチェックアウト日までの期間などの予約の各項目のCRUD

図15.10は予約可能確認サービスの高レベルアーキテクチャであり、バックエンドサービスで構成され、共有SQLサービスにリクエストを行います。共有SQLサービスは、図4.1と図4.2で解説したリーダー―フォロワーアーキテクチャを利用しています。

⬆ **図15.10** 予約可能確認サービスの高レベルアーキテクチャ

SQLサービスには、次の列を持つ予約可能テーブルを用意します。このテーブルにプライマリキーは存在しません。

- listing_id：リスティングサービスによって割り当てられたリスティングのID
- date：ターゲットとなる日付
- booking_id：予約が行われた際に予約サービスによって割り当てられた予約／予約ID
- available：文字列フィールドで列挙型として機能する。リスティングが「利用可能」「ロックされている」「予約されている」のいずれかを示す。この「(listing_id, date)」の組み合わせがロックまたは予約されていない場合、行を削除することでスペースを節約できる。ただし、高い占有率を目指しているため、このスペース節約は無視できる。もう1つの欠点は、SQLサービスが全ての可能な行に十分なストレージをプロビジョニングする必要があることである。スペースを節約するために、必要なときだけ行を挿入する場合、リスティング全体で高い占有率になるまで、十分なストレージがプロビジョニングされていないことに気付かない可能性がある
- timestamp：この行が挿入または更新された時間のタイムスタンプ

前節で議論したリスティングロックプロセスについて、クライアント（Webまたはモバイルアプリケーション）に6分間のタイマーを表示できます。クライアント上のタイマーは、クライアントとバックエンドホストのクロックを完全に同期させることができないため、バックエンド上のタイマーよりも少し長い期間に設定すべきです。

このリスティングロックメカニズムは、複数のゲストが重複する予約リクエストを行うのを減らすことはできますが、完全に防ぐことはできません。重複予約を防ぐためにSQLの行ロックを使用できます（https://dev.mysql.com/doc/refman/8.0/en/glossary.html#glos_exclusive_lock、および、https://www.postgresql.org/docs/current/explicit-locking.html#LOCKING-ROWSを参照）。バックエンドサービスは、リーダーホスト上でSQLトランザクションを使用する必要があります。まず、リクエストされた日付でリスティングが利用可能かどうかをチェックするSELECTクエリを行います。次に、リスティングを適切にマークするINSERTまたはUPDATEクエリを行います。

リーダー——フォロワー SQLアーキテクチャを採用することのトレードオフとして、検索結果に利用不可能なリスティングが含まれる可能性がある点が挙げられます。ゲストが利用不可能なリスティングを予約しようとした場合、予約サービスはステータスコード409でレスポンスを返します。ユーザー体験への影響は、それほど深刻ではないと予想されます。なぜなら、ユーザーは閲覧中にリスティングが予約される可能性があることを予想できるからです。ただし、このような発生を監視するための指標を監視サービスに追加し、過剰に発生した場合にアラートを受け、必要に応じて対応できるようにする必要があるでしょう。

本章の前半で、人気のある（リスティング、日付）のペアをキャッシュしない理由について議論しました。それでもキャッシュを選択する場合は、「4.8.1　読み取り戦略」で説明されている読み取りの多い負荷に適したキャッシング戦略を実装できます。

それでは、このサービスはどれくらいのストレージを必要としているでしょうか。各列が64ビットを占めると仮定すると、1行は40バイトを占めます。100万のリスティングは、180日分のデータで7.2GBとなりますが、これは1台のホストに余裕で収まります。また、必要に応じて古いデータを手動で削除することでスペースを解放できるでしょう。

SQLテーブルスキーマの設計として、ほかの例を考えてみましょう。前節で議論したBookingテーブルに似ていますが、リスティングがロックされているか予約されているかを示す「status」または「availability」という列が含まれているテーブルを定義するかもしれません。特定のチェックインとチェックアウト日の間でリスティングが予約可能かどうかを見つけるアルゴリズムは、コーディング面接の質問として行われる可能性があります。コーディング面接ではコードを書くように求められる可能性がありますが、システム設計面接ではコードを書くことはまずありません。

15.9 ロギング、監視、アラート

「2.5 ロギング、モニタリング、アラート」で議論した、CPU、メモリ、Redisのディスク使用量、Elasticsearchのディスク使用量に加えて、次のようなものを監視し、アラートを送信する必要があります。

まず、異常な数の予約、リスティング、キャンセルが発生することに対する異常検出を行う必要があります。異常検知の別の例としては、リスティングが手動やプログラムで不正フラグを立てられる割合が非常に高くなったときなどが考えられるでしょう。

続いて、ホストがリスティングを作成するステップやゲストが予約を行うステップなど、エンドツーエンドのユーザーストーリーを定義します。定義したユーザーストーリー／フローについて、最後まで完了したものと完了しなかったものの比率を監視し、ユーザーが全体のストーリー／フローを完了できない比率が異常に高くなった場合にアラートを作成します。このような状況は、低いファネル変換率という名でも知られています。

望ましくないユーザーストーリーの発生比率を定義して監視することもできます。例えば、ゲストとホストのコミュニケーション後に予約リクエストが行われない、あるいは、キャンセルされたりする確率などが該当するでしょう。

15.10 その他の議論可能なトピック

本章で議論されたさまざまなサービスとビジネスロジックは、複雑なビジネスの一部分を大まかに単純化したものに見えます。面接では、より多くのサービスを設計し、それらの要件、ユーザー、サービス間の通信について議論を続けることができます。また、さまざまなユーザーストーリーとそれに対応するシステム設計の複雑さについて、より詳細に考慮することもできます。

- ユーザーは、検索条件に正確に一致しないリスティングにも興味を持つ可能性がある。例えば、利用可能なチェックイン日やチェックアウト日が少し異なる場合が気になったり、近隣の都市のリスティングも予約したいかもしれない。このような結果を返す検索サービスをどのように設計できるだろうか。Elasticsearchに送信する前に検索クエリを修正するか、そのような結果を関連性のあるものとして考慮するElasticsearchインデックスをどのように設計できるだろうか

- ホスト、ゲスト、オペレーション、その他のユーザーに提供できる機能は、ほかに何があるだろうか。例えば、ゲストが不適切なリスティングを報告するシステムを設計してみよう。ホストとゲストの行動を監視し、サービスの使用制限やアカウントの停止などの懲罰的行動を推奨するシステムも考えてみよう

- すでに述べた事柄のうち、本書では「範囲外」と定義した機能要件についても考えてみよう。それらのアーキテクチャの詳細、例えば、要件が現在のサービスで満たされているか、別のサービスであるべきかなどを検討しよう

- 検索については、本章では議論していない。ゲストがキーワードでリスティングを検索可能にすることを検討できる。そのためには、リスティングをインデックス化する必要がある。Elasticsearchを使用するか、独自の検索サービスを設計できるだろう

- ビジネス向け旅行者に適したリスティングの提供など、製品範囲を拡大できる

- ホテルと同様に二重予約を許可する。より高価な部屋は空室率が高い傾向にあるため、部屋が利用できない場合はゲストをアップグレードする必要があるだろう

- 分析システムの例については「第17章　Amazonの売上トップ10の商品のダッシュボードの設計」で説明する

- ユーザーにいくつかの統計情報を表示する（例：リスティングの人気度など）にはどうすればよいか

- パーソナライゼーション、例えば、部屋のレコメンデーションシステムを作るにはどうすればよいか。レコメンデーションサービスは新しいリスティングを推薦し、予約を取りやすくすることで、新参のホストをサポートすることができるだろう

- フロントエンドエンジニアやUXデザイナーのインタビューには、UXフローの議論が含まれる場合がある

- 不正防止と不正件数の軽減は、どのように行うことができるか

15.10.1　規制との付き合い方

　規制を正しく運用するための標準的なAPIを提供する、規制専用のサービスを設計し、その実装を検討できるでしょう。その場合、ほかの全てのサービスは、このAPIとやり取りを行って規制を確認するよう設計する必要があります。これによって、予期せぬ規制に対してより柔軟に対応できることが期待でき、少なくとも変更への対応が容易になります。

著者の経験では、変化する規制に対応できるようにサービスを設計することは、多くの企業で見落とされがちな盲点です。そうしたサービスがないがために、規制が変更されるたびに、再設計、実装、移行に多大なリソースが費やされてしまっています。

> **演習**
> AirbnbとCraigslistの間の規制要件の違いについて議論してみましょう。

　データプライバシーに関する法規制は、多くの企業に影響を及ぼす懸念事項です。例としては、COPPA（https://www.ftc.gov/enforcement/rules/rulemaking-regulatory-reform-proceedings/childrens-online-privacy-protection-rule）、GDPR（https://gdpr-info.eu/）、CCPA（https://oag.ca.gov/privacy/ccpa）などが挙げられます。一部の政府は、その管轄区域内で発生する活動に関するデータの共有を企業に要求したり、自国民に関するデータが国外に出ることを禁止したりする場合があります。

　規制は会社の中核的なビジネスに影響を与える可能性があります。Airbnbの場合、ホストとゲストに直接影響する規制に対応する必要があります。具体的な例として、次のようなものが挙げられるでしょう。

- リスティングは年間で一定の日数までしかゲストに貸出ができない
- 貸出できるのは、特定の年以前または以降に建設された物件のみである
- 特定の日付（特定の祝日など）には予約ができない
- 特定の都市では、予約の期間に最小や最大の日数が決められている
- 特定の都市や住所では、全く貸出が許可されない場合がある
- 貸し出す物件には、一酸化炭素検知器、火災検知器、非常階段などの安全設備が必要となる
- その他の居住性や安全性に関する規制がある場合がある

　アメリカ国内でも、特定の条件にマッチする部屋に追加の規制が適用される場合がある。その規制内容は、国、州、市、さらには住所（特定のアパートメント複合施設が独自のルールを課す場合など）によって異なる場合があります。

まとめ

- Airbnbは、予約アプリケーション、マーケットプレイスアプリケーション、カスタマーサポートと運営アプリケーションで構成されている。ホスト、ゲスト、運営スタッフが、主要なユーザーグループとなる

- Airbnbの製品はローカライズされているため、リスティングを地理的にデータセンターでグループ化できる

- 貸し出す物件と予約に関わるサービスの数の多さは、システム設計面接で包括的に議論することは不可能である。主要なサービスをいくつか挙げ、その機能について簡単に議論するようにしよう

- リスティングの作成には、Airbnbホストが地域の規制を遵守することを確認するために、複数のリクエストを行う必要がある場合がある

- ホストが物件の追加／更新のリクエストを送信した後、運営／管理スタッフによる手動承認が必要な場合がある。承認後、ゲストが予約できるようになる

- これらのさまざまなサービス間のやり取りは、レイテンシが重要でない場合は非同期であるべき。分散トランザクション技術を使用して、非同期のやり取りを可能にする

- キャッシングは、常にレイテンシを減らすための適切な戦略というわけではない。特にキャッシュがすぐに古くなってしまう場合は当てはまる

- アーキテクチャ図とシーケンス図は、複雑なトランザクションを設計する上で非常に有用である

Chapter

ニュースフィードの設計

本章の内容

- パーソナライズされたスケーラブルなシステムの設計
- ニュースフィードのフィルタリング
- 画像とテキストを配信するニュースフィードの設計

ニュースフィードを設計しましょう。ニュースフィードとは、ユーザーがあらかじめトピックを設定し、それに関するニュースの新しいものから順にソートされたリストを提供するサービスです。ニュース記事はトピック（カテゴリ）ごとに分類されており、ユーザーは任意の時点で最大3つの関心のあるトピックを設定できるようにします。

これは、システム設計面接の質問として、非常によくあるターゲットです。本章では、「ニュース記事」と「投稿」という用語を互換的に使用します。FacebookやTwitterなどのソーシャルメディアアプリでは、ユーザーのニュースフィードは、通常、友人やつながりのある人からの投稿で構成されます。しかし、このニュースフィードでは、ユーザーはほかの人が書いた投稿を取得します。つながりのある人からの投稿ではありません。

16.1 機能要件

次に示すのは、ニュースフィードシステムの機能要件です。面接中は、通常通り、面接官と5分間ほどの質疑応答と議論を行い、機能要件を整理できます。

- ユーザーは、関心のあるトピックを選択できる。最大100個のタグから選ぶこととする（「ニューストピック」という用語との曖昧さを避けるため、「タグ」という用語を使用する）
- ユーザーは、英語のニュースのリストを一度に10件、最大1,000件取得できる
- ユーザーには最新1,000件までしか提供しないが、システムは全ての項目をアーカイブする必要がある
- まずは地理的な場所に関係なく、全てのユーザーが同じニュースを取得できるようにし、その後、場所や言語などの要因に基づいてパーソナライズすることを検討する
- 最新のニュースを優先する。つまり、ニュース記事は新しい順に並べられるが、これは完璧に正確でなくても問題はない
- ニュースの構成要素は、次の通り
  - 通常、ニュースにはいくつかのテキストフィールドが含まれる。例えば、150文字以下のタイトルや10,000文字以下の本文といった具合である。10,000文字制限のテキストフィールドを1つだけ用意するという簡略化したパターンもあり得る
  - ニュースが登録された時刻を示すUNIXタイムスタンプ
  - まずは音声、画像、動画は考慮しない。時間があれば、最大1MBの画像ファイル0〜10個が各ニュースについているというパターンを考慮できる

ヒント

初期の機能要件では画像を考慮しません。なぜなら、画像の扱いはシステム設計を著しく複雑にするためです。まずテキストのみを扱うシステムを設計し、その後、画像やその他のメディアを扱うように拡張する戦略がよいでしょう。

- 不適切なコンテンツが含まれる可能性があるため、特定のニュースの配信をしたくない場合があることを考慮に入れる

次のことは、機能要件の範囲外とします。

- 同一の記事に変更が途中で加えられ、複数のバージョンが存在する可能性があるが、そうしたバージョンの管理は考慮しない。変更が加えられるパターンとしては、著者が記事に追加のテキストやメディアを追加したり、エラーを修正するために記事を編集したりするなどが考えられる

- 最初の段階では、ユーザーデータ（関心のあるトピック、どの記事を表示したのか、どの記事を読んだかを選択した記事など）の分析や洗練された推奨システムを考慮する必要はない
- 共有やコメントなど、その他のパーソナライゼーションやソーシャルメディア連携機能は必要ない
- ニュース記事のデータソースを考慮する必要はないが、ニュースを追加するためのPOST APIエンドポイントを提供する
- 最初の段階では、検索を考慮する必要はない。ほかの要件を定義し終えた後で検索を考慮すればよい
- ユーザーログイン、支払い、サブスクリプションなどの収益化は考慮しない。全ての記事は無料で閲覧できると仮定する。広告を記事と一緒に配信することなども考慮しない

このニュースフィードシステムの非機能要件は、次の通りです。

- 1日あたり10万人のアクティブユーザーをサポートし、各ユーザーが1日平均10件のリクエストを行い、1日あたり100万件のニュース記事をサポートできるようにスケーラブルであること
- 高パフォーマンスが必要。読み取りのP99レイテンシが1秒以内
- ユーザーデータはプライベートであり、公開されない
- 結果整合性は最大数時間まで許容される。ユーザーがアップロード直後の記事にアクセスできる必要はないが、数秒以内にアクセス可能になることが望ましい。一部のニュースアプリケーションは「速報ニュース」として特定の記事を高優先度で即座に配信するものもあるが、ここで議論するニュースフィードでは、その機能をサポートする必要はない
- 書き込みには高可用性が必要となる。読み取りの高可用性はあれば好ましいが、ユーザーは古いニュースをデバイスにキャッシュできるため、必須ではない

16.2 高レベルアーキテクチャ

まず、ニュースフィードシステムの高レベルアーキテクチャを図16.1のようにスケッチしましょう。ニュース記事のソースはバックエンドに配置された取り込みサービスにニュース記事を送信し、それらの記事はデータベースに書き込まれます。ユーザーはニュースフィードサービスにクエリを送信し、ニュースフィードサービスはデータベースからニュース記事を取得してユーザーに返します。

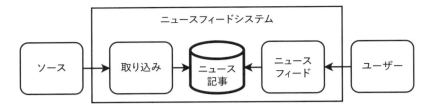

↑図16.1 ニュースフィードの初期の高レベルなアーキテクチャ。ニュースソースは取り込みサービスにニュース記事を送信し、それらを処理してデータベースに保存して永続化する。一方、ユーザーはニュースフィードサービスにクエリを送信し、データベースからニュース記事を取得する

このアーキテクチャから、次のようなことがわかります。

- 取り込みサービスは高可用性で、予測不可能な大量のトラフィックを処理する必要がある。Kafkaのようなイベントストリーミングプラットフォームの使用を検討する必要がある
- データベースは全ての項目をアーカイブする必要があるが、ユーザーには最大1,000項目しか提供しない。これは、全ての記事をアーカイブするためのデータベースと、必要な記事を提供するためのデータベースを分けられることを示唆している。そして、それぞれのユースケースに適したデータベース技術を選択できる。ニュース記事は10,000文字で、これは10KBに相当する。UTF-8文字の場合、テキストのサイズは40KBになる
  - 1,000項目と100タグを提供するためには、全てのニュース記事の合計サイズは1GBで、これは簡単にRedisキャッシュに収まる
  - アーカイブには、HDFSのような分散シャードファイルシステムを使用できる
  - 結果整合性が最大数時間まで許容される場合、ユーザーのデバイスは1時間に1回以上の頻度でニュース記事を更新する必要がないかもしれない。これにより、ニュースフィードサービスの負荷を低減できる

更新された高レベルアーキテクチャを図16.2に示します。キューとHDFSデータベースは、CDC（「5.3　変更データキャプチャ」を参照）の例となっています。一方、HDFSから読み取ってRedisに書き込むETLジョブは、CQRS（「1.4.6　機能的分割と横断的な関心の集約」を参照）の例となっています。

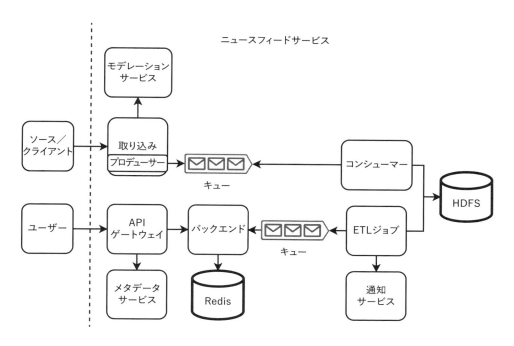

↑ 図16.2 ニュースフィードサービスの高レベルアーキテクチャ。クライアントが記事をニュースフィードサービスに送信する。取り込みサービスが投稿を受け取り、簡単な検証を行い、検証に合格した場合はKafkaキューに投稿を生成する。コンシューマークラスタが投稿を消費し、HDFSに書き込む。続いてバッチETLジョブが投稿を処理し、別のKafkaキューに生成する。その際に、通知サービスを通じて通知をトリガーする場合もある。記事のユーザーリクエストはAPIゲートウェイを通過し、メタデータサービスからユーザーのタグを取得し、その後バックエンドサービスを通じてRedisテーブルから投稿を取得する。バックエンドホストがアイドル状態の場合、キューから消費してRedisテーブルを更新する

ニュースフィードサービスのソースは、新しい投稿を取り込みサービスにプッシュします。取り込みサービスは、ニュース記事単独で実行できる検証タスクを実行しますが、ほかのニュース記事や一般的なほかのデータに依存する検証は実行しません。検証の例を示します。

- SQLインジェクションを避けるために値をサニタイズする
- 不適切な言語の検出など、フィルタリングと検閲を行う。このとき、2つの基準を設けることができる。1つは即時拒否のための基準で、これらの基準に該当した項目は即座に拒否される。もう1つは、手動レビュー用にフラグが立てられる基準で、このフラグはキューに生成される前に記事に追加される。これについては次節でさらに議論する
- 投稿がブロックされたソース／ユーザーからのものではないことの検証する。取り込みサービスはモデレーションサービスからブロックされたユーザーのリストを取得する。これらのユーザーは、運用スタッフが手動で、または特定の基準を満たした場合やイベント発生後に自動的にモデレーションサービスに追加される

- 必須フィールドが全てきちんと入っていること
- 最大長が設定されているフィールドがある場合、それを超えるテキストが格納されていないこと
- 特定の文字（句読点など）を含むことができないフィールドに、そのような文字が格納されていないこと

これらの検証タスクは、ソースのクライアントにおいて、取り込みサービスに投稿を送信する前にアプリケーション上でも実行できます。ただし、クライアントの検証はバグや悪意のある活動によってスキップされる可能性があるので、取り込みサービスでもこれらの検証を行わなければなりません。ソースのクライアントの検証が成功したにもかかわらず取り込みサービスで検証が失敗した場合、取り込みサービスがクライアントと異なる検証結果を返す理由を調査すべきです。

特定のソースからのリクエストは、取り込みサービスに到達する前に認証および認可サービスを通過しなければならない場合があります。これについては、図16.2に示されていません。OAuth認証とOpenID認可の議論については、「付録B　OAuth 2.0認可とOpenID Connect認証」を参照してください。

ソースからのリクエストのトラフィック量は予測不可能なので、このトラフィックを処理するためにKafkaキューを使用します。取り込みサービスでの検証に合格すると、取り込みサービスは投稿をKafkaキューに生成し、ソースにステータスコード200の成功レスポンスを返します。検証が失敗した場合、取り込みサービスはソースにステータスコード400のレスポンスを返します。その際、失敗した検証の説明を含める可能性があります。

コンシューマーはキューからポーリングし、HDFSに書き込むだけです。この際、少なくとも2つのHDFSテーブルが必要です。1つはコンシューマーが送信した生のニュース記事用、もう1つはユーザーに配信する準備ができたニュース記事用です。ユーザーに配信される前に手動レビューが必要な項目用の別のテーブルも必要かもしれません。手動レビューシステムの詳細な議論は、おそらく面接の範囲外となるでしょう。これらのHDFSテーブルはタグと時間で分割できます。

ユーザーはAPIゲートウェイに対してGET /postリクエストを行います。するとAPIゲートウェイはメタデータサービスにユーザーのタグを問い合わせ、その後バックエンドサービスを通じてRedisキャッシュに問い合わせ、適切なニュース記事を取得します。Redisキャッシュのキーは「(tag, hour)」のタプルで、値は対応するニュース記事のリストです。このデータ構造を「{(tag, hour), [post]}」として表現できます。ここでtagは文字列、hourは整数、postは記事IDと本文／コンテンツを含むオブジェクトです。

APIゲートウェイは、「6.1 サービスのさまざまな共通機能」でも説明した一般的なAPI ゲートウェイの責任も担っています。例えば、認証と認可の処理、レートリミットなどです。ホスト数が非常に多くなり、フロントエンドがメタデータサービスとRedisサービスに対して適切に問い合わせるために、一般的なハードウェアリソースでは足りなくなった場合、後者の2つの機能を別のバックエンドサービスに分割して、これらの機能を独立してスケーリングすることが可能です。

結果整合性の要件と、ユーザーのデバイスが1時間に1回以上の頻度でニュース記事を更新する必要がないかもしれないというアイデアに対し、ユーザーが前回のリクエストから1時間以内に更新をリクエストした場合、次のアプローチのどちらかを使うことで、負荷を軽減できるはずです。

1. デバイスがリクエストを無視する
2. デバイスはリクエストを行うが、レスポンスが504タイムアウトの場合は再試行しない

ETLジョブは、別のKafkaキューに書き込みます。バックエンドホストが投稿のユーザーリクエストに対応していない場合、Kafkaキューを消費してRedisテーブルを更新できます。ETLジョブは次の機能を果たします。

生のニュース記事がユーザーに提供される前に、ほかのニュース記事やほかのデータ一般に依存する検証またはモデレーション／検閲タスクを実行する必要があるかもしれません。単純化するために、これらのタスクは全て「検証タスク」と総称します。図16.3のように、これらは並列ETLタスクになります。各タスクに追加のHDFSテーブルが必要になる場合があり、各テーブルには検証に合格した記事IDが含まれます。検証タスクの例を次に示します。

- 重複記事を検出する
- 特定のタグ／話題に関する過去1時間以内に送信できるニュース記事数に制限がある場合、数を制限するための検証タスクが必要となる
- 中間HDFSテーブルから記事IDの交差を決定する。これは全ての検証に合格した記事IDのセットとなる。このセットを最終的なHDFSテーブルに書き込む。最終的なHDFSテーブルから記事IDを読み取り、対応するニュース記事をコピーしてRedisキャッシュを上書きする

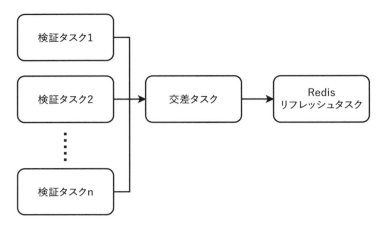

⬆ 図16.3　ETLジョブのDAG。検証タスクは並行して実行され、各検証タスクは有効な記事IDのセットを出力する。タスクが完了すると、交差タスクがこれらの全てのセットの交差を決定し、これがユーザーに提供できる記事IDの一覧となる

　また、通知サービスを通じて通知をトリガーするETLジョブも用意する必要があるかもしれません。通知チャンネルには、モバイルアプリやブラウザアプリ、メール、テキストメッセージ、ソーシャルメディアなどがあるでしょう。通知サービスの詳細な議論については、「第9章　通知／アラートサービスの設計」を参照してください。本章では通知サービスについて、これ以上詳しく議論しません。

　図16.2と、ETLジョブの文脈で議論したたように、モデレーションがニュースフィードサービスで重要な役割を果たしていることに注目しましょう。また、個々のユーザーに対して投稿をモデレートする必要もあるかもしれません。例えば、先ほど議論したように、ブロックされたユーザーはリクエストを行うことができないはずです。図16.4に示すように、この全てのモデレーションを単一のモデレーションサービスに統合することを検討できます。これについては「16.4　検証とコンテンツモデレーション」でさらに議論します。

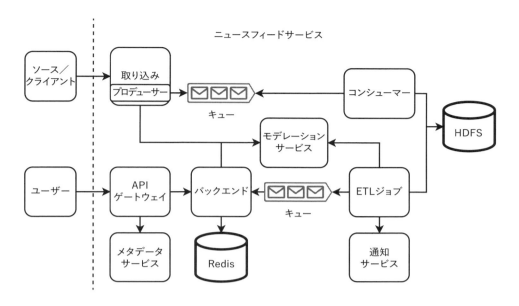

↑図16.4 全てのコンテンツモデレーションをモデレーションサービスに集中させたニュースフィードシステムの高レベルアーキテクチャ。開発者は、このサービスで全てのコンテンツモデレーションロジックを定義する

　新しいタグ／フィルタが追加された場合や、既存のタグ／フィルタが削除された場合、ここで議論しているシステムにおいては、この変更は将来の投稿のみに適用され、過去の投稿を再ラベル付けする必要はないと仮定する。

16.3　フィードを事前に準備する

　図16.2の設計では、各ユーザーは「(tag, hour)」ペアごとに1つのRedisクエリが必要になります。各ユーザーは希望する記事や関連記事を取得するために多くのクエリを行う必要があり、ニュースフィードサービスに高頻度の読み取りを行う可能性があります。これは、高いレイテンシを引き起こす可能性があります。

　ストレージをより多く利用することで、レイテンシとトラフィックを低減できます。つまり、「{ユーザーID, 記事ID}」と「{記事ID, 投稿}」の2つのハッシュマップを準備して、ユーザーのフィードを事前に準備するのです。各1,000個の10K文字の記事を持つ100タグが存在すると仮定すると、後者のハッシュマップは1GB強のサイズになります。前者のハッシュマップでは、10億のユーザーIDと最大100×1,000の可能な記事IDを格納する必要があります。IDは64ビットです。総ストレージ要件は最大800TBになり、これはRedisクラスタの容量を超える可能性があります。解決方法としてあり得るのは、ユーザーを地域ごとに分割し、データセンターごとに2〜3の地域のユーザーだけを格納することです。

これにより、データセンターあたり最大20Mユーザーとなり、最大ストレージ要件は16TBになります。別の解決策は、記事IDの最大数を数十件に制限することでストレージ要件を1TBに制限するアイデアですが、これは1,000項目の要件を満たしません。

別の可能な解決策は、「4.3　データベースを使用する場合と回避する場合」で議論したように、「{ユーザーID, 記事ID}」ペアにシャードされたSQL実装を使用することです。このテーブルをハッシュ化されたユーザーIDでシャードできます。こうすることによって、ユーザーIDがノード間でランダムに分散され、より高アクセスなユーザーもランダムに分散されます。そのため、ホットシャード問題を回避できます。バックエンドがユーザーIDの投稿のリクエストを受け取ると、ユーザーIDをハッシュ化し、適切なSQLノードにリクエストを行うことになります（適切なSQLノードの見つけ方については後で議論する）。「{記事ID, 投稿}」のペアを含むテーブルは、全てのノードに複製できるので、これらの2つのテーブル間でJOINクエリを実行できます（このテーブルにはタイムスタンプ、タグなどのほかのディメンション列も含まれる場合がある）。図16.5は、シャーディングと複製の戦略を示しています。

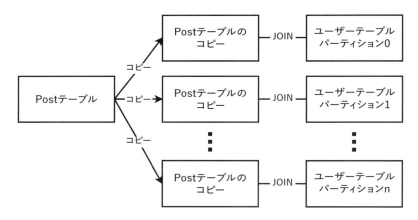

↑ 図16.5　シャーディングと複製戦略の図。「{ハッシュ化されたユーザーID, 記事ID}」を含むテーブルは、複数のリーダーホストにシャードされて分散され、フォロワーホストに複製される。「{記事ID, 投稿}」を含むテーブルは全てのホストに複製されるので、記事IDでJOINできる

図16.6で示すように、ハッシュ化されたユーザーIDの64ビットアドレス空間はクラスタ間で分割できます。クラスタ0は$[0, (2^{64} - 1)/4)$の範囲のハッシュ化されたユーザーIDを含むことができ、クラスタ1は$[(2^{64} - 1)/4, (2^{64} - 1)/2)$の範囲を、クラスタ2は$[(2^{64} - 1)/2, 3 * (2^{64} - 1)/4)$の範囲を、クラスタ3は$[3 * (2^{64} - 1)/4, 2^{64} - 1]$の範囲を含むことができます。このような均等な分割から始めることができます。クラスタ間のトラフィックは不均等になるため、後から分割の数とサイズを調整してトラフィックを均衡化できます。

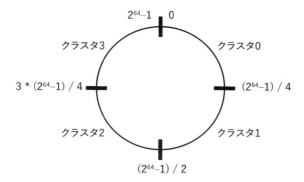

⬆ **図16.6** ハッシュ化されたユーザーIDからクラスタ名への整合性ハッシング。64ビットアドレス空間全体にクラスタを分割できる。この図では、4つのクラスタがあると仮定し、各クラスタがアドレス空間の4分の1を占めている。均等な分割から始めて、後からクラスタ間のトラフィックのバランスを取るために分割の数とサイズを調整できる

　バックエンドが適切なSQLノードを見つける仕組みは、どのようになっているのでしょうか。それを行うには、ハッシュ化されたユーザーIDからクラスタ名へのマッピングを行う必要があります。各クラスタは複数のAレコードを持つことができ、各フォロワーに1つずつ割り当てられるので、バックエンドホストは適切なクラスタ内のフォロワーノードにランダムに割り当てられます。

　クラスタへのトラフィック量を監視して、ホットシャードを検出し、クラスタのサイズを適切に変更してトラフィックのバランスを取り直す必要があります。コストを節約するために、ホストのハードディスク容量を調整できます。クラウドベンダーを使用している場合、使用するVM（仮想マシン）のサイズで調整が可能です。

　図16.7は、この設計によるニュースフィードサービスの高レベルアーキテクチャを示しています。ユーザーがリクエストを行うと、バックエンドは先ほど説明したようにユーザーIDをハッシュ化します。その後、バックエンドはZooKeeperを参照して適切なクラスタ名を取得し、そのクラスタにSQLクエリを送信します。クエリはランダムなフォロワーノードに送信され、そこで実行され、結果の記事リストがユーザーに返されます。

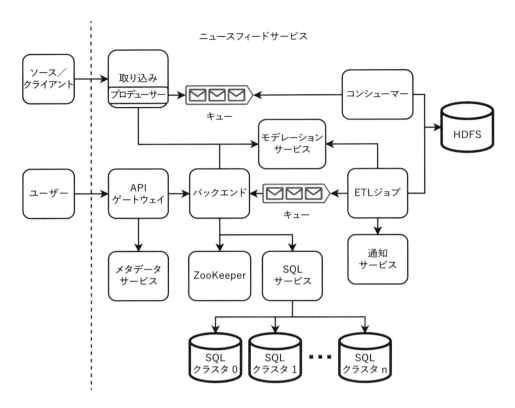

↑図16.7 ユーザーフィードを事前に準備したニュースフィードサービスの高レベルアーキテクチャ。**図16.4**との違いは太字で示されている。ユーザーリクエストがバックエンドに到着すると、バックエンドはまず適切なSQLクラスタ名を取得し、その後適切なSQLクラスタにクエリを投げる。バックエンドは、リクエストされたユーザーIDを含むフォロワーノードにユーザーリクエストを直接ルーティングできる。あるいは、ここで示されているように、SQLリクエストのルーティングをSQLサービスに分離することも可能である

　クライアントがモバイルアプリケーションのみの場合（つまりWebアプリケーションがない場合）、クライアントに投稿を保存することでストレージを節約できます。こうしておけば、ユーザーは投稿を最初の一度だけフェッチすればよくなり、フェッチ後にはサーバ側でその記事の行を削除できると仮定できます。この実装の問題点は、ユーザーが別のモバイルデバイスにログインした場合、前のデバイスでフェッチした投稿は表示されなくなる点です。しかし、このような問題はほとんど発生しません。特にニュースはすぐに古くなり、ユーザーはその記事の投稿から数日後にはほとんどその記事に興味を持たなくなるため、このような制限は、許容できる可能性があります。

　もう1つの方法は、タイムスタンプ列を追加し、24時間以上経過した行を定期的に削除するETLジョブを設けることです。

シャードされたSQLを避けるために、両方のアプローチを組み合わせることを決定する場合もあります。ユーザーがモバイルアプリを開いたとき、準備されたフィードを使用して最初の投稿リクエストのみに対応し、単一のノードに収まる数の記事IDのみを保存します。ユーザーが下にスクロールすると、アプリはより多くの投稿を要求する可能性があり、これらのリクエストはRedisから提供できます。図16.8は、Redisを使用したアプローチの高レベルアーキテクチャを示しています。このアプローチは、より低いレイテンシとコストのために、より高い複雑性と保守オーバーヘッドというトレードオフがあります。

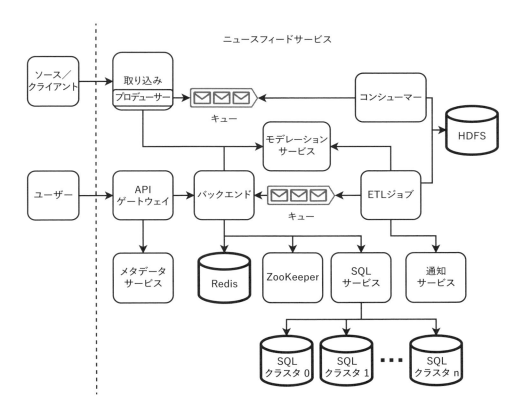

⬆ **図16.8**　フィードをあらかじめ用意しておく戦略を採用し、Redisサービスを持つニュースフィードシステムの高レベルアーキテクチャ。図16.7との違いは、Redisサービスが追加されている点で、太字で示されている

　続いて、クライアントがRedisから同じ投稿を複数回フェッチするのを避ける方法を検討していきましょう。

1. クライアントは現在持っている記事IDをGET /postリクエストのボディに入れて送ることができ、これによりバックエンドはクライアントがまだフェッチしていない投稿だけを返すことができる
2. Redisテーブルは一定時間ごとに投稿にラベルを付けているため、クライアントは期間を指定してその期間の記事だけをリクエストできる。返す記事が多すぎる場合、小さな時間増分（例：1時間あたり10分ブロック）で投稿にラベル付けを行える。ほかの方法として、特定の時間の全ての記事IDを返すAPIエンドポイントを提供し、GET /postエンドポイントのリクエストボディでユーザーがフェッチしたい記事IDを指定できるようにするという方法もある

16.4 検証とコンテンツモデレーション

　本節では、検証に関する懸念とそれに対して採り得る解決策について議論します。検証は全ての問題を捕捉できない可能性があり、投稿が誤ってユーザーに配信される可能性があります。また、コンテンツフィルタリングルールはユーザーの属性によって異なる場合があります。

　「15.6　承認サービス」で触れたように、異なるアプローチを用いた検証とコンテンツモデレーションに関するAirbnbの承認サービスについての議論を思い出しましょう。ここで簡単にそれについて議論します。図16.9は承認サービスを含む高レベルアーキテクチャを示しています。特定のETLジョブは特定の投稿に手動レビューのフラグを立てることができ、手動レビューのフラグがついた記事は承認サービスに送信されて手動レビューを受ける必要があります。レビュアーが投稿を承認した場合、Kafkaキューに送信され、バックエンドがそれを消費してユーザーに記事が提供されます。レビュアーが記事を拒否した場合、承認サービスはメッセージングサービスを通じて記事が承認されなかったことをソース／クライアントに通知できます。

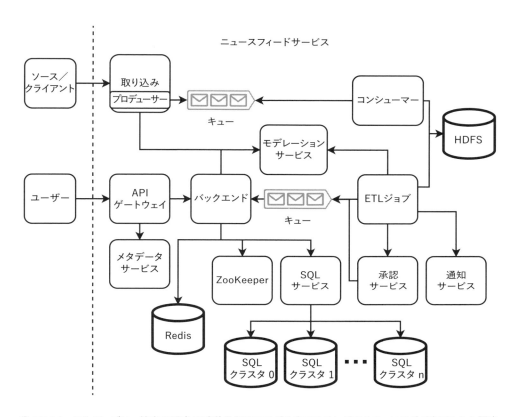

↑図16.9 ETLジョブは、特定の記事に手動承認のフラグを立てることができる。フラグが立てられた記事は、Kafkaキューに生成される代わりに、手動レビューのために承認サービス（このサービスは図16.8に追加されている）に送信される。レビューのためにフラグが立てられた投稿の割合が高い場合、承認サービス自体にKafkaキューが必要になる可能性がある）。レビュアーがその記事を承認した場合、ETLジョブを通じてKafkaキューに戻されてバックエンドがそれを消費する（またはバックエンドに直接送信する）。レビュアーが記事を拒否した場合、承認サービスはメッセージングサービスを通じてソース／クライアントに通知できる（この図には示されていない）

16.4.1 ユーザーのデバイス上の記事の変更

　検証の中には、自動化が難しいものもあります。その例として、記事が途中で切れている可能性が考えられます。1つの文だけの記事があると仮定して考えてみましょう。例えば「これは記事です。」というだけの記事があったとします。この記事が、ソースによって投稿された際に、何らかの理由で途中で途切れて「これは」とだけ書かれた記事になってしまうかもしれません。記事中のスペルミスは簡単に検出できますが、この投稿にはスペルミスはありません。しかし、明らかにおかしな記事です。このような問題は自動検証では困難です[訳注1]。

訳注1　今後は、LLM（Large Language Model：大規模言語モデル）を利用して、こうした問題も自動検出できる可能性がある。

不適切な言葉のような特定の不適切なコンテンツは簡単に検出できますが、年齢制限の
あるコンテンツ、爆弾の脅威、フェイクニュースなど、不適切なコンテンツは自動的にスク
リーニングすることが難しいものも数多くあります。

どのようなシステム設計でも、全てのエラーや失敗を防げるという前提で構築するべき
ではありません。そうではなく、ミスや失敗は避けられないものと仮定し、それらを容易
に検出し、トラブルシューティングや修正するメカニズムを開発すべきです。配信されるべ
きではない不適切な記事が誤ってユーザーに配信される可能性は、常に存在するのです。
したがって、ニュースフィードサービス上で、そのような投稿を削除または修正投稿で置き
換えたりするメカニズムが必要です。ユーザーのデバイスが記事をキャッシュしている場合
であっても、それらの不適切な記事は削除されるか、修正されたバージョンで上書きされる
べきです。

これを行うために、GET /postエンドポイントを修正できます。ユーザーが投稿をフェッ
チするたびに、レスポンスには修正された記事と削除すべき記事のリストが含まれるように
なります。クライアントのモバイルアプリケーションは、修正すべき記事を修正して表示し、
削除すべき投稿を削除する必要があります。

それを行う方法の1つは、記事に「event」という、可能な値としてREPLACEとÐELETE
を持つ列挙型を追加することです。クライアント上の古い記事を置換または削除したい場
合、古い記事と同じ記事IDを持つ新しい投稿オブジェクトを作成する必要があります。
投稿オブジェクトには、置換の場合はREPLACE、削除の場合はÐELETEの値を持つevent
フィールドを付加します。

ニュースフィードサービスがクライアント上のどの投稿を修正する必要があるかを知るた
めには、クライアントが持っている投稿を知る必要があります。ニュースフィードサービスは
クライアントがダウンロードした投稿のIDをログに記録できますが、ストレージ要件が大き
すぎてコストがかかる可能性があります。クライアントに保持期間（24時間や7日など）を
設定して古い投稿を自動的に削除する場合、同様にこれらの古いログを削除できますが、
それでもまだ、ストレージに高いコストがかかる可能性があります。

別の解決策は、クライアントがGET /postリクエストに現在保持している記事IDを含
めることです。バックエンドは、これらの記事IDを処理して、（先ほど議論したように）どの
新しい投稿を送信するかを決定し、その投稿を変更あるいは削除する必要があるかも決定
できます。

「16.4.3 モデレーションサービス」では、管理者がニュースフィードサービス上の現在
利用可能な記事を表示し、記事を変更したり削除するかどうかを決定することができる、
モデレーションサービスについて議論します。

16.4.2 記事のタグ付け

　承認と拒否は、記事単位で行うものと仮定します。つまり、投稿の一部で検証やモデレーションに失敗した場合、それ以外の部分だけを引き続き提供するのではなく、記事全体が表示されなくなります。では、この検証に失敗した投稿をどうすべきでしょうか。「単に破棄する」「そのソースに通知する」「手動でレビューする」の3つが考えられます。最初の選択肢はユーザーエクスペリエンスを悪化させる可能性があり、3番目の選択肢は大規模に行うにはコストが高すぎる可能性があります。そこで、中庸な2番目の選択肢を選択するとよいでしょう。

　図16.3の交差タスクを拡張して、検証が失敗した場合に投稿元のソース／ユーザーにメッセージを送ることもできます。交差タスクは、全ての失敗した検証を集約し、1つのメッセージでソース／ユーザーに送信できます。共有メッセージングサービスを使用して、メッセージを送信する場合もあります。各検証タスクにはIDと短い説明があります。メッセージには、失敗した検証のIDと説明が含まれ、ユーザーが投稿に必要な変更について議論したり、拒否決定に異議を申し立てたりする場合に、その情報を参照できます。

　もう1つ、議論する必要がある要件があります。それは、グローバルに適用されるルールと地域固有のルールを区別する必要があるかどうかです。特定のルールとは、地域の文化的な感受性や政府の法律や規制のために、特定の国のみに適用されるものを指します。これを一般化すると、年齢や地域などの属性や、述べられた好みに応じて、ユーザーごとに特定の記事を非表示にするというものになります。さらに、このような検証タスクを全てのユーザーではなく特定のユーザーのみに適用するため、取り込みサービスでこのような記事を拒否することはできません。その代わりに、各ユーザーの特定の投稿をフィルタリングするために、特定のメタデータで記事にタグを付ける必要があります。ユーザーの興味のタグと混同してしまうことを避けるために、このように特定のコンテンツを除外するために使用される内部的なタグを「フィルタタグ」、略して「フィルタ」と呼ぶことにしましょう。記事は、タグとフィルタの両方を持つことができます。タグとフィルタの主な違いは、ユーザーが好みのタグを設定できるのに対し、フィルタは完全に私たちによって制御されることです。次の節で議論するように、この違いは、フィルタがモデレーションサービスで設定されるのに対し、タグはそうではないことを意味します。

　本サービスにおいては、新しいタグ／フィルタが追加されたり、現在のタグ／フィルタが削除されたりした場合、この変更は将来の投稿のみに適用され、過去の投稿を再ラベル付けする必要はないものと仮定します。

　フィルタの機能を実現するには、ユーザーが投稿をフェッチする際に単一のRedis検索ではできなくなります。その代わりに、次の3つのRedisハッシュテーブルが必要になるでしょう。キーと値のペアは次の通りです。

- {post ID, post}：IDによる投稿のフェッチ用
- {tag, [post ID]}：タグによる記事IDのフィルタリング用

▪ {post ID, [filter]}：フィルタによる投稿のフィルタリング用

複数のキーの値を用いた検索が必要になります。手順は次の通りです。

1. クライアントがニュースフィードサービスに GET /post リクエストを行う
2. APIゲートウェイがメタデータサービスにクライアントのタグとフィルタを問い合わせる。クライアントが自身のタグとフィルタを保存し、GET /post リクエストで提供することも可能で、その場合には、この検索をスキップできる
3. APIゲートウェイが Redis にユーザーのタグとフィルタを持つ記事IDを問い合わせる
4. 各記事IDのフィルタを Redis に問い合わせ、ユーザーのフィルタのいずれかが含まれている場合、その記事IDをユーザーから除外する
5. 各記事IDの投稿を Redis に問い合わせ、これらの投稿をクライアントに返す

タグによる記事IDのフィルタリングのロジックはアプリケーションレベルで行う必要があることに注意してください。代替の方法として、Redisテーブルの代わりにSQLテーブルを使用することもできます。「(post_id, post)」列を持つpost テーブル、「(tag, post_id)」列を持つtag テーブル、「(filter, post_id)」列を持つfilter テーブルを作成し、単一のSQL JOINクエリを用いて記事を取得できます。

```
SELECT post
FROM post p JOIN tag t ON p.post_id = t.post_id
LEFT JOIN filter f ON p.post_id = f.post_id
WHERE p.post_id IS NULL
```

「16.3　フィードを事前に準備する」では、「{user_id, post_id}」のRedisテーブルを準備することで、ユーザーのフィードを事前に準備していました。本説で議論している投稿フィルタリングの要件があったとしても、ETLジョブを使って、このRedisテーブルを用意できます。

最後に、地域固有のニュースフィードでは、Redisキャッシュを地域ごとに分割したり、Redisキーに「地域」という列を追加する必要があるかもしれません。複数の言語をサポートする必要がある場合も同様のアプローチを採用できます。

16.4.3　モデレーションサービス

このシステムでは、検証が4か所で行われることになります。クライアント、取り込みサービス、ETLジョブ、そしてGET /post リクエスト中のバックエンドです。同じ検証をブラウザやモバイルアプリケーション、そして取り込みサービスで実装しています。これは、開発と

メンテナンスを重複して行うことを意味し、バグのリスクも高くなります。検証によってCPU負荷は増加しますが、ニュースフィードサービスへのトラフィックを減らすので、それによってクラスタサイズが減少し、コストも安くなります。しかも、このアプローチは、より安全だということができます。ハッカーがクライアント側の検証をバイパスしてニュースフィードサービスに直接APIリクエストを行っても、サーバ側の検証がこれらの悪意のあるリクエストを捕捉できるからです。

サーバ側の検証に関しては、取り込みサービス、ETLジョブ、バックエンドで異なる検証が行われています。しかし、図16.4に示すように、これらを単一のサービスに統合・抽象化することも検討できます。これを「モデレーションサービス」と呼ぶことにしましょう。

前節でタグとフィルタについて言及したように、モデレーションサービスの一般的な目的は、提出された記事についてユーザーに公開すべきかを、（ユーザーではなく）管理者が制御することです。これまでの議論に基づいて、モデレーションサービスは管理者に次の機能を提供します。

1. 検証タスクとフィルタの設定
2. 投稿を変更、あるいは削除するモデレーションを決定と実行

モデレーションを単一のサービスに統合することで、ニュースフィードサービス内のさまざまなサービスに取り組むチームが誤って同じ検証を複数回実装してしまうことを防げます。また、コンテンツモデレーションチームの非技術的なスタッフがエンジニアリングの支援を求めることなく、全てのモデレーションタスクを実行できるようになります。モデレーションサービスは、これらの決定をログに記録し、レビュー、監査、またはロールバック（モデレーション決定を元に戻す）のためにも使用できます。

コミュニケーションのためのツールの使用

一般に、エンジニアリングチームとコミュニケーションを取り、エンジニアリング作業の優先順位を調整するのは、難しいタスクです。特に大規模な組織では、それが顕著になります。このコミュニケーションなしで作業を実行できるツールを導入することは、よい投資だといえるでしょう。

このモデレーションリクエストは、ニュースフィードサービスへのほかの書き込みリクエストと同じ方法で処理できます。ETLジョブと同様に、モデレーションサービスはニュースフィードトピックにプロデュースし、ニュースフィードサービスがこのイベントを消費してRedisに関連データを書き込みます。

16.5 ロギング、モニタリング、アラート

「2.5　ロギング、モニタリング、アラート」では、面接で言及すべきロギング、モニタリング、アラートの重要な概念について議論しました。そこで議論されたこと以外に、次のことについてモニタリングを行い、アラートを送る必要があります。

- 特定のソースからのトラフィックレートが多すぎる、あるいは少なすぎる場合
- 記事の検証に失敗するレートが異常に高くなった場合
  全記事でのレートと各個別ソースでのレートの両方をモニタリングする。
- ユーザーからの否定的な反応
  例えば、ユーザーが記事を不正使用やエラーとしてフラグを立てるなど。
- パイプライン全体での記事の処理時間が以上に長くなった場合
  記事がアップロードされたときのタイムスタンプと、Redisデータベースに到達したときのタイムスタンプを比較することでモニタリングできる。処理時間が異常に長くなった場合、特定のパイプラインコンポーネントをスケールアップする必要があることを示しているかもしれない。あるいは、非効率なパイプライン操作があり、再検討を必要とするケースもあるだろう。

16.5.1 テキストだけでなく画像も提供する

ニュース記事が最大1MBの0 ～ 10個の画像を含むことを許可しましょう。記事の画像を記事オブジェクトの一部と考え、タグやフィルタは記事の本文や任意の画像などの個別のプロパティではなく、記事オブジェクト全体に適用されます。

これにより、GET /post リクエストのオーバーヘッドが、かなり増加します。画像ファイルは、投稿本文の文字列とは大幅に異なる特性を持っているからです。

- 画像ファイルは本文よりもはるかに大きく、異なるストレージ技術を考慮する必要がある
- 画像ファイルは投稿間で再利用される可能性がある
- 画像ファイルの検証アルゴリズムは、投稿本文の文字列の検証とは大幅に異なっており、画像処理ライブラリを使う必要がある可能性が高い

16.5.2 高レベルアーキテクチャ

まず、記事における40KBのテキストのストレージ要件は、画像の10MBの要件と比較して無視できるほど小さいといえます。これは、記事のテキストのアップロードや処理操作が高速であるのに対し、画像のアップロードや処理には時間と計算リソースが、かなり多くかかることを意味します。

図16.10は、メディアサービスを含む高レベルアーキテクチャを示しています。メディアアップロードは、同期的でなければなりません。なぜなら、ソースはアップロードが成功したか失敗したかを知る必要があるからです。これは、メディアを追加したことで、取り込みサービスのクラスタをはるかに大きくする必要があることを意味しています。メディアサービスは共有オブジェクトサービスにメディアを保存でき、これは複数のデータセンターにレプリケートされるので、ユーザーは最も近いデータセンターからメディアにアクセスできます。

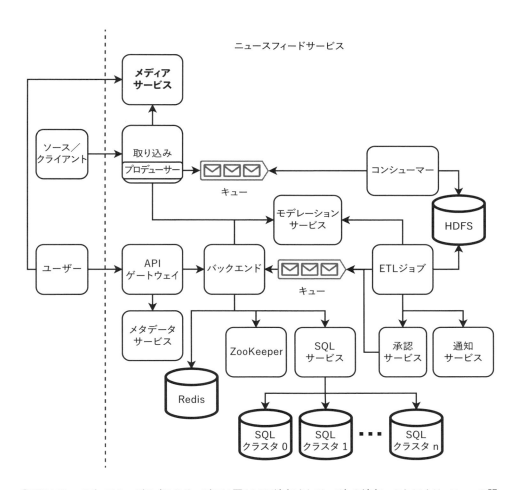

⬆ **図16.10**　メディアサービス（このサービスは**図16.9**に追加されている）の追加。これにより、ニュース記事に音声、画像、動画を含めることができる。別のメディアサービスを使用することで、メディアをニュース記事とは別に管理・分析しやすくなる

　図16.11は、ソースが記事をアップロードする際のシーケンス図です。メディアアップロードはメタデータやテキストよりもデータ転送が多いため、メディアアップロードは記事のメタデータとテキストをKafkaキューにプロデュースする前に完了する必要があります。メディ

アアップロードが成功したにもかかわらずキューへのプロデュースが失敗した場合、ソースにステータスコード500のエラーを返すことができます。メディアサービスへのファイルアップロードプロセス中、取り込みサービスはまずファイルをハッシュ化し、このハッシュをメディアサービスに送信してファイルがすでにアップロードされているかどうかをチェックします。すでに同一のファイルがアップロードされている場合、メディアサービスは取り込みサービスにステータスコード304のレスポンスを返し、ネットワーク転送のデータ量を最低限に抑えます。この設計では、コンシューマークラスタはメディアサービスクラスタよりも大幅に小さくなる可能性があることに注意してください。

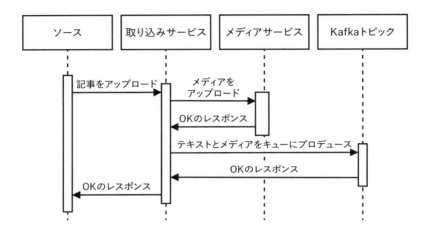

⬆ **図16.11** ソースが記事をアップロードする際のシーケンス図。メディアはほぼ必ずテキストよりも大きいデータ量であるため、取り込みサービスはまずメディアをメディアサービスにアップロードする。取り込みサービスがメディアのアップロードに成功した後、テキストとメタデータをKafkaトピックにプロデュースし、本章で議論したように消費されてHDFSに書き込まれる

　メディアが正常にアップロードされた後、Kafkaトピックにプロデュースする前に、取り込みサービスのホストがエラーを出した場合は、どうなるでしょうか。メディアアップロードプロセスはリソース集約的であるため、メディアアップロードを削除するのではなく、保持することが理にかなっています。ソースはエラーレスポンスを受け取り、アップロードを再試行できます。メディアサービスは、前の段落で議論したように、すでにアップロード済みの画像についてはステータスコード304を返すことができ、その後取り込みサービスは対応するイベントをプロデュースできます。ソースが再試行しない場合もあります。その場合、HDFSに対応するメタデータとテキストがないメディアを見つけて削除する監査ジョブを定期的に実行する必要があるでしょう。

　ユーザーが地理的に広く分散している場合、またはユーザートラフィックがメディアサービスにとって重すぎる場合、CDNを使用できます。CDNシステム設計の議論については「第13章　コンテンツ配信ネットワークの設計」を参照してください。CDNから画像をダウ

ンロードするための認証トークンは、サービスメッシュアーキテクチャを使用してAPIゲートウェイによって付与できます。図16.12はCDNを含む高レベルアーキテクチャを示しています。新しい項目には、タイトル、本文、メディアURLなどのコンテンツのテキストフィールドが含まれます。図16.12では、ソースは画像をイメージサービスにアップロードてし、テキストコンテンツをニュースフィードサービスにアップロードしています。クライアントは、次のような処理を行います。

- Redisから記事のテキストとメディアURLのダウンロード
- CDNからメディアのダウンロード

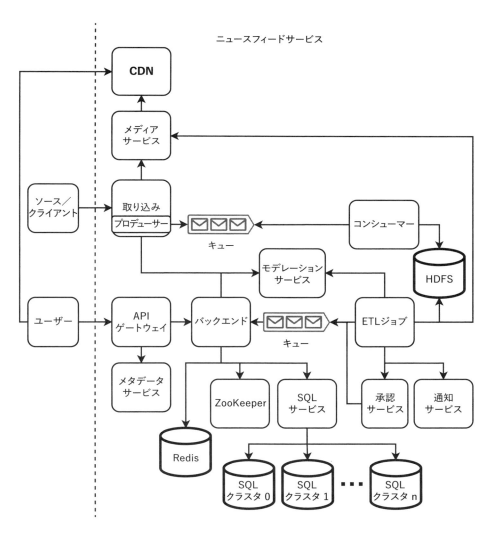

⇧**図16.12** メディアをホストするためのCDN（このサービスは**図16.10**に追加されている）の使用。ユーザーはCDNから直接画像をダウンロードし、CDNの利点、すなわち低いレイテンシや高い可用性などの恩恵を受けることができる

図16.12と図16.10との主な違いは、次の通りです。

- メディアサービスがメディアをCDNに書き込み、ユーザーがCDNからメディアをダウンロードする
- ETLジョブと承認サービスがメディアサービスにリクエストを行う

メディアサービスとCDNの両方を使用するのは、一部の記事はユーザーに提供されないために、その記事の画像をCDNに保存する必要がなく、これによってコストが削減できる見込みがあるからです。記事の自動承認が行われる可能性があるため、これらのジョブは記事が承認されたことをメディアサービスに通知する必要があり、メディアサービスは記事のメディアをCDNにアップロードしてユーザーに提供する必要があります。承認サービスも同様のリクエストをメディアサービスに対して行います。

テキストとメディアを別のサービスで処理・保存することと、単一のサービスで処理・保存することのトレードオフについても面接官と議論できます。CDNでのメディアのホスティングの詳細、例えばCDNでメディアをホストすることのトレードオフについては「第13章 コンテンツ配信ネットワークの設計」を参照してください。

さらに改善を行い、全てのテキストとメディアを含む完全な記事をCDNでホストすることもできるでしょう。こうすれば、Redisの値としては記事IDのみを格納すればよいことになります。記事のテキストは画像などのメディアよりもはるかに小さいものですが、特に人気のある記事の頻繁なリクエストに対しては、CDNに配置することでパフォーマンスの向上が見込めます。Redisは水平方向にスケーラブルですが、データセンターを跨いでのレプリケーションは複雑になります。

承認サービスでは、記事の画像とテキストを別々にレビューするべきでしょうか、それとも一緒にレビューするべきでしょうか？　簡単にするために、記事のレビューは、そのテキストと付随するメディアの両方を単一の記事として一緒にレビューできます。

メディアをより効率的にレビューするには、どうすればよいでしょうか？　レビュースタッフの雇用は高コストであり、スタッフは音声クリップを聴いたり、ビデオを完全に視聴したりしてからレビュー決定を下す必要があります。音声を文字起こしすることで、レビュアーが音声ファイルを聴く代わりに読めるようになります。これによって、聴覚障害のあるスタッフを雇用でき、会社のインクルージョン文化を向上します。スタッフは2倍速や3倍速でビデオファイルを再生してレビューし、文字起こしされた音声をビデオファイルの視聴とは別に読むことができます。また、記事をレビューするための機械学習ソリューションも検討できるでしょう。

16.6 その他の議論可能なトピック

　面接が進むにつれて、面接官または候補者のいずれかが提案する可能性のある議論トピックを次に列挙します。

- あらかじめ用意されたトピックの代わりに、動的なハッシュタグを作成する方法
- ユーザーがほかのユーザーやグループとニュース記事を共有したい場合
- クリエイターや読者への通知送信についてのより詳細な議論
- 記事のリアルタイム配信（この場合、ETLジョブはバッチではなく、ストリーミングでなければならない）
- 特定の記事をほかの記事よりも優先させるためのブースティング処理

　また、機能要件を決める議論の中で範囲外とした項目も検討できるでしょう。

- アナリティクス
- パーソナライゼーション
  全てのユーザーに同じ1,000のニュース記事を提供する代わりに、各ユーザーにパーソナライズされた100のニュース記事セットを提供する。この設計はかなり複雑になる。
- 英語以外の言語での記事の提供
  文字コードの処理や言語翻訳など、潜在的な複雑さが存在する。
- ニュースフィードの収益化
  このトピックには、次のような内容が含まれる。
  - サブスクリプションシステムの設計
  - 特定記事の有料会員専用化
  - 無料会員の記事の閲覧制限
  - 広告やプロモーションのための記事

まとめ

- ニュースフィードシステムの初期の高レベルアーキテクチャを設計する際には、主な関心事のためのデータについて考え、そのデータをデータベースに読み書きするコンポーネントを設計する

- データの読み書きの非機能要件を考慮し、適切なデータベースタイプを選択し、必要に応じて付随するサービスを検討する。これには、Kafkaサービスと Redis サービスが含まれる

- 低レイテンシを必要としない操作を特定し、スケーラビリティのためにバッチおよびストリーミングジョブに配置する

- 書き込みと読み取りの前後に実行する必要がある処理や操作を決定し、それらをサービスとして切り出す。事前の操作には、圧縮、コンテンツモデレーション、関連する記事のIDやデータを取得するためのほかのサービスへのルックアップが含まれる。事後の操作には、通知やインデックス作成が含まれる可能性がある。ニュースフィードシステムにおける切り出されたサービスの例としては、取り込みサービス、コンシューマーサービス、ETLジョブ、バックエンドサービスがある

- エラーの発生や検知すべき異常なイベントに対しては、ロギング、モニタリング、アラートを行う必要がある

Chapter 17

Amazonの売上トップ10の商品のダッシュボードの設計

本章の内容

- 大規模なデータストリームに対する集計操作のスケーリング
- 高速な近似結果と、低速で正確な結果野両方を計算するためのLambdaアーキテクチャ
- Lambdaアーキテクチャの代替としてのKappaアーキテクチャを使う方法
- より高速な処理のための集計操作の近似

アナリティクスは、システム設計面接でよく議論されるトピックです。私たちは、常に特定のネットワークリクエストやユーザーインタラクションをログに記録し、収集したデータに基づいてアナリティクスを実行しています。

トップKプログラム（**トップKヘビーヒッター**）は、一般的なタイプのダッシュボードです。特定の商品の人気の有無に基づいて、どの商品を紹介するかを決めることができるもので、このような決定は必ずしも単純ではありません。例えば、ある商品が人気がない場合、販売コストを節約するために、その商品の販売を中止するか、あるいは売上を増やすために多くのリソースを投入して宣伝するかを決定する可能性があります。

トップK問題は、アナリティクスについて議論する際によく取り上げられるトピックであり、それ自体が独立した面接の質問になることもあります。この問題はさまざまな形を採ることがあり、その数は無数にあります。トップK問題の例としては、次のようなものがあります。

- eコマースアプリにおける売上量または収益によるトップ販売または最低販売の商品の取得（本章のトピック）
- eコマースアプリにおける最も閲覧数の多い、または最も少ない商品
- アプリストアで最もダウンロードされたアプリケーション
- YouTubeのような動画アプリケーションにおける最も視聴された動画
- Spotifyのような音楽アプリケーションにおける最も人気のある（つまり最も再生された）曲、または最も人気のない曲
- RobinhoodやE*TRADEのような取引所における最も取引された株式
- ソーシャルメディアアプリケーションにおける最も転送された投稿（例：最もリポストされたXのポストや最も共有されたInstagramの投稿）

17.1 要件

面接官に対していくつか質問をして、機能要件と非機能要件を決定しましょう。ここでは、Amazonまたはeコマースアプリのデータセンターにアクセスできると仮定します。

- **候補者**：同点のスコアを持つ商品は、どのように処理しますか
  - **面接官**：このランキングにおいて精度の高さはあまり重要ではなく、同点の場合は順番は任意の順序で構いません。
- **候補者**：集計する期間は、どのようにしますか。
  - **面接官**：本システムでは、時間、日、週、年などの特定の間隔で集計できるようにする必要があります。
- **候補者**：本システムのユースケースは、どういったものでしょうか。それによって望ましい精度や整合性／遅延が決まります。どのような精度と整合性／遅延が必要となるでしょうか。
  - **面接官**：それはよい質問です。どのような設計を検討していますか？

リアルタイムで正確な販売数とランキングを計算するのは、リソースを大量に消費します。おそらくLambdaアーキテクチャを使用して、過去数時間以内の近似的な販売量とランキングを提供する結果整合性を持つソリューションと、数時間以上前の期間の正確な数字を提供するソリューションを組み合わせることができるでしょう。また、精度を犠牲にして、より高いスケーラビリティ、低いコスト、低い複雑性、よりよい保守性を得ることも考えられます。特定の期間のトップKリストを計算するのは、その期間が経過してから少なくとも数時間後になると予想されるので、整合性は問題になりません。低レイテンシは必要ありません。リストの生成には数分かかっても大丈夫です。

- **候補者**：トップK、あるいはトップ10でないにしろ任意の数の商品の販売量とランキングは必要となるでしょうか。
  - **面接官**：前の質問と同様に、過去数時間以内のトップ10商品の近似的な販売量とランキング、そして数時間以上前の期間（最大で数年前まで）の任意の数の商品の販売量とランキングを提供するソリューションの受け入れが可能です。10以上の商品を表示できるソリューションでも問題ありません。
- **候補者**：トップKリストに販売数を表示する必要があるでしょうか、それとも商品の販売ランキングだけでよいでしょうか。一見すると余計な質問に思えるかもしれませんが、特定のデータを表示する必要がない場合、設計を簡略化できる可能性があるために質問します。
  - **面接官**：ランキングと数の両方を表示してください。
- **候補者**：販売後に発生するイベントを考慮する必要があるでしょうか。例えば、顧客が返金を要求したり、同じまたは異なる商品との交換を要求したりした場合や、商品がリコールされたりする可能性があるでしょう。
  - **面接官**：これは業界経験と細部への注意を示すよい質問です。初期の販売イベントのみを考慮し、紛争や商品リコールなどのその後のイベントは無視することにしましょう。
- **候補者**：スケーラビリティ要件について話し合っておきたいです。販売取引の頻度はどのくらいでしょうか。ヘビーヒッターダッシュボードへのリクエスト頻度はどのくらいでしょうか。また、商品数はいくつあるでしょうか。
  - **面接官**：1日あたり100億件の販売イベントがあると仮定します。つまり、販売取引トラフィックは非常に多いといえます。1イベントあたり1KBとすると、書き込みレートは1日あたり10TBです。ヘビーヒッターダッシュボードは従業員のみが閲覧するので、リクエスト頻度は低くなります。商品数は約100万点と仮定します。それ以外の非機能要件はありません。高可用性や低レイテンシ（および、それらに伴うシステム設計の複雑さ）は必要ありません。

17.2 まず初めに考えること

　まず最初に浮かぶアイデアは、イベントを分散ストレージソリューション（HDFSやElasticsearchなど）にログとして記録し、特定の期間内のトップKの商品のリストを計算する必要がある場合にはMapReduce、Spark、Elasticsearchでクエリを実行するというものかもしれません。しかし、このアプローチは計算量が多く、時間がかかりすぎる可能性があります。特定の月や年のトップK商品のリストを計算するのに、数時間または数日かかる可能性があります。

このリストを生成する以外の目的で販売イベントログを保存する必要がないのであれば、数か月または数年間ログを保存するのは無駄なことです。毎秒数百万件のリクエストをログに記録すると、年間でPB単位のデータになってしまう可能性があります。顧客との揉め事や返金への対応、トラブルシューティング、規制遵守などのさまざまな目的で、数か月または数年分の生のイベントを保存したい場合がありますが、この保持期間は、望むトップリストを生成するには短すぎる可能性があります。

これらのトップKリストを計算する前に、データを前処理する必要があります。定期的に集計を行い、商品の販売数を時間、日、週、月、年ごとにまとめてカウントする必要があるでしょう。トップKリストが必要な場合は、次の手順を実行します。

1. 必要に応じて、目的の期間に応じて適切な集計値のカウントを合計する。例えば、1か月間のトップKリストが必要な場合は、その月の集計値をそのまま使用するが、特定の3か月間が必要な場合は、その期間の1か月ずつの集計値を合計する。このようにして、集計値を合計した後にイベントを削除することでストレージを節約できる
2. これらの合計を並べ替えてトップKリストを取得する

集計値を保存する必要があるのは、販売が非常に不均一になる可能性があるためです。極端な例を挙げますが、例えば「A」という商品が、ある年のある特定の1時間にだけ、100万回販売されたにもかかわらず、その年のほかの時間には全く売れないといった状況がないとはいえません。一方で、ほかの全ての商品の販売の合計がその年に100万回をはるかに下回る可能性があります。その場合、商品Aは、その1時間を含む任意の期間のトップKリストに含まれることになります。

本章の残りの部分では、これらの操作を分散方式で大規模に実行する方法について議論していきます。

17.3 初期の高レベルアーキテクチャ

まず、Lambdaアーキテクチャを考えます。Lambdaアーキテクチャは、バッチ処理とストリーミング処理の両方の方法を使用して大量のデータを処理するためのアプローチです（https://www.databricks.com/glossary/lambda-architectureやhttps://www.snowflake.com/guides/lambda-architectureを参照）。図17.1に示すように、Lambdaアーキテクチャは2つの並列データ処理パイプラインと、これらの2つのパイプラインの結果を組み合わせるサービングレイヤーで構成されています。

1. 販売取引が発生する全てのデータセンターからリアルタイムでイベントを取り込み、近似アルゴリズムを使用して最も人気のある商品の販売量とランキングを計算するストリーミングレイヤー／パイプライン
2. 正確な販売数とランキングを計算するための、定期的に（時間ごと、日ごと、週ごと、年ごとに）実行されるバッチレイヤーまたはバッチパイプライン。ユーザーが正確な数字を利用可能になり次第確認できるように、バッチパイプラインのETLジョブには、後者が準備できた時点でストリーミングパイプラインの結果をバッチパイプラインの結果で上書きするタスクを含めることができる

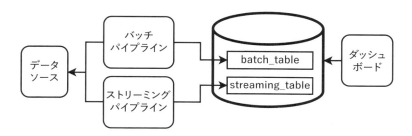

⬆図17.1　Lambdaアーキテクチャのハイレベルな概略図。矢印はリクエストの方向を示している。データは並列のストリーミングパイプラインとバッチパイプラインを通って流れるようになっており、各パイプラインは最終的な出力をデータベースのテーブルに書き込む。ストリーミングパイプラインはspeed_tableに書き込み、バッチパイプラインはbatch_tableに書き込む。ダッシュボードはspeed_tableとbatch_tableのデータを組み合わせてトップKリストを生成する

　EDA（イベント駆動アーキテクチャ）アプローチに従って、販売バックエンドサービスがKafkaトピックにイベントを送信し、これをトップKダッシュボードなどの全てのダウンストリームアナリティクスで使用します。

17.4　集計サービス

　Lambdaアーキテクチャに対して最初に行える最適化は、販売イベントに対して、ある程度の集計を先に行い、それらの集計された販売イベントをストリーミングパイプラインとバッチパイプラインの両方に渡すことです。集計によって、ストリーミングパイプラインとバッチパイプラインの両方のクラスタサイズを削減できます。図17.2に、詳細な初期アーキテクチャの概略を示します。ストリーミングパイプラインとバッチパイプラインの両方がRDBMS（SQL）に書き込み、ダッシュボードは低レイテンシでこれをクエリできます。単純なキーバリューの検索だけが必要な場合はRedisも使用できますが、ダッシュボードや将来のその他のサービスではフィルタリングや集計操作が必要になる可能性が高いでしょう。

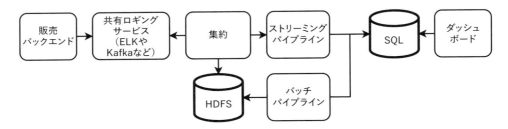

図17.2 初期の集計サービスとストリーミングおよびバッチパイプラインで構成されるLambdaアーキテクチャ。矢印はリクエストの方向を示している。販売バックエンドは、イベント（販売イベントを含む）を共有ロギングサービスにログとして記録し、これがダッシュボードのデータソースとなる。集計サービスは共有ロギングサービスから販売イベントを消費して集計し、これらの集計されたイベントをストリーミングパイプラインとHDFSにフラッシュする。バッチパイプラインはHDFSデータからカウントを計算し、SQLのbatch_tableに書き込む。ストリーミングパイプラインはバッチパイプラインよりも速く、精度は低くカウントを計算し、SQLのspeed_tableに書き込む。ダッシュボードはbatch_tableとspeed_tableのデータを組み合わせてトップKリストを生成する

> **メモ**
>
> イベント駆動アーキテクチャ（EDA：Event Driven Architecture）は、イベントを使用して分離されたサービス間のトリガーと通信を行います（https://aws.amazon.com/event-driven-architecture/）。詳細については、その他の情報源を参照してください。例えば、『Web Scalability for Startup Engineers』（Artur Ejsmont 著／McGraw Hill／2015）の5.1節または295ページのイベント駆動アーキテクチャの紹介が参考になるでしょう。

「4.5　イベントの集約」で、集計とその利点およびトレードオフについて議論しました。集計サービスは、販売イベントをログに記録するKafkaトピックを購読し、イベントを集計し、集計されたイベントをHDFS（Kafkaを介して）とストリーミングパイプラインにフラッシュ／書き込むホストのクラスタで構成されています。

17.4.1　商品IDによる集計

例えば、生の販売イベントには「（タイムスタンプ，　商品ID）」のようなフィールドが含まれる可能性がありますが、集計されたイベントは「(product_id, start_time, end_time, count, aggregation_host_id)」といった形式になるかもしれません。正確なタイムスタンプは重要ではないので、イベントを集計できます。特定の時間間隔（例えば1時間ごと）が重要な場合は、「(start_time, end_time)」のペアが常に同じ時間内にあることを確認できます。例えば、「(0100, 0110)」は問題ありませんが、「(0155, 0205)」は問題があります。

17.4.2 ホストIDと商品IDのマッチング

集計サービスは、商品IDによってパーティショニングできます。この場合、各ホストは特定のIDセットの集計を担当することになります。簡略化のために、「(ホストID, 商品ID)」のマップを手動で管理することにします。この設定をどのように実装するのかは、さまざまな選択肢があります。

1. サービスのソースコードに含まれる設定ファイル。この場合、ファイルを変更するたびに、クラスタ全体を再起動する必要がある
2. 共有オブジェクトストアの設定ファイル。サービスの各ホストは、起動時にこのファイルを読み取り、担当する商品IDをメモリに保存する。サービスには商品IDを更新するためのエンドポイントも必要になる。ファイルを変更した場合は、商品IDの担当が変更されたホストで、このエンドポイントを呼び出せる
3. マップをSQLやRedisのデータベーステーブルとして保存する
4. サイドカーパターン。ホストがサイドカーにフェッチリクエストを行う。サイドカーは適切な商品IDのイベントをフェッチし、ホストに返す

通常は、設定を変更するたびにクラスタ全体を再起動する必要がないように、2番または4番の選択肢を選びます。データベースよりもファイルを選択する場合には、次のような理由が考えられます。

- YAMLやJSONなどの設定ファイル形式を直接ハッシュマップデータ構造にパースするのが簡単であること。データベーステーブルで同じ効果を得るには、より多くのコードが必要となる。つまり、ORMフレームワークを使用してコーディングし、データベースクエリとデータアクセスオブジェクトをコーディングし、データアクセスオブジェクトとハッシュマップを一致させる必要がある
- ホスト数は数百または数千を超えることはないので、設定ファイルは非常に小さくなる。各ホストはファイル全体をフェッチできる。データベースのような低レイテンシの読み取りパフォーマンスを持つソリューションは必要ない
- 設定の変更頻度は、SQLやRedisのようなデータベースのオーバーヘッドを正当化するほど頻繁ではない

17.4.3 タイムスタンプの保存

正確なタイムスタンプをどこかに保存する必要がある場合、それは販売サービスが担当すべきであり、アナリティクスやヘビーヒッターサービスが処理すべきではありません。責任の分離を維持する必要があります。ヘビーヒッター以外にも、販売イベントに基づいて定

義される多数のアナリティクスパイプラインがあるでしょう。ほかのサービスを考慮せずに、これらのパイプラインを開発および廃止できるように、完全な自由を持つべきです。言い換えれば、これらのアナリティクスサービスが別のサービスと依存関係になるべきかどうかを慎重に判断する必要があるということです。

17.4.4 ホスト上の集計プロセス

　集計ホストには、キーが商品ID、値がカウントであるハッシュテーブルが含まれています。また、消費するKafkaトピックでチェックポイントを行い、チェックポイントをRedisに書き込みます。チェックポイントは、集計されたイベントのIDで構成されます。集計サービスは、Kafkaトピックのパーティション数よりも多くのホストを持つことができますが、集計は単純で高速な操作であるため、必要ない可能性が高いです。各ホストは、次の処理を繰り返し行います。

1. トピックからイベントを消費する
2. ハッシュテーブルを更新する

　集計ホストは、一定の周期、あるいは、メモリが不足しそうな場合のいずれかのタイミングで、ハッシュテーブルをフラッシュする可能性があります。フラッシュプロセスの実装としては、次のようなものが考えられるでしょう。

1. 集計されたイベントを「Flush」と名付けたKafkaトピックに生成する。集計データが小さい場合（例：数MB）、それを単一のイベントとして書き込むことができる。これは、商品ID集計タプルのリストで、フィールドは「("product ID", "earliest timestamp", "latest timestamp", "number of sales")」である。例えば、「[(123, 1620540831, 1620545831, 20), (152, 1620540731, 1620545831, 18), ...]」のようになる
2. 変更データキャプチャ（「5.3　変更データキャプチャ（CDC）」を参照）を使用して、各宛先にはイベントを消費し、それに書き込むコンシューマーがある
   a. 集計されたイベントをHDFSに書き込む
   b. ステータスが「完了」のタプルチェックポイントをRedisに書き込む（例：`{"hdfs": "1620540831, complete"}`）
   c. ステップ2a～cをストリーミングパイプライン用に繰り返す

　この「Flush」Kafkaトピックがない場合、特定の宛先に集計されたイベントを書き込む間にコンシューマーホストが失敗すると、集計サービスはそれらのイベントを再集計する必要

が生じてしまいます。

なぜ2つのチェックポイントを書き込む必要があるのでしょうか。これは整合性を維持するための考え得るアルゴリズムの1つにすぎません。

ホストがステップ1で失敗した場合、別のホストがフラッシュイベントを消費して書き込みを実行できます。ホストがステップ2aで失敗した場合、HDFSへの書き込みは成功しているか失敗しているかがわからないため、別のホストがHDFSから読み取って、書き込みが成功したかどうか、または再試行が必要かどうかを確認します。HDFSからの読み取りは処理負荷の高い操作です。しかし、ホストの障害はまれにしか発生しないので、この処理負荷の高い操作も頻繁には発生しません。この高コストな障害回復メカニズムが問題となりそうな場合は、1分から数分前の「処理中」チェックポイントを全て読み取る定期的な操作として障害回復メカニズムを実装できるでしょう。

障害回復メカニズム自体も、進行中に失敗して繰り返す必要がある場合に備えて、冪等である必要があります。

また、フォールトトレランスも考慮する必要があります。どの書き込み操作も失敗する可能性があるからです。集計サービス、Redisサービス、HDFSクラスタ、ストリーミングパイプラインの任意のホストが失敗する可能性が常に存在しています。また、任意のサービス上のホストへの書き込みリクエストを中断するネットワーク問題が発生する可能性もあります。書き込みイベントのレスポンスのステータスコードが200であっても、実際には検知されないエラーが発生している可能性もあるでしょう。このようなイベントにより、3つのサービスが整合性のない状態になる可能性があります。したがって、HDFSとストリーミングパイプラインに対して別々のチェックポイントを書き込みます。書き込みイベントにはIDが必要であり、宛先サービスは必要に応じて重複排除を実行できます。

複数のサービスにイベントを書き込む必要がある場合、このような不整合を防ぐには、どのような方法があるでしょうか。

1. 各サービスへの書き込み後にチェックポイントを行う。これについては、すでに議論済みである

2. 要件が不整合を許容する場合は何もしない。例えば、ストリーミングパイプラインではある程度の不正確さを許容できるが、バッチパイプラインは正確でなければならないかもしれない

3. 定期的な監査（スーパーバイザーとも呼ばれる）。数字が一致しない場合、不整合な結果を破棄し、関連するデータを再処理する

4. 2PC、Saga、Change Data Capture、Transaction Supervisorなどの分散トランザクション技術を使用する。これらについては「第4章　データベースのスケーリング」と「付録D　2フェーズコミット（2PC）」で議論する

「4.5　イベントの集約」で議論したように、集計の欠点は、集計とフラッシュに必要な時間だけ、リアルタイムの結果が遅延することです。ダッシュボードが低レイテンシの更新を必要とする場合、集計は適切でない可能性があります。

17.5　バッチパイプライン

バッチパイプラインはストリーミングパイプラインよりも仕組みが単純なので、まずはこれについて議論するとよいでしょう。

図17.3は、バッチパイプラインの簡略化されたフロー図を示しています。バッチパイプラインは、異なる時間間隔による、一連の集計/ロールアップタスクで構成されています。時間単位、日単位、週単位、そして月単位と年単位でロールアップします。処理量について、商品IDが100万個ある場合は次のような計算になります。

1. 時間単位のロールアップは、1日あたり2,400万行または1週間あたり1億6,800万行
2. 月単位のロールアップは、1か月あたり2,800万〜3,100万行、または1年あたり3億3,600万〜3億7,200万行
3. 日単位のロールアップは、1週間あたり700万行または1年あたり3億6,400万行

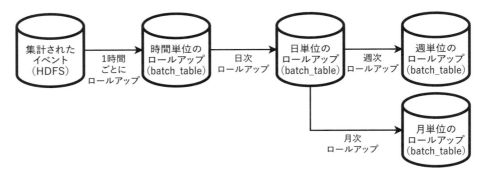

↑ 図17.3　バッチパイプラインのロールアップタスクの簡略化されたフロー図。各段階で処理される行数を減らすために、異なる時間間隔によって段階的にロールアップするジョブがある

ストレージ要件を見積もってみましょう。10個の64ビット列を持つ4億行は32GBを占めます。これは簡単に1つのホストに収まります。時間単位のロールアップジョブは数十億の販売イベントを処理する必要がある可能性があるため、HDFSから読み取り、結果のカウントをSQLの`batch_table`に書き込むHiveクエリを使用できます。ほかの間隔のロールアップは、時間単位のロールアップによる行数の大幅な削減の恩恵を受け、このSQLの`batch_table`の読み取りと書き込みのみを行う必要があります。

これらのロールアップのそれぞれで、カウントを降順に並べ替え、トップK（または柔軟性のためにK×2）の行をダッシュボードに表示するためのSQLデータベースに書き込むことができます。

図17.4は、バッチパイプラインの1つのステージ（つまり、1つのロールアップジョブ）のETL DAGの簡単な図です。各ロールアップに1つのDAGがあります（つまり、合計4つのDAGが存在することになる）。ETL DAGには、次に示す4つのタスクがあります。3番目と4番目は兄弟タスクといえるでしょう。DAG、タスク、実行にはAirflowの用語を使用しています。

1. 時間単位よりも大きいロールアップの場合、依存するロールアップ実行が正常に完了したことを確認するためのタスクが必要となる。あるいは、必要なHDFSまたはSQLデータが利用可能であることを確認するタスクを実行できるが、これには高コストなデータベースクエリが含まれる
2. カウントを降順に合計し、結果のカウントをspeed_tableに書き込むHiveまたはSQLクエリを実行する
3. speed_tableの対応する行を削除する。このタスクはタスク2とは別になっている。なぜなら、後者を再実行せずに前者を再実行できるようにするためである。タスク3が行の削除を試みて失敗した場合、ステップ2の高コストなHiveまたはSQLクエリの再実行ではなく、削除を再実行する必要がある
4. これらの新しいbatch_table行を使用して、適切なトップKリストを生成または再生成する。「17.5　バッチパイプライン」で議論するが、これらのトップKリストは、すでに正確なbatch_tableデータと不正確なspeed_tableデータの両方を使用して生成されているはずなので、batch_tableのみを使用して、これらのリストを再生成することになる。このタスクはコストはかからないが、失敗した場合に独立して再実行できるように、独自のタスクとして実装する

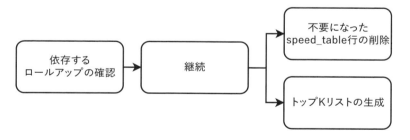

⬆ 図17.4　1つのロールアップジョブのETL DAG。構成タスクは、依存するロールアップが完了したことを確認し、ロールアップ／カウントを実行してSQLに永続化し、その後不要になったspeed_table行を削除する

　タスク1に関して、日次ロールアップは全ての依存する時間単位のロールアップがHDFSに書き込まれた場合のみに実行でき、週次および月次ロールアップについても同様です。つまり、1回の日次ロールアップ実行は24回の時間単位のロールアップ実行に依存し、1回の週次ロールアップ実行は7回の日次ロールアップ実行に依存し、1回の月次ロールアップ実行は月に応じて28〜30回の日次ロールアップ実行に依存するわけです。Airflowを使

用する場合、日次、週次、月次のDAGで適切なexecution_dateパラメータ値を持つExternalTaskSensorインスタンス（https://airflow.apache.org/docs/apache-airflow/stable/howto/operator/external_task_sensor.html#externaltasksensor）を使用して、依存する実行が正常に完了したことを確認できます。

17.6 ストリーミングパイプライン

バッチジョブは完了までに数時間かかる可能性があり、これは全ての間隔のロールアップに影響を与えます。例えば、最新の時間単位のロールアップジョブのHiveクエリが完了するのに30分かかる場合、次のロールアップとそれに伴うトップKリストが利用できなくなってしまいます。

- その時間のトップKリスト
- その時間を含む日のトップKリスト
- その日を含む週と月のトップKリスト

ストリーミングパイプラインの目的は、バッチパイプラインがまだ提供していないカウント（およびトップKリスト）を提供することです。ストリーミングパイプラインはバッチパイプラインよりもはるかに速くこれらのカウントを計算する必要があり、そのためには近似技術を使用することになるでしょう。

初期の集計の後、次のステップは最終的なカウントを計算し、それらを降順にソートすることです。そうすれば、トップKリストが得られます。本節では、まず単一のホストのアプローチを検討し、次にそれを水平方向にスケーラブルにする方法を考えます。

17.6.1 単一ホストでのハッシュテーブルとmax-heap

まずはハッシュテーブルを使用し、サイズKのmax-heapを使用して頻度カウントでソートすることを考えましょう。リスト17.1は、このアプローチを用いたサンプルのトップKのGo言語による関数です。

⚓ **リスト17.1** トップKリストを計算するGo言語による関数のサンプル

```
type HeavyHitter struct {
 identifier string
 frequency int
}

func topK(events []String, int k) (HeavyHitter) {
 frequencyTable := make(map[string]int)
```

```
for _, event := range events {
  value := frequencyTable[event]
  if value == 0 {
    frequencyTable[event] = 1
  } else {
    frequencyTable[event] = value + 1
  }
}


pq = make(PriorityQueue, k)
i := 0
for key, element := range frequencyTable {
  pq[i++] = &HeavyHitter{
    identifier: key,
    frequency: element
  }
  if pq.Len() > k {
    pq.Pop(&pq).(*HeavyHitter)
  }
}


/*
 * ヒープの内容を目的の場所に書き込みます。
 * ここでは単に配列で返します。
 */
var result [k]HeavyHitter
i := 0
for pq.Len() > 0 {
  result[i++] = pq.Pop(&pq).(*HeavyHitter)
}
return result
}
```

このシステムでは、さまざまな時間間隔（時間、日、週、月、年）に対して、この関数の複数のインスタンスを並列に実行できます。各期間の終わりに、max-heapの内容を保存し、カウントを0にリセットして、新しい期間のカウントを開始します。

17.6.2 複数のホストへの水平スケーリングと多層集計

図17.5は、複数ホストへの水平スケーリングと多層集計を示しています。中央列の2つのホストは、左列の上流ホストからの「（商品， 時間）」カウントを合計し、一方で、右列のmax-heapは中央列の上流ホストからの「（商品， 時間）」カウントを集計します。

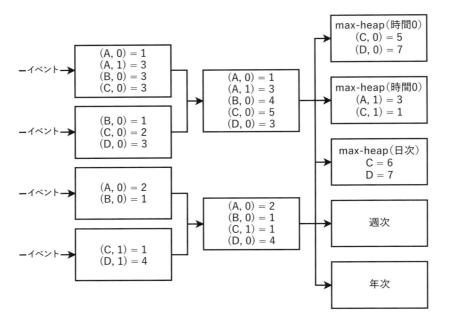

図17.5 最終的なハッシュテーブルホストへのトラフィックが多すぎる場合、ストリーミングパイプラインに多層アプローチを使用できる。簡潔にするために、キーを「(商品, 時間)」の形式で表示しており、例えば「(A, 0)」は時間0の商品Aを意味する。最終層のホストには、各ロールアップ間隔に対するmax heapを含めることができる。この設計は、「4.5.2 多層集約」で議論した多層集計サービスと非常に似ている。各ホストには関連するKafkaトピックがあるが、ここでは図示していない

このアプローチでは、最初の層のホストと最終的なハッシュテーブルホストの間にさらに層を挿入し、どのホストもそのホストが処理できる以上のトラフィックを受け取らないようにします。これは、多層集計サービスの設計を集計サービスからストリーミングパイプラインに移動させているだけです。このソリューションは「4.5.2 多層集約」でも説明したように処理に遅延を発生させます。

また、「4.5.3 パーティショニング」で説明し、図4.6で図示したアプローチに従ってパーティショニングも行います。そこで触れていたホットパーティションへの対処に関する議論点に注意してください。商品IDでパーティショニングを行いますが、販売イベントのタイムスタンプでもパーティショニングする場合があるでしょう。

> **集計**
>
> 商品IDとタイムスタンプの組み合わせで集計していることに注目してください。先に進む前に、なぜそうするのかを考えてみましょう。

なぜ商品IDとタイムスタンプの組み合わせで集計するのでしょうか。これは、トップKリストには期間があり、開始時間と終了時間があるためです。各販売イベントが正しい時間範

囲で集計されるようにしなければなりません。例えば、2023-01-01 10:08 UTCに発生した販売イベントは、次の範囲で集計される必要があります。

1. 1時間単位：[2023-01-01 10:08 UTC, 2023-01-01 11:00 UTC)
2. 1日単位：[2023-01-01, 2023-01-02)
3. 1週間単位：[2022-12-28 00:00 UTC, 2023-01-05 00:00 UTC)（2022-12-28と2023-01-05は両方月曜日）
4. 1か月単：[2023-01-01, 2013-02-01)
5. 1年単位：[2023, 2024)

　私たちのアプローチは、最小の期間（つまり、1時間単位）で集計することです。イベントがクラスタ内の全ての層を通過するのに数秒しかかからないと予想されるので、クラスタ内で1時間以上古いキーがあることはほとんどありません。各商品IDには独自のキーがあります。各キーに時間範囲が追加されるため、キーの数が商品ID数の2倍を超えることはほとんどありません。

　期間の終了から1分後、例えば、「[2023-01-01 10:08 UTC, 2023-01-01 11:00 UTC)」の場合は2023-01-01 11:01 UTCに、「[2023-01-01, 2023-01-02)」の場合は2023-01-02 00:01 UTCに、最終層の対応するホスト（最終ホストと呼びます）はヒープをSQLのspeed_tableに書き込むことができ、ダッシュボードはこの期間の対応するトップKリストを表示する準備ができます。時折、イベントが全ての層を通過するのに1分以上かかる場合があり、その際は、最終ホストは単に更新されたヒープをspeed_tableに書き込むことができます。最終ホストが古い集計キーを保持する保持期間を数時間または数日に設定し、その後、削除できます。

　1分待つ代わりに、イベントがホストを通過する際に追跡し、関連する全てのイベントが最終ホストに到達した後のみに最終ホストにspeed_tableにヒープを書き込むように指示するシステムを実装することもできます。しかし、これは複雑すぎる実装になる可能性があり、全てのイベントが完全に処理される前にダッシュボードが近似値を表示できなくなってしまいます。

17.7　近似

　より低いレイテンシを達成するために、集計サービスの層の数を制限する必要があるかもしれません。図17.6はそのような設計の例です。ここではmax-heapのみで構成される層があります。このアプローチは、精度を犠牲にして更新の速度を上げ、コストを下げます。高精度の集計には、遅くてもよいバッチパイプラインに頼ることができるからです。

なぜmax-heapを別のホストに置くのでしょうか。これは、クラスタをスケールアップする際に新しいホストをプロビジョニングする作業を簡単にするためです。「3.1　スケーラビリティ」で言及したように、システムは容易にスケールアップおよびダウンできる場合にスケーラブルと見なされます。ハッシュテーブルホストの数は頻繁に変更される可能性がありますが、アクティブなmax-heapホスト（および、そのレプリカ）は常に1つだけなので、ハッシュテーブルホストとmax-heapホスト用に別々のDockerイメージを持つことができます。

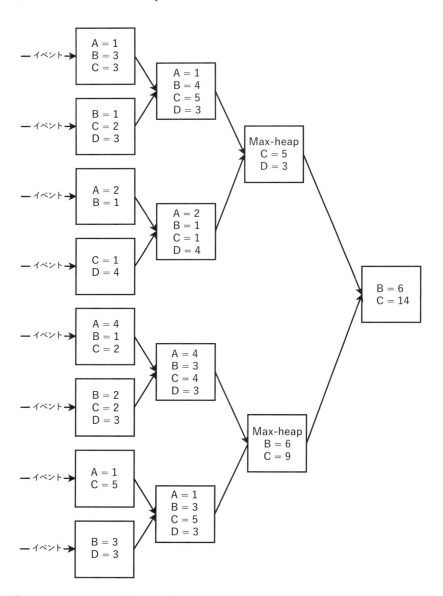

⬆ **図17.6**　max-heapを使用した多層構造。集計はより速くなるが、精度は低くなる。この図では時間範囲を省略している

しかし、この設計で生成されるトップKリストは不正確になる可能性があります。各ホストにmax-heapを配置し、単純にmax-heapをマージすることはできません。なぜなら、そうすると最終的なmax-heapが実際にトップK商品を含まない可能性があるからです。例えば、ホスト1のハッシュテーブルが{A: 7, B: 6, C: 5}で、ホスト2のハッシュテーブルが{A: 2, B: 4, C: 5}で、max-heapのサイズが2の場合、ホスト1のmax-heapは{A: 7, B: 6}を含み、ホスト2のmax-heapは{B: 4, C: 5}を含みます。最終的に結合されたmax-heapは{A: 7, B: 10}となり、誤ってCをトップ2のリストから除外してしまいます。正しい最終的なmax-heapは{B: 10, C: 11}であるべきです。

17.7.1 Count-Min Sketch

前の例のアプローチでは、各ホストに商品数と同じサイズのハッシュテーブル（この場合、約100万）が必要で、大量のメモリを消費します。精度を犠牲にしてメモリ消費量を減らすために、近似を検討してもよいでしょう。

「Count-Min Sketch」は、この場合に適切な近似アルゴリズムで、幅と高さを持つ二次元（2D）テーブルとして考えることができます。通常、幅は数千で、高さは小さく、ハッシュ関数の数（例：5）を表します。各ハッシュ関数の出力は幅に制限されています。新しい項目が到着すると、各ハッシュ関数をその項目に適用し、対応するセルをインクリメントします。

「A C B C C」という単純なシーケンスを使用して、Count-Min Sketchの例を見てみましょう。Cが最も一般的な文字で、3回出現します。表17.1〜17.5はCount-Min Sketchテーブルを示しています。各ステップでハッシュされた値を太字で強調しています。

1. 最初の文字「A」を5つのハッシュ関数それぞれでハッシュする。表17.1は、各ハッシュ関数が「A」を異なる値にハッシュすることを示している

1					
	1				
			1		
	1				
	1				

⤒ **表17.1** 単一の文字「A」を追加した後のCount-Min Sketchテーブル

2. 2番目の文字「C」をハッシュする。表17.2は、最初の4つのハッシュ関数が「C」を「A」とは異なる値にハッシュすることを示している。5番目のハッシュ関数で衝突が発生していて、「A」と「C」のハッシュ値が同じなので、その値がインクリメントされる

1			1	
	1	1		
1			1	
	1	1		
	2（衝突）			

⬆ **表17.2** 「AC」を追加した後のサンプル Count-Min Sketch テーブル

3. 3番目の文字「B」をハッシュする。表17.3は、4番目と5番目のハッシュ関数で衝突が発生していることを示している

1		1	1	
	1		1	1
1	1		1	
	2（衝突）		1	
	3（衝突）			

⬆ **表17.3** 「ACB」を追加した後のサンプル Count-Min Sketch テーブル

4. 4番目の文字「C」をハッシュする。表17.4は、5番目のハッシュ関数でのみ衝突が発生していることを示している

1		1	2	
	1		2	1
2	1		1	
	2		2	
	4（衝突）			

⬆ **表17.4** 「ACBC」を追加した後のサンプル Count-Min Sketch テーブル

5. 5番目の文字「C」をハッシュする。この操作は前のステップと同じ。表17.5は「ACBCC」のシーケンス後の Count-Min Sketch テーブル

1		1	3	
	1		3	1
3	1		1	
	2		3	
	5（衝突）			

⬆ **表17.5** シーケンス「ACBCC」後のサンプル Count-Min Sketch テーブル

発生回数が最も多い項目を見つけるには、まず各行の最大値{3, 3, 3, 3, 5}を取り、次に、これらの最大値の最小値「3」を取ります。2番目に発生回数が多い項目を見つけるには、まず各行の2番目に大きな数{1, 1, 1, 2, 5}を取り、次に、これらの数の最小値「1」を取ります。以降、同様に続けます。最小値を取ることで、過大評価の確率を減らします。

幅と高さを計算するための公式があり、これらは望む精度とその精度を達成する確率に基づいています。ただし、これは本書の範囲外とします。

Count-Min Sketchの二次元配列は、以前のアプローチにおけるハッシュテーブルの代わりとなります。ヘビーヒッターのリストを保存するためのヒープは引き続き必要ですが、データセットのサイズに関係なく固定サイズの二次元配列で、潜在的に大きなハッシュテーブルを置き換えることができます。

17.8 Lambdaアーキテクチャを使用したダッシュボード

図17.7のフロー図では、ダッシュボードはブラウザアプリケーションであり、バックエンドサービスにGETリクエストを送信し、バックエンドサービスはSQLクエリを実行しています。これまでの議論は、batch_tableに書き込むバッチパイプラインとspeed_tableに書き込むストリーミングパイプラインについてでした。ダッシュボードは両方のテーブルからトップKリストを構築する必要があります。

↑ 図17.7　ダッシュボードは単純なアーキテクチャを持ち、ブラウザアプリケーションがバックエンドサービスにGETリクエストを送信し、バックエンドサービスがSQLリクエストを行う。ブラウザアプリケーションの機能要件は時間とともに拡大する可能性があり、特定の期間（例：前月）のトップ10リストを単純に表示することから、より大きなリスト、より多くの期間、フィルタリング、集計（パーセンタイル、平均、モード、最大、最小など）を含むようになる可能性がある

しかし、SQLテーブルは順序を保証せず、batch_tableとspeed_tableのフィルタリングとソートには数秒かかる可能性があります。P99が1秒未満を達成するために、SQLクエリはランキングとカウントのリストを含む単一のビューに対する単純なSELECTクエリであるべきです。これを「top_1000ビュー」と呼びます。このビューは、各期間のspeed_tableとbatch_tableからトップ1,000商品を選択して構築できます。また、各行がspeed_tableとbatch_tableのどちらから来たかを示す追加の列を含めることもできます。ユーザーが特定の間隔のトップKダッシュボードをリクエストすると、バックエンドはこのビューをクエリして、バッチテーブルから可能な限りのデータを取得し、スピードテーブル

でギャップを埋めることができます。「4.10　異なる種類のデータのキャッシュの例とその手法」で述べたように、ブラウザアプリケーションとバックエンドサービスもクエリ応答をキャッシュ可能です。

> **演習**
>
> top_1000ビューのSQLクエリを定義してみましょう。

17.9　Kappaアーキテクチャアプローチ

　Kappaアーキテクチャは、単一の技術スタックを使用してバッチ処理とストリーミング処理の両方を実行し、ストリーミングデータを処理するためのソフトウェアアーキテクチャパターンです（https://hazelcast.com/glossary/kappa-architectureを参照）。ストリーミング処理に特化した設計で、複雑なバッチ処理を省略し、単一のフレームワークでデータを処理します。着信データを保存するためにKafkaのような追加専用の不変ログを使用し、その後ストリーム処理を行い、ユーザーがクエリできるデータベースに保存します。

　本節では、LambdaアーキテクチャとKappaアーキテクチャを比較し、ダッシュボード用のKappaアーキテクチャについて議論します。

17.9.1　LambdaアーキテクチャとKappaアーキテクチャの比較

　Lambdaアーキテクチャは複雑です。なぜなら、バッチレイヤーとストリーミングレイヤーがそれぞれ独自のコードベースとクラスタを必要とし、それに伴って運用オーバーヘッドがあり、開発、メンテナンス、ロギング、モニタリング、アラートが複雑になり、コストがかかります。

　Kappaアーキテクチャは、Lambdaアーキテクチャの簡略版で、ストリーミングレイヤーのみが存在し、バッチレイヤーはありません。これは、単一の技術スタックでストリーミング処理とバッチ処理の両方を実行するのに似ています。サービングレイヤーは、ストリーミングレイヤーから計算されたデータを提供します。全てのデータは、メッセージングエンジンに挿入された直後に読み取られ、変換され、ストリーミング技術によって処理されます。そのため、リアルタイムダッシュボードやモニタリングなどの低レイテンシかつほぼリアルタイムのデータ処理に適しています。先ほどLambdaアーキテクチャのストリーミングレイヤーについて議論したように、精度をパフォーマンスと引き換えにすることを選択できます。しかし、このトレードオフを行わず、高精度のデータを計算することも選択できます。

　Kappaアーキテクチャは、バッチジョブなど必要ではなく、ストリーミングが全てのデータ処理操作と要件を処理できるという主張から生まれたものです。https://www.oreilly.com/radar/questioning-the-lambda-architecture/ と https://www.kai-waehner.

de/blog/2021/09/23/real-time-kappa-architecture-mainstream-replacing-batch-lambda/を参照してください。バッチジョブの欠点とストリーミングがそれらを持たない理由について議論しています。

これらの参考リンクで議論されている点に加えて、バッチジョブがストリーミングジョブと比較して不利な点の2つ目として、バッチジョブの開発と運用のオーバーヘッドがかなり高いことが挙げられます。HDFSのような分散ファイルシステムを使用するバッチジョブは、少量のデータを処理する場合でも、完了までに少なくとも数分かかる傾向があります。これは、HDFSの大きなブロックサイズ（UNIXファイルシステムは4KBであるのに対して、64MBまたは128MB）が、低レイテンシを高スループットと引き換えにしているためです。一方、少量のデータを処理するストリーミングジョブは、完了までに数秒しかかからない場合があります。

バッチジョブの失敗は、開発からテスト、本番までのソフトウェア開発ライフサイクル全体を通じて実質的に避けられません。バッチジョブが失敗した場合、再実行する必要があります。バッチジョブの待ち時間を減らすための一般的な技術は、それを複数の段階に分割することです。各段階は中間ストレージにデータを出力し、そのデータが次の段階の入力として使用されます。これがAirflow DAGの背景にある哲学です。開発するものとしては、バッチジョブが30分または1時間以上かからないように設計できますが、開発者と運用スタッフは、ジョブが成功したか失敗したかを確認するために30分または1時間待つ必要があるのです。良好なテストカバレッジは本番の問題を減らしますが、完全に排除することはできません。

全体として、バッチジョブのエラーはストリーミングジョブのエラーよりもコストがかかります。バッチジョブでは、単一のバグがバッチジョブ全体をクラッシュさせます。ストリーミングでは、単一のバグはその特定のイベントの処理のみに影響します。

KappaアーキテクチャがLambdaアーキテクチャに比べて優れている点の1つは、Kappaアーキテクチャが相対的に単純であることです。Lambdaがバッチパイプラインとストリーミングパイプラインに異なるフレームワークを必要とする可能性があるのに対して、Kappaは単一の処理フレームワークを使用できます。ストリーミングにはRedis、Kafka、Flinkなどのフレームワークが使用できます。

Kappaアーキテクチャにおいて考慮すべき点の1つは、Kafkaのようなイベントストリーミングプラットフォームに大量のデータを保存するのはコストがかかり、HDFSのように大容量用に設計されたものとは異なり、数PB以上にスケールしないことです。Kafkaはログコンパクションを使用して無限の保持を提供します（https://kafka.apache.org/documentation/#compaction）。つまり、Kafkaトピックは各メッセージキーの最新の値のみを保存し、そのキーの以前の値を全て削除することでストレージを節約します。別のアプローチとしては、めったにアクセスされないデータの長期保存にS3のようなオブジェクトストレージを使用することがあります。表17.6は、LambdaアーキテクチャとKappaアーキテクチャを比較しています。

Lambda	Kappa
バッチおよびストリーミングパイプラインを別々に持つ。それにより、別々のクラスタ、コードベース、処理フレームワークが必要になる。それぞれに独自のインフラ、モニタリング、ログ、サポートが必要となる	単一のパイプライン、クラスタ、コードベース、処理フレームワーク
バッチパイプラインによって大量のデータの処理がより高速になる	大量のデータの処理はLambdaアーキテクチャよりも遅くコストがかかる。ただし、データは取り込まれるとすぐに処理されるため、スケジュールで実行されるバッチジョブとは対照的に、より早くデータを提供できる可能性がある
バッチジョブのエラーにより、全てのデータを最初からやり直す必要がある場合がある	ストリーミングジョブのエラーは、影響を受けたデータポイントの再処理のみを必要とする

⇧ 表17.6　LambdaアーキテクチャとKappaアーキテクチャの比較

17.9.2　ダッシュボードのKappaアーキテクチャ

　トップKダッシュボード用のKappaアーキテクチャは、「17.3　初期の高レベルアーキテクチャ」で示したうちの2つ目のアプローチを使用できます。ここでは、各販売イベントが商品IDと時間範囲で集計されます。販売イベントをHDFSに保存してからバッチジョブを実行するのではありません。100万商品のカウントは簡単に1台のホストに収まりますが、1台のホストで1日あたり10億イベントを取り込むことはできないので、多層集計が必要となります。

　深刻なバグが多くのイベントに影響を与える可能性があるため、エラーをログに記録してモニターし、エラー率をチェックする必要があります。そのようなバグのトラブルシューティングは困難で、大量のイベントに対してストリーミングパイプラインを再実行するのも困難です。したがって、重大なエラー率を定義し、エラー率がこの定義された重大なエラー率を超えた場合にパイプラインを停止する（Kafkaコンシューマーがイベントの消費と処理を停止する）ようにします。

　図17.8は、Kappaアーキテクチャを使用した高レベルアーキテクチャを示しています。単純に、図17.2のLambdaアーキテクチャからバッチパイプラインと集計サービスを除いたものです。

⇧ 図17.8　Kappaアーキテクチャを使用した高レベルアーキテクチャ。単に、図17.2のLambdaアーキテクチャからバッチパイプラインと集計サービスを除いたものとなる

17.10 ロギング、モニタリング、アラート

「2.5　ロギング、モニタリング、アラート」で議論したこと以外に、次のことについてもモニターし、アラートを送信する必要があります。

共有バッチETLプラットフォームは、すでにロギング、モニタリング、アラートシステムと統合されているはずです。ロールアップジョブ内の任意のタスクの異常に長い実行時間や失敗についてアラートを発生させます。

ロールアップタスクは、HDFSテーブルに書き込みます。「第10章　データベースバッチ監査サービスの設計」で説明したデータ品質モニタリングツールを使用して、無効なデータポイントを検出し、アラートを発生させることができます。

17.11 その他の議論可能なトピック

これらのリストを国や都市などの特性でパーティショニングすることについて議論できるでしょう。販売量ではなく収益によってトップK商品を返すために、どのような設計変更が必要になるでしょうか。販売量や収益の変化によってトップK商品を追跡するには、どうすればよいでしょうか。

特定のパターンに一致する名前や説明を持つ商品のランキングや統計を検索することが有用な場合があります。そのようなユースケースのための検索システムを設計できるでしょう。

トップKリストの機械学習や実験サービスなどのプログラム的なユーザーについて議論する可能性があります。ここまでは、リクエスト率が低く、高可用性や低レイテンシが必要ないと仮定していました。しかし、プログラム的なユーザーが新しい非機能要件を導入すると、これらの仮定は成り立たなくなります。

イベントが完全にカウントされる前、あるいはイベントが発生する前でも、ダッシュボードはトップKリストの近似値を表示できるでしょうか。

売上をカウントする際にかなり複雑になるのが、顧客からの返金や交換の要求などの問題です。販売数にこれらの処理中のものを含めるべきでしょうか。返金、返品、交換を考慮するために、過去のデータを修正する必要があるでしょうか。払い戻しが認められたり拒否されたりした場合、または同じ商品やほかの商品との交換があった場合、売上はどのようにカウントし直せばよいのでしょうか。

数年間の保証を提供する場合があり、販売から何年も経ってから上記のような顧客とのやりとりが発生する可能性があります。データベースクエリは、何年も前に発生した販売イベントを検索する必要が生じる場合があるかもしれません。そして、そのようなジョブはメモリ不足になる可能性があります。これは、今日でも多くのエンジニアが直面している課題です。

商品のリコールなど、大規模なイベントが発生する可能性があります。例えば、あるおもちゃが子供にとって安全でないことが突然判明し、リコールする必要がある場合などです。そのような問題が発生した場合に、販売イベントのカウントを調整すべきかどうかを議論する可能性があります。

前述の理由でトップKリストを再生成する以外にも、任意のデータ変更からトップKリストを再生成することを一般化できます。

現在、ブラウザアプリケーションはトップKリストのみを表示しています。しかし、ここに、販売トレンドの表示や、現在または新しい商品の将来の販売予測など、機能要件を拡張できます。

17.12 参考文献

本章は、YouTubeの「System Design Interview」チャンネルのMikhail Smarshchokによる『トップK問題（ヘビーヒッター）』（https://youtu.be/kx-XDoPjoHw）プレゼンテーションの資料を参考にしています。

まとめ

- 正確な大規模集計操作には時間がかかりすぎる場合、近似技術を使用して精度と引き換えに速度を向上させる並列ストリーミングパイプラインを実行できる。高速で不正確なパイプラインと遅いが正確なパイプラインを並行して実行することをLambdaアーキテクチャと呼ぶ
- 大規模集計の1つのステップは、後で集計するキーでパーティショニングすること
- 集計に直接関係のないデータは、ほかのサービスで簡単に使用できるように、別のサービスに保存する必要がある
- チェックポイントは、安価な読み取り操作（例：Redis）と高価な読み取り操作（例：HDFS）の両方の宛先を含む分散トランザクションを構築する技術の候補の1つである
- 近似による大規模集計の操作にはヒープと多層水平スケーリングの組み合わせで実現できる
- Count-Min Sketchは、カウントのための近似技術である
- 大規模なデータストリームを処理するために、KappaアーキテクチャまたはLambdaアーキテクチャのいずれかを検討できる

付録

Appendix

Appendix

モノリスとマイクロサービス

本付録では、モノリスとマイクロサービスについて評価を行います。著者の個人的な経験では、多くの情報源がマイクロサービスアーキテクチャのモノリスに対する利点を説明していますが、トレードオフについては議論していないような気がします。そこで、ここではそのトレードオフについて議論することにします。本書では「サービス」と「マイクロサービス」という用語を同じ意味で使用しています。

マイクロサービスアーキテクチャは、ソフトウェアシステムを疎結合で独立して、開発、デプロイ、スケーリングされるサービスの集合として構築することです。**モノリス**は、単一のユニットとして設計・開発され、デプロイされます。

A.1 モノリスの利点

表 A.1はモノリスのマイクロサービスに対する利点について説明しています。

モノリス	マイクロサービス
単一のアプリケーションであるため、初期は開発が速く簡単になる	開発者は各サービスでシリアライゼーションとデシリアライゼーションを処理し、サービス間のリクエストとレスポンスを処理する必要がある
	開発を始める前に、まずサービス間の境界をどこに設定するかを決める必要があり、選択した境界が間違っていることが判明する可能性もある。後から境界を変更するためにサービスを再開発するのは非現実的なことが多い
単一のデータベースを使用するため、ストレージの使用量は少なくなるが、これにはトレードオフがある	各サービスは独自のデータベースを持つべきなので、データの重複が発生し、全体的なストレージ要件が増加する可能性がある
単一のデータベースを用い、限定されたデータ保存場所を用いることが多いため、データプライバシー規制への準拠が容易になることが多い	データが多くの場所に分散しているため、組織全体でデータプライバシー規制に準拠することがより困難になる
デバッグが容易である場合が多い。開発者はブレークポイントを使用してコードの任意の行での関数呼び出しスタックを表示し、その行で発生している全てのロジックを理解できる	JaegerやZipkinなどの分散トレースツールを使用してリクエストのファンアウトを理解するが、それらは関与するサービスの関数呼び出しスタックなど、多くの詳細を提供してくれない。サービス間のデバッグは一般的にモノリスや個々のサービス内よりも困難になる
前のポイントに関連して、1か所にある全てのコードを簡単に表示でき、関数呼び出しをトレースできるため、サービスアーキテクチャよりもアプリケーション／システム全体を理解しやすくなる場合が多い	サービスのAPIはブラックボックスとして提示される。APIの詳細を理解する必要がないことで使うだけなら容易になる場合が多いが、システムの詳細の大半について理解することが困難になりやすい
運用コストが低く、パフォーマンスが向上する。全ての処理が単一のホストのメモリ内で行われるため、ホスト間のデータ転送が不要となる。ホスト間のデータ転送はずっと遅く高コストである	大量のデータを互いに転送するサービス間のシステムのデータ転送から非常に高いコストが発生する可能性がある。Amazon Prime Videoが分散マイクロサービスアーキテクチャのシステムのインフラストラクチャコストを90％削減した方法についての議論については、https://www.primevideotech.com/video-streaming/scaling-up-the-prime-video-audio-video-monitoring-service-and-reducing-costs-by-90 を参照のこと

⬆ **表A.1** モノリスのマイクロサービスに対する利点

A.2 モノリスの欠点

モノリスは、マイクロサービスと比較すると、次のような欠点があります。

- ほとんどの機能が独自のライフサイクルを持つことができないため、アジャイル手法の実践が困難となる
- 変更を適用するには、アプリケーション全体を再デプロイする必要がある
- バンドルサイズが大きくなる。その結果として、リソース要件が高くなり、起動時間が長くなる
- 単一のアプリケーションとしてスケーリングする必要がある
- モノリスの任意の部分のバグや不安定性が本番環境での障害を引き起こす可能性がある
- 単一の言語で開発する必要があるため、さまざまなユースケースの要件に対応する言語やそのフレームワークが提供する機能を活用できない

A.3 マイクロサービスの利点

マイクロサービスのモノリスに対する利点には、次のものが挙げられます。

1. 製品要件／ビジネス機能のアジャイルかつ迅速な開発とスケーリング
2. モジュール性と置換可能性
3. 障害の分離と耐障害性
4. より明確な所有権と組織構造

A.3.1 製品要件／ビジネス機能のアジャイルかつ迅速な開発とスケーリング

製品要件を満たすソフトウェアの設計、実装、デプロイは、モノリスではサービスよりも遅くなります。これは、モノリスのコードベースがはるかに大きく、依存関係がより密接に結合しているためです。

マイクロサービスで開発を行う際には、関連する機能の小さなセットとサービスのユーザーに対するインターフェイスに集中できます。各サービスは、サービスインターフェイスを介したネットワーク呼び出しによって通信を行います。つまり、サービスはHTTP、gRPC、GraphQLなどの業界標準プロトコルを介して定義されたAPIを通じて通信を行うわけです。サービスにはAPIという形で明確な境界がありますが、モノリスにはそれがありません。モノリスでは、特定のコードがコードベース全体に散在する多数の依存関係を持つことが極めて一般的であり、モノリスを開発する際にはシステム全体を考慮しなければならない場合があります。

クラウドベースのコンテナネイティブなインフラストラクチャを使用すると、マイクロサービスはモノリスの同等の機能よりもはるかに迅速に開発およびデプロイできます。明確に定義された関連する一連の機能を提供するサービスはCPU集約型またはメモリ集約型である可能性があります。これによって、必要に応じた最適なハードウェアの選択が可能になり、コスト効率よくスケールアップまたはダウンできます。多くの機能を提供するモノリスは、個々の機能を最適化する方法でスケーリングすることはできません。

個々のサービスへの変更は、ほかのサービスとは独立してデプロイされます。モノリスと比較して、マイクロサービスの各サービスはバンドルサイズが小さく、リソース要件が低く、起動時間が速くなります。

A.3.2 モジュール性と置換可能性

サービスは互いに独立しているという性質があるため、各サービスはモジュール化され、置換が容易になります。同じインターフェイスを持つ別のサービスを実装し、既存のサービスを新しいものと交換できます。モノリスでは、ほかの開発者が同時にコードとインターフェイスを変更している可能性があり、サービスと比較してそのような開発を調整することがより困難です。

サービスの要件に最適な技術（例：フロントエンド、バックエンド、モバイル、分析サービス用の特定のプログラミング言語）を選択できます。

A.3.3 障害の分離と耐障害性

モノリスとは異なり、マイクロサービスアーキテクチャには単一障害点（Single Point of Failure）[訳注1]がありません。各サービスを個別に監視できるため、障害が発生した場合、特定のサービスに即座に特定することが可能です。モノリスでは、単一のランタイムエラーがホストをクラッシュさせ、ほかの全ての機能に影響を与える可能性があります。耐障害性の優れた実践を採用しているサービスは、依存しているほかのサービスの高レイテンシや利用不可能性に適応できます。そのような最良の実践については「3.3　フォールトトレランス」で説明しており、ほかのサービスのレスポンスをキャッシュしたり、指数関数的バックオフ[訳注2]と再試行を行ったりすることが含まれます。サービスはクラッシュする代わりに、適切なエラーレスポンスを返すこともできます。

特定のサービスは、ほかのサービスよりも重要です。例えば、収益に直接的な影響を与えたり、ユーザーにとってより可視性が高かったりする場合があります。個別のサービスを持つことで、重要度に応じてカテゴリ分けし、開発および運用リソースを適切に割り当てることが可能です。

訳注1 障害が発生すると、システム全体が停止する可能性がある部分。
訳注2 リトライ間隔を徐々に増加させながら、リトライする処理のこと。

A.3.4 所有権と組織構造

　明確に定義された境界を持つサービスは、モノリスと比較してチームへの所有権のマッピングが簡単です。これによって、専門知識とドメイン知識の集中が可能になります。つまり、特定のサービスを所有するチームは、そのサービスについて強い理解と開発の専門知識を身につけられます。一方で、開発者はほかのサービスを理解する可能性が低くなり、システム全体についての理解と所有意識が低くなる可能性がありますが、モノリスでは開発者が開発および保守の責任を持つ特定のコンポーネント以外のシステムの部分をより理解することを強制する可能性があります。例えば、開発者がほかのサービスで何らかの変更を必要とする場合、自分で実装するのではなく、関連するチームに変更を要求する可能性があるため、開発時間とコミュニケーションのオーバーヘッドが増加します。そのサービスに精通した開発者によって変更が行われる場合、時間がかかる可能性が低く、バグやテクニカルデットのリスクも低くなる可能性があります。

　明確に定義された境界を持つサービスの性質により、REST の OpenAPI、gRPC のプロトコルバッファ、GraphQL の Schema Definition Language（SDL）など、さまざまなサービスアーキテクチャスタイルが API 定義技術を提供できます。

A.4　サービスの欠点

　モノリスと比較したサービスの欠点には、コンポーネントの重複の問題、および追加コンポーネントの開発と維持にかかるコストの上昇が挙げられます。

A.4.1 コンポーネントの重複

　各サービスはサービス間通信とセキュリティの実装が必要ですが、これはサービス間で重複する作業となります。システムの脆弱さは、システム全体の最も弱い点によって決定される上に、マイクロサービスはサービスの数が多いがゆえに、モノリスに比べてセキュリティを確保しなければならない表面積が大きくなってしまいます。

　異なるチームの開発者が重複コンポーネントを開発する場合、それぞれが同じようなミスを犯してしまったり、同じミスを発見して、それぞれが修正するために時間を割いてしまうことも起こるかもしれず、これによって開発とメンテナンス時間の無駄が生じてしまう可能性があります。こうした作業と時間の無駄な重複は、これらのミスによって引き起こされたバグに遭遇し、トラブルシューティングを行い、開発者とコミュニケーションを取るユーザーや運用スタッフにも及ぶ可能性があるでしょう。

　サービスは、データベースを共有すべきではありません。共有すると独立性が失われます。例えば、1つのサービスに適したデータベーススキーマの変更がほかのサービスを壊す可能性があります。逆に、データベースを共有しなければ、データが重複し、システム全体のストレージ量とコストが増加する可能性があります。これにより、データプライバシー規制への準拠がより複雑で高コストになる可能性もあります。

A.4.2 追加コンポーネントの開発と維持のコスト

組織内の多様なサービスをナビゲートし理解するために、サービスレジストリと場合によってはサービス検出のための追加サービスが必要になります。

モノリシックアプリケーションには、単一のデプロイメントライフサイクルがあります。マイクロサービスアプリケーションには管理する多数のデプロイメントがあるため、CI/CDは必須です。これには、コンテナ（Docker）、コンテナレジストリ、コンテナオーケストレーション（Kubernetes、Docker Swarm、Mesos）、JenkinsなどのCIツール、ブルー／グリーンデプロイメント、カナリア[訳注3]、A/BテストなどのデプロイメントパターンをサポートするCDツールといったインフラストラクチャが含まれます。

サービスがリクエストを受信すると、このリクエストを処理する過程で下流のサービスにリクエストを行う可能性があり、それらのサービスがさらに下流のサービスにリクエストを行う可能性があります。これは、図A.1で示されています。Netflixのホームページへの単一のリクエストが、多数の下流サービスへのリクエストにファンアウトします。各リクエストはネットワークレイテンシを追加します。サービスのエンドポイントには1秒のP99 SLAがある場合がありますが、複数のエンドポイントが互いに依存している場合（例：サービスAがサービスBを呼び出し、サービスBがサービスCを呼び出すなど）、元のリクエスト元は高いレイテンシを経験する可能性があります。

⬆ 図A.1　Netflixのホームページへのリクエストで発生する下流サービスへのリクエストファンアウトの図（画像出典：https://www.oreilly.com/content/application-caching-at-netflix-the-hidden-microservice/ から）

訳注3　新バージョンのソフトウェアを一部のユーザーに先行公開し、問題が起きないことを確認しながら段階的に割合を増やしていく手法のこと。少数の先行ユーザーを、いわゆる「炭鉱のカナリア」に見立てている。

これを軽減する1つの方法としてキャッシュがありますが、古いデータを避けるためのキャッシュの有効期限やキャッシュの更新ポリシーを考慮する必要があるなど、さらに複雑になってしまいます。また、分散キャッシュサービスの開発とメンテナンスのオーバーヘッドも発生します。

ほかのサービスへのリクエスト停止を処理するために、サービスが指数関数的バックオフと再試行（「3.3.4　指数バックオフとリトライ」で説明）を実装しなければならず、複雑さを増大させ、開発およびメンテナンスコストが増えるかもしれません。

マイクロサービスアーキテクチャで必要となるもう1つの複雑な追加コンポーネントは、分散トレーシング[訳注4]です。これはマイクロサービスベースの分散システムの監視とトラブルシューティングに使用されます。JaegerとZipkinは、人気のある分散トレーシングソリューションです。

モノリスにライブラリをインストール／更新するには、モノリス上の単一のインスタンスのライブラリを更新するだけです。サービスの場合、複数のサービスで使用されているライブラリをインストール／更新するには、その全てのサービスでインストール／更新する必要があります。更新に互換性のない変更がある場合、各サービスの開発者は手動でライブラリを更新し、後方互換性のない変更によって破損したコードや設定を更新しなければなりません。次に、CI/CDツールを使用してこれらの更新をデプロイする必要があります。場合によっては、最終的に本番環境にデプロイする前に、複数の環境に1つずつデプロイする必要があります。

また、これらのデプロイを監視する必要もあります。開発とデプロイの過程で、予期せぬ問題のトラブルシューティングを行う必要があります。これには、エラーメッセージをコピーしてGoogleや会社の内部チャットアプリケーション（SlackやMicrosoft Teamsなど）で解決策を検索することも含まれるかもしれません。デプロイが失敗した場合、開発者はトラブルシューティングを行い、デプロイを再試行し、再び成功または失敗するのを待つ必要があります。開発者は複雑なシナリオ（例：特定のホストがずっと障害を起こし続けているなど）に対処する必要があります。これらは全て、開発者にとって大きな負担となります。さらに、このロジックとライブラリの重複は、無視できない量の追加ストレージを必要とする可能性もあります。

訳注4　マイクロサービス環境でのリクエストの流れを追跡し、障害箇所を特定する技術。

A.4.3 分散トランザクション

それぞれのサービスは個別のデータベースを持つため、これらのデータベース間の整合性を保つために分散トランザクションが必要になる場合があります。これは、単一の関係データベースを持ち、そのデータベースに対してトランザクションを行うことができるモノリスとは異なります。分散トランザクションを実装する必要があることは、コスト、複雑さ、レイテンシ、そしてエラーや障害の原因を増やすことになります。分散トランザクションについては「第5章　分散トランザクション」で議論しています。

A.4.4 参照整合性

参照整合性は、関連するデータ同士の正確性と整合性を指します。ある関連する1つの属性の値が別の属性の値を参照する場合、参照される値は存在しなければなりません。

モノリスの単一データベースにおける参照整合性は、外部キーを使用して簡単に実装できます。外部キー列の値は、外部キーが参照する主キーに存在するか、nullでなければなりません（https://www.interfacett.com/blogs/referential-integrity-options-cascade-set-null-and-set-default）。データベースがサービス間で分散している場合、参照整合性はより複雑になります。分散システムにおける参照整合性のために、複数のサービスを含む書き込みリクエストは、全てのサービスで成功するか、全てのサービスで失敗／中止／ロールバックする必要があります。書き込みプロセスには、再試行やロールバック／補償トランザクションなどのステップを含める必要があります。分散トランザクションの詳細については「第5章　分散トランザクション」を参照してください。なお、参照整合性を検証するために、サービス間で定期的な監査が必要になる場合もあります。

A.4.5 複数のサービスにまたがる機能開発とデプロイメントの調整

新機能が複数のサービスにまたがる場合、開発とデプロイメントをそれらの間で調整する必要があります。例えば、1つのAPIサービスがほかのサービスに依存している場合があります。別の例として、Rust Rocket（https://rocket.rs/）のRESTful APIサービスの開発者チームが、別のUIデベロッパーチームが開発するReact UIサービスで使用される新しいAPIエンドポイントを開発する必要があるとします。この例について議論しましょう。

理論的には、両方のサービスで機能開発を並行して進めることが可能です。APIチームは新しいAPIエンドポイントの仕様を提供するだけでよいはずです。UIチームは新しいReactコンポーネントと関連するNode.jsまたはExpressサーバコードを開発できます。APIチームが未実際のデータを返すテスト環境を提供していないため、サーバコードは新しいAPIエンドポイントのモックまたはスタブレスポンスを作成し、それらを開発に使用します。このアプローチは、UIコードのユニットテスト（スパイテストを含む。詳細は、https://jestjs.io/docs/mock-function-apiを参照）の作成にも役立ちます。

チームは機能フラグを使用して、開発中の機能を開発環境とステージング環境に選択的に公開し、本番環境では隠すこともできます。これにより、これらの新機能に依存するほかの開発者やステークホルダーが進行中の作業を表示し、議論することができます。

ところが実際には、状況は遥に複雑になる可能性があります。新しい一連のAPIエンドポイントの複雑さを理解することは、そのAPIの操作に相当な経験を持つ開発者やUXデザイナーでさえ困難な場合があります。両方のサービスの開発中に、APIデベロッパーとUIデベロッパーの両方が、何かしら細かな問題を発見する可能性があり、APIの変更が必要になる場合もあるでしょう。両チームは解決策を議論し、すでに行われた作業の一部を無駄にする可能性もあります。例えば、次のような問題が見つかるかもしれません。

- データモデルがUXに適していない場合があるかもしれない。例えば、通知システムのテンプレートのバージョン管理機能を開発する場合（「9.5　通知テンプレート」参照）、UXデザイナーは個々のテンプレートを考慮してバージョン管理のUXを設計する可能性がある。しかし、実際にはテンプレートは個別にバージョン管理されるサブコンポーネントで構成されているかもしれない。しかも、この問題は、UIとAPI開発の両方が進行中になるまで発見されない可能性がある
- 開発中に、APIチームは新しいAPIエンドポイントが非効率的なデータベースクエリ（例：過度に大きなSELECTクエリや大きなテーブル間のJOIN操作）を必要とすることを発見するかもしれない
- RESTやRPC API（つまり、GraphQLではない）の場合、ユーザーは複数のAPIリクエストを行い、レスポンスに対して複雑な後処理操作を行う必要がある場合がある。これは、データをリクエスト元に返したりUIに表示したりする前に必要になるかもしれない。または、提供されるAPIがUIが必要とする以上のデータを取得し、不必要なレイテンシを引き起こす可能性もある。内部で開発されるAPIの場合、UIチームはより複雑でない、より効率的なAPIリクエストのためにAPIの再設計と再作業を要求する場合もあるだろう

A.4.6　インターフェイス

マイクロサービスにおける各サービスは、それぞれ異なる言語で記述することができ、テキストまたはバイナリプロトコルを介して互いに通信を行います。JSONやXMLなどのテキストプロトコルの場合、これらの文字列とオブジェクトとを相互変換しなければなりません。その際には、欠落フィールドのバリデーションやエラー、例外処理のためにコードを追加する必要があります。グレースフルデグラデーションを可能にするために、サービスはオブジェクトに欠落したフィールドがあっても、処理を継続する必要があるかもしれません。依存サービスがそのような欠落したフィールドのあるデータを返す場合に対処するために、依存サービスからのデータをキャッシュし、問題があった場合はそうした古いデータを返すなどのバックアップステップの実装が必要になる可能性もあります。また、自分たちが返

すデータも、欠落フィールドを持つデータを返さざるを得ないかもしれません。これにより、実装がドキュメントと異なってしまう可能性もあります。

A.5 参考文献

本付録では、『Microservices for the Enterprise: Designing, Developing, and Deploying』（Kasun Indrasiri、Prabath Siriwardena 著／Apress ／ 2018）の資料を参考にしています。

Appendix

OAuth 2.0認可と
OpenID Connect認証

B.1 認可と認証

　認可は、ユーザー（人またはシステム）に特定のリソースや機能へのアクセス権限を与えるプロセスです。それに対し、**認証**はユーザーの本人確認、すなわちアクセスしてきたのが誰なのかを知るためのプロセスです。**OAuth 2.0**は認可のための一般的なアルゴリズムです（OAuth 1.0プロトコルは2010年4月に、OAuth 2.0は2012年10月に公開された）。**OpenID Connect**は認証のためにOAuth 2.0を拡張したものです。認証と認可／アクセス制御は、サービスの典型的なセキュリティ要件です。OAuth 2.0とOpenID Connectは、面接試験における認可と認証に関する話題の中で、簡単に議論されることがあります。

　オンラインの情報に書かれている内容でよくある誤解は「OAuth2でログインする」という考え方です。そのようなオンラインリソースは、認可と認証という異なる概念を混同しています。本付録では、OAuth2による認可とOpenID Connectによる認証を紹介し、認可と認証の違いを明確にしていきます。

原注　本付録は、Nate Barbettiniによる優れた入門講義『OAuth 2.0 and OpenID Connect (in plain English)』（http://oauthacademy.com/talk）とhttps://auth0.com/docsの資料を参考にしている。より詳細な情報については、https://oauth.net/2/ も参照のこと。

B.2 前置き：シンプルなログイン、cookieベースの認証

　最も基本的な認証タイプには、**シンプルなログイン**、**BASIC認証**、**フォーム認証**などがあります。シンプルなログインでは、ユーザーは（識別子、パスワード）のペアを入力します。（ユーザー名、パスワード）や（メールアドレス、パスワード）などが一般的です。ユーザーがユーザー名とパスワードを送信すると、バックエンドは、そのユーザー名に関連付けられたパスワードとマッチするかどうかを確認します。セキュリティのため、パスワードはハッシュ化されている必要があります。確認後、バックエンドは、このユーザー用のセッションを作成します。バックエンドは、サーバのメモリとユーザーのブラウザの両方に保存されるcookieを作成します。UIはユーザーのブラウザにcookieを設定します。セッション用のcookieは、例えば「Set-Cookie: sessionid=f00b4r; Max-Age: 86400;」のようになります。このcookieには、セッションIDが含まれています。ブラウザからの以降のリクエストでは、このセッションIDを用いて認証するため、ユーザーは再度ユーザー名とパスワードを入力する必要はなくなります。ブラウザがバックエンドにリクエストを送信するたびに、ブラウザはセッションIDをバックエンドに送信し、バックエンドはこの送信されたセッションIDを自身のコピーと比較してユーザーの身元を確認します。

　このプロセスは「cookieベースの認証」と呼ばれ、セッションには有効期限があります。その期間を過ぎた場合は期限切れ／タイムアウトになり、ユーザーは再度ユーザー名とパスワードを入力する必要があります。セッションの期限切れには、絶対タイムアウトは指定された期間が経過すると、非アクティブタイムアウトはユーザーがアプリケーションと通信を行わない期間が一定時間を超過すると、セッションを終了します。

B.3 シングルサインオン

　シングルサインオン（SSO：Single Sign On）では、Active Directoryアカウントといった1つのマスターアカウントで複数のシステムにログインできる仕組みのことを指します。SSOは、通常、Security Assertion Markup Language（SAML）というプロトコルを使って行われます。2000年代後半のモバイルアプリケーションの登場により、次のようなことが必要になりました。

- cookieはモバイルデバイスに適していないため、ユーザーがアプリケーションを閉じた後もモバイルアプリケーションにログインしたままにできるような長期セッションのための新しいメカニズムが必要となった
- **委任認可**と呼ばれる新しいユースケース。リソースの所有者が、これらのリソースの一部（全部ではない）へのアクセスを指定されたクライアントに委任できる仕組み。例えば、特定のアプリケーションに、公開プロフィールや誕生日などの特定の種類のFacebookユーザー情報を見る権限を与えることができるが、ウォールに投稿する権限は与えないといったことが可能になる

B.4　シンプルなログインの欠点

シンプルなログインの欠点としては、複雑さ、保守性の欠如、部分的な認可がないことなどが挙げられます。

B.4.1　複雑さと保守性の欠如

シンプルなログイン（または一般にセッションベースの認証）の多くは、アプリケーション開発者によって実装されます。次のような機能が必要になります。

- ログインエンドポイントとロジック（ソルト化とハッシュ化の操作を含む）
- ユーザー名とソルト化＋ハッシュ化されたパスワードのデータベーステーブル
- パスワードリセットメールなどの2FA（二要素認証）操作を含むパスワードの作成とリセット

これは、アプリケーション開発者がセキュリティのベストプラクティスを遵守する責任があることを意味します。OAuth 2.0とOpenID Connectでは、パスワードは別のサービスによって処理されます（これは全てのトークンベースのプロトコルに当てはまる。OAuth 2.0とOpenID Connectはトークンベースのプロトコル）。アプリケーション開発者は、優れたセキュリティプラクティスを持つサードパーティサービスを使用できるため、パスワードがハッキングされるリスクが低くなります。

cookieを使った場合は、サーバが状態を維持しなければなりません。ログインした各ユーザーに対して、サーバはそのユーザーのセッションを作成する必要がありますが、数百万のセッションがある場合、メモリのオーバーヘッドが高すぎる可能性があります。トークンベースのプロトコルにはメモリのオーバーヘッドがありません。

開発者は、General Data Protection Regulation (GDPR) [訳注1]、California Consumer Privacy Act (CCPA) [訳注2]、Health Insurance Portability and Accountability Act (HIPAA) [訳注3]などの関連するユーザープライバシー規制を遵守し続けるようにアプリケーションを維持する責任もあります。

訳注1　EU（欧州連合）域内における個人データの保護に関する規則で、「EU一般データ保護規則」と訳される。EU域内だけではなく、インターネット上でEU域内の顧客に商品やサービスを提供する場合は全世界の企業にGDPRが適用される。https://gdpr.eu/

訳注2　米国カリフォルニア州の消費者のプライバシーを保護するための法律で、「カリフォルニア州消費者プライバシー法」と訳される。カリフォルニア州法ではあるが、対象企業に制限がないため、全世界の企業が対象となり得る。個人情報保護委員会による日本語訳も公開されている（https://www.ppc.go.jp/files/pdf/ccpa-provisions-ja.pdf）。

訳注3　電子化した医療情報に関するプライバシー保護・セキュリティ確保について定めたアメリカの法律で、「医療保険の相互運用性と説明責任に関する法律」と訳される。1996年に制定され、以後、社会状況に合わせて複数の改訂が行われている。

B.4.2 部分的な認可がない

　シンプルなログインには、部分的なアクセス制御を行う権限の概念がありません。例えば、あるユーザーが、ほかのユーザーに対して、特定の目的のために自分のアカウントへの部分的なアクセスを許可したい場合があったとします。完全なアクセスを許可することはセキュリティリスクにつながってしまうからです。例えば、Mint[訳注4]のような予算管理アプリケーションにおいて、銀行口座の残高を見る権限を与えたいとしても、お金を送金するといった権限は与えたくない場合などが該当するでしょう。銀行アプリケーションがシンプルなログインしか提供していない場合、これは不可能です。ユーザーは、Mintが銀行残高を見るだけのために、銀行アプリアカウントのユーザー名とパスワードをMintに渡さなければならず、Mintに銀行口座への完全なアクセスを与えることになってしまいます。

　もう1つの例として、OAuthが開発される以前のYelp[訳注5]が挙げられるでしょう。図B.1に示すように、Yelpのユーザー登録の最後に、Yelpはユーザーに連絡先リストに紹介リンクまたは招待リンクを送信できるようにGmailログインを要求します。ユーザーは、各連絡先に1つの紹介メールを送信するだけのために、Yelpに自分のGmailアカウントへの完全なアクセスを許可しなければなりませんでした。

⬆図B.1　OAuthによる実装を行う以前のYelpのブラウザアプリケーションの紹介機能のスクリーンショット。シンプルなログインに部分的な認可がないという短所を反映している。ユーザーはメールアドレスとパスワードの入力を求められ、各連絡先に1つのメールを送信したいだけにもかかわらず、Yelpにメールアカウントへのフル権限を与えなければならなかった（画像の出典：http://oauthacademy.com/talk）

　現在ではOAuth 2.0の普及により、ほとんどのアプリケーションはこうした慣行を使用しなくなりました。しかし、銀行業界だけは残念ながら状況が異なります。2022年現在、ほとんどの銀行はOAuthを採用していません。

訳注4　米Intuitが提供していた会計管理アプリ／サービス。2023年10月に、サービスを停止し、同じくIntuitが提供しているCredit Karmaに統合された。
訳注5　米Yelpが運営するクチコミ情報サイト／サービス。レストランやカフェ、ショップなどのローカルビジネスのクチコミ情報を集め、各種の情報を提供する。https://www.yelp.com/

B.5　OAuth 2.0フロー

本節では、OAuth 2.0フローについて説明します。Yelpのようなサードパーティアプリケーションが、Googleなどのサービスのユーザーの連絡先にメールを送信したいとします。その際に、Googleが保持しているユーザーに属するリソースにアクセスするために、ユーザーから認可を受けるためのOAuth2.0を使用する方法を説明します。

図B.2は、YelpとGoogle間のOAuth 2.0フローのステップを示しています。本付録では図B.2に沿って、流れを詳しく説明することにします。

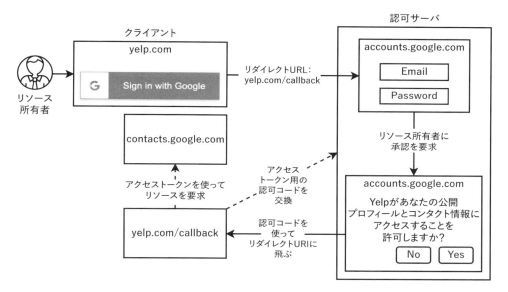

↑図B.2　OAuth2フローの図。本付録ではこのフローを詳細に見ていくことにする。フロントチャンネル通信は実線で、バックチャンネル通信は破線で表されている

B.5.1　OAuth 2.0の用語

- **リソース所有者**：アプリケーションがリクエストしているデータを所有または特定の操作を制御するユーザー。例えば、Googleアカウントに連絡先がある場合、あなたがそのデータのリソース所有者である。リソース所有者は、アプリケーションにそのデータへのアクセスを許可することができる。本付録では、簡略化のため、リソース所有者をユーザーと呼ぶ
- **クライアント**：リソースをリクエストしているアプリケーション
- **認可サーバ**：ユーザーが権限を承認するために使用するシステム。例えば、accounts.google.comなど

- **リソースサーバ**：クライアントがほしいデータを保持しているシステムのAPI。例えば、Google Contacts APIなど。認可サーバとリソースサーバはシステムによって同じであったり別のシステムであったりする
- **認可グラント**：リソースへのアクセスに必要な許可に対するユーザーの同意の証明
- **リダイレクトURI**（コールバックとも呼ばれる）：認可サーバがクライアントにリダイレクトする際のURIまたは目的ページ
- **アクセストークン**：クライアントが認可されたリソースを取得するために使用するキー
- **スコープ**：認可サーバで決められたスコープのリスト（例：ユーザーのGoogle連絡先リストの読み取り、メールの読み取り、メールの削除）。クライアントは、必要なリソースに応じて特定のスコープセットをリクエストする場合がある

B.5.2 初期のクライアントセットアップ

アプリケーション（MintやYelpなど）は、クライアントとなり、ユーザーがOAuthを使用できるようにするために、認可サーバ（Googleなど）と1回限りのセットアップを行う必要があります。MintがGoogleにクライアントの作成をリクエストすると、Googleは次のようなものを提供します。

- **クライアントID**：通常、ユニークな長い文字列識別子である。初期リクエストでフロントチャンネルを通じて渡される
- **クライアントシークレット**：トークン交換時に使用される

● 1. ユーザーから認可を取得

処理の流れは、クライアントアプリケーション（Yelp）上の（Google）リソース所有者から始まります。Yelpは、ユーザーがGoogleアカウントの特定のデータへのアクセスを許可するためのボタンを表示します。そのボタンをクリックすると、ユーザーはOAuthフローに沿って処理を行うことになります。これは、アプリケーションが認可を得て、リクエストされた情報のみにアクセスできるようになるための一連のステップです。

ユーザーがボタンをクリックすると、ブラウザは認可サーバ（例：Googleであればaccounts.google.com、あるいはFacebookやOktaの認可サーバ）にリダイレクトされます。ここで、ユーザーはその認可サーバにログイン（つまり、メールアドレスとパスワードを入力してログインをクリック）するように求められます。その際には、ブラウザのナビゲーションバーで、Googleのドメインにいることが確認できます。これは、セキュリティ上で重要です。ユーザーはMintやYelpなどのクライアントとなるアプリケーションではなく、Googleにメールアドレスとパスワードを提供することになるからです。

このリダイレクトでは、クライアントは認可サーバに設定情報パラメータとして渡して

います。URLは例えば、「https://accounts.google.com/o/oauth2/v2/auth?client_id=yelp&redirect_uri=https%3A%2F%2Foidcdebugger.com%2Fdebug&scope=openid&response_type=code&response_mode=query&state=foobar&nonce=uwtukpm946m」のようになります。それぞれのクエリパラメータの意味は、次のとおりです。

- **client_id**：クライアントを認可サーバに識別させるクライアントのID（例：Yelp は Yelp に割り当てられた ID を送り、Yelp がクライアントであることを Google に伝える）
- **redirect_uri**（コールバック URI とも呼ばれる）：リダイレクト URI
- **scope**：リクエストされたスコープのリスト
- **response_type**：クライアントが望む認可のタイプ（いくつか異なるタイプがあり、これは後ほど触れることにする。現在は最も一般的なタイプである「認可コードグラント」を想定しており、これは認可サーバにコードを要求するものである）
- **state**：クライアントからコールバックに渡される「状態」（ステップ4で説明するように、これはクロスサイトリクエストフォージェリ（CSRF）[訳注6] 攻撃を防ぐためのものである）
- **nonce**：「number used once」（一度だけ使用される数字）の略で、リプレイ攻撃を防ぐために使用されるサーバ提供のランダムな値（これは本書の範囲外とする）

● 2. ユーザーがクライアントのスコープに同意する

ログイン後、認可サーバはユーザーにクライアントがリクエストしたスコープのリストに同意するように促します。この例では、Googleはユーザーに、ほかのアプリがリクエストしているリソースのリスト（公開プロフィールや連絡先リストなど）を提示し、これらのリソースへのアクセスをそのアプリケーションに許可することに同意するかどうかを確認します。これにより、ユーザーが意図しないリソースへのアクセスを許可してしまって騙されることがないようにします。

ユーザーが［いいえ］［はい］のどちらをクリックしたかにかかわらず、アプリケーションのコールバックURIへのリダイレクトが行われます。その際に、ユーザーの決定に応じて異なるクエリパラメータが付加されることになります。［いいえ］をクリックした場合、アプリケーションにはアクセスが許可されないことになり、リダイレクトURIは「https://yelp.com/callback?error=access_denied&error_description=The user did not consent.」のようになるでしょう。［はい］をクリックした場合には、アプリはGoogle Contacts APIなどの Google API からユーザーが許可したリソースをリクエストできるようになります。認可サーバは、認可コードを付けてリダイレクトURIにリダイレクトします。リダイレクトURIは「https://yelp.com/callback?code=3mPDQbnIOyseerTTKPV&state=foobar」のような形となり、クエリパラメータである「code」に認可コードがセットされています。

訳注6　ユーザーが意図しないリクエストを送信させられる攻撃手法。

● 3. アクセストークンをリクエストする

続いてクライアントは認可サーバにPOSTリクエストを送信し、認可コードをアクセストークンと交換します。このリクエストには、クライアントのシークレットキー（クライアントと認可サーバだけが知っているユニークな値）が含まれます。例を示します。

```
POST www.googleapis.com/oauth2/v4/token
Content-Type: application/x-www-form-urlencoded
code=3mPÐQbnIOyseerTTKPV&client_id=yelp&client_secret=secret123&grant_
type=authorization_code
```

認可サーバはコードを検証し、アクセストークンと、クライアントから受け取った状態をレスポンスとして返します。

● 4. リソースをリクエストする

CSRF攻撃を防ぐために、クライアントはサーバに送信した状態がレスポンスの状態と同一であることを確認します。次に、クライアントはアクセストークンを使用して、リソースサーバから認可されたリソースをリクエストします。アクセストークンにより、クライアントはリクエストされたスコープ（例：ユーザーのGoogle連絡先への読み取り専用アクセス）のみにアクセスできます。スコープ外またはほかのスコープ内のリソースへのリクエスト（例：連絡先の削除やユーザーの位置履歴へのアクセス）は拒否されることになります。

```
ET api.google.com/some/endpoint
Authorization: Bearer h9pyFgK62w1QZÐox0d0WZg
```

B.5.3 バックチャンネルとフロントチャンネル

なぜ認可コードを取得し、それをアクセストークンと交換するのでしょうか。単に認可コードを使用したり、すぐにアクセストークンを取得したりしないのは、なぜなのでしょうか。

それを理解するために、バックチャンネルとフロントチャンネルの概念を見てみることにします。これはネットワークセキュリティの用語です。

フロントチャンネル通信は、プロトコル内で観察可能な2つ以上の当事者間の通信のことを指します。一方、**バックチャンネル通信**は、プロトコル内で少なくとも1つの当事者が観察できない通信です。クライアントサーバ間の安全な通信であり、ブラウザ経由のフロントチャンネル通信よりもセキュリティが高く、安全です。

バックチャンネルまたは高度に安全なチャンネルの例は、クライアントのサーバからGoogle APIサーバへのSSL暗号化されたHTTPリクエストです。フロントチャンネルの例は、ユーザーのブラウザからの通信です。ブラウザそのものは安全ですが、ブラウザ

からデータが漏洩する可能性のあるセキュリティの落とし穴はいくつか存在します。Webアプリケーションに秘密のパスワードやキーがあったとして、それをWebアプリケーションのHTMLやJavaScriptに入れてしまうと、ページソースを表示した人にはこの秘密が見えてしまいます。ハッカーはネットワークコンソールやChrome Developer Toolsを開いて、JavaScriptを見たり修正したりすることもできます。ブラウザはフロントチャンネルと見なされます。なぜなら、完全な信頼を置くことができないからです。一方で、バックエンドサーバで実行されているコードには完全な信頼を置くことができます。

　クライアントが認可サーバにアクセスをする状況を考えてみましょう。これはフロントチャンネルで起こっています。ページのリダイレクト、送信リクエスト、認可サーバへのリダイレクト、認可サーバへのリクエストの内容は、全てブラウザを通じて渡されます。認可コードもブラウザ（つまり、フロントチャンネル）を通じて送信されます。この認可コードが傍受された場合、例えば悪意のあるツールバーやブラウザリクエストを記録できるメカニズムによって、ハッカーは認可コードを取得したとしても、アクセスコードは取得できません。なぜなら、トークンの交換はバックチャンネルで行われるからです。

　トークン交換は、ブラウザではなく、バックエンドと認可チャンネルの間で行われます。バックエンドはトークン交換時に秘密鍵も含めますが、ハッカーはこの秘密鍵を知りません。この秘密鍵の送信がブラウザを介して行われてしまうと、ハッカーがそれを盗むことができてしまいます。そのため、秘密鍵を含む送信はバックチャンネルを介して行われるのです。

　OAuth 2.0フローは、フロントチャンネルとバックチャンネルの最良の特性を活用するように設計されており、高度に安全です。フロントチャンネルは、ユーザーとの対話に使用されます。ブラウザは、ユーザーにログイン画面と同意画面を提示しますが、ユーザーと直接対話し、これらの画面を表示することを意図しているからです。ブラウザを完全に信頼することはできないので、フローの最後のステップであるトークン交換は、信頼できるシステムであるバックチャンネルで行われます。

　認可サーバは、ユーザーとの対話なしに新しいアクセストークンを取得できるようにするために、アクセストークンが期限切れの場合にクライアントがリフレッシュトークンを発行することもあります。これについては、本書の範囲外とします。

B.6　その他のOAuth 2.0フロー

　ここまで、バックチャンネルとフロントチャンネルの両方を含む認可コードフローについて説明しました。OAuth 2.0にはこれ以外にも、暗黙的フロー（フロントチャンネルのみ）、リソース所有者パスワードクレデンシャル（バックチャンネルのみ）、クライアントクレデンシャル（バックチャンネルのみ）があります。

　暗黙的フローは、アプリケーションがバックエンドを持たない場合にOAuth 2.0を使用する唯一の方法です。図B.3は暗黙的フローの例を示しています。全ての通信はフロントチャ

ンネルのみで行われます。認可サーバは認可コードなしで直接アクセスコードを返し、交換ステップはありません。

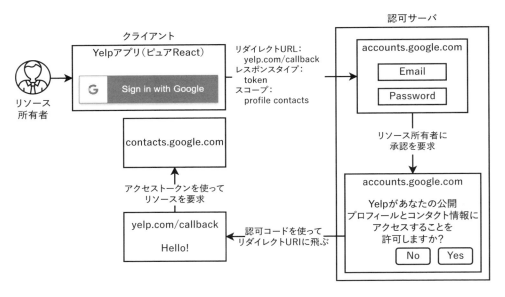

▲**図B.3** OAuth2暗黙的フローの図。全ての通信はフロントチャンネルで行われる。認可サーバへのリクエストのresponse_typeが"code"ではなく"token"であることに注目

　暗黙的フローは、アクセストークンがブラウザ上で露出するため、セキュリティ上のリスクがあります。

　リソース所有者パスワードフローまたはリソース所有者パスワードクレデンシャルフローは、古いアプリケーションで使用され、新しいアプリケーションには推奨されません。バックエンドサーバは、自身の認証情報を使用して認可サーバにアクセストークンをリクエストします。クライアントクレデンシャルフローは、マシン間通信やサービス間通信を行う場合に使用されることがあります。

B.7　OpenID Connect 認証

　［Facebookでログインする］ボタンは2009年に導入され、その後［Googleでログインする］ボタンが登場し、それに続いてTwitter、Microsoft、LinkedInなど、多くの企業による同様のボタン、いわゆる「ソーシャルログインボタン」が登場しました。これにより、ユーザーはさまざまなサービスに、既存のFacebook、Google、その他のソーシャルメディアの認証情報を使用してログインできるようになり、これらのボタンはWeb全体で非常に当たり前の存在になりました。これらのボタンはログインのユースケースにうまく機能し、OAuth 2.0で構築されていたのですが、OAuth 2.0は認可のプロトコルであり、認証に使用するように

設計されていませんでした。本質的に、OAuth 2.0は委任認可という本来の機能を超えた目的で使用されていたのです。

しかし、認証にOAuthを使用するのは、正しくないことです。なぜなら、OAuthにはユーザー情報を取得する方法がないからです。OAuth 2.0でアプリケーションにログインしても、そのアプリは誰がログインしたのか、メールアドレスや名前などの情報を知る方法がありません。OAuth 2.0は権限スコープのために設計されているため、アクセストークンが特定のリソースセットにスコープされているかの確認しかできません。「あなたがいったい誰であるか」ということを確認することはできないのです。

さまざまな企業がソーシャルログインボタンを構築し、OAuthをそのために使用していた際には、彼らは全てOAuthの上にカスタムハックを追加して、クライアントがユーザー情報を取得できるようにしなければなりませんでした。そのため、これらのさまざまな実装について見ていくと、それぞれが異なった仕様になっており、相互運用可能ではないという点に注意が必要になります。

この標準化の欠如に対処するために、OpenID Connectが作られました。OpenID ConnectはOAuth 2.0の上に薄いレイヤーを追加し、認証に使用できるようにします。OpenID Connectは、OAuth 2.0に次の要素を追加します。

- **IDトークン**：ユーザーIDを表し、いくつかのユーザー情報を含むトークンで、認証結果を表す。このトークンは、トークン交換時に認可サーバによって返される
- **ユーザー情報エンドポイント**：クライアントが認可サーバが返したIDトークンに含まれる情報以上の情報を望む場合、クライアントはユーザー情報エンドポイントからより多くのユーザー情報をリクエストできる
- **標準的なスコープセット**

したがって、OAuth 2.0とOpenID Connectの唯一の技術的な違いは、OpenID ConnectがアクセスコードとIDトークンの両方を返し、ユーザー情報エンドポイントを提供することです。クライアントは、必要なOAuth 2.0スコープに加えてOpenIDスコープを認可サーバにリクエストし、アクセスコードとIDトークンの両方を取得できます。

表B.1に、OAuth 2.0（認可）とOpenID Connect（認証）のユースケースをまとめています。

OAuth2（認可）	OpenID Connect（認証）
APIへのアクセスを許可する	ユーザーログイン
ほかのシステムでユーザーデータにアクセスする	ほかのシステムであなたのアカウントを利用可能にする

表B.1 OAuth 2.0（認可）とOpenID Connect（認証）のユースケース

IDトークンは、次の3つの部分で構成されています。

- **ヘッダ**：シグネチャのエンコードに使用されたアルゴリズムなど、いくつかのフィールド
が含まれている
- **クレーム**：IDトークンの本文／ペイロード。クライアントは、クレームをデコードしてユー
ザー情報を取得できる
- **シグネチャ**：クライアントは、シグネチャを使用してIDトークンが変更されていないこと
を確認できる。つまり、シグネチャはクライアントアプリケーションによって独立して検
証でき、その際に認可サーバと通信する必要がない

クライアントは、アクセストークンを用いてユーザー情報エンドポイントにアクセスし、
ユーザーのプロフィール画像など、ユーザーに関するより多くの情報をリクエストすること
もできます。表B.2は、ユースケースに応じてどのグラントタイプを使用するかを説明して
います。

ユースケース	グラントタイプ
サーババックエンドを持つWebアプリケーション	認可コードフロー
ネイティブモバイルアプリケーション	PKCE（Proof Key for Code Exchange）を使用した認可コードフロー（本書の範囲外）
APIバックエンドを持つJavaScriptシングルページアプリケーション（SPA）	暗黙的フロー
マイクロサービスとAPI	クライアントクレデンシャルフロー

⬆ **表B.2**　ユースケースに応じて使用するグラントタイプ

Appendix

C4モデル

C4モデル（https://c4model.com/）は、Simon Brownによって作成されたシステムアーキテクチャ図の技法で、システムをさまざまな抽象化レベルに分解するものです。本付録では、C4モデルの簡単な紹介を行います。Web上にC4モデルの優れた入門と詳細な説明が公開されているので、ここでは簡単に触れるだけに留め、詳細についてはWebサイトを参照することをお勧めします。C4モデルでは、4つの抽象化レベルを定義しています。

コンテキスト図は、システム全体を1つのボックスとして表現し、そのユーザーおよび、やり取りを行うほかのシステムに囲まれた形で表します。システム全体の位置付けや関係性を俯瞰するために用いる図式で、外部システムやユーザーとのやり取りを明確化します。図C.1は、既存のメインフレーム銀行システムの上に設計しようとしている新しいインターネットバンキングシステムのコンテキスト図の例です。この図において、ユーザーとは、開発するUIアプリを通じてインターネットバンキングシステムを利用する個人銀行顧客です。このインターネットバンキングシステムは、既存の電子メールシステムも利用します。図C.1では、ユーザーとシステムをボックスとして描き、それらの間のリクエストを矢印で接続しています。

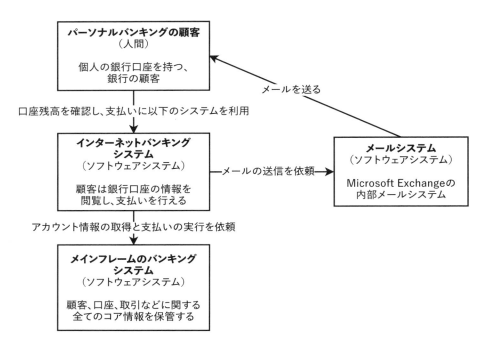

🔼 図C.1　コンテキスト図（画像の出典：https://c4model.com/、ライセンス：https://creativecommons.org/licenses/by/4.0/）。インターネットバンキングシステムを設計したいと考えており、そのユーザーは、UIアプリを通じてインターネットバンキングシステムを利用する個人銀行顧客である。このインターネットバンキングシステムは、レガシーメインフレーム銀行システムにリクエストを送る。また、このシステムは既存の電子メールシステムを使用して、ユーザーにメールを送信する。ほかの多くの共有サービスはまだ利用可能ではなく、この設計の一部として議論される可能性がある

　コンテナ図は、c4model.comでは「コードを実行またはデータを保存する、個別に実行／デプロイ可能なユニット」と定義されています。コンテナは、システムを構成するサービスであると考えることができるでしょう。図C.2はコンテナ図の例です。この図は、図C.1で単一のボックスとして表現したインターネットバンキングシステムを分解したものです。

　Web／ブラウザユーザーは、Webアプリケーションサービスからシングルページ（ブラウザ）アプリをダウンロードし、このシングルページアプリケーションを通じて追加のリクエストを行えます。モバイルユーザーは、アプリストアから私たちのモバイルアプリケーションをダウンロードし、このアプリを通じて全てのリクエストを行えます。

　私たちのブラウザアプリケーションとモバイルアプリケーションは、（バックエンド）APIアプリケーション／サービスにリクエストを送ります。バックエンドサービスは、Oracle SQLデータベース、メインフレーム銀行システム、電子メールシステムにリクエストを送ります。

　コンポーネント図は、機能を実装するためのインターフェイスの背後にあるクラスの集合を表すものです。コンポーネントは個別にデプロイ可能なユニットではありません。図6.3は、図6.2の（バックエンド）APIアプリケーション／サービスのコンポーネント図の例で、そのインターフェイスとクラス、ほかのサービスとのリクエストを示しています。

私たちのブラウザアプリケーションとモバイルアプリケーションは、バックエンドにリクエストを送り、それらは適切なインターフェイスにルーティングされます。

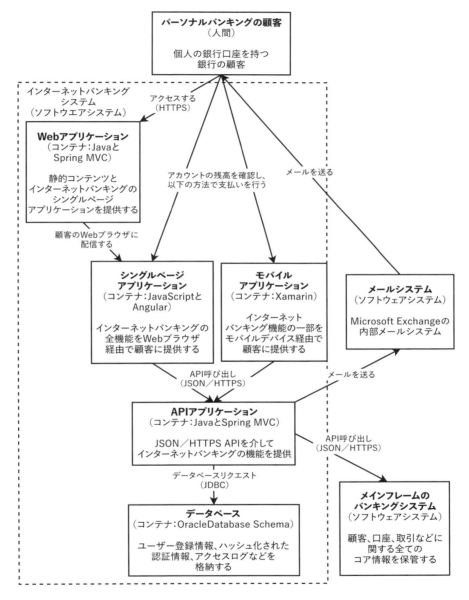

↑図C.2　コンテナ図（出典：https://c4model.com/ より改変、ライセンス：https://creativecommons.org/licenses/by/4.0/）

　サインインコントローラーがサインインリクエストを受け取り、パスワードリセットコントローラーがパスワードリセットリクエストを受け取ります。セキュリティコンポーネントは、サインイ

ンコントローラーとパスワードリセットコントローラーからのセキュリティ関連機能を処理する機能を持っています。これは、Oracle SQLデータベースにデータを永続化します。

電子メールコンポーネントは、電子メールシステムにリクエストを送るクライアントです。パスワードリセットコントローラーは、電子メールコンポーネントを使用してユーザーにパスワードリセット用の電子メールを送信します。

口座概要コントローラーは、ユーザーに銀行口座残高の概要を提供します。この情報を取得するために、メインフレーム銀行システムファサードの関数を呼び出し、それがメインフレーム銀行システムにリクエストを送ります。図C.3には示されていませんが、バックエンドサービスにはほかのコンポーネントもあり、それらがメインフレーム銀行システムファサードを使用してメインフレーム銀行システムにリクエストを送る可能性があります。

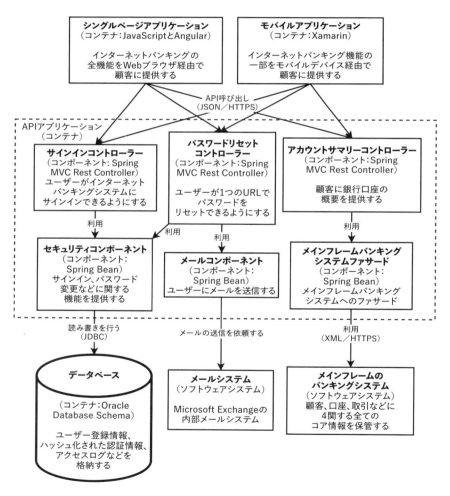

↑図C.3　コンポーネント図（出典：https://c4model.com/ より改変、ライセンス：https://creativecommons.org/licenses/by/4.0/）

コード図は、UML[訳注1]クラス図です。インターフェイスの設計には、オブジェクト指向プログラミング（Object Oriented Programming：OOP）の設計パターンを使用することがあります。

図C.4は、図C.3のメインフレーム銀行システムファサードのコード図の例です。ファサードパターン[訳注2]が採用されており、`MainframeBankingSystemFacade`インターフェイスは`MainframeBankingSystemFacadeImpl`クラスで実装されています。ファクトリパターンを採用し、`MainframeBankingSystemFacadeImpl`オブジェクトが`GetBalanceRequest`オブジェクトを作成します。テンプレートメソッドパターンを使用して、`AbstractRequest`インターフェイスと`GetBalanceRequest`クラス、`InternetBankingSystemException`インターフェイスと`MainframeBankingSystemException`クラス、`AbstractResponse`インターフェイスと`GetBalanceResponse`クラスを定義できます。`MainframeBankingSystemFacadeImpl`オブジェクトは、`BankingSystemConnection`接続プールを使用してメインフレーム銀行システムに接続しリクエストを送り、エラーが発生した場合は`MainframeBankingSystemException`オブジェクトを投げる可能性があります（図C.4では、DI（Dependency Injection：依存性注入）[訳注3]については省略されている）。

訳注1 Unified Modeling Languageの略語で、ソフトウェア設計を図式化する標準的なモデリング言語。https://www.uml.org/

訳注2 複雑なサブシステムを簡単に利用できるよう、単一のインターフェースを提供するデザインパターン。

訳注3 コンポーネント間の依存関係を外部から注入する設計手法。

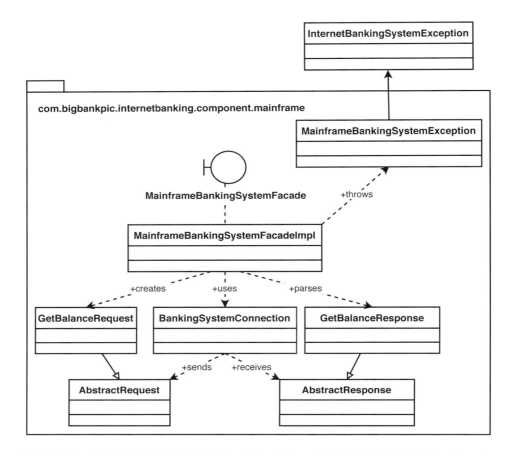

▲図C.4　コード（UMLクラス）図。（出典：https://c4model.com/ より改変、ライセンス：https://creativecommons.org/licenses/by/4.0/）

　面接試験中、あるいは実際のシステムのドキュメンテーションで描かれる図は、特定のレベルのコンポーネントのみを含むことは珍しく、通常はレベル1～3のコンポーネントが混在することになります。

　C4モデルの価値は、このフレームワークを厳密に守ることではなく、その抽象化レベルを認識し、システム設計の中で流暢にズームインとズームアウトをしながら議論を進めることにあります。

Appendix

2フェーズコミット（2PC）

　本付録では、2フェーズコミット（2 Phase Commit：2PC）[訳注1]を分散トランザクション技術の可能性として取り上げます。しかし、分散サービスには不適切であることを強調しておきます。面接試験中に分散トランザクションについて議論する場合、2PCを可能性として簡単に説明し、サービスには使用すべきでない理由も説明するとよいでしょう。本付録では、これらの内容を扱います。

　図D.1は、成功した2PCの実行例を示しています。2PCは、準備フェーズとコミットフェーズという2つのフェーズで構成されており、これが2フェーズコミットという名前の由来になっています。コーディネーターは、2PCにおいて各データベースを管理し、トランザクションの進行を制御する役割を担います。コーディネーターは、まず全てのデータベースに準備リクエストを送信します（ここでの受信者とはデータベースを指しているが、サービスや別のシステムを含む場合もある）。全てのデータベースが正常に応答すれば、コーディネーターは各データベースにコミットリクエストを送信します。いずれかのデータベースが応答しないか、エラーで応答した場合、コーディネーターは全てのデータベースにアボートリクエストを送信します。

訳注1　2相コミット」とも訳される。分散トランザクションの整合性を確保するためのプロトコルで、準備段階とコミット段階の2つのフェーズに分かれている。

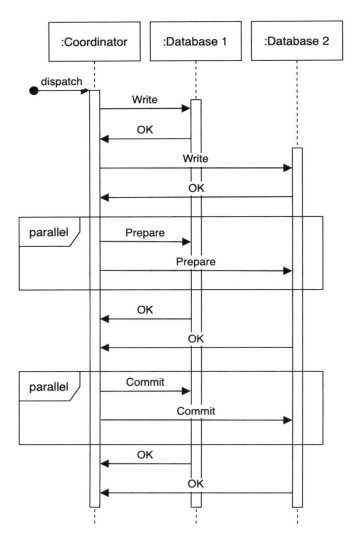

▲ 図 D.1　成功した2PCの実行例。この図は2つのデータベースを示しているが、同じフェーズが任意の数のデータベースに適用される。図は『Designing Data-Intensive Applications』(Martin Kleppmann 著／O'Reilly Media／2017) からの引用

　2PCは、ブロッキング要件によるパフォーマンスのトレードオフで整合性を実現します。2PCの弱点は、プロセス全体を通じてコーディネーターが利用可能でなければならず、そうでない場合は不整合が生じる可能性があることです。図D.2は、コミットフェーズ中にコーディネーターがクラッシュすると、不整合が生じる可能性があることを示しています。特定のデータベースはコミットされ、残りはアボートされた場合です。さらに、コーディネーターの不可用性は、データベースへの書き込みを完全に阻止してしまいます。

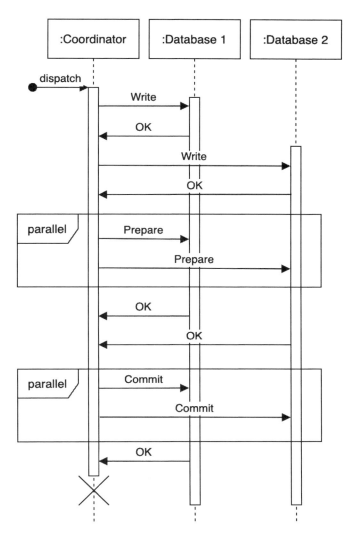

↑図D.2 コミットフェーズ中のコーディネーターのクラッシュは不整合を引き起こす。図は『Designing Data-Intensive Applications』（Martin Kleppmann 著／O'Reilly Media／2017）からの引用

　不整合の発生は、参加するデータベースがトランザクションの結果が明示的に決定されるまでコミットもアボートもしないことで回避できます。これには、コーディネーターが復帰するまで長時間、それらのトランザクションがロックを保持し、ほかのトランザクションをブロックする可能性があるというデメリットがあります。

　2PCでは、全てのデータベースがコーディネーターとやり取りするための共通APIを実装する必要があります。標準のAPIはX/Open XA（eXtended Architecture）と呼ばれるC言語用のAPIですが、ほかの言語にもバインディングが用意されています。

一般に、2PCがサービスには不適切です。その理由は、次の通りです。

- コーディネーターは全てのトランザクションをログに記録する必要があり、これにより
  クラッシュ回復時にログをデータベースと比較して同期を決定できるようにする。追加
  のストレージが必要となる
- さらに、これはステートレスなサービスには適していない。ステートレスなサービスは
  HTTPを介して相互作用する可能性があり、HTTPはステートレスなプロトコルである
- コミットが発生するためには、全てのデータベースが応答する必要がある（つまり、いず
  れかのデータベースが利用できない場合、コミットは発生しない）。グレースフルでグラ
  デーションは存在せず、全体的に、スケーラビリティ、パフォーマンス、フォールトトレ
  ランスが低下してしまう
- 書き込みが特定のデータベースにコミットされ、ほかのデータベースにはコミットされな
  いため、クラッシュ回復時に同期を手動で行う必要がある
- 関与する全てのサービス／データベースで2PCの開発とメンテナンスのコストがかかり
  ます。プロトコルの詳細、開発、構成、展開をこの取り組みに関わる全てのチーム間で
  調整する必要が生じてしまう
- 多くの最新技術は2PCをサポートしていない。例えば、CassandraやMongoDBなどの
  NoSQLデータベース、KafkaやRabbitMQなどのメッセージブローカーなど
- 2PCはコミットのためには全ての参加サービスが利用可能である必要があるため、可用
  性を低下させる。Sagaなどのほかの分散トランザクション技術にはこの要件がない

　表D.1は、2PCとSagaを簡単に比較したものです。2PCを避け、サービスを含む分
散トランザクションにはSaga、トランザクションスーパーバイザー、CDC（Change Data
Capture：変更データキャプチャ）、チェックポイントなどの技術を優先すべきです。

2PC	Saga
XAはオープンスタンダードだが、実装は特定のプラットフォーム／ベンダーに結び付いている可能性があり、ロックインを引き起こす可能性がある	普遍的である。通常、Kafkaトピックへのメッセージの生成と消費によって実装される（「第5章　Saga」を参照）
通常は即時トランザクション用	通常は長時間実行トランザクション用
トランザクションを単一のプロセスでコミットする必要がある	トランザクションを複数のステップに分割できる

⬆ **表D.1**　2PCとSagaの比較

索 引

◉ 数字・記号

1秒当たりP99	211
2 Phase Commit	537
2FA	521
2PC	491, 537 〜 540
2相コミット	537
2フェーズコミット	148, 538
400 Bad Request	295
409 Conflict	295
422 Unprocessable Entity	295
504 Timeout レスポンス	362

◉ A・B

A/B テスト	015, 035, 220, 225, 291, 345, 514
Accuracy	093
ACID	056, 087, 088, 104, 108, 148
Active Directory	520
Adaptive Concurrency Limits	081
Airflow	022, 125, 126, 214, 277, 278, 302 〜 305, 307, 308, 315, 318, 333, 493, 494
Airflow DAG	315, 503
Airflow Python	317
Alertmanager	050
Alibaba Function Compute	028
All-to-All	245
Amazon API Gateway	164
AMQP	127, 130
Ancestors	125
Angular	175, 533, 534
Ansible	013
Apache	024, 176
Apache Ignite	150
API ゲートウェイ	018, 019, 027, 028, 133, 139, 163 〜 166, 169, 170, 191, 228, 229, 236, 269, 382, 383, 385 〜 387, 389, 390, 398, 402, 409, 414, 422, 423, 436, 461 〜 463, 465, 468, 469, 471, 474, 477, 479
APNs	267, 268, 273, 275, 278
Apple Push Notification Service	267 〜 270, 273, 275, 278
ASCII	184
Atomicity	056
Availability	078, 453
Avro	095, 188
AWS App Mesh	168
AWS CloudFront	012
AWS Lambda	027, 028

Azure Functions	027, 028
A レコード	010, 467
Backbone.js	175
BAN	370
BASIC 認証	520
Beats	018, 048
Beego	180
binlog	110, 209
BitTorrent	089, 416, 424
blob	106
Bluetooth	424
Brotli	007, 354
Bulk API	055

◉ C・D

C#	179
C++	179
C4 モデル	038, 531, 533, 535, 536
California Consumer Privacy Act	097, 521
CAP 定理	100
Cassandra	039, 040, 068, 087, 093, 104, 113, 116, 213, 294, 300, 304, 306, 415, 420, 540
CCPA	097, 265, 455, 521
CD	013, 015, 024, 029, 067, 094, 095, 098, 357, 514, 515
CDC	147 〜 149, 151, 152, 156, 161, 438, 443, 444, 460, 540
CDN	011, 012, 029, 086, 138, 142, 208, 211, 216, 218, 219, 225, 339, 347, 351 〜 355, 361 〜 368, 372 〜 382, 385 〜 393, 396 〜 398, 432, 436, 447, 448, 450, 478 〜 480
Change Data Capture	151, 491, 540
CI	013, 024, 029, 067, 094, 098, 357, 514, 515
Clojure	175
ClojureScript	175
Cloud Native Computing Foundation	100
CloudFlare	012
CoffeeScript	175
Command Query Responsibility Segregation	021
Consistency	056, 078
Content Delivery Network	011, 373
Continuous Deployment	013
Continuous Integration	013
Cookie	076, 116, 378, 404, 520, 521
COPPA	455
Cordova	178
Couchbase	150
CouchDB	087, 116
Count-Min Sketch	093, 117, 331, 337, 499 〜 501, 506
CPU 集約型	512
CPU 使用率	045

CQRS	021, 056, 224, 328, 460
CRUD	037, 197, 263 〜 265, 275, 276, 304, 305, 448, 451
CSRF	525, 526
CSS ライブラリ	011
CSV	096, 124, 188
DAG	125, 126, 331, 332, 338, 464, 493, 494
Dart	179
Data Manipulation Language	108
Databus	152
Datadog	049
DDL クエリ	108
DDoS 攻撃	097, 213, 228, 241, 256, 426
Debezium	152
Denial of Service	228
Deno	176
Dependency Injection	535
DevOps	013, 094
DI	535
DigitalOcean	024
Directed Acyclic Graph	125
Distributed denial of Service	228
Django	179
DML	108, 112, 113
DNS	008 〜 010, 018, 209, 210, 375
DNS キャッシュ	209
DNS クエリ	209
Docker	013, 028, 062, 183, 229, 498, 514
Docker Swarm	013, 514
Domain Specific Language	013
DoS 攻撃	228, 230, 241, 345
Dropbox	025
Dropwizard	179
DSL	013, 054
Durability	056
Dynamo	087, 113
DynamoDB	093, 130, 237
DynamoDB Streams	152

◉ E・F

E*TRADE	484
ECC	080
EDA	148, 149, 152, 487, 488
Elastic Stack	018, 057
Elasticsearch	017, 018, 048, 052 〜 058, 130, 214, 222, 223, 331 〜 333, 371, 436, 447 〜 450, 453, 454, 485
Elasticsearch Query Language	057
Elasticsearch SQL	057
Electron	178
Elixir	180

ELK	020, 048, 099, 167, 331, 332, 488, 504
Elm	175
Ember.js	175, 178
encryption at rest	097
encryption in transit	097
Envoy	020, 099, 167, 168
EQL	057
Error Correction Code	080
Event Driven Architecture	152, 488
Eventual Consistency	087
Eventuate CDC Service	152
Exactly Once	362
Express	176, 516
FaaS	027, 028, 307
Facebook	176, 188, 457, 520, 524, 528
failue design	079
FCM	267, 268, 273, 275, 278
FEC	080
FIFO	141, 251
Firebase Cloud Messaging	267 〜 270, 273, 275, 278
Firebase Realtime Database	130
First In First Out	141
Flask	179
Flink	022, 082, 125, 128, 503
Flume	125
Flutter	177, 356
Forward Error Correction	080
FOSS	048, 049
Free and Open Source Software	048
FTP	184, 365
Function as a Service	027, 307

◉ G・H

GCP	021, 218
GDPR	097, 265, 455, 521
General Data Protection Regulation	097, 521
GeoDNS	009, 010, 029, 210, 225, 385
geolocation routing	209
Gin	180
Git	040, 098, 296
Go	007, 050, 176, 179, 180, 300, 494
Goji	176
Google Cloud Platform	021, 068
Google Drive	139, 415
GraalVM	028
Graceful Degradation	032
Grafana	049, 050
Graphite	050
GraphQL	163, 173, 178, 182, 184, 186, 188 〜 191, 197, 511, 513, 517

Groovy	176
gRPC	168, 179, 188, 511, 513
Gzip	006, 007, 354
Hack	177
Hadoop	087, 113 〜 115, 130
Hadoop Distributed File System	080
HAProxy	074
Haskell	175, 179, 180
HATEOAS	185
HBase	050, 087, 104
HDFS	039, 080, 098, 107, 113 〜 116, 130, 132, 144, 199, 213, 235, 297, 329, 332 〜 335, 337, 338, 341, 384, 419, 460 〜 463, 465, 468, 469, 471, 477 〜 479, 488, 490 〜 493, 503 〜 506
HDFS レプリケーション	113, 144, 332
Health Insurance Portability and Accountability Act	521
Helm	062
HHVM	177
HIPAA	521
HipHop Virtual Machine	177
Hive	113, 114, 130, 297, 304, 306, 310, 312, 313, 332 〜 336, 338, 492 〜 494
HyperLogLog	093
Hystrix	081

◉ I 〜 K

I18N	034
IaC	013, 029, 100
ICMP	185
IDE	322 〜 324
InfluxDB	050
Infrastructure as Code	013, 014, 029, 166
Instagram	484
instrumentation	044
Integrated Development Environment	322
Integrated Haskell Platform	180
internationalization	034
Ionic	177
IP アドレス	009, 010, 129, 209, 210, 224, 229, 234, 241, 246, 247, 375, 379, 380, 385, 424, 432
Isolation	056
ISP	010, 209, 210
Istio	020, 062, 164, 168
Jaeger	020, 099, 167, 510, 515
Java	007, 028, 176, 177, 179, 180, 533
Java Development Kit	028
Java Swing	180
JavaFX	180
JDK	028
Jenkins	013, 514

JPEG	184, 376
jQuery	175
JSON Schema オーガニゼーション	185
JSON 配列	055
JSX	175
Kappa アーキテクチャ	124, 131, 483, 502 〜 504, 506
Kibana	018, 048, 057
Kinesis	022
Knative	027
Kong	164
Kotlin	176, 177, 179
Kubernetes	013, 052, 062, 077, 124, 170, 417, 421, 514
KubernetesPod	020

◉ L・M

L10N	034
Lambda アーキテクチャ	130, 131, 144, 483, 484, 486 〜 488, 501 〜 504, 506
Lambda 関数	027, 218
LAMP	176
Lamport クロック	442
Last In First Out	141
LBaaS	074
LDAP	097, 276
Least Recently Used	105, 141, 211
LIFO	141
LINE	415
Linux	174, 176
Load Balancing as a Service	074
LOAD DATA	296, 335
localization	034
localStorage	116, 139, 287, 404
Logstash	018, 048, 329
LRU	105, 141, 211
Lucene	055
Luigi	125, 126, 278
MapReduce	114, 130, 332, 336 〜 338
MasterCard	218, 429
match-sorter	053, 288
Mean Time Between Failures	078
Mean Time To Recovery	078
Memcached	091, 105
Memtable	294, 295
Mesos	013, 514
Meta	176, 177
Meteor	175
Microsoft Azure	024
Microsoft OneDrive	415
Microsoft SQL Server	212

543

Microsoft Teams	515
Minimum Viable Product	262
MinIO	061
Mint	522, 524
MongoDB	087, 105, 130, 150, 295, 339, 540
MPEG	184
MTBF	078
MTTR	078
MVP	262, 332, 350
MySQL	026, 039, 108, 110, 116, 176, 209, 296, 300

◉N ～ O

Nagios	049, 050
Netflix	077, 081, 142, 514
Netty	086
New Relic	049
NFX	184
NGINX	074, 168
Node.js	008, 010, 011, 017, 019, 028, 029, 172, 173, 176, 179, 516
nonce	525
NoSQL	024, 103, 104, 143, 199, 213, 297, 540
number used once	525
OAuth 2.0	036, 097, 519, 521 ～ 523, 527 ～ 529
Object Oriented Programming	427, 535
Objective-C	177, 179
observability	044
OData	187, 189
OOP	427, 535
OpenAPI	186, 187, 191, 197, 513
OpenFaaS	027
OpenID Connect	036, 097, 196, 202, 307, 319, 379, 519, 521, 528, 529
OpenTracing	020, 099, 167
OpenTSDB	050
OSI 参照モデル	184, 185

◉P ～ R

P2P	089, 190, 416, 424
P99	044, 045, 060, 061, 071, 142, 196, 198, 233, 316, 323, 349, 350, 401, 432, 501
P99 SLA	514
P99レイテンシ	031, 323, 459
PACELC 定理	100
PagerDuty	050, 262
Partitiontolerance	078
Paxos	090, 104, 160
PayPal	218, 429
Perl	176
Personally Identifiable Information	046, 097
Phoenix	180

PHP	176, 177, 179
PII	046, 072, 097, 098, 265
PKCE	530
Pod	020, 099, 124, 167
PrestoSQL	300
Prometheus	020, 049, 050, 099, 167
Prometheus クエリ言語	050
PromQL	050
Proof Key for Code Exchange	530
protobuf	095, 188
Protocol Buffers	179, 188
PureScript	175
Pushgateway	050
PWA	178
Python	028, 125, 126, 176, 179, 188, 204, 277, 300, 302, 303, 305, 307, 335
QPS	031
QR コード	424
Queries Per Second	031
RabbitMQ	127, 129, 130, 154, 540
Rackspace	012
Raft	090, 160
RDBMS	087, 117, 487
React	175 ～ 177, 202, 516, 528
React Native	177, 202, 356
React Native for Web	177
React UI	516
ReactJS	029
Reason	175
Redis	010, 049, 087, 091, 092, 105, 116, 123, 124, 130, 132, 150, 199, 211, 214, 223, 229, 233, 235 ～ 239, 242, 250, 253 ～ 255, 368, 385, 410, 414, 417, 419, 453, 460 ～ 465, 469 ～ 471, 473 ～ 477, 479, 480, 482, 487, 489 ～ 491, 503, 506
ReScript	175
Resilience4j	081
ResizeObserver	178
REST	086, 095, 141, 163, 173, 178, 179, 184 ～ 191, 257, 513, 517
RESTful API	516
Riak	087, 113
Robinhood	484
Rocket	176
RPC	086, 095, 163, 178, 179, 182, 184, 186 ～ 191, 257, 365, 517
RPyC	188
Ruby on Rails	179
runbook	047
Rust	176
Rust Rocket	516

◉ S・T

SAML	520
Schema Definition Language	513
Scribe	125
SDK	257, 370, 379
SDL	513
Search Engine Optimization	374
Security Assertion Markup Language	520
Sensu	049
SEO	374
Service Level Agreement	027
Simple Login	202, 379
Single Point of Failure	512
Single Sign On	520
Site Reliability Engineering	048
Skaffold	062
Skype	424
SLA	027, 045, 211, 234, 314, 351, 375, 376
Slack	515
Software Development Kit	257
SonarQube	095
source of truth	039
Spark	115, 128, 130, 132, 297, 300, 306, 310, 313, 332 ~ 337, 485
Splunk	048, 049
Spotify	484
Spring Boot	179
Spring Cloud Function	028
SQLレプリケーション	212
SRE	044, 048, 219
SREレビュー	048
SSL 終端	076, 165, 382, 386
SSO	520
SStable	295
Swift	176, 177
TCP	075, 086, 184, 190, 245
Telnet	184
Terraform	013, 029, 062, 124, 421
Thrift	095, 179, 188
TIFF	184
time series database	049
Time-to-Live	136
TLS 終端	075, 094, 097
trie	321
Trino	300, 304, 306
Trust	318
TSDB	049, 050
TTL	135, 136
Twitter	457, 528
TypeScript	175, 176

◉ U ~ Z

Uber	025, 318
UDP	086, 128, 184, 245
UMLクラス図	535
USB	185
UTF	184
UTF-8	325, 400, 460
UX	015, 040, 049, 202, 311, 312, 325, 408, 435, 437, 454, 517
UX体験	433
UXデザイン	405
V8 JavaScript エンジン	176
Vapor	176
Vert.x	176
VISA	218, 429
Voldemort	113
Vue.js	029, 175, 176
Web Notifications API	267
WebP	376, 377
WebSocket	184, 190, 191, 402, 408, 411, 416 ~ 418
Web スクレイピング	228
Weighted trie	321
WePay	218
WhatsApp	139, 415
Wi-Fi	016, 185
WordPress	176
X Window System	184
Xamarin	177, 533, 534
Yahoo!	246, 251
YARN	093
Yelp	522 ~ 525, 528
Yesod	179
YouTube	016, 065, 284, 484, 506
Zab	090, 160
Zabbix	049
Zipkin	018, 020, 099, 167, 510, 515
ZooKeeper	090, 129, 160, 240, 246, 247, 257, 384, 394, 411, 416 ~ 418, 420, 467 ~ 469, 471, 477, 479

◉ あ行

アーキテクチャパターン	004, 131, 502
アーティザンベーグル	007
あいまい検索	054, 344, 448
アスペクト指向プログラミング	018
アップタイムモニタリング	262, 263, 289
後入れ先出し	141
アプリケーション層	075, 110, 184, 445
アプリマニフェスト	178
誤り訂正符号	080, 237

545

暗号化 ························· 075, 092, 097, 098, 101, 165, 184, 263, 375, 380, 382, 383, 388 ～ 390, 398, 400 ～ 402, 405, 408, 409, 414, 415, 424, 526	
暗号化キー ··················· 098, 228, 382, 383, 388 ～ 390, 398	
アンチパターン ················· 006, 038, 052, 257	
暗黙的フロー ··················· 527, 528, 530	
イーサネット ··················· 185	
イーストウェスト ··················· 021	
異常検出 ··················· 215, 258, 292, 294, 297, 453	
異常検知 ··················· 051, 453	
依存関係 ········ 026, 044, 047, 096, 125, 128, 141, 217, 315, 490, 511, 535	
依存性注入 ··················· 535	
一意性 ··················· 294	
位置情報ルーティング ··················· 209, 210	
一般データ保護規則 ··················· 097, 521	
イベント駆動アーキテクチャ ··················· 148, 152, 487, 488	
イベントストリーミングシステム ··················· 022	
イベントソーシング ··················· 078, 088, 147 ～ 152, 161	
イミュータブルインフラストラクチャ ··················· 100	
インクルージョン文化 ··················· 480	
イングレス ··················· 021	
インシデントメトリクス ··················· 078	
インターネットサービスプロバイダー ··················· 010, 209, 210, 424	
インテグレーションテスト ··················· 013	
ヴィクトル・ユーゴー ··················· 005	
永続化層 ··················· 086	
永続性 ··················· 056	
エンティティ ··················· 105, 150, 166, 203, 295	
エンドツーエンド ··················· 184, 453	
エンドツーエンド暗号化 ··················· 400, 401, 415, 453	
黄金シグナル ··················· 069	
横断的関心事 ··················· 164	
オーケストレーション ··················· 400, 424, 428	
オートコンプリート ··················· 023, 321 ～ 330, 340, 341, 343 ～ 345	
オートコンプリートサービス··· 322 ～ 324, 327 ～ 330, 340, 342, 345	
オートコンプリートシステム ··················· 321, 324, 329, 342, 344, 345	
オートスケーリング ··················· 024	
オブザーバビリティ ··················· 020, 044, 052, 069, 099, 167	
オブジェクト指向プログラミング ··················· 427, 535	
重み付けトライ ··················· 321, 329 ～ 333, 338 ～ 342, 345	
オンコール ··················· 047, 048	
オンボーディング ··················· 400, 424, 428	

◉ か行

概念実証 ··················· 206	
外部キー制約 ··················· 296	
回復性 ··················· 100	
可観測性 ··················· 100, 168	
書き込み後読み込み整合性 ··················· 112	

加重アプローチ ··················· 288	
加重ランダム選択 ··················· 288	
カスタマーサポート ··················· 012, 017, 018, 428, 431, 451, 456	
カナリア ··················· 514	
可用性 ··········· 033, 061, 071, 073, 074, 076 ～ 080, 087, 088, 090, 094, 096, 100, 101, 126, 129, 132, 133, 147, 166, 186, 191, 198, 203, 232, 234, 241, 244, 259, 263, 291, 305, 318, 327, 349, 372, 374, 393, 400, 409, 421, 432, 433 ～ 435	
カリフォルニア州消費者プライバシー法 ··················· 097, 521	
完全性 ··················· 066, 294	
観測可能性 ··················· 044, 100, 219	
管理可能性 ··················· 100	
管理力 ··················· 100	
関連度スコア ··················· 323	
キーバリューストア ··················· 034	
キーローテーション ··················· 382, 398	
飢餓 ··················· 130	
機械学習 ··················· 023, 035, 051, 094, 098, 224, 277, 315, 321, 344, 370, 371, 419, 446, 449, 480, 505	
木構造 ··················· 321	
疑似コード関数シグネチャ ··················· 035	
機能的パーティショニング ··········· 209, 212, 213, 223, 225, 385, 436	
機能的分割 ··················· 016, 017, 029, 163, 170, 171, 228	
機能テストスイート ··················· 048	
キャッシュアサイド ··················· 134 ～ 138, 144	
共有ロードバランサーサービス ··················· 074	
共有ロギングサービス ··················· 229, 236, 256, 268, 286, 309, 310, 328 ～ 330, 382, 397, 488, 504	
近似文字列マッチング ··················· 337	
クエリコンテキスト ··················· 056	
クォーラム ··················· 088, 089, 113, 118, 160	
クォーラム整合性 ··················· 294	
クロスサイトリクエストフォージェリ ··················· 525	
クライアントクレデンシャル ··················· 527, 528, 530	
クラウドネイティブ ··················· 052, 062, 068, 100, 101, 271, 420	
クリックベイト ··················· 196	
グレースフルデグラデーション ··················· 032, 033, 079, 081, 217, 225, 345, 405, 517	
クロスカッティングコンサーン ··················· 163, 164, 191	
クロックスキュー ··················· 112	
訓練セット ··················· 051	
計算集約的 ··················· 333	
計装 ··················· 044	
継続的インテグレーション ··················· 012, 013	
継続的デプロイメント ··················· 012, 013, 068, 095	
結果整合性 ··················· 037, 087, 088, 090, 094, 101, 104, 110, 112, 113, 213, 235, 244, 344, 349, 414, 420, 432, 459, 460, 463, 484	
検閲 ··················· 369, 370, 461, 463	
検索エンジン最適化 ··················· 374	

検索単語	334, 337
検索バー	017, 023, 052 〜 055, 214, 339
原子性	056
検知されないエラー	051, 083, 289, 296, 300, 318, 424, 444, 491
公開鍵	402, 403, 408, 415, 418
高可用性	033, 061, 069, 077, 078, 094, 096, 101, 105, 119, 132, 136, 144, 160, 196, 225, 232, 234, 238, 240, 242, 244, 266, 291, 305, 327, 349, 374, 376, 378, 398, 400, 459, 460, 485, 505
広告ネットワーク	370
後方互換性	174, 179, 188, 190, 191, 360, 515
コーディネーションサービス	088 〜 092, 416
コード図	535
コードバンドル	180
コールドスタート	028, 136
コールバック	524, 525
ゴシッププロトコル	088, 092, 093, 246
個人識別情報	046, 072, 097
固定ウィンドウカウンター	248, 252 〜 256, 258
コマンドクエリ責務分離	021, 056, 328
コレオグラフィ	147, 154 〜 157, 159 〜 161, 281, 361, 364, 412
コレオグラフィ Saga	154, 155, 160, 281, 361, 412
コレオグラフィアプローチ	365, 394, 396
コンセンサス	148, 160, 161
コンセンサスアルゴリズム	160
コンセンサスプロトコル	295
コンテナ図	532, 533
コンテンツ配信ネットワーク	011, 373
コンテンツモデレーション	327, 370, 377, 465, 470, 475, 482
コンポーネント図	532, 534

◉ さ行

サーキットブレーカー	080, 081, 166
サードパーティ	011, 049, 050, 085, 089, 096, 183, 202, 268, 273, 275, 278, 285 〜 287, 311, 351, 370, 374 〜 376, 398, 523
サードパーティ API	079, 082, 270
サードパーティサービス	089, 267, 378, 521
サーバレス	027, 029, 052, 307
サーバレス関数	100, 151, 153
サービス拒否攻撃	228
サービスメッシュ	018, 020, 021, 052, 099, 100, 163, 164, 166 〜 168, 191, 228, 236, 436, 479
サービスワーカー	178
災害復旧	033
再試行可能なトランザクション	156, 159, 395
サイドカー	020, 021, 062, 099, 139, 163, 167, 168, 191, 489
サイドカーパターン	020, 163, 166, 191, 256, 259, 489
サイドカープロキシロジック	021
サイドカーホスト	256
サイドカーレスサービスメッシュ	021, 168

サイレントエラー	051, 079
サイレント障害	047
先入れ後出し	141
先入れ先出し	141
作業単位	147
サブスクライバー	127, 149 〜 150
参照整合性	516
シーケンス図	032, 204, 207 〜 210, 253, 254, 281, 282, 309, 381, 386 〜 390, 411, 412, 436, 437, 441, 443, 449, 450, 456, 477, 478
シェイクスピア風テンプレート言語	179
時間形式	046, 069
時系列データベース	049, 050
辞書単語	326, 327
指数関数的	081
指数関数的バックオフ	443, 446, 512, 515
指数関数的リトライ	413
指数バックオフ	081, 287
システム図	032, 075
ジッター	081, 339
自動化	022, 029, 046 〜 048, 059, 062, 100, 153, 219, 292, 439, 446, 471
自動障害回復	047
自動スケーリング	028, 149, 229, 271, 290
シャーディング	106, 107, 114, 116, 117, 144, 239, 466
シャード	106, 107, 117, 466, 469
シャードキー	117
シャッフルドソートマージジョイン	336
シャドウバン	230, 256
集約ユニット	123, 124
手動で定義された検証	293, 294, 297, 299
従量課金	024
障害設計	033
障害耐性	038, 061, 419
使用率目標	045
ジョブコンストラクタ	267, 268, 271, 273, 273, 278, 280, 286
シングルサインオン	520
シングルリーダーレプリケーション	108, 110, 111, 144, 432
信頼性	012, 016, 048, 080, 082, 085, 091, 096, 129, 184, 199, 356, 372, 384, 398
信頼できる情報源	039, 079, 149, 152, 161
垂直スケーリング	073, 096, 106, 107
推定アルゴリズム	093
水平スケーリング	017, 073, 090, 096, 213, 225, 334, 495, 506
スキーマメタデータ	314
スケーラビリティ	007, 021, 028, 029, 032, 034, 035, 060, 071, 073, 074, 076, 087, 090, 100, 101, 109, 122, 123, 126, 129, 132, 133, 147, 149, 163, 186, 190, 225, 232, 236, 259, 274, 307, 318, 342, 372, 374, 378, 384, 398, 400, 409, 435, 447, 482, 484, 485, 540

スケーリング ………… 003, 007, 009, 013, 028, 029, 058, 073, 074, 084, 091, 103, 107, 108, 110, 116, 117, 144, 167, 181, 183, 212, 270, 331, 345, 413, 418, 422, 434, 463, 483, 511, 512

スタブレスポンス ……………………………… 516

スタベーション ……………………………… 130

スティッキーセッション ……………… 075, 076, 104, 230, 239

ステートフル ……………… 074, 075, 103, 104, 137, 143, 190, 191, 238, 239, 241 〜 244, 247

ステートフルアプローチ ……………… 238, 239, 241, 242, 257

ステートレスアプローチ ………………………… 238, 241

ステミング …………………………………… 054

ストリーミング監査ジョブ ……………………… 047

ストレステスト ……………………………… 128, 271

スパースカラム ……………………………… 352

スパイク ……………… 022, 023, 074, 084, 212, 225

スパイテスト ……………………………… 516

スプリットブレイン ……………………… 091, 116

スペルミス …………… 055, 327, 337, 343, 345, 448, 471

スライディングウィンドウ ………………… 045, 271

スライディングウィンドウカウンター ……… 248, 256, 258, 259

スライディングウィンドウログ ……… 248, 252, 255, 256, 258, 259

スループット ……………… 012, 061, 071, 072, 085, 086, 106, 109, 128, 138, 212, 213, 271, 327

スロットリング ……………………………… 166

正確性 ……………… 072, 088, 294, 305, 516

正規化 ………… 041, 056, 074, 103, 131, 132, 144, 168, 198, 219, 445

正規分布 ……………………………… 121

整合性 ……… 032, 034, 056, 072, 077, 078, 087 〜 090, 092 〜 094, 100, 101, 103, 104, 109, 111 〜 113, 116, 119, 126, 130, 131, 136, 144, 147, 148, 149, 151, 161, 168, 206, 213, 232, 234, 235, 237, 238, 241 〜 246, 252, 259, 294 〜 296, 317, 318, 327, 349, 368, 372, 376, 378, 394, 401, 407, 408, 417, 419, 420, 432, 435, 442, 467, 484, 491, 516, 537, 538

精度 …… 093, 094, 101, 119, 130, 232, 234, 238, 241, 243, 245, 246, 258, 259, 324, 327, 331, 340, 341, 345, 484, 488, 497 〜 499, 501, 502, 506

セキュリティポリシー ……………………… 018

セッション層 ……………………………… 184

セッションレプリケーション ………………… 076

絶対タイムアウト ……………………… 520

セルベースアーキテクチャ ………………… 083

線形 ……………………… 087, 154, 158 〜 161

線形化可能性 ……………………… 087, 088, 107

線形化不可能性 ……………………………… 038

宣言型 API ……………………………… 100

先行入力 ……………………………… 023

先祖 ……………………………… 125

全対全 ……………………………… 245, 246

全二重通信 ……………………………… 190, 191

前方誤り訂正 ……………………………… 080

前方互換性 ……………………… 179, 188, 190, 191

総当たり攻撃 ……………………………… 228

ソーシャルログインボタン ………………… 528, 529

ソースコードリポジトリ ……………………… 011

疎結合 ……………… 100, 149, 216, 262, 509

ソフトデリート ……………………… 107, 395

ソルト化 ……………………………… 521

◉ た行

耐障害性 …… 100, 232, 234, 238 〜 241, 244, 259, 270, 393, 398, 511, 512

耐障害設計 ……………………………… 070

タイムゾーン ……………………… 039, 046

妥当性 ……………………………… 294

多変量テスト ……………………………… 015

多腕バンディット ……………… 015, 035, 345

単一障害点 ……………… 033, 126, 160, 291, 512

単一障害点の除去 ……………………………… 033

段階的なロールアウト ……………………… 014, 015

中央値 ……………………………… 117, 343

チェックポインティング ……………………… 081, 082

遅延ロード ……………………………… 134, 135

中央集権的 ……………………………… 159, 424

ディスク使用率 ……………………………… 045

データ鮮度 ……………………………… 314

データ操作言語 ……………………… 108, 112

データ品質 ……………… 050, 051, 293, 294, 318, 505

データフェッチング ……………………………… 189

データベース制約 ……………………… 295, 296

データベースバッチ監査 ……………… 051, 317, 318

データモデル ………… 031, 033, 035, 038, 432, 433, 517

データリンク層 ……………………………… 185

適応型同時実行制限 ……………………………… 081

適時性 ……………………………… 294

テキストプロトコル ……………………… 188, 517

テキスト前処理 ……………………………… 054

デコレータパターン ……………………………… 018

手順書 ……………… 047, 048, 069, 095

デススパイラル ……………………………… 240

テストの容易性 ……………………………… 072

デッドレターキュー ………… 082, 123, 148, 286, 288, 405, 413, 415, 446

デバッグの容易性 ……………………………… 072

転送中の暗号化 ……………… 075, 097, 101

テンプレートメソッドパターン ……………………… 535

トゥームストーンの追加 ……………………… 107

統合オーバーヘッド ……………………………… 012

統合開発環境 ……………………………… 322

同軸ケーブル ……………………………… 185

動的メタデータ ……………………………… 348

動的ルーティング ································· 015
トークン化 ······································ 054
トークンバケット ················ 248 〜 251, 255, 259
独立性 ································· 056, 160, 513
トップ K プログラム ····························· 483
トップ K ヘビーヒッター ························ 483
トップ K 問題 ···························· 483, 506
ドメイン固有言語 ································ 013
トライ ·························· 321, 339 〜 344
トラフィックスパイク ···· 029, 088, 128, 129, 149, 169, 212 〜 214, 228,
　　229, 258, 269, 290, 328, 375, 414, 418, 425
トランザクションスーパーバイザー ········· 153, 294, 540
トランスパイル ······················ 174, 175, 179
トランスポート層 ··························· 075, 184

◉ な行

二次関数 ······································ 245
二要素認証 ····································· 521
ネットワークアダプター ························· 185
ネットワーク層 ································· 185
ネットワーク遅延 ······························ 038
ノイジーネイバー ······························ 228

◉ は行

パーセンタイル ················ 117, 289, 343, 501
パーティショニング ········· 106, 120, 121, 222, 333, 489, 496, 505, 506
ハードウェアロードバランサー ··················· 074
ハードデリート ································· 395
ハートビート ··············· 089, 289, 290, 385, 417, 421
バイナリプロトコル ··············· 188, 191, 517
バッチ監査 ··············· 294, 296, 297, 304, 318
バッチ監査サービス ················ 302, 306, 308, 317 〜 319, 505
バッチ監査ジョブ ··············· 300, 302, 305 〜 307
バニラ JavaScript ······························ 174
パブリッシャー ······················ 127, 149, 150
バルクヘッドパターン ··············· 083, 085, 364, 395
非アクティブタイムアウト ··············· 083, 085, 364, 395
光ファイバー ··································· 185
ビジネスメトリクス定義 ························· 039
ビジネスロジック ········ 028, 038, 086, 150, 156, 157, 217, 428, 439, 453
ピボットトランザクション ············· 156, 159, 364, 395
秘密鍵 ····················· 379, 408, 415, 527
秘密管理サービス ··············· 382, 383, 388 〜 390, 398
ヒューリスティック ················ 343, 344, 370
費用対効果 ···················· 129, 339, 425
ファクトリパターン ····························· 535
ファサードパターン ····························· 535
ファジーマッチング ············· 322, 337, 345, 371
フィルターコンテキスト ························· 056

フィンガープリンティング ················ 140, 141
ブースティング ···························· 054, 481
フェイルオーバー ·········· 095, 104, 106, 108, 116, 239, 240,
　　244, 367, 384, 413, 417, 421
フォーク ··············· 206, 236, 410, 419
フォーム認証 ··································· 520
フォールトトレランス ········· 072, 073, 079, 083, 093, 094, 100, 101, 106,
　　123, 291, 327, 373, 399, 491, 512, 540
フォールバックパターン ························· 085
負荷テスト ··············· 045, 080, 128, 228, 316
負荷テストスキーム ····························· 313
負荷分散 ······································ 033
複雑性 ·············· 072, 094, 095, 101, 259, 345, 469, 484
副次的問題 ····································· 023
不正検出 ······································ 023
不整合 ············· 038, 107, 115, 131, 135, 147, 148, 151, 153, 394,
　　406, 407, 424, 444, 445, 449, 491, 538, 539
プライバシー ········· 023, 027, 029, 032, 066, 072, 092, 097 〜 099, 101,
　　215, 224, 233, 234, 264 〜 266, 271, 327, 349, 375,
　　378, 398, 400, 401, 414, 415, 422, 424, 432, 455, 521
プライバシー規制 ··············· 510, 513, 521
プライバシーポリシー ······················ 098, 271
フルメッシュ ··············· 088, 089, 091, 245
フルメッシュトポロジー ················ 245, 246
プレゼンテーション層 ··························· 184
フローチャート ··············· 032, 065, 360
プログレッシブ Web アプリ ················ 178, 201
プロデューサー ········· 127, 128, 169, 212, 213, 269, 281, 413,
　　461, 465, 468, 469, 471, 477, 479
プロビジョニング ·····009, 011 〜 014, 028, 079, 122, 129, 214, 229, 236,
　　240, 245, 271, 339, 398, 416, 417, 452, 498
分散 P2P ファイル共有 ·························· 089
分散型サービス拒否攻撃 ························· 228
分散キャッシュ ··············· 088, 091, 236, 239, 515
分散トランザクション ·············118, 148, 153, 154, 159, 161, 206, 222,
　　438, 449, 456, 491, 506, 516, 537, 540
分散トレーシング ··············· 018, 515
分散ロギングサービス ··························· 344
分断耐性 ······································ 078
ベアメタル ············003, 008, 024 〜 028, 068, 262
平均故障間隔 ··································· 078
平均復旧時間 ··································· 078
並行 ···································· 151, 164
ページネーション ··············· 197, 368, 448
冪等 ········· 012, 126, 152, 165, 204, 205, 406, 438, 442, 491
ベクタークロック ······························ 093
ベクトルクロック ······························ 442
ヘルスチェック ··············· 033, 036, 385, 386
ヘルプデスク ··············· 026, 059, 067

変更データキャプチャ ········· 147 ～ 149, 151, 152, 161, 443, 490, 540
ベンダーロックイン ····························· 014, 026, 029, 131, 237
飽和度 ·· 044, 045
保守性 ········· 032, 072, 094, 095, 100, 214, 219, 261, 332, 345, 484, 521
補償可能なトランザクション ················ 156, 159, 364, 395
補償トランザクション ········· 153, 154, 156, 159, 160, 444, 516
ポストモーテム ·· 048
保存時の暗号化 ·················· 092, 097, 101, 375, 398
ホットシャード ··················· 137, 239, 240, 242, 467
ホットシャード問題 ······························· 419, 466
ホットリンキング ·· 378
ボトルネック ·· 033

◉ ま行

マイクロサービス ················ 028, 062, 100, 170, 510 ～ 515, 517, 530
マイクロサービスパターン ····························· 021
前処理 ························· 054, 323, 345, 347, 486
マルチパートアップロード ··············· 391, 392, 398
マルチリーダーレプリケーション ······· 110, 111, 116, 144
民泊 ·· 427
メインフレーム ······················ 026, 073, 531 ～ 535
メタデータサービス···· 074, 095, 163, 166, 168 ～ 170, 191, 272 ～ 276,
280, 286, 289, 292, 382 ～ 388, 390, 392 ～ 396,
398, 409, 413, 419, 432, 436, 461 ～ 463, 465,
469, 471, 474, 477, 479
メタデータフィールド ································ 348
メッセージブローカー ··················· 018, 021, 082, 127, 129, 152,
154, 212, 213, 225, 292, 540
メディアクエリ ····································· 178, 202
メモリ集約型 ··· 512
メモリ使用率 ···································· 045, 046
メモリリーク ··································· 014, 045
メンテナンス···· 012, 026, 056, 058, 081, 095, 111, 201, 202, 214, 217, 270,
356, 363, 377, 422, 433, 445, 475, 502, 513, 515, 540
メンテナンスオーバーヘッド ················ 308
メンテナンス性 ····························· 359, 360, 409
モジュラー設計 ··· 270
モック··· 516
モデム··· 049, 185
モノリス···················· 028, 095, 195, 199, 200, 510 ～ 513, 515, 516

◉ や・ら・わ行

優雅な機能低下···079
有限状態機械··157
有向非巡回グラフ···125
ユーザーエージェント···································376
ユーザーサービス·········098, 181, 231 ～ 235, 254, 256, 257, 383
ユーザー体験················ 015, 016, 023, 025, 026, 046, 140,
178, 231, 339, 356, 362, 451, 452

ユーザーリクエスト ····················· 210, 233, 246, 250, 253, 254, 256,
257, 382, 383, 461, 463, 468
ユーザーリクエストカウント ·································245
ユーザーリクエストタイムスタンプ ············· 242, 243, 257
ユニット····················· 123, 147, 295, 509, 532
ユニットテスト ···························· 013, 048, 295, 516
ユニットテストカバレッジ ································ 048
ライトアラウンド ·· 137
ライトスルー ···································· 135, 136
ライトバック ···································· 135, 136
ランダム置換 ··· 141
ランダムリーダー選択························· 088, 093, 247
リーキーバケット ····················· 248, 251, 255, 259
リーダー・フォロワーレプリケーション ············· 212, 225, 237
リーダーレスレプリケーション ············· 111, 113, 144
リードスルー ···································· 135, 137
リクエストの集約··· 138
リソース集約的 ····················· 257, 328, 478
リソース所有者パスワードクレデンシャル ············· 527, 528
リトライ ····································· 081, 413, 512
リトライストーム···081
リバースプロキシ ····························· 018, 076
リピーター ··· 185
リフィル率 ··· 249
リフレッシュポリシー·······································094
ルーター ····································· 049, 185
レートリミットリクエスト ··················· 233 ～ 235, 258
レプリカ ············· 079, 094, 106, 107, 112, 113, 118, 119, 383, 498
レプリケーション ········· 074, 077, 079, 080, 095, 103, 106, 110 ～ 115,
118, 119, 120, 123, 129, 144, 203, 209, 235, 239,
244, 294, 295, 339, 361, 432, 480
レプリケーション係数 ············· 080, 096, 129, 244, 395
レベル4···································· 075, 230, 243, 316
レベル7········· 075, 120, 121, 230, 239, 241, 244, 258
ロードバランシング ···············013, 074 ～ 077, 123, 240
ロールアウト ···································· 014, 015, 182
ロールバック··············· 014 ～ 016, 095, 148, 153, 154, 156,
161, 276, 295, 357, 475, 516
ロギングサービス············· 018, 022, 199, 241, 289, 309, 310, 313,
328, 329, 331, 332, 340, 342, 345, 359,
383, 393, 419, 447, 488

論理アドレス ··· 185
論理ユニット ··· 107

◉ 訳者プロフィール

水野 貴明 （みずの たかあき）

ソフトウェア開発者／技術投資家。9歳でプログラミングを始める。Baidu、DeNAなどでソフトウエア開発やマネジメントを経験したのち、シンガポールに移り住み、現在は英AI企業Nexus FrontierTech CTO／Co-Founderとして、多国籍開発チームを率いている。また、その傍ら、日本や東南アジアのスタートアップを中心に開発支援や開発チーム構築、AIを用いた開発の導入の支援などを行っている。さらに書籍の執筆、翻訳なども積極的に行っており、主な訳書に『プログラマー脳 〜優れたプログラマーになるための認知科学に基づくアプローチ』『ストレンジコード』（秀和システム）、『JavaScript: The Good Parts』（オライリー・ジャパン）、著書に『Web API: The Good Parts』（オライリー・ジャパン）などがある。ここ15年ほどは、主に面接官として、日本のみならず、ベトナム、シンガポール、ネパール、ロシアなどで技術者の採用面接にも参画しており、その数は数百人に及ぶ。

◉ 監訳者プロフィール

吉岡 弘隆 （よしおか ひろたか）

ビジネス・ブレークスルー大学客員教授。新卒で米国ハードウェアベンダーDigital Equipment Corporation（DEC）の日本法人に入社し、コンパイラやリレーショナル・データベース（製品名Rdb）の開発に従事。その後、日本オラクル株式会社に転職し、米国本社にてOracle 8の開発に参加。帰国後はカスタマーサポートを経て、ミラクル・リナックス株式会社の創業メンバー・取締役CTOを務め、国内外のOSS（オープンソースソフトウェア）の発展に寄与してきた。その後、楽天株式会社にて技術理事を歴任。2018年、60歳で定年退職後、東京大学大学院情報理工学系研究科博士課程に進学し、学術研究に取り組む一方で、技術者コミュニティ（カーネル読書会などの各種勉強会の主宰）やオープンソースへの貢献を続けている。専門はデータ工学で、Persistent Memoryの研究を行っている。2002年に未踏ソフトウェア創造事業採択、2008年に楽天テクノロジーアワード金賞、2018年には日本OSS貢献者賞を受賞するなど、多くの業績が評価されている。

カバーデザイン：spaicy hani-cabbage

システム設計面接の傾向と対策

発行日	2025年 2月 20日	第1版第1刷

著　者　　Zhiyong Tan（ジーヨン タン）
訳　者　　水野　貴明（みずの たかあき）
監訳者　　吉岡　弘隆（よしおか ひろたか）

発行者　　斉藤　和邦
発行所　　株式会社　秀和システム
　　　　　〒135-0016
　　　　　東京都江東区東陽2-4-2　新宮ビル2F
　　　　　Tel 03-6264-3105（販売）Fax 03-6264-3094
印刷所　　三松堂印刷株式会社　　　　Printed in Japan

ISBN978-4-7980-7279-1 C3055

定価はカバーに表示してあります。
乱丁本・落丁本はお取りかえいたします。
本書に関するご質問については、ご質問の内容と住所、氏名、電話番号を明記のうえ、当社編集部宛FAXまたは書面にてお送りください。お電話によるご質問は受け付けておりませんのであらかじめご了承ください。